U1017028

国家出版基金项目
NATIONAL PUBLICATION FOUNDATION

生态气象系列丛书

丛书主编：丁一汇

丛书副主编：周广胜　钱　拴

长三角城市群生态气象

主编：杨何群　王晓峰　史　军

气象出版社
China Meteorological Press

内 容 简 介

本书紧密围绕上海及长三角区域生态文明建设气象保障服务，汇集了上海市气象部门当前已开展的一系列生态气象监测评估应用与研究成果。书中从长三角城市群生态气候、植被生态质量、城市及城市群热环境、大气环境、重点湖泊水环境、海岛与海岸带生态气象、郊野公园生态服务功能评估等方面详细阐述了针对典型生态系统、突出地域特色、兼顾综合效应以及实现天地一体化监测评估的生态气象技术体系与服务实践，分析了气候变化和极端气候事件对生态系统的影响及适应对策与措施，是上海市气象部门近年来生态文明建设气象保障科研业务服务的系统总结。

本书可供气象、环境、生态、农林、海洋、城市规划等相关专业从事科研和业务的技术人员以及政府部门的决策管理者参考使用，也可作为高校师生的学习参考书。

图书在版编目（CIP）数据

长三角城市群生态气象 / 杨何群，王晓峰，史军主编. -- 北京 : 气象出版社，2024. 6. --（生态气象系列丛书 / 丁一汇主编）. -- ISBN 978-7-5029-8400-7

Ⅰ. P41

中国国家版本馆 CIP 数据核字第 202427Y9A4 号

长三角城市群生态气象

Changsanjiao Chengshiqun Shengtai Qixiang

出版发行：	气象出版社		
地　　址：	北京市海淀区中关村南大街 46 号	**邮政编码：**	100081
电　　话：	010-68407112(总编室)　010-68408042(发行部)		
网　　址：	http://www.qxcbs.com	**E-mail：**	qxcbs@cma.gov.cn
责任编辑：	张　媛	**终　　审：**	张　斌
责任校对：	张硕杰	**责任技编：**	赵相宁
封面设计：	博雅锦		
印　　刷：	北京地大彩印有限公司		
开　　本：	787 mm×1092 mm　1/16	**印　　张：**	20
字　　数：	518 千字		
版　　次：	2024 年 6 月第 1 版	**印　　次：**	2024 年 6 月第 1 次印刷
定　　价：	200.00 元		

本书如存在文字不清、漏印以及缺页、倒页、脱页等，请与本社发行部联系调换。

编委会

主　编：杨何群　王晓峰　史　军

成　员：沈钟平　陆一闻　孙恩伟　胡　艳

　　　　　郭　巍　张　皓　杨通晓

前言

生态环境是人类赖以生存和发展的基础，其涵盖了土地、生物、水、矿产、气候五大类资源。作为生态环境的重要组成，气候资源与生态环境质量密切相关。在全球气候变化背景下，极端天气气候事件和气象灾害呈频发、广发、强发和并发的态势，给生态环境保护和发展带来了严峻的挑战。生态气象作为研究天气、气候与生态系统诸因子间相互关系及其规律的一门科学应运而生，其从科学研究到落地应用，近年来发展迅猛，已经成为国家生态保护和高质量可持续发展气象保障服务的金钥匙。正如习近平总书记在新中国气象事业 70 周年之际强调“气象工作关系生命安全、生产发展、生活富裕、生态良好”，气象部门致力于科技型、基础性公益部门的定位，在发展理念上主动将气象工作融入人与自然和谐发展现代化建设新格局，在能力提升上着重强化影响自然生态、人居环境、绿色产业的气象实时监测、动态评估、风险预警、科学修复和依法监管能力，以求充分发挥在生态系统保护中的服务支撑作用，在绿色发展中的基础保障作用，在突出环境问题治理中的先导联动作用以及与生态环境和资源保护相关的法定职能作用。

美丽生态，气象添彩。2018 年以来，上海市生态气象工作者以生态文明建设和应对气候变化需求为牵引，从实际需求出发，充分利用“地面—卫星”观测一体化的综合监测网，以植被生态质量和城市热岛监测评估为切入点，逐步开展上海、长三角一体化示范区及长三角城市群生态气象遥感监测评估，针对“山水林田湖草气土城”，开展生态气象研究探索和业务服务实践，拓展湖泊水环境、海岛与海岸带、郊野公园等生态气象监测评估技术，在上海超大城市和长三角城市群生态气象监测、生态气候环境评价、生态服务功能评估、气候生态价值挖掘等方面取得了明显进展，大力提升了生态保护和修复气象支撑能力，有效发挥了气象在城市生态系统保护与建设中的作用，为守护绿水青山、助力生态文明建设贡献更加精细化、专业化、多元化的“气象智慧”。

《长三角城市群生态气象》总结梳理了上海市气象部门近年来针对上海超大城市和长三角城市群的生态气象遥感业务服务案例，以及各类型课题研究成果。根据生态气象服务特点，全书共分为 10 章，内容涵盖了长三角城市群生态气候概况、植被生态质量、城市及城市群热环境、大气环境、重点湖泊水环境、海岛与海岸带生态气象、郊野公园生态服务功能评估、区域生态气候环境综合评价、城市生态气候效应等。本书由王晓峰、杨何群和史军策划，编写团队包括杨何群(第3、4章和第6章的6.2～6.4节、第7章的7.2节、7.4节)、史军(第1、8、9章)、沈钟平(第2章、第4章的4.2节和第8章)、陆一闻(第6章的6.1～6.2节和第7章的7.1节)、胡艳(第10章)、孙恩伟(第5章)、郭巍(第7章的7.3节)等。在本书撰写过程中，参考了诸多学者的研究成果，对此深表谢意。

本书出版得到国家自然科学基金青年科学基金项目(41801367)、风云气象卫星应用先行计划(FY-APP-2021.0407)、中国气象局气候变化专题项目(QBZ202412)、国家重点研发计划重点专项子课题(2023YFC3805304-1)的联合资助，在此一并致谢。

同时还须说明，由于生态气象科研业务工作涉及多种学科、大量文献和资料，且不少内容为初步科学探索或业务实践成果，加上本书编写人员水平有限，难免出现错误与疏漏，恳请读者批评指正。

作者

2023年12月

目录

第 1 章
绪 论

建设生态文明，关系人民福祉，关乎民族未来。党的十八大把生态文明建设纳入中国特色社会主义事业“五位一体”总体布局，明确提出大力推进生态文明建设，努力建设美丽中国，实现中华民族永续发展。习近平总书记在党的二十大报告中强调：“大自然是人类赖以生存发展的基本条件。尊重自然、顺应自然、保护自然，是全面建设社会主义现代化国家的内在要求。必须牢固树立和践行绿水青山就是金山银山的理念，站在人与自然和谐共生的高度谋划发展。我们要推进美丽中国建设，坚持山水林田湖草沙一体化保护和系统治理，统筹产业结构调整、污染治理、生态保护、应对气候变化，协同推进降碳、减污、扩绿、增长，推进生态优先、节约集约、绿色低碳发展。”

在 2023 年全国生态环境保护大会上，习近平总书记强调：“要深入贯彻新时代中国特色社会主义生态文明思想，坚持以人民为中心，牢固树立和践行绿水青山就是金山银山的理念，把建设美丽中国摆在强国建设、民族复兴的突出位置，推动城乡人居环境明显改善、美丽中国建设取得显著成效，以高品质生态环境支撑高质量发展，加快推进人与自然和谐共生的现代化。”加快推进生态文明建设是加快转变经济发展方式、提高发展质量和效益的内在要求，是坚持以人为本、促进社会和谐的必然选择，是全面建成小康社会、实现中华民族伟大复兴中国梦的时代抉择，是积极应对气候变化、维护全球生态安全的重大举措。

1.1 长三角城市群生态文明实践

作为全国经济最具活力、发展水平最高的地区之一，长三角城市群在追求经济增长的同时，始终坚持生态环境保护和可持续发展。一是布局绿色发展战略。长三角城市群进行了积极探索，将生态文明建设纳入区域发展规划，明确提出建设绿色发展示范区、生态宜居区域等目标。各地纷纷出台相关政策，加大生态环境保护力度，推动产业结构调整，促进节能减排，大力发展绿色低碳产业，构建绿色发展体系。二是创新绿色发展模式。长三角城市群探索出一条具有区域特色的绿色发展之路。通过强化绿色发展理念，将生态文明建设融入经济社会发展全局。加强绿色发展政策引导，推动产业结构调整和绿色产业发展。加大环保投入，提升生态环境质量。三是区域合作共推绿色发展。长三角城市群在绿色发展方面加强合作，共同推进生态文明建设。包括建立健全区域环保协作机制，共同应对环境问题；加强绿色发展政策协同，推动区域间绿色产业合作；开展生态环境保护联合行动，提升区域生态环境质量。

2023 年 9 月 21 日，《长三角生态绿色一体化发展示范区生态环境专项规划（2021—2035

年）》正式对外发布，该规划以"生态优先、绿色发展"为指引，加快推进"生态＋"和"＋生态"发展模式，着力实施减量、增容、提质，共筑协调共生的生态体系，搭建绿色创新的发展体系，建立统筹协调的环境制度体系，完善集成一体的环境管理体系，高标准建设长三角生态绿色一体化发展示范区。根据规划，到2025年，基本形成以水为脉、林田共生、城绿相依的自然生态格局，基本构建生态与发展相得益彰、跨行政区域共建共享、多元化协同共治的生态环境治理新体系，打造生态优美、创新活跃、宜居宜业宜游的世界著名湖区和绿色发展价值高地。到2035年，全面彰显生态绿色一体化示范区引领示范作用，融入长三角一体化生态服务价值体系，建成世界级湖区生态体系，全面实现绿色发展价值高地建设，成为展示生态文明建设成果的重要窗口。

在新的历史阶段，长三角城市群正以创新、协调、绿色、开放、共享的新发展理念为指导，继续坚持绿色发展，推动经济与环境协调发展，积极探索经济与绿色共舞的发展模式。一是加强生态文明建设，提升生态环境保护水平。二是推动绿色产业发展，培育新的经济增长点。三是深化区域合作，共同打造绿色发展示范区。长三角城市群力争为全国绿色发展树立典范，为实现中华民族伟大复兴的中国梦贡献力量。

1.2 上海城市生态文明实践

上海牢牢把握长三角一体化上升为国家战略的重大契机，紧扣"一体化"和"高质量"两个关键词，建立健全全方位的长三角区域生态环境保护协作机制，推动长三角污染防治协作往深里做、实里落。推进落实《长江三角洲区域生态环境共同保护规划》，牵头推动区域重污染天气预警应急联动、柴油货车污染协同治理、重点跨界水体联保共治、建立固废危废利用处置"白名单"机制。打破行政壁垒，在一体化示范区先行先试，推动区域生态环境保护标准、监测、执法"三统一"制度创新（用一套标准规范生态环境保护、"一张网"统一生态环境科学监测和评估、"一把尺"实施生态环境有效监管），基本实现区域重点城市空气质量监测、预报预警信息常态化共享。

上海以滚动实施环保三年行动计划为抓手，分阶段解决工业化、城市化和现代化进程中的突出环境问题，生态环境保护和建设取得明显成效。特别是党的十八大以来，上海坚决贯彻落实党中央决策部署，深入学习贯彻习近平生态文明思想，将新发展理念贯穿于城市总体发展战略，坚定不移走生态优先、绿色低碳发展之路，积极探索"绿水青山就是金山银山"与"人民城市"两大重要理念的深度融合与实践。上海市委、市政府将生态文明建设放在经济社会发展全局的突出位置，成立上海市生态文明建设领导小组，全面加强对生态文明建设和生态环境保护工作的统筹领导。印发《上海市生态环境保护工作责任清单》和《上海市生态环境保护督察工作规定》，开展各区污染防治攻坚战成效考核，生态环境保护党政同责、一岗双责体系不断健全。"绿水青山就是金山银山"理念深入人心，市民生态文明意识显著提升，全社会大环保格局基本形成。通过全社会共同努力，实现了从补短板到提品质、从重点治理到综合整治、从重末端到全过程防控的转变，污染防治攻坚战阶段性目标全面实现，城乡环境面貌焕然一新，人民群众的满意度、获得感明显提升。2020年反馈的第二轮中央生态环境保护督察报告指出，"上海市生态文明建设和生态环境保护工作取得显著成效，走在全国前列"。党中央对各省份污染防治攻坚战考核中，上海连续两年均为优秀，其中2020年排名全国第一。

作为超大城市，上海最近 10 a 一直在探索城市和自然交融的最佳实践，把人与自然和谐共生理念落到郊区、市中心城市更新和五大新城，包括新片区的建设及示范区的整体建设中。城市生态特色得到了突出展现，“一江一河”得以贯穿，黄浦江两岸 45 km、苏州河 42 km 还岸于民，两边堤岸的生态均得到了改善。生态环境改善也让上海城乡的生物多样性逐渐恢复。多年未记录到的貉、小灵猫等野生动物，獐、麋鹿等曾在上海生活过的物种通过重引入工程相继“返沪”；长宁区“生境花园”、复旦大学“貉以为家”：公民科学助推城市生物多样性的研究、保护和科教，都入选 COP15 联合国“生物多样性 100＋全球典型案例”，有效提升了上海市生物多样性保护的国际影响力。

为贯彻落实习近平生态文明思想，践行“人民城市”“公园城市”“韧性城市”发展理念，立足于上海高密度人居环境特征，深化细化《上海市城市总体规划（2017—2035 年）》提出的韧性生态之城目标，2022 年 12 月 26 日，上海市人民政府批复了《上海市国土空间生态修复专项规划（2021—2035 年）》。从生态系统功能和价值提升出发，明确对生态功能退化、生态系统受损、空间格局失衡、自然资源开发利用不合理的国土空间，统筹和科学开展山水林田湖草沙一体化保护修复，提出到 2025 年，初步形成多层次、成网络、功能复合的生态空间格局；到 2035 年，实现国土空间的安全韧性、健康美丽、人文交融，打造与具有世界影响力的社会主义现代化国际大都市定位相匹配的韧性生态之城，探索高密度人居环境下人与自然和谐共生的超大城市可持续发展建设之路的目标愿景。

《上海市国土空间生态修复专项规划（2021—2035 年）》进一步强化长江口和东海海域、环杭州湾等各类生态系统维护，构建形成陆海一体的“一带、双环、九廊、十区”国土空间生态修复格局。“一带”即陆海协同发展带，“双环”即外环绿带和近郊绿环，“九廊”即以近郊绿环为纽带，向外衔接嘉宝、嘉青等九条市级生态走廊，“十区”即以大面积农田集中区为主的十片生态保育区，是全市基底性生态空间。依托上海独特的海、岛、湖、水、林、田自然地理特色，《上海市国土空间生态修复专项规划（2021—2035 年）》提出构建六大世界级生态修复示范引领区域，即以长江三角洲河口为代表的世界级河口湿地，以崇明生态岛和金山三岛为代表的世界级生态岛，以环淀山湖区和五大新城“一城一湖”为代表的世界级湖区，以黄浦江和苏州河“一江一河”为代表的世界级滨水区，以主城区环城生态公园带和新城绿环为代表的世界级环城生态公园带，以横沙新洲现代农业产业园为代表的世界级现代农业园区。

1.3 生态文明气象保障服务

中国气象局大力推进生态气象业务建设，基本构建了国—省两级生态气象业务服务平台，定期发布年度生态气象监测评估公报。建立了全国植被生长状况、生态质量逐月动态监测和年度气象影响评估业务，以及全国重点湖泊湿地水体面积、太湖蓝藻水华、森林草原火险、沙尘暴监测业务。初步开展了不同气候变化情景下我国生态安全风险评估，气候变化影响评估能力从国家级逐步向省级延伸，开展了宜居、宜游气候服务，通过“中国天然氧吧”“中国气候宜居城市”“避暑旅游目的地”等品牌创建，助力旅游、康养等绿色产业发展。围绕生态气候预测业务，中国气象局已初步构建涵盖卫星遥感的生态监测与评估、生态要素模拟评估和预测预估、气候变化和极端气候事件生态影响评估、生态气候应用与服务等方面的业务布局。持续推进风能、太阳能气候资源开发利用气象服务，开展风能、太阳能发电精细化气象服务示范计划，提升"一场一策"气象预报服务能力，支撑国家能源转型发展和绿色低碳战略。2022 年 6 月，生态环境部等 17 部委联合发布《国家适应气候变化战略 2035》，中国气象局全面参与国家应对气候变化的政策部署和行动，涵盖气候变化科学事实和影响、未来气候变化预估和风险评估、国内外气候变化影响、风险和适应的工作机制。如今，生态文明建设气象支撑进一步强化，气象保障生命安全、生产发展、生活富裕、生态良好能力持续提升，人与自然和谐共生的生态画卷徐徐展开。

在中国气象局的支持下，上海市气象局近年来建成风云三号气象卫星接收装置、风云四号卫星高分辨率图像传输（HRIT）数据接收装置、葵花 8 号卫星接收装置、X/L 极轨卫星接收系统等，建立了长时间气象卫星遥感资料序列，初步形成以卫星遥感应用为重点的生态气象服务能力。围绕生态文明建设气象保障服务，综合利用卫星遥感、数值模式、生态过程模式等，开展长时间序列、精细化下垫面分布格局及动态变化监测、植被生态质量指标（覆盖度、净初级生产力、生态质量指数）和城市群热岛效应监测评估、城市群空气质量和大气污染时空动态预测预报预警技术研制和应用。

上海市气象局建立了植被生态质量监测评价技术方法和核心指标，利用多源卫星遥感数据，开展植被覆盖度（FVC）、净初级生产力（NPP）、生态质量、湖泊和湿地、城市热岛特征等动态监测评估，初步形成了生态气象监测评估业务能力。从气候干湿度、人体舒适度、植被绿度、地表热度、大气污染度等全方位视角，建立了长三角城市群生态气候环境评估指标体系，提出了基于遥感和气候学的评估指标、算法和模型，构建了城市群生态气候环境评估指标体系和可以反映区域生态气候环境总体状态和变化特征的指数模型。综合利用陆地卫星（Landsat）、MODIS、Sentinel-2 等多源遥感数据和地面观测数据集，建立了长三角一体化示范区下垫面分类体系和精细化下垫面分类系统，构建了融合卫星遥感反演信息的多源排放清单和示范区高分辨率空气质量预报系统，提出了淀山湖湖泊水体叶绿素 a 浓度和浊度遥感反演模型、示范区人居热环境遥感诊断指标体系和绿色空间生态调控绩效评估技术，建立了城市生态建设缓释热岛效应绩效评估模型并用于预测城市不同发展情景下的热环境格局。针对上海唯一以湿地为特色的郊野公园——青西郊野公园，利用气候统计诊断、遥感（RS）和地理信息系统（GIS）、生态系统服务和权衡综合评估模型（InVEST）模拟、森林资源清查等技术，从公园建设前后土地利用/土地覆盖（LU/LC）、植被生态变化等，以及公园降温增湿、固碳释氧、涵养水源、净化大气等生态服务功能方面，多角度评估了青西郊野公园建设的成效，提出了针对郊野公园特征的生态气象评估技术流程和实施路径。综合历史气候数据、植被生态质量数据和环境空气质量数据，从环境空气、植被生态、城市热岛、人体舒适度、灾害性天气等角度构建了城市生态气候宜居性评价指标体系，分析了气候变化背景下上海城市生态气候宜居性的分布特征，用于闵行、金山、嘉定区气象局生态宜居评估等。

大气污染防治气象保障服务水平不断提升。上海市气象局与上海市环境监测中心多年来在污染预报和气象预报经验的基础上实现强强联合、优势互补，共同开发研制了上海城市空气质量预报（日报）业务系统，从 1999 年 6 月 5 日开始正式对外发布上海城市空气质量预报（日报）。上海城市空气质量预报在全国成为首创性的工作，吸引了国内许多省市的同行前来参观学习，也有力地推动了国家环境监测总站和中央气象台的合作。2013 年国家出台防治行动计划以来，上海市气象局在中国气象局和上海市政府指导下，积极开展大气污染防治气象保障服务。在组织上，成立长三角环境气象预报预警中心，夯实业务发展主体；在业务上，积极开展霾和大气污染气象条件预报，建设完成 0～3 d逐 3 h、4～10 d逐 6 h、11～30 d逐日的上海空气质量无缝隙预报业务。作为上海市空气重污染应急工作组副组长成员单位，上海市气象局联合市生态环境部门开展空气质量预报和重污染天气预警，预警时效提前 24h，预报准确率不断提高；开展区域—市—区三级大气污染气象条件评估服务，科学解析气象条件对空气质量变化影响。在技术上，构建 0～10 d高分辨率环境气象数值模拟，建立了基于季节—次季节(S2S)和人工智能的 $PM_{2.5}$ 浓度延伸期预测方法，实现长三角主要城市延伸期时段逐日 $PM_{2.5}$ 浓度及污染过程预测；构建环境气象评估模型，实现多项评估技术开发和运用，为大气污染防治精细化管控提供客观支撑；开发长三角环境气象联动平台和环境气象业务平台，实现监测、分析、预报和产品发布检验的集约化，初步构建环境气象智能网格预报体系，为大气污染防治分区和精细化预报、预警、服务和管控提供技术支撑。

本书围绕长三角城市群及上海城市生态文明气象保障服务建设成果，针对城市群生态气候、植被生态质量、地表热环境、大气环境、湖泊水环境、城市气候效应等科研、业务服务进行梳理和分析，为长三角城市群及上海超大城市生态建设气象保障服务提供参考。

第2章 长江三角洲地区生态气候概况

2.1 长江三角洲地区概况

长江三角洲地区，包括上海全市和江苏省、浙江省、安徽省部分地区，位于中国东部沿海和长江流域下游，濒临黄海与东海，地理区位优良。

地处亚热带季风气候区，长江三角洲生态系统类型复杂，地表覆盖多样，主要土地利用类型有耕地、林地、草地、水域、建设用地和未利用地六大类，土壤以黄棕壤为主要类型，植被类型主要有温带落叶阔叶林、亚热带常绿落叶阔叶混交林和亚热带常绿阔叶林（张龙 等，2017），其中亚热带常绿阔叶林植物种类丰富，包括壳斗科、山茶科、木兰科和樟科，群落外貌终年呈暗绿色，林相较为整齐。亚热带常绿落叶阔叶混交林的典型代表为榆科落叶树种及杜英、栎类等组成的混交林。温带落叶阔叶林主要存在于江苏淮北平原，最常见的群落类型为栎林，在乔木层中伴有少量其他落叶阔叶树种，灌木中常见种类为蔷薇科植物。

长江三角洲是长江入海之前形成的冲积平原，东濒海洋，地势低平坦荡，河网如织，湖泊众多，其水系包括长江河口水系、太湖水系、运河水系、钱塘江水系和甬江水系，构成特有的水乡泽国的三角洲水系。该地是我国河网密度最高的地区，平均每平方千米河网长度达 4.8～6.7 km，平原上共有湖泊 200 多个。由于平原地区水位落差小，流速不大，受水利工程的高度控制和闸门启闭及引排水的影响，水流流向不定。河湖除承受当地地表水径流外，还承受上游 15 个省（区）总面积约 200 万 km^2 范围的来水。在大水年份，长江三角洲是上游各水系的洪水走廊，加之面临海洋，易遭台风暴雨及风暴潮袭击，常出现外洪、内涝或外洪与内涝同时并发的水灾；在枯水年份，上游来水少，往往造成严重干旱并加剧河湖水质恶化。

地处江海交汇之地，长江三角洲拥有面向国际、连接南北、带动中西部密集的立体交通网络和现代口岸群，对长江流域甚至整个国家的发展都具有重要的主导作用，成为亚太经济区和太平洋西岸的中心区域。2022 年，长江三角洲所在的三省一市——安徽省、江苏省、浙江省和上海市生产总值 28.9567 万亿元（国家统计局，2023）。在长江三角洲以不到 4%的国土面积，聚集了全国近 1/6 的人口，创造了全国近 1/4 的经济总量（方林 等，2022）和 1/3 的进出口总额。长江三角洲地区成为我国经济发展最活跃、开放程度最高、创新能力最强的区域之一，在国家现代化建设大局和全方位开放格局中具有举足轻重的战略地位。推动长江三角洲一体化发展，增强长江三角洲地区创新能力和竞争能力，提高经济集聚度、区域连接性和政策协同效率，对引领全国高质量发展、建设现代化经济体系意义重大。2018 年 11 月 5 日，国家主席习近平在首届中国国际进口博览会上宣布，支持长江三角洲区域一体化发展并将其上升为国家战略。2019 年 12 月,《长江三角洲区域一体化发展规划纲要》正式印发。2021 年 6 月,推动长三角一体化发展领导小组办公室印发了《长三角一体化发展规划"十四五"实施方案》,进一步加快转变发展方式,不断提升发展水平,带动长江流域乃至全国经济又好又快发展。

2.2 主要气候要素的分布及变化特征

2.2.1 气温

1961—2019 年,长江三角洲地区年平均气温呈显著上升趋势,平均每 10 a 升高 0.29 ℃(图 2.1),2000 年以来,升温趋势尤其显著。与常年值(1981—2010 年平均值,16.13 ℃)相比,1961 年至 20 世纪 90 年代中期气温以偏低为主,1996 年之后,年平均气温持续偏高。2007 年和 2017 年是 1961—2019 年气温较高的年份,年平均气温分别为 17.35 ℃和 17.23 ℃,比常年同期分别偏高 1.22 ℃和 1.10 ℃;1980 年和 1969 年是近 59 a 来气温较低的年份,年平均气温分别为 14.96 ℃和 15.04 ℃,比常年同期分别偏低 1.17 ℃和 1.09 ℃。

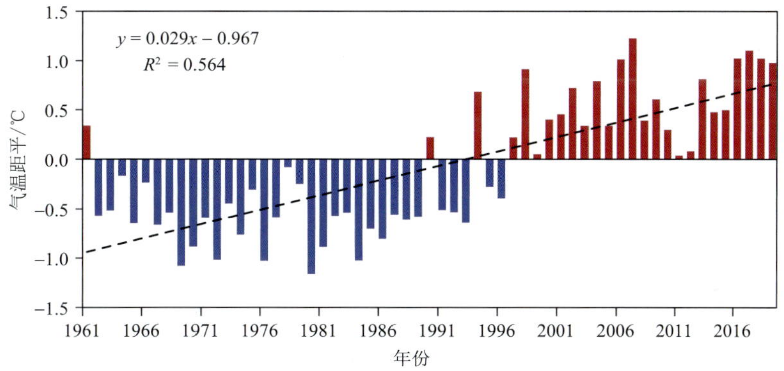

图 2.1 1961—2019 年长三角地区年平均气温距平变化

(x 代表年份,y 代表气温距平,R 代表决定系数,它是表征趋势线拟合程度的指标,虚线代表趋势,下同)

1961—2019 年,长三角地区年平均气温呈现明显的南高北低的分布特征,年平均气温总体上由南向北逐渐递减。气温高值区位于浙江南部,年平均气温为 17.5～18.5 ℃;低值区位于江苏中北部,年平均气温为 14.0～15.0 ℃;其余地区为 15.0～17.5 ℃,其中上海徐家汇站和安徽芜湖站年平均气温较其周边略高(图 2.2a)。从近 59 a 的气温变化趋势来看(图 2.2b),长三角地区的年平均气温呈现出不同幅度的增加趋势,并在多数站点年平均气温增加趋势显著。在上海中北部、江苏苏州和无锡部分地区以及浙江宁波少部分地区,气温增长率为 0.4 ℃·$(10\ a)^{-1}$ 以上,其中上海徐家汇站增温率速最大,高达 0.51 ℃·$(10\ a)^{-1}$;上海闵行站次之,为 0.48 ℃·$(10\ a)^{-1}$;江苏靖江站位居第 3,为 0.47 ℃·$(10\ a)^{-1}$。浙江西部、安徽东部和江苏北部部分地区增温趋势相对较慢,多为 0.2 ℃·$(10\ a)^{-1}$ 以下。其余地区增温趋势为 0.2～0.4 ℃·$(10\ a)^{-1}$。

2.2.2 降水

1961—2019 年,长三角地区年降水量以 29.9 mm·$(10\ a)^{-1}$ 的速率增加,但变化趋势在

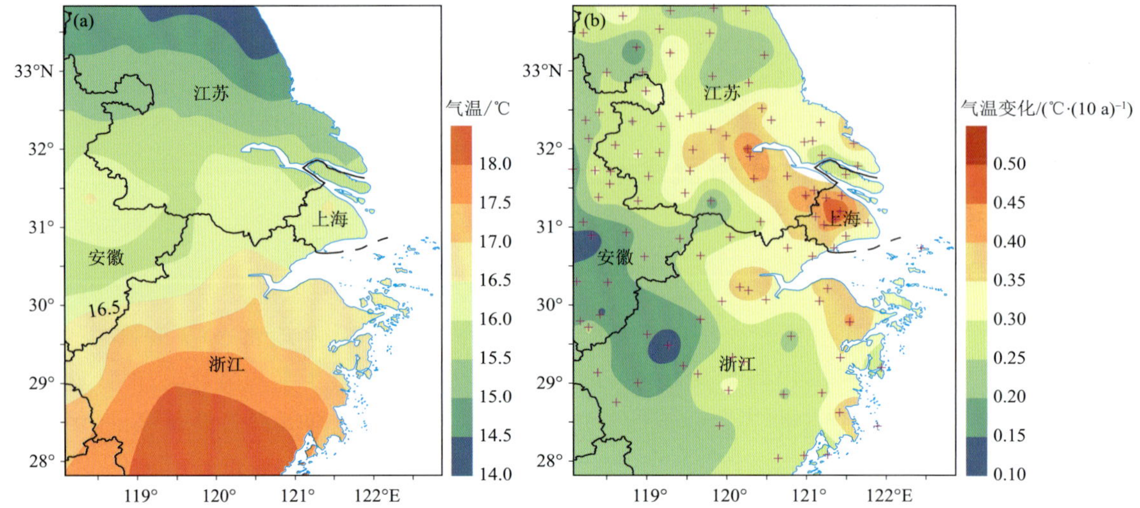

图 2.2 1961—2019 年长三角地区年平均气温分布(a)及变化趋势(b)
(+为变化趋势通过 0.05 显著性检验的站点,下同)

统计上不显著(图 2.3)。与常年值(1981—2010 年平均值,1398.6 mm)相比,20 世纪 80 年代末 90 年代初至 21 世纪最初 10 a 降水以偏多为主;20 世纪 60—70 年代降水以偏少为主。2012 年和 1990 年是 1961—2019 年降水较多年份,年降水量分别为 1998.5 mm 和 1844.8 mm,比常年同期分别偏多 42.9%和 31.9%;2011 年和 1971 年是近 59 a 来降水较少的年份,年降水量分别为 859.5 mm 和 863.2 mm,比常年同期分别偏少 38.5%和 38.3%。

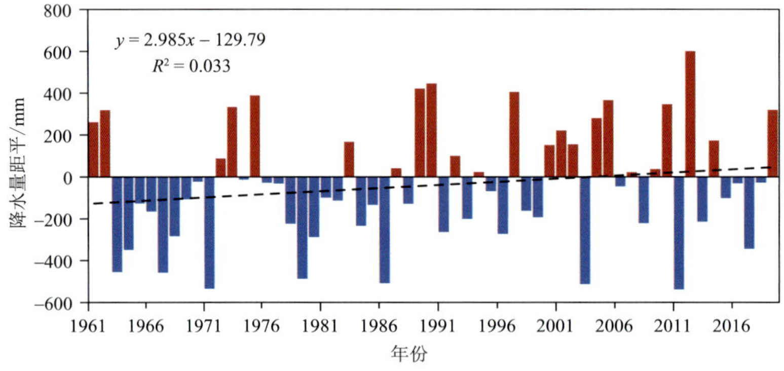

图 2.3 1961—2019 年长三角地区年降水量距平变化

1961—2019 年,长三角地区年降水量呈现出明显的南多北少的分布格局(图 2.4a)。降水量高值区位于浙江西南部与福建、江西、安徽交界处以及浙江东南沿海,年降水量在 1500 mm 以上;低值区位于江苏中北部和安徽东北部,年降水量在 1050 mm 以下;其余地区年降水量介于 1050～1500 mm。对近 59 a 来降水量变化分析表明(图 2.4b),长三角地区年降水量基本上都呈现出不同幅度的增加趋势,其中在长三角中部地区增加趋势最为明显,且在一些站点通过显著性检验。在江苏南部、上海、安徽东南部和浙江大部分地区,年降水量增长率在 30 mm·(10 a)$^{-1}$以上,其中浙江慈溪站、上海徐家汇站和江苏宜兴站年降水量增长率较高,均在

70 mm·(10 a)$^{-1}$以上。在江苏中北部、安徽东部和浙江西南部部分地区，年降水量变化在−30～30 mm·(10 a)$^{-1}$，其中江苏射阳、阜宁、建湖、金湖和涟水站年降水量变化趋势均为负值，以射阳站年降水量减少趋势最大(−20.5 mm·(10 a)$^{-1}$)。

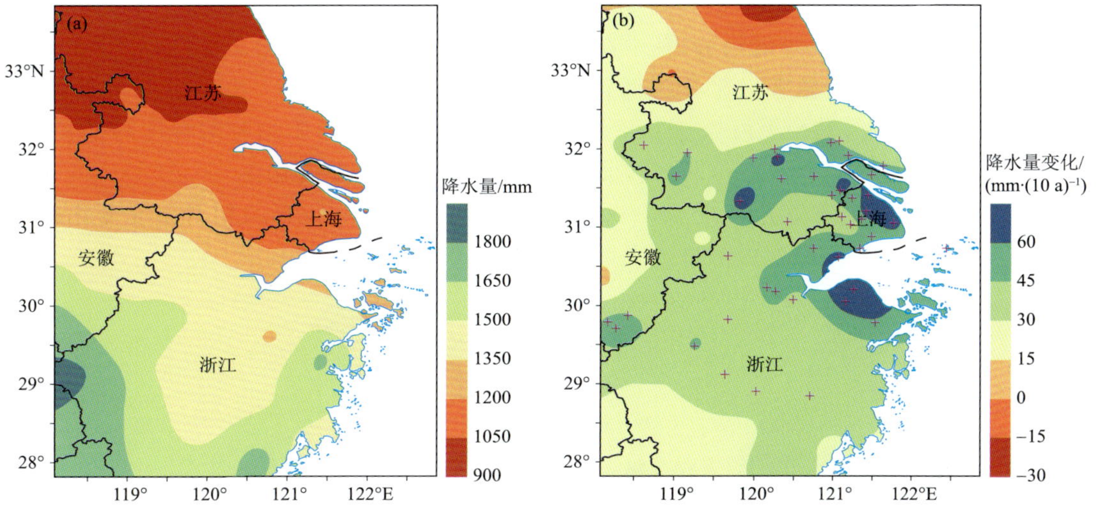

图 2.4　1961—2019 年长三角地区年平均降水量分布(a)及变化趋势(b)

2.2.3　相对湿度

1961—2019 年，长三角地区年相对湿度以 0.96%·(10 a)$^{-1}$的速率显著降低(图 2.5)。与常年值(1981—2010 年平均值，77.33%)相比，20 世纪 60—90 年代相对湿度基本上都为正距平，而在 21 世纪以来相对湿度基本上都为负距平，其中 2003—2014 年相对湿度连续 12 a 为负距平。1985 年和 1975 年是 1961—2019 年相对湿度较高的年份，年相对湿度分别为 81.20%和 81.04%，比常年同期分别偏高 3.87%和 3.71%；2011 年和 2013 年是近 59 a 来相对湿度较低的年份，年相对湿度分别为 71.08%和 71.36%，比常年同期分别偏低 6.25%和 5.97%。

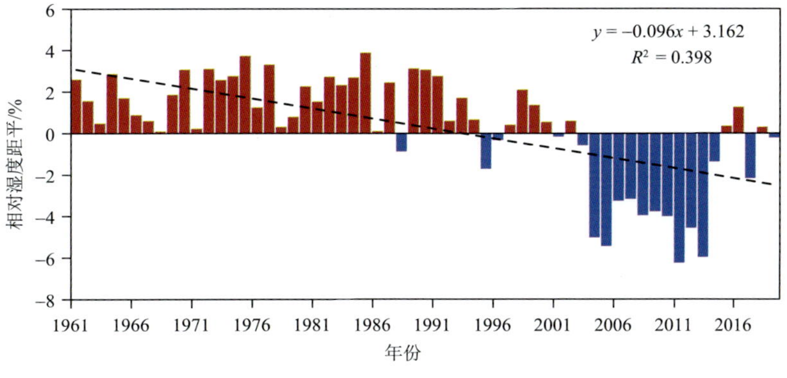

图 2.5　1961—2019 年长三角地区年平均相对湿度距平变化

1961—2019 年，长三角地区年相对湿度呈现出明显的沿海高、内陆低，中部高、南北部低的分布格局(图 2.6a)。相对湿度高值区位于江苏东南沿海、上海崇明和南部沿海、浙江北部和东部沿海以及安徽南部黄山地区、浙江西部与江西交界处,年相对湿度在 78%以上;低值区位于江苏中北部、安徽东北部和浙江中南部部分,年相对湿度在 76%以下;其余地区年相对湿度在 76%～78%。对近 59 a 来相对湿度变化分析表明(图 2.6b),长三角地区年相对湿度基本上都呈现出不同幅度的降低趋势,其中在长三角中东部地区降低趋势较为明显,并在多数站点年相对湿度降低趋势显著。在江苏西南部、上海和浙江东部地区,相对湿度降低速率在 1.0% · $(10\ a)^{-1}$以上,其中上海松江、闵行站和江苏昆山、靖江、丹阳站相对湿度降低较快,均在 2% · $(10\ a)^{-1}$以上。在长三角西部和北部一些地区,相对湿度变化在−0.5% · $(10\ a)^{-1}$～0.5% · $(10\ a)^{-1}$,其中安徽含山、旌德、休宁站和浙江建德、石浦、玉环站相对湿度变化趋势均为正值,以含山站相对湿度增加趋势最大(0.12% · $(10\ a)^{-1}$)。

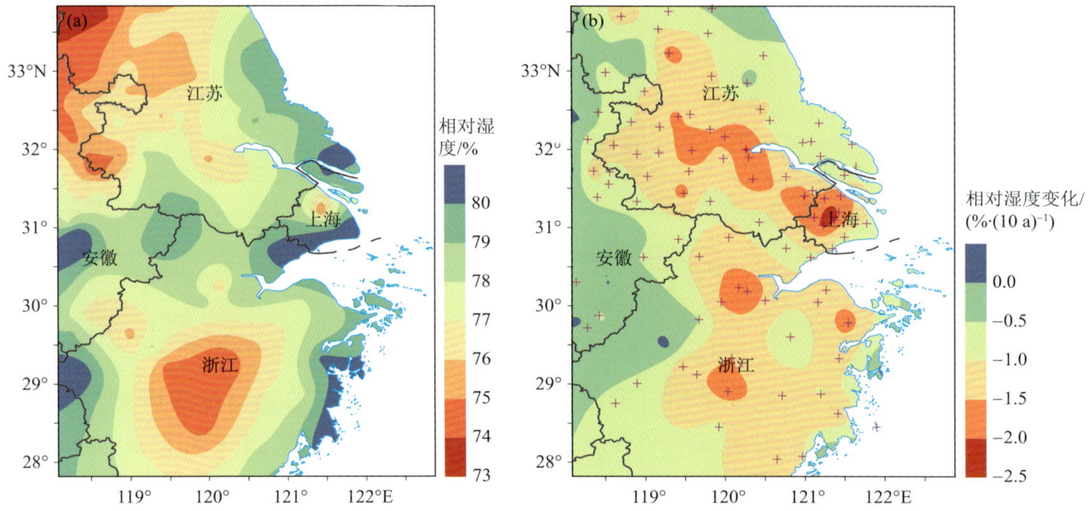

图 2.6 1961—2019 年长三角地区年平均相对湿度分布(a)及变化趋势(b)

2.2.4 日照时数

1961—2019 年,长三角地区年日照时数以 66.34 h · $(10\ a)^{-1}$的速率显著降低(图 2.7)。与常年值(1981—2010 年平均值,1886.97 h)相比,20 世纪 60 年代至 90 年代中期日照时数基本上都为正距平,而在 1995 年以后日照时数基本上都为负距平,其中 1996—2002 年和 2006—2012 年两个时期日照时数为连续 7 a 负距平。1967 年和 1971 年是 1961—2019 年日照时数较多的年份,日照时数分别为 2283.8 h 和 2249.4 h,比常年同期分别偏多 396.83 h 和 362.43 h;2015 年和 2016 年是近 59 a 来日照时数较少的年份,日照时数分别为 1627.8 h 和 1702.6 h,比常年同期分别偏少 259.17 h 和 184.37 h。

1961—2019 年,长三角地区年日照时数呈现出明显的南少北多的分布格局(图 2.8a)。日照时数低值区位于安徽东南部、浙江大部分地区以及与福建、江西交界处,年日照时数均在 1900 h 以下;高值区位于江苏中北部,年日照时数在 2100 h 以上;其余地区年日照时数在 1900～2100 h。对近 59 a 来日照时数变化分析表明(图 2.8b),除浙江大陈岛站外,长三角地区年日照时数都呈现出不同幅度的减少趋势,并在多数站点年日照时数减少趋势显著。在上

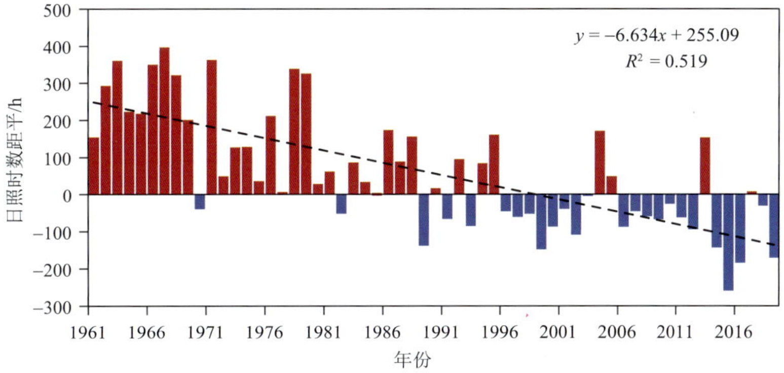

图 2.7　1961—2019 年长三角地区年平均日照时数距平变化

海北部、浙江中部和南部以及与福建、江西交界处、安徽东部和江苏一些地区，日照时数减少率均在 75 h·(10 a)$^{-1}$以上，其中上海宝山、徐家汇站、安徽滁州、广德站和浙江兰溪站日照时数减少较多，均在 110 h·(10 a)$^{-1}$以上。在江苏中北部、安徽东部大部分地区以及浙江北部和东部部分地区，日照时数变化在−75～1 h·(10 a)$^{-1}$，其中浙江大陈岛站日照时数变化趋势为正值(0.29 h·(10 a)$^{-1}$)。

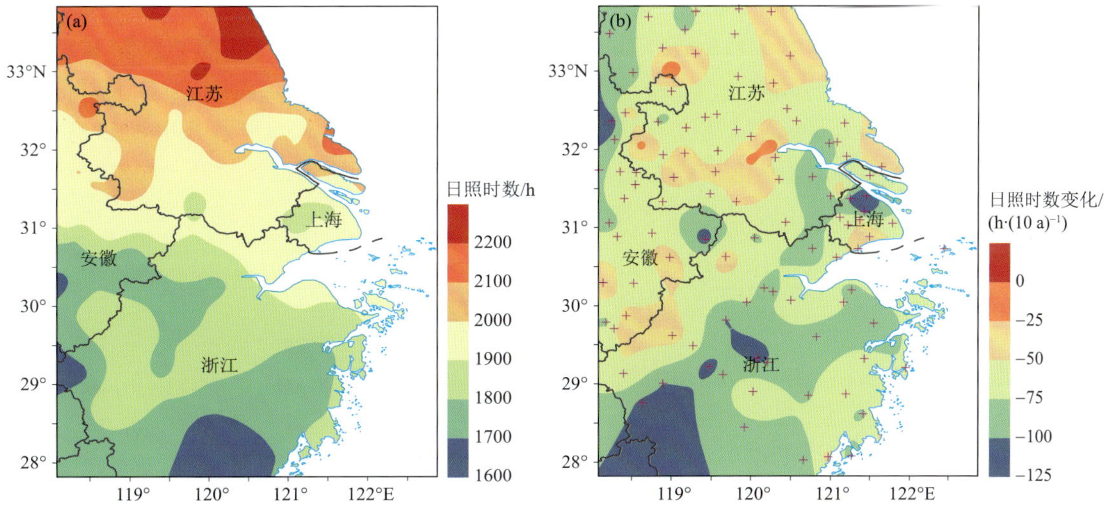

图 2.8　1961—2019 年长三角地区年平均日照时数分布(a)及变化趋势(b)

2.2.5　风速

1961—2019 年，长三角地区年平均风速以 0.22 m·s^{-1}·(10 a)$^{-1}$的速率显著降低(图 2.9)。与常年值(1981—2010 年平均值，2.49 m·s^{-1})相比，20 世纪 60—70 年代平均风速都为正距平，而在 1991 年以后平均风速以负距平为主。1964 年和 1969 年是 1961—2019 年平均风速较高的年份，平均风速分别为 3.40 m·s^{-1}和 3.35 m·s^{-1}，比常年同期分别偏高 0.91 m·s^{-1}和 0.86 m·s^{-1}；2015 年和 2019 年是近 59 a 来平均风速较低的年份，平均风速分别为 2.08 m·s^{-1}和 2.13 m·s^{-1}，比常年同期分别偏低 0.41 m·s^{-1}和 0.36 m·s^{-1}。

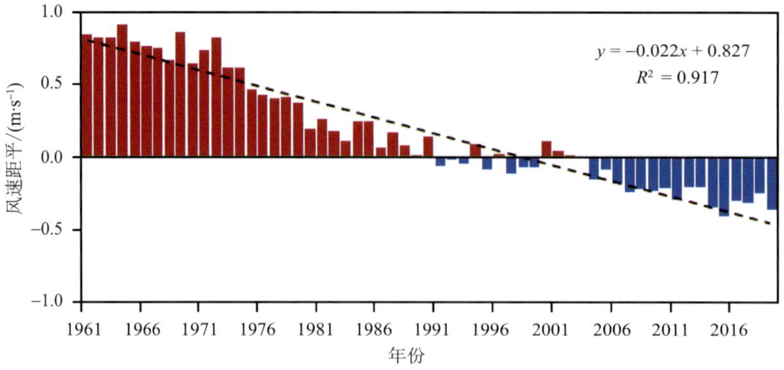

图 2.9　1961—2019 年长三角地区年平均风速距平变化

1961—2019 年，长三角地区年平均风速呈现出明显的沿海高、内陆低和北部高、南部低的分布格局(图 2.10a)。平均风速低值区位于浙江东南部、西北部和安徽南部一些地区，平均风速均在 2.0 $m \cdot s^{-1}$以下；高值区位于东部沿海地区，年平均风速在 3.0 $m \cdot s^{-1}$以上；其余地区年平均风速在 2.0～3.0 $m \cdot s^{-1}$。对近 59 a 来平均风速变化分析表明(图 2.10b)，长三角地区年平均风速基本上都呈现出不同幅度的降低趋势，并在北部和中部地区多数站点年平均风速降低趋势显著。在江苏中部和南部、安徽东部、上海、浙江北部和东部沿海地区，平均风速降低率基本上都在 0.2 $m \cdot s^{-1} \cdot (10\ a)^{-1}$以上，其中上海徐家汇、闵行站、江苏泗洪站和浙江大陈岛站平均风速降低较快，均在 0.4 $m \cdot s^{-1} \cdot (10\ a)^{-1}$以上。在安徽东南部、浙江大部分地区以及与福建、江西交界处，平均风速变化在−0.2～0.1 $m \cdot s^{-1} \cdot (10\ a)^{-1}$，其中浙江富阳、桐庐站和安徽屯溪站平均风速变化趋势为正值(分别以 0.04 $m \cdot s^{-1} \cdot (10\ a)^{-1}$、0.02 $m \cdot s^{-1} \cdot (10\ a)^{-1}$和 0.03 $m \cdot s^{-1} \cdot (10\ a)^{-1}$速率增加)。

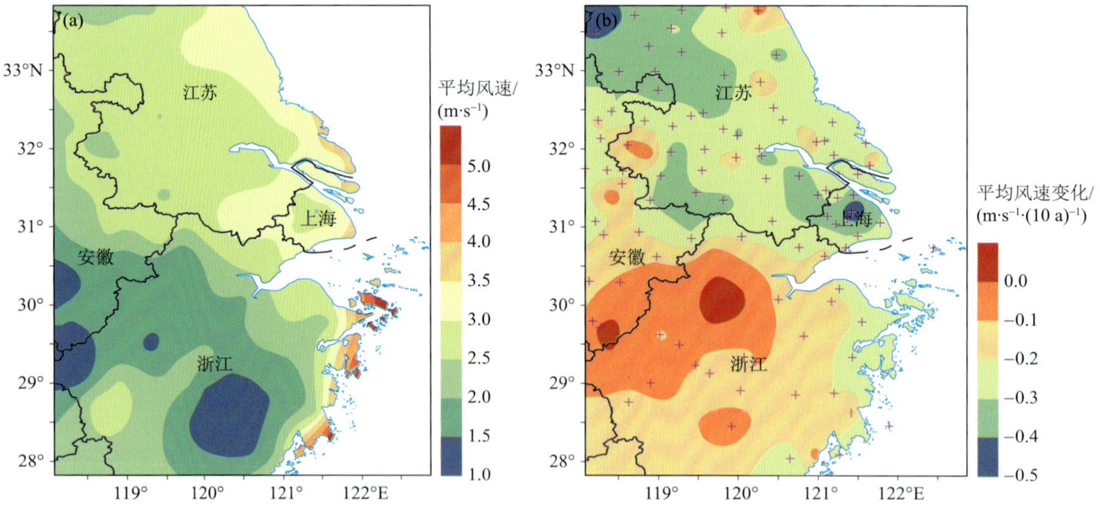

图 2.10　1961—2019 年长三角地区年平均风速分布(a)及变化趋势(b)

2.3 灾害性天气的分布及变化特征

基于长三角地区历史逐日最高气温、最低气温、降水量和极大风速，分析了主要灾害性天气(高温、低温、暴雨和大风)日数的时空分布和变化特征。高温是指日最高气温≥35 ℃的天气，低温是指日最低气温≤−5 ℃的天气，暴雨是指日降雨量≥50 mm 的天气，大风是指日极大风速≥17.2 $m \cdot s^{-1}$，即风力达到 8 级或以上的天气。

2.3.1 高温日数

1961—2019 年，长江三角洲地区年高温日数呈显著增加趋势，平均每 10 a 增加 1.72 d(图 2.11)。与常年值(1981—2010 年平均值，14.74 d)相比，1968—1987 年高温日数以偏少为主，2003 年之后，高温日数多为正距平。2013 年高温日数最多，年平均高温日数为 39.48 d，比常年同期偏多 24.74 d；1982 年高温日数最少，年平均高温日数为 2.97 d，比常年同期偏少 11.77 d。

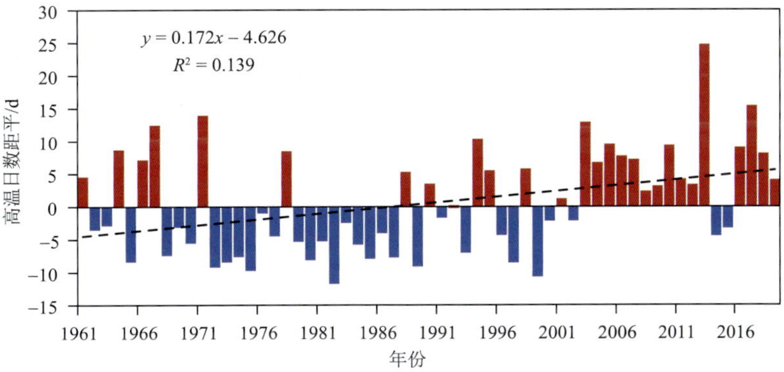

图 2.11 1961—2019 年长三角地区年高温日数距平变化

1961—2019 年，长三角地区年高温日数呈现出明显的南多北少、内陆多沿海少的分布格局(图 2.12a)。高温日数高值区位于安徽东南部、浙江大部分地区以及与福建、江西交界处，年平均高温日数在 20 d 以上；低值区位于江苏中部和东南部、上海东部和南部以及浙江东部沿海，年平均高温日数在 10 d 以下；其余地区年平均高温日数在 10～20 d。近 59 a 来，长三角地区年高温日数基本上都呈现出不同幅度的增加趋势，其中在长三角中部城市群和浙江东部增加趋势最为明显，并在一些站点高温日数增加趋势显著(图 2.12b)。在江苏东南部、上海西北部和浙江东部、南部地区，年高温日数的增加趋势值在 2 $d \cdot (10\ a)^{-1}$以上，其中浙江临海站年高温日数增加最多，线性趋势值为 5.15 $d \cdot (10\ a)^{-1}$。在江苏中北部和浙江西部部分地区，年高温日数变化在−2～1 $d \cdot (10\ a)^{-1}$，其中浙江淳安、开化和建德站、江苏涟水和泗洪站年高温日数变化趋势均为负值，以浙江淳安站年高温日数减少趋势最大(−1.29 $d \cdot (10\ a)^{-1}$)。

2.3.2 低温日数

1961—2019 年，长江三角洲地区年低温日数呈显著减少趋势，平均每 10 a 减少 1.32 d(图 2.13)。与常年值(1981—2010 年平均值，4.0 d)相比，1961—1987 年低温日数以偏多为主，1988 年之后，低温日数多为负距平。1963 年低温日数最多，年平均低温日数为 19.58 d，比常

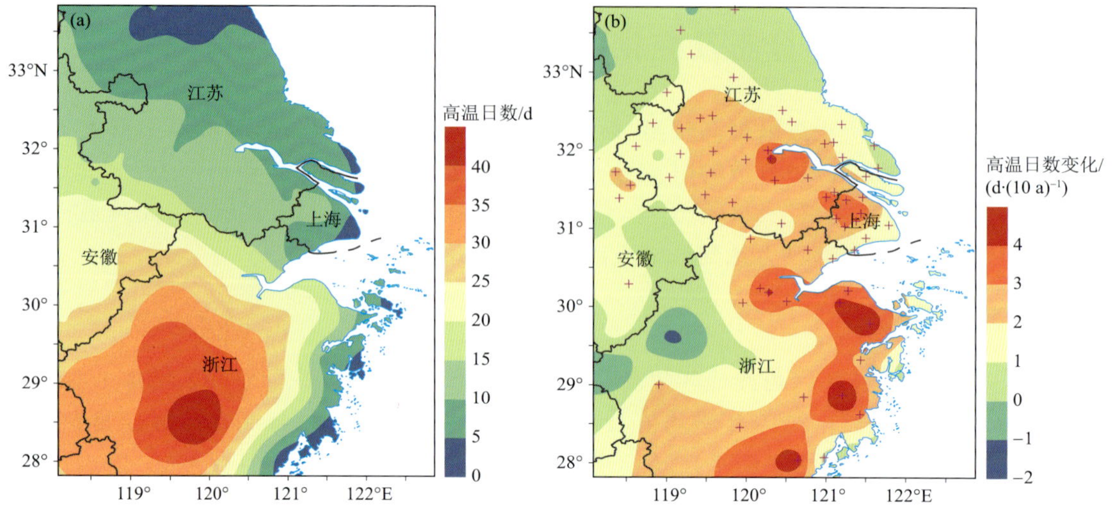

图 2.12　1961—2019 年长三角地区平均高温日数分布(a)及变化趋势(b)

年同期偏多 15.57 d；2019 年低温日数最少，年平均低温日数为 0.48 d，比常年同期偏少 3.53 d。

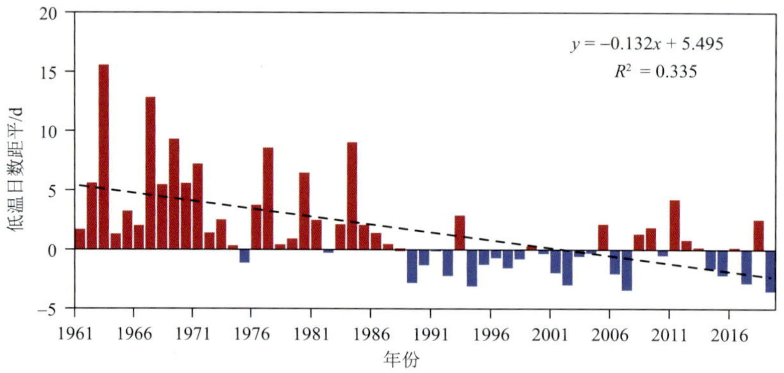

图 2.13　1961—2019 年长三角地区年低温日数的距平变化

1961—2019 年，长三角地区年低温日数呈现出明显的北多南少的分布格局(图 2.14a)。低温日数高值区位于江苏中北部，年平均低温日数在 12 d 以上；低值区位于浙江东部和南部以及与福建交界处，年平均低温日数在 3 d 以下；其余地区年平均低温日数在 3～12 d。过去 59 a 来，长三角地区年低温日数基本上都呈现出不同幅度的减少趋势，并在北部和中部多数站点低温日数减少趋势显著(图 2.14b)。在江苏中北部、安徽东北部减少趋势最为明显，减少趋势值均在 2 d・$(10\ a)^{-1}$ 以上，以江苏泗洪和阜宁站年低温日数减少较多，线性趋势值分别为 −4.46 d・$(10\ a)^{-1}$ 和 −4.22 d・$(10\ a)^{-1}$。在江苏南部、上海西部和浙江东部、南部地区，年低温日数的变化趋势值在 −2～1 d・$(10\ a)^{-1}$，其中江苏宜兴站年低温日数变化趋势为正值(0.89 d・$(10\ a)^{-1}$)，浙江乐清和温州站年低温日数变化趋势为 0。

2.3.3　暴雨日数

1961—2019 年，长江三角洲地区年暴雨日数呈显著增加趋势，平均每 10 a 增加 0.29 d(图

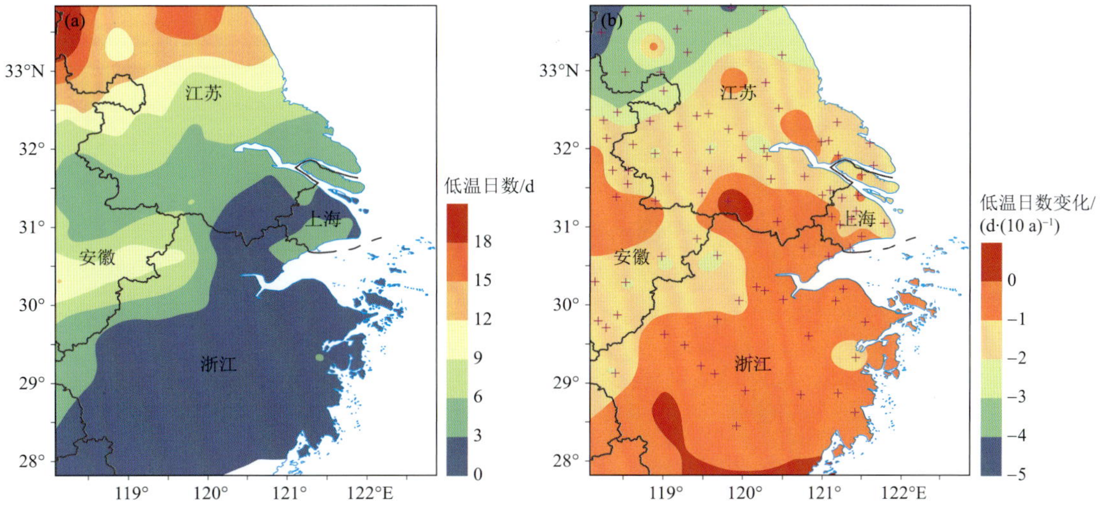

图 2.14　1961—2019 年长三角地区平均低温日数分布(a)及变化趋势(b)

2.15)。与常年值(1981—2010 年平均值,3.64 d)相比,1963—1985 年以及 1996—2008 年暴雨日数以偏少为主,2009 年之后,暴雨日数都为正距平。2016 年长江三角洲暴雨日数最多,年平均暴雨日数为 6.87 d,比常年同期偏多 3.23 d;1978 年暴雨日数最少,年平均暴雨日数为 1.11 d,比常年同期偏少 2.53 d。

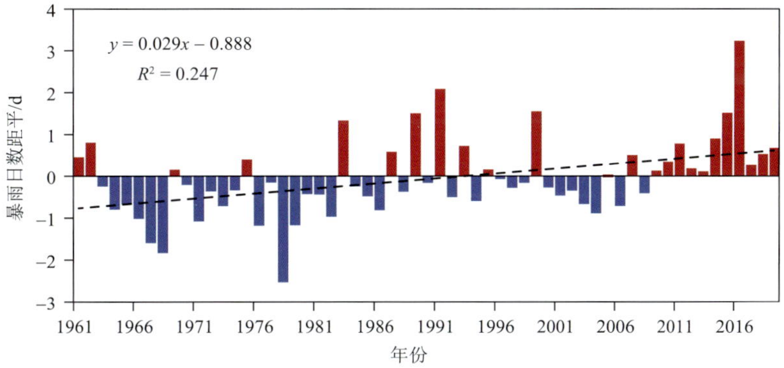

图 2.15　1961—2019 年长三角地区年暴雨日数距平变化

1961—2019 年,长三角地区年暴雨日数呈现出明显的南部多、北部和中部少的分布格局(图 2.16a)。暴雨日数高值区位于浙江西南部以及与福建、江西、安徽交界处、浙江东南部地区,年平均暴雨日数在 4.5 d 以上;低值区位于江苏西部和南部、安徽东北部、上海以及浙江杭州湾地区,年平均暴雨日数在 3.5 d 以下;其余地区年平均暴雨日数在 3.5～4.5 d。近 59 a 来,长三角地区年暴雨日数基本上都呈现出不同幅度的增加趋势,其中在长三角中部地区增加趋势较为明显,但在多数站点暴雨日数的增加趋势在统计上不显著(图 2.16b)。在江苏南部、上海西部和东南部以及安徽东南部、浙江一些地区,暴雨日数的增加趋势值在 0.3 d·(10 a)$^{-1}$ 以上,其中浙江桐庐、建德和江苏江阴站暴雨日数增加趋势值均在 0.5 d·(10 a)$^{-1}$ 以上。在江苏中北部以及安徽、浙江一些地区,暴雨日数变化在−0.3～0.1 d·(10 a)$^{-1}$,其中江苏射阳站暴雨日数减少趋势最大($-0.24\ d\cdot(10\ a)^{-1}$)。

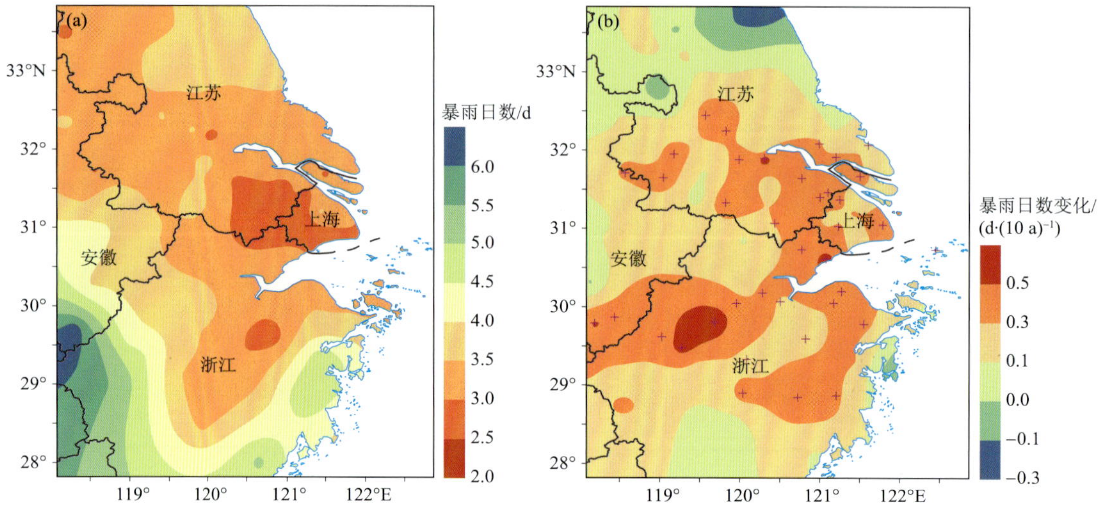

图 2.16　1961—2019 年长三角地区平均暴雨日数分布(a)及变化趋势(b)

2.3.4　大风日数

2010—2019 年,长江三角洲地区年大风日数呈不显著增加趋势,平均每 10 a 增加 0.31 d (图 2.17)。2019 年长江三角洲大风日数最多,年平均大风日数为 3.06 d;2014 年大风日数最少,年平均大风日数为 0.78 d。

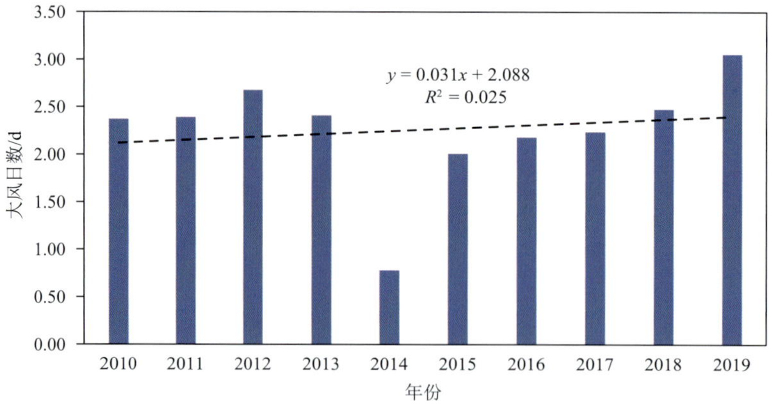

图 2.17　2010—2019 年长三角地区年大风日数年际变化

2010—2019 年,长三角地区年大风日数呈现出较为明显的东部多—西部少的分布格局(图 2.18a)。大风日数在江苏东南部、上海东部和南部、浙江北部和东部以及与福建、江西交界处较多,但在江苏西部和西南部、安徽东部以及浙江东南部较少。近 10 a 来,长三角地区年大风日数变化趋势不一,其中在东部沿海地区增加趋势较为明显,但在多数站点大风日数的增加趋势在统计上不显著(图 2.18b)。

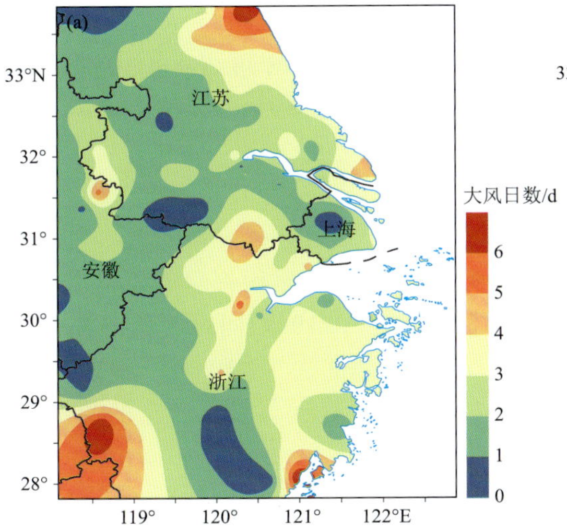

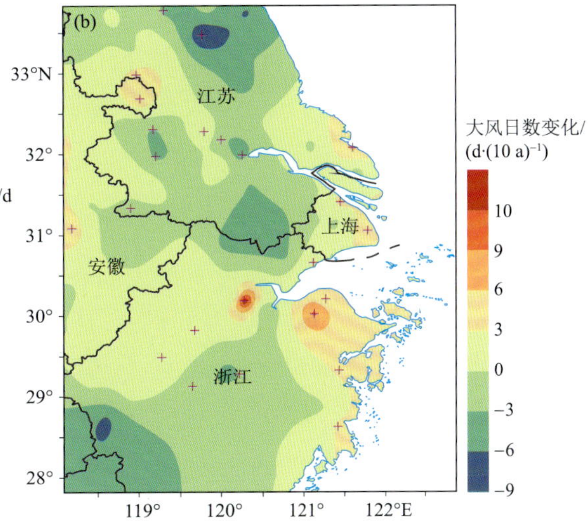

图 2.18　2010—2019 年长三角地区平均大风日数分布(a)及变化趋势(b)

2.4　上海主要气象灾情

上海地处长江三角洲冲积平原前沿和长江、黄浦江入海汇合处，近年来，随着城市化和经济发展，气象灾害对上海城市安全、经济可持续发展的影响和威胁日趋严重(史军 等，2015a)。以长三角地区的超大城市上海为例，基于历史气象灾情数据，采用数理统计方法，分析了 2004—2020 年上海气象灾情的分布和变化特征。

2.4.1　上海气象灾情的总体统计特征

2004—2020 年，台风灾害造成的农作物受灾和绝收面积、受灾人数和倒塌房屋都最多，造成的直接经济损失也最高(表 2.1)；大风、冰雹及雷电灾害造成最多的死亡人数；暴雨洪涝(滑坡、泥石流)灾害造成次多的农作物受灾和绝收面积、受灾人数和直接经济损失，雪灾和低温冷冻灾害对农作物、人口、房屋和经济造成的影响或损失较低。

表 2.1　2004—2020 年上海气象灾情汇总

气象灾害类型	农作物受灾情况		人口受灾情况		房屋受灾情况		直接经济损失/亿元
	受灾面积/万 hm^2	绝收面积/万 hm^2	受灾人口/万人次	死亡人口/人	倒塌房屋/万间	损坏房屋/万间	
台风灾害	20.4	0.6	322.6	11	1.6	0.3	39.0
暴雨洪涝灾害	3.4	0.5	19.4				3.6
大风、冰雹及雷电灾害	0.4		0.2	45	0.1	0.3	2.5
雪灾和低温冷冻灾害	2.6			2			1.6
总计	26.8	1.1	342.2	58	1.7	0.6	46.7

2004—2020 年，上海因气象灾害死亡总人数 71 人，其中大风、冰雹及雷电灾害与台风灾害及雪灾和低温冷冻灾害分别造成 45 人、11 人和 2 人死亡（表 2.1），还有 13 人由于大雾灾害死亡，都发生在 2004 年，其中 2004 年 11 月 8 日早晨，上海大雾持续时间达 4 h，南部郊区奉贤、金山等地能见度不到 50 m，大雾引发了 2 起重大交通事故，造成 12 人死亡，超过 10 人受伤。

2.4.2 气象灾情的年际变化特征

2004—2020 年，上海气象灾害造成的农作物总受灾面积和绝收面积都呈降低趋势，分别以 19 万 $hm^2 \cdot (10\ a)^{-1}$ 和 2.3 万 $hm^2 \cdot (10\ a)^{-1}$ 的速率减少（图 2.19a），同时气象灾害引起的受灾人口和死亡人口数也分别以 17.6 万人次 $\cdot (10\ a)^{-1}$ 和 8.9 人 $\cdot (10\ a)^{-1}$ 的速率减少（图 2.19b）。气象灾害造成的直接经济损失在过去 17 a 以 3.0 亿元 $\cdot (10\ a)^{-1}$ 的趋势减少（图 2.19c）。

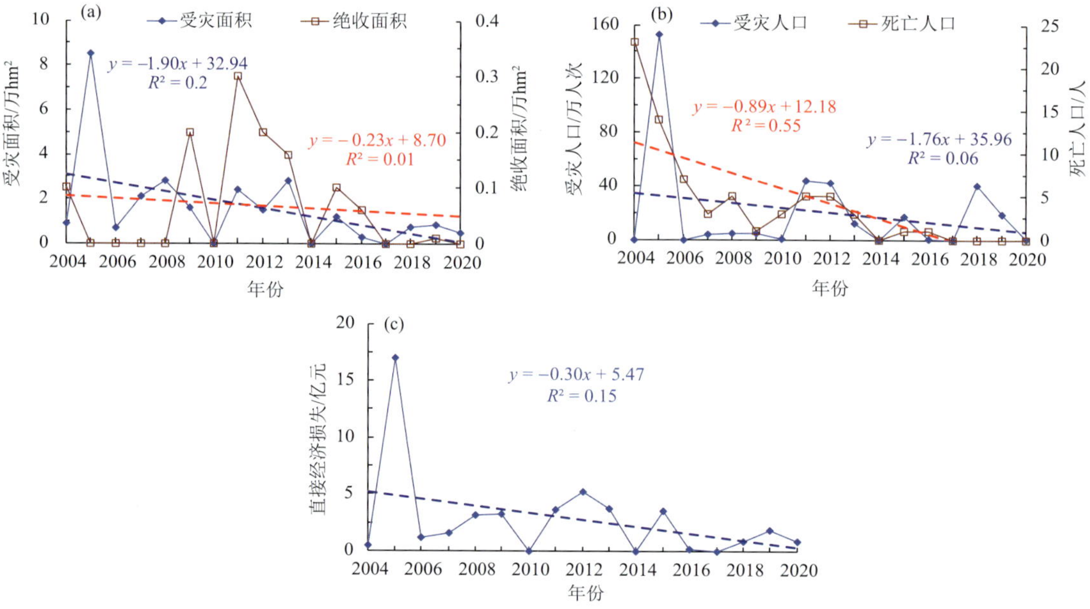

图 2.19 2004—2020 年上海气象灾害总灾情变化趋势

（a. 农作物受灾情况，b. 人口受灾情况，c. 直接经济损失情况）

2.4.3 不同类型气象灾情的年际影响特征

台风灾害对上海影响最重，过去 17 a，上海台风灾害造成 322.6 万人次受灾，死亡 11 人，紧急转移安置人口 203.5 万人次，直接经济损失 39.0 亿元，倒塌房屋 1.6 万间，农作物受灾 20.4 万 hm^2，农作物绝收 0.6 万 hm^2（表 2.2）。2005 年上海受台风影响最重，其中 8 月 5 日傍晚到 7 日凌晨，台风“麦莎”影响上海，风雨强度大，影响范围广，移动速度慢，持续时间长，明显超过 9711 号台风。台风前期以大风灾害为主，后期以集中强降雨灾害为主，造成上海受灾人数 133 万人，倒塌房屋 1.6 万间，农作物受灾面积 5.69 万 hm^2，直接经济损失约 13.4 亿元。

表 2.2　2004—2020 年上海台风灾情逐年统计

年份	农作物受灾情况		人员受灾情况			倒塌房屋/万间	损坏房屋/万间	直接经济损失/亿元
	受灾面积/万 hm²	绝收面积/万 hm²	受灾人口/万人次	死亡人口/人	紧急转移安置人口/万人次			
2004	0.3	0.0	0.0	0	0.0	0.0		0.0
2005	7.9	0.0	152.8	7	38.2	1.6		16.9
2006	0.5	0.0	0.0	0	0.0	0.0		0.5
2007	2.0	0.0	3.7	0	29.9	0.0		1.5
2008	0.0	0.0	0.0	0	0.0	0.0		0.0
2009	1.6	0.2	4.6	0	0.0	0.0		3.3
2010	0.0	0.0	0.0	0	0.0	0.0		0.0
2011	0.7	0.0	34.6	0	31.4	0.0		2.5
2012	1.5	0.2	42.0	2	35.0	0.0		5.2
2013	2.8	0.2	12.1	2	1.0	0.0	0.3	3.7
2014	0.0	0.0	0.0	0	0.0	0.0		0.0
2015	0.8	0.0	15.2	0	14.2	0.0		2.3
2016	0.3	0.1	0.5	0	0.0	0.0		0.2
2017	0.0	0.0	0.0	0	0.0	0.0		0.0
2018	0.7	0.0	40.8	0	38.7	0.0		0.9
2019	0.8	0.0	15.5	0	15.1	0.0		1.1
2020	0.5	0.0	0.8	0	0.0	0.0		0.9
总计	20.4	0.6	322.6	11	203.5	1.6	0.3	39.0

2004—2020 年，上海暴雨洪涝灾害共造成 19.4 万人次受灾，造成直接经济损失 3.6 亿元，农作物受灾 3.4 万 hm²，农作物绝收 0.5 万 hm²(表 2.3)。总体上，2015 年和 2011 年上海受暴雨洪涝灾害影响较为严重。2011 年 6 月 10 日入梅以后，上海地区出现连续强降水，梅雨期降水集中、降水量大、相对湿度也较大，造成上海地区小麦、蔬菜、水稻、果树等农田受淹，受灾面积共计 1.7 万 hm²，居民房屋倒塌 2 间，受灾人数 9.4 万人，紧急转移安置人数 25 人，直接经济损失近 1 亿元。

表 2.3　2004—2020 年上海暴雨洪涝灾情逐年统计

年份	农作物受灾情况		人员受灾情况		房屋倒塌情况		直接经济损失/亿元
	受灾面积/万 hm²	绝收面积/万 hm²	受灾人口/万人次	死亡人口/人	倒塌房屋/万间	损坏房屋/万间	
2004	0.5	0.1	0.0	0	0	0	0.5
2005	0.0	0.0	0.0	0	0	0	0.0
2006	0.0	0.0	0.0	0	0	0	0.0
2007	0.0	0.0	0.0	0	0	0	0.1
2008	0.7	0.0	4.9	0	0	0	0.0

续表

年份	农作物受灾情况		人员受灾情况		房屋倒塌情况		直接经济损失/亿元
	受灾面积/万 hm^2	绝收面积/万 hm^2	受灾人口/万人次	死亡人口/人	倒塌房屋/万间	损坏房屋/万间	
2009	0.0	0.0	0.0	0	0	0	0.0
2010	0.0	0.0	0.0	0	0	0	0.0
2011	1.7	0.3	9.4	0	0	0	1.0
2012	0.0	0.0	0.0	0	0	0	0.0
2013	0.0	0.0	0.0	0	0	0	0.0
2014	0.0	0.0	0.0	0	0	0	0.0
2015	0.4	0.1	1.7	0	0	0	1.2
2016	0.0	0.0	0.0	0	0	0	0.0
2017	0.0	0.0	0.0	0	0	0	0.0
2018	0.0	0.0	0.0	0	0	0	0.0
2019	0.1	0.0	3.4	0	0	0	0.8
2020	0.0	0.0	0.0	0	0	0	0.0
总计	3.4	0.5	19.4	0.0	0.0	0.0	3.6

上海大风、冰雹及雷电灾害在2004—2020年共造成0.2万人次受灾，其中死亡人数45人，造成直接经济损失2.5亿元，农作物受灾0.4万 hm^2（表略）。2004年大风、冰雹及雷电灾害造成上海死亡人数最多(10人)，2008年造成的直接经济损失最为严重。2004年7月12日17时30分左右，呈东北西南走向的飑线在上海西部生成后，快速东移发展影响上海中北部地区。全市除金山、奉贤、南汇外，当晚都出现了7级以上大风，其中青浦商榻出现11级阵风。全市共7人死亡，近50人受伤，死伤大多是由工棚房屋倒塌引起的，有200余间工棚、房屋损坏，12条高压线被风刮断，几万户居民遭受短时停电。

2008年4月8日，上海南部地区遭受大风暴雨袭击，阵风风速为21.3 $m \cdot s^{-1}$，入海区最大阵风达到26.5 $m \cdot s^{-1}$，损坏房屋161间，农作物受灾面积400 hm^2，直接经济损失3000万元；7月2日，上海部分地区受强对流天气影响，阵风风速为19.2 $m \cdot s^{-1}$，因灾死亡1人，受伤23人，紧急转移安置80人，倒塌房屋28间，直接经济损失527万元；8月16—17日，上海东部地区遭受雷雨大风袭击，2 h雨量达45 mm，因灾死亡1人，紧急转移安置3.6万人，损坏房屋300间，农作物受灾面积177 hm^2，直接经济损失6000万元；9月20日，上海东南部受强对流天气袭击，阵风风速为22.8 $m \cdot s^{-1}$，2 h雨量达96 mm，死亡1人，倒塌房屋1175间，损坏房屋883间，农作物受灾面积792 hm^2，直接经济损失6496万元。

2004—2020年，上海雪灾和低温冷冻灾害共造成2人死亡，造成直接经济损失1.56亿元，农作物受灾2.60万 hm^2（表略）。2008年上海受雪灾和低温冷冻灾害影响最为严重。2008年1月下旬至2月上旬，上海市平均气温和平均最高气温分别较常年同期偏低2.6 ℃和3.9 ℃，为近30 a来最低值；雨雪持续时间为1964年以来最长，累积雨雪量114 mm，为1901年以后历史同期最多，积雪深度达22～23 cm，为上海近136年来第二极值。低温雨雪冰冻天气造成农作物受灾，房屋损坏倒塌，全市直接经济损失1.56亿元。

2.5 本章小结

1961—2019 年，长江三角洲地区年平均气温以 0.29 ℃ · $(10\ a)^{-1}$ 显著上升，空间上，年平均气温呈现明显的南高北低的分布特征。过去 59 a，长三角地区的年平均气温呈现出不同幅度的增温趋势，并在多数站点年均气温增加趋势显著。长三角地区年降水量 1961—2019 年以 29.9 mm · $(10\ a)^{-1}$ 的速率增加，但变化趋势在统计上不显著。年降水量呈现出明显的南多北少的分布格局，过去 59 a，长三角地区年降水量基本上都呈现出不同幅度的增加趋势，其中在长三角中部地区增加趋势最为明显。长三角地区年相对湿度 1961—2019 年以 0.96% · $(10\ a)^{-1}$ 的速率显著降低，相对湿度呈现出明显的沿海高—内陆低、中部高—南北部低的分布格局，过去 59 a，相对湿度基本上都呈现出不同幅度的降低趋势，其中在长三角中东部地区降低趋势较为明显，并在多数站点年相对湿度降低趋势显著。1961—2019 年，长三角地区年日照时数以 66.34 h · $(10\ a)^{-1}$ 的速率显著降低，年日照时数呈现出明显的南少北多的分布格局，并在除浙江大陈岛站外的长三角地区呈现出不同幅度的减少趋势，在多数站点年日照时数减少趋势显著。长三角地区年平均风速 1961—2019 年以 0.22 m · s^{-1} · $(10\ a)^{-1}$ 的速率显著降低，年平均风速呈现出明显的沿海高—内陆低和北部高—南部低的分布格局，过去 59 a，长三角地区年平均风速基本上都呈现出不同幅度的降低趋势，并在北部和中部地区多数站点年平均风速降低趋势显著。

1961—2019 年，长江三角洲地区年高温日数呈显著增加趋势，平均每 10 a 增加 1.72 d，年高温日数呈现出明显的南多北少、内陆多沿海少的分布格局。过去 59 a，长三角地区年高温日数基本上都呈现出不同幅度的增加趋势，其中在长三角中部城市群和浙江东部增加趋势最为明显，并在一些站点高温日数增加趋势显著。过去 59 a，长江三角洲地区年低温日数呈显著减少趋势，平均每 10 a 减少 1.32 d，空间上，年低温日数呈现出明显的北多南少的分布格局，年低温日数基本上都呈现出不同幅度的减少趋势，并在北部和中部多数站点低温日数减少趋势显著。长江三角洲地区年暴雨日数呈显著增加趋势，平均每 10 a 增加 0.29 d，年暴雨日数呈现出明显的南部多—北部和中部少的分布格局，近 59 a 来，长三角地区年暴雨日数基本上都呈现出不同幅度的增加趋势，其中在长三角中部地区增加趋势较为明显，但在多数站点暴雨日数的增加趋势在统计上不显著。2010—2019 年，长江三角洲地区年大风日数呈不显著增加趋势，平均每 10 a 增加 0.31 d，年大风日数呈现出较为明显的东部多—西部少的分布格局。近 10 a 来，长三角地区年大风日数变化趋势不一，其中在东部沿海地区增加趋势较为明显，但在多数站点大风日数的增加趋势在统计上不显著。

以长三角地区的超大城市上海为例，基于历史气象灾情数据，采用数理统计方法，分析了 2004—2020 年上海气象灾情的分布和变化特征，结果表明，2004—2020 年，台风灾害造成的农作物受灾和绝收面积、受灾人数和倒塌房屋都最多，造成的直接经济损失也最高，大风、冰雹及雷电灾害造成最多的死亡人数，暴雨洪涝（滑坡、泥石流）灾害造成次多的农作物受灾和绝收面积、受灾人数和直接经济损失，雪灾和低温冷冻灾害对农作物、人口、房屋和经济造成的影响或损失较低。2004—2020 年，上海气象灾害造成的农作物总受灾面积和绝收面积都呈降低趋势，分别以 19 万 hm^2 · $(10\ a)^{-1}$ 和 2.3 万 hm^2 · $(10\ a)^{-1}$ 的速率减少，同时气象灾害引起的受灾人口和死亡人口数也分别以 17.6 万人次 · $(10\ a)^{-1}$ 和 8.9 人 · $(10\ a)^{-1}$ 的速率减少。气象灾害造成的直接经济损失在过去 17 a 以 3.0 亿元 · $(10\ a)^{-1}$ 的趋势减少。

第3章 植被生态质量

3.1 植被生态质量关键特征量及计算方法

3.1.1 植被与植被生态质量

植被是覆盖地表的植物群落总称。作为陆地生态系统的主体，植被不仅连接大气、水和土壤等圈层，在地球环境系统的形成过程中发挥着积极作用，而且提供固碳产氧、降温增湿、保育水土、净化空气、维持生境等多重生态服务功能，是基于自然的生态系统增汇、实现“碳中和”的重要利器。尤其是城市中的植被，它们是城市景观的重要组成部分，既具备重要的生态效益，如调节城市气候、滞蓄雨洪，又可以改善心血管疾病、降低犯罪风险、提升生态美学，从而增加社会福祉，提高居民的生活水平。为建设可持续的城市和人类住区，城市绿地建设在生态环境和宜居城市建设中的重要性日益凸显，在城镇化发展中受到越来越多的重视。

生态系统质量的科学内涵可以理解为一定时空范围内生态要素、结构和功能的综合特征，具体表现为生态系统的状况（包括物种多样性）、生产服务能力、结构功能稳定性、抗干扰恢复能力以及对人类生存发展的承载能力，反映生态系统整体状况（何念鹏 等，2020；于贵瑞 等，2022）。植被生态质量作为生态系统质量的重要构成要素，其好坏关系着陆地生态系统的质量优劣，关系着陆地植被提供给人类的生产能力以及覆盖美化地表的程度。从植被生态指标角度掌握区域生态系统质量状况对维持区域生态文明与可持续发展具有重要作用，植被生态质量是生态系统质量和实现“双碳”目标最核心的保障（张琳 等，2023）。对生态系统质量进行科学评估，进而采取有效措施提升生态系统质量及其稳定性成为我国生态文明建设的迫切任务。

植被的生长动态被认为是对全球气候变化和人类活动的自然反应。植被对生态系统变化极为敏感，其生长时刻受到气象条件的影响，而年际间气候条件的差别可能很大，会导致年际间植被生长状况的差异也很大（钱拴 等，2020）。已有研究表明，气候条件决定我国城市变绿的时空格局，而人类活动、政府管理等人文因素则是重要影响因素，甚至在气候适宜地区，植被受气候条件约束较小，人文因素可能成为影响植被变绿趋势的主要原因。此外，在全球气候变化背景下，极端气候事件频率、强度和持续时间的增加是地球上人类与生物面临的最严峻挑战之一。由于陆地生态系统的适应能力有限，极端气候事件很可能对陆地生态系统造成更严重、更持久且不可恢复的破坏。因此，迫切需要科学的手段及时监测评估植被生态质量时空变化特征，探究其对气象条件、极端气候等自然因素以及土地利用、城市化等人类活动的响应机制，从而为政府部门制定针对性的生态环境保护提供科学的参考，以此来缓解未来可能的自然因素以及城市化加速发展带来的潜在生态风险，为推进生态文明建设提供重要的辅助决策信息。

3.1.2 植被生态质量评估方法进展

植被生态质量的评估可以分为定性和定量评价两种，定性评价一般用单个指标的大小或优劣程度来反映生态质量好坏（孔红梅 等，2002）；而定量评价则遴选指标体系，建立公式或模型进行计算，根据计算结果对生态质量分级评价（徐洁 等，2019；钱拴 等，2020）。植被生态质量评价方法从最初的单个指示物种法，到后续发展为植被结构功能关键指标法，以及新近呈现的采用多个层级、多个指标的更全面的综合评价指标体系法，在不同应用目标和不同时空尺度均有应用。

（1）指示物种法

采用优势种、指示物种和环境敏感物种等的变化来描述植物群落的健康或质量的状况。在森林生态系统质量评价中，采用优势植物、敏感植物、特有植物等作为指示类群（陆庆轩 等，2006）；在水生生态系统质量评价中最常用的指示类群有藻类等浮游植物（蔡琨 等，2016）。此外，有研究认为优势种数量减少是生态系统受到扰动的标志之一，其分布面积可以评价植被生态质量（罗跃初 等，2003），如草地群落退化指示物种相对数量经常作为其退化分级标志。生物学上指示物种法应用较多，但也存在很多对指示物种筛选标准不一致的质疑，也有研究指出指示物种的变化与整个群落或生态系统的功能、性质的变化相关性很小。同时，指示物种法仅是以单一指标来反映植被生态质量，存在仅反映植被生态质量在某一维度变化的片面性问题。

（2）结构功能关键指标法

依据几个可以表征植物群落结构或者功能的关键指标来表征植被生态质量。植被盖度/覆盖度、叶面积指数、优势种/指示种、高度、景观破碎度、林龄结构等是植被结构状况的重要特征指标。生产力、生物量、凋落物等是反映植被物质生产与活力的重要功能指标。关键指标遴选需考虑以下原则（张琳 等，2023）：a. 科学性，指标必须能够反映植被状况和特点，具有科学性和代表性；b. 可比性，指标是研究和长期观测中通用的或具有兼容性的，可以应用到不同区域或生态系统类型，具有可比性和一致性；c. 可操作性，指标数据必须是易获取的、数据质量可以得到保证的、经济可行的，高难度指标一般不选用；d. 可量化，指标可以定量化表达，或可进行分级定量；e. 直观性，即能直接反映生态系统质量的优劣，或能被公众直接感知；f. 长期性，指标要选择具有长期意义的，关注长时间规律变化而非瞬时变化指标。

最常见的是用归一化差值植被指数（NDVI）、FVC、NPP、生物量等植被结构功能参数对植被质量或保护成效进行快速评估。如卢慧婷等（2018）选用 NDVI 作为生态系统质量变化的指示因子，评估了拉萨河流域 1990—2015 年生态系统质量变化及其对生态服务的影响；钱拴等（2020）利用净初级生产力和覆盖度 2 个植被参数共同构建植被生态质量指数，利用年际对比和多年变化趋势评价模型，对全国植被生态质量的时空变化进行评价研究。全国农业气象标准化技术委员会（2023）定义区域植被生态质量是由 NPP、FVC 和植被地理分布面积三者乘积共同决定的植被生长状态，并进行植被生态质量的气候变化影响评价。肖洋等（2016）基于生物量和 FVC 对内蒙古植被生态质量状况进行分析，用各植被地带内顶极群落作为参照，评估气候、人类活动与植被生态质量现状的相关关系。蒋德健等（2023）和许积层等（2024）应用植被覆盖度、叶面积指数和总初级生产力的归一化指数构建生态系统质量指数，分别对安徽省和海南岛生态系统质量进行动态遥感评估。欧阳志云等(2014)结合“全国生态环境十年变化(2000—2010年)遥感调查评估”项目，综合利用地面调查数据与遥感数据，通过解析生物量密度和植被覆盖度等指数的变化，对我国生态系统质量及功能开展了评估工作。

植被结构功能关键指标可以很快速地评价植被生态质量，尤其是在区域和全国尺度的生态质量评价中应用较多，特别是卫星遥感视域广、采集快、可重复以及时空连续，可突破野外实地调查范围与规模的限制，实现了长时间序列、多样化尺度快速监测，因此大部分研究采用的都是基于遥感数据的评估指标。但该方法也存在与指示物种法类似的缺点，即无法全面反映植被生态质量，如生产力和盖度相当的植物群落，其内部组成的合理与否也会导致生态质量的不同。理想情况下，评价指标越多，覆盖面就越广，也越能真实地反映生态系统质量。

(3)综合指标体系法

随着研究发展，综合指标体系被越来越多地采用，在植被结构和功能特征核心指标基础上，综合组成、生物多样性、外部干扰和社会经济等多方面因素，构建多个层级、多个指标的更全面的综合评价指标体系。其中，生物多样性在生态质量评价中的重要性也越来越获得关注，其完整性/丰富度、合理性/均匀度与生态系统的质量稳定与好坏密切相关，是质量评估需要考虑的核心内容；干扰和灾害等也是影响植被未来潜在演替和发展方向的重要指标，有研究指出景观破碎度作为描述景观格局特征的重要参数之一，能非常直观地表征连续变化的景观格局被分割而导致的破碎化程度，以及反映外界干扰对生态系统结构、功能和过程的影响(张琳等，2023)。此外，影响生态质量的植被特性还包括植被蒸散发、植被水分利用效率、植被物候及植被碳利用效率等。

针对植被生态环境需要结合多指标的综合影响，才能解释其特征变化，李超等(2021)以中分辨率成像光谱仪(MODIS)数据反演得到的中国总初级生产力、叶面积指数、植被覆盖度、温度植被干旱指数和陆面温度5项指标为基础，构建了植被生态指数(VEI)，对2000—2018年中国植被生态质量的时空变化特征进行了分析。具体到各类生态系统，针对森林，冯继广等(2017)从森林生产力、森林结构、森林健康、森林服务效能四个方面构建森林质量评价指标体系。陆元昌(2017)认为随着社会对森林生态环境服务、景观文化和物质生产等多种功能需求的增加，森林质量指标除了包括面积、蓄积量和生长量等传统指标，还应包括森林景观空间层、林分层和单木个体等扩展指标。2016年6月国家林业局印发《全国森林经营规划2016—2050》，该规划以多功能森林经营思想为指导，围绕构建健康稳定的森林生态系统这一核心目标，提出了与之直接相关的森林质量基本内涵和技术指标，不仅包括了森林面积、蓄积、生长量等传统的质量指标，还包括了森林的主要树种构成、森林植被碳储量、森林主要生态服务价值等指标，并在森林经营的基本遵循中对土壤肥力状态和发育水平、特殊生境和特殊动植物等多个方面提出了要求(覃阳平 等，2019)。针对草地，刘纪远等(2009)基于联合国新千年全球生态系统评估概念框架，从系统结构、服务功能方面构建了由4大类15个一级指标、75个二级指标组成的三江源区草地生态系统评估指标体系，其中植物群落结构特征指标、植被生产力与生物量指标，以及草地退化指标等是重要的一级指标。考虑到基于典型生态系统尺度地面调查的植被观测数据更直接、更准确，数据也很丰富，却很少用于生态质量评价，张琳等(2023)借鉴群落退化演替和生态系统长期监测研究的理论基础，构建基于地面调查的植被生态质量综合评估指标体系。该指标体系整体分为三级，一级综合指数由群落结构指数、物质生产指数、生物多样性指数、群落发展或者演替趋势4个二级分项指标构成，二级分项指标由12～14个三级指标组成，不同植被类型各有其特征指标。

在多指标的基础上，不仅是植被生态质量，更延伸到生态环境质量、生态系统质量评价。罗海江等（2008）从植被生产能力（NDVI 估算）、植被生产能力稳定性（NDVI 变异系数）、外部干扰（人口压力）3 个方面构建综合生态系统的质量指数。何念鹏等（2020）提出理想参照系概念，选取生产力、土壤有机质、植物多样性和景观破碎度指标评价生态系统质量。董贵华等（2023）根据《生态环境状况评价技术规范》（HJ 192—2015），利用生物丰度指数、植被覆盖指数、水网密度指数、土地胁迫指数、污染负荷指数和环境限制指数建立综合评价模型，分析“十三五”以来我国生态质量现状及变化趋势。王军邦等（2023）选取代表陆地生态系统生态质量的 11 个指标，从支持功能（NDVI、FVC、叶面积指数）、维持功能（总初级生产力、净初级生产力、生态系统净生产力）、调节功能（波文比、地表温度、湿润指数、生态系统水分存储指数、水分利用效率）整合构建 2000—2018 年空间分辨率为 1 km 的中国陆地生态系统生态质量数据集。2021 年 10 月，生态环境部为了强化生态保护监管，组织编制了《区域生态质量评价办法（试行）》，该综合评价指标体系将生物多样性纳入综合指标，包括生态格局、生态功能、生物多样性和生态胁迫 4 个一级指标及 11 个二级指标和 18 个三级指标。

综合指标体系从多方面、多层级进行评估，能完整、全面地反映植被质量状况。在指标体系建立的基础上，针对不同层级的指标进行合理的权重分配，是保障评估结果可靠性的关键。当前应用较多的权重确定方法包括主成分分析法、聚类分析法、变异系数法、专家咨询法和层次分析法等。然而指标体系都较为复杂，获得系统、全面、完整的评估数据也为综合评价的应用带来了很大的挑战。由于指标的量化和数据可获得性往往受限，很难实现快速评估的需要。

综上所述，无论是指示物种、结构和功能关键指标还是综合指标体系（表 3.1），都是从不同方面反映生态系统中植被质量特征，但由于植被类型的多样性、所处生态系统的复杂性和时空变异性，以及评价目的不同、方法的可操作性和数据的可获得性等影响，使得不同指标体系之间的一致性较差，可以根据不同的评价目标导向、尺度需求等确定适宜的方法。

表 3.1　植被生态质量评估方法对比

评估方法类型	指标	优点	缺点
指示物种法	优势种、退化指示种、特有种等数量、分布面积	简单、快捷	指示物种筛选标准被质疑，无法代表整个群落
结构功能关键指标法	植被覆盖度、生产力、生物量、叶面积指数等	区域或全国尺度遥感数据易获取，单个或多个指标组合快速评估	无法全面反映植被结构和功能，尤其是群落多样性
综合指标体系法	多方面多层级指标体系，一般从结构、功能、干扰胁迫、社会经济等方面构建综合评估指数	系统、全面、完整地进行评估，多针对生态系统，植被是重要方面	指标体系复杂，数据多样，数据可获得性较差，无法快速应用

3.1.3　基于遥感的植被生态质量相关特征量及计算方法

为了满足区域尺度植被生态质量快速评估的需要，精选关键评估指标构成综合评价指数，从而实现对生态质量的快速评估，而遥感信息能很好地反映生态环境质量的空间异质性，可满足快速、定量、大范围地对区域植被质量进行评价的需求。采用钱拴等（2020）提出的有机组合植被 NPP 和覆盖度构建的植被综合生态质量指数，既克服了单一指标的不足，又解决了植被生态质量在时空上的定量对比问题，为监测评价区域植被时空变化提供了可实施的模型和方法。

3.1.3.1　归一化差值植被指数

根据植被的光谱特性，将可见光和近红外波段进行组合，形成了各种植被指数。植被指数是对地表植被状况的简单、有效和经验的度量，目前已经定义了 40 多种植被指数，其中最广泛使用的是 NDVI。NDVI 是植被生长状态和空间分布的指示因子，同时也是监测植被生长状态和健康状况的重要指标，广泛应用于区域植被动态变化监测。它通过计算卫星遥感影像中近红外波段与红光波段的反射率之差与两者之和的比值得到：

$$\mathrm{NDVI} = \frac{\rho_{\mathrm{NIR}} - \rho_{\mathrm{Red}}}{\rho_{\mathrm{NIR}} + \rho_{\mathrm{Red}}} \tag{3.1}$$

式中，NDVI 是归一化差值植被指数，ρ_{NIR} 是近红外波段的反射率，ρ_{Red} 是红光波段的反射率，NDVI 的值域范围为[－1,1]。

3.1.3.2　植被覆盖度

植被覆盖度(FVC)是指绿色植被包括叶、茎、枝在地面的垂直投影面积占对应地表面积的百分比，是衡量地表植被生长状况的重要基础指标。它既是陆面过程的控制变量，又是生态系统变化的直接结果，反映了植物进行光合作用面积的大小以及植被生长的茂盛程度，能够在一定程度上代表植被的生长状态和生长趋势。FVC 和 NDVI 之间存在极显著的线性相关关系。根据像元二分模型理论，混合像元的 NDVI 信息能够表示为植被端元和非植被端元 NDVI 信息的面积加权和，通过线性分解变换则可获得植被端元的丰度，即像元的植被覆盖度。计算公式为：

$$\mathrm{FVC} = \frac{\mathrm{NDVI} - \mathrm{NDVI}_{\mathrm{soil}}}{\mathrm{NDVI}_{\mathrm{veg}} - \mathrm{NDVI}_{\mathrm{soil}}} \tag{3.2}$$

式中，FVC 为植被覆盖度，$\mathrm{NDVI}_{\mathrm{soil}}$ 表示像元为纯裸土时的归一化差值植被指数，$\mathrm{NDVI}_{\mathrm{veg}}$ 表示像元为纯植被时的归一化差值植被指数。根据我国植被特点，$\mathrm{NDVI}_{\mathrm{soil}}$ 和 $\mathrm{NDVI}_{\mathrm{veg}}$ 的取值分别为 0.05 和 0.95(钱拴 等,2020)。

陆地植被覆盖度监测评价划分参考等级见表 3.2，可根据当地情况进行调整。

表 3.2　陆地植被覆盖度监测评价等级(全国农业气象标准化技术委员会,2019)

平均植被覆盖度(FVC)	监测评价等级
FVC≥80%	高覆盖
60%≤FVC<80%	较高覆盖
40%≤FVC<60%	中覆盖
20%≤FVC<40%	较低覆盖
5%≤FVC<20%	低覆盖
FVC<5%	极低覆盖

通过全年或生长季陆地植被覆盖度的平均值与常年(通常为 10 a 或以上)同期植被覆盖度平均值的差值，进行陆地植被覆盖度年际对比监测等级评价，见表 3.3。

表 3.3 陆地植被覆盖度年际对比监测评价等级(全国农业气象标准化技术委员会,2019)

全年或生长季平均陆地植被覆盖度与常年差值(ΔFVC)	监测评价等级
ΔFVC≥10%	明显增加
3%≤ΔFVC<10%	增加
0%≤ΔFVC<3%	持平偏增
−3%≤ΔFVC<0%	持平偏减
−10%≤ΔFVC<−3%	减少
ΔFVC<−10%	明显减少

3.1.3.3 植被净初级生产力

NPP,也称净第一性生产力,是指绿色植物在初级生产过程中,单位时间、单位面积内所能累积的有机物数量,即由光合作用所产生的有机干物质总量扣除自养呼吸消耗后剩余的部分,是植物对大气二氧化碳固定和转化的效率表征。NPP 不仅直接反映植被活力,同时也是生态系统能量和物质流动的基础,关系到生态系统对 CO_2 引起的温室效应缓解作用的强弱,是衡量植被固碳能力的最主要指标。根据植被光能利用原理,采用基于考虑水分胁迫、辐射和 C3/C4 植物光合作用差异的陆地生态系统碳通量(TEC)模型(Yan et al.,2015),从大叶光能利用率角度以地面气象资料和遥感数据驱动估算植被 NPP,主要公式如下:

$$\mathrm{NPP} = \mathrm{GPP} - R_g - R_m \tag{3.3}$$

$$\mathrm{GPP} = \varepsilon \times T_\varepsilon \times W \times \mathrm{FPAR} \times \mathrm{PAR} \tag{3.4}$$

$$R_g = 0.2 \times (\mathrm{GPP} - R_m) \tag{3.5}$$

$$R_m = \mathrm{GPP} \times (7.825 + 1.145 \times T_a)/100 \tag{3.6}$$

$$\mathrm{FPAR} = 1.24 \times \mathrm{NDVI} - 0.168 \tag{3.7}$$

$$\mathrm{PAR} = R_s \times 0.48 \tag{3.8}$$

式中,NPP、GPP、R_g 和 R_m 分别表示植被净初级生产力、总初级生产力、生长和维持呼吸消耗量;ε 为最大光能利用率($gC \cdot MJ^{-1}$)①,C3 植物 ε 取值为 1.8($g \cdot MJ^{-1}$),C4 植物 ε 取值为 2.76($g \cdot MJ^{-1}$);T_ε 为温度胁迫系数;W 为水分胁迫系数;FPAR 为植被光合作用吸收的光合有效辐射比;NDVI 为归一化差值植被指数;PAR 为光合有效辐射($MJ \cdot m^{-2} \cdot mon^{-1}$);$R_s$ 为太阳总辐射($MJ \cdot m^{-2} \cdot mon^{-1}$);$T_a$ 为月平均气温(℃)。

陆地植被净初级生产力监测评价划分参考等级见表 3.4,可根据当地情况进行调整。

表 3.4 陆地植被净初级生产力监测评价等级(全国农业气象标准化技术委员会,2019)

单位:$g \cdot m^{-2}$

全年或生长季累积植被净初级生产力(NPP)	监测评价等级
NPP≥1000	很高
800≤NPP<1000	高
600≤NPP<800	较高
400≤NPP<600	较低
100≤NPP<400	低
NPP<100	很低

① $gC \cdot MJ^{-1}$ 表示每兆焦耳光合有效辐射能固定多少克碳,直接关联光合作用的能量转化效率。

通过全年或生长季陆地植被净初级生产力与常年（通常为10 a或以上）同期平均值的距平百分率，进行陆地植被净初级生产力年际对比监测等级评价，见表3.5。

表3.5 陆地植被净初级生产力年际对比监测评价等级（全国农业气象标准化技术委员会，2019）

全年或生长季陆地植被净初级生产力与常年距平百分率（ΔNPP）	监测评价等级
ΔNPP≥10%	明显增加
3%≤ΔNPP<10%	增加
0%≤ΔNPP<3%	持平偏增
−3%≤ΔNPP<0%	持平偏减
−10%≤ΔNPP<−3%	减少
ΔNPP<−10%	明显减少

3.1.3.4 植被生态质量指数

植被生态质量是植被地理分布、生产力和生态服务的综合体现。在无法考虑大范围植物多样性的情况下，鉴于FVC和NPP对一地植被生态质量的重要性，同时根据植被生长的气候适应性原理，采用权重加权的方法把二者有机地构成植被生态质量指数，定量描述植被在单位面积上覆盖能力和生产能力的综合高低水平，即生态系统自然植被的优劣程度。基于年或生长季平均植被覆盖度和累积植被NPP，可计算该时段植被生态质量指数（VEQI）：

$$\mathrm{VEQI} = 100 \times \left(f_1 \times \mathrm{FVC} + f_2 \times \frac{\mathrm{NPP}}{\mathrm{NPP}_{max}}\right) \tag{3.9}$$

式中，f_1 和 f_2 分别表示陆地植被覆盖度和NPP的权重系数，f_1 和 f_2 之和为1，在此取 $f_1 = f_2 = 0.5$；NPP为该时段累积NPP，NPP_{max} 表示该时段植被NPP的历年最高值，即当地气候条件最好情况下的陆地植被净初级生产力。

由于无论用植被NPP，还是用植被覆盖度，只能反映陆地生态系统功能或结构的一个方面，即生产能力与覆盖能力，而植被生态质量指数（VEQI）综合了生产能力和覆盖能力这两个关键分量，解决了空间上存在的单位面积上植被NPP相同但对地表的覆盖程度不同或植被覆盖度相同但植被NPP不同的问题。VEQI数值在0～100，其值越大表示综合了植被生产能力和覆盖能力的植被生态质量越好。当VEQI=0，说明植被NPP为0，植被覆盖度也为0；当VEQI=100，说明植被NPP达历年最高，覆盖度为100%。

陆地植被生态质量监测评价划分参考等级见表3.6，可根据当地情况进行调整。

表3.6 陆地植被生态质量监测评价等级（全国农业气象标准化技术委员会，2019）

全年或生长季陆地植被生态质量指数（VEQI）	监测评价等级
VEQI≥80	优
60≤VEQI<80	良
50≤VEQI<60	中等偏好
40≤VEQI<50	中等偏差
20≤VEQI<40	差
VEQI<20	很差

通过全年或生长季陆地植被生态质量与常年(通常为10 a或以上)同期植被生态质量的距平百分率,进行陆地植被生态质量年际对比监测等级评价,见表3.7。

表3.7 陆地植被生态质量年际对比监测评价等级(全国农业气象标准化技术委员会,2019)

全年或生长季平均陆地植被生态质量与常年距平百分率(ΔVEQI)	监测评价等级
ΔVEQI≥10%	很好
3%≤ΔVEQI<10%	较好
0%≤ΔVEQI<3%	持平偏好
−3%≤ΔVEQI<0%	持平偏差
−10%≤ΔVEQI<−3%	较差
ΔVEQI<−10%	很差

3.1.4 影响植被生态质量的气象条件等级评价

陆地植被的生长受到多种气象条件的影响,这些条件共同决定了植被的分布、生长状况和多样性。这些气象条件主要包括温度相关的热量条件、降水相关的水分条件、日照,此外还有湿度、风力等。

3.1.4.1 热量条件

温度是影响植被生长的关键因素之一。活动积温是指植物在某一生长期或整年生长中高于生物学最低温度(又称生物学零度)的温度之和。活动积温越高,意味着植物在生长过程中经历的适宜温度的时间越长,这将促进植物的光合作用和呼吸作用,加快物质的合成和代谢,从而加速植物的生长。陆地植被生长热量条件以全年或生长季活动积温的距平百分率表示,其年际对比监测评价等级见表3.8。

表3.8 陆地植被生长热量条件年际对比监测评价等级(全国农业气象标准化技术委员会,2019)

全年或生长季日平均气温大于或等于0 ℃积温距平百分率(ΔT)	监测评价等级
ΔT≥10%	很好
5%≤ΔT<10%	好
0%≤ΔT<5%	正常偏好
−5%≤ΔT<0%	正常偏差
−10%≤ΔT<−5%	差
ΔT<−10%	很差

3.1.4.2 水分条件

水分是植物进行光合作用、呼吸作用和其他生理活动的必需品。降水是植物生长的重要水源之一。降水可以增加土壤中的水分含量,为植物根系提供充足的水分和养分。降水的多少直接关系到植物体内的水分供应,进而影响到植物的生长速度和健康状况。不均匀的降水分布可能导致植物在生长过程中遭受水分胁迫,影响其正常生长和发育。陆地植被生长水分条件以全年或生长季累计降水量的距平百分率表示,其年际对比监测评价等级见表3.9。

表 3.9 陆地植被生长水分条件年际对比监测评价等级(全国农业气象标准化技术委员会,2019)

全年或生长季累计降水量距平百分率(ΔP)	监测评价等级
$\Delta P \geq 50\%$	很好
$25\% \leq \Delta P < 50\%$	好
$0\% \leq \Delta P < 25\%$	正常偏好
$-25\% \leq \Delta P < 0\%$	正常偏差
$-50\% \leq \Delta P < -25\%$	差
$\Delta P < -50\%$	很差

3.1.4.3 日照条件

日照是植被进行光合作用的基础,对植被的生长具有重要影响。日照强度和日照时间会影响植被的光合作用效率、形态建成、生长节律以及生物化学反应等多个方面,进而影响其生长速度和生物量。陆地植被生长日照条件以全年或生长季累计日照时数的距平百分率表示,其年际对比监测评价等级见表 3.10。

表 3.10 陆地植被生长水分条件年际对比监测评价等级(全国农业气象标准化技术委员会,2019)

全年或生长季累计日照时数距平百分率(ΔS)	监测评价等级
$\Delta S \geq 20\%$	很好
$10\% \leq \Delta S < 20\%$	好
$0\% \leq \Delta S < 10\%$	正常偏好
$-10\% \leq \Delta S < 0\%$	正常偏差
$-20\% \leq \Delta S < -10\%$	差
$\Delta S < -20\%$	很差

3.2 上海生态绿化建设及其植被演变状况

3.2.1 上海市概况

上海市(30°40′—31°53′N,120°51′—122°12′E)位于中国东海岸、长江三角洲前缘,东濒太平洋东海海域,南临杭州湾,西接江苏、浙江两省(紧靠太湖及淀山湖地区),北界长江入海口,市域总面积达到 6833 km^2,城市空间具有高密度建成区特征,是全国第一超大型城市(图 3.1)。全市下辖 16 个行政区划,包括黄浦、徐汇、长宁、静安、普陀、虹口、杨浦、闵行、宝山、嘉定、浦东新区、金山、松江、青浦、奉贤和崇明,2020 年常住人口 2488.36 万人,约占全国总人口的 1.7%。依托长江三角洲腹地,上海市长期以来处于我国重要的经济中心,是中国经济、金融、贸易和航运的重要枢纽。上海属亚热带季风气候,年平均气温 16.0 ℃,年降水量 1166.1 mm,光照充足,地形平坦,具有典型的河口海洋生态系统和江南水乡湿地肌理特征,也是全球候鸟迁徙带上重要的生物多样性热点地区,城市生态要素包括河湖水系、林地、绿地、耕地、湿地、野生动物栖息地、农田等。截至 2021 年,上海市域生态空间占比约 60%。

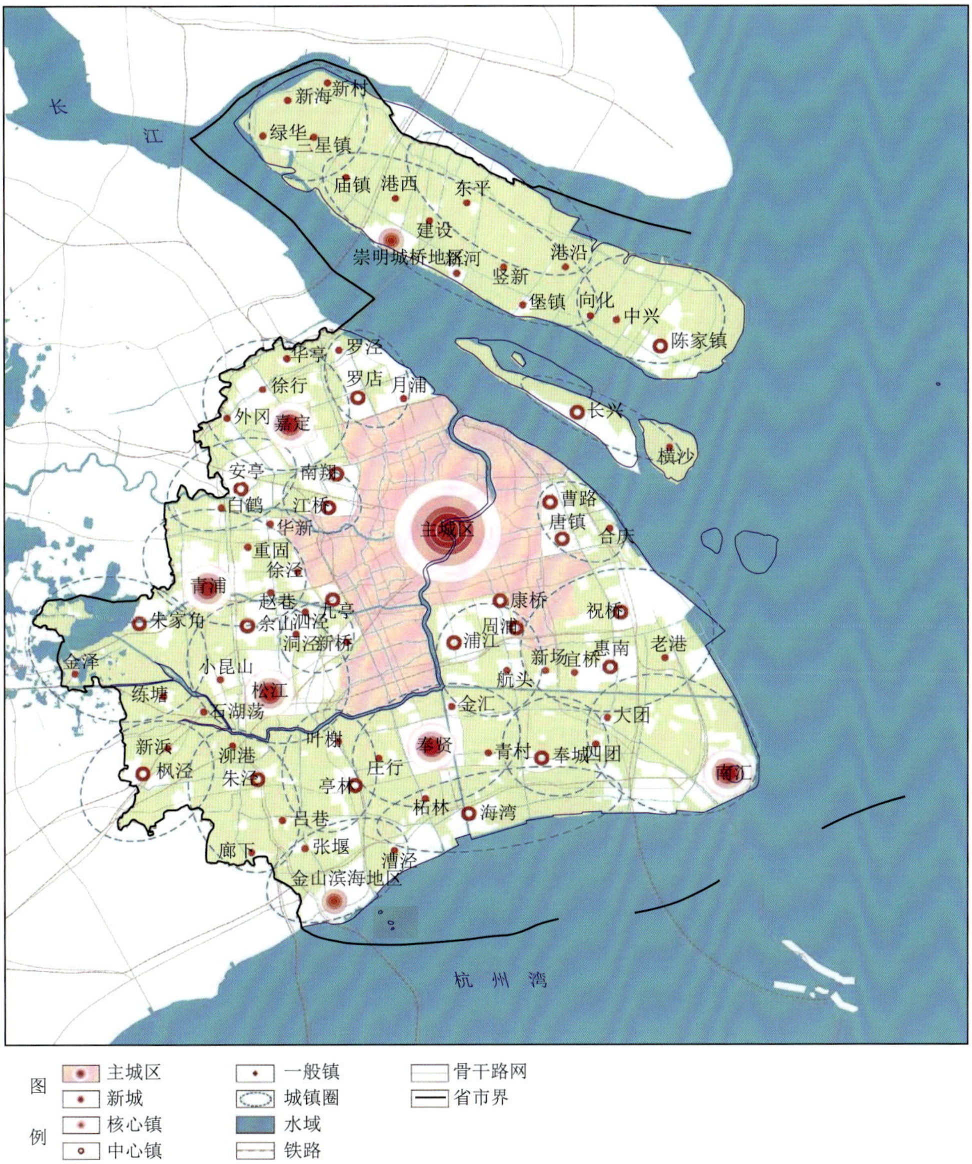

图 3.1　2017—2035 年上海市域城乡体系规划

3.2.2　上海生态绿化建设阶段演进背景

新中国成立以来，各个时期在国家园林绿化方针政策的指引下，上海生态空间建设不断探索与践行生态文明理念（表 3.11）。

1949 年，跨入新中国的上海，市区有公园 14 个，总面积 65.88 hm^2；街道绿地 10 处，总面积 3600 hm^2；行道树 1.85 万株，市区人均公共绿地面积仅为 0.13 m^2。人民公园的建设开启了新中国成立以来公园上海绿地建设的新篇章。到 1978 年，市区绿化总面积 761 hm^2，市区人均公共绿地面积增加到 0.47 m^2（《上海园林志》编纂委员会，2000）。

党的十一届三中全会以后，在改革开放政策指引下，各项绿化建设蓬勃兴起，城市绿化建设体系框架初步构建。1990 年 4 月，中共中央、国务院宣布开发、开放浦东。1992 年，邓小平提出上海要“一年一个样，三年大变样”。到 1993 年，上海的人均公共绿地发展到 1.15 m^2（《上海园林志》编纂委员会，2000）。

伴随着国家园林城市创建评选工作的开展，上海市政府根据新形势对上海城市建设的要求，1994 年编制出《上海市绿地系统规划》，并把 1994 年作为环境保护年、城市绿化年。1996 年，“九五”开启的上海，绿化建设快速发展，至 1998 年，上海市区人均公共绿地面积达 2.96 m^2。1998 年以来，坚持“建管并举”“重在有质”的原则，上海积极探索具有时代特征、上海特色的绿化发展之路。围绕改善上海生态环境目标，积极推进“500 m 绿化服务半径”，结合大市政建设，旧城改造、污染工厂搬迁等，开辟出成片土地以建设绿地、林地。在中心城区，新建一批标志性景观绿地，启动了环城绿带建设；在郊区，大力推进黄浦江水源涵养林、生态片林建设；同时，上海市还建立了崇明东滩、九段沙、金山三岛等自然保护区。2003 年，上海获“国家园林城市”称号。2006 年，上海城市生态空间建设管理进入新的发展时期。坚持增量提质并举的同时，加快构建“核、环、廊、楔、网”为主体，三带、四片、多源的绿色网络系统。到 2009 年，市区人均公共绿地提高到 13 m^2，绿化覆盖率从 19.1%提高到 38%，森林覆盖率从 5.46%提高到 11.63%（马云安，2009；张浪，2014）。

2009 年，国务院批准上海市“规土合一”的城市总体规划，上海启动《上海市基本生态网络规划》编制，并于 2012 年得到正式批复，开启了市域绿地、耕地、林地和湿地等生态资源的融合和高效利用，自然生态资源的保护和上海城市的安全、健康与可持续发展的新篇章。2012 年以来，在生态文明建设思想引领下，上海市聚焦市级重点生态廊道和崇明世界级生态岛建设，推进农田林网化、沿海基干防护林林带化、道路（河道）廊道绿色景观化、乡村区域绿化美化建设，新增造林绿地、加强立体绿化、推进绿道贯通。上海中心城内以延中绿地、世博绿地等为代表的中心城大型绿地先后建成；外环绿带也已建成宽度 100 m 以上林带，总面积超过 27 km^2；郊区相继建成 4 座国家森林公园，以及依托外环绿带建设的滨江森林公园、顾村公园等，形成了 15 片千亩①以上大型生态林，廊下郊野公园、青西郊野公园、长兴郊野公园和浦江郊野公园等首批 7 个郊野公园相继开园；突出生态空间结构优化，提升“绿化、彩化、珍贵化、效益化”水平，丰富了上海生态空间。2021 年 6 月，《上海市生态空间专项规划（2021—2035 年）》发布，提出要践行“人民城市”“公园城市”“韧性城市”发展理念，营造“城在园中、林廊环绕、蓝绿交织”的生态空间，构建“江海交汇、水绿交融、文韵相承”的区域生态网络，同时遵循自然本底山水关系，彰显城乡风貌特色，推进“公园体系、森林体系、湿地体系”和“廊道网络、绿道网络”建设。

截至 2022 年，上海市森林覆盖率为 18.51%，公园数量达到 670 座，累计建成口袋公园 390 座。但上海市森林资源总量仍显不足，森林面积和覆盖率指标尚未达到全国平均水平，更显著低于北京、广州和深圳 3 个一线城市，且新建平原人工林的资源特征造成森林资源质量和生态服务功能较低，与上海市卓越的全球城市定位存在明显差距。基于以生态空间作为城市基底的融合理念，上海生态空间在增量提质并举的同时，探索从有序到有机的发展路径。面对生态文明、“公园城市”的国家指导思想，根据“上海 2035 建设卓越全球城市”的目标要求，上海生态空间提出建设“韧性生态之城”的更高目标，向着更“人民”、更“生态”、更“上海”的方向发

① 1 亩 = 1/15 hm^2，下同。

展(臧亭 等,2021)。

表 3.11 从绿地系统到城市生态系统,上海生态空间的发展演变(臧亭 等,2021)

阶段	生态文明思想内涵	政策目标和城市建设背景	生态空间建设	
			目标	主要成就
起步阶段	以发展生产为中心的环境保护	绿化祖国;普遍绿化;植树造林;园林化;大地园林化	植树增绿	有零星公园绿地、外滩滨江绿带、林荫道;人均公共绿地面积 0.47 m^2
稳步发展阶段	环境保护与经济社会建设同等重要	植树造林,绿化祖国,造福后代;逐步实现城市园林化;《中华人民共和国环境保护法(试行)》;《关于开展全民义务植树运动的决议》订立植树节	增绿;绿地功能价值挖掘	城市生态园林理论,点线面结合的绿地系统形成;人均公共绿地面积 1.15 m^2
跨越式发展阶段	可持续发展、科学发展,将生态文明上升到人类文明的主要方面	山水城市、园林城市;《国家园林城市标准》;国家生态园林城市;浦东大开发;2010 年上海世界博览会	建管并举、重在有质;建设生态型城市	编制《上海市绿地系统规划》;获"国家园林城市"称号;人均公共绿地 13 m^2;绿化覆盖率 38%;森林覆盖率 11.63%
转型发展阶段	将生态文明建设与经济建设、政治建设、文化建设、社会建设相依靠,形成建设中国特色社会主义"五位一体"的总布局	美丽中国;绿色生产生活方式;绿水青山就是金山银山;公园城市;"上海 2035 建设卓越全球城市";中国国际进口博览会	韧性生态之城	编制《上海市基本生态网络规划》,"环、楔、廊、园、林"的生态格局基本形成;生态用地 50% 以上;人均公共绿地面积 14 m^2;森林覆盖率 18%;《上海市公园绿地"四化"规划纲要》

3.2.3 2000—2022 年上海植被演变状况

3.2.3.1 植被覆盖的年代际特征

本研究以 16 d 合成的归一化差值植被指数产品(MOD13 NDVI)数据作为植被覆盖演变研究的基础数据,空间分辨率为 250 m。为了有效地去除云、大气和太阳高度角等产生的影响,采用最大值合成法获得 2000—2022 年逐月 NDVI 数据,并利用均值法计算逐年平均的 NDVI。

选取 2000 年、2011 年、2022 年平均 NDVI 表征上海市植被覆盖的年代际特征(图 3.2、图 3.3)。

可以看到,2000 年,上海市年平均 NDVI 在[−0.3,0.65),其中中心城区和嘉定、青浦、松江、奉贤、南汇、浦东 NDVI 较低,在[0.05,0.2),呈一核多线放射状。城镇建成区周边 NDVI 也较低,在[0.2,0.25),而外围大部分地区 NDVI 小于 0.45 且大于或等于 0.30。此外,NDVI 高于 0.5 的地块仅零星分布于崇明岛中西部、长兴岛东部和南部、金山区中南部。该年度全市整体平均 NDVI 为 0.33,NDVI 小于 0.25 的面积占比 19.68%,0.25～0.5 的面积占比为 79.05%,大于 0.5 的面积占比仅为 1.27%。

2011 年,上海市年平均 NDVI 在[−0.3,0.67),NDVI 最高值略有提升。中心城区和郊

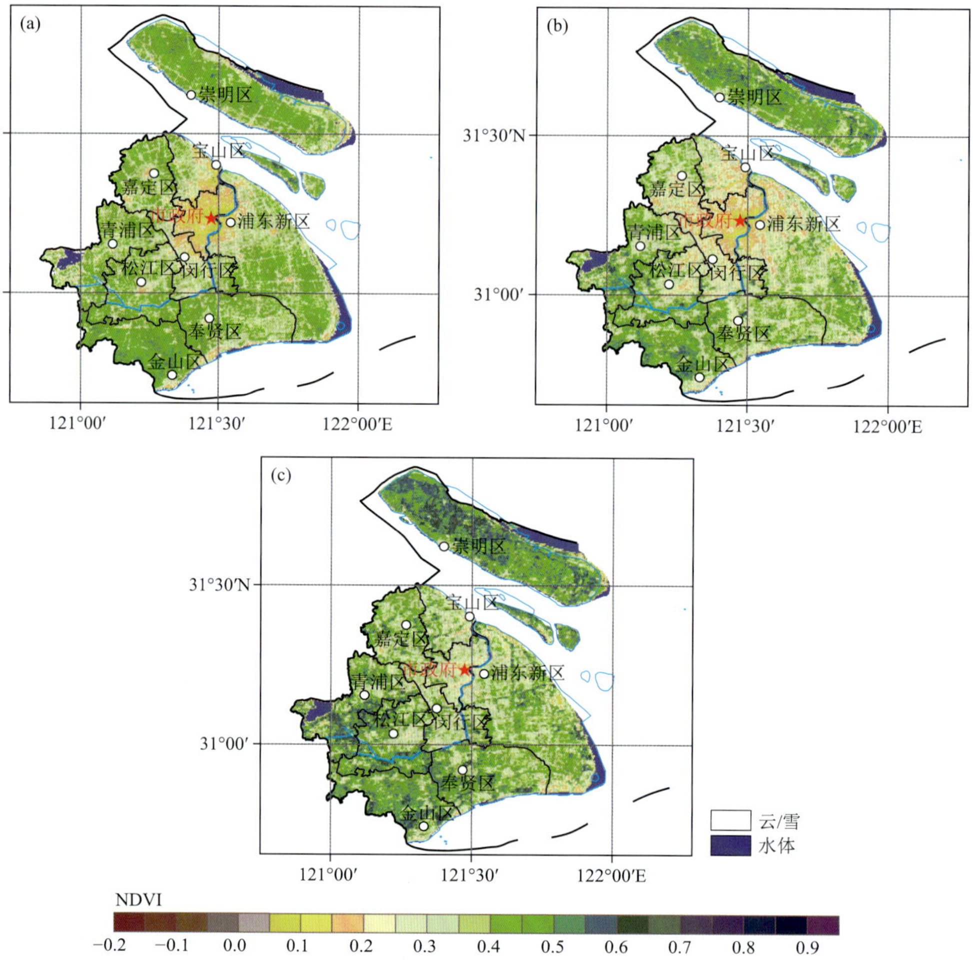

图 3.2　上海市年平均归一化差值植被指数(NDVI)分布
(a. 2000 年,b. 2011 年,c. 2022 年)

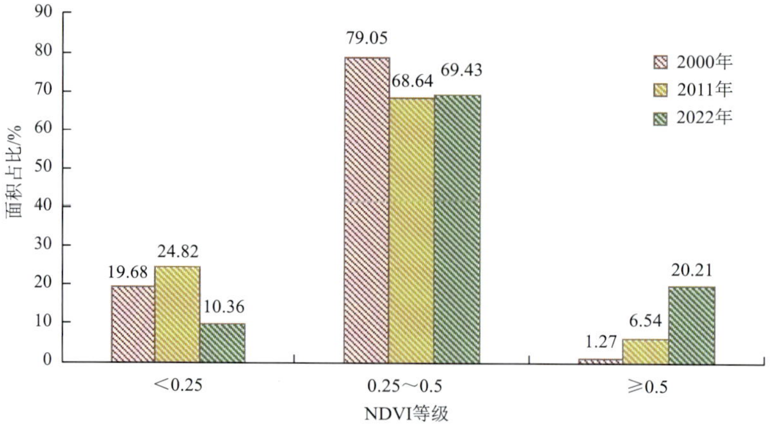

图 3.3　2000—2022 年上海市归一化差值植被指数(NDVI)等级面积占比

区中心城镇的低覆盖度植被分布趋于破碎化，小于0.15的趋于大幅度减少，在[0.15,0.2)的区域沿中心城和中心镇外围扩散增加，但分布较为散乱。在[0.2,0.25)的城镇建成区周边呈蔓延式扩张，分布于宝山、嘉定、闵行的大部以及青浦中东部、松江东部和浦东中北部。外围大部分地区NDVI大于0.30，在崇明中西部、青浦南部、松江西部和南部、金山中西部有大面积区域NDVI超过0.5。该年度全市整体平均NDVI为0.32，NDVI小于0.25的面积占比为24.82%，0.25～0.5的面积占比为68.64%，大于0.5的面积占比为6.54%。

2022年，上海市年平均NDVI在[−0.3,0.76)，NDVI最高值大幅度提升。中心城区NDVI大部分在[0.25,0.30)，小于0.2的区域仅分布于与黄浦江拐弯相邻的老城核心区，城市空间已转折呈现出绿色底色特征。与此同时，近郊区宝山中东部、嘉定南部、松江中部和东北部、闵行中西大部、浦东偏北部年平均NDVI基本维持在0.3附近，郊区新市镇及其周边地区的NDVI也提升至[0.25,0.35)，城镇建成区植被退化的迹象得以遏制。外围大部分地区年平均NDVI超过0.35，其中崇明三岛大部、青浦中南部、松江西北部和南部、金山大部、奉贤中西部和东南局部以及浦东东南部和中部局部植被覆盖较好或好，年平均NDVI达到或超过0.40，而崇明本岛中西部(含东平森林公园)及东部东滩、青浦淀山湖东部、金山吕巷镇东部、松江黄浦江上游沿线岸带、奉贤东南部海湾森林公园、外环绿带等地因种植连片人工林地，植被指数超过0.50，绿色优势显著，为植被生活活力增长区。该年度全市整体平均NDVI为0.39，NDVI小于0.25的面积占比缩减为10.36%，0.25～0.5的面积占比为69.43%，大于0.5的面积占比大幅增加至20.21%。

进一步从阶段性来分析，与常年平均相比(图3.4、图3.5)：2011年NDVI与2000—2010年平均值基本一致([−0.02,0.02))区域面积占比40.38%，偏好(≥0.02)区域面积占比30.43%，偏差(<−0.02)区域面积占比29.19%，偏差的区域主要在中心城区以外的近郊区，变好的区域主要在淀山湖以东的青浦区中南部、崇明岛和中心城区；2022年与2011—2021年平均值基本一致([−0.02,0.02))区域面积占比20.04%，偏好(≥0.02)区域面积占比68.26%，偏差(<−0.02)区域面积占比11.70%，大部分区域变好，且在中心城区的东南部及西部和西北部近郊区变绿程度更高；2022年与2000—2021年平均值基本一致([−0.02,0.02))区域面积占比23.47%，偏好(≥0.02)区域面积占比65.26%，偏差(<−0.02)区域面积占比11.27%，大部分区域变绿，以中心城区为核心的上海中偏西北部以及崇明中西部和东部显著变绿。

从逐年变化来看，2000—2022年，上海城市NDVI与FVC具有非常类似的变化规律，上海市FVC在29.70%～39.16%变化，经历了先逐步下降后波动中持续快速增长的过程，FVC以2.22%·$(10\ a)^{-1}$的线性趋势增加。FVC在2009年最低(29.70%)，而在2022年最高(39.16%)，达到23 a最高水平。2009年为阶段性转折点，在2000—2009年以4.08%·$(10\ a)^{-1}$的趋势减少，而在2009—2022年以5.54%·$(10\ a)^{-1}$的趋势增加(图3.6)。

总的来看，2000年以来，上海市绿色空间逐渐增绿，特别是2012年(即党的十八大)以来绿化绩效尤为突出。其中，2000—2011年以建成区蔓延扩张和外围局域和重点地带造林增绿为主，2012—2022年则演变为中心城、建成区城市更新和整体、大范围的扩绿提质，后半程明显较前半程绿色增长速度更快、幅度更大、质量更高。不仅中心城区周围形成了项链般的外环绿带，而且在外围郊区包括上海北部的崇明岛、上海西部的青浦与松江、上海西南部的金山与奉贤，以及黄浦江上游两侧岸带的高植被覆盖度绿色空间分布范围广泛，绿色优势鲜明彰显。

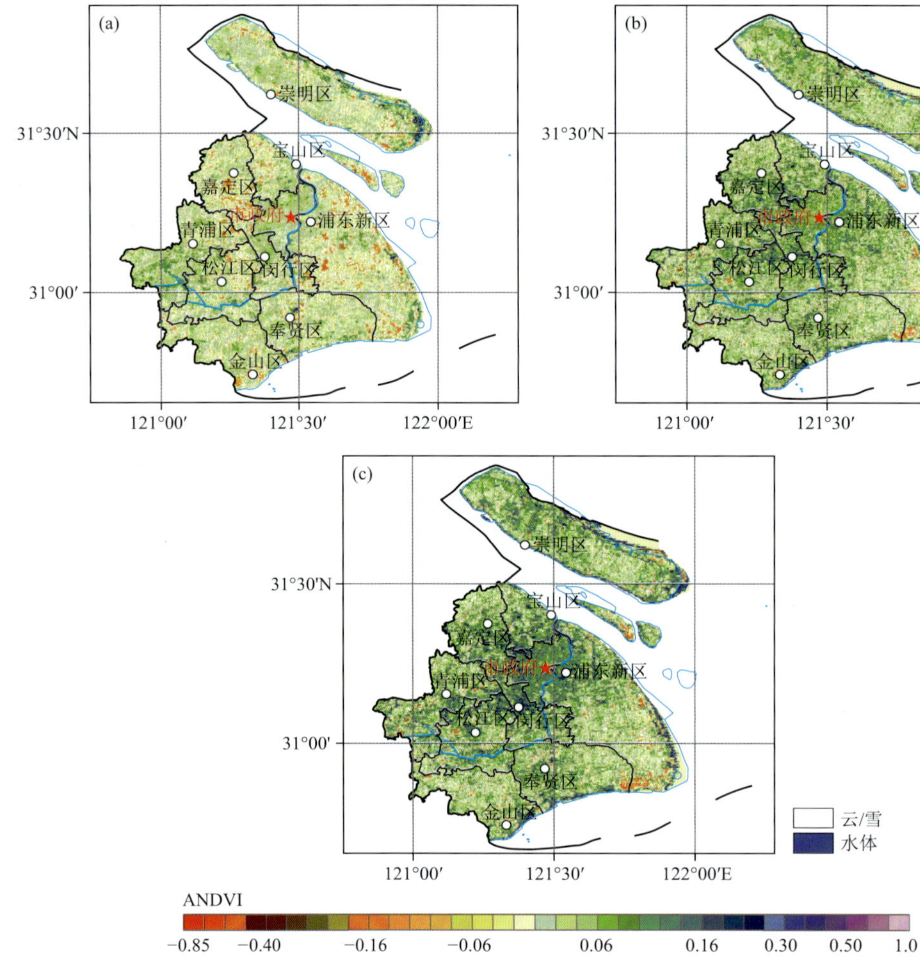

图 3.4　上海市平均归一化差值植被指数距平（ANDVI）分布
（a. 2011 年与 2000—2010 年平均值之差，b. 2022 年与 2011—2021 年平均值之差，
c. 2022 年与 2000—2021 年平均值之差）

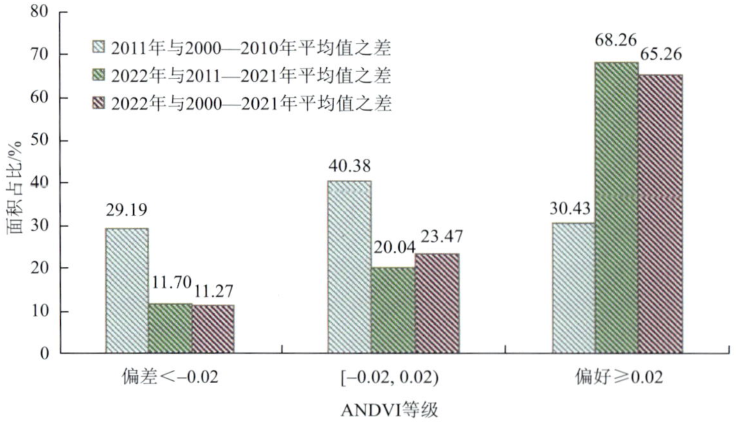

图 3.5　2000—2022 年上海市归一化差值植被指数距平（ANDVI）等级面积占比

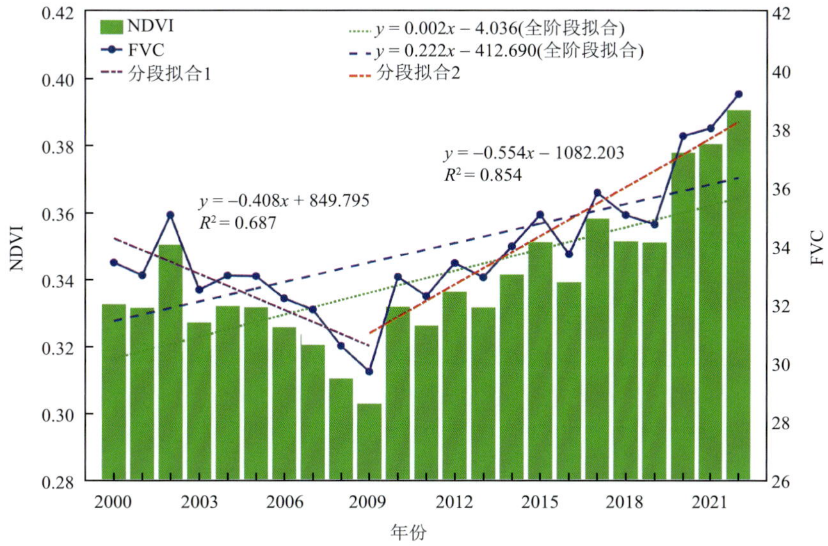

图 3.6　2000—2022 年上海市归一化差值植被指数(NDVI)和植被覆盖度(FVC)平均值年际变化

整体上，上海围绕岛（崇明岛）、湖（淀山湖）、湾（上海湾区）、江（黄浦江）、城（中心城区）形成了生态绿岛、生态绿带、生态绿廊和生态绿环，生态绿化建设成效显著。因植被生态持续向好，城市绿色空间较 20 多年前显著扩容变绿，生态环境质量同步改善，促进固碳释氧、涵养水源、净化大气等生态服务功能发挥。

2000—2022 年上海地区气温偏高，降水总量略多，日照时数略少，虽然中间有个别年份因高温干旱、低温冻害等对植被生长发育造成一定影响，但总体上全年的光、温、水处于较好的匹配水平，综合气象条件有利于植被生态质量的稳定提升。与此同时，近年持续加强的"两道（廊道、绿道）两网（城区立体绿网、郊区农田林网）两园（城市公园、郊野公园）"建设发挥了重要作用，截至 2022 年，上海森林面积达 189.8 万亩，森林覆盖率达 18.51%。上述绿化与生态保护工程有效利用了近年来水热增加的有利时机，加快城市更新与生态修复，共同促使城市"人居"绿色生态环境改善。显著变绿区域集中于中心城区、嘉定、宝山南部等近郊区，以及远郊的金山东南部、奉贤海岸带等地，代表性地域如外环林带绿道、黄浦江沿岸楔形绿地、淀浦河沿岸、金山化工区周边等。另一方面，远郊区域有呈小团块状的数个新市镇或工业园区植被指数比 2013 年以来平均值偏低超过 0.08，如浦东与奉贤交界的临港工业区、长兴岛海洋装备产业园区、松江工业区等，表明这些区域近年来因产业园区等城镇化建设，植被覆盖状况有所变差；而崇明西部、金山中北部、浦东东南部农业用地分布较多，可能受种植结构调整影响，部分地表植被状况略差于近 23 a 平均水平。

全球卫星监测显示三分之一的陆地植被呈现增绿趋势，其中三分之二的绿化面积来自耕地和森林(Chen et al.，2019)，且有 841 个城市建成区面积超过 100 km^2 的大城市中，绿化扩张区占 32%，超过 10%的城市扩张区显示出显著绿化趋势(Sun et al.，2020)。上述上海市的监测结果也表明，2000—2022 年上海虽然经历大规模的城市扩张，但仍在向绿色转型，作为城市生态环境的重要组成部分，上海城市植被呈现出一系列"返绿"现象，具体表现为城市绿化面积增加和植被指数升高等趋势，可谓实现了超大城市绿色复苏。

3.2.3.2　变化趋势的城乡梯度差异

城市生态环境和城市化之间的关系是城市可持续发展的关键。探析不同城市化水平下植被覆盖的长时间演变趋势，对理解城市化过程对植被生长动态的影响、推进城市更新以及城市绿化的科学管理具有重要意义。然而，目前对城市内部沿城乡梯度植被生长趋势差异的认识还比较有限（张淑怡 等，2023）。因此针对上海这座超大城市，进一步探究城市内部植被覆盖演变的城乡差异。

按照高架路和绕城高速环线，上海市划分内环内、内中环间、中外环间、外郊环间、郊远区以及崇明区所包括的 3 个岛共计 6 个区域。外环以内为高密度中心城区，外环以外划为郊区。同时，内环和中环以内代表老城区，从中环到外环至郊环为新城区，郊远区以农郊区为主，混合大型产业基地、产业社区等工业区，崇明区为重点生态功能区和生态涵养区，据此分区统计逐年度 NDVI 平均值。根据 2000—2022 年 NDVI 年际变化曲线（图 3.7 和图 3.8），上海市 NDVI 具有城乡差异，表现出空间上以外环为界，外环内外 NDVI 存在较大差异的特征。外环内的植被指数显著低于外环外，其中外环以内的多年平均 NDVI 分别为内环内 0.17，内中环间 0.22，中外环间 0.24，年际变化曲线也始终呈现出中外环间＞内中环间＞内环内依次降低，且内环 NDVI 明显低于中外环；而外环外的外郊环间、郊远区、崇明区多年平均 NDVI 分别为 0.35、0.35、0.36，年际变化曲线上三者略有交错，特别是初期（前 5 a）和后期（末 5 a），但总体表现为外郊环间＜郊远区＜崇明区。其次，上海地区 NDVI 城乡变化差异在时间上总体表现为内环和中环以内的老城区呈现持续波动上升趋势，内环内和内中环间 NDVI 的上升速率均为 0.06 $(10\ a)^{-1}$；中外环间和外郊环间的新城区 NDVI 呈现前期逐步下降，后期持续波动提升，其中中外环间 2000—2008 年下降速率为 −0.03 $(10\ a)^{-1}$，降低相对平缓，2008—2022 年上升速率为 0.09 $(10\ a)^{-1}$，植被呈现快速恢复，且转折时间提前 1 a，外郊环间 2000—2009 年下降速率为 −0.08 $(10\ a)^{-1}$，植被降低剧烈，2009—2022 年上升速率为 0.06 $(10\ a)^{-1}$，植被恢复改善有力；郊远区的变化趋势与新城区较为类似，其作为农郊区和工业区的混合区域，2000—2009 年 NDVI 下降速率为 −0.04 $(10\ a)^{-1}$，此后则呈上升趋势，上升速率为 0.04 $(10\ a)^{-1}$；崇明区呈现出与老城区同样的持续波动上升趋势，但上升斜率较老城区较为平缓，上升速率为 0.03 $(10\ a)^{-1}$。

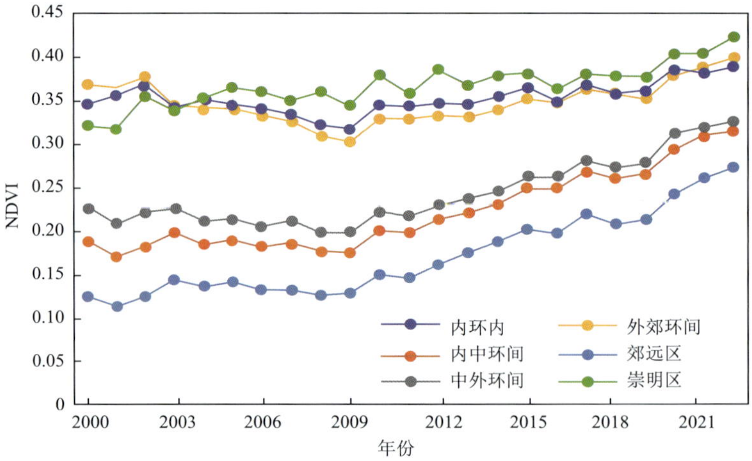

图 3.7　2000—2022 年上海城乡分区归一化差值植被指数（NDVI）年际变化

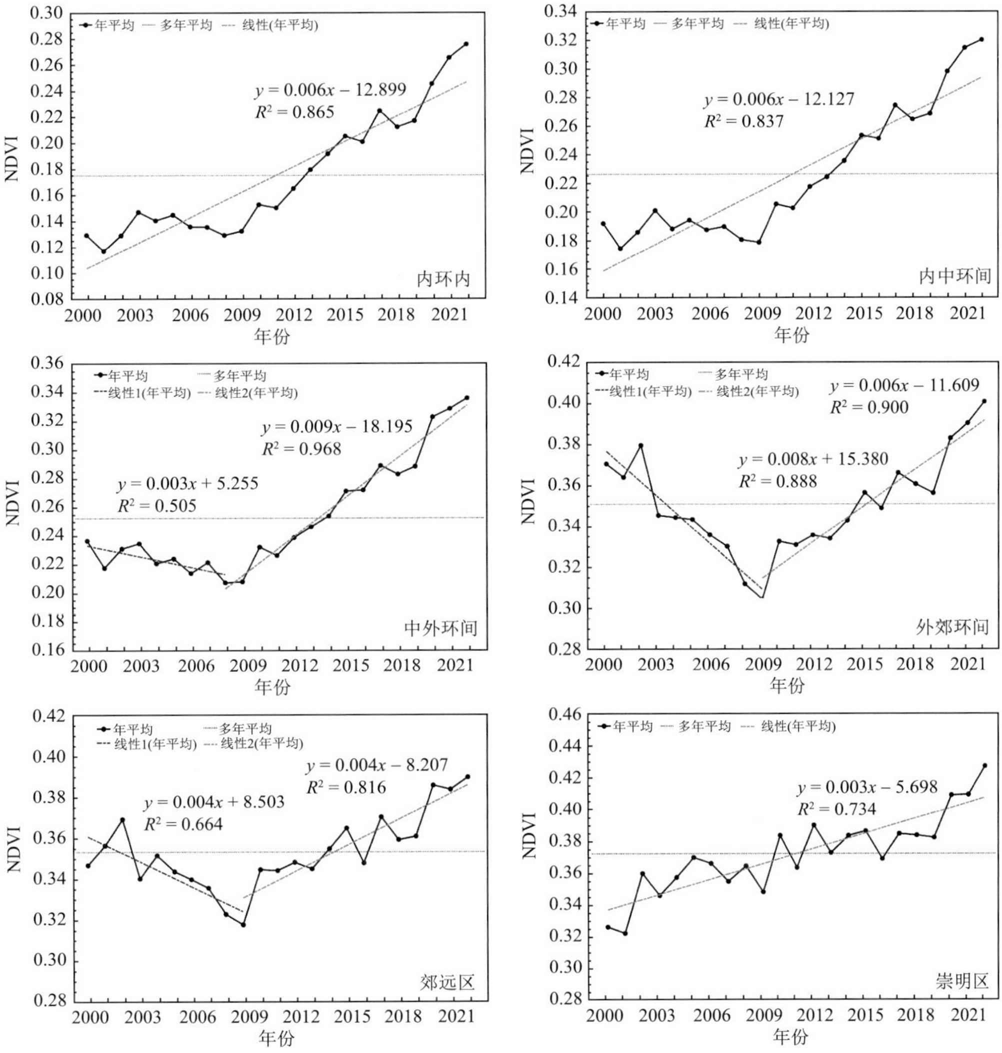

图 3.8　2000—2022 年上海市城乡分区归一化差值植被指数(NDVI)年际变化趋势拟合
(x 代表年份,y 代表 NDVI,R^2 代表决定系数,下同)

进一步,采用泰尔-森(Theil-Sen)趋势分析和曼-肯德尔(Mann-Kendall,M-K)检验方法开展上海地区全域及像元尺度的植被生态演变趋势分析。由于植被覆盖参数的时间序列通常不满足正态性和同方差性的参数假设,所以采用 Theil-Sen 式斜率估计方法。M-K 属于非参数检验方法,与其他参数检验的方法相比,不需要样本遵从一定的分布,受异常值干扰小,更适合顺序变量。上述趋势分析发现,上海地区 2000—2022 年(表 3.12、图 3.9)植被明显绿化占最大比例(42.09%),主要分布在外环以内的中心城区、淀山湖周边的青浦区中南部、崇明岛中西部和东部、松江区中部和南部、奉贤区中南部等地,呈聚集连续型分布;轻微绿化与稳定不变地区约占区域面积的三分之一(33.03%),主要在崇明岛中部和西北部、嘉定区南部、闵行区北部等地,分布较为零散;在中心城区外围的新城和郊区存在大面积的褐化区,轻微褐化、严重褐化区域分别占比 15.13%、9.75%,集中在浦东区东南部、金山区西部、青浦区东部、嘉定区北部、长兴岛东南部、崇明岛中东部等地,褐化区域呈片块状。

表 3.12　2000—2022 年上海市植被覆盖度(FVC)变化趋势分级面积占比

FVC 变化趋势	Theil-Sen 斜率	Z	面积占比/%
明显绿化	≥0.0005	≥1.96	42.09
轻微绿化	≥0.0005	−1.96～1.96	21.64
稳定不变	−0.0005～0.0005	−1.96～1.96	11.39
轻微褐化	<−0.0005	−1.96～1.96	15.13
严重褐化	<−0.0005	<−1.96	9.75

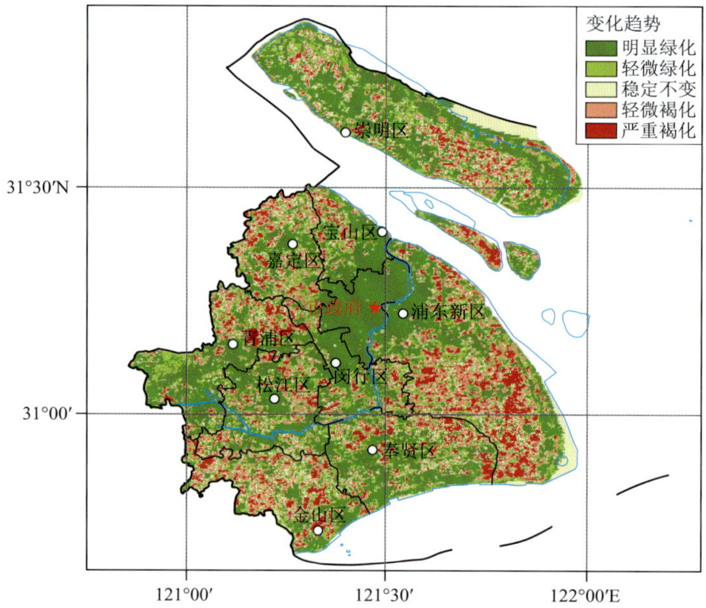

图 3.9　2000—2022 年上海市植被覆盖度(FVC)变化趋势空间分布

从不同城市化发展梯度来看(表 3.13、图 3.10 和表 3.14),上海市植被覆盖变化趋势由高到低为:内环内＞内中环间＞中外环间＞崇明区＞郊远区＞外郊环间,总体上表现为老城区＞生态/农郊区＞新城区。

表 3.13　2000—2022 年上海城乡梯度分区植被覆盖度(FVC)变化趋势分级面积占比　　%

城乡梯度分区	明显绿化	轻微绿化	稳定不变	轻微褐化	严重褐化
内环内	95.45	2.88	0.58	0.63	0.46
内中环间	87.39	6.54	1.82	2.71	1.55
中外环间	73.02	13.09	3.78	6.38	3.72
外郊环间	34.77	24.35	10.69	18.56	11.63
郊远区	36.46	22.02	12.62	16.86	12.05
崇明区	44.97	22.34	14.25	12.01	6.43

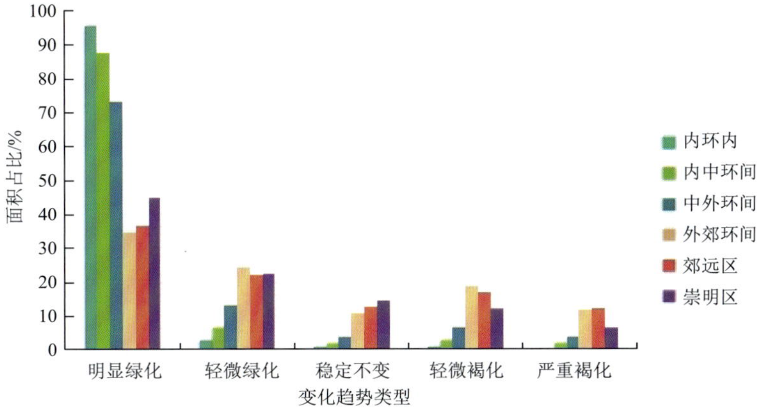

图 3.10　2000—2022 年上海市城乡梯度分区植被覆盖度(FVC)变化趋势分级面积占比

表 3.14　2000—2022 年上海城乡梯度分区植被覆盖度(FVC)变化率

城乡梯度分区	绿化 FVC 变化率	褐化 FVC 变化率	整体 FVC 变化率
内环内	0.0066	−0.0041	0.0064
内中环间	0.0068	−0.0033	0.0062
中外环间	0.0063	−0.0034	0.0050
外郊环间	0.0042	−0.0030	0.0016
郊远区	0.0044	−0.0023	0.0017
崇明区	0.0050	−0.0028	0.0029

内环内和内中环间的老城区植被覆盖变化趋势在−0.098～0.172 $(10\ a)^{-1}$，植被覆盖明显绿化的面积接近 9 成，整体呈现突出的绿化趋势(0.063 $(10\ a)^{-1}$)。老城区作为人口城市化水平高，且土地利用强度高的高密度城区，其绿化趋势最高，体现了城市更新过程对绿地空间的促进作用。政府通过实施系列建园造林工程，一方面采取系统的规划和政策将绿化引入城市地区；另一方面在对老旧城区的改造更新过程中加强了对生态环境的建设和保护，开展了“美丽家园”等老社区改造、旧工厂功能性重塑及城市公园开发等项目，绿地面积增多，促使内部土地利用模式优化，城市核心功能得以提升。此外，有研究检测出温度升高地区占高纬度绿化地区的 31%，得出“日益快速的城市化进程所带来的城市热岛效应加速植被绿化”的结论(Myneni et al.，1997；Yuan et al.，2020)，即城市化因子对植被覆盖演变具备一定的正向影响，说明上海高密度城区的城市气候环境也可能增强植被的生产力与绿色持续时间。

中外环间植被覆盖变化趋势介于−0.125～0.187 $(10\ a)^{-1}$，植被覆盖明显绿化的面积接近 7 成，也呈现出明显的绿化趋势(0.050 $(10\ a)^{-1}$)。而外郊环间植被覆盖变化趋势介于−0.176～ 0.225 $(10\ a)^{-1}$，植被覆盖明显绿化的面积约占 3 成，另有约 3 成的面积为严重褐化和轻微褐化，整体呈现出较弱的绿化趋势(0.016 $(10\ a)^{-1}$)。城市扩张集中在中环至郊环间，为新城区。但新城区的发展也分两种类型，一种是更靠近城市内核核心区的中外环地带，随着城市化的不断推进，以城市扩张为特征的土地城市化趋于饱和，开始进入“存量优化” 阶段，许多新的城市绿色空间被建造，这种近郊区植被的恢复有助于未来提高城市的整体植被覆盖率。外郊环区作为另一种类型，相当面积区域仍重复原有生态用地被不透水层（如道路、建筑物等）替代的发展模式，并且工业生产、人口扩张和城市建设相应地阻碍了绿化进程，导致植被褐化明显。褐化转变绝大部分以牺牲耕地为代价，耕地转化为建设用地，土地利用变化加速了植被褐化。

在人口城市化水平相对较低的郊远区，植被覆盖变化趋势介于－0.223～0.268 (10 a)$^{-1}$，植被覆盖明显绿化的面积近4成，但也有3成的面积为严重褐化和轻微褐化，整体的绿化趋势稍高于外郊环间(0.017 (10 a)$^{-1}$)。乡村振兴战略下“增减平衡”土地利用政策和农村人居环境整治政策的实施，有利于远郊小集镇和生态保护区的植被恢复。同时，其植被覆盖演变也受到农业生产活动的强烈影响。郊远区内存在部分农耕区，其土地利用变化强度相对较低但呈现明显的褐化状态，可能更多的是由于农田种植管理不力，农业植被生产力的降低减弱了植被的生长活动，这些区域主要集中在浦东区东南部、金山区西部。此外，大型工业区（如上海自贸区临港新片区）的建设发展也会在短期内影响植被褐化。

一江之隔的崇明岛作为上海市生态涵养区和重点生态功能区，植被覆盖变化趋势介于－0.226～0.380(10 a)$^{-1}$，植被覆盖明显绿化的面积超过4成，整体的绿化趋势为0.029 (10 a)$^{-1}$。受土地利用优化管理影响，植被绿化区域表现出明显的空间聚集特征，主要集中在崇明岛中西部和东部，这是由于针对上述生态功能重要但又敏感脆弱的地区，多年来实施重点防护林、生态廊道、湿地公园等生态恢复建设工程，营建了大面积林绿地，林绿地平均斑块面积增大且呈聚合发展趋势，可见由耕地转化为林绿地的土地利用变化对植被绿化具有促进作用。岛内也存在农耕区植被褐化的区域，需要加强农田的养护管理。

总之，尽管植被覆盖的演变受到自然和人为因素的综合影响，但上海城市植被所表现出的特征，表明人类活动频繁的地区人为因素对植被覆盖变化的影响可能比自然因素的影响更为显著。2000—2022年上海市虽然经历大规模的城市扩张，但在过去的二十多年里，同步有许多新的城市绿色空间被建造，其中63.73%的土地在变化中呈现绿化趋势，且大部分分布在城市建成区，呈现出老城区返绿趋势突出，新城区和郊远区部分绿化、部分褐化，生态涵养功能区绿化明显的城乡梯度特征。整座城市实现了渐进向绿色转型的高质量发展，城市更新与大型生态保护项目在上海地区植被绿化方面发挥了重要作用。

3.2.3.3　与覆盖度协同变化的植被生态质量及固碳释氧功能

伴随着植被覆盖的变化，上海市植被生态质量也协同发生变化（图3.11），2000—2022年，年VEQI以2.27 (10 a)$^{-1}$的线性趋势提升，最低值为2003年(31.56)，最高值为2021年(40.11)，多年平均值为36.11。总体上，植被生态质量变化可分为3个阶段，2000—2005年高低起伏较大，此阶段平均值为35.38，2006—2011年继续呈逐步下降趋势，此阶段平均值为33.73，为最低值阶段，2012年后在小幅波动中呈快速上升趋势，此阶段平均值为37.80，为最高值阶段。

植被具有多重生态服务功能，其提供的固碳释氧服务是人类生存与现代文明得以维系和发展的基础（温宥越 等，2020）。固碳释氧是指绿色植被通过光合作用吸收空气中的CO_2，生成葡萄糖等有机物质并释放出O_2的过程。植被固碳释氧量即指其固定的碳元素和释放氧气的质量。基于2000—2022年上海市植被NPP，根据植被光合作用合成有机物质与其吸

收 CO_2 和释放 O_2 之间的关系，计算出上海市植被固碳释氧量及其变化。截至 2022 年，上海市全域的固碳量和释氧量分别达到 367.34 万 t 和 983.45 万 t。2000—2022 年，固碳量以 17.51 万 t·$(10\ a)^{-1}$ 的趋势增加，释氧量以 46.89 万 t·$(10\ a)^{-1}$ 的趋势增加（图 3.12），而陆地生态系统变化主要以转变为较高固碳释氧量的生态系统时，其固碳释氧量则会增加。上海市固碳释氧量与 NDVI 的相关系数为 0.6249，与植被覆盖度的相关系数为 0.6333，与植被生态质量的相关系数为 0.8926（图 3.13），表明随着绿色空间的增长，上海市植被固碳释氧量也呈增加趋势，提高了碳中和以及为市民提供美好生态服务的作用。

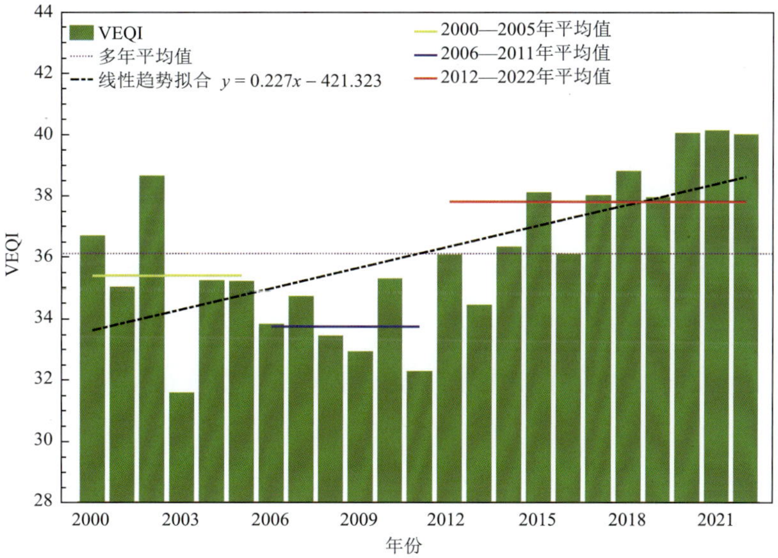

图 3.11　2000—2022 年上海市植被生态质量指数(VEQI)年际变化

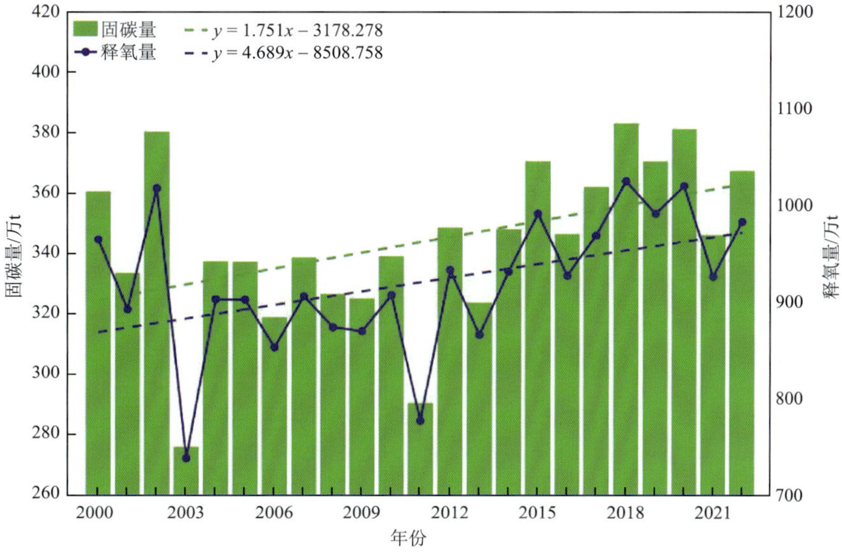

图 3.12　2000—2022 年上海市植被固碳释氧量年际变化

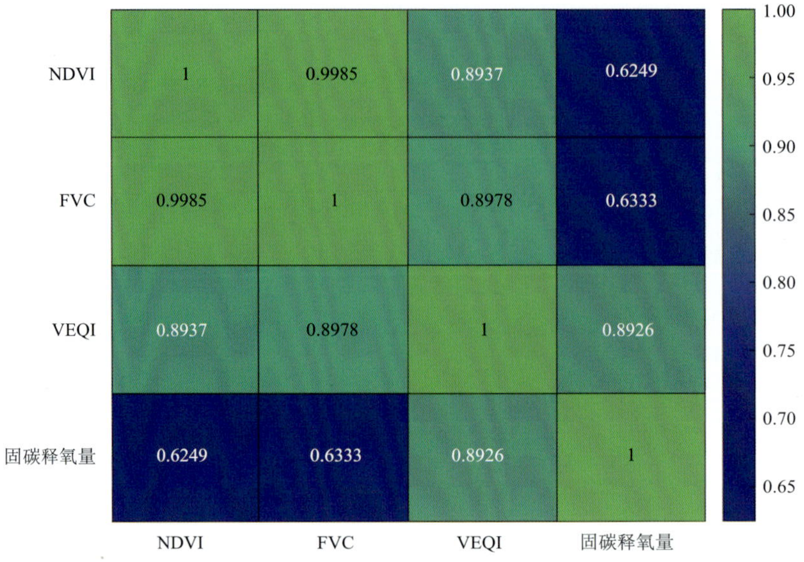

图 3.13　2000—2022 年上海市植被参数与固碳释氧量相关性

3.3　长三角一体化示范区植被生态质量变化特征

3.3.1　示范区概况

长三角生态绿色一体化发展示范区(30°54′40″—31°09′23″N,120°39′55″—121°05′44″E)(以下简称“示范区”)位于我国东部的上海市、江苏省、浙江省省际交界处(图 3.14),于 2019 年正式成立。行政区涉及上海市青浦区、江苏省苏州市吴江区、浙江省嘉兴市嘉善县“两区一县”全境,下辖 30 个乡镇和街道,总面积 2413 km^2(含所辖区太湖水面),其中青浦区 676 km^2、吴江区 1092 km^2、嘉善县 506 km^2。先行启动区包括金泽、朱家角、黎里、西塘、姚庄 5 镇全域组成,面积约 660 km^2。毗邻的上海虹桥、江苏昆山、浙江秀洲的部分乡镇、片区为规划协调区,协同发展面积近 486 km^2。

随着人口、产业和环境红利的消失,以长三角为代表的中国发达地区率先面临资源消耗和增长动力的瓶颈,亟须探索从资源投入、外延扩张向生态绿色、底线约束发展模式的驱动转型。作为典型的江南水乡,特殊的自然条件和环境决定了示范区“生态绿色”的主体功能定位,聚焦解决都市圈边缘交叉地域城乡空间优化、探索跨行政区域生态环境协同运行机制与治理模式,是实施国家重大战略“长江三角洲区域一体化发展”的先手棋和突破口(陈琳 等,2023)。

尽管示范区位于我国经济最发达的沪苏浙交汇点,但快速粗放的城镇化和工业化导致示范区以水网为主导的生态体系遭到破坏,城乡二元结构突出、生态环境脆弱、跨区域生态风险增加等问题凸显。近年来在共同努力下,“两区一县”呈退化的生态环境有所改善,但与示范区生态绿色高质量发展引领的定位、目标还存在一定差距。由于生态环境的优劣程度与植被之间存在极大的关联性,而植被生长受气候变化和人类活动强烈影响,监测植被生态时空异质性及其演变趋势,尤其是植被生态质量作为生态环境优化的重要物质基础,对生态系统的平衡与

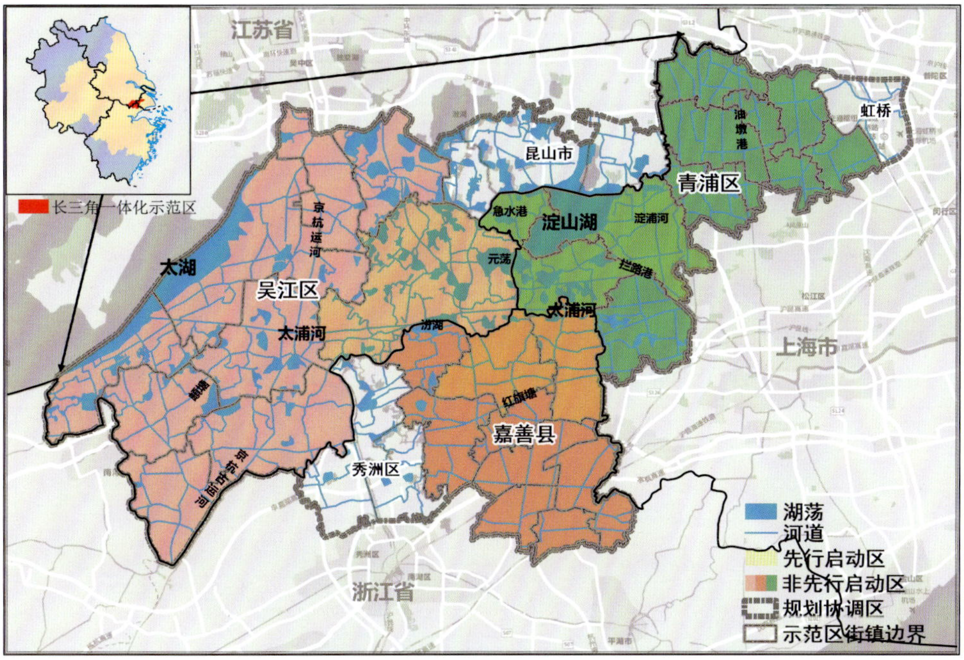

图 3.14 长三角生态绿色一体化发展示范区地理区位

自我修复具有重要意义，从而直观反映生态环境的优化能力。

3.3.2 示范区植被生态质量时空变化特征

从年际变化方面来看（图 3.15），2000—2020 年，示范区植被生态质量年平均值介于 32.9～42.8，最大值和最小值分别出现在 2003 年和 2002 年，多年平均值为 38.7，不同年份植被生态质量差异较大，存在一定波动起伏，但总体而言，变化斜率为 0.08，为略微上升趋势。2011 年

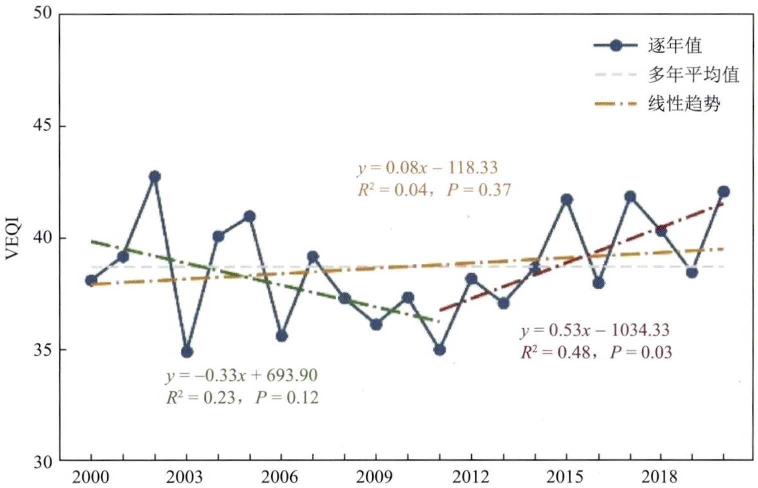

图 3.15 2000—2020 年示范区植被生态质量指数（VEQI）年际变化
（x 代表年份，y 代表 VEQI，R^2 代表决定系数，P 代表显著性水平值，下同）

为示范区植被生态质量变迁的重要节点，呈先减少后上升的趋势：2000—2011 年的年平均 VEQI 在波动中下降，变化斜率为 0.33；2011 年之后，年平均 VEQI 呈快速增长趋势，年增长率为 0.57，并通过了显著性检验($P<0.05$)，这种年际变化趋势表明，近 10 a 示范区植被生态质量在逐渐改善恢复。VEQI 在 2003 年迅速下降而出现极低值，这可能是由于该地区遭受接近历史极限的高温干旱袭击，对植被造成了严重影响。

参考钱拴等(2020)的植被生态质量划分方法，将其划分为 5 个区间：Ⅰ＜25，Ⅱ为 25～35，Ⅲ为 35～45，Ⅳ为 45～55，Ⅴ≥55，分别对应植被生态质量差、较差、中、良、优 5 个等级。从空间上看(图 3.16a)，受地形、植被、气候及城市化等多因素综合影响，2000—2020 年示范区植被生态质量均值具有明显的空间分异性，总体上呈现“东北、西北、中南部低，西南和中东部高”的空间格局特征。结合 VEQI 频度分布(图 3.16b)，VEQI 值在 0～35 的植被生态质量差

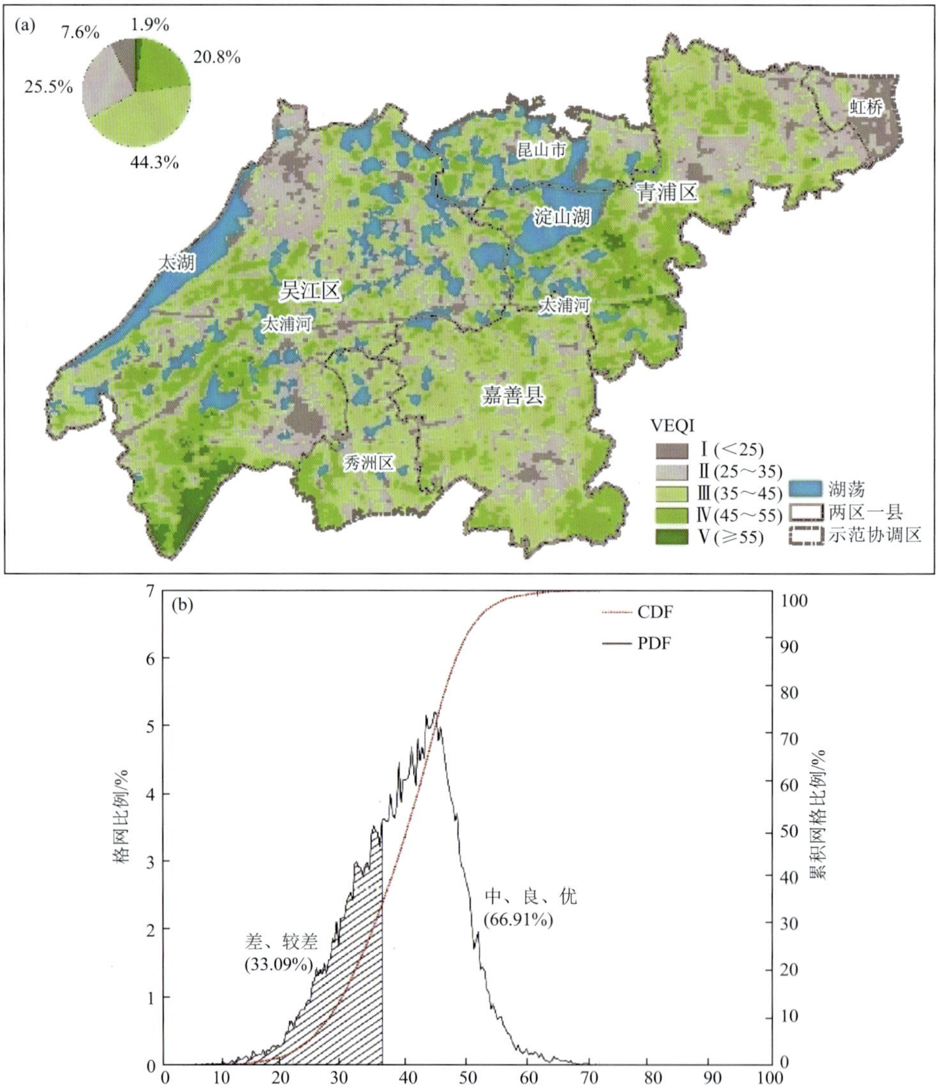

图 3.16 2000—2020 年示范区植被生态质量指数(VQEI)均值分布(a)及等级频率(b)
(CDF 代表累积分布函数，PDF 代表概率密度函数)

和较差区面积占研究区总面积的33.09%，VEQI值在35～45的植被生态质量中值区和VEQI值在45～100的植被生态质量优良区，共占总面积的66.91%。

具体地，植被生态质量中等级面积占比达44.3%，广泛分布于示范区内，这些地区的植被类型主要为耕地、草地和湿地，吴江的分布范围相对高于嘉善和青浦。植被生态质量优良区占整个区域总面积的22.7%，主要分布在西南部以及中东部，这些区域植被类型主要为针阔混交林、灌丛和耕地，植被覆盖茂密，降水充沛，温度适宜，有利于植物有机物积累。其中，植被生态质量为优的等级呈条带状分布于吴江南部的桃源镇以及斑块状零星分布于淀山湖东部、青浦西南部的金泽镇、练塘镇境内，植被覆盖度整体情况较好，对当地的水源涵养具有积极作用，是示范区发挥水源涵养功能的重要生态区域，但占比最低，仅为1.9%。吴江的桃源镇为示范区著名的“桃花源”，附近拥有丰富的人工森林资源，热量充足、暖湿温和的气候为植被生长发育提供了良好的水热条件，示范区年平均VEQI高值区也出现在此处，对当地的植被高质量覆盖起到了提升作用。此外，在嘉善南部的大云镇、惠民街道、罗星街道、天凝镇、青浦的东北部重固镇植被生态质量也相对较高。植被生态质量差和较差区面积占比为33.1%，集中分布在示范区、5大城镇簇群，小部分分布于各区县城镇建成区及其周边区域，如吴江的同里镇、黎里镇、盛泽镇、青浦的盈浦街道和夏阳街道的交汇处等城镇中心，这些地区以城乡、居民用地等建设用地为主，不透水层大面积分布、植被占比较小，因此VEQI明显偏低，说明城市的发展对植被生态质量造成了较大的影响。

多年平均植被生态质量指数较好地反映出示范区植被生态质量优劣的空间分布格局，即示范区植被生态质量以中等级为主，优良区与植被生态质量差劣区差异较为显著，差劣区所占比例大于优良区，表明示范区植被生态脆弱区占较大比例，植被生态需要加强保护修复。

对比2000年与2020年植被生态质量的变化可见(图3.17)，示范区植被生态质量已有大幅度提升，其中淀山湖东部和示范区西南部提升尤为显著。由此进一步解析2000—2020年示范区土地利用/覆盖的变化与植被生态质量变化与保护的关系(图3.18)。2000年，示范区耕地的占比为66.05%，到2020年减少至43.00%，而城市及建设用地则从2000年的11.15%增

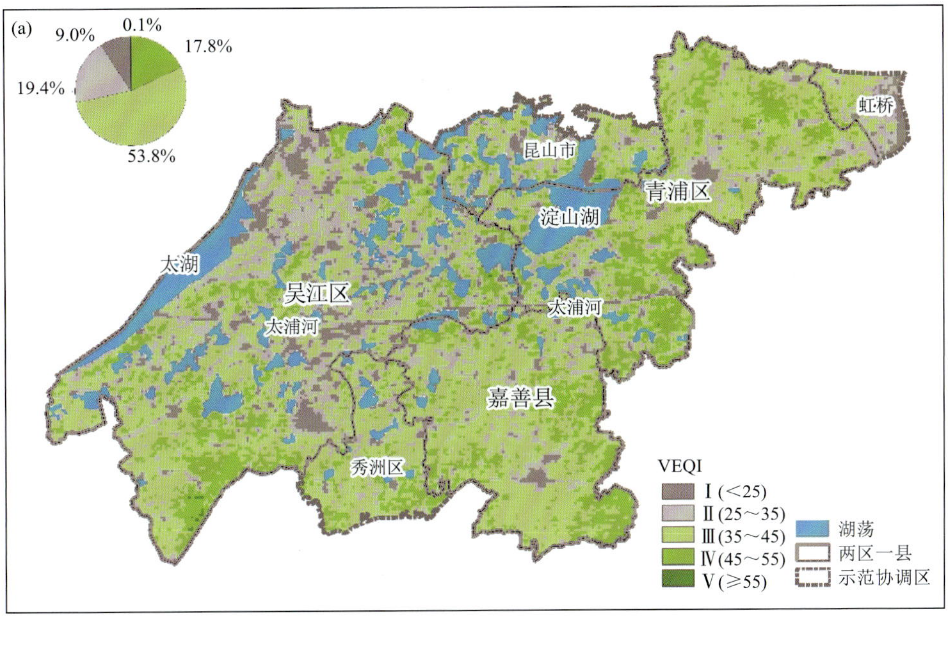

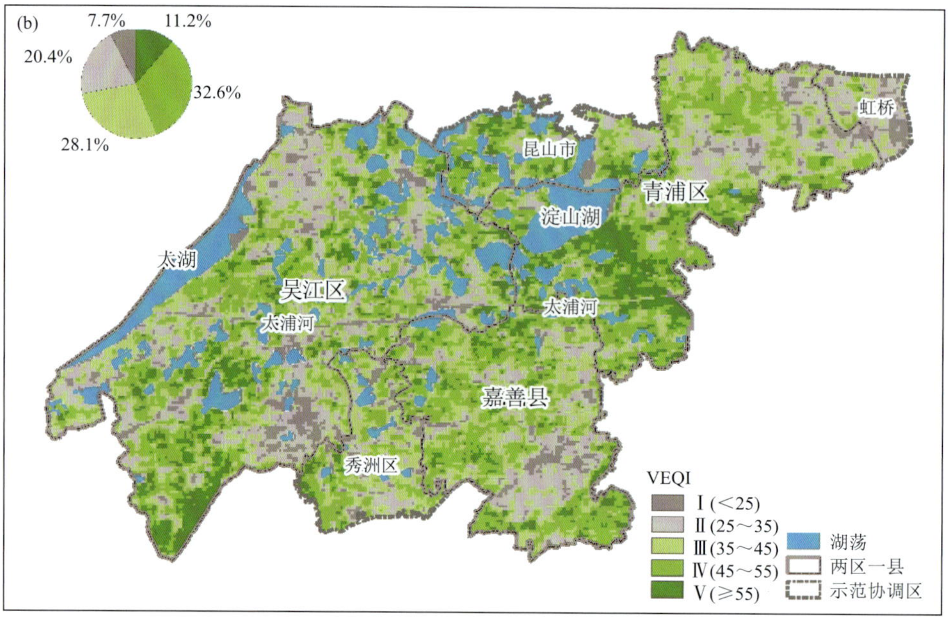

图 3.17　2000 年(a)和 2020 年(b)示范区植被生态质量空间分布

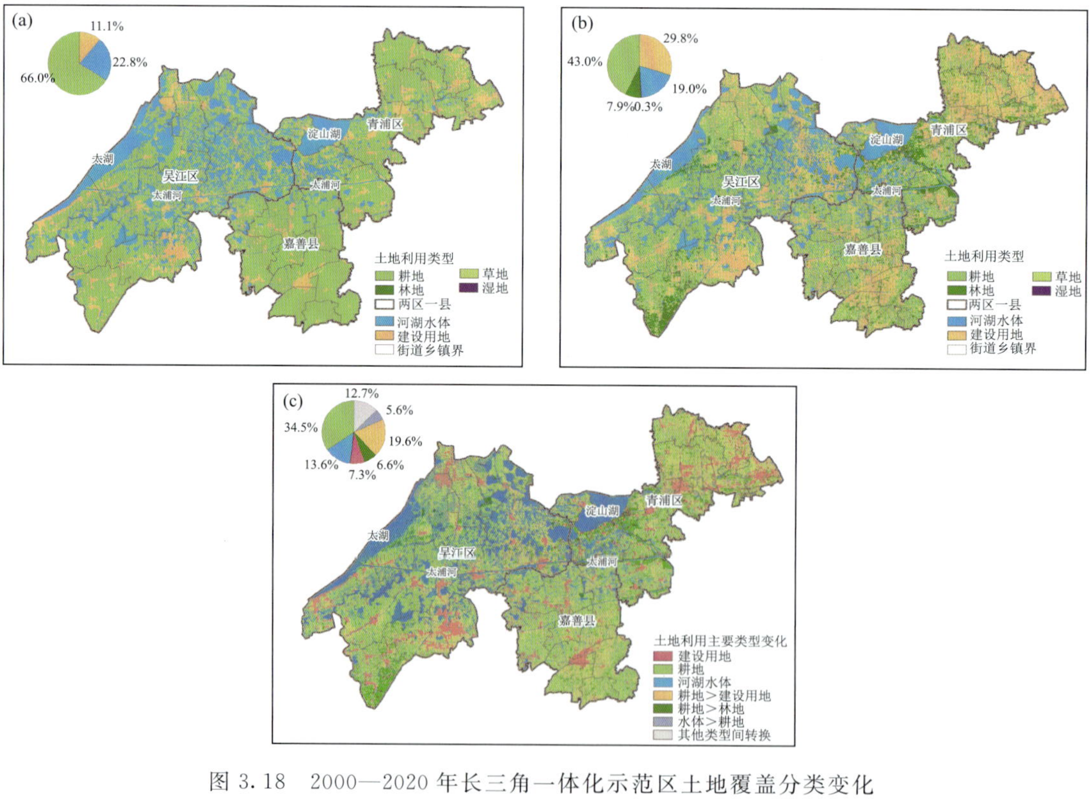

图 3.18　2000—2020 年长三角一体化示范区土地覆盖分类变化
(a. 2000 年，b. 2020 年，c. 2020 年与 2000 年相比变化)

加至 29.77%，增加幅度达 18.62%。其主要变化为耕地转变为城市用地类别，城市扩张速度较快，受到经济、交通、区位、生态、政策等多方面的影响。城市蔓延过程主要分布在现有建成区边缘，呈分散式、破碎化、放射状分布特征。吴江城区的吴江开发区，嘉善城区的魏塘街道，青浦城区的香花桥街道，先行启动区的汾湖高新区，以及属于盛泽镇区城镇簇群的吴江高新区、平望镇、震泽镇、桃源镇等都属于城镇扩展的主要区域。与此同时，示范区林地有显著的增长，主要分布于环淀山湖区、太浦河沿岸以及吴江区南部京杭大运河周边。一体化示范区内各行政区近几年重点防护林、生态廊道、湿地公园等一系列生态恢复工程的建设和生态保护力度的加强，可能是近 21 a 植被生态恢复的原因，绿度是对区域生态环境质量贡献率最大的指标之一。

从土地利用转移矩阵来看(表 3.15)，21 a 保持原本土地覆盖类型未发生变化的区域面积占比为 55.4%，而有 44.6%的区域发生了变化，除耕地转为建设用地、林地有所增加外，水域面积有所缩减，主要为养殖坑塘的缩减。总体上，示范区的绿化覆盖率提升，生态环境有所恢复，说明示范区已逐渐注重保护生态环境，以构建打造出以水为脉、林田共生、绿城相依的自然格局。生态系统受城市蔓延带来的胁迫程度形成生态压力冲突空间，未来城市建设中，建议对城市蔓延风险区中已经存在生态侵蚀情况的区域进行保护，避免二次破坏，应当加强生态修复工程建设，管控建设用地规模，保障蓝绿空间占比。

表 3.15　2000—2020 年长三角一体化示范区土地覆盖转移矩阵

土地覆盖类型		2000 年								
		耕地	林地	草地	湿地	河湖水体	建设用地	总计	转出	纵向类型面积比例/%
2020 年	耕地	944.88	182.29	0.11	2.79	142.05	538.70	1810.82	865.94	66.05
	林地	0.00	0.00	0.00	0.00	0.00	0.00	0.00	0.00	0.00
	草地	0.01	0.00	0.00	0.00	0.02	0.04	0.07	0.07	0.00
	湿地	0.12	0.03	0.00	0.01	0.11	0.03	0.30	0.29	0.01
	河湖水体	154.12	17.60	0.01	4.22	372.64	76.24	624.83	252.18	22.79
	建设用地	79.74	17.25	0.00	0.07	7.32	201.30	305.68	104.38	11.15
	总计	1178.87	217.16	0.13	7.09	522.14	816.31	2741.70	0.00	0.00
	转入	234.00	217.16	0.13	7.08	149.50	615.01	—	—	—
	总变化量	−631.94	217.16	0.06	6.79	−102.68	510.63	—	—	—
	横向类型面积比例/%	43.00	7.92	0.00	0.26	19.04	29.77	—	—	—

3.3.3　示范区与协同区植被生态质量区县片区对比

为便于对照比较，将规划协同区也统计分析在内，包括青浦区、吴江区、嘉善县、虹桥片区、昆山市片区和秀洲区片区(图 3.19)。2000—2020 年，各行政单元植被生态质量年际变化速率与幅度存在差异，但变化趋势均呈现为先下降后上升的“V”形特征，与示范区整体变化规律保持一致。其中，青浦多年平均植被生态质量最高(40.3)，嘉善次之(39.3)，吴江最低(37.6)。从转折时间来看，青浦和嘉善的转折点较整个示范区提前 2 a，为 2009 年，吴江仍为 2011 年；青浦在 2009 年后呈现出极显著的增长态势($P<0.01$)，并于 2020 年达最高值，嘉善与示范区整体变化相比较，趋势不很显著，在波动中缓慢增加，吴江在 2011 年后则呈显著的快速上升，整体植被生态质量几乎恢复至与 2000—2005 年初期保持持平状态，下降阶段降低速度为嘉善

区($-0.45\ a^{-1}$)>吴江区($-0.43\ a^{-1}$)>青浦区($0.27\ a^{-1}$),上升阶段增长速度为吴江区($0.69\ a^{-1}$)>青浦区($0.54\ a^{-1}$)>嘉善区($0.22\ a^{-1}$)。

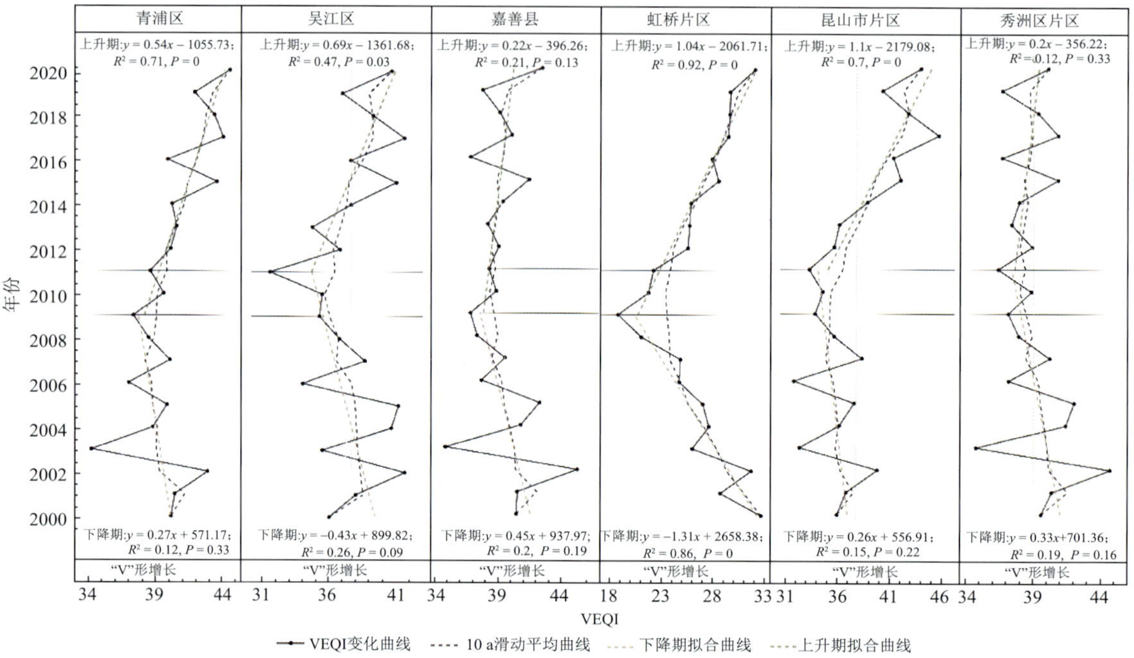

图 3.19 示范区的区县级行政单元植被生态质量指数(VEQI)年际变化

3.3.4 示范区乡镇单元尺度植被生态质量变化排序

从乡镇单元来看(图 3.20),吴江区桃源镇、青浦区练塘镇、青浦区朱家角镇的植被生态质量指数位居前 3 位,青浦区徐泾镇、吴江区七都镇、青浦区华新镇的植被生态质量指数位居最

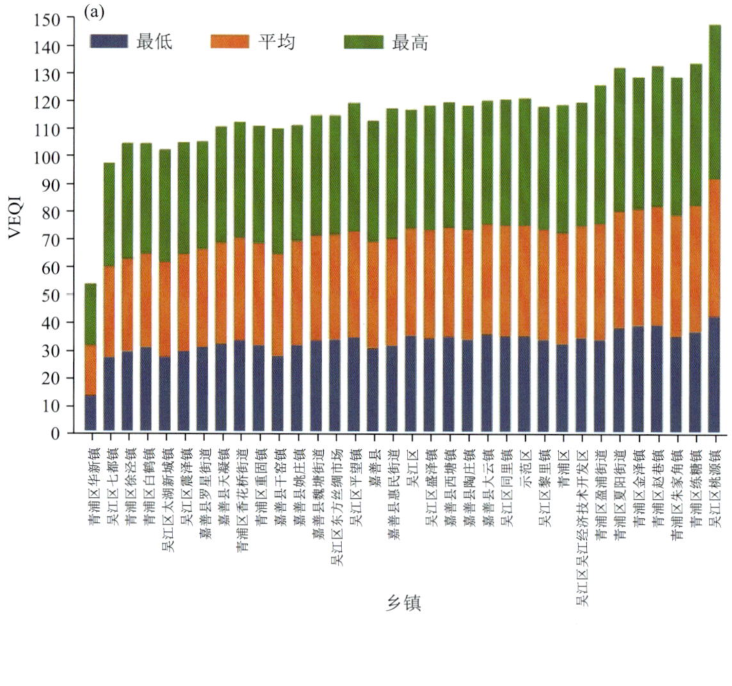

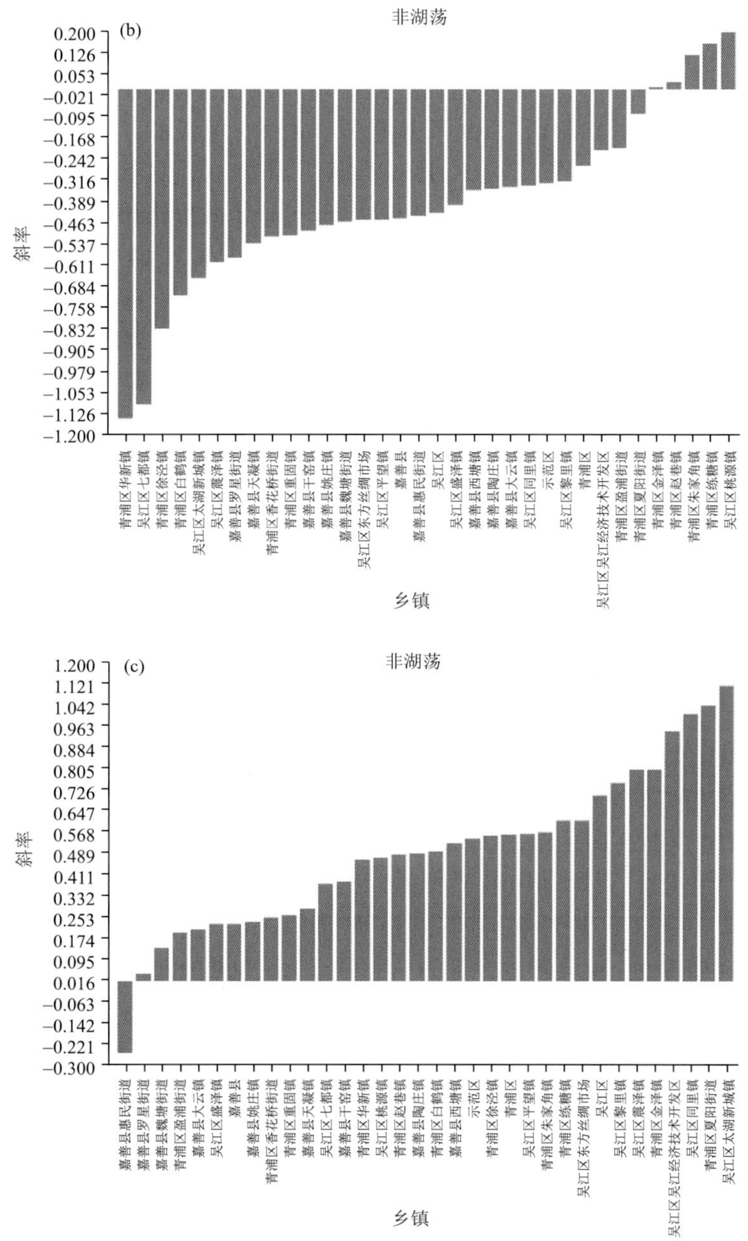

图 3.20 示范区乡镇级行政单元植被生态质量指数(VEQI)(a)及变化斜率(b,c)

后 3 位。在 2011 年之前,仅 5 个乡镇即青浦区金泽镇、赵巷镇、朱家角镇、练塘镇以及吴江区桃源镇的植被生态质量的变化斜率为正,即呈改善态势,其余乡镇变化斜率为负,为退化,但 2011 年之后,除嘉善县惠民街道 1 个乡镇级单元的植被生态质量继续退化外,其余乡镇均呈改善,其中变化斜率最高的 3 个乡镇为吴江区同里镇、青浦区夏新街道和吴江区太湖新城镇。

3.4 长三角地区植被生态质量时空变化特征及气候响应分析

3.4.1 长三角地区概况

长江三角洲(简称长三角)地区位于长江下游地区,地跨 27°09′—35°20′N,114°54′—122°12′E,根据 2019 年《长江三角洲区域一体化发展规划纲要》,包括上海市、江苏省、浙江省、安徽省全域,共计 41 个地级及以上城市,总面积约 35.8 万 km^2。其中,以上海为核心、联系紧密的 26 个核心区城市构成世界第六大城市群——长三角城市群,面积 21.17 万 km^2。作为“一带一路”与长江经济带的重要交汇地带,长三角地区在国家现代化建设大局和全方位开放格局中具有举足轻重的战略地位。

该地区地势总体西南高、东北低,北部为黄淮平原,中部为长江中下游冲积平原,西部和南部多是山地和丘陵。区域年平均气温 14～17 ℃ ,年降水量 900～1600 mm,属亚热带、温带季风气候,四季分明,雨热同期。植被方面受到人为因素影响较大,广大平原区域被开辟为农田、城镇,西南部山区有一部分原生植被,主要为次生林,以马尾松等常绿针叶林为主。

长三角地区是中国沿海地区人口与经济最密集的地区之一,以仅占全国 3.7%的国土面积哺育占全国 16.7% 的人口,地区生产总值占全国的比例达到 24.1%,因此是我国经济发展最活跃、开放程度最高、创新能力最强的区域之一。然而,快速的城市化和飞速增长的经济也给长三角地区带来了大量的能源消耗,使之环境日渐恶化,土地利用结构发生剧烈改变,同期伴随着气候变化,对植被覆盖和生态环境质量产生了较大的影响。不仅土地利用变化与城市扩张累积的诸多负面效应已严重威胁长三角地区生态环境,成为区域可持续发展的主要障碍,而且在应对全球气候变化的各类行动中,植被与气候变化的关系、区域及大尺度植被活动对气候变化的响应方式及其程度也是当前关注热点。长三角区域一体化发展已成为国家战略,保持长三角高速、高质量推进城市化的同时,统筹和加强地区应对气候变化与生态环境保护,实现经济发展与环境协调,已成为长三角生态文明建设与区域一体化发展的重点内容。

3.4.2 长三角地区植被生态质量时空变化特征

3.4.2.1 植被生态质量空间分布基本特征

根据长三角地区 2000—2022 年 VEQI 多年平均空间分布格局,该地区植被生态质量整体呈现“西高东低、南高北低”的分布特征(图 3.21)。西部和南部多为安徽省和浙江省的山地丘陵区域,植被生长良好,森林覆盖度高,因此 VEQI 值较高,均值为 64.53。北部地区以安徽省和江苏省的平原为主,作物种植广泛,VEQI 值均值为 46.75。中部为长三角城市群,为经济发展较为迅速、人工扰动较大的区域,VEQI 均值为 48.47。三省一市中,上海市的平均 VEQI 为 34.85,江苏省的平均 VEQI 为 41.90(省会城市南京市平均 VEQI 为 41.88),浙江省的平均 VEQI 为 58.21(省会城市杭州市平均 VEQI 为 58.41),安徽省的平均 VEQI 为 51.07(省会城市合肥市平均 VEQI 为 42.06)。可见,多年平均植被生态质量指数空间分布较好地反映了长三角植被生态质量优劣的空间分布格局,也反映了与土地覆盖/利用类型、地形地貌及气候带的对应关系。

按照陆地植被生态质量监测评价等级将植被生态质量划分为 6 个等级,其中 VEQI 小于

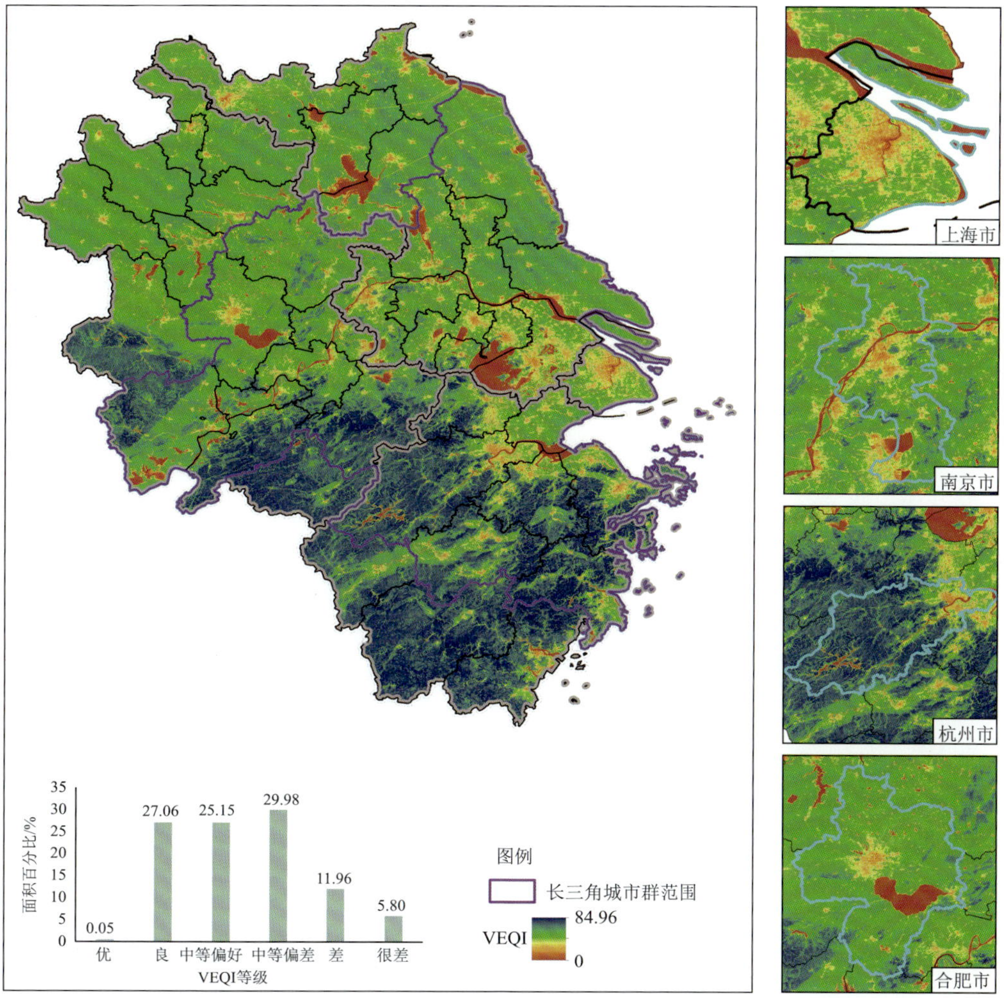

图 3.21　2000—2022 年长三角地区植被生态质量指数(VEQI)平均值空间分布与等级面积占比统计

20 为很差,VEQI 大于或等于 20 且小于 40 为差,大于或等于 40 且小于 50 为中等偏差,VEQI 大于或等于 40 且小于 50 为中等偏差,VEQI 大于或等于 50 且小于 60 为中等偏好,VEQI 大于或等于 60 且小于 80 为良,VEQI 大于 80 为优。长三角地区植被生态质量在空间分布上具有显著空间差异性,位于南部和北部地区的中等偏好以上区域呈大片连续分布,位于中部密集城市群地带的差和较差等级区域则呈多核心发展。整个区域处于很差等级的面积占比 5.80%,差等级的面积占比为 11.96%,中等偏差等级的面积占比 29.98%,中等偏好的面积占比 25.15%,良等级面积占比 27.06%,优等级面积占比 0.05%。整体来看,长三角地区平均 VEQI 为 50.09,中等偏好以上面积占比 52.26%,说明长三角整体植被生态质量处于中等偏好等级。

长三角地区所有 41 个城市中,有 15 个城市的植被综合生态质量指数达 50.0 以上,排名前 5 的分别是浙江省丽水市(68.19)、安徽省黄山市(66.48)、安徽省池州市(61.76)、浙江省衢州市(60.65)、安徽省宣城市(60.62),主要原因是这些地区水热条件好,植被生长旺盛,森林覆盖度高,因此植被生态质量处于长三角地区较高水平。植被生态质量排名后 5 的为浙江省嘉兴市(40.42)、江苏省无锡市(36.36)、浙江省舟山市(34.85)、上海市(34.85)、江苏省苏州市

(27.49)。上述地区大部分为以上海为核心的大都市圈区域，人口密集、城市化水平较高，城镇化扩张，城镇周边农田资源被侵占，人类活动对植被的破坏引起土壤物理特性退化，造成植被覆盖减少，加之城市干岛效应加剧，植被生长条件变差，导致植被生态质量降低。

3.4.2.2　植被生态质量变化的空间格局

采用 Theil-Sen 趋势分析和 M-K 检验方法开展长三角地区全域及像元尺度的植被生态质量演变趋势分析。由趋势分析和显著性检验结果可知(图 3.22)，2000—2022 年长三角地区植被生态质量斜率变化范围为 −2.99～3.26，植被生态质量指数呈增加的面积比例为 75.83%，下降的面积占比 15.11%，基本稳定不变的面积占比 9.06%，表明长三角植被生态质量大部分呈改善趋势，除城市集群和单体城市所在的局部城市建成区外，区域整体变绿明显。

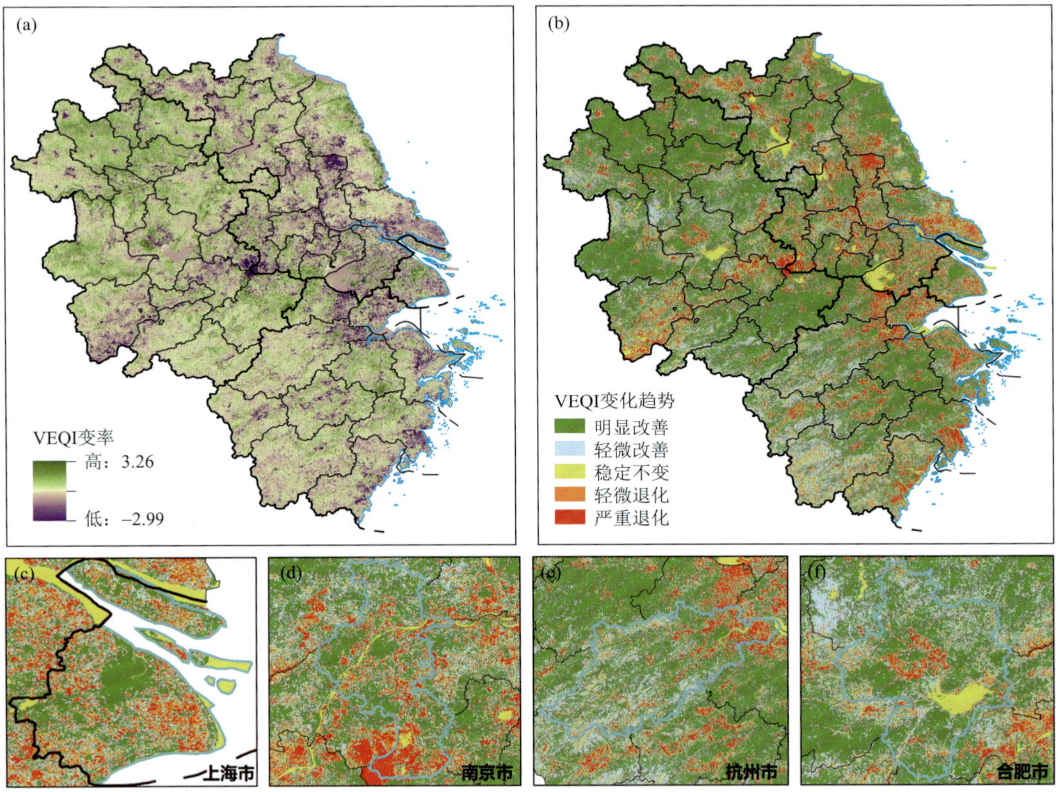

图 3.22　2000—2022 年长三角地区植被生态质量指数(VEQI)变率(a)与变化趋势等级(b～f)

在植被生态质量呈改善趋势的地区中，长三角地区北部、中部偏西和东南部大部地区植被生态质量年平均提高速率在 0.25 a^{-1} 以上，其中安徽省沿淮平原和淮北平原、皖西大别山区、皖南山地丘陵的亳州市、蚌埠市、六安市、宣城市等市大部地区及江苏省东部滨海平原的盐城市中北部、浙江省浙北平原的湖州市和浙东丘陵的绍兴市南部、台州市中北部等地的 VEQI 提高速率在 0.5～0.75 a^{-1}，组成面积较为广阔的变绿带，成为地表变绿的热点地区，主要植被类型为栽培植被和森林植被。增加趋势最明显的是江苏省盐城市东部新建滨海生态保护带、上海市中心城区等城市老城区，其 VEQI 提高速率甚至超过 0.75 a^{-1}。浙江省浙南山地、金衢盆地及浙西丘陵所在的丽水市、衢州市、杭州市等地植被综合生态质量指数也在提高，平均提高的速率主要在 0～0.25 a^{-1}，植被综合生态质量略有好转。上述区域中，50.26%区域的变化通过了显著性检验，为明显改善，25.57%区域的变化不显著，为轻微改善(表 3.16)。明显改善的区域主要分布在长三角区域外侧，占区域面积比例最大，大约为二分之一；轻微改善连同基本稳定不变地区占区域面积的 34.63%，大约为三分之一，主要以浙南山地、浙西丘陵、江淮丘陵为中心分布。

在植被生态质量呈退化趋势的地区中，以南京都市圈、江苏省南通市为突出代表的横向沿长江发展带和以杭州都市圈及江苏省泰州市北翼发展区为代表的纵向区域植被生态质量指数呈下降趋势，年降低速率在－0.5～－0.25 a^{-1}，部分区域甚至超过－0.75 a^{-1}。此外，上海大都市圈周边、苏锡常[①]都市圈、宁波都市圈和合肥都市圈也都存在一定的退化区。浙江南部包括台州市、温州市的沿海发展带以及金华市、衢州市所在的沪杭金[②]发展带也存在明显的退化区。上述区域中，6.30%区域的变化通过了显著性检验，为严重退化，8.81%区域的变化不显著，为轻微退化，轻微退化和严重退化的区域占比相当(表 3.16)。

表 3.16　2000—2022 年长三角地区 VEQI 变化趋势

VEQI 变化趋势	Sen 斜率	*Z*	面积占比/%
明显改善	≥0.05	≥1.96	50.26
轻微改善	≥0.05	－1.96～1.96	25.57
稳定不变	－0.05～0.05	－1.96～1.96	9.06
轻微退化	＜－0.05	－1.96～1.96	8.81
严重退化	＜－0.05	＜－1.96	6.30

以上表明在过去 23 a 里，通过退耕还林、水土保持、长江生态环境保护修复、城市绿化更新等工程，大面积生态脆弱区植被恢复，长三角区域生态环境变好比较明显，绿化优化热点主要出现在农业区、山区和老城区，尤其是北部沿海滨海生态保护带和皖西大别山生态屏障得到了重点修复建设，有助于构筑高质量的绿色生态屏障。相比较而言，淮河—洪泽湖生态廊道和皖南—浙西—浙南生态屏障所在区域的植被生态质量有一定程度的改善，但是不显著，需要更严格保护重要生态空间。此外，随着上海城市中心老城区植被生态质量的恢复提高，原本以上海为核心向外辐射的沿沪宁、沪杭"Z"形植被退化边界带随着沿江发展带、长三角北部城市化进程的加快而趋于转型为以太湖为交叉中心的十字形植被趋退带构型，退化区域集中在沪宁合杭甬[③]发展带上南京、合肥、苏州、上海等城市中心外围。这也说明在沿江发展带上要加强长江生态廊道的保护和构建，严格控制生态敏感区域人工景观建设，发挥永久基本农田作为城市实体开发边界作用。同时，要遏制南部沿海区域的植被生态退化趋势，加强陆海统筹的生态整治修复工程，有效修复受损的湿地、岸滩生态系统，构建南北贯通的长三角滨海生态保护带。

3.4.2.3　植被生态质量年际变化时空轨迹

为了直观研究长三角地区植被生态质量 VEQI 时间轨迹变化特征，以 2000—2022 年每年 VEQI 年平均值代表当年植被生态质量情况，并采用线性拟合方法对 2000—2022 年逐年

① 苏锡常表示苏州、无锡、常州。
② 沪杭金表示上海、杭州、金华。
③ 沪宁合杭甬表示上海、南京、合肥、杭州、宁波。

VEQI 平均值进行线性拟合(图 3.23)。结果表明,截至 2022 年,长三角范围平均植被生态质量指数为 50.08,比 2000 年增加 4.9,比 2021 年降低 4.25。近 23 a 长三角地区 VEQI 在 45.19~54.33 变化,2000 年为最低值(45.19),2021 年出现最高值(45.19),达 2000 年以来最高水平。而多年平均植被生态质量为 50.09,为中等偏好等级。可以看到,VEQI 经历了持续波动上升增长的过程,植被生长状况每年差异很大,导致植被生态质量波动起伏。总体上,VEQI 以 0.243 a^{-1} 的年增长率显著增加($P<0.01$),呈现出较快的上升趋势。根据长三角各省(市)统计年鉴资料和中国气象灾害年鉴资料,长三角地区的上海、江苏和浙江是我国 2000—2010 年城市化发展最快的省(市),城市化的发展使得局部地区植被生长受到一定影响,但 2000—2022 年该地区平均降水量和气温呈增加趋势,有利于大范围植被生长,加之党的十八大以来该地区持续推进退耕还林还草等生态保护和修复工程,区域植被生态质量指数上升显著。但 2011 年、2019 年、2022 年波动下降或突然下降明显,这主要是受高温、干旱等极端气象灾害影响,如 2022 年受罕见持续高温、干旱影响,安徽中南部、江苏南部等地夏秋季植被水分亏缺量达 200~550 mm,造成植被长势偏差。

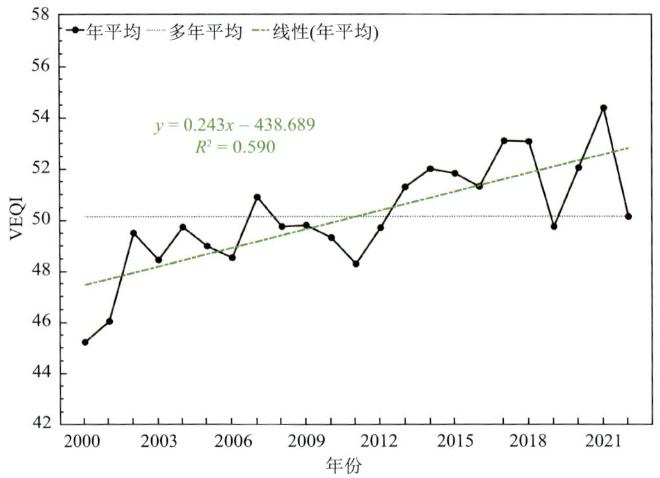

图 3.23　2000—2022 年长三角地区植被生态质量指数(VEQI)年际变化

进一步,为直观研究长三角地区植被生态质量活动轨迹变化特征,将 VEQI 均分为高、中、低 3 个植被生态质量等级,分别计算每年各等级的活动重心,形成植被生态质量活动重心的迁移路径(图 3.24)。重心也称为加权平均重心,能充分揭示事物在空间上的不均衡性分布规律。利用 VEQI 值作为重心的加权系数,揭示长三角地区植被活动的总体演变轨迹。结果发现,长三角高质量植被活动重心集中于杭州、金华、衢州市附近,中质量植被活动重心集中于南京、马鞍山、宣城市一带,低质量植被活动重心迁移范围较为广阔,最后集中于常州、无锡市一带。

2000—2022 年,高质量植被活动重心在 23 a 内有明显向西北方向移动的总体趋势。最初 2 a,活动重心先由衢州市向西迁往金华市,再由金华市向北迁往杭州市,重心移动的距离十分明显,分别达到了 28.75 km 和 29.53 km,进入杭州市境内后,分为两个阶段,即 2003—2011 年为重心移动减小阶段,主要在杭州市南部,2012 年再次向西北跃迁,移动距离达 38.01 km,2013—2021 年围绕 2012 年的重心呈南北徘徊,2022 年达到了近 23 a 活动的最北界。

2000—2022 年,中质量植被活动重心在 23 a 内同样有明显的西偏北方向移动的总体趋

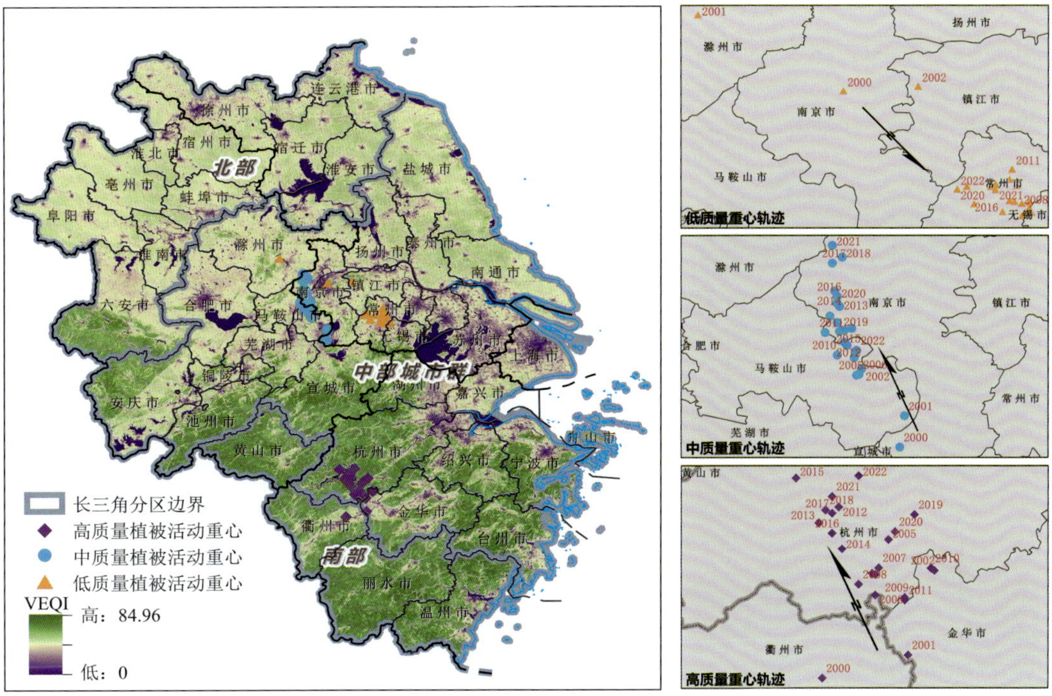

图 3.24　2000—2022 年长三角地区植被生态质量高、中、低等级活动中心变化

势，沿宣城向北到马鞍山，再由马鞍山境内向西北，进而转为向北到南京的迁移路径。2000—2006 年，中质量植被活动重心向西北迁移过程中，年平均迁移距离为 14.19 km，2006—2007 年向北长距离迁移 25.50 km 进入南京市边境后，在此后的 7 a，也即是 2007—2014 年，年平均移动距离为 12.90 km，为重心移动减小阶段，之后 2015—2022 年的年平均移动距离为 22.47 km，为重心移动增加阶段。2022 年，中质量植被活动重心又向南大幅回落了 49.65 km。相对高质量植被活动重心演化轨迹，中质量植被活动重心向西北迁移的距离更长。

中、高质量植被活动重心整体均向西北迁移的趋势也说明了长三角整体植被活动的增强与趋好，这可能是皖南—浙西—浙南山地丘陵森林生态屏障区得到一定程度保护以及安徽和江苏北部地区农业植被生长活动增加显著的缘故。而低质量植被活动重心在 2000—2022 年则表现为向东南方向移动的轨迹。2000 年，低质量植被活动重心位于南京偏中北部，随后 2001 年向西北移动 74.42 km，进入滁州市，并于 2002 年向南偏东方向移动近 106 km，进入镇江市，表现出初期重心活动变换范围大、迁移距离长的现象。2003 年，低质量植被活动重心进入常州后，重心呈东西南北四周来回摆动，但均主要集中于常州、无锡市一带，且年平均移动距离较小，仅为 9.51 km。这可能是苏锡常城市圈是连接上海、南京等城市化发展集群的核心地带，近 23 a 得到了稳定发展建设。

3.4.3　长三角地区植被生态质量对气候因子的响应

植被的生长动态被认为是对气候变化和人类活动的自然反应，其中气候因子中的气温、降水是影响植被变化的主要因素。长三角地区 2000—2022 年平均气温均值为 16.4 ℃，气温空间差异显著，自中部向南部温度逐渐升高，北部气温较低，局部高海拔山区温度更低。近 23 a

区域平均气温呈极显著上升趋势（$P<0.01$），增长速率为 0.33 ℃·$(10\ a)^{-1}$。2000—2022 年长三角地区年累计降水量均值为 1305 mm，中北部降水量相对较小，南部降水量较大，降水量空间差异明显。2000—2022 年降水年际起伏波动较大，呈不显著上升趋势（图 3.25）。

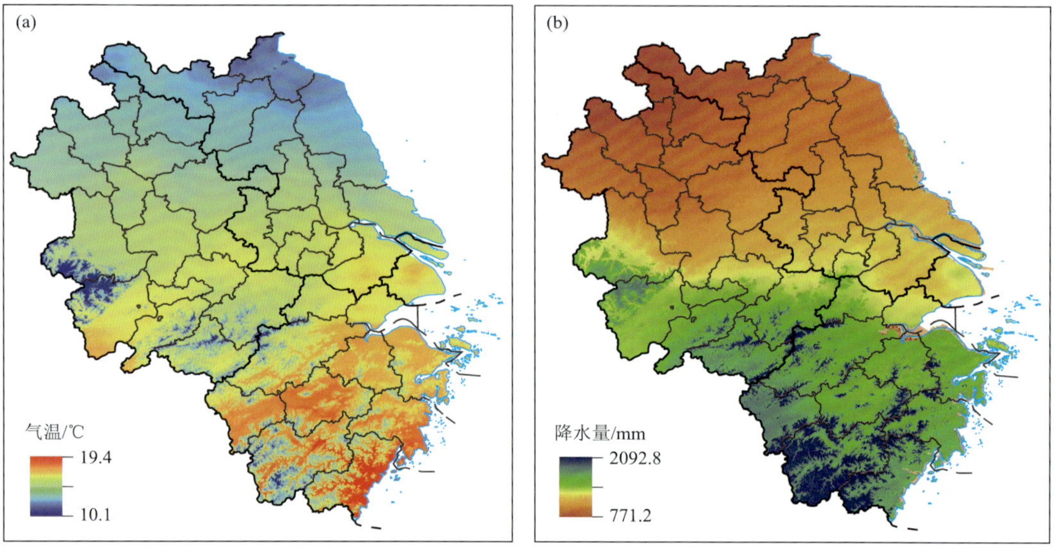

图 3.25　2000—2022 年长三角地区年平均气温(a)及年累计降水量(b)均值

为了能更好地反映长三角地区植被生态质量与气温、降水间的相互响应关系，采用偏相关分析计算植被生态质量（VEQI）与各气候因子的偏相关系数，并采用 t 检验来判断相关的显著性。偏相关分析是在剔除其他变量的影响下，仅分析剩余两个变量的相关性。

区域尺度的偏相关分析结果表明，2000—2022 年植被生态质量与气温之间存在极显著正相关关系（$P\leqslant0.01$），相关系数为 0.59，与降水的相关性显著（$0.01<P<0.05$），相关系数为 0.49。VEQI 与气温的相关性强于降水，因此气温的上升可能是近 23 a 来长三角 VEQI 显著增加的主要气候驱动力。

进一步从像元尺度来看，长三角地区 VEQI 与气温、降水的关系均存在很大时空差异（图 3.26 和图 3.27）。2000—2022 年 VEQI 与气温的相关系数在[−0.88，0.93]，呈正相关的区域面积占比为 76.43%，其中 27.86%区域为显著正相关，主要分布于江苏东部滨海平原、淮北平原、大别山区、皖南山区、上海市中心城区、浙东丘陵，部分分布在浙北平原等地；呈负相关的地域占长三角区域总面积的 20.95%，其中呈显著负相关的面积占比为 17.33%，主要分布于安徽省沿江平原区、太湖流域。

2000—2022 年 VEQI 与降水的相关系数在[−0.88，0.91]，且相关性在空间分布上有明显的区域地带性特征，呈正相关的区域占比 71.54%，其中 15.64%的区域为显著正相关，主要呈东北—西南向分布于安徽大别山区—江淮丘陵分水岭地区—江苏中部江淮平原一带，而呈负相关的区域大面积聚集分布于南部降水较多的湿润地域以及沿江发展带，呈显著负相关的区域占比 23.82%。

整体上，长三角地区植被生态质量变化与气候因子响应关系的结果显示，长三角地区气温和降水量呈增加趋势，为植被生长提供了良好的水热条件，且气温对植被生态质量提升的影响

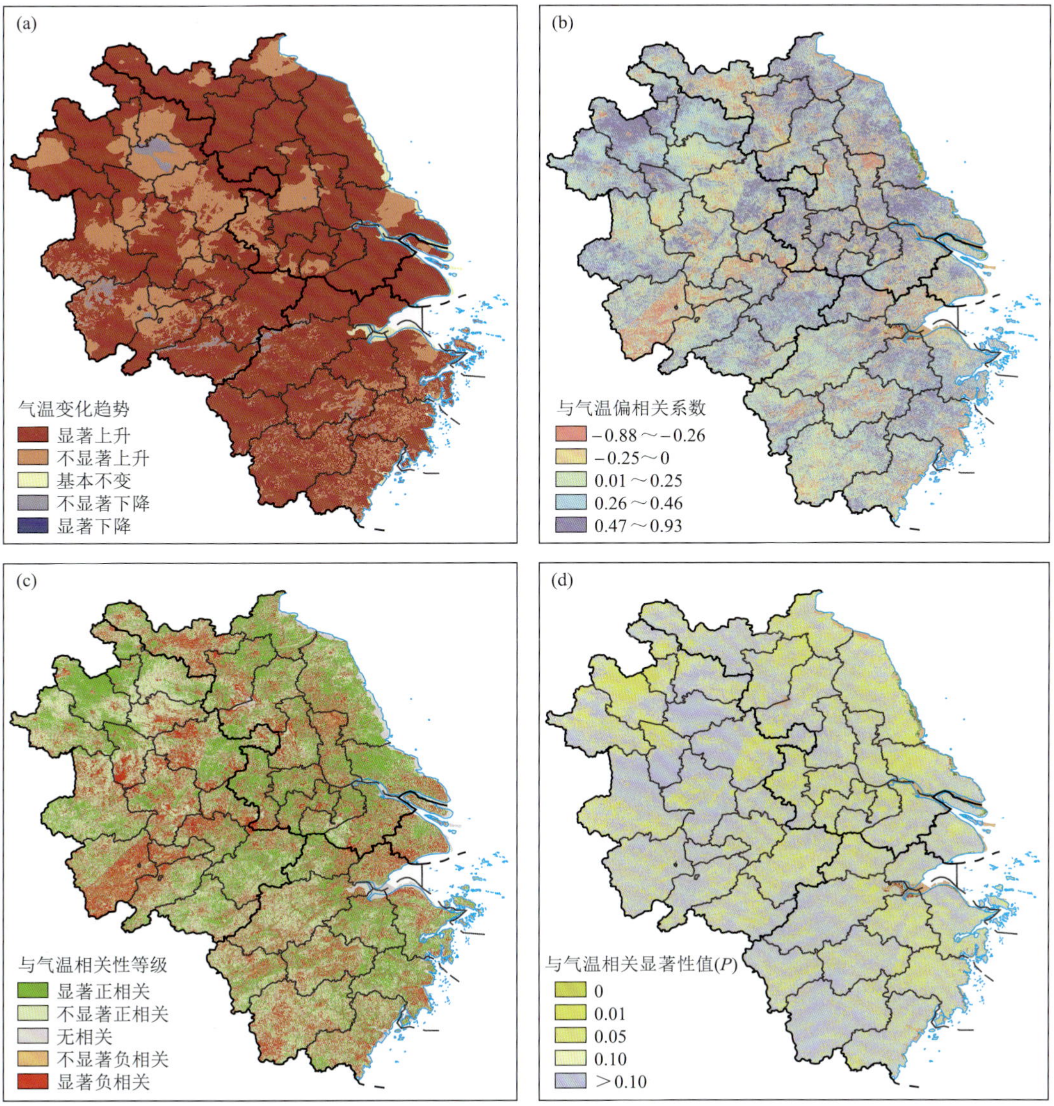

图 3.26　2000—2022 年长三角地区气温变化趋势及 VEQI 与气温的偏相关性

作用稍高于降水。同期区域加大的生态保护和建设力度，共同促进了区域大部地区植被生态质量的提高。

3.5　区县植被生态质量评价服务实践

3.5.1　“闵行”生态宜居现代化主城区植被生态质量评价

3.5.1.1　闵行区概况

上海市闵行区，地处上海市中心的西南部，形似一把“钥匙”，东与徐汇区、浦东新区相接，南靠黄浦江，与奉贤区相望，西与松江区、青浦区接壤，北与长宁区、嘉定区毗邻，中心位置地理

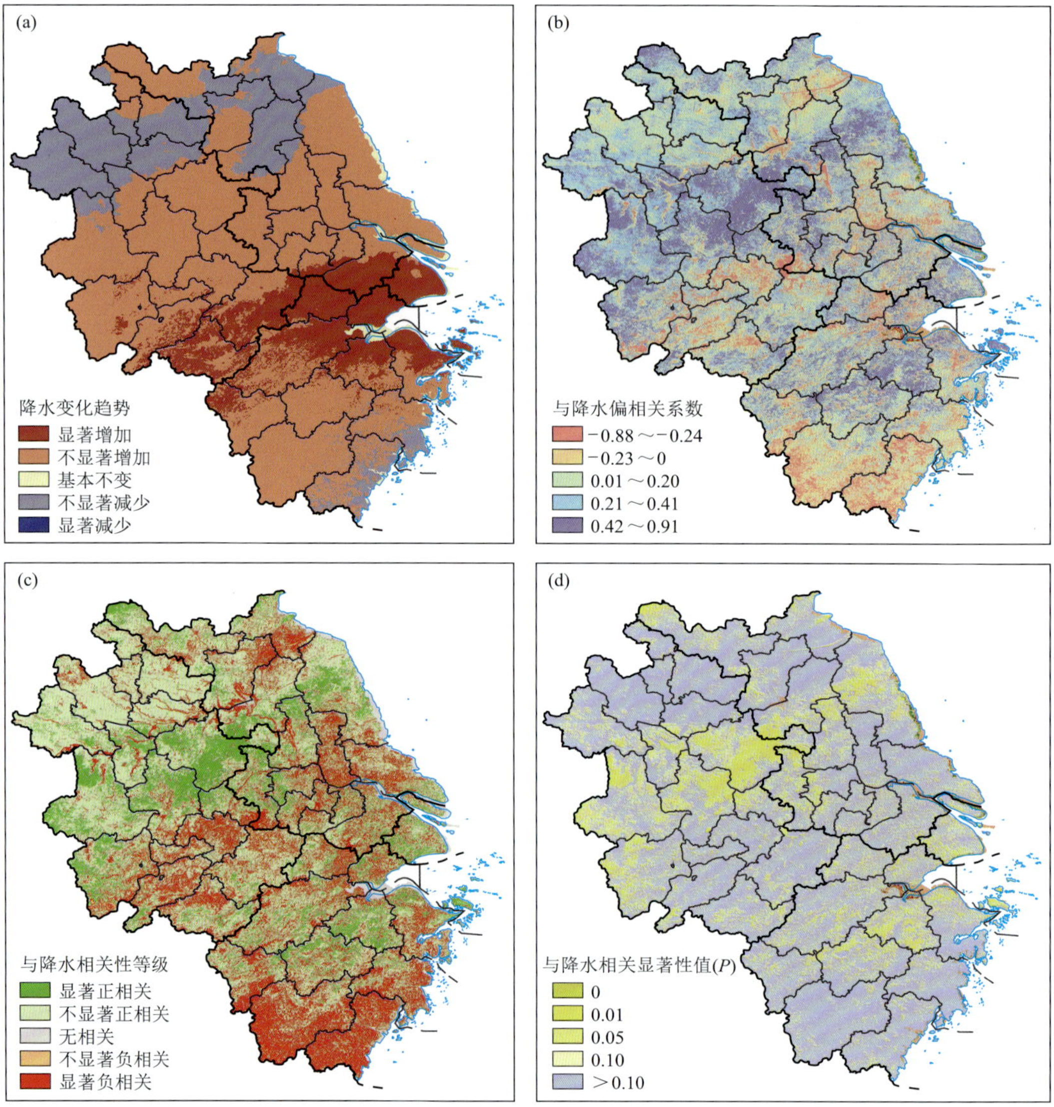

图 3.27　2000—2022 年长三角地区降水变化趋势及 VEQI 与降水的相关性

坐标：31°12′N、121°38′E，总面积 372.56 km²（图 3.28）。

闵行区属于亚热带季风气候，土壤类型为水稻土，植被类型区为北亚热带常绿和落叶阔叶林；区内地势平坦，地面标高 3.3～4.8 m；黄浦江贯穿闵行区，吴淞江、淀浦河、大治河等骨干水系与区内 200 多条河道组成河网。截至 2020 年，闵行区下辖 9 个镇、4 个街道、1 个市级工业区、445 个居民委员会、128 个村民委员会。2018 年，从百姓实际需求和感官角度出发，对标全国文明城区创建标准，《中共闵行区委关于提升闵行城市能级和核心竞争力的实施意见》提出闵行区将“建设品质卓越生态宜居现代化新城区”，主要聚焦水体环境、大气环境、绿色生态、交通便捷、人文休憩、教育服务、医疗服务、养老保障、安全有序 9 个领域，有针对性设置闵行生态宜居主城区建设核心指标，强调宜居性。据上海市闵行区人民政府统计，2018 年闵行区森林覆盖率为 17.14%，新建绿地 150 hm²、公益林 2000 亩、生态廊道 400 亩、立体绿化 3.5 hm²，人均公

图 3.28　上海市闵行区高分影像

园绿地面积达 10.2 m^2。

3.5.1.2　生态宜居视域下的植被生态质量变化评价

生态宜居是城市建设发展的重要内容，也是我国政府和人民密切关注的话题。其中“生态”是达到宜居状态的必要条件，而“宜居”必然要求“生态”为基础和支撑。生态宜居视域下，植被作为生态功能与生态服务的高效转化器，其质量的好坏标志着区域生态—经济—社会复合系统可持续发展的能力以及社会生产和人居环境稳定可协调的程度，是城市生态宜居的基础和保障。对生态宜居城市建设背景下上海市闵行区的植被生态环境质量进行综合评价，有助于厘清闵行区生态宜居建设的现状及其水平的时空差异与分布特征，为针对性和差异性地推进城市生态宜居建设提供科学依据。

(1)2020 年植被生态质量现状

2020 年闵行区降雨充沛、光热条件好，气象条件总体利于林灌草等植被和农田作物生长，全区植被生态质量指数达 65.9，较常年提高 18.1%，较 2006 年提高 32.5%，生态质量处于正常偏好等级的面积比例达 99.0%，其中处于很好等级的面积占比高达 93.4%，高于全市 81.0%的整体水平(图 3.29)。2020 年全区 NPP 和植被覆盖度分别为 18.8 tDM·$(hm^2 \cdot a)^{-1}$①和 32.0%，较常年平均值分别增加 2.718 tDM·$(hm^2 \cdot a)^{-1}$和 5.8%。

从全区来看，植被生态质量高值区位于浦江郊野公园所在的东中部地区、马桥森林公园所

---

① tDM·$(hm^2 \cdot a)^{-1}$表示每年每公顷植被产生的干物质吨数，用于量化植被的净初级生产力。其中，DM 表示干物质，tDM 是吨干物质的意思，英文全称为 tonnes of Dry Matter。

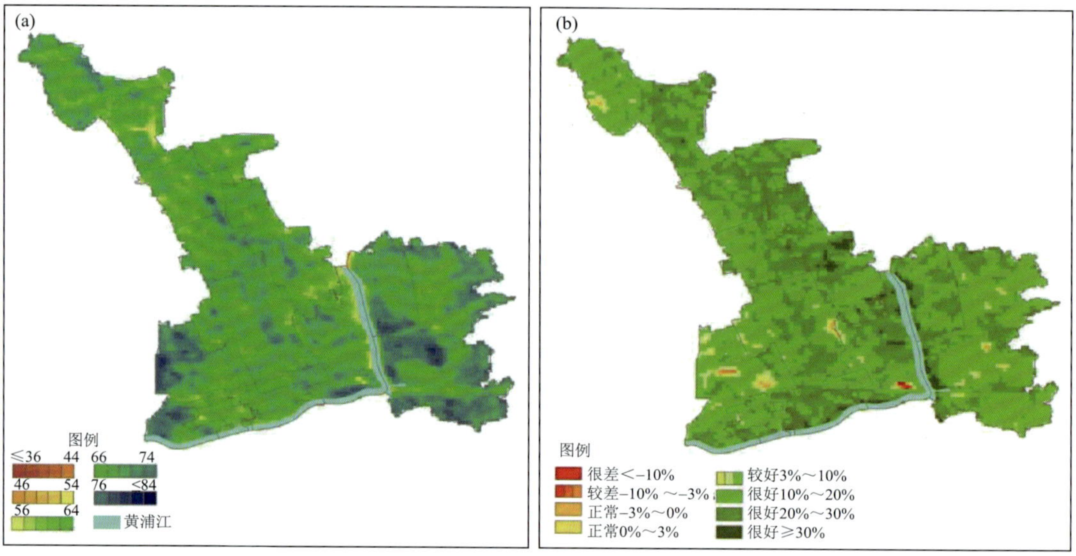

图 3.29　2020 年闵行区植被生态质量指数(a)及植被生态指数距平百分率(b)

在的西南片区、吴淞江生态间隔带所在的西北角等地，并且形成了以外环绿带七宝莘庄段、梅陇段以及七莘路沪闵路为轴的生态绿道网络。全区下辖 13 个镇(街道)中，浦江镇的植被生态质量指数最高(达到 68.2)，马桥镇和莘庄镇次之，吴泾镇的植被生态质量相对偏差，其他镇(街道)在 62.8～65.5(图 3.30)。

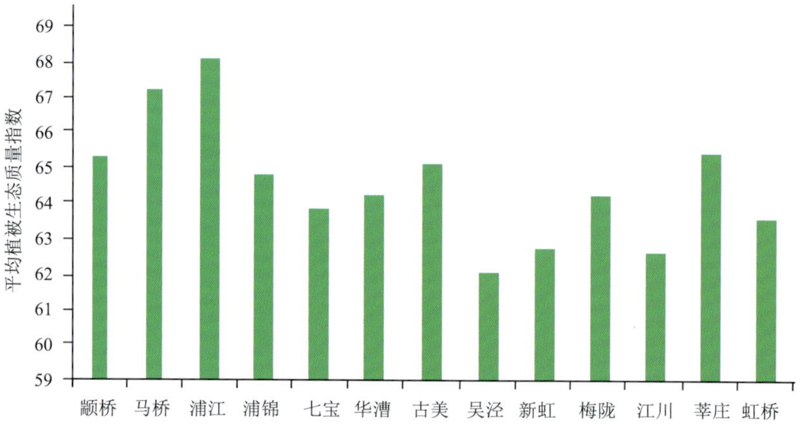

图 3.30　2020 年闵行区各镇(街道)平均植被生态质量指数

与 2019 年相比，2020 年闵行区植被生态质量指数提高 2.2 个百分点，其中植被覆盖度增加 0.8 个百分点，植被净初级生产力增加 0.7 tDM·$(hm^2 \cdot a)^{-1}$。闵南近郊绿环黄浦江段、闵中黄浦江滨岸、闵东北浦闵地块和闵西南沪杭铁路间隔带等连片农林复合区该年度“增绿”显著。除了为打造浦江第一湾重要生态节点而开挖的“兰香湖”片区呈现明显偏差态势外，其余较上年“变红”偏差的地域主要呈紧凑团块分布于城镇开发边界内的街镇集市建设用地(图 3.31)。

(2)2006—2020 年植被生态质量变化趋势

植被生态改善指数表示植被生态质量在年际尺度的变化趋势，由植被 NPP 变化趋势率和

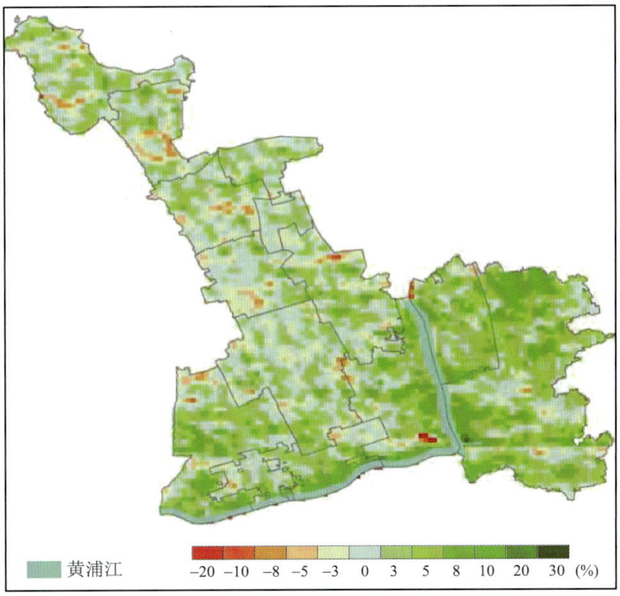

图 3.31　2020 年闵行区植被生态质量指数与 2019 年增减百分率

植被覆盖度变化趋势率综合计算表征。“正”表示增加、提高，“负”表示减少、下降；“绝对值”表示变化的快慢和程度，其值越大，表明植被生态改善越快、改善程度越好。植被生态质量改善指数计算公式：

$$QC_i = 10 \times GC_i + NC_i \tag{3.10}$$

式中，QC_i 为第 1 年至第 i 年陆地植被生态改善指数，GC_i 为第 1 年至第 i 年陆地植被覆盖度变化趋势率，NC_i 为第 1 年至第 i 年陆地植被 NPP 变化趋势率。

采用植被生态改善指数对全区植被生态改善情况进行分析表明（图 3.32）：2006—2020 年，全区植被生态质量整体呈现改善趋势，改善区域占全区面积的 97.9%。中北大部的闵行主城片区改善尤为明显，平均每年增加 0.70～2.10 个百分点，南部和中部浦江滨岸改善也较明显，植被生态质量呈较快正增长。与此同时，西南部、西北部、东北部和东南部局部区域有植被生态质量变差的现象。全区大部地区植被净初级生产力、覆盖度也呈持续增长趋势，平均每年分别增加 0.27 tDM · $(hm^2 \cdot a)^{-1}$、0.75 个百分点，增加的面积分别占全区面积的 100%和 86.9%。净初级生产力增长最快的区域位于中北部和南部区域，植被覆盖度增长最快的区域位于中部地区。

植被改善从各镇（街道）统计（图 3.33），古美路街道、七宝镇、莘庄镇植被生态改善指数居前，新虹、虹桥、梅陇、华漕、江川等街镇的植被生态改善指数也高于全区平均值，马桥镇、吴泾镇和浦江镇的植被生态改善指数则位居后列。具体的空间分布区位上，2006—2020 年的 15 a 发展期间，外环梅陇段、黄浦江滨江、虹桥副中心和吴泾工业区局部等地的植被生态质量指数提升超 25%，而南虹桥商务区、马桥产业区及其东南侧大型居住社区、浦江新市镇、向阳产业区、莘庄工业区局部，以及黄浦江转弯处的兰香湖等呈小团块状的正常偏差区域，因产业社区发展、新市镇规划开发、建设人工湖泊等经济生态民生工程占用农田用地、加强土地复合利用，造成其降低。

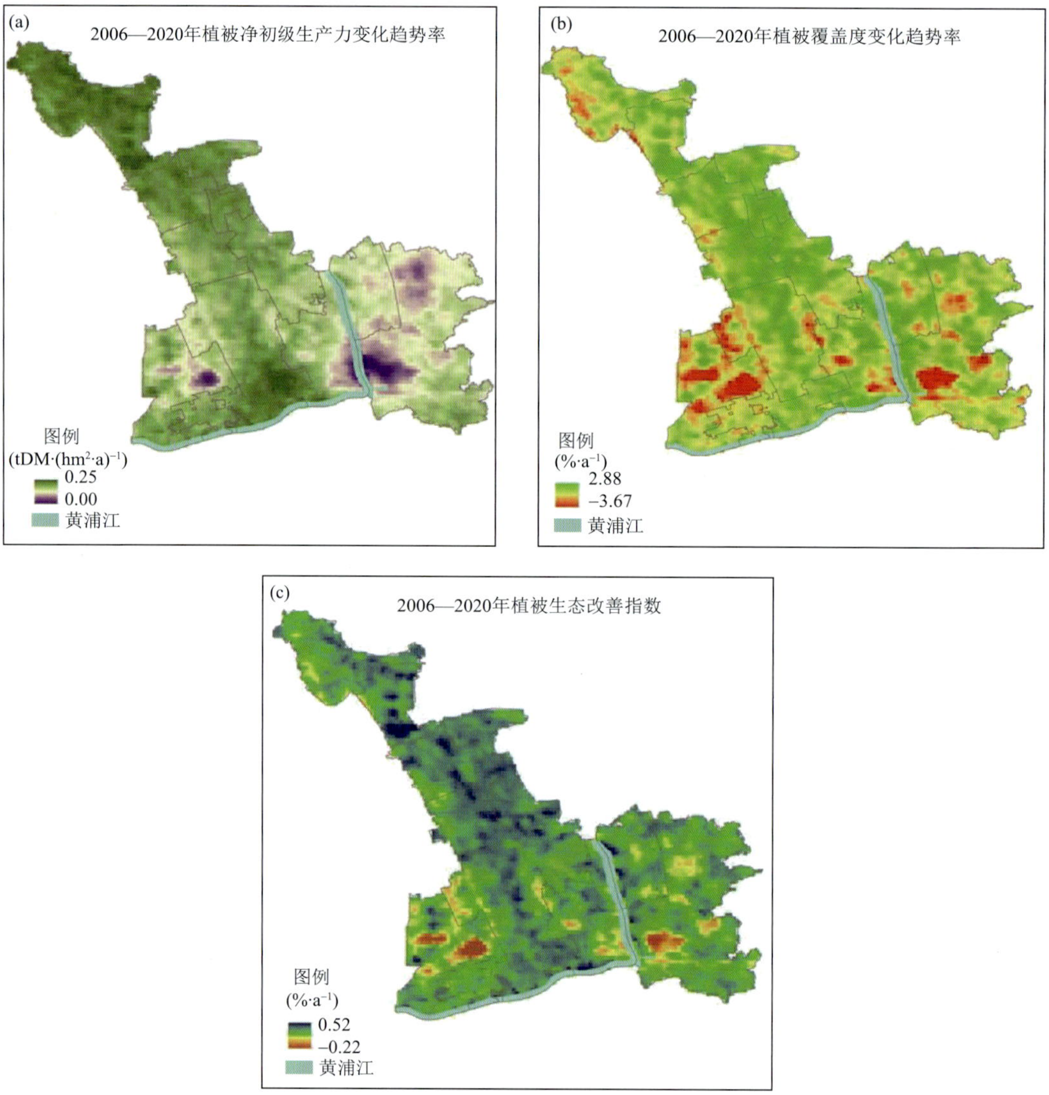

图 3.32　2006—2020 年闵行区植被生态质量改善状况

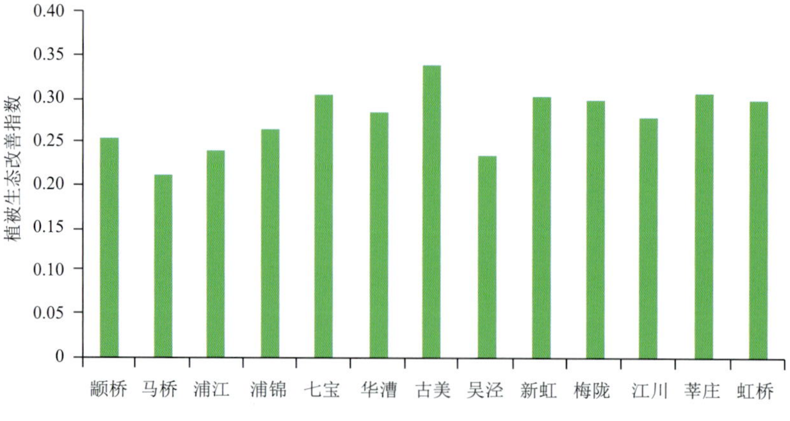

图 3.33　2006—2020 年闵行区各镇(街道)平均植被生态改善指数

3.5.1.3 植被生态质量变化的驱动成因分析

基于 2006—2020 年上海市闵行区植被生态质量指数变化，可以对全区植被变化情况进行一个综合性的定量分析。2006—2020 年全区植被生态质量指数实现了“两级跳”，2012—2020 年植被生态质量指数较 2006—2011 年明显提高(图 3.34)。植被生态质量指数变化存在一定的波动，在 2011 年、2013 年、2017 年出现明显低值年份，2018—2020 年增长明显，2020 年为 2006 年以来最高值，达 65.9。

图 3.34 2006—2020 年闵行区逐年植被生态质量指数变化

分析其驱动机制包括：a. 2006—2020 年全区年平均气温呈升高趋势，主要生长季≥0 ℃积温较常年偏多，年平均日照时数维持在 1850 h 左右，再加上年降水量在波动中总体呈增加趋势，尤其在植被生长需水量大的时期降水增幅较大，充足的光、温、水匹配为植被生长提供了良好的自然环境条件，促使气候生产潜力增加；b. 同期，闵行区生态工程全面开展，特别是党的十八大以来推进实施了“两环”(外环绿带、近郊绿环)和“五带”(黄浦江等生态间隔带)，以及以浦江郊野公园等为代表的城市公园、大居绿地、人造涵养林、林荫绿道等生态保护与建设项目，不仅充分利用了有利的气候资源，拓展“廊、园、林”生态空间，同时也有效促进了全区植被生产力和覆盖度的提升，进而提高植被生态质量，这反映了闵行区生态文明建设取得了实实在在的成效；c. 在植被覆盖度、植被净初级生产力及植被生态质量整体增长的趋势下，2011 年、2013 年、2017 年各项指标异常偏低，这与 2011 年的干旱少雨和 2013 年、2017 年的高温热浪遭受干旱过程有密切关系。降水明显偏少、连续干旱过程导致地下水位降低，土壤水分不足，对植被生长造成严重影响。在干旱过程结束后的降水增多年份各指数均快速回升。

3.5.1.4 监测结论与建议

生态宜居是城市生态与城市宜居的有机统一，也是城市生态保护的现实需要和城乡融合发展的内在要求。为服务生态宜居现代化主城区建设，上海市闵行区 2006—2020 年与生态宜居紧密相关的植被生态质量指数表明，2020 年闵行区植被生态质量指数为 65.9，较常年提高 18.1%，较 2006 年提高 32.5%，人居“绿色”生态环境改善明显。一系列环境保护、打造生态宜居闵行的工作举措和适宜的气候条件是推动趋好发展的两大主要因素。然而，闵行生态改善情况整体上分布还不十分均衡，古美路街道、七宝镇、莘庄镇植被生态改善指数居前，马桥镇、吴泾镇和浦江镇的植被生态改善指数则位居后列，说明需加强新市镇和产业园区的绿化建设，提高城市绿化面积比例和生态宜居性，同时加强碳汇与碳源的分析和挖掘，为国家应对气候变化提供科学支撑。极端天气气候事件、重大气象灾害仍是影响闵行区生态建设和保护的不利因素之一。未来在坚持绿色发展理念，加强生态综合治理力度的同时，需继续做好生态安全气象保障工作，以助于充分发挥生态气候优势，持续释放生态红利。

3.5.2 “浦东”社会主义现代化建设引领区植被生态质量评价

3.5.2.1 浦东新区概况

1990 年，国家实施开发开放浦东战略。历经 30 余年的大开发、大开放、大建设，浦东成为中国改革开放的窗口和上海现代化建设的缩影。伴随着浦东经济的高速增长，浦东新区生态建设有序开展，尤其是近 10 a 来浦东新区坚持经济、社会与环境协调发展，树立建设经济发达、生活富裕、环境良好的生态城区目标，促进区域环境品质不断提升。2021 年，国家提出支持浦东新区高水平改革开放、打造社会主义现代化建设引领区。

在气象条件与下垫面背景方面，2000—2022 年气象观测资料显示(图 3.35)，浦东新区年平均气温呈升高趋势，主要生长季≥0 ℃积温较常年偏多，年平均日照时数维持在 1770 h 左右，年降水量在波动中总体呈增加趋势，促使气候生产潜力增加，气象条件总体利于林灌草和农田作物等植被生长。2020 年遥感监测浦东新区土地覆盖类型空间分布显示(图 3.36)：浦东新区土地覆盖类型包括建筑用地、耕地、草地、林地、水体等。全区以建筑用地和耕地为主，其中建筑用地主要分布在浦东中北部，包括黄浦江东侧的陆家嘴、三林镇等上海中心城区，以及高桥镇、合庆镇、唐镇、惠南镇等新市镇，约占土地总面积的 50.8%，耕地主要分布在浦东中南部，约占土地总面积的 20.6%，呈连续地块广泛分布于新场镇、大团镇、老港镇、书院镇等，林地和草地主要呈斑块或带状分布于外环绿带、世纪公园、滨江森林公园等地。

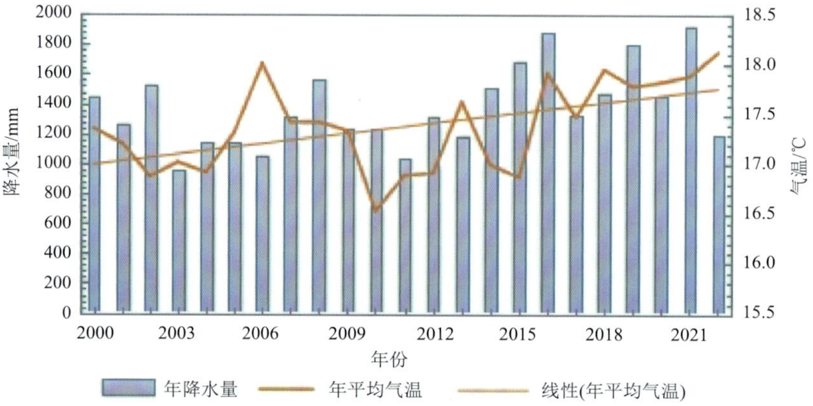

图 3.35 2000—2022 年浦东新区年平均气温与降水量

3.5.2.2 归一化差值植被指数变化特征

基于 2000—2022 年 EOS/MODIS 卫星 16 d 植被指数产品，利用最大值、均值合成计算获取月尺度和年尺度 NDVI，分析浦东新区植被 NDVI 时间变化趋势及空间分布特征。监测结果显示(图 3.37)：近 23 a 全区年平均 NDVI 以 0.01 $(10\ a)^{-1}$ 的速率增长。2021 年浦东新区植被 NDVI 达历年最高值，2022 年处于历年第二高，为 0.34，较 2000 年(0.31)增长了 0.03，较 23 a 内 NDVI 最低年份 2009 年(0.265)增长了 0.075，增长幅度为 28.3%。

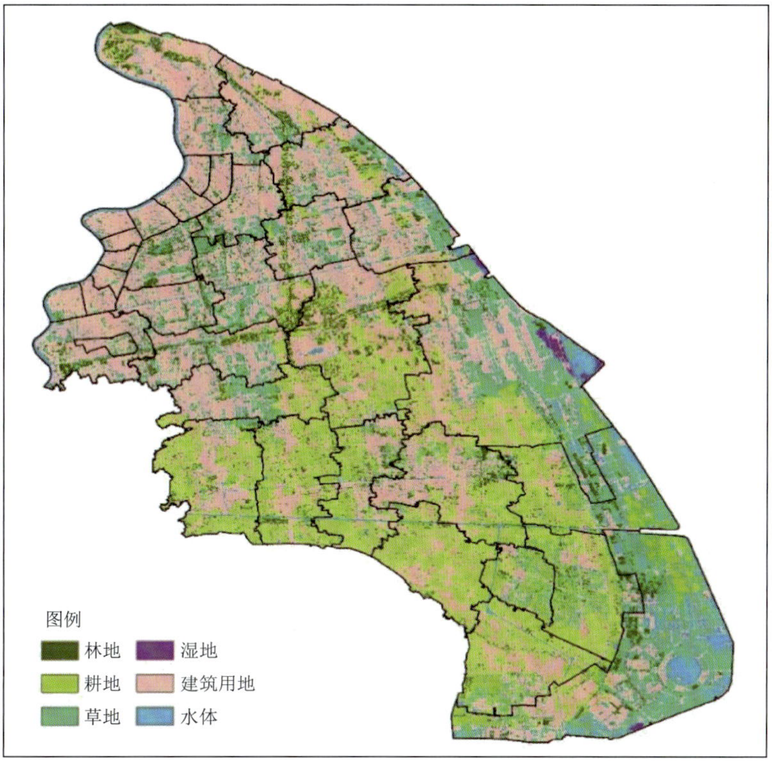

图 3.36 浦东新区土地覆盖类型空间分布

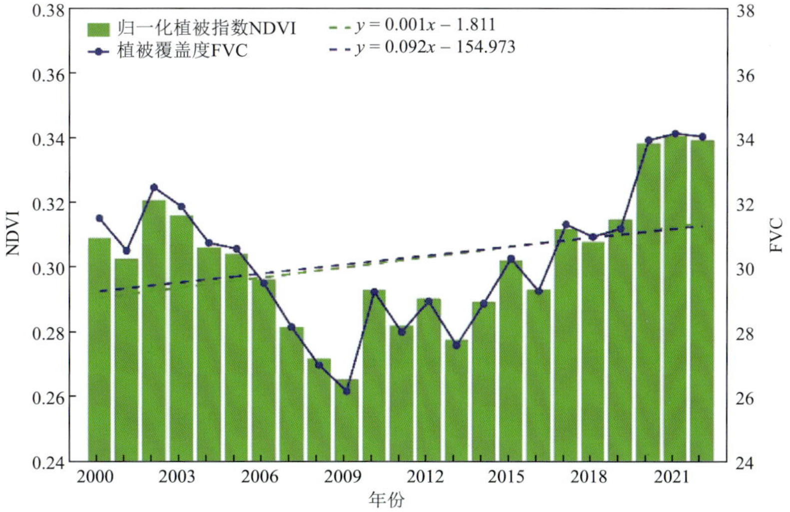

图 3.37 2000—2022 年浦东归一化差值植被指数(NDVI)和植被覆盖度(FVC)变化

2000 年和 2022 年浦东新区植被 NDVI 空间分布显示(图 3.38):浦东新区植被 NDVI 存在着明显的空间差异,主要表现为中部和东南部区域植被 NDVI 高于西部和北部。近 23 a 来,全区 58%区域面积的植被 NDVI 呈显著改善态势,其中北部偏西的中心城区(如花木街道),中部的唐镇、川沙新镇,以及东南部沿海地带改善最为明显。具体地,2000 年,浦东中北部和西部的陆家嘴街道、花木街道、张江镇、川沙新镇等区域 NDVI 值多在－0.1～0.3。2022 年，上述区域植被 NDVI 值多在 0.3～0.7，部分地区可达 0.7 以上。植被 NDVI 低值区主要分布在东部的浦东机场、东南部的临港工业区、北部的外高桥码头以及分散分布的集市镇建筑用地，其值多在 0.3 以下。需要注意到，浦东中南部出现大面积 NDVI 低值区。

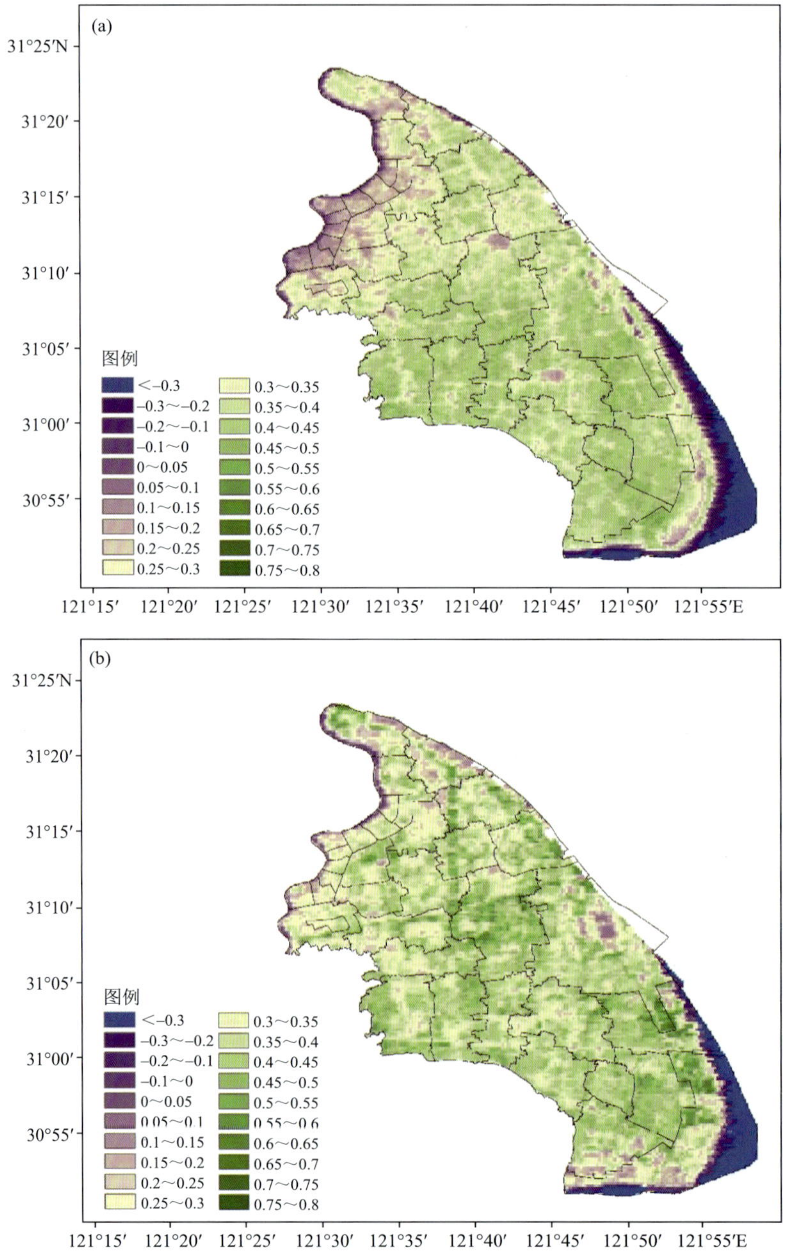

图 3.38　2000 年(a)与 2022 年(b)浦东归一化差值植被指数(NDVI)空间分布

3.5.2.3　植被覆盖度变化特征

基于 2000—2022 年 EOS/MODIS 卫星 16 d 植被指数产品，首先利用混合像元分解模型法计算植被覆盖度，随后采用最大值均值合成计算获取月际和年际植被覆盖度，分析浦东新区植被覆盖度时间变化趋势及空间分布特征。监测结果显示(图 3.37)：近 23 a 来全区植被覆盖度以每年 0.09％的速率增长，2022 年植被覆盖度均值为 34.1％，为近 23 a 第二高值。2022 年植被覆盖度较 2000 年(31.57％)增长了 2.53％，较此 23 a FVC 最低年份 2009 年(26.21％)增长了 7.89％，增长幅度达 30.1％。

2000 年和 2022 年浦东新区植被覆盖度空间分布显示(图 3.39)：全区植被覆盖度空间分布与植被 NDVI 有着良好的一致性，主要表现在东南部和中部区域植被覆盖度明显高于其他

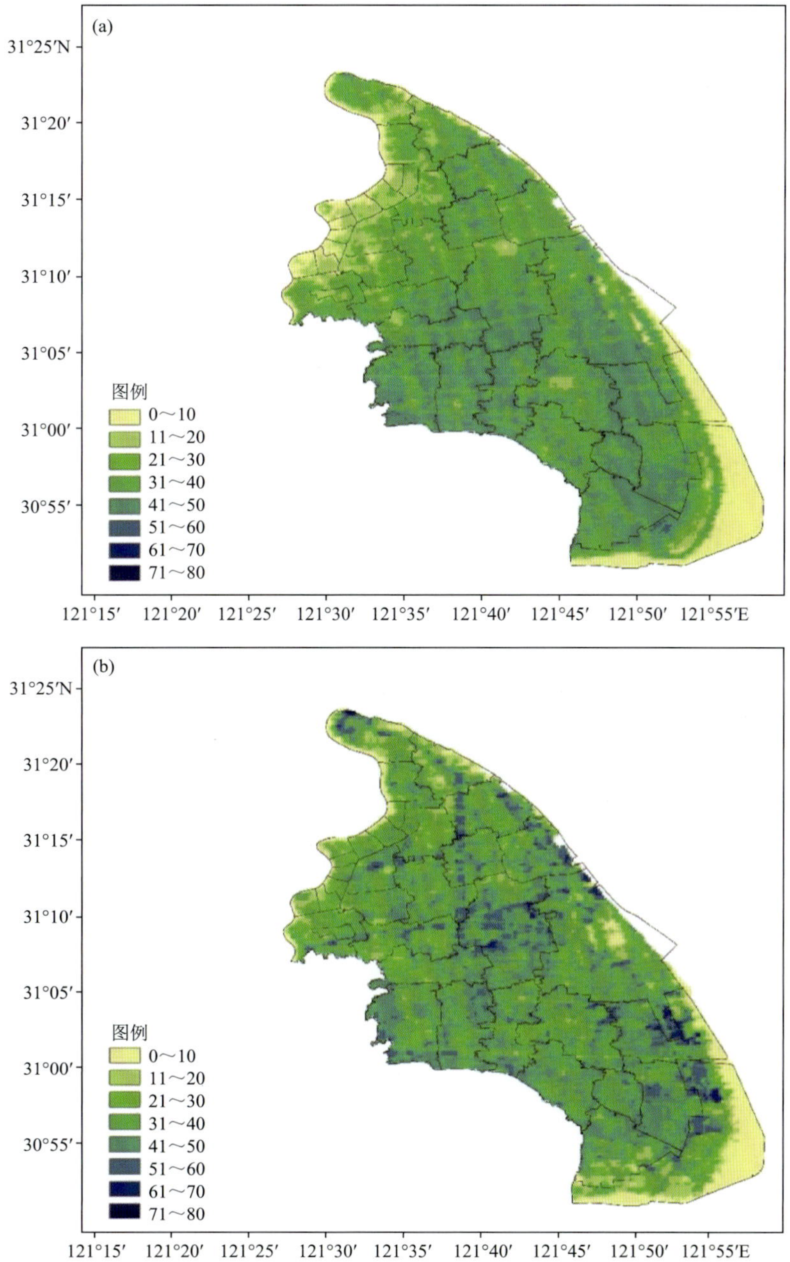

图 3.39　2000 年(a)和 2022 年(b)浦东植被覆盖度(FVC)空间分布

地区。通过对比可以看出，整体上 2022 年全区植被覆盖度较 2000 年显著改善。2000 年，全区植被覆盖度在 50%以上的面积为 0.27%，而在 2022 年这一数字达 7.10%，植被覆盖度高值区面积增加，人居生态空间显著“扩容增绿”。具体地，2000 年，位于黄浦江东岸的上刚新村、周家渡、塘桥、陆家嘴、花木等街道的植被覆盖度多在 0～20%，2022 年上述地区植被覆盖度已达 20%～40%。外环绿带浦东段的植被营建效果明显，植被覆盖度由 30%～40%提升为 60%～70%，构筑为上海市基本生态网络。与此同时，川沙新镇中西部、高桥镇西北部以及老港镇中部等区域植被覆盖度也由 30%～50%提升为 50%～70%，部分地区可达 70%以上。覆盖度低值区主要位于浦东机场、临港产业园区、外高桥工业区的局部，其植被覆盖度多在 10%以下。

2000—2022 年植被覆盖度变化率空间分布显示(图 3.40)：近 23 a 浦东西北部和东南部区域植被覆盖度呈显著增长趋势，增加和减少趋势的陆地像元分别占 55.2%和 42.4%，即全区 55.2%区域面积的植被在近 23 a 呈改善态势，另仅有 2.4%的区域保持不变。其中，浦东西北部的中心城区如花木、塘桥等街道，以及东南部沿海等区域变化最为显著，增长幅度每年在 1%～1.5%，部分超过 1.5%。这与浦东新区实施的生态建设工程有着密切联系，外环绿带结合环内楔形绿地和环外生态间隔带、滨江滨海森林公园等提升了上述区域的植被密集程度。同时，随着城市化进程向东南部腹地的延伸扩张，城镇人口密集区域和新市镇的植被覆盖度呈降低趋势，尤其是祝桥镇中部、康桥镇中东部、周浦镇南部、航头镇北部、泥城镇南部、南汇新城镇西南部的植被覆盖度明显降低，下降幅度每年多在 0.5%～1.5%，原远郊老城区如惠南镇中部植被覆盖度则有所恢复。

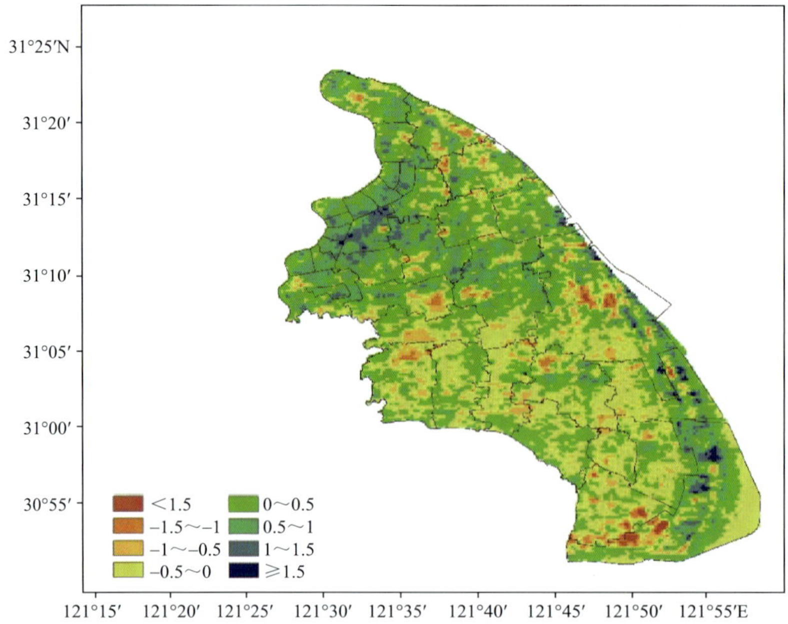

图 3.40　2000—2022 年浦东植被覆盖度(FVC)变化率

3.5.2.4　植被净初级生产力变化特征

基于 2000—2022 年 EOS/MODIS 卫星 16 d 植被指数产品，利用国家气象中心提供的陆地生态系统碳通量模型计算并合成月际和年际植被 NPP，分析浦东新区植被 NPP 时间变化趋势及空间分布特征。从 2000—2022 年浦东新区年际植被累加 NPP 变化趋势（图 3.41）可见：2000 年以来浦东新区植被 NPP 呈波动起伏，整体上为增加趋势，平均每年增长约 1.03 $gC \cdot m^{-2}$，2002 年植被 NPP 为历年最高值，为 545.51 $gC \cdot m^{-2}$，2011 年为历年最低值，为 376.87 $gC \cdot m^{-2}$，2022 年植被 NPP 累计值为 491.77 $gC \cdot m^{-2}$，表现出受 2022 年夏季持续高温热害影响植被净初级生产力降低，但相较 23 a 平均值 481.74 $gC \cdot m^{-2}$，仍处于相对高值区间。

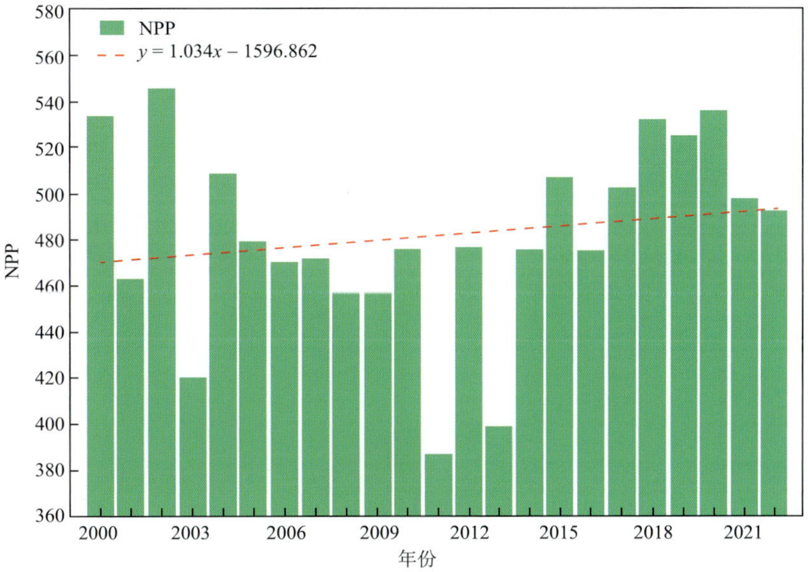

图 3.41　2000—2022 年浦东植被净初级生产力（NNP）变化

2000 年和 2022 年浦东新区植被 NPP 累加值空间分布显示（图 3.42）：近 23 a 来浦东新区 53.39% 区域面积的植被 NPP 年际累加值呈增加趋势。相较于 2000 年，2022 年全区植被 NPP 累加值变化空间分异明显。其中，外环绿带、滨江公园、滨海公园、川沙新镇中西部等区域植被 NPP 提升最为明显，2022 年上述区域植被 NPP 达 700～900 $gC \cdot m^{-2}$，部分区域可达 900 $gC \cdot m^{-2}$ 以上。此外，位于黄浦江东岸的周家渡、塘桥、陆家嘴、花木等街道的植被 NPP 2000 年多在 100～300 $gC \cdot m^{-2}$，而在 2022 年上述区域植被 NPP 提升至 200～500 $gC \cdot m^{-2}$。全区植被 NPP 低值区主要位于东中部的浦东机场、南部临港产业园区、西北部外高桥工业区的局部，以及沿海地带，其值多在 200 $gC \cdot m^{-2}$ 以下，且 2022 年东南部农田的净初级生产力较 2000 年有所降低。

3.5.2.5　植被生态质量指数变化特征

利用上述植被覆盖度和 NPP 结果计算植被综合生态质量指数，进行植被综合生态质量指数年际对比和多年变化趋势评价。结果可见（图 3.43）：2000—2022 年全区植被生态质量指数呈现“三级阶梯”，2014—2022 年植被生态质量指数均值（33.99）较 2007—2013 年（29.88）有明显提高，较 2000—2006 年（32.97）有提高改善，其中 2022 年植被生态质量指数为 34.61，为 2000 年以来植被生态质量第五好，最好为 2021 年，植被生态质量指数达 36.47。

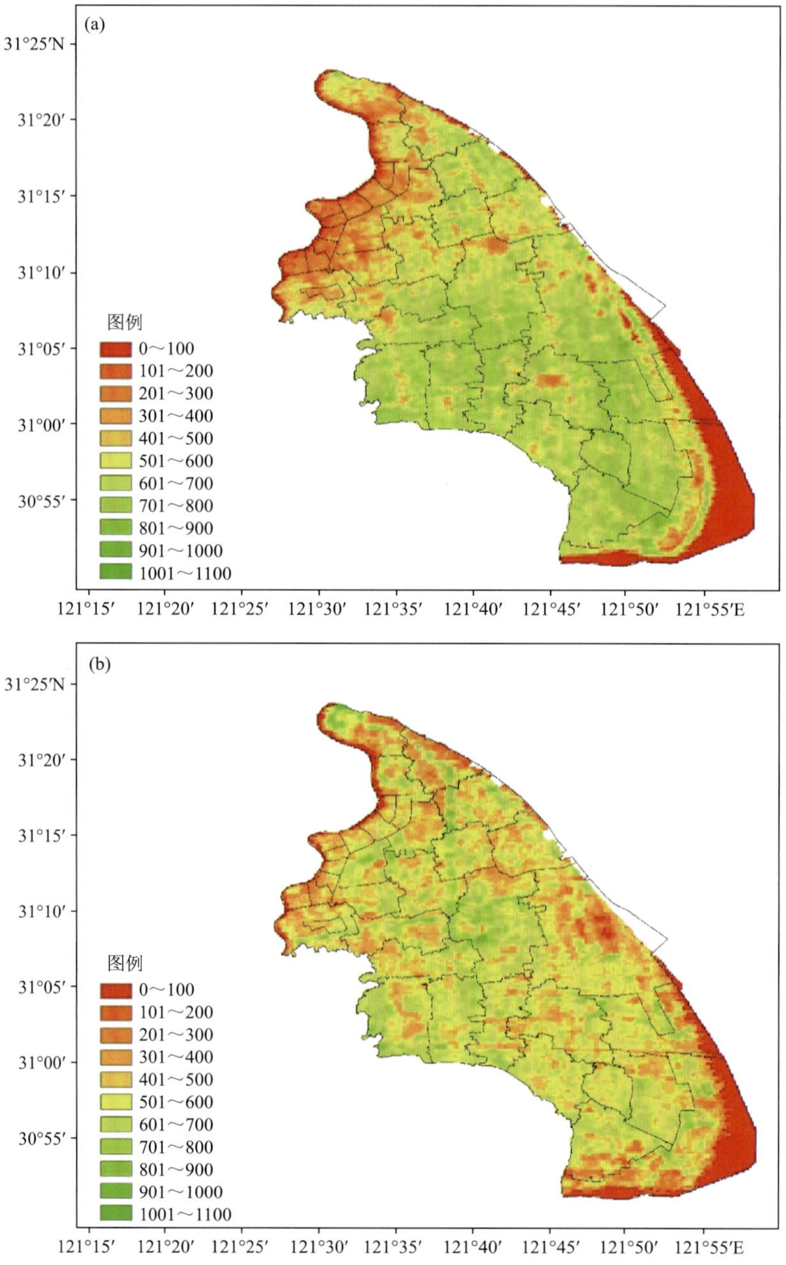

图 3.42　2000 年(a)和 2022 年(b)浦东植被净初级生产力(NPP)空间分布

浦东新区 2000 年和 2022 年植被生态质量指数空间分布显示(图 3.44):2022 年浦东新区植被生态质量指数较 2000 年提升,主要表现在植被生态质量指数高值区面积显著增加,其中浦东中西部和东南部沿海最为明显。2000 年,属于中心城区的上钢新村、周家渡、塘桥、陆家嘴、花木等街道植被生态质量多在 0～15,而 2022 年上述地区植被生态质量已达 20～45。近 23 a 营建的外环绿带浦东段由单纯的防护绿带转型成为多功能一体的“环城生态公园带”,植被生态质量由原来的 40 左右提升至 55～65,此外,随着远郊的滨江森林公园、滨海森林公园、

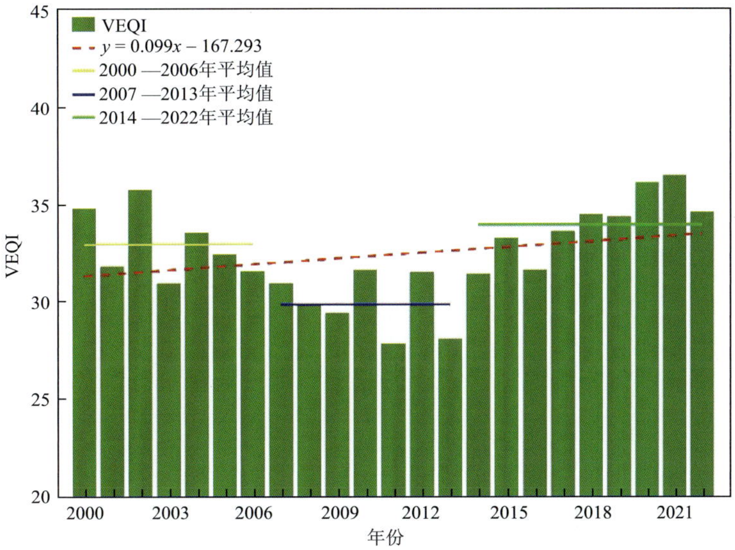

图 3.43　2000—2022 年浦东植被生态质量指数(VEQI)变化

迪士尼公园南部林区等建设,上述区域植被生态质量由 35～35 提升至 55～70。植被生态质量的低值区主要位于浦东城市开发边界内。随着浦东新区经济的发展以及城镇化进程的不断加快,浦东祝桥镇中东部、南汇新城镇临港片区、高东镇东部和西部、航头镇中部等人口聚集的城镇、新市镇及产业园区植被生态质量下降较为明显,但率先发展的惠南镇中部、川沙新镇北部植被生态质量有所恢复。

近 23 a 浦东新区年际植被生态质量指数变化率空间分布显示(图 3.45):2000—2022 年浦东新区约 55.86%区域面积的植被生态质量呈增加态势,保持稳定的区域面积占 2.35%,其中浦东中西部和东南部沿海等地区改善尤为明显,植被生态质量呈较快正增长,其增长幅度为

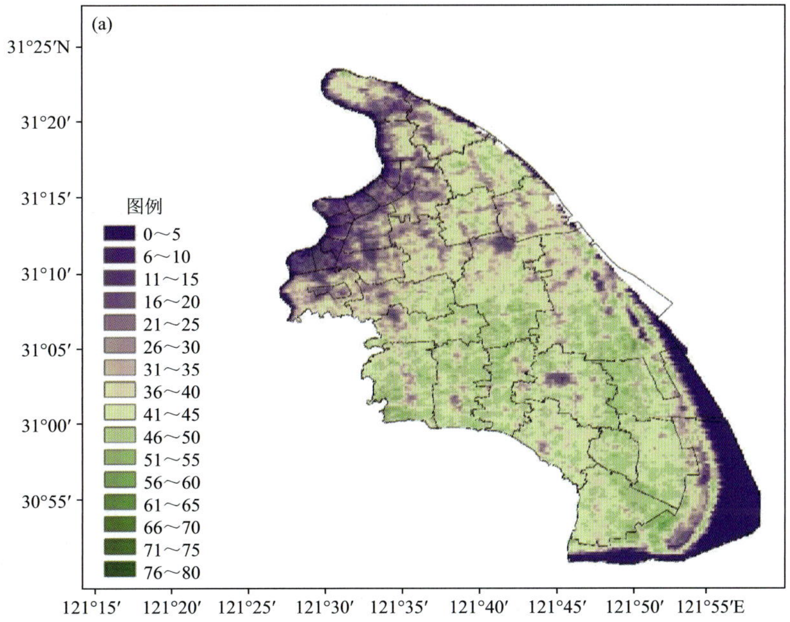

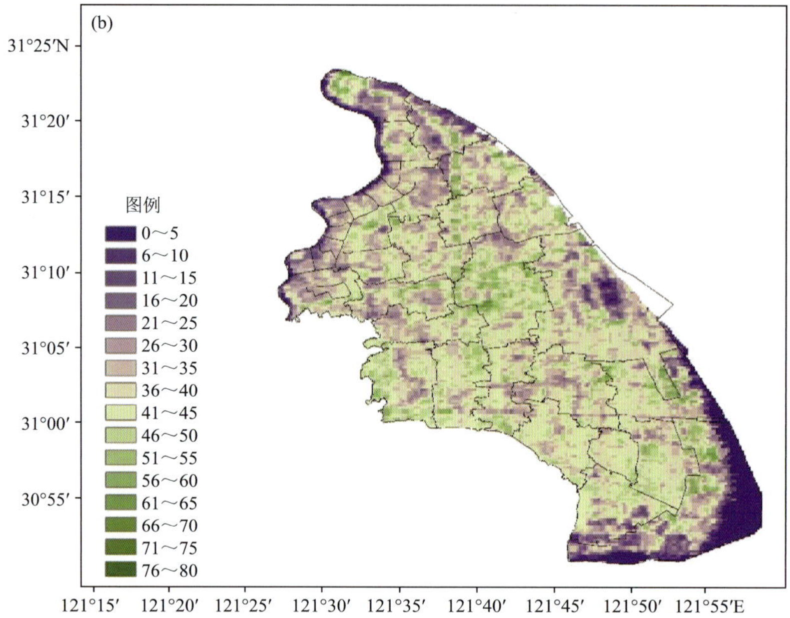

图 3.44　2000 年(a)和 2022 年(b)浦东植被生态质量指数(VEQI)空间分布

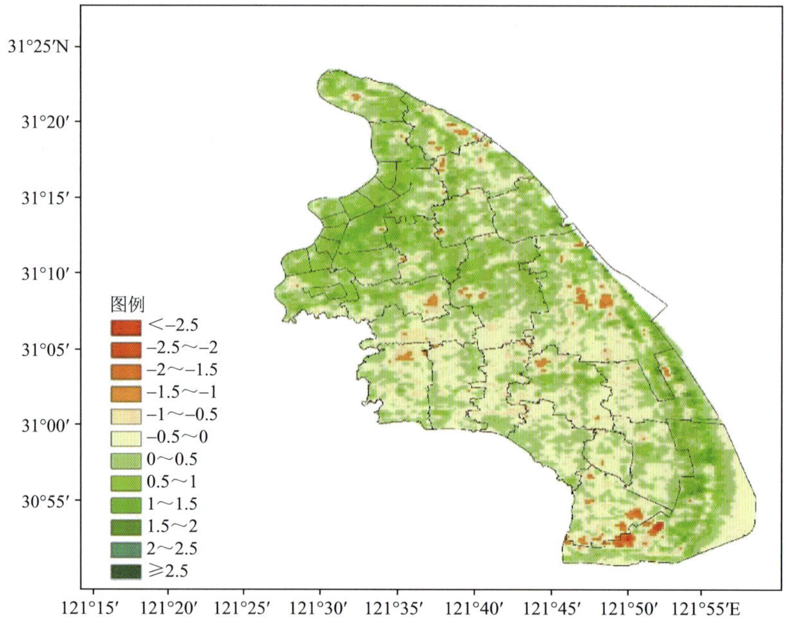

图 3.45　2000—2022 年浦东植被生态质量指数(VEQI)变化空间分布

每年 0.5～1。浦东以举办世博会、建设迪士尼乐园为抓手，以南汇并入浦东、“三港三区”格局奠定为契机，重点实施了植树造林建园、绿道贯通、绿化景观等生态建设工程，结合生态镇(村)创建以及安静小区、绿色社区等其他绿色创建工作，充分利用了有利的水热气候资源，加快了植被恢复进程。大面积植被生态质量的恢复及改善促进区域环境品质提升，提高了区域生态环境的优化能力。同时，浦东新区约 41.79%区域面积的植被生态质量呈退化态势，主要位于浦东中偏南部。由于产业基地、大居社区的建设,用地性质由农绿地向建筑用地等转换,使得南汇新城西南部临港片区、祝桥镇中部等地植被生态质量呈小团块状下降,上述区域需要加强绿化配套建设。此外,浦东东南部大面积耕地的植被生态质量也略有下降,表明需要实施种植结构优化、提高耕地质量等措施。

3.5.2.6　监测结论与建议

植被的恢复及改善有利于促进区域环境品质提升,提高区域生态环境优化能力。利用2000—2022年气象、卫星资料,监测分析浦东新区植被生态质量演变的结果表明:2022年浦东新区植被生态质量为34.61,为2000年以来植被生态质量第5好,最好为2021年。2000—2022年浦东新区水热气象条件有利于植被生产潜力增加,约55.86%区域面积的植被生态质量呈增加态势,保持稳定的区域面积占2.35%,浦东中西部的中心城区以及东南部沿海地区改善明显。遥感监测事实佐证党的十八大以来浦东大力实施的生态文明建设项目有效利用气候资源,加快了植被恢复改善进程,尤其是构建出外环环城公园带、远郊滨江、滨海公园等为骨架的生态网络,生态文明建设绩效显著,打造社会主义现代化建设引领区的绿色基础趋好。当然,也需关注本区约41.79%区域面积植被生态质量呈退化态势,退化区域位于浦东中偏南部,凸显出了浦东新区南北发展不平衡的态势。由于产业基地、大居社区的建设,南汇新城西南部临港片区、祝桥镇中部等地植被生态质量呈小团块状下降,需加强绿化配套建设。东南部大面积耕地的植被生态质量略有下降,表明需实施种植结构优化、提高耕地质量等措施,通过选择合适的耕地管理保育手段提高耕地绿色产量,同时也要切实控制建设用地占用耕地,做到占补平衡,保护耕地后备资源。此外,加强东部海岸带的经营管理,优化土地利用方式,保护固碳能力强的地类,有助于提高浦东新区的碳汇能力。在打造社会主义现代化建设引领区的新征程上,继续大力提升生态资源总量,改善空间布局结构和环境品质,厚植城市蓝绿生态基底,提升气候生态承载力。

3.6　植被生态绩效的气象贡献率量化——以崇明为例

3.6.1　生态文明建设绩效与气象贡献率

"绩效"概念最早由管理学领域提出,反映的是人们从事某一种活动所产生的成绩和结果。改革开放以来中国城镇化、工业化持续推进,区域发展不协调、生态环境污染严重等问题对实现经济社会可持续发展构成巨大挑战,加强生态文明建设成为推动经济社会可持续发展备受关注的路径。2012年党的十八大创新地提出"大力推进生态文明建设",要求把生态文明建设融入经济、政治、文化、社会各方面和全过程。推动绿色发展,建设生态文明,是一场涉及生产方式、生活方式、思维方式和价值观念的重大变革。在此背景下,进行生态文明建设绩效考核评价,一方面从绩效视角揭示生态文明建设的时空跃迁特征和耦合关系,有助于理解生态文明建设的空间差异机理,是面向国家战略需求并实现生态文明建设生产要素优化配置和提质增效的重要前提;另一方面结合领导干部自然资源资产离任审计、领导干部环境保护责任离任审计、环境保护督察等,形成考核结果报告,也是党政领导班子和领导干部综合考核评价、干部奖惩任免的重要依据。

生态文明建设促进生态环境质量改善,但区域生态系统变化是多重人为因素和自然因素共同驱动的结果。生态环境的质量变化中，既有人为条件的影响，又有气象条件的影响，包括但不局限于社会、人口、经济、教育等多重生态保护政策实施，自然保育与生态修复工程实施，以及气象、水文等自然条件的变化驱动。气候条件作为影响自然生态系统的活跃因素，是自然生态系统状况的综合反映，是人类社会赖以生存和发展的基础，也有其绩效、效益或效能。围绕地方政府生态环境与资源保护的需求，从正向的角度出发，对于自然生态环境的气象绩效——“气象贡献率”，建立气候和气候变化对生态环境质量影响评价指标体系，以及生态文明建设绩效考核气象评价指标，将气象评价指标及评价结果纳入当地政府生态文明建设绩效考核指标体系中，有助于依法履行与生态环境和资源保护有关的监管职能。不论是气候资源还是气象灾害，《绿色发展指标体系》和《生态文明建设考核目标体系》中气象因素的影响或贡献率尚未考虑。为此需要开展相关的探索研究，建立气象条件对生态环境状况的贡献率和影响指标并开展监测、评估，以使考核评价结果更加客观化，为政府履行生态环境和资源保护监管职责、生态文明绩效考核提供决策支撑。

3.6.2 崇明世界级生态岛区位背景

崇明岛位于长江入海口，是世界最大的河口冲积岛，也是中国仅次于台湾岛、海南岛的第三大岛屿。作为中国大陆海岸线的中点，长江口在此呈现“三级分汊、四口入海”的格局，崇明则是长江进入东海因径潮流顶托及入海丰沛泥沙沉降而成，成陆历史有1300多年。其所属崇明区行政辖区范围面积2494.5 km^2，其中陆域面积1413 km^2，包括崇明、长兴、横沙三岛，下辖16个镇和2个乡，以上海近五分之一的陆域面积，承载着上海约四分之一的森林、三分之一的基本农田、两大核心水源地，是河口巨型城市上海重要的生态屏障，具备上海市最优质的生态资源本底，为上海提供重要的土地、环境与空间资源。2005年上海市政府发布的《崇明三岛总体规划》指出，崇明岛作为21世纪上海可持续发展的重要战略空间，提出了将崇明建设成为环境和谐优美、资源集约利用、经济社会协调发展的现代化生态岛。2010年上海市政府颁布的《崇明生态岛建设发展规划纲要》更将崇明发展目标定位于建设世界级生态岛，中央政府将崇明世界级生态岛建设看作是继浦东开发开放之后对上海发展的重大战略安排。2022年上海市政府印发《崇明世界级生态岛发展规划纲要(2021—2035年)》，规划到2035年，将崇明世界级生态岛打造成绿色生态“桥头堡”、绿色生产“先行区”、绿色生活“示范地”，成为引领全国、影响全球的国家生态文明名片、长江绿色发展标杆、人民幸福生活典范，向世界展示“人与自然和谐共生”的建设范例。

在生态绿化建设方面，20世纪50年代末崇明开始了种植林木和造林播绿活动，进入21世纪后坚持生态立岛，强健上海之“肺”，通过多年建设拥有华东地区最大的平原人工森林，并推动植树绿化向纵深发展。近年来，聚焦主要公路、河道两侧区域，结合美丽乡村和郊野公园建设工作，着力打造环岛生态圈、东西生态轴、蓝绿生态网、五源生态核和美丽乡镇生态点的林业格局，并启动国家森林城市和碳中和示范区建设。2023年，全区森林覆盖率超过30.7%，承载了上海市约40%的生态资源和50%的生态服务功能。因位于长江生态廊道与沿海大通道交汇的重要节点，定位于具有全球引领示范作用的世界级生态岛、生态文明发展先导区与示范区，崇明岛对长三角、长江流域乃至全国的生态环境和生态安全具有重要的意义。

3.6.3 崇明生态岛自然植被(森林)气象贡献率评价

3.6.3.1 崇明生态岛植被生态质量格局与变化

2020 年,崇明全区植被生态质量指数值域范围为 47.7～83.4,平均为 73.0,较常年提高 10.7%,较 2006 年提高 19.9%,生态质量处于正常偏好等级的面积比例达 99.0%,其中处于很好等级的面积占比高达 63.7%,处于较好等级的面积占比为 32.6%,高于全市 81.0%的整体水平(图 3.46)。从全区来看,植被生态质量高值区位于崇西、崇北、崇中等地,呈现出以东平森林公园等生态公益造林为骨架的区域植被生态质量较好。全区下辖 18 个乡镇中,东平镇的植被生态质量指数最高(达到 76.3),港西镇和新海镇次之,城桥镇的植被生态质量相对偏差,其他乡镇在 69.6～74.2(图 3.47)。从景观斑块来看,崇明林地以少数大斑块形式存在,斑块集中分布,形状较为规整,构成崇明生态质量的稳定支撑骨架,而园地、林带及附属绿地景观类型以中小面积斑块数量居多,景观破碎化程度高,斑块分散分布,且形状较复杂,易受外界干扰。

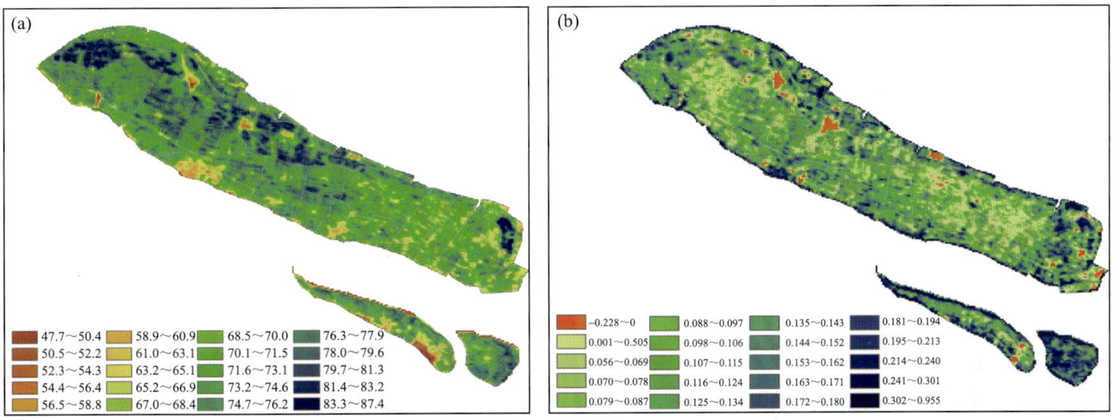

图 3.46 2020 年崇明区植被生态质量指数(a)及植被生态质量指数距平百分率(b)

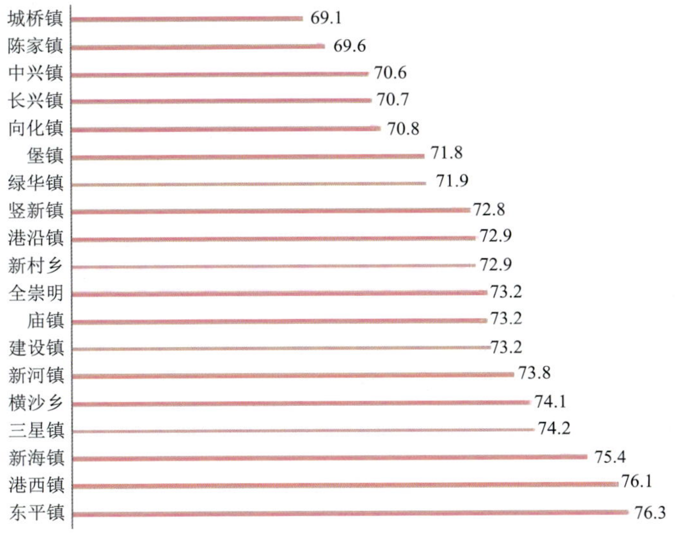

图 3.47 2020 年崇明区各乡镇平均植被生态质量指数统计排序

采用植被生态改善指数对全区植被生态改善情况进行分析表明(图 3.48)：2006—2020 年，全区植被生态质量整体呈现改善趋势，横沙岛、崇明本岛北部沿岸和中部偏西地区改善尤为明显，本岛西南部改善也较明显，植被生态质量呈较快正增长。从乡镇统计来看，横沙乡、中兴镇、新河镇植被生态改善指数居前，港西、绿华、竖新、堡镇、庙镇、新村等乡镇的植被生态改善指数也高于全区平均值，向化镇、三星镇和港沿镇的植被生态改善指数则位居后列。

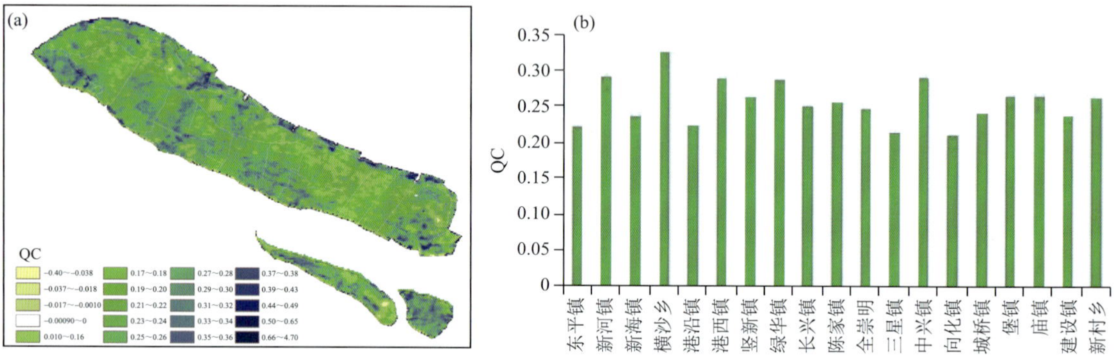

图 3.48　2006—2020 年崇明区植被生态改善指数(QC)分布(a)及其在各乡镇统计情况(b)

3.6.3.2　崇明生态岛森林面积、质量功能及景观结构变化

利用 Landsat 陆地卫星遥感监测 2006—2020 年崇明岛森林植被变化。从真彩色合成遥感影像直观可见(图 3.49)，崇明三岛岛体成陆长大，以暗绿色为特征的森林用地类型大幅增加，变绿明显，成为生态绿岛。

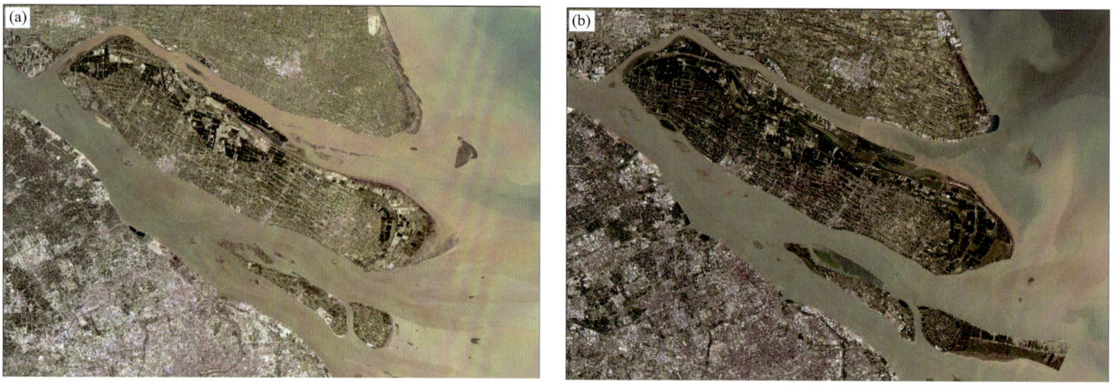

图 3.49　2006 年(a)和 2020 年(b)崇明陆地卫星真彩色合成影像

由于森林覆盖率是指一个国家或地区森林面积占土地总面积的百分比，反映了一个国家或地区森林资源和绿化水平，因此基于随机森林分类模型进行土地覆盖分类并统计崇明区林地面积，进而计算百分比覆盖率(图 3.50)。结果显示，崇明区森林主要由乔木林、竹林、特殊灌木林三类组成，森林面积由 2006 年的 226.2 km^2 增加到 2020 年的 350.0 km^2，森林覆盖率已达到 30%，崇明生态岛的森林本底轮廓基本形成。经过人工种植造林，岛内植被资源可以根据功能划分为江防海防林、湿地植被、道路绿化带、庭院景观林、游憩林、大田作物及经济林、水源涵养林七大类，其中江防海防林及湿地植被是崇明岛植被生态系统的关键成分，滩涂湿地

植被也是崇明岛具有特色的植被类型(王瑞静 等,2011)。

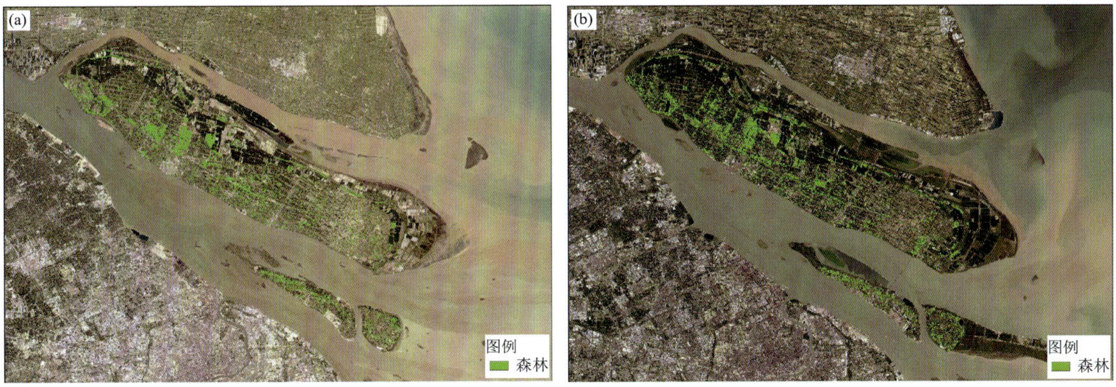

图 3.50　2006 年(a)和 2020 年(b)崇明区森林资源分布

基于逐月平均获取的崇明区森林植被年度植被覆盖度和净初级生产力变化显示(图 3.51),2006—2020 年的 15 a,林地的植被平均覆盖度由 43.5%增加到 51.0%,增加幅度为 7.5%,平均净初级生产力由 15.1 tDM·$(hm^2·a)^{-1}$增加到 18.8 tDM·$(hm^2·a)^{-1}$,增加了 3.7 tDM·$(hm^2·a)^{-1}$。基于雷达的森林三维形态冠层高度反演显示(图 3.52 和图 3.53),崇明森林植被高度空间异质性大,整个森林植被的平均冠层高度为 4.7 m。大面积森林斑块的植被高度较高且均匀,如位于崇明岛中北部的东平国家级森林公园,作为华东地区最大的平原人造森林,林相密集,中心核心区植被高度可达 15 m。

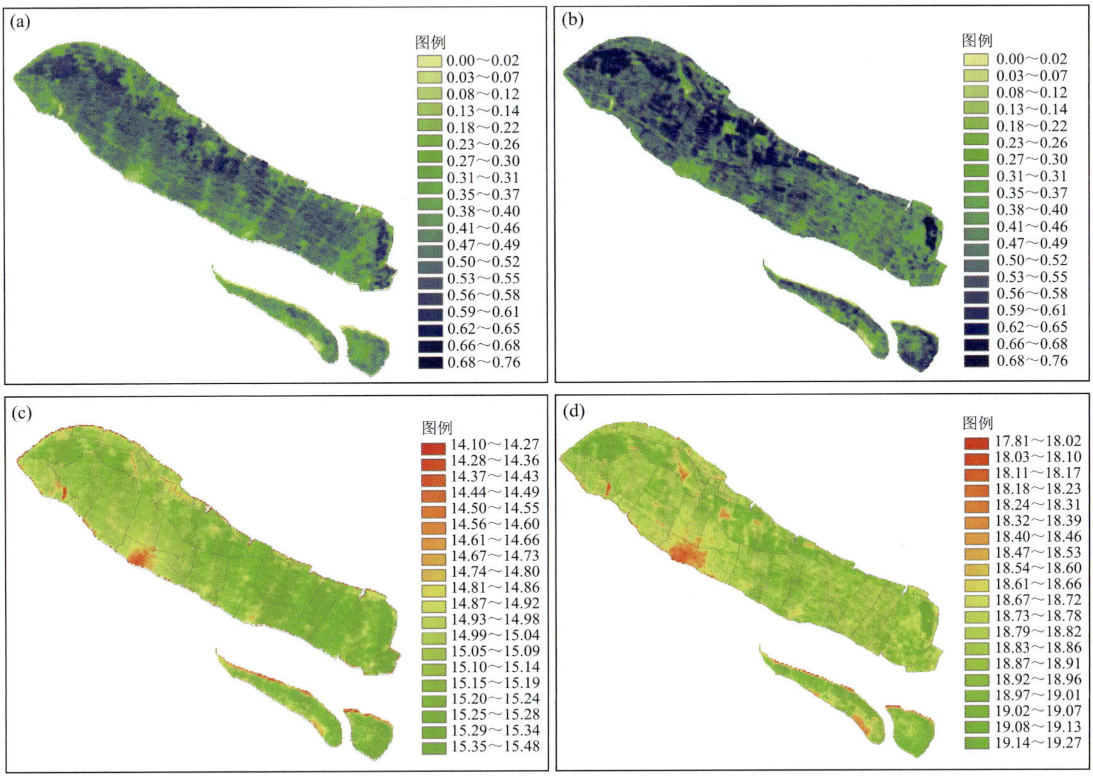

图 3.51　2006 年(a,c)和 2020 年(b,d)崇明区植被覆盖度(a,b)和净初级生产力(c,d)

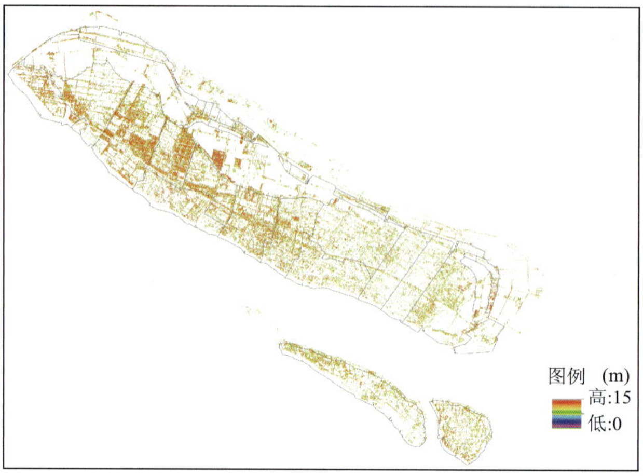

图 3.52 雷达反演森林植被冠层高度

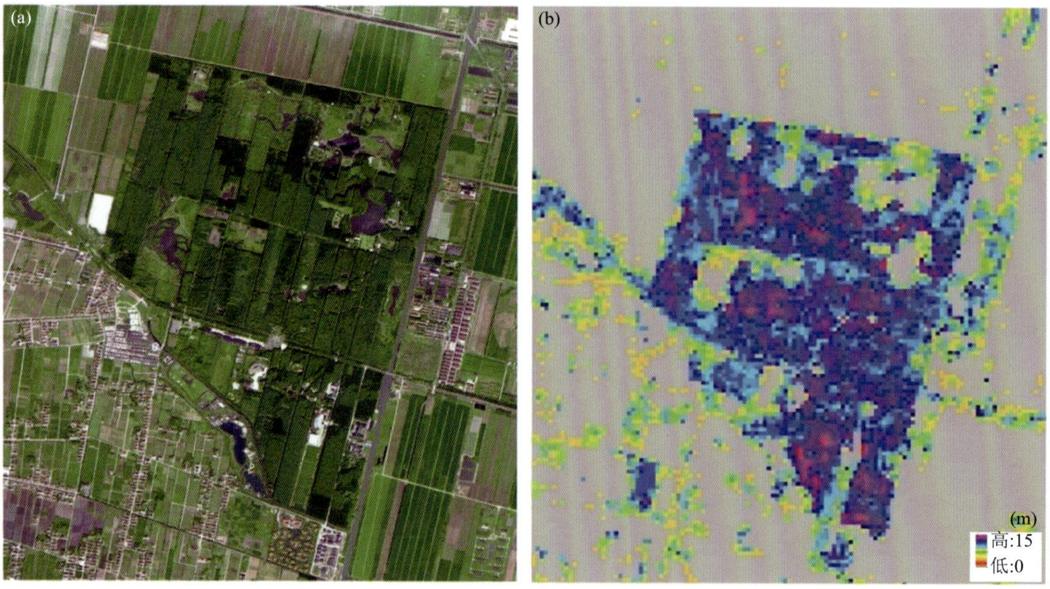

图 3.53 东平国家森林公园真彩色合成影像(a)及其森林冠层高度(b)

崇明生态廊道是以森林为主体，具备生态、景观和社会功能的森林网络体系。综合上述空间分布图可见，随着崇明“三横十五纵”(“三横”为北沿公路、草港公路和规划中的生态大道；“十五纵”为新建公路、宏海公路、合五公路、向化公路、北新公路等)及骨干道路周边、环崇明岛道路两侧、乡镇主干道和主要河道两侧及其他宜种植和补植的区域加强林木种植力度，相继建成了三星海棠花溪、竖新玉兰大道、长兴郊野公园、明珠湖涵养景观林、庙镇生态林等一大批林地，全区的生态廊道建设已初具规模，森林植被整体初步形成“三环四轴五景、多廊多带、多园多点”的林地总体格局。以防风抗灾为主要功能的、环绕三个岛屿的沿海防护林带以及沿陈海公路等建设的东西轴向林带构成的崇明生态隔离带已具备雏形，森林景观生态布局也趋于合理。与此同时，农田林网建设也形成了明显的规模，全区农田与绿色林木网络融合成一体。

崇明生态环境优势明显，在碳达峰、碳中和目标导向下，设立为碳中和示范区，拟采取植树、节能减排等方式将排放的二氧化碳全部抵消，规划把崇明岛建设成为碳中和岛、把长兴岛建设成为低碳岛、把横沙岛建设成为零碳岛。鉴于指征森林资源总规模与丰富程度的森林蓄积量以及碳储量 2 个参数可以反映森林固碳功能，初步估算得到 2020 年崇明区有林地总蓄积量为 $6.5\times10^6 m^3$，15 a 增长了 $2.3\times10^6 m^3$（图 3.54）。根据材积源生物量法建立的生物量与蓄积量的换算关系，计算得到崇明岛森林植被类型的碳储量为 7.6×10^6 t，平均碳密度为 18.7 $t\cdot hm^{-2}$，说明崇明是上海重要的碳汇基地，具备布局建设“碳中和”试点项目的先天优势和独特条件。未来要发展更有效的研究手段和估算方法，提高森林生态系统蓄积量和碳储量估算的准确性和精度。

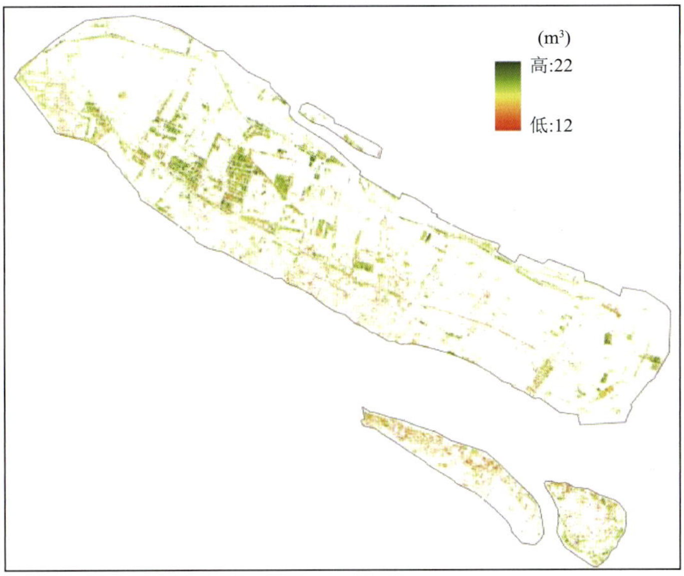

图 3.54　2020 年崇明区森林蓄积量分布

3.6.3.3　崇明生态岛自然植被(森林)绩效气象与人为贡献率

(1)气象与人为贡献率的厘定方法

由于观测人类活动要比观测气候变化困难得多，在像元尺度上量化植被年际变化中气候和人类因素贡献率的主流思想是：利用机理模型或者统计模型模拟植被对气象条件的年际响应，用模拟值随年份的趋势变化量来衡量气候因素的作用，用实际值和模拟值差值的趋势变化量来表达人类因素的作用。影响贡献以往采用方法：回归残差分析法，多通过植被变量与降水和气温因子回归分析，将植被变量真实值与回归值之间的差值作为人类活动影响值，即残差值，并计算趋势变化量。回归残差分析法模型相对简单，该方法是假定人类活动保持稳定情形下气候条件所决定的植被动态，有混淆气候变化和人类活动作用的内在风险，气候变化的趋势性越强，人类驱动作用就越容易被错误地识别为由气候变化所致。

本研究基于潜在植被模拟思想，利用机理模型估测潜在植被参量，再根据潜在求差及计算趋势变化量识别厘定贡献，即潜在模拟求差法。以 NPP 为例，ANPP 指基于模型计算的现实情况下的净初级生产力，PNPP 指未受人类活动干扰的、潜在的天然植被的 NPP。ANPP 和

PNPP 的差值是人类活动所导致的 NPP 损失或增加量，也可被认为是因土地利用变化及人类活动对植被 NPP 造成的影响，即人类活动影响的 NPP(人类活动影响的净初级生产力，HNPP)，正 HNPP 意味着人为引起植被退化发生，而负 HNPP 意味着人类活动导致植被恢复。将只受气候影响的 PNPP 与只受人类活动影响的 HNPP 进行比较，可以定量厘定气候变化和人类活动在 NPP 变化过程中的相对作用，揭示植被变化的驱动机制，对了解生态系统结构与功能的变化以及这种变化对人类社会的反馈作用(图 3.55)。

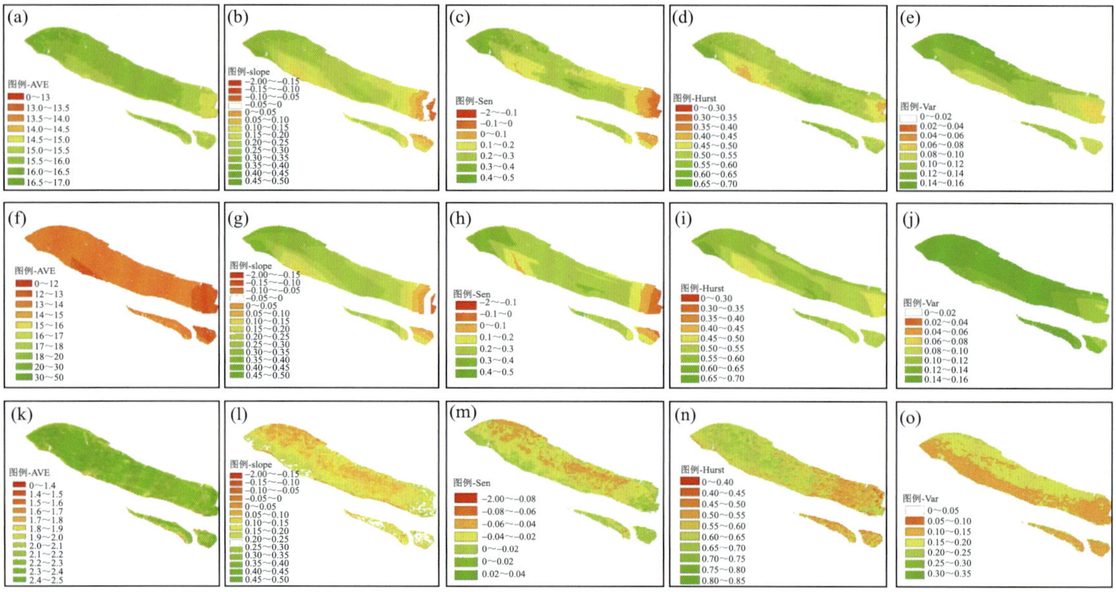

图 3.55 崇明区各类植被 NPP 空间变化趋势
(a～e. ANPP，f～j. PNPP，k～o. HNPP；AVE 代表平均值，slope 代表线性变化斜率，Sen 代表 Theil-Sen 变化斜率，Hurst 代表可持续性指数，Var 代表变异性指数)

贡献率的厘定步骤(图 3.56)如下：

第一，根据气象、人为所占实际植被的百分比，确定为对应时刻的像元尺度或空间单元尺度上气象和人为绝对贡献率，进而进行贡献分级(表 3.17)。

表 3.17 立地水热条件下气象、人为绝对贡献率分级

等级	等级含义	贡献率指标(CI)
5	显著气象贡献(有人为贡献)	CI≥90%
4	明显气象贡献(中等人为贡献)	80%≤CI<90%
3	较大气象贡献(较大人为贡献)	70%≤CI<80%
2	中等气象贡献(明显人为贡献)	60%≤CI<70%
1	有气象贡献(显著人为贡献)	CI<60%

第二，根据像元尺度上实际、气象、人为导致的植被的变化趋势，趋势率为正表示气候变化或人类活动可促进植被的增加，对植被恢复具有促进作用；反之，表示会导致植被下降，对植被恢复具有抑制作用。进一步地，建立植被变化的情景设计和定量评估方法，以此度量气候变化与人类活动对植被变化的影响，分为植被改善和退化情景下的趋势贡献率区分，具体划分标准

及相对贡献率计算如表 3.18 所示。

表 3.18　不同情景下植被恢复或退化驱动因子贡献率计算(以净初级生产力(NPP)为例)

情景		S_A	S_P	S_H	气候变化的相对作用	人类活动的相对作用	说明
植被改善区	情景 1	>0	>0	<0	100	0	气候变化综合作用导致植被 NPP 改善
	情景 2	>0	<0	>0	0	100	人类活动综合作用导致植被 NPP 改善
	情景 3	>0	>0	>0	$S_P/(S_P+S_H)$	$S_H/(S_P+S_H)$	气候变化和人类活动共同促进植被 NPP 改善，以其各自 NPP 变化量所占的比例为各自的相对作用
植被退化区	情景 1	<0	<0	>0	100	0	气候变化综合作用导致植被 NPP 退化
	情景 2	<0	>0	<0	0	100	人类活动综合作用导致植被 NPP 退化
	情景 3	<0	<0	<0	$S_P/(S_P+S_H)$	$S_H/(S_P+S_H)$	气候变化和人类活动共同促进植被 NPP 退化，以其各自 NPP 变化量所占的比例为各自的相对作用

注：S_A：实际净初级生产力的变化趋势率；S_P：潜在净初级生产力的变化趋势率；S_H：人类活动影响下的净初级生产力的变化趋势率。

第三，针对评价空间单元(如全区)，变化贡献率则考虑植被净初级生产力、覆盖度和植被面积的变化，获得区域尺度气象和人为对植被生态质量变化的贡献率。其步骤为：

综合计算当年的实际植被净初级生产力、当年的实际植被覆盖度及当年的实际植被分布面积之间的乘积，得到当年的实际植被生态质量；计算 n 年前为基准参考的实际植被净初级生产力、n 年前的实际植被覆盖度及 n 年前的实际植被分布面积之间的乘积，得到 n 年前的实际植被生态质量；计算当年的实际植被生态质量与 n 年前的实际植被生态质量之间的差值，得到实际植被生态质量变化量。同理计算潜在植被生态质量变化量。最后比较潜在植被生态质量变化量与实际生态质量变化的大小。在潜在植被生态质量变化量小于实际植被生态质量变化量的情况下，进一步计算潜在植被生态质量变化量与实际植被生态质量变化量的比值并将其作为气象贡献率，将数值 1 与气象贡献率的差值作为人为贡献率。在潜在植被生态质量变化量大于实际植被生态质量变化量的情况下，气象贡献率为 1，人为贡献率为潜在植被生态质量变化量与实际植被生态质量变化量的差值后与潜在植被生态质量变化量比值取负。

(2)崇明植被生态的气象与人为绝对贡献率

图 3.56 为植被生态气象和人为贡献率评价厘定技术流程。

以 NPP 为例，气象的 PNPP 呈增加趋势，但受高温等气象条件影响，PNPP 在 2011 年、2013 年和 2017 年为谷值，人为 NPP 稳定中略有波动。NPP 气象绝对贡献率的多年平均为 86.5%，NPP 人为绝对贡献率的多年平均为 13.5%(图 3.57 和图 3.58)。

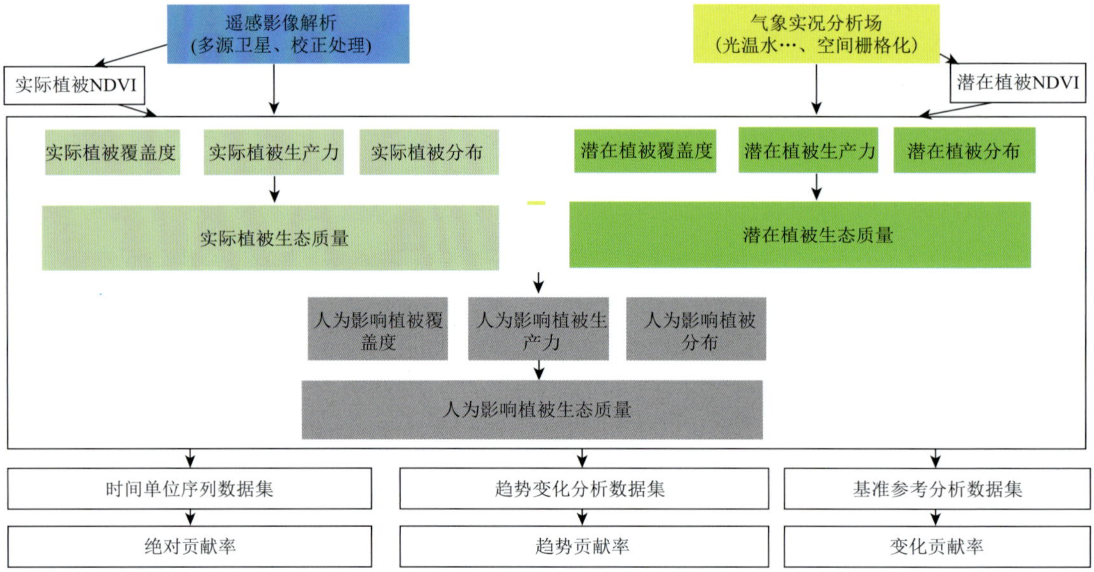

图 3.56　植被生态气象和人为贡献率评价厘定技术流程

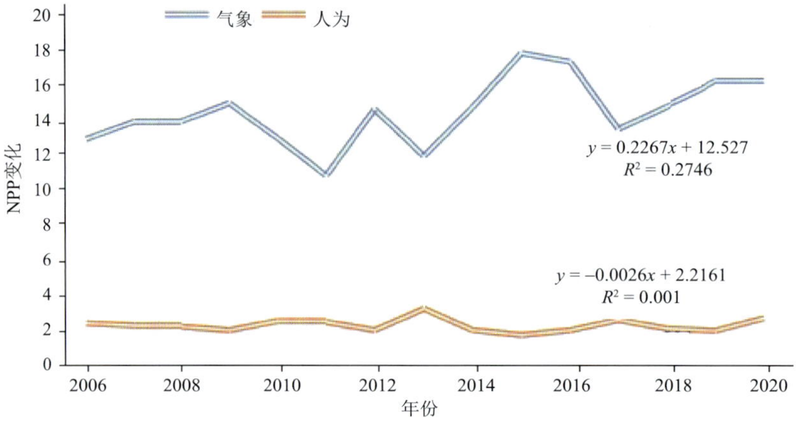

图 3.57　2006—2020 年崇明区植被净初级生产力(NPP)变化

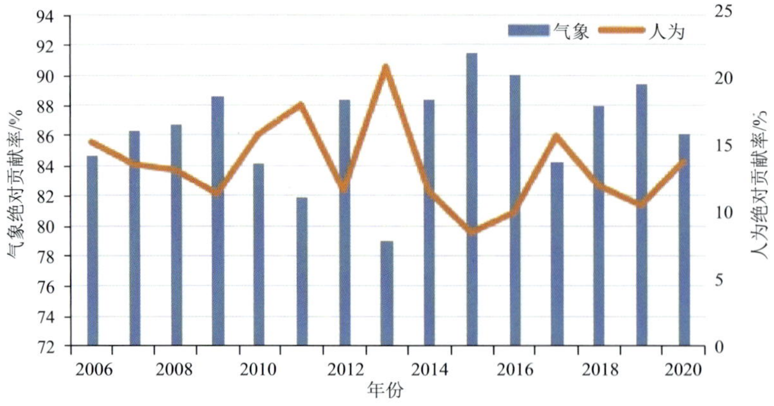

图 3.58　植被净初级生产力(NPP)气象和人为绝对贡献率

(3)崇明植被生态对气候变化和人类活动的响应——趋势贡献率

根据情景计算方法，对于全崇明来说，均为植被改善区域，气候变化在植被生态质量改善区域的相对作用为86.24%，人为活动对植被改善区域的相对作用为13.76%。可以看出，在森林植被密集的地区，由于人工造林，人类活动的相对作用要大一些。对于森林植被改善区域，气候变化在森林植被生态质量改善区域的相对作用为83.11%，人为活动对森林植被改善区域的相对作用为16.89%；对于非森林植被改善区域，气候变化在非森林植被生态质量改善区域的相对作用为86.54%，人为活动对非森林植被改善区域的相对作用为13.46%(图3.59)。

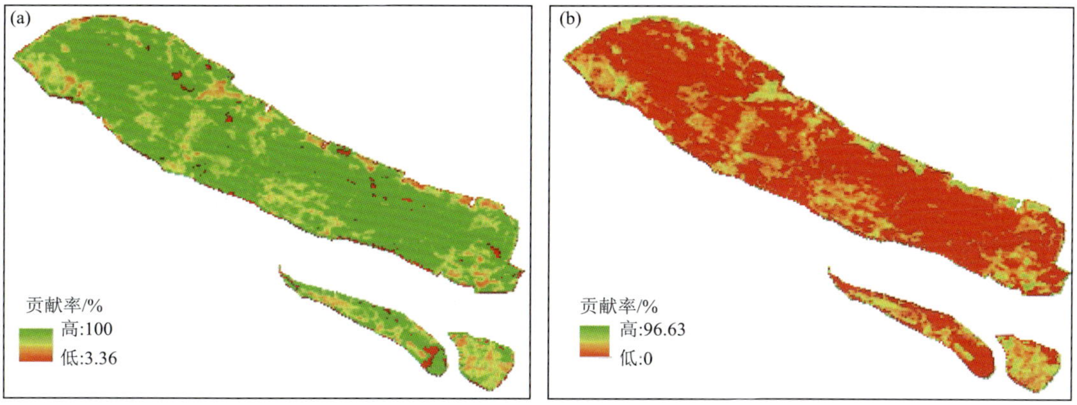

图3.59　2006—2020年崇明气候变化(a)和人类活动(b)在植被生态质量改善区域的相对作用

(4)崇明森林植被生态质量变化的气象与人为贡献率

根据变化贡献率的计算方法，综合考虑真实和潜在的植被覆盖度、生产力、面积，定量识别出崇明2006—2020年森林生态质量变化的气象贡献率为26.5%，人为贡献率为73.5%。2006—2020年崇明年平均气温呈上升趋势，主要生长季≥0 ℃积温较常年偏多，年平均日照时数维持在1850 h左右，同时降水量在波动中总体呈增加趋势，良好的光、温、水匹配为植被生长提供了有利的自然环境条件，促使气候生产潜力增加；同期，崇明区塑造点线面相结合的海上森林花岛大地景观生态工程全面开展。生态工程不仅适时利用了有利的气候资源，拓展优化"生态廊道、景观绿地和森林片区"的空间布局，同时也有效促进了全区植被生产力和覆盖度的提升，大幅增加了森林分布面积，进而提高植被生态质量。水热条件的变好和生态恢复计划的实施对真实森林植被覆盖度、生产力和生态质量的增加起着至关重要的作用，尤其人为改善崇明岛生态质量作用显著，并起主导作用。

3.6.4　气候变化背景下崇明森林资源保护管理建议

2006—2020年，崇明森林体量和质量大幅发展。综合量化厘定气象和人为对崇明森林植被质量提升的贡献率分别为26.5%和73.5%，崇明区生态造林工程改善崇明岛域生态质量作用显著，人为活动起主导作用。优良的生态本底为崇明区建设成为世界级生态岛奠定了坚实的基础，对全国生态文明建设具有重大的标杆和示范意义。由于气候适宜、生态环境质量优良，2023年崇明获评"中国天然氧吧"和"中国气候宜居城市(县)"两块"国字号"招牌，获得优质气候生态资源综合禀赋的权威认定。进一步地，为促进自然植被森林生态效益的继续发挥，气候变化背景下针对崇明森林资源保护、管理及利用建议如下。

①由于崇明的植被多是处于幼龄林的人工植被，平均碳密度低于中国平均水平，因此崇明植被有很大的储碳潜力。作为上海重要的碳汇基地，可抓紧森林抚育和林相改造，全面提升森林质量，不断发挥森林碳汇作用，增强森林系统固碳能力。

②从树种来说，崇明的常绿树种比较多，导致了林相比较单一，季相不分明，有必要保持生态廊道花期和叶色变化时序衔接，以树木的季相变化，不仅添绿还需增彩，形成丰富的林相生态。

③鉴于不同的植被类型储碳能力有一定的差异，且季相物候不同，有必要加强对适应海岛地理环境、气候变化的树种研究，丰富生态岛树种，维护植物多样性，这对于提高储碳能力和景观林季相会有很大的帮助，并弥补崇明岛植被类型比较单一，基本以水杉、香樟为主的不足。

④造林是一个动态平衡的过程，需要森林生态系统具有自我调节和维持平衡状态的能力。规划至2035年，崇明森林覆盖率提升至35%，因此未来崇明生态将从大面积植树造林转移到提升林地质量、打造林地景观方向，有序增加林绿地总量，提高建设标准和质量。将“密林”疏伐，将“老林”更新，改善林地品质，需重视气候变化特别是极端天气气候事件下的森林抚育、防火及病虫害防治，开展情景模拟分析和气象影响评估，保障林地生态服务功能与生态效益进一步拓宽。

⑤崇明的生境条件决定了相对于气象条件，人为活动在植被生态增量提质促效中发挥主导作用，但森林绿化布局人工化程度较高，缺乏野趣与层次感，因此需注重运用近自然森林经营理念，构建近自然混交林，促使林地景观、结构和功能达到优质状态，提供林绿地的可达性，增强生态宜居福祉。

3.7 本章小结

本章围绕植被及植被生态质量，首先介绍了植被生态质量关键特征量及其计算方法，进而对上海生态绿化建设及其植被演变状况、长三角生态绿色一体化发展示范区植被生态质量变化特征、长三角地区植被覆盖时空变化特征及气候响应分析开展了监测评估，并介绍了对典型特色区县植被生态质量的评价服务实践情况，从多空间尺度评价揭示出长三角区域内植被生态质量的演变特征、趋势及气象条件的影响或响应。最后以崇明生态岛自然植被(森林)的气象贡献率评价为例，介绍了植被生态绩效的气象贡献率量化方法，厘定崇明森林植被变化的气象与人为贡献率，以服务于地方生态文明建设绩效考核及气候变化背景下植被的保护管理。

①植被生态质量是生态系统质量和实现“双碳”目标最核心的保障。基于遥感的植被生态质量计算涉及归一化差值植被指数、植被覆盖度、植被净初级生产力等关键指标的计算反演，通过覆盖度与生产力的指标组合实现区域植被生态质量的快速评估。影响植被生态质量的气象条件包括热量、水分、日照等，通过距平百分率判定气象条件很好、好、正常偏好、正常偏差、差、很差等影响等级。

②针对超大城市上海生态绿化建设及其植被演变状况，监测发现2000年以来，上海市绿色空间逐渐增绿，特别是2012年即党的十八大以来绿化绩效尤为突出。其中，2000—2011年以建成区蔓延扩张和外围局域和重点地带造林增绿为主，2012—2022年则演变为中心城、建成区城市更新和整体、大范围的扩绿提质，后半程明显较前半程绿色增长速度更快、幅度更大、质量更高。不仅中心城区周围形成了项链般的外环绿带，而且在外围郊区包括上海北部崇明

岛、上海西部青浦与松江、上海西南部金山与奉贤，以及黄浦江上游两侧岸带高植被覆盖度绿色空间分布范围广泛，绿色优势鲜明彰显。整体上，上海围绕岛（崇明岛）、湖（淀山湖）、湾（上海湾区）、江（黄浦江）、城（中心城区）形成了生态绿岛、生态绿带、生态绿廊和生态绿环，生态绿化建设成效显著。城市更新与大型生态保护项目在上海市植被绿化方面发挥了重要作用，呈现出老城区返绿趋势突出，新城区和郊远区部分绿化、部分褐化，生态涵养功能区绿化明显的城乡梯度特征。因植被生态持续向好，城市绿色空间较20多年前显著扩容变绿，生态环境质量同步改善，促进固碳释氧等生态服务功能发挥。

③由上海市青浦区、江苏省苏州市吴江区、浙江省嘉兴市嘉善县组成的长三角生态绿色一体化发展示范区植被生态质量变化特征同样表现为以2011年转折点，2000—2011年的年平均VEQI在波动中下降，2011年之后年平均VEQI呈快速增长趋势。从两区一县的协同差异性比较，下降阶段降低速度为嘉善区（$-0.45\ a^{-1}$）＞吴江区（$-0.43\ a^{-1}$）＞青浦区（$0.27\ a^{-1}$），上升阶段增长速度为吴江区（$0.69\ a^{-1}$）＞青浦区（$0.54\ a^{-1}$）＞嘉善区（$0.22\ a^{-1}$）。从乡镇单元来看，吴江区桃源镇、青浦区练塘镇、青浦区朱家角镇的植被综合生态质量指数位居前3位，变化斜率最高即改善最明显的3个乡镇为吴江区同里镇、青浦区夏新街道和吴江区太湖新城镇。

④从长三角三省一市区域尺度分析植被覆盖时空变化特征及其气候响应，整体上该地区植被生态质量呈现“西高东低、南高北低”的分布特征，反映了与土地覆盖/利用类型、地形地貌及气候带的对应关系。区域多年平均VEQI为50.09，中等偏好以上面积占比52.26%，说明长三角整体植被生态质量处于中等偏好等级。高质量植被活动的重心集中于杭州、金华、衢州市附近，中质量植被活动的重心集中于南京、马鞍山、宣城市一带，低质量植被活动的重心迁移范围较为广阔，最后集中于常州、无锡市一带。变化趋势上，区域VEQI在波动中持续上升增长，逐像元VEQI呈增加的面积占比75.83%，下降的面积占比15.11%，基本稳定不变的面积占比9.06%，表明长三角植被生态质量大部呈改善趋势，除城市集群和单体城市所在的城镇建成扩张区外，区域VEQI提升明显。长三角地区植被生态质量变化与气候因子响应关系的结果显示：长三角地区气温和降水量呈增加趋势，为植被生长提供了良好的水热条件；2000—2022年植被生态质量与气温之间存在极显著正相关关系（$P \leqslant 0.01$），相关系数为0.59，与降水的相关性显著（$0.01 < P < 0.05$），相关系数为0.49。VEQI与气温的相关性强于降水，因此气温的上升可能是近23 a来长三角VEQI显著增加的主要气候驱动力。

⑤深入区县单元开展植被生态质量评价服务。为服务“闵行”生态宜居现代化主城区建设，监测上海市闵行区2006—2020年与生态宜居紧密相关的植被生态质量指数表明：截至2020年闵行区植被生态质量指数为65.9，较常年提高18.1%，较2006年提高32.5%，人居“绿色”生态环境改善明显。一系列环境保护、打造生态宜居闵行的工作举措和适宜的气候条件是推动趋好发展的两大主要因素。然而，闵行生态改善情况整体上分布还不十分均衡，需加强新市镇和产业园区的绿化建设。“浦东”社会主义引领区植被生态质量的监测分析表明，2000—2022年浦东新区水热气象条件有利于植被生产潜力增加，约55.86%区域面积的植被生态质量呈增加态势，保持稳定的区域面积占2.35%，浦东中西部的中心城区以及东南部沿海地区改善明显，打造社会主义现代化建设引领区的绿色基础趋好。但同时也需关注到，该区约41.79%区域面积植被生态质量呈退化态势，退化区域主要位于浦东中偏南部。由于产业基地、大居社区的建设，南汇新城西南部临港片区、祝桥镇中部等地植被生态质量呈小团块状

下降，应加强绿化配套建设。东南部大面积耕地的植被生态质量有所下降，表明需实施种植结构优化、提高耕地质量等措施，通过选择合适的耕地管理保育手段提高耕地绿色产量，同时也要切实控制建设用地占用耕地，做到占补平衡，保护耕地后备资源。

⑥从气象与人为贡献率量化厘定的角度，对位于长江入海口的崇明世界级生态岛开展自然植被（森林）的气象贡献率评价，为生态文明建设绩效考核提供辅助支撑。监测评价表明：2006—2020 年崇明森林体量和质量大幅发展，综合量化厘定气象和人为对崇明森林植被质量提升的贡献率分别为 26.5%和 73.5%，崇明区生态造林工程改善崇明岛生态质量作用显著，人为活动起主导作用。优良的生态本底为崇明区建设成为世界级生态岛奠定了坚实的基础，对全国生态文明建设具有重大的标杆和示范意义。由于气候适宜、生态环境质量优良，2023 年崇明获评“中国天然氧吧”和“中国气候宜居城市（县）”两块“国字号”招牌，获得优质气候生态资源综合禀赋的权威认定。为促进自然植被森林生态效益的继续发挥，针对气候变化背景下崇明森林资源保护、管理及利用提出了建议，包括抓紧森林抚育和林相改造，全面提升森林质量，增强森林系统固碳能力，重视气候变化特别是极端天气气候事件下的森林抚育、防火及病虫害防治，开展情景模拟分析和气象影响评估，保障林地生态服务功能与生态效益进一步拓宽等。

第4章 城市及城市群热环境

4.1 城市热环境监测和评估方法

热环境是城市人居环境的重要组成部分。城市空间内包含太阳辐射、大气传输、下垫面状况、人为热等共同组成的与热相关的室外物理环境即被称为城市空间热环境或城市人居热环境。它区别于人体个体、室内房间这类细微尺度的人—居热环境，是以城市下垫面的地表温度和空气温度为核心与表征，但又绝非单纯的一种温度指标，通过风、温、湿、压的耦合作用，直接影响人体对冷暖的感受程度、健康水平及至人类生存发展(柳孝图 等，1997；陈云浩 等，2002；姚远 等，2018)，甚至某种程度上已被认为是整个城市环境的主导要素与综合概括(胡华浪 等，2005；岳文泽 等，2006；孟丹 等，2013)。城市的发展使得城市中道路、建筑等人造构筑物面积增加，地表热属性改变以及人口和工商业集聚导致温室气体、人为热排放升高，从而显著改变区域空间热环境，造成城市热环境恶化。而最为突出的是形成城市热岛效应，成为许多不利城市环境问题的根源，包括健康风险增加、空气质量和生态系统服务退化以及工程基础设施弹性降低等。与此同时，在全球变暖大背景下，热浪事件发生频次和强度显著增加，热环境的暴露与脆弱性将严重威胁城市生态安全格局，成为 21 世纪全球城市普遍面临的风险与挑战。作为衡量城市生态环境质量的重要组成部分，城市热环境的定量评价、形成机制及人工调控技术是城市适应气候变化行动与城市功能提升的研究重点，准确监测城市及城市群热环境多维特征格局与变化对营建通风廊道、保护生态环境、实现城市(群)的可持续发展具有重要意义。

4.1.1 城市热岛监测评估

城市热岛指人口和建筑密集的城市地区因下垫面吸热增温和人为热排放导致热力集聚，而使整体或局部温度高于其周围地区的现象，侧重于强调城市市区与郊区之间温度的差异性(Oke，1982；寿亦萱 等，2012)。城市气候最明显的特征就是城市热岛效应。作为城市空间热环境的一种集中性反映和体现，城市热岛按空间层次可分为城市地表热岛、冠层热岛和边界层热岛，其监测评估主要基于地面观测、遥感探测、数值模拟等技术手段(刘勇洪 等，2014；姚远 等，2018；孟凡超 等，2020)。其中，遥感因具有时间同步性好、覆盖范围广、空间细节明显等特点而成为近 20 a 城市热岛研究的普遍手段，数据来源包括 EOS/MODIS、FY-3/MERSI、FY-4A/B、陆地卫星(Landsat)等不同时空分辨率的卫星热红外成像反演的地表温度。

城市热岛的度量指标主要包括热岛强度、热岛等级、等级热岛频率、热岛比例系数等。本章节中，针对上述指标的监测工作，将采用以下方法进行。

(1)热岛强度、热岛等级与等级热岛频率

基于卫星遥感资料，采用国际上通用的城乡二分法估算地表城市热岛强度，即卫星遥感观测到的某位置处的地表温度与乡村背景内的地表温度平均值的差值。热岛强度是评价城市热岛效应强弱的定量指标，可直接表示强度的大小和范围，计算公式为：

$$\mathrm{UHII} = T - \frac{1}{n}\sum T_{\mathrm{crop}} \tag{4.1}$$

式中，UHII 是热岛强度，T 是地表温度，T_{crop} 是乡村参考背景温度，n 是乡村背景内的有效像元数。利用 UHII 有效像元均值合成可计算得到逐年平均及春季(3—5 月)、夏季(6—8 月)、秋季(9—11 月)、冬季(12 月至次年 2 月)季节热岛强度。

为比较热岛强弱程度，热岛强度的等级划分可采用均值—标准差或等级阈值。在此把地表城市 UHII 按等级阈值划分为 7 个等级：强冷岛、较强冷岛、弱冷岛、无热岛、弱热岛、较强热岛和强热岛，分别赋值为 1、2、3、4、5、6 和 7，具体等级划分见表 4.1。进而可由此计算统计时段内各等级热岛的出现频率。

表 4.1 遥感地表城市热岛强度(UHII)划分及含义

等级	UHII/℃ (月、季、年平均)	含义
1	<−5.0	强冷岛
2	[−5.0,−3.0]	较强冷岛
3	(−3.0,−1.0]	弱冷岛
4	(−1.0,1.0]	无热岛
5	(1.0,3.0]	弱热岛
6	(3.0,5.0]	较强热岛
7	>5.0	强热岛

(2)热岛比例系数

热岛比例系数将空间单元不同等级热岛强度与范围进行综合，为空间单元内不同等级热岛强度的面积占比加权和，以表征热岛在该空间单元的热岛发育程度(叶彩华 等,2011)。计算公式如下：

$$\mathrm{UHPI} = \frac{1}{100m}\sum_{i}^{n} w_i p_i \tag{4.2}$$

式中，UHPI 为城市热岛比例指数，m 为热岛强度等级数，i 为城区温度高于郊区温度等级序号，n 为城区温度高于郊区温度的等级数，w_i 为第 i 级的权重，取等级值，p_i 为第 i 级所占的面积百分比，数值为 0～100。一般 UHPI 值在 0～1，该值越大，热岛现象越严重。其值为 0 时，表明此地没有热岛现象，值为 1 时，表明处于强热岛范围。由表 4.1 定义的热岛强度等级可知：$m = 7, n = 3$，i 为热岛强度等级序号值 5、6、7。

上述指标通过空间差异可比较不同地区的热岛强弱程度，通过时间序列比较同一地区在不同时期的热岛强度大小，反映出城市热环境的空间格局及动态变化，在城市热环境监测上具有指示意义。

4.1.2 生态冷源监测评价

由于水体、林地与城镇建设用地之间存在显著温差，即使在弱风情况下，它们也能促进新鲜冷空气生成与流动，从而有效减缓城市热岛效应。此外这些用地类型不仅是冷空气的重要来源，还能改善空气流通与人居环境，为自然通风规划提供了关键条件。因此，作为调节城市热环境气候的重要低温景观类型，把水体、林地、农田以及城市绿地里的林地灌木和草地统一定义为城市生态冷源。

缓解城市热环境气候不仅需要考虑冷源的冷岛效应，还应考虑冷源发挥冷岛作用时可以长久维持的过程或状态，尤其对于植被。而绿量指突出地面之上植物绿色部分的加和，同时也反映了单位面积上绿色植物的总量和质量(周宏轩 等，2020)，是综合表征植被叶面积指数、植被覆盖和植被结构的重要指标，也是衡量城市不同绿地生态效益及其绿化水平的重要参数。绿量作为主导因子决定着植被的遮阴和蒸腾作用，对降温、增湿、改善城市小气候具有明显意义，成为调节城市气候、提升城市热环境质量的关键。因此，采用土地利用类型和绿量综合评估的方法，对生态冷源进行等级划分。

其中，绿量的计算方法是基于卫星遥感影像估算的归一化差值植被指数(NDVI)，采用下式计算得到(刘勇洪 等，2017)：

$$S=\frac{1}{\frac{1}{30000}+0.0002\times 0.03^{\mathrm{NDVI}}} \tag{4.3}$$

式中，S 是绿量(单位：m^2)，NDVI 是归一化差值植被指数，定义为近红外通道与可见光通道反射率之差与之和的商。

进一步，结合土地覆盖类型遥感分类，依据表 4.2 对生态冷源进行等级划分。根据所选卫星影像季节差异，生态冷源等级划分标准可适当调整。

表 4.2 生态冷源等级划分原则(全国气候与气候变化标准化技术，2018)

冷源类型	一级	二级	三级	四级
土地利用类型	水体	林地	林地	农田、草地或林地
绿量/m^2	≥3600	≥20000	16000～20000	农田、草地>18000 或林地在 12000～16000
含义	强冷源	较强冷源	一般冷源	弱冷源

针对评估空间单元，可计算生态冷源在评估区域中所占的面积比，即生态冷源面积比。该指标可直接反映出新鲜冷空气的产生区和汇集区情况，用于衡量热环境和清洁空气产生效果。结合生态冷源面积比与热岛比例系数，则可进行城市生态建设绩效评价(图 4.1)。

4.1.3 公园绿地降温效应量化

在高温热浪频率、强度、持续时间等不断增加的情形下，城市热岛的频繁出现和逐渐扩大的负面影响，推动了区域、国家对于城市热岛研究方向的转变，即从时空动态监测转变为识别如何减轻。作为城市中最常见的蓝绿景观设施组合，公园绿地往往在原本高温的区域内发挥明显的降温效果，因而城市绿化建设越来越被视为降温和调节城市热量的重要策略。由于城

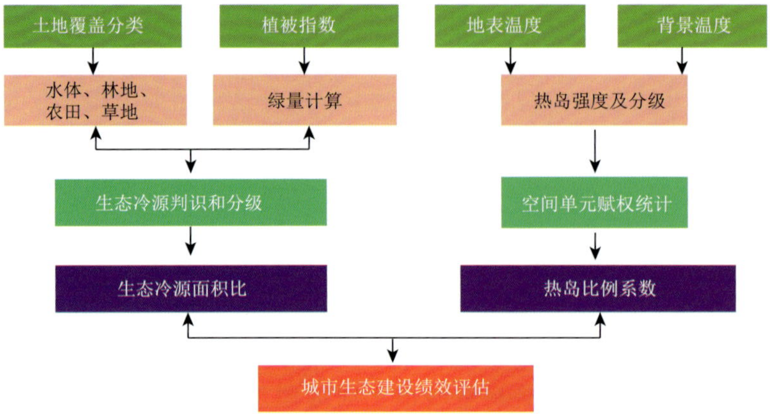

图 4.1　针对热环境的城市生态建设绩效评价流程

市建设模式、公园形状大小、植物种类组合的不同，公园绿地对周边热环境的降温能力存在显著差异。准确全面地测量公园降温效果，可为城市公园有效规划缓解城市热岛效应提供科学依据。

根据边界效应递减规律，公园内的地表温度最低，距离公园边界越远，地表温度越高，且降温幅度逐渐降低直至趋于零。可见，与此规律相对应的缓冲区适用于研究绿地对周边环境的冷却范围和强度，宜采用缓冲环带拐点法来量化公园绿地降温效应（图 4.2）。其将绿地周边地表温度沿距绿地边缘距离的梯度变化绘制成地表温度—距离变化曲线来反映，通常划分多个等距离缓冲区，将缓冲区距离—地表温度曲线产生的第一个转折点认定为绿地的降温距离。该方法最大限度地考虑绿地周边环境对降温效益的损耗，进而利用曲线变化的转折点可确定降温幅度、降温效率等。

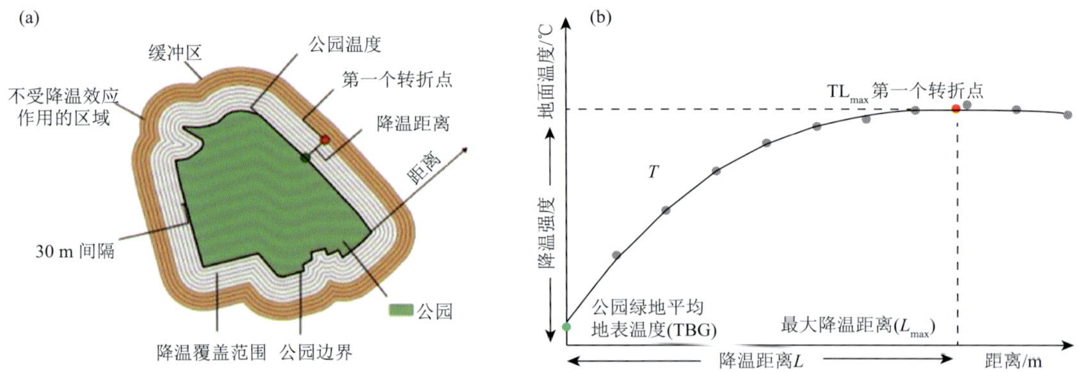

图 4.2　基于缓冲环带拐点法(a)的公园绿地降温效应量化(b)示意图

从最大值和累积值两个角度整合链接，建立多指标来评价衡量公园降温能力、功能的强弱与效率，可以全面地探讨公园绿地降温效果与效应（表 4.3 和图 4.3）。

表 4.3　公园绿地降温效应量化指标

降温效应量化指标	类型	定义	含义	公式
降温距离（L_{max}）	最大	公园绿地边界至第一个温度转折点的缓冲区边界的距离，单位：m	最大降温距离	—
降温强度（MCI）	最大	第一个温度转折点即最远辐射距离缓冲区内下垫面平均地表温度（TL_{max}）与公园绿地平均地表温度（TBG）的差值，单位：℃	降温幅度	$MCI=TL_{max}-TBG$
降温面积（MCA）	最大	公园绿地边界至最远辐射距离之间的缓冲区面积，表示公园可以明显冷却的最大面积，单位：hm^2	降温覆盖范围	—
降温效率（MCE）	最大	公园绿地降温效应覆盖面积与公园绿地面积（BGA）的比值，表征城市公园单位面积的冷却面积，%	单位面积公园绿地产生冷岛效应的面积	$MCE=MCA/BGA$
累积降温服务（ACS）	累积	没有公园时的累积温度面积和有公园时的实际累积温度面积之差，单位：℃ · m	随距离空间累积的降温幅度	—
累积降温效率（ACE）	累积	在不建公园的情况下，最大降温距离内累积降低的地表温度（LST）与总 LST 面积之比，也即累积降低的温度与原始温度的比率，%	单位降温距离幅度空间的降温效率	$ACE=ACS/(L_{max}\times TL_{max})$
累积降温梯度（ACG）	累积	公园绿地单位冷却距离的累积降低温度，通过将累积降低的温度（即累积降温服务（ACS））除以最大冷却距离（L_{max}）来计算，单位：℃	单位距离的累积降温幅度	$ACG=ACS/L_{max}$

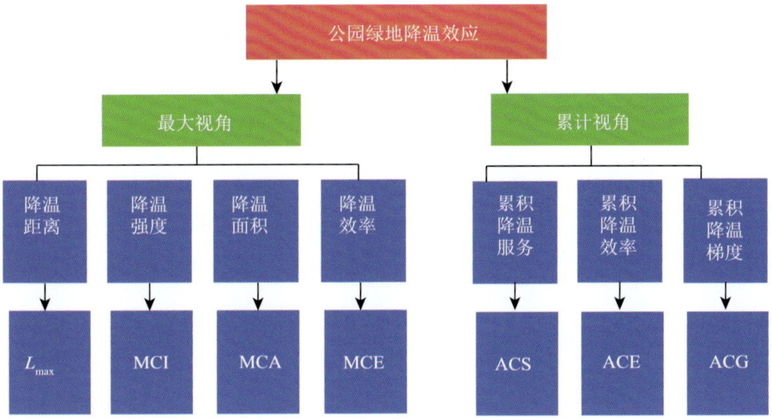

图 4.3　公园绿地降温效应量化的概念框架

4.1.4　城市热环境健康风险诊断

城市三维空间增长与全球气候变化带来的高温热浪相叠加，将导致城市面临更为严峻的热健康风险与挑战。准确评估气候变化影响下的城市热健康风险、识别热健康风险的时空变化特征并提出针对性的适应策略和减缓措施已成为当务之急。

环境健康风险评价旨在量化环境对于人体健康的影响，包括暴露—反演关系分析、暴露评价和风险危害的定量评估等。由于影响城市热环境的因素是多样的，既有下垫面的物理性质，也有城市社会功能的影响，评价城市人居热环境健康状况需要把人类活动同生物物理过程结合起来分析，即采用综合的方法构建较为全面、层次明晰的人居热环境健康空间诊断评估体系，如联合国政府间气候变化专门委员会(IPCC)第五次评估报告构建的基于危害性、暴露度和脆弱性的风险评估框架已得到广泛认可与应用(Field et al.，2014；Hu et al.，2017)，也有从致灾因子、孕灾环境、承载体角度构建的高温灾害风险评价体系，也可从城市热场、城市生态环境、城市生活设施、城市天气(气候)、城市管理5个系统层进行综合评估。

指标体系构建遵循如下原则。

(1)以人为本的原则

人居热环境的核心是"人"。人既是人居热环境的参与者、创建者，又是人居热环境的管理者、感受者。所以，选取关于人居热环境质量的评价指标，应该体现与人类居住和生活有关的要素，反映居民对居住环境的主客观感受和需求。

(2)层次性原则

人居热环境是一个多层次的复合系统，其影响因素具有多元性和多层次性。因而，指标体系应根据系统的结构分出层次，并在此基础上进行指标分析。这样可以使指标体系结构清晰，易于使用。

(3)全面性原则

指标体系必须能够全面地反映人居热环境的各个方面，既要有反映人居条件、生态环境、基础设施、社会环境等各类别的指标，又要有反映以上各类别相互协调的指标，所以应尽可能选择能够全面描述城市人居热环境各方面的指标，使指标体系成为一个有机整体。

(4)可操作性原则

由于人居热环境系统本身所固有的复杂性，在构建城市人居热环境的评价指标体系时，选择的指标既应该能够用数量来表达，以保证指标可定量计算，也应注意数据来源的渠道，尽可能选取已有的统计数据，保证数据的可采集性。

(5)稳定性和动态性

指标的选取应该具有一定的时效。在一定时期内，指标体系的内容应保持相对的稳定性。另一方面，人居热环境不是静态的过程，而是不断发展、变化的，因此，指标体系必须具有一定的可调性，能够适应不同时期城市发展的特点，并能反映人居热环境发展趋势。

4.2 上海超大城市热环境演变特征

上海地处亚热带季风气候区，人口与建筑高度密集，是全国第一超大型城市。作为中国快速城市化发展的代表区域，上海市是中国城市化程度最高的城市之一，其建成面积从1980年以来激增，截至2020年，上海建设用地面积达2738.88 km^2，人口城市化率增长至88.1%，远高于59.6%的全国平均水平。快速城市化发展中不合理的土地开发和利用，导致上海热环境日益恶化，居民从大都市区生态空间获得的热岛调节服务显著降低，影响城市的宜居性，也增加了制冷所需的资源能源消耗。近年来，随着城市化的不断推进，以城市扩张为特征的土地城市化趋于饱和，上海开始进入"存量优化"阶段，开展了城市空间更新项目，对城市土地资源进行优化和开发以改善城市环境。上海具有城市化发展的相对完整阶段，是研究城市化进程中人居热环境长时间演变趋势的“理想自然实验室”(赵铖钰 等，2023)。

4.2.1 基于气温站点观测的上海城市热环境变化特征

4.2.1.1 上海城市不同区域的气温年际变化

图 4.4 为 1961—2022 年上海市中心城区、近郊区和远郊区的年平均气温的变化曲线。可以看到，在改革开放(1978 年)以前，三个区域的气温相差甚微，且均呈下降趋势，气温递减率分别为 −0.10 ℃·$(10\ a)^{-1}$、−0.15 ℃·$(10\ a)^{-1}$ 和 −0.14 ℃·$(10\ a)^{-1}$(均通过 0.05 的显著性水平检验)。1978 年以后，中心城区的气温开始逐渐高于郊区站，三个区域的气温均呈上升趋势，增温率分别为 0.63 ℃·$(10\ a)^{-1}$、0.62 ℃·$(10\ a)^{-1}$ 和 0.51 ℃·$(10\ a)^{-1}$(均通过 0.1 的显著性水平检验)。而 1990 年以后，近郊区与远郊区的气温差开始增加。

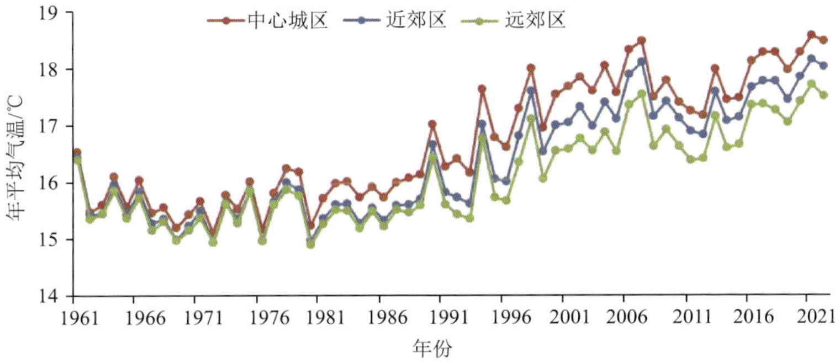

图 4.4 1961—2022 年中心城区、近郊区和远郊区的年平均气温

4.2.1.2 城市增温中心位置的年代际变化

鉴于 20 世纪 60 年代，上海气温呈下降趋势，降温率为 −1.17(松江)～−0.82(中心城区)℃·$(10\ a)^{-1}$。因此，图 4.5 仅给出 1971—2020 年不同年代的增温中心位置及增温率。从城市增温中心位置的年代际空间变化来看，20 世纪 70 年代以来，本市增温中心经历了从中心城区—宝山—浦东北部—松江—浦东南部的变化过程。20 世纪 70 年代起，全市气温开始普遍上升，其中市区增温最快，为 0.36 ℃·$(10\ a)^{-1}$。从 20 世纪 80 年代开始，气温加速上升，其中宝山的年平均气温增长最快，达 0.94 ℃·$(10\ a)^{-1}$。20 世纪 90 年代初，国务院决策开发浦东，快速的城市化进程，使得浦东北部(川沙)气温增幅变大，增温率高达 1.74 ℃·$(10\ a)^{-1}$。在 21 世纪最初 10 a，随着松江新城的建设，松江成为全市的增温中心，其气温增长率达 0.74 ℃·$(10\ a)^{-1}$，而中心城区气温则略有下降。2011—2020 年，上海大力开发远郊地区。随着自贸区和迪士尼的建设，浦东南部成为又一个新的增温中心，其气温增长率高达 1.44 ℃·$(10\ a)^{-1}$。

4.2.1.3 城市热岛强度的年际变化特征

图 4.6a 为 1961—2022 年上海年平均热岛强度的逐年变化。可以看到，20 世纪 60 年代以来，上海城市热岛强度的变化呈现出三个明显阶段：缓慢上升期(1961—1986 年)、快速增长期(1987—2004 年)和明显减缓期(2005—2022 年)。1961—1986 年，城市热岛强度缓慢上升，增长率为 0.13℃·$(10\ a)^{-1}$；从 1987 年开始，热岛强度快速上升，至 2004 年达到峰值(1.5 ℃)，期间增长率高达 0.60 ℃·$(10\ a)^{-1}$；从 2005 年起，热岛强度明显减弱，热岛强度下

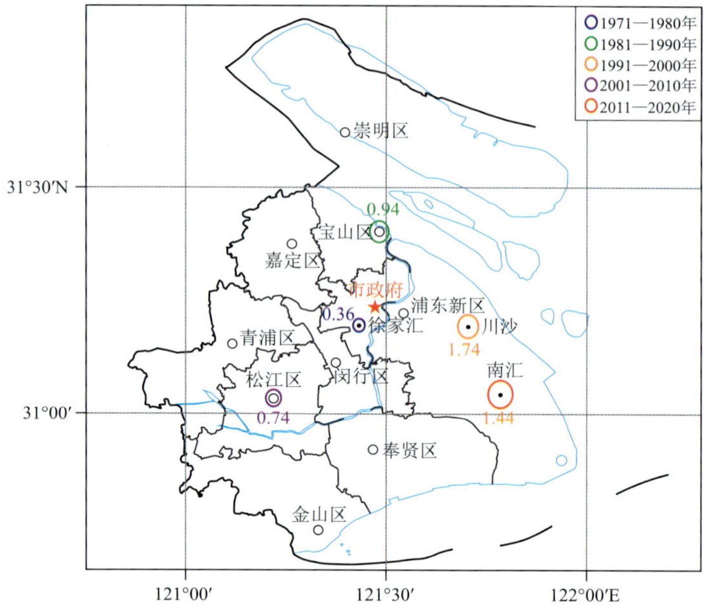

图 4.5　1971—2020 年各年代的增温中心位置及增温率(单位:℃·(10 a)$^{-1}$)

降率为 0.27 ℃·(10 a)$^{-1}$。这可能与中心城区人口疏解、郊区新城崛起以及市区多个大型公园绿地建设等有关。图 4.6b 和图 4.6c 为 1961—2022 年夏季和冬季热岛强度的逐年变化。可以看到,夏季和冬季热岛强度的变化与年平均热岛强度的变化趋势相似,且均在 2004 年达到峰值。不同的是在 20 世纪 80 年代中后期至 21 世纪初的快速增长阶段,冬季热岛强度的增

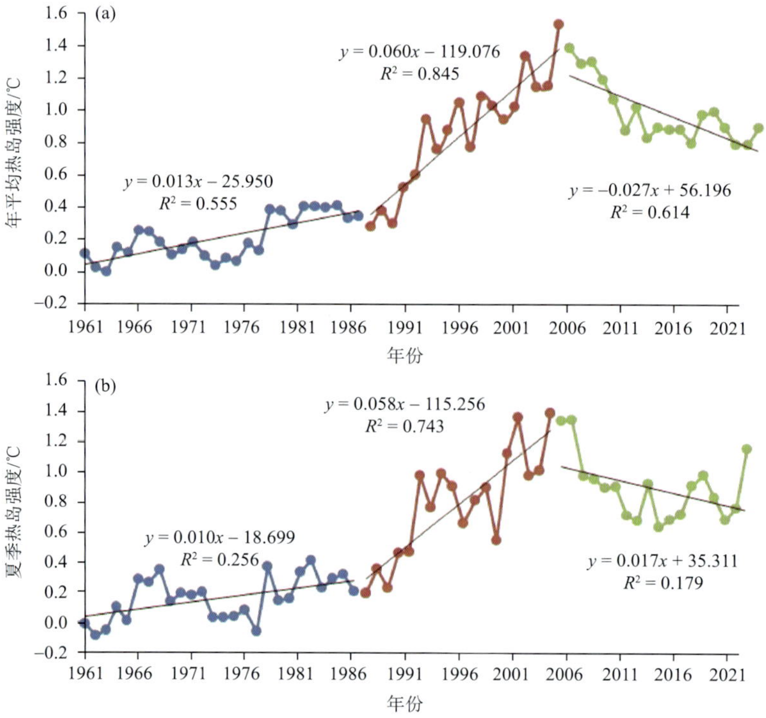

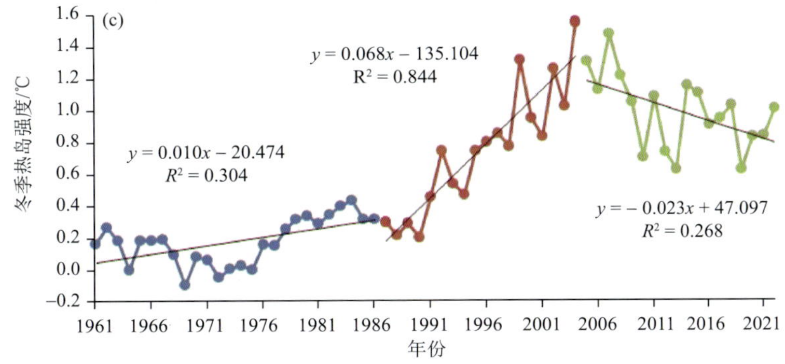

图 4.6　1961—2022 年上海年平均(a)及夏季(b)、冬季(c)城市热岛强度的逐年变化

长率较夏季快，分别为 0.66 ℃ · $(10\ a)^{-1}$ 和 0.54 ℃ · $(10\ a)^{-1}$。而从 2005 年以来的明显减缓期，冬季热岛强度的下降率较夏季略慢，分别为 0.23 ℃ · $(10\ a)^{-1}$ 和 0.17 ℃ · $(10\ a)^{-1}$。

表 4.4 为不同时期四季的热岛强度。从上海热岛强度变化的三个阶段来看，在缓慢上升期和快速增长期秋季热岛强度最大，分别为 0.27 ℃和 1.07 ℃，春季居次，分别为 0.23 ℃和 0.89 ℃。但在明显减缓期，除秋季热岛强度较快速增长期减小以外，其余三个季节的热岛强度均大于快速增长期。因此在明显减缓期春季的热岛强度最大，为 1.21 ℃，秋季居次，为 0.95 ℃。从多年平均来看，上海秋季和春季热岛强度较大，分别为 0.70 ℃和 0.71 ℃，冬季和夏季较小，分别为 0.58 ℃和 0.56 ℃。

表 4.4　不同时期春季、夏季、秋季和冬季的热岛强度　单位：℃

	春季	夏季	秋季	冬季
缓慢上升期	0.23	0.15	0.27	0.18
快速增长期	0.89	0.79	1.07	0.74
明显减缓期	1.21	0.90	0.95	0.99
多年平均	0.71	0.56	0.70	0.58

日最高气温一般都出现在午后，而日最低气温一般都出现在夜间，因此用徐家汇和奉贤站的日最高气温的平均值之差代表白天热岛强度，用日最低气温的平均值之差代表夜间热岛强度。图 4.7 为 1961—2022 年上海白天和夜间热岛强度的逐年变化。总体而言，两者的变化趋势与年平均热岛强度基本一致，均呈“缓慢上升—快速增长—明显减缓”的变化趋势。不同的是，夜间热岛强度在上升阶段的增长率和减缓阶段的下降率均较白天热岛强度高，说明夜间热岛对上海城市热岛的影响更显著。在过去 62 a 中，夜间热岛强度较白天平均高 0.4 ℃，且夜间热岛强度最大是 2.64 ℃，出现在 2004 年，白天热岛强度最大是 1.49 ℃，出现在 2001 年。

4.2.1.4　城市热岛强度的日间变化特征

图 4.8 为上海市 1961—2022 年平均热岛强度的逐时变化。可以看到，一天 24 h 内热岛强度基本呈“V”形变化，最大值出现在 20 时，最小值出现在 09 时。值得注意的是，从 19 时至次日 05 时，热岛强度一直维持在 1.3 ℃左右。05 时之后热岛强度急速下降，09 时达到谷值，之后又快速上升，至 20 时达到峰值。

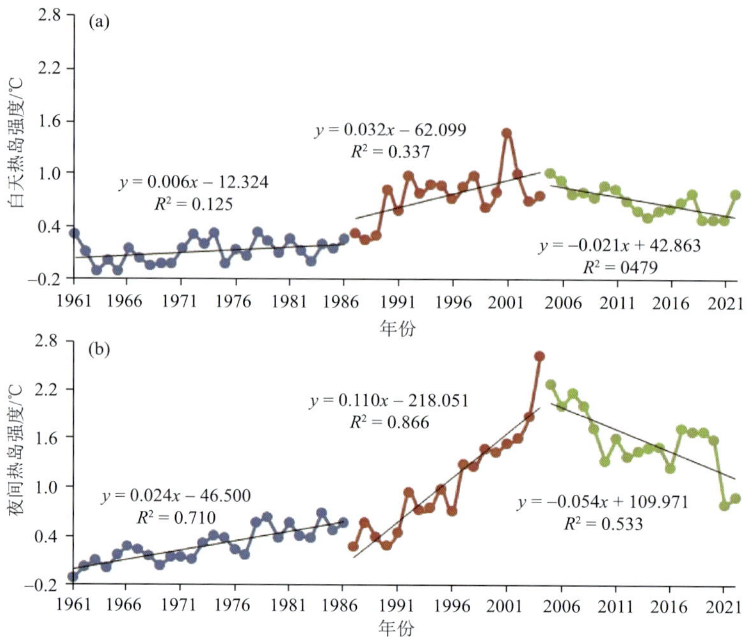

图 4.7　1961—2022 年上海白天(a)和夜间(b)热岛强度的逐年变化

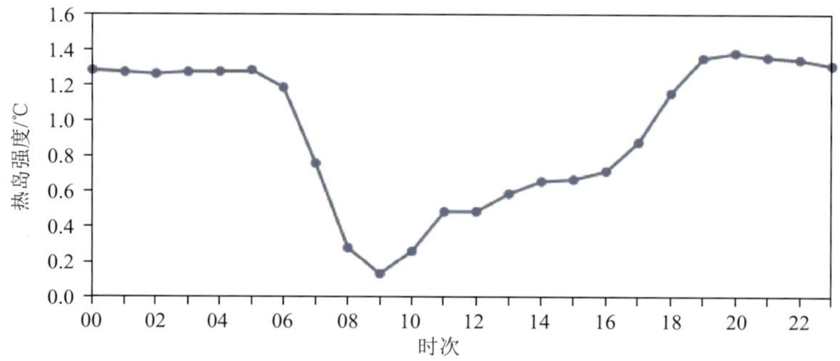

图 4.8　1961—2022 年上海城市热岛强度的逐时变化

4.2.1.5　城市热岛范围的空间扩展

以奉贤站为参考站，将其余各站与参考站的气温差异定义为热岛强度。图 4.9a 和图 4.9b 分别为 20 世纪 60—90 年代和 21 世纪以来不同等级热岛强度的分布范围。由图 4.9a 可见，20 世纪 60—90 年代，上海热岛强度持续增强，热岛范围由中心城区逐步向四周扩展。其中 20 世纪 60—80 年代，0.1 ℃热岛线由中心城区向宝山、嘉定、闵行和浦东北部(川沙)拓展；而 20 世纪 90 年代，热岛范围及其强度均快速增长，其中 0.1 ℃热岛线扩展至青浦大部、松江北部及奉贤东北部，而中心城区和近郊区均位于 0.3 ℃热岛线以内。由图 4.9b 可见，21 世纪以来，上海的热岛范围逐渐向西南方向扩展。到 21 世纪最初 10 a，已拓展至除崇明本岛、浦东南部和奉贤以外的几乎整个上海地区。但 2011—2020 年，热岛强度有所减弱，热岛范围也相应缩小，大于 0.5 ℃热岛强度范围大体从郊环缩退至外环。总体而言，上海热岛强度范围在 21 世纪以前由中心城区向周边郊区呈圈状扩展，而进入 21 世纪以后又开始向西南方向呈放射状扩展。

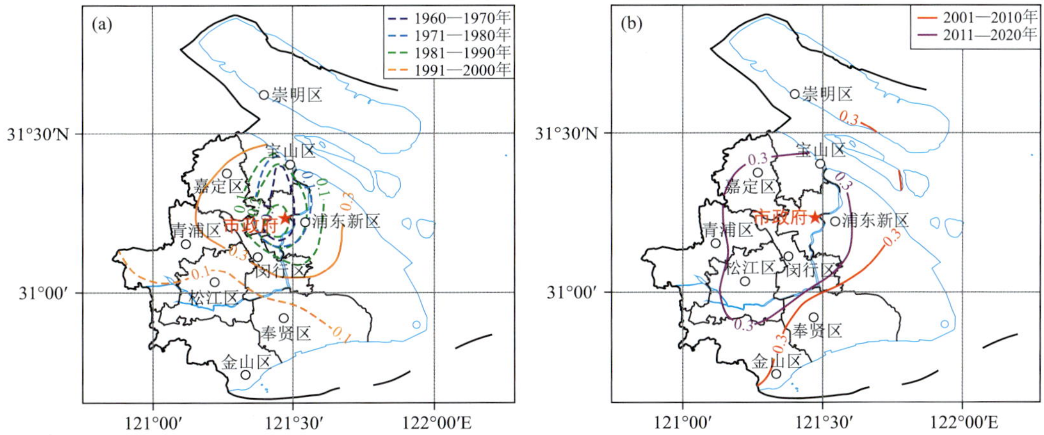

图 4.9　20 世纪 60—90 年代(a)和 21 世纪以来(b)不同等级热岛强度(单位:℃)的分布范围

4.2.1.6　高温日数

图 4.10 为 1961—2022 年上海高温日数距平的年变化。上海年平均高温日数为 9.2 d,并呈增加趋势,递增率为 2.7 d·(10 a)$^{-1}$。2003 年以前高温日数多数年为负距平,之后以正距平为主,其中 2022 年高温日数高达 42.3 d,较常年(1991—2020 年平均)偏多 29.8 d。

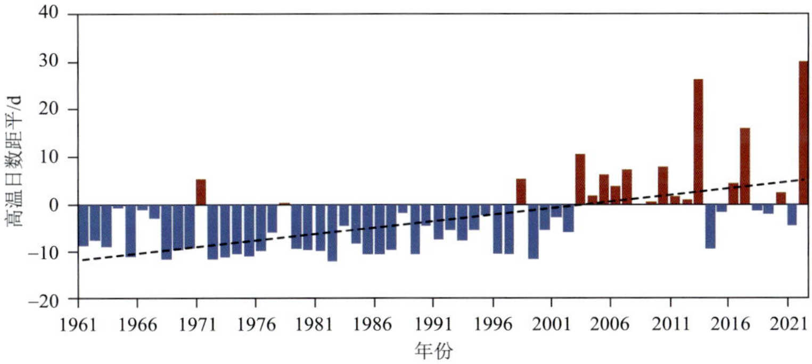

图 4.10　1961—2022 年上海年高温日数距平变化

图 4.11 为 1961—2022 年上海最长连续高温日数的距平变化。上海年平均最长连续高温日数为 4.3 d,并呈增加趋势,递增率为 0.9 d·(10 a)$^{-1}$。和高温日数一样,2003 年以前最长连续高温日数以负距平为主,之后以正距平为主。2022 年最长连续高温日数高达 17.2 d,较常年(1991—2020 年平均)偏多 11.9 d,其中闵行站和青浦站最长,达 24 d。

4.2.2　基于卫星遥感观测的上海城市热环境时空特征

4.2.2.1　2000 年以来上海热岛演变情况

相对于站网观测,星载遥感传感器通过遥测获取城市地表、地物的热辐射信息,进而反演出地表温度(LST),具有空间连续、细节精细、直观定量的优势,且城市地表层温度与人体的健康和冷暖感受更为密切相关。MODIS 卫星地表温度产品由于其较好的质量、误差在 1 K 之

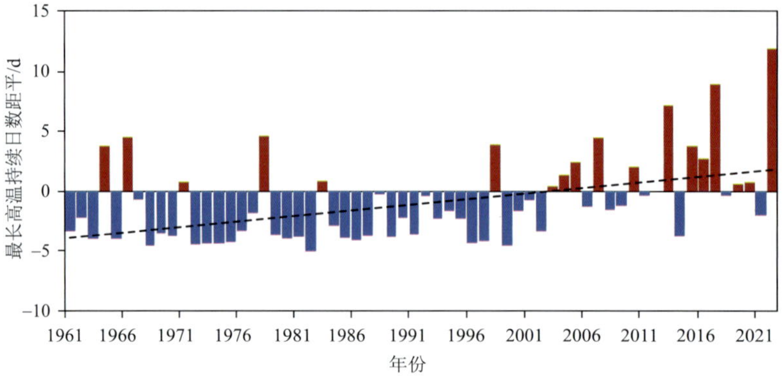

图 4.11　1961—2022 年上海年最长连续高温日数的距平变化

内，已在地表城市热岛监测中得到广泛应用。利用 MODIS 8 d 合成 LST 产品提取自 2000 年以来上海城市热岛演变时空特征，结果显示 2000—2018 年上海有明显热岛发生，且城市热岛出现了从中心城区向西、东和南三面扩展趋势，增温中心随着城市化进程而变迁。2018 年上海地表城市热岛面积为 2982 km^2，占陆域总面积的 35.5%，较强以上热岛面积为 832 km^2，占陆域总面积的 9.9%。2000—2013 年，城市热岛范围呈快速增长，热岛强度逐渐增强，但强热岛主要维持在市中心，较强热岛则扩展至宝山、闵行、浦东、松江等区新市镇，奉贤、金山、青浦等远郊有小面积弱热岛，崇明无热岛。至 2013 年热岛影响面积达最大，强度达峰值，其后 2014—2018 年整个城市热岛范围有所缩小，热岛呈现“多中心”结构特征，整体热岛强度有所减弱，特别是随着中心城区人口疏解以及大量绿化设施建设，中心城区热岛效应有所缓解，但是郊区新城的崛起使得外围新市镇团块状热岛效应增强（图 4.12 和图 4.13）。对比气象台站气温观测反映的近地层大气城市热岛，2000—2010 年 0.3 ℃大气热岛线范围拓展至除崇明本岛、浦东南部和奉贤以外的几乎整个上海地区，呈中心城区向四周及西南方向分布形态，2011 年以来热岛强度有所减弱，热岛范围也有所缩小，大于 0.5 ℃热岛范围大体从郊环缩小至外环，与地表城市热岛分布基本吻合。

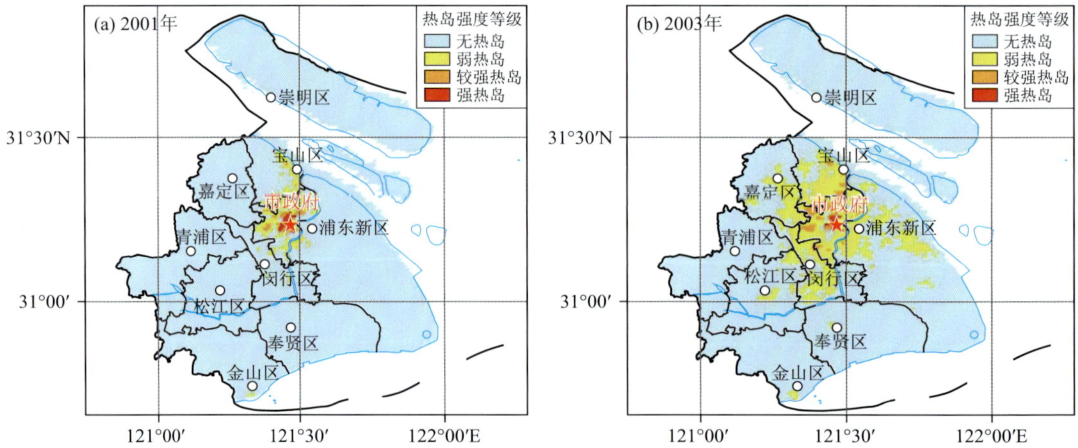

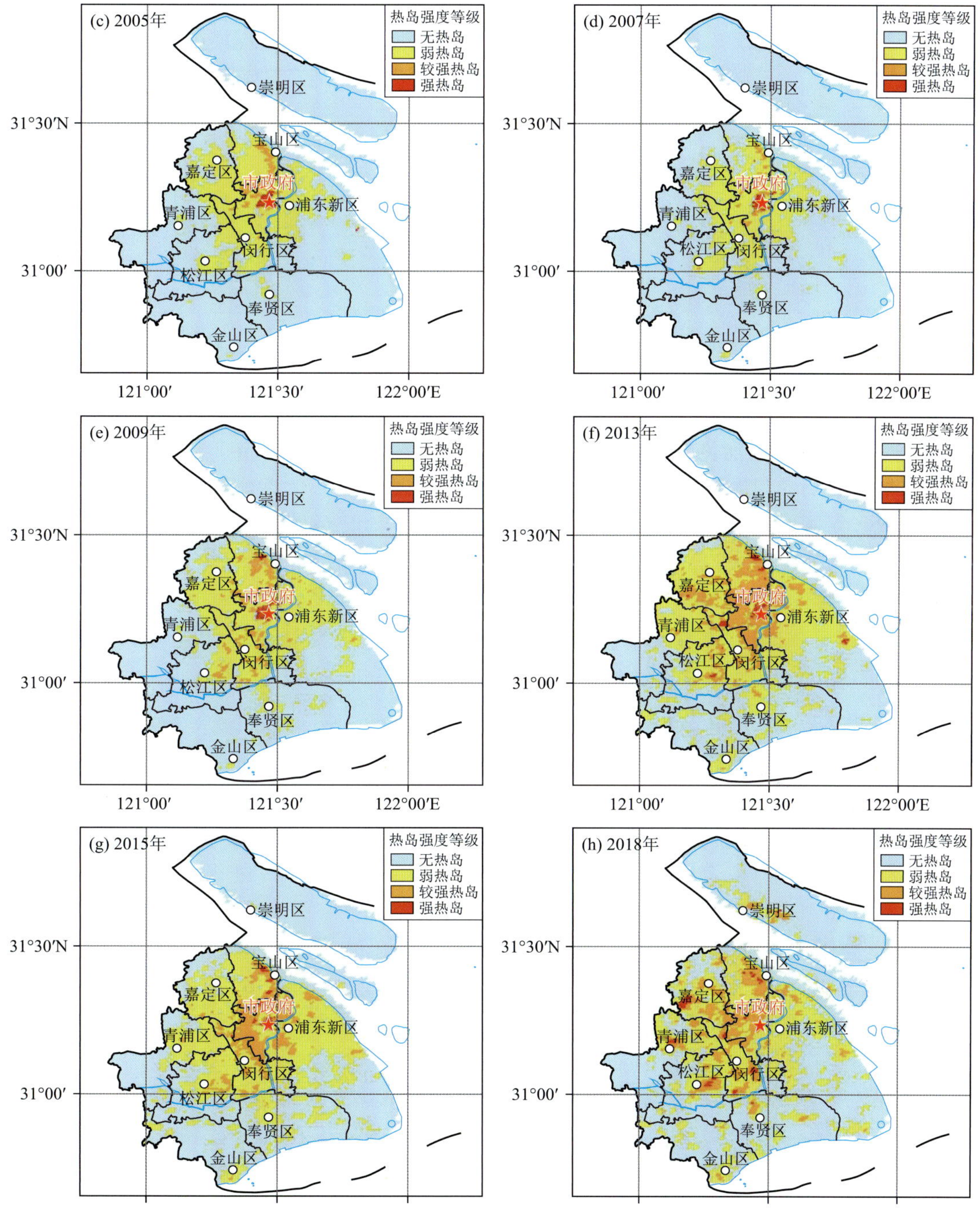

图 4.12　2000—2018 年上海 EOS/MODIS 卫星监测热岛强度等级

2013 年比 2001 年高温区范围显著扩大，主要是随城市高速发展进程，城市建成区向外扩展，水泥、混凝土取代原有的植被，造成不透水层面积增加，地表热特性的差异造成地表热存储和热释放显著不同。城市冠层的多次反射吸收，使得地表对太阳辐射的反照率降低，吸收率增加。城市地表组成和地表空间格局变化对城市热岛效应产生了巨大影响，导致这种城市化诱

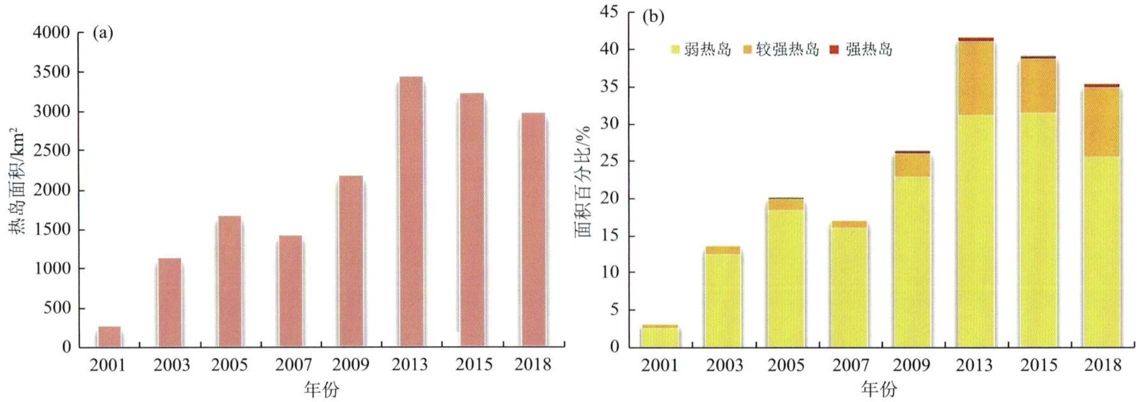

图 4.13　2000—2018 年上海热岛面积(a)及不同等级热岛面积百分比(b)

发的城市热岛现象逐年加剧。另外，人类活动对地表温度也可产生正向减缓作用。2013 年后，随着"生态文明建设"战略决策的大力推进，上海地区采取了生态公益林和"两道(廊道、绿道)两网(城区立体绿网、郊区农田林网)两园(城市公园、郊野公园)"等措施，特别是中心城区大量绿化园地的建设及人口向郊区疏解，中心城区热岛效应缓解明显。宝钢"钢铁去产能"和外迁对近郊邻近区域的热污染也有所减弱。但其他如松江、嘉定等工业园区正成为新的高强度热源，临港和浦东机场周边地块近年成为全市地表温度上升最快的区域。

4.2.2.2　2018—2022 年上海地表热岛强度特征

利用 2018—2022 年 MODIS 卫星 8 d 合成 4 个时次的 LST 产品计算，得到近 5 a 上海地区白天和夜晚平均地表城市热岛强度(SUHI)图，如图 4.14 所示。可以看到，上海地表城市热岛形成了以中心城区为核心、其他热点区连片式分布的空间格局，由中心城区、城市扩展区到郊区逐渐过渡。具体地，宝山长江口沿岸、黄浦江沿岸市区段、闵行南部，嘉定、浦东新区的新城区，以及松江工业区、金山石化等能耗大、热源强度高的工业区，建筑、人口和工业集聚导致人为热源增加，是上海地表高温热岛区，其余周围零散分布一些热力斑块。郊区地表温度相对较低，东南部沿海和崇明区热岛强度整体处于较低水平，白天淀山湖区、长江口与沿海温度明显偏低，另外，黄浦江也形成了一条穿越城市的长条形相对冷岛低温带。

近 5 a 逐年的热岛分布较为稳定一致，但白天和夜晚的热岛分布差异显著。白天，热岛主要分布在人口密集的中心城区及北部宝山、嘉定内，热力重心偏西北向，体现出工业园区等团块状热污染的显著影响特征，夜晚热岛主要以中心城区为热力基质区域，热岛聚集在人口密集城镇区，白天地表热岛强度等级和范围明显大于夜晚。此外，夜晚淀山湖等水体具有热岛效应，这与未结冰的水体在夜晚具有明显热岛效应这一结论有一致性。总体上可知，地表城市热岛效应主要取决于下垫面介质、结构与人为活动。

为更精细探查热力景观斑块状况，利用陆地卫星 Landsat8 OLI/TIRS 卫星数据对作为高密度街区的上海中心城区热场格局进行监测分析，其空间分辨率可达 30 m。从 2020 年夏季 Landsat8 OLI/TIRS 地表温度反演结果可见，夏季高温日上海中心城区地表温度值域可达 27～44 ℃，并呈现出北高南低的空间格局。根据温度平均值与标准差定义低温区、中温区和高温区，分别对应冷岛、一般热岛和强热岛，提取出属于强热岛区的地表面积为 4092 hm²，占研究区面积的 6.16%；冷岛区面积 1422 hm²，占研究区面积的 2.14%；一般热岛区面积有

60935 hm^2，占研究区面积的 91.7%，说明上海中心城区现状热岛以一般强度热岛为主。为辅助识别生态冷源迫切需求的空间区域，进一步将强热岛划分为极高、中高、较高 3 个级别，测算出极高强度热岛有 112.8 hm^2，占研究区强热岛总面积的 2.76%；中高强度与较高强度热岛面积分别为 981.5 hm^2 和 2997.7 hm^2，分别占研究区强热岛面积的 23.98%和 73.26%(图 4.15)。

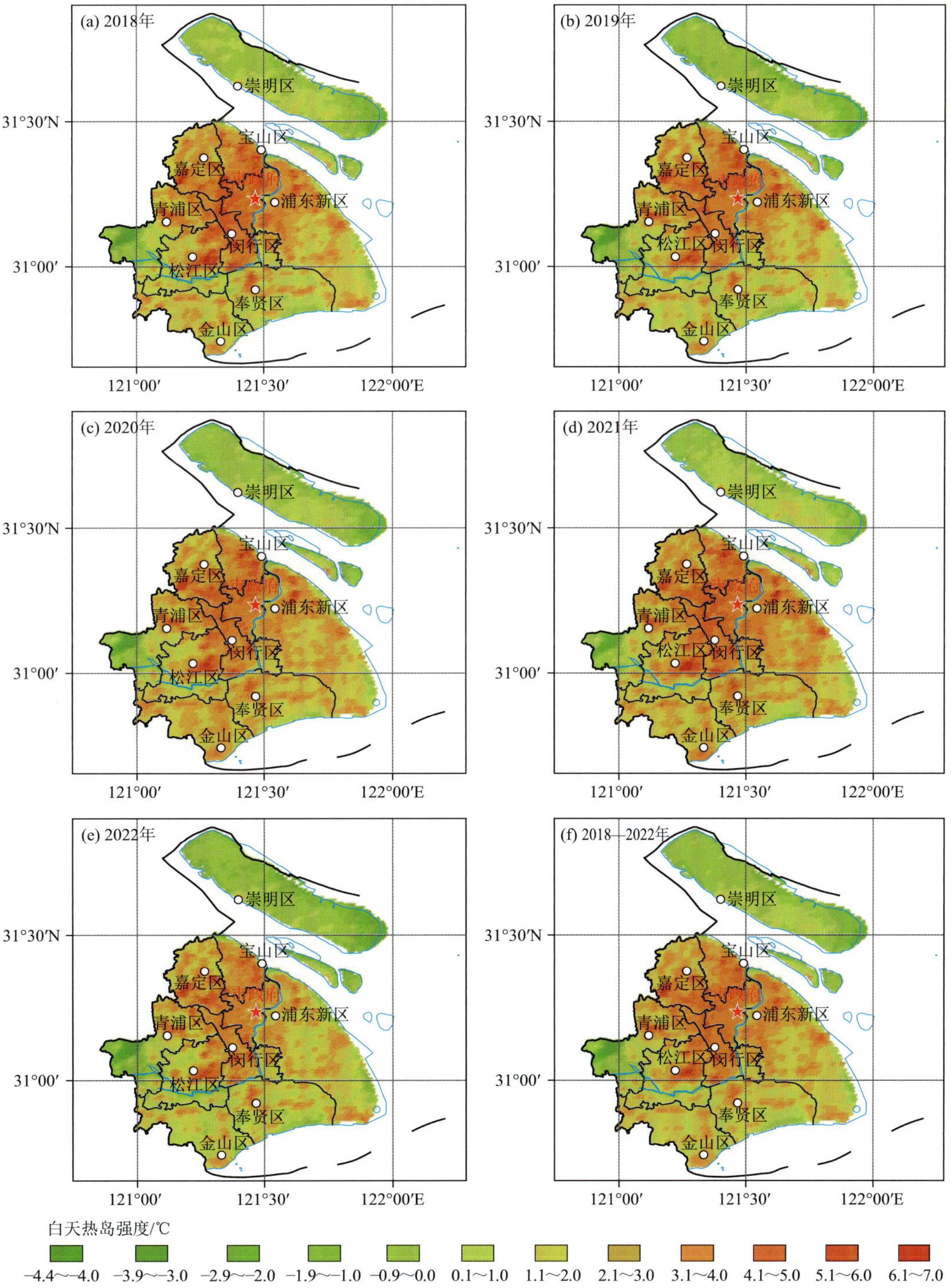

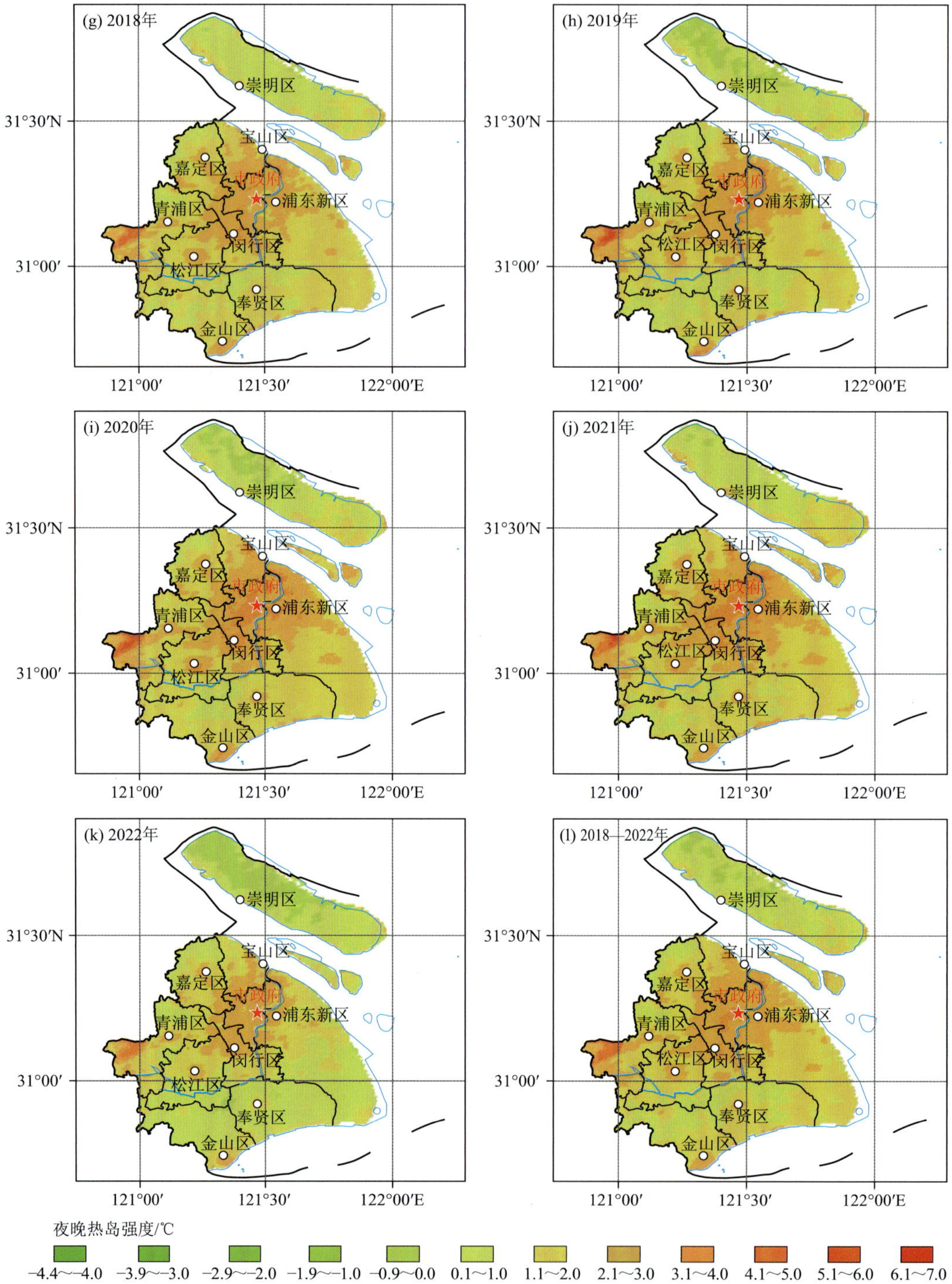

图 4.14　2018—2022 年上海市白天和夜晚热岛强度

从城市热岛的环带分布来看，强热岛主要分布在中外环间，但中环以内热岛密度较高。其中内环内分布有强热岛面积 663 hm^2，虽然不及研究区强热岛面积的 16.2%，但占到该环路间面积的 20.11%；内中外间有 1559 hm^2 的强热岛，为研究区强热岛面积的 38.1%，占该环路间

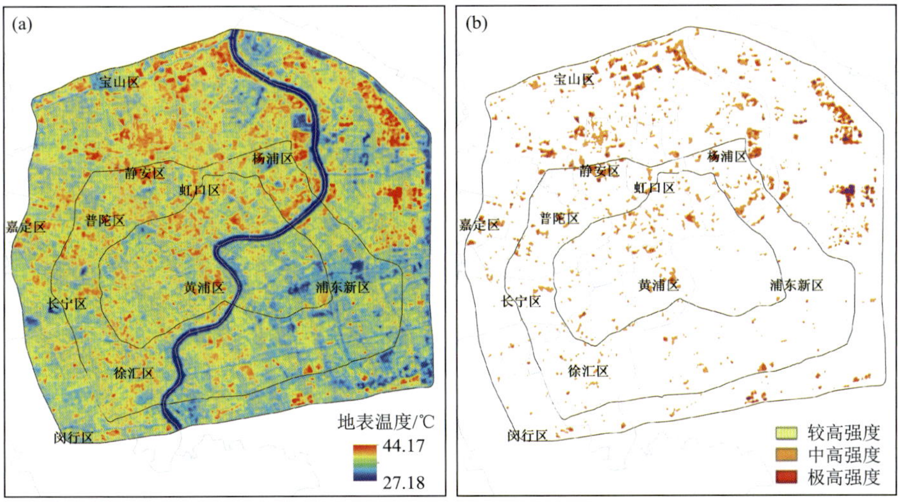

图 4.15　2020 年夏季上海市中心城区地表温度(a)与热岛等级分布(b)

面积的 18.22%;中外环间分布有 1870 hm^2 的城市热岛,占到研究区强热岛总面积的 45.7%,不过仅为该区域面积的 4.73%。可见,上海中心城区中环内强热岛面积虽然不大,但强热岛分布更为密集。从强热岛分级强度的地区分布来看,极高强度热岛主要分布在东北中环外的区域。从强热岛斑块面积组成来看,上海中心城区内有强热岛斑块 811 个。其中,面积 >100 hm^2 的特大斑块有 3 个,其面积占到全区强热岛总面积的 10%;斑块面积 50~100 hm^2 的大型斑块有 10 个,面积占比为 15.5%;斑块面积 10~50 hm^2 的中型斑块有 73 个,面积占比为 36.3%;≤10 hm^2 的小型斑块数量较多,有 725 个,面积占比为 38.2%。

4.2.2.3　地表热岛强度的季节差异

利用 2022 年 MODIS 卫星 8 d 合成 LST 产品计算得到上海地区春、夏、秋、冬四季热岛,如图 4.16 所示。可以看到,上海市四季 SUHI 分布差异明显,其中春季和夏季城市热岛效应最为显著,而夏季也是高温易发且对人居环境及人体健康影响最大的时段。春季,大部分城市城镇地区存在热岛效应甚至强热岛,但外围农田地区也会存在明显热岛区域,这主要是由于春季降水少,郊区耕地分布着大量的白天受热升温较快的干燥裸土区,从而形成相对高温热区。夏季,植被覆盖普遍较高,大部分平原农田为无热岛区域,城镇地区显现出明显较强和强热岛效应,同时空间上需关注上海西北嘉定区热岛与昆山热岛有连通现象的趋势。秋季,中心城区城市城镇所在区域以弱热岛为主,局部有较强热岛。冬季,热岛范围缩减,以城市内部核心区弱热岛为主。受大气环流季节转换、局地海陆风及下垫面质地的影响,热岛区域秋季和冬季主要在偏东南方向,春季和夏季在偏西北方向。

4.2.2.4　等级热岛频率的空间分异

统计 2022 年空间域上不同等级热岛出现的频率(图 4.17)。可以看到,中心城区、宝山南部、嘉定南部、闵行北部、松江中部、金山石化等地发生较强热岛的频率比较高,为 40%~50%。弱热岛广泛分布在全市范围,以中北部为主,出现频率为 30%~50%。中心城区无热岛的频率仅为 0~20%,外围郊区和崇明岛以无热岛为主,同时崇明岛也具有弱冷岛效应。此外,全域出现强冷岛和较强冷岛的频率低于 10%。以上说明中心城区及周边区域是热灾害最易发生的落区，亟须改善热环境，而崇明岛具有生态冷源输送新鲜冷空气的潜力作用。

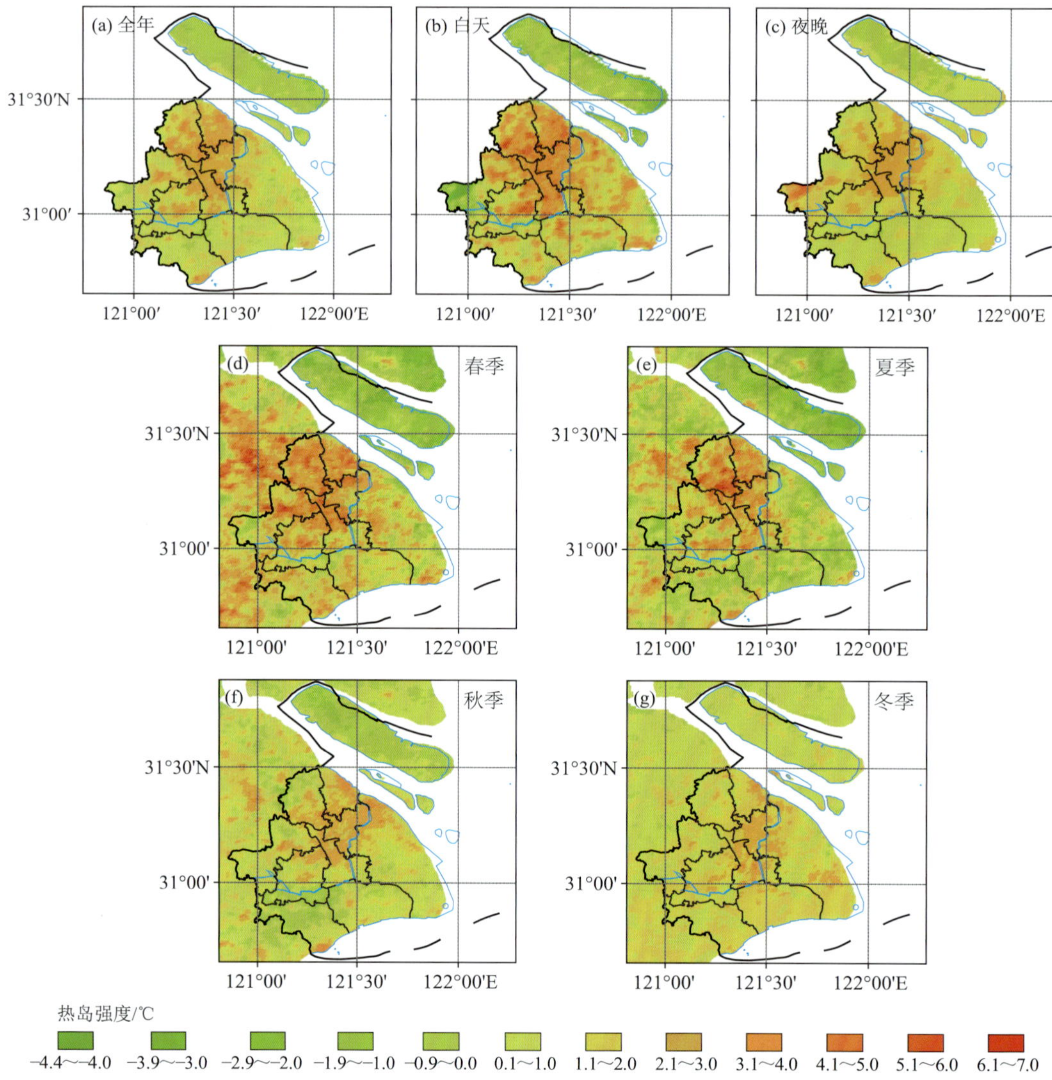

图 4.16　2022 年上海市年季与昼夜热岛强度

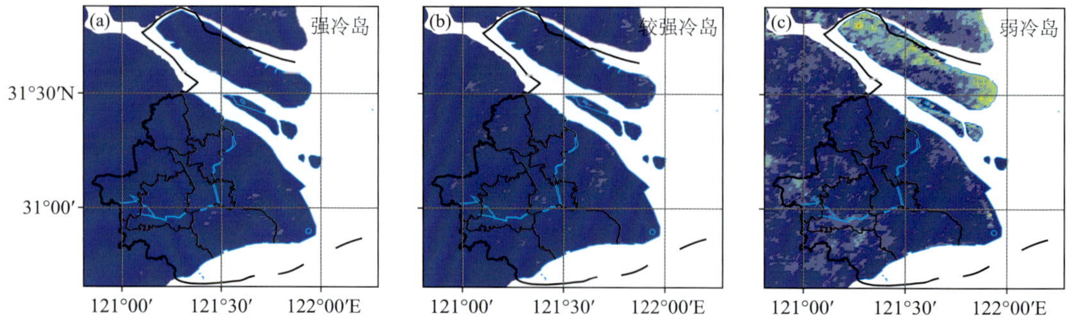

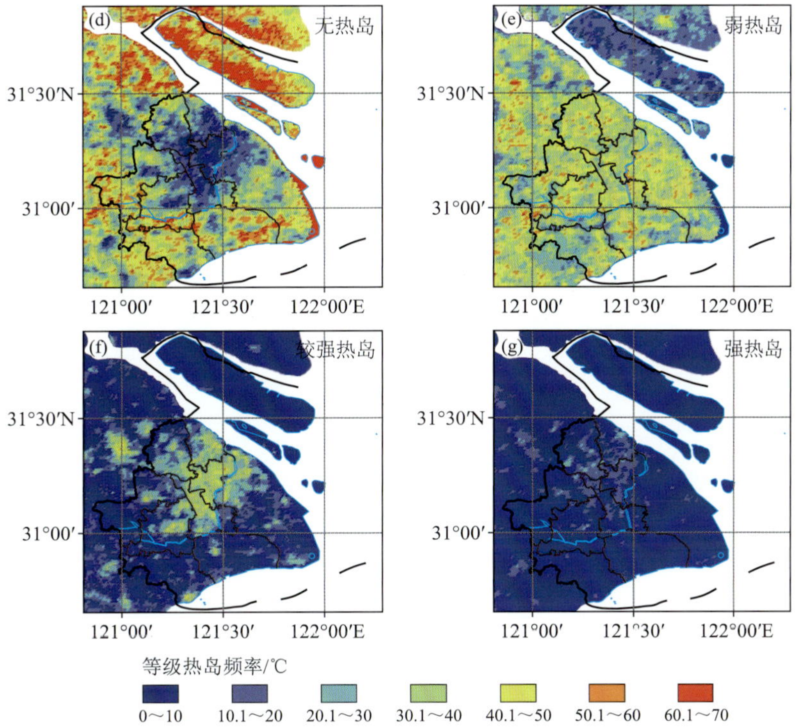

图 4.17　2022 年上海市等级热岛出现频率

4.2.2.5　极端高温过程频次、持续时间的空间分异

城市热岛是城市人为热源和气象条件共同作用的结果，随着城市化发展进程的加快，城市建设显著影响城市气候和生态环境，形成的热岛效应加剧了城市高温频率和高温程度。叠加2018—2022 年上海市域近 60 个站点统计的≥35 ℃高温日数、≥37 ℃高温日数、≥40 ℃高温日数(图 4.18)，可以看到，在中心城区、西北部和西部的极端高温日数偏多，东部和南部沿海显著偏少。与此同时，统计≥3 d 的连续高温过程的频次、累积日数和持续日数(图 4.19)，同样显示出中心城区、西北部和西部偏多，说明了城市热岛与高温热浪的协同作用放大效应。由于城市热岛的存在，中心城区与西北部比郊区具有更高的极端最高气温、更频繁的高温过程、更多的高温日数以及更长的高温持续时间。在气候变暖背景下，城市热岛和天气事件(如高温热浪)协同作用改变局部区域能量交换甚至区域气候，给城市生态环境、人类健康和生存发展带来极大威胁与挑战。

4.2.3　基于卫星遥感观测的上海城市生态冷源评估

由于水体、林地与城镇建设用地之间的温度差，即使在弱风情况下，它们也可产生新鲜冷空气生成与流动的现象，可以有效减缓城市热岛效应。同时上述用地类型也是冷空气来源和改善空气流通与人居环境的重要场所，是自然通风规划的重要前提条件之一。因此，作为能缓解城市热环境气候的低温景观类型，把水体、林地、农田以及城市绿地里的林地灌木和草地统一定义为城市生态冷源。缓解城市热环境气候不仅需要考虑冷源的冷岛效应，还应考虑冷源发挥冷岛作用时可以长久维持的过程或状态，尤其对于植被。而绿量是综合反映植被叶面积指数、植被覆盖和植被结构的重要指标，是衡量城市不同绿地生态效益及其绿化水平的重要参数，对降温、增湿、改善城市小气候具有明显意义。因此，采用土地利用类型和绿量综合评估方法，对生态冷源进行等级划分。

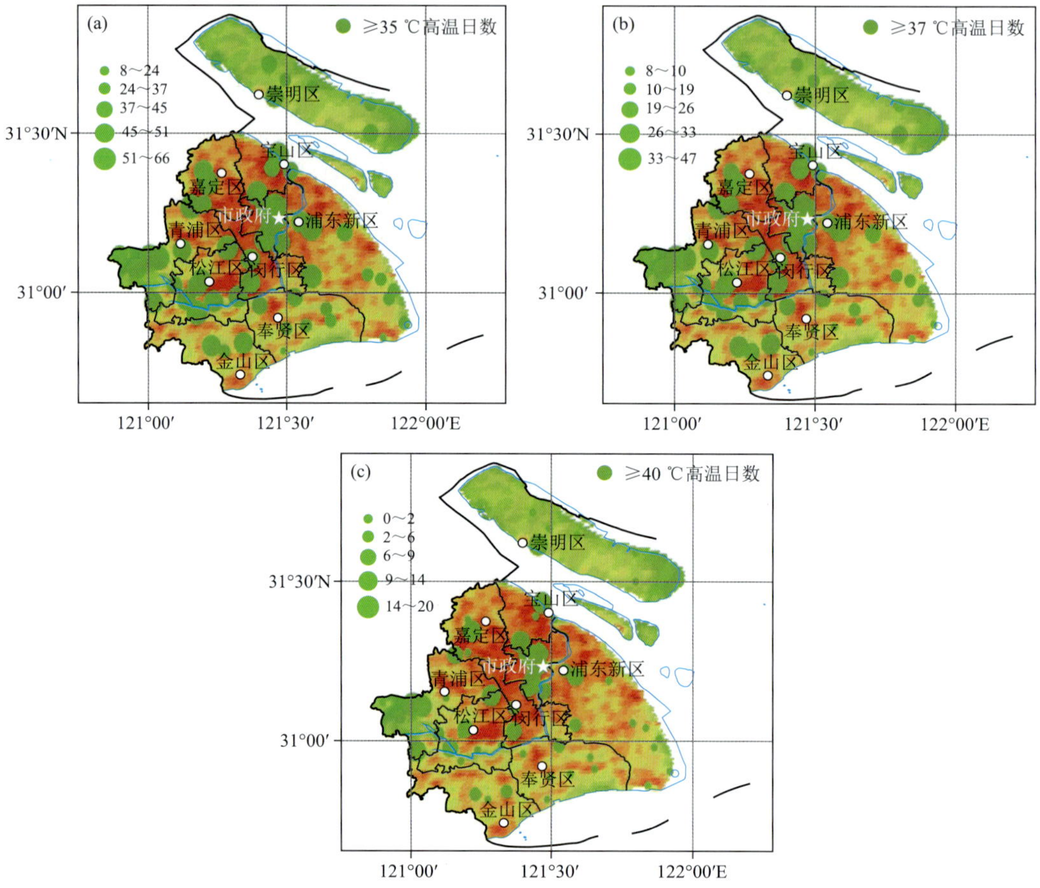

图 4.18　2018—2022 年上海市极端高温累积日数(单位:d)

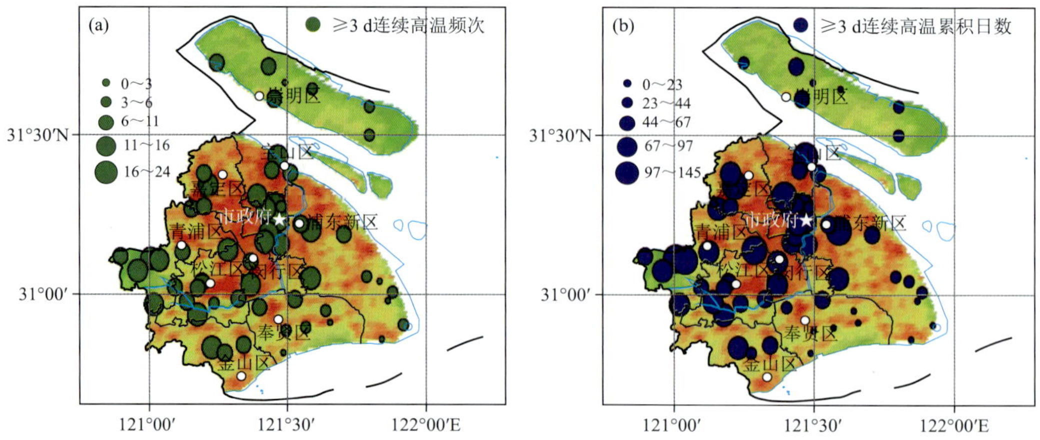

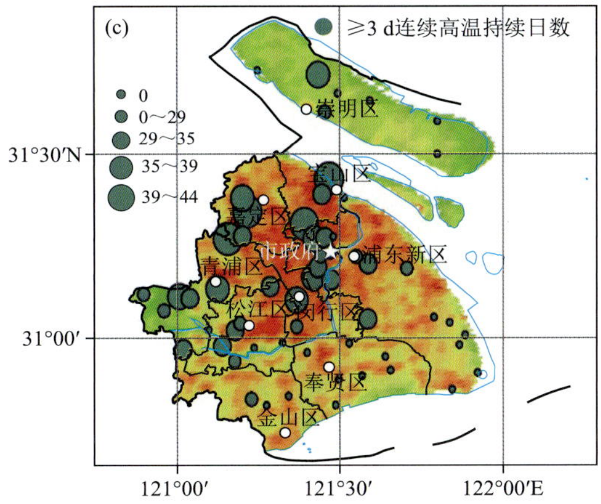

图 4.19　2018—2022 年上海市≥3 d 连续高温过程频次(单位:次)与日数(单位:d)

生态冷源作为缓解城市热环境气候和调节局地能量平衡的有效手段,在加强城市气候韧性和适应气候影响方面起着重要的作用。图 4.20 是上海市生态绿量和生态冷源的空间分布。由图 4.20 可知,强冷源集中于淀山湖、黄浦江、滴水湖等水体区域,较强冷源主要分布于外环绿带、奉贤中央绿地、淀山湖东南部林地、崇明西部东平森林等绿量较大的人工林地,平原农田属弱冷源,具体地,强冷源、较强冷源、一般冷源和弱冷源占全市的面积分别为 4.56%、5.97%、0.72%和 42.39%。可以利用热岛和冷源的热力差异产生的局地环流,作为自然“空调”系统,加速城市内部空气流动,改善城市的热环境。其中,黄浦江作为天然生态廊道,对中心城区减缓热岛有积极作用,外环周边环状绿带的建设联通也有利于冷源的生成、扩散与传递,但外环内部由于绿化和水体较少,生态冷源仍然稀少,且分布分散,不能形成有效串联,不利于对热岛进行有效切割。

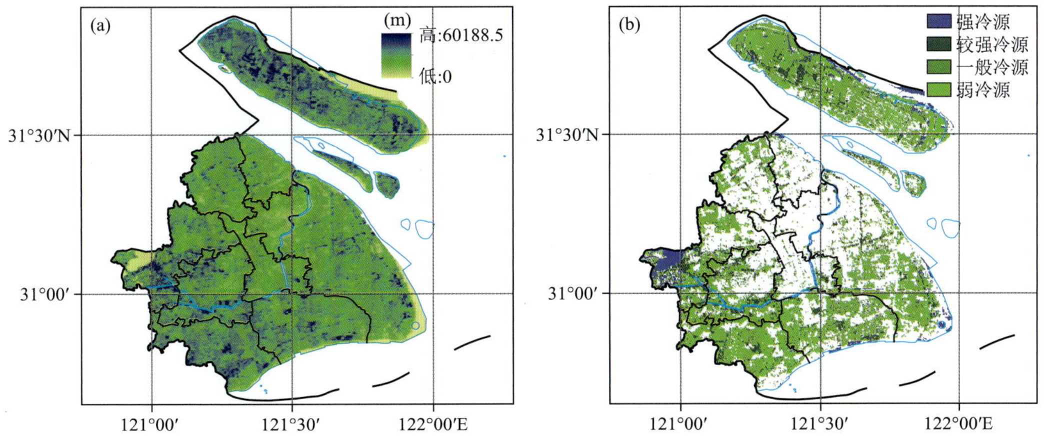

图 4.20　2018—2022 年上海市生态绿量(a)和生态冷源(b)空间分布

针对外环以内的上海中心高密度城区,综合考虑区域内强热岛斑块状况及其周边绿地水体配置情况,利用提取的强热岛斑块面积、强热岛斑块面积加权形状指数、到最近绿地水体的距离以及最近绿地水体的面积等构建生态冷源需求指数,反映城市绿地冷岛建设布局的需求程度。根据信息熵计算各指标权重,加权求和,得到不同热岛区域的绿地冷岛需求值,标准化后即为绿地冷岛需求指数，指数越大说明需要建设绿地冷岛的需求越高（0～1）。

评估结果表明（图 4.21），上海中心城区 811 个强热岛斑块的生态冷源需求指数在 0.01～0.95，需求指数平均值为 0.22，但需求指数的区域差异大。为此，以绿地冷岛需求指数的平均值与标准差为依据，划分高、中、低 3 个级别的需求区。其中，低需求区的生态冷源需求指数界定为 0.01～0.11，生态冷源需求面积为 2952 hm^2，占到生态冷源总需求面积的 72.14%；需求指数为 0.11～0.28 的热岛划分为中需求区，生态冷源需求面积达 788 hm^2，占到生态冷源总需求面积的 19.26%；需求指数为 0.28～0.95 的为高需求区，生态冷源需求面积为 352 hm^2，占上海中心城区生态冷源需求面积的 8.6%。从空间分布来看，高需求斑块都分布于中心城区中北部，中需求斑块大多分布于中心城区北部和西部，且多在黄浦江左岸，低需求斑块散布较广，无论数量还是面积都占绝大多数。外高桥保税区因建有大量较大规模的厂房而有较大面积的中高冷源需求，高需求斑块分布在外高桥保税区的南北两端，南端斑块面积较大，杨浦区杨树浦路左侧的密集居住小区以及静安区彭浦镇周边也是生态冷源的高需求区。上述区域适宜构建丰富多样的绿地水体配置模式，以保证人居热环境的健康稳定。

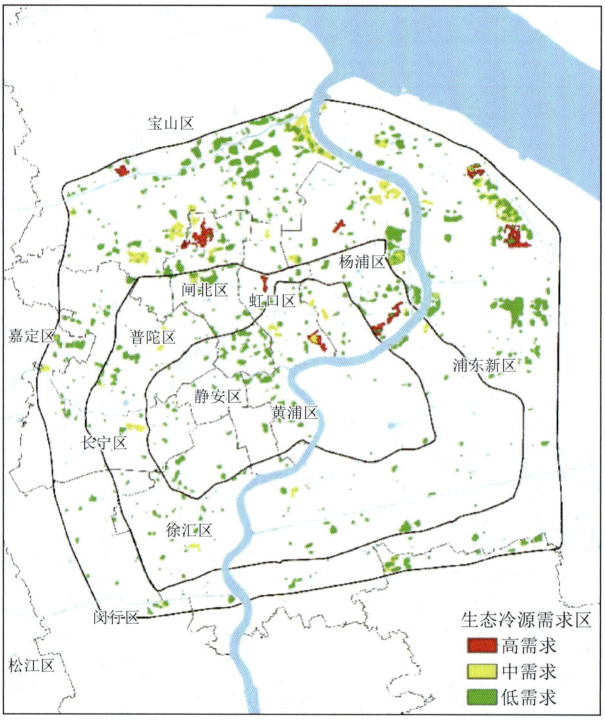

图 4.21　上海市中心城区生态冷源需求空间分布估测

4.3　长三角一体化示范区热环境变迁评价

长三角生态绿色一体化发展示范区（以下简称“示范区”）要求区域发展将绿色经济、高品质生活、可持续发展相统一，而示范区发展与保护之间的权衡也不可避免地引起下垫面类型之间的转化，引起热环境的变化。为此，评价 2000—2020 年示范区热环境变迁特征，以期为区域热环境质量调控提供支持。

4.3.1 示范区热岛时空演化

从热岛强度和热岛等级空间分布(图 4.22)可以看到，示范区热环境经历了空间扩展和局域增强的过程。热岛主要集中在城市建成区，近 21 a 强热岛像元数量以及强热岛像元占城市面积比的变化幅度较大，基本态势是以建成区为中心，依次以较强热岛、弱热岛向城市周围扩散、逐渐递减。区域内部存在着较大差异，高温地区主要集中在示范区城市化程度较高的区域，而低温区域基本分布在河湖水域。2015 年之后，人居热环境恶化的趋势有所遏制。

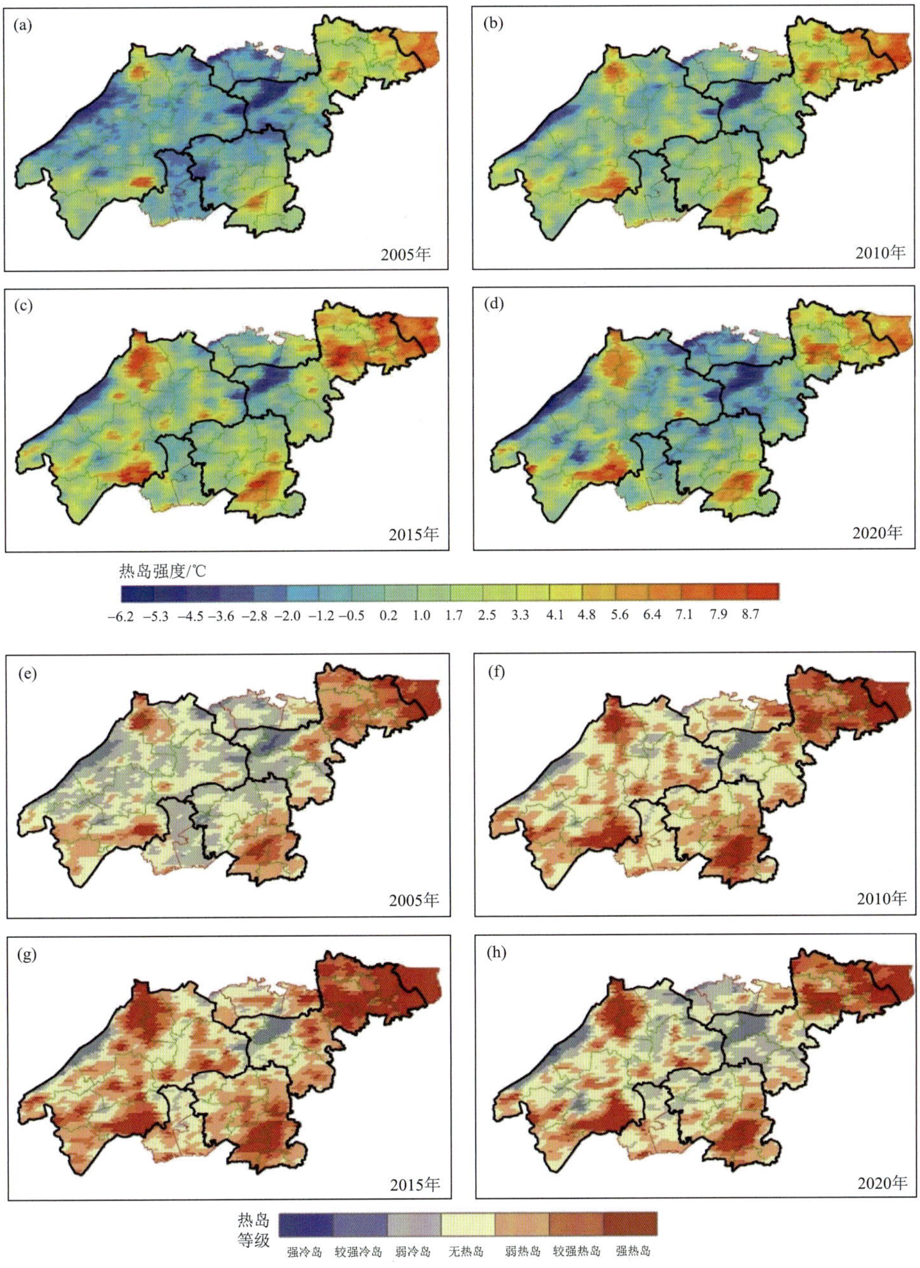

图 4.22 长三角一体化示范区热岛强度(a～d)和热岛等级(e～h)空间分布

从指示热岛发育程度的热岛比例指数来看(图 4.23),2020 年示范区 5 个街道乡镇空间单元的热岛比例指数超过了 0.8,分别是青浦区赵巷镇、青浦区香花桥街道、嘉善县罗星街道、青浦区白鹤镇、青浦区徐泾镇、青浦区华新镇,其热岛发育程度为严重级别。此外,热岛发育较严重的街道乡镇空间单元有 7 个,占整个示范区和协调区乡镇单元总数的 20%,其余则为一般、轻微或无。

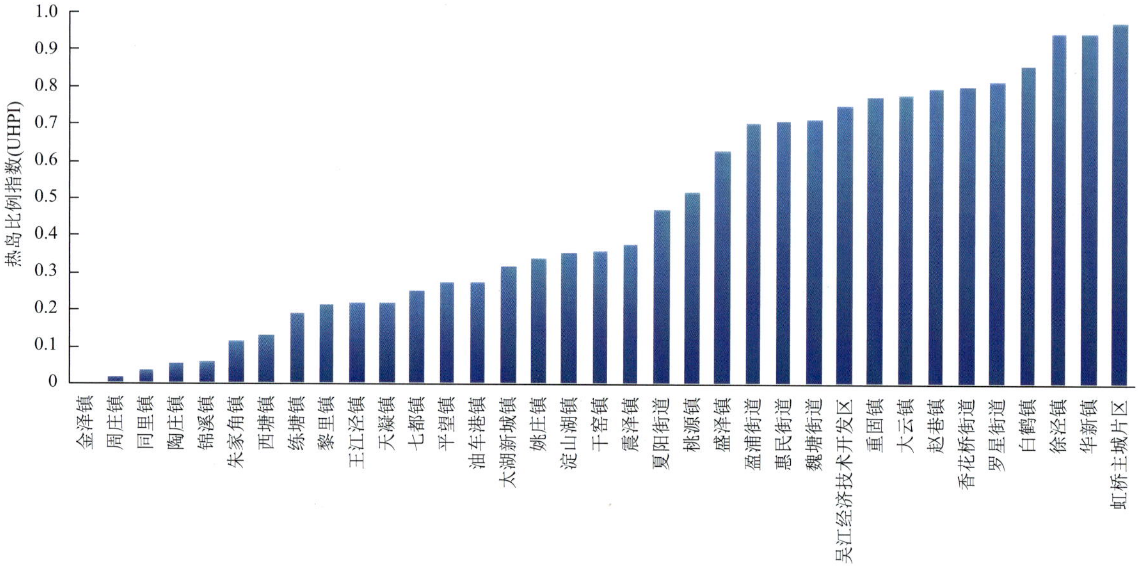

图 4.23 2020 年长三角一体化示范区乡镇街道单元热岛比例指数

4.3.2 下垫面与热环境相关关系解析

探究绿色生态空间与地表热环境演变的时空联系,从空间分布看,示范区植被生态质量低值主要在城市建成区,呈现从城市建成区向外逐渐增加的趋势,地表温度则呈现相反的空间分布趋势(图 4.24 和图 4.25)。随着时间推进,城市不断扩张,区域的地表覆盖类型发生转变,大量自然景观被人造景观所替代(图 4.26),环境温度随之上升,示范区高温区明显增加。城市高温区主要分布在城区各类高密度建成区以及开发区内,而城区内其他地方则以中高温及以上温度分区为主,郊区以中低温为主。

以水泥、沥青、砖瓦等材料为主的不透水地表和建筑物具有显著的升温作用,而作为主要热源的人口又往往集中在建筑密集、区域不透水面的高比例,这导致人类聚居区温度普遍偏高。城市化进程使得建成区面积不断增加,城市区域比周围郊区吸收存储的热量多,且由于城市内植被覆盖较少,植被蒸腾作用带来的降温效果不明显,进一步加剧了城市地表温度的升高,可见,城市热岛的分布与土地利用空间格局有明显关联。绿地和水体具有较强的降温作用,且距离绿地、水体的远近对温度有一定的影响,说明绿地与水体都具有显著的降温效应,能够改善城市生态环境与局部气候,提供人居环境的舒适性。进一步进行 VEQI、网格内植被覆盖比例(VCP)、水体比例(WBP)、不透水表面比例(ISP)和单元网格 LST 的相关分析,结果表明:LST 的变化与上述指标之间存在相关性(图 4.27)。其中,VEQI、VCP 和 WBP 与 LST 呈负相关,ISP 与 LST 呈正相关。为此,可以建立 VCP、WBP、ISP 和 LST 的多元回归关系,用于预测城市不同发展情景下的热环境格局。

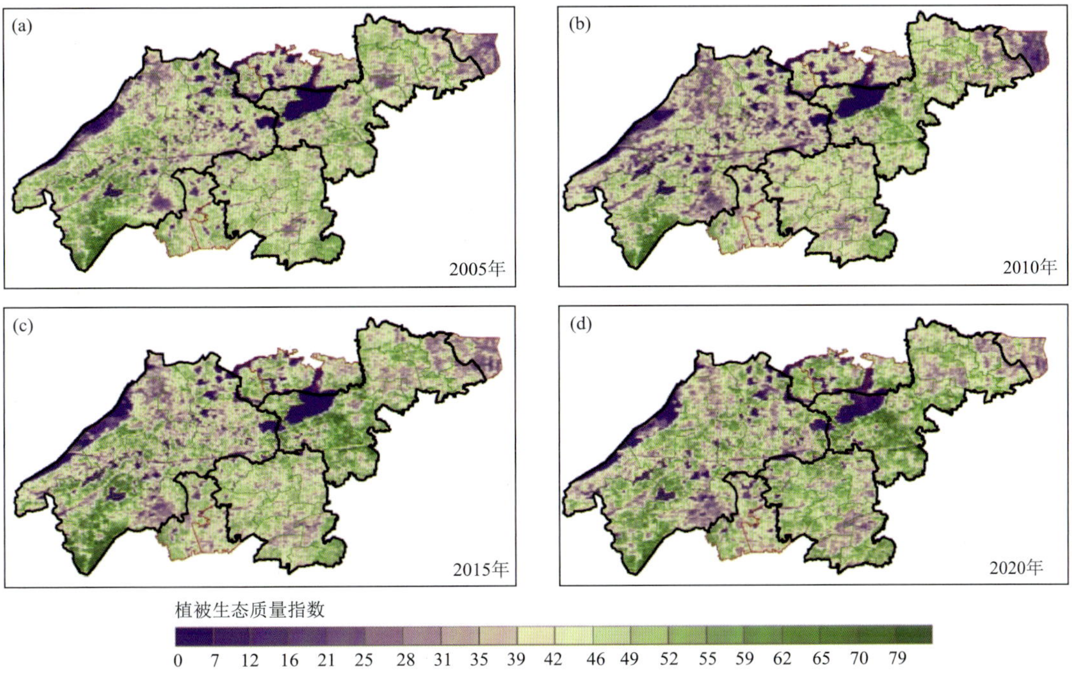

图 4.24 长三角一体化示范区植被生态质量指数空间分布

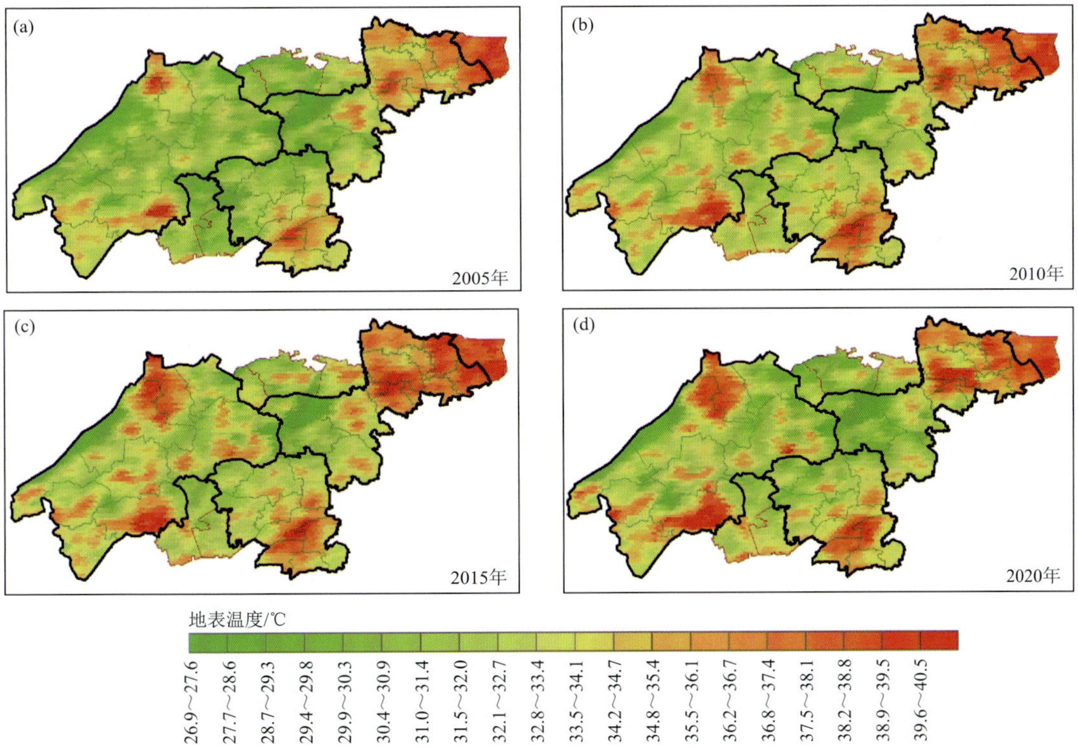

图 4.25 长三角一体化示范区地表温度空间分布

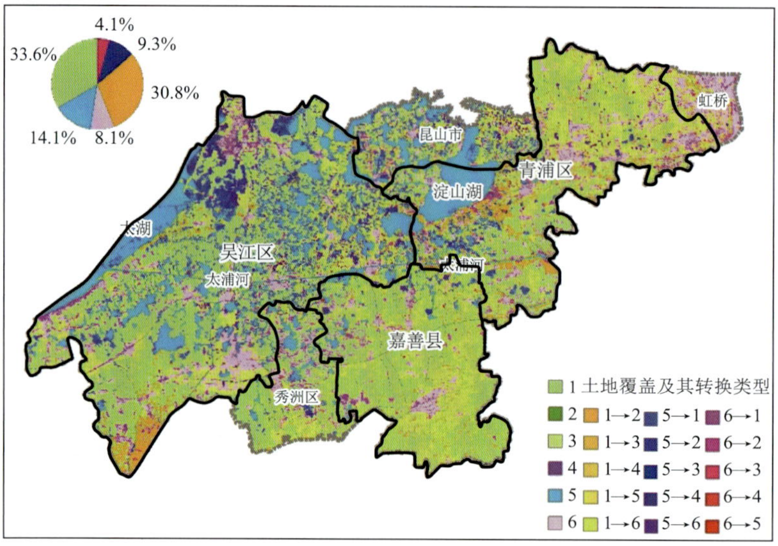

图 4.26　2000—2020 年长三角一体化示范区土地覆盖分类变化
（1. 耕地，2. 林地，3. 草地，4. 湿地，5. 水体，6. 建设用地）

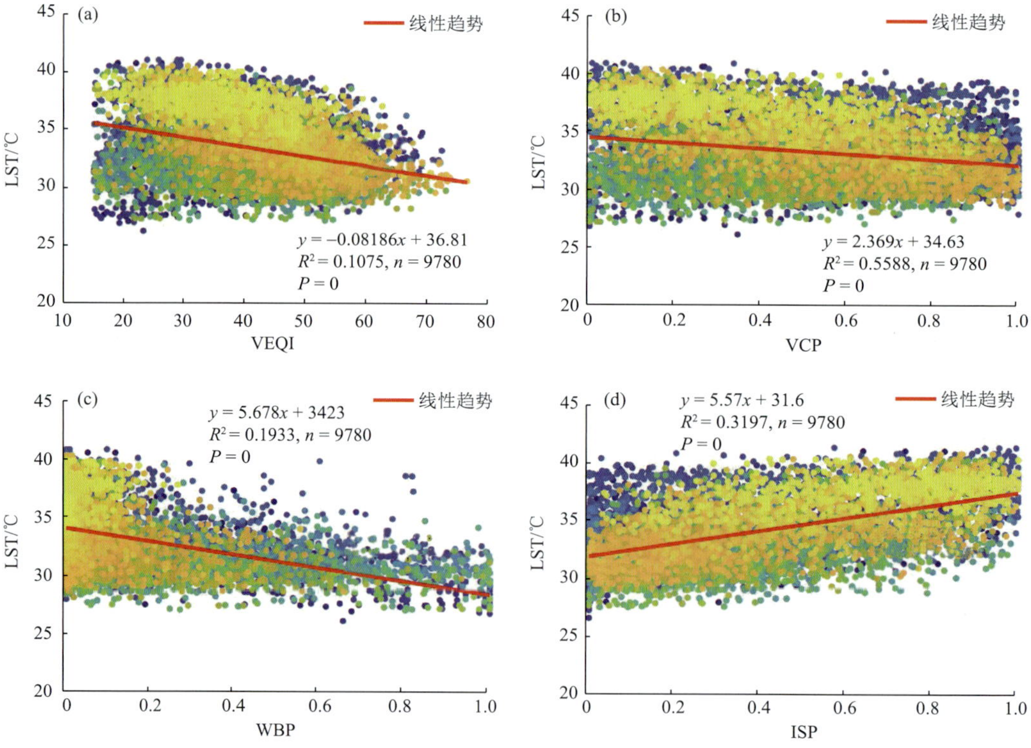

图 4.27　长三角一体化示范区下垫面指标与地表温度的相关关系
（a. VEQI，b. VCP，c. WBP，d. ISP）

4.4 长三角城市群热岛演变特征

长三角城市群作为世界第六大城市群，同时又是“一带一路”与长江经济带的重要交汇地带，在改革开放中具有举足轻重的战略地位，是我国城市化最为显著的地区之一。然而，城市化高速发展也带来了一系列复杂的城市环境问题，其中尤为显著的就是连片化的城市群热岛效应。针对其热岛时空分异特征的研究，有利于探究长三角城市群地表热环境演化规律和健康发展。

4.4.1 2012—2021 年长三角城市群夏季热岛状况

利用 MODIS 卫星 8 d 合成地表温度产品（MOD11A2 和 MYD11A2），计算得到 2012—2021 年夏季（6—8 月）长三角城市群陆表高温和平均城市热岛。从 2021 年长三角城市群城市热岛空间分布（图 4.28）可见，长三角城市群热岛形态从太湖以东以上海、杭州为转折带，贯穿南京、苏州、无锡、常州、嘉兴、绍兴、宁波，呈现一略向右倾斜的“Z”形分布格局。特大城市中，南京热中心沿长江略呈条带状，最热地区则在长江南部树干状分布，基本以高速公路主干道为轴中心线扩展；上海热中心呈放射性面状分布，外环线内基本都是强热岛中心，在城市群中热岛效应最明显，占总面积比例最大；杭州热中心为竖块状分布，主要集中在钱塘江北侧城区；宁波则为横块状分布；合肥热岛则呈团块状分布，与城市群主热岛带较为分隔。大中小城市中心一般为强热岛，周围有面积较大的次级热岛环，小城镇热中心呈星罗点状分布。长三角杭州以北地区基本属于长江中下游平原，地势相对平坦，丘陵山地较少，耕地较多，表现为大片的弱热岛区。杭州西部有新安江水库，西北有天目山脉，绍兴东南有会稽山脉，宁波西有四明山脉，偏西南有天台山脉，台州西部有括苍山脉；长江自南京、镇江、江阴、南通注入东海；扬州西北部有高邮湖，苏州西侧有太湖。上述山地有大量森林覆盖，河流湖泊内有大量水体，表现为大片的冷岛区。

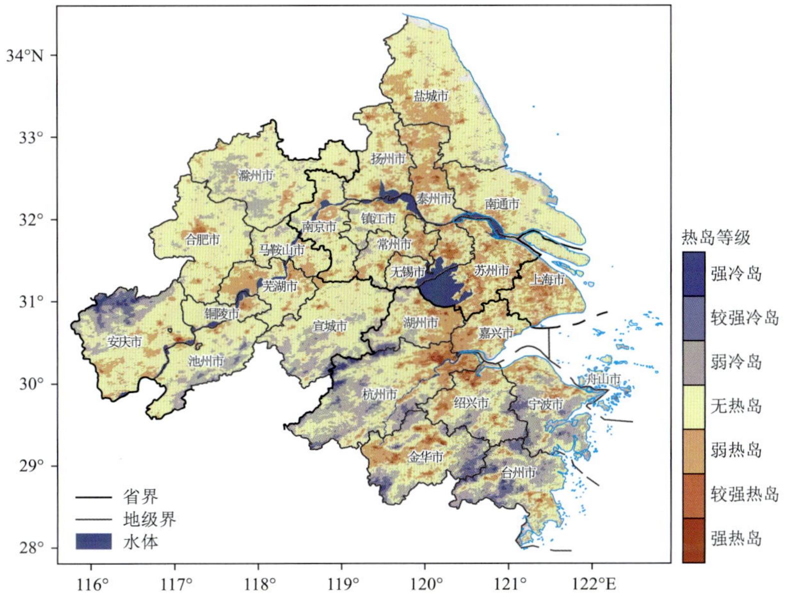

图 4.28 2021 年夏季（6—8 月）长三角城市群城市热岛空间分布

从热岛面积来看(表 4.5),2021 年作为气象条件非极端年份,长三角城市群较强以上热岛的面积为 6163 km^2,占行政区域总面积的 2.9%,其中排名前 3 位的是杭州(1063 km^2)、上海(624 km^2)和绍兴(566 km^2),金华和苏州分列第 4(554 km^2)和第 5(553 km^2)。从城市用地类型提取各城市建成区反映的热岛强度来看,整个长三角城市群建成区的平均热岛强度为 1.4 ℃。热岛强度排名前 3 位的分别是杭州(2.7 ℃)、绍兴(2.4 ℃)和金华(2.2 ℃),湖州和上海并列第 4(2.0 ℃),仅滁州和舟山热岛强度在 0.5 ℃或以下。从指示长三角城市群建成区热岛发育程度的热岛比例指数来看,2021 年夏季城市群城市用地类型总体热岛比例指数为 0.45,热岛较为严重(3 级)。城市排名前 3 的是杭州(0.66)、绍兴(0.62)和上海(0.60),为严重等级(4 级),达较为严重(3 级)以上的城市有 11 个,一般(2 级)的城市有 10 个,轻微或无的城市(1 级)有 2 个。较为严重(3 级)以上的城市占到 54%,表明夏季长三角城市群各中心城区热岛总体都很严重。

表 4.5　2021 年长三角城市群夏季热岛特性对比

城市	弱热岛以上面积/km^2	较强热岛以上面积/km^2	弱热岛以上面积比例/%	较强以上热岛面积比例/%	城市建成区地表热岛强度/℃	城市建成区热岛比例指数	热岛评估等级
上海	3936	624	50.74	8.05	2.0	0.60	4
南京	1558	40	20.50	0.53	1.0	0.36	2
无锡	1774	348	33.89	6.65	1.8	0.51	3
常州	1965	161	39.16	3.21	1.6	0.53	3
苏州	4188	553	44.64	5.89	1.9	0.58	3
南通	2271	77	22.54	0.76	1.0	0.33	2
盐城	3677	127	21.09	0.73	0.7	0.25	2
扬州	2309	166	30.12	2.17	1.4	0.43	3
镇江	1050	125	23.69	2.83	1.3	0.41	3
泰州	3624	234	54.80	3.54	1.7	0.53	3
杭州	3636	1063	19.29	5.64	2.7	0.66	4
宁波	1697	276	17.34	2.82	1.2	0.42	3
嘉兴	2297	227	50.38	4.98	1.9	0.58	3
湖州	2471	260	37.27	3.93	2.0	0.59	3
绍兴	2434	566	26.63	6.20	2.4	0.62	4
金华	2866	554	23.34	4.51	2.2	0.58	3
舟山	15	1	1.31	0.08	−0.7	0.05	1
台州	1042	116	10.05	1.12	0.9	0.33	2
合肥	1499	229	11.39	1.74	1.0	0.33	2
芜湖	2546	77	37.05	1.11	1.5	0.49	3
马鞍山	799	31	17.08	0.66	0.9	0.32	2
铜陵	495	61	14.46	1.78	1.3	0.38	2
安庆	2127	124	13.84	0.81	1.3	0.38	2
滁州	882	45	5.62	0.29	0.2	0.14	1
池州	468	26	4.93	0.27	0.8	0.26	2
宣城	775	52	5.52	0.37	1.0	0.32	2

从 2012—2021 年 10 a 的热岛时空分布来看(图 4.29 和图 4.30),长三角城市群均表现出明显的热中心,热岛密集区主要在太湖以东和以南。随着城市的扩展和连接,长三角城市群热岛在空间上总体表现为环太湖由东向西、由中部向南北扩张,沿城市集群连片的沪宁合杭甬发展带以及向西南延伸的沪杭金发展带呈"Z"形分布,中部、南部热岛强,北部热岛弱,杭州湾附

近为强高温中心，2019—2021 年热岛向北部扩张趋于明显，逐渐由“Z”形向十字构型演化。热岛面积方面，10 a 间长三角城市群的总热岛面积受气候背景和土地利用变化等综合影响呈波动起伏特征。2017 年前以增长趋势为主，2018 年之后，总热岛面积基本保持稳定态势。

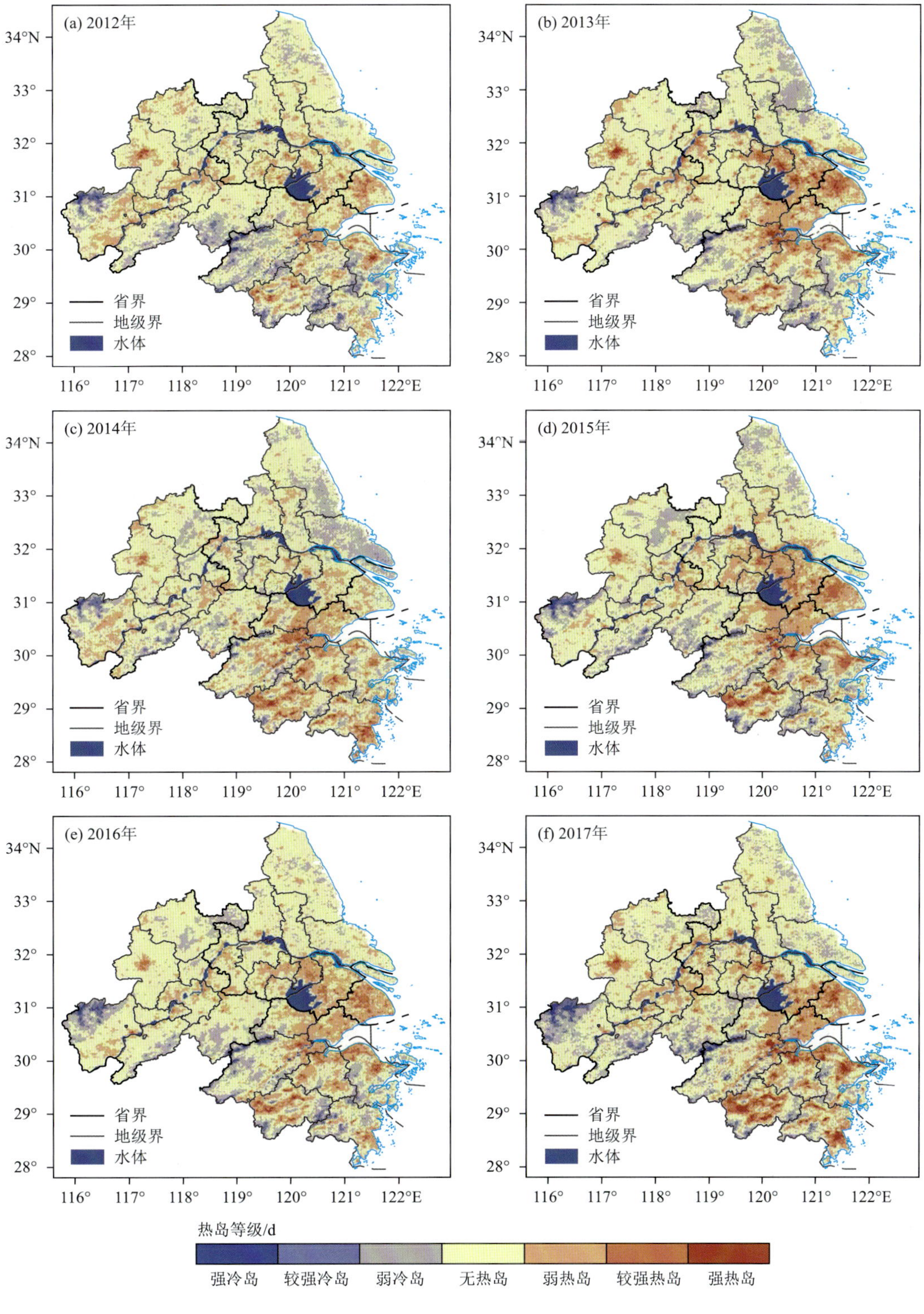

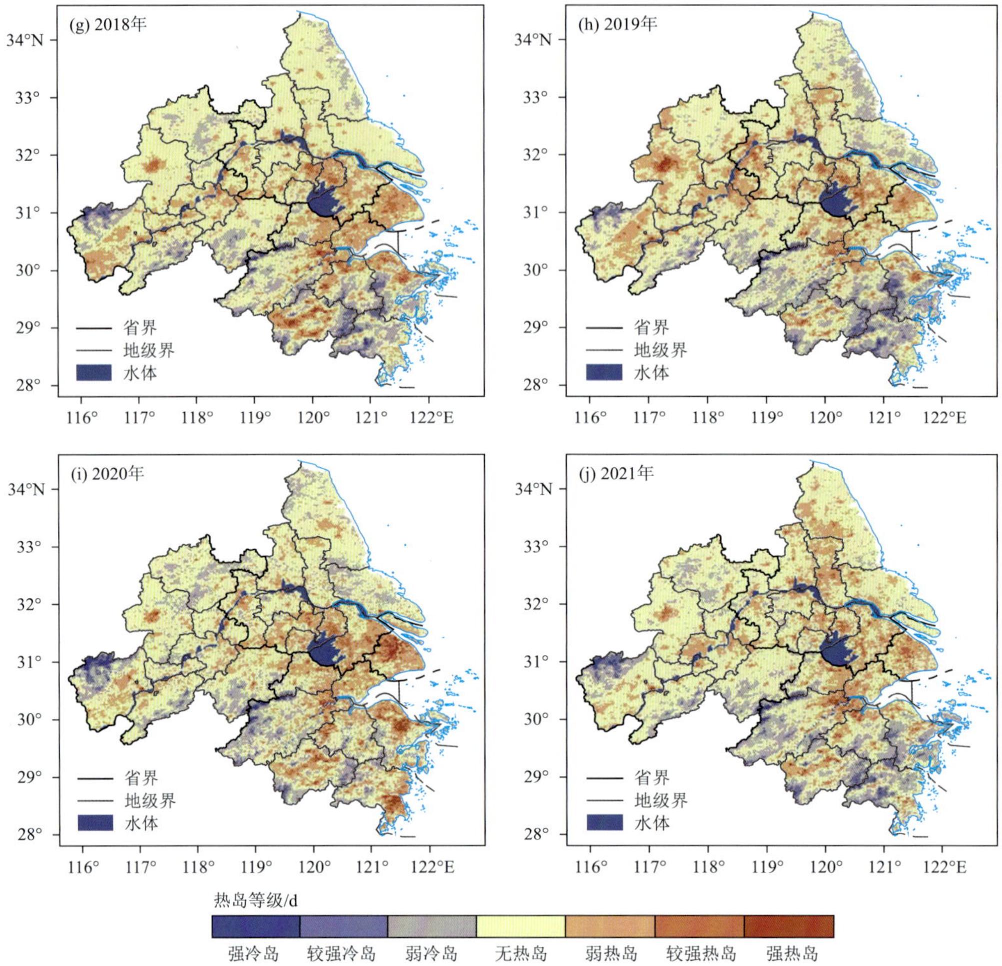

图 4.29　2012—2021 年夏季长三角城市群热岛空间分布

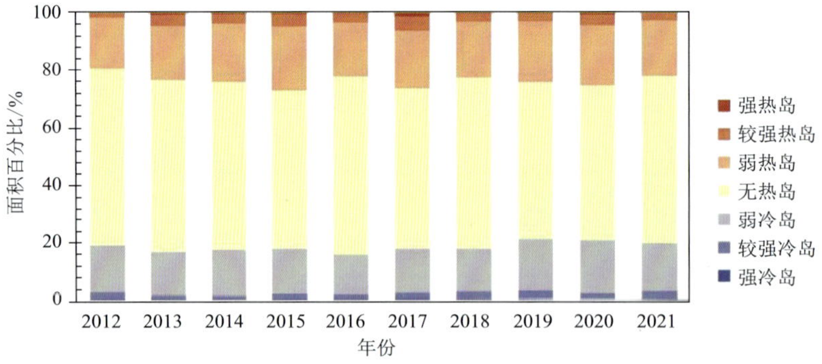

图 4.30　2012—2021 年夏季长三角城市群热岛等级面积百分比

具体到长三角城市群的单个城市，其城市热岛扩张表现出由主城区向周边扩展，如上海、杭嘉甬①、苏锡常和合肥地区呈围绕主城区的“摊饼状”扩展，南京、南通、宁波和金华等城市以

① 杭嘉甬表示杭州、嘉兴、宁波。

"条带状"扩展，其他城市主要以"星罗点状"扩展。在新集群化发展的城市密集地域（如南京、合肥都市圈）以及城市快速扩张的市域（如金华、常州等）有更明显的增温，热岛显著增强变大。与此同时，从 2017 年开始，较强以上冷岛的面积呈略有增加的趋势，如处于城市更新阶段的市域（如上海）近几年则因城市绿地和郊野公园等生态功能区建设，使得局部热岛效应相对减缓，说明国土绿化等生态建设成效逐渐显现。

统计发现，在 2012—2021 年期间，2013 年、2015 年、2017 年和 2020 年夏季较强以上热岛面积、建成区的热岛强度和热岛比例指数位列前 4，而同期该 4 个年份的极端气温高，以 2013 年和 2017 年夏季高温日数尤多，导致热岛显著发育，表明高温热浪较正常年份对城市热岛的协同放大效应，影响城市生态质量与人居环境健康（图 4.31 和图 4.32）。

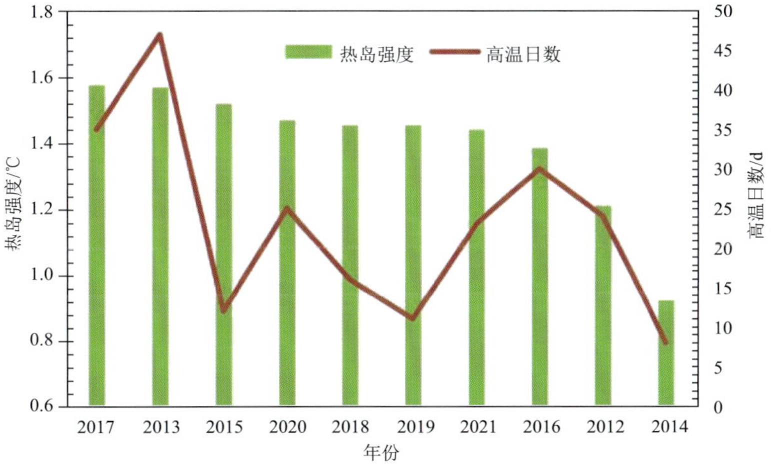

图 4.31　2012—2021 年夏季长三角城市群建成区热岛强度与高温日数的对比

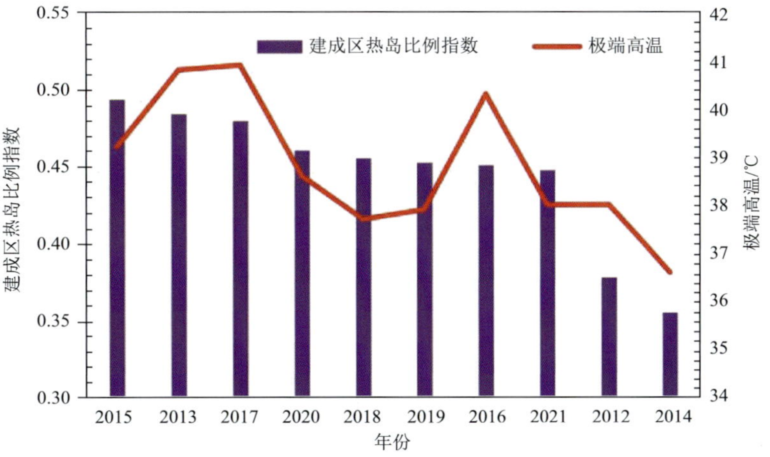

图 4.32　2012—2021 年夏季长三角城市群建成区热岛比例指数与极端高温的对比

4.4.2　极端高温热浪影响下的长三角城市群热岛

2022 年夏季（6—8 月）长江流域大部出现长达 79 d 的罕见持续高温天气，流域平均高温日数 36 d，为 1961 年以来最多，日最高气温≥35 ℃、≥37 ℃和≥40 ℃的区域分别覆盖流域面积的 88%、81%和 53%，81%的县（市）出现极端高温事件，39%的县（市）日最高气温持平或突破历史极值。此次长江流域高温事件综合强度为 1961 年有完整气象观测记录以来最强。在此背景下利用夏季（6—8 月）MODIS 卫星资料监测此大范围、持续性、超长型极端高温热浪事件影响下的长三角城市群热岛效应。

长三角城市群 26 个城市共 157 个气象站点 2022 年夏季（6—8 月）的高温日数（日最高气温≥35 ℃）统计表明（图 4.33），城市群高温日数呈现出南部多、北部少、中间多、东边沿海和西边少的空间分布格局。总体而言，浙江金华、绍兴、杭州以及安徽宣城夏季高温日数较多，而江苏盐城、南通、上海东南部以及浙江舟山、宁波东部、台州东南部和安徽安庆夏季高温日数较少。26 个城市夏季高温日数平均为 42.2 d，其中浙江金华市武义站最多（64 d），其次为浙江金华市兰溪站和永康站（都为 63 d），而浙江台州玉环站、大陈岛站和安徽安庆市天柱山站 2022 年夏季没有高温日数。

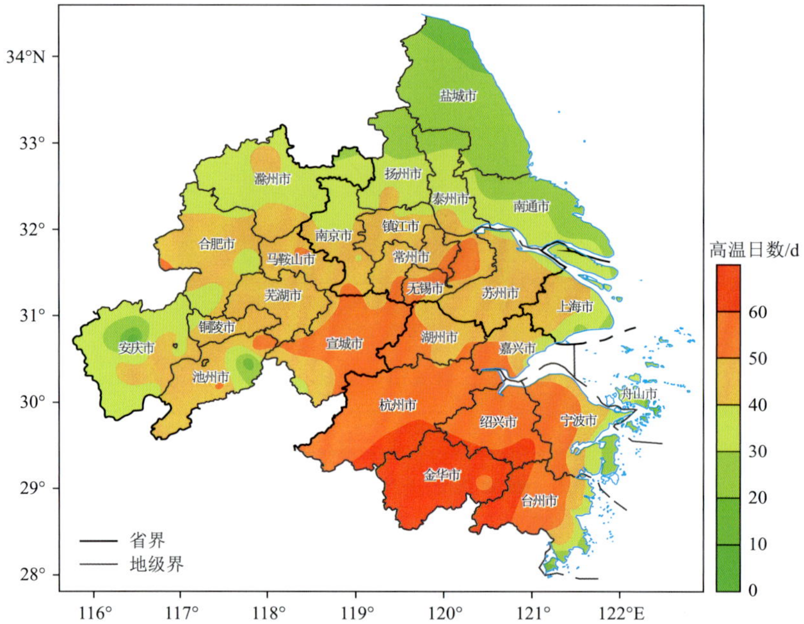

图 4.33 2022 年长三角城市群夏季高温日数空间分布

卫星遥感监测显示，2022 年，长三角城市群夏季全天平均地表温度达 28.2 ℃，为 2003 年以来最大值。近 20 a 来，长三角城市群平均地表温度高值年份均对应发生大范围持续性高温热浪的年份（2003 年、2013 年、2017 年、2022 年），而 2022 年较近 20 a 地表温度平均值高 1.9 ℃，较第二高值年份（2013 年）高近 1 ℃，进一步凸显极端性增强的特征（图 4.34）。其中，平均地表温度大于 29℃的区域约占城市群总面积的 26.8%，32～39 ℃区域集中分布于城市群中部和南部，包括呈“Z”字形的沪宁合杭甬发展带以及向西南延伸的沪杭金发展带，高温区域与人口密集的城市建成区相叠加（图 4.35）。按行政区域统计，平均地表温度最高的三个城市分别是常州市（29.7 ℃）、金华市（29.4 ℃）、南京市（29.4 ℃）。对于城市建成区，平均地表温度最高的三个城市则分别为金华市（32.9 ℃）、绍兴市（31.2 ℃）、台州市（31.0 ℃），与高温日数高值落区吻合。

图 4.34　2003—2022 年长三角城市群夏季平均地表温度遥感监测

从热岛强度与面积来看，长三角城市群夏季热岛总面积为近 20 a 最大图 4.35 和图 4.36。2022 年夏季，长三角城市群热岛发育范围广泛，热岛总面积高达 7.64 万 km^2，占整个区域面积的 32.3%，在近 20 a 位居第 1。其中，较强和强热岛的面积总和为 3.86 万 km^2，较 2021 年增加 0.61 万 km^2；热岛面积排名前 5 位的分别是金华、合肥、南通、上海和苏州。全域城市建成区平均热岛强度为3.4 ℃，排名前 5 位的分别是金华、绍兴、宁波、上海和嘉兴，仅盐城和舟山热岛强度在 0.5 ℃以下。中心城区热岛评估等级为非常严重(建成区热岛比例指数>0.8)的城市达 6 个，分别为处于高温中心的金华、绍兴以及城市密集连片发展的上海、嘉兴、无锡、杭州，其余较严重的城市有 9 个，合计占比 53.8%，表明极端高温年份长三角城市群热岛发育高强度、连片化，高密度中心城区热岛现象严重。省会级城市中，上海、杭州、南京和合肥的强热岛面积分别为 2093.6 km^2、1502.8 km^2、866.4 km^2 和 1052.4 km^2，占各城市面积的 27.0%、8.0%、11.4%和 8.0%。合肥和南京强热岛面积为近 20 a 最大，杭州和上海强热岛面积则位于各自近 20 a 以来第 4 位、第 6 位。

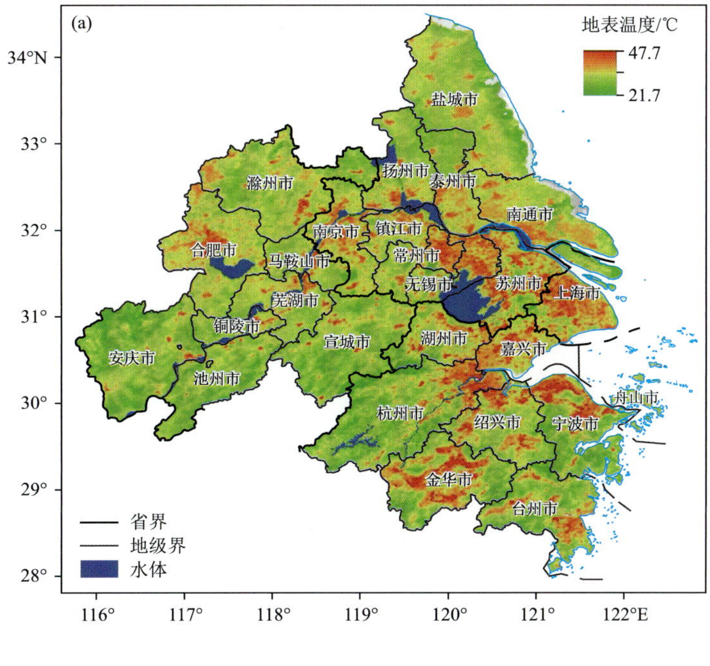

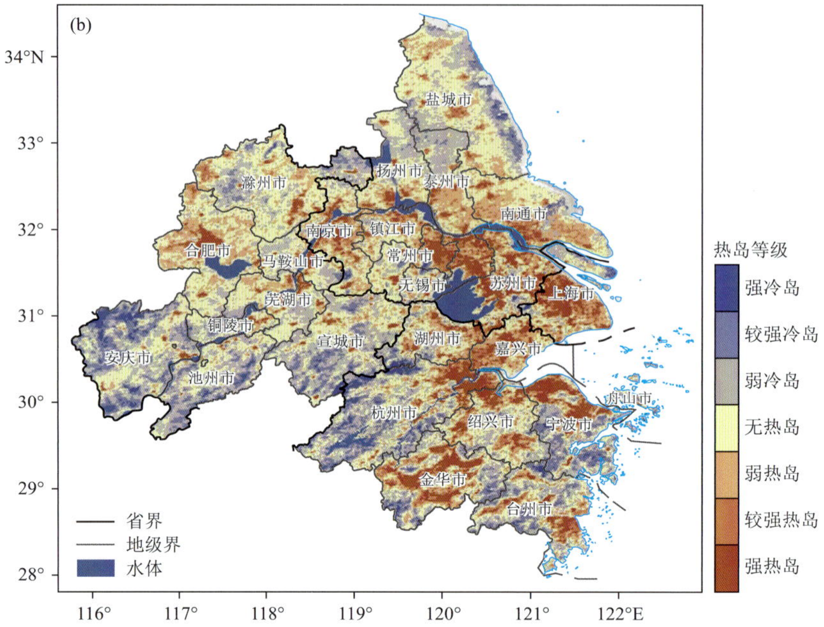

图 4.35　2022 年长三角城市群夏季地表高温(a)和城市热岛(b)的空间分布

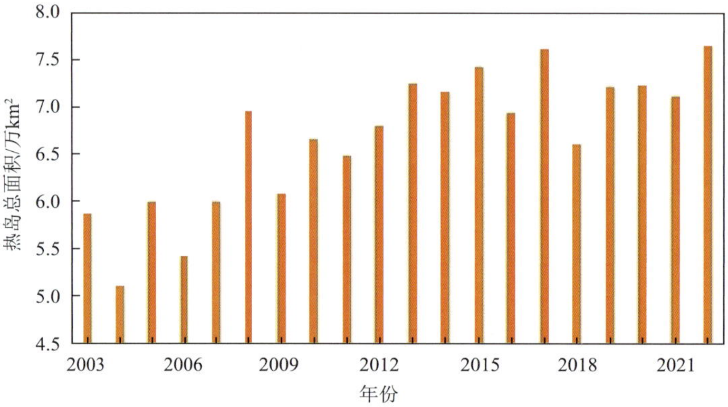

图 4.36　2003—2022 年长三角城市群热岛面积变化

2022 年夏季长江流域极端高温事件造成长三角城市群热岛效应明显增强，警示城市规划和建设要充分考虑气候变暖背景下极端高温事件增多的不利影响。建议加强气候韧性城市建设应对极端高温。

一是充分考虑气候风险，合理规划城市布局。城市发展规划需综合考虑气候变化的影响，将气候风险和可持续发展理念贯穿于城市规划设计审批的全过程，将气候可行性论证作为城市规划的前置条件，合理控制城市规模、建筑物密度，适当规划蓝绿空间和通风廊道，建设气候韧性城市。

二是加强城市基础设施建设，提升应对极端高温能力。充分考虑建筑对地表风速的影响，建设通风廊道，促进热空气流通和疏散；增加城市公园绿地，推进建筑的屋顶绿化和垂直绿化，提高城市绿化率；推进“海绵城市”建设，保护城市湖泊湿地；对现有的建筑加装遮阳设施和增加隔热层,改善城市生态环境和风循环,减缓城市热岛效应。

三是完善高温早期预警,加强灾害风险管理。加强极端高温天气预报预警和预测能力建设,进一步完善高温早期预警体系,健全完善城市高温应急预案、部门防灾减灾联动工作机制,联合电力、卫生健康、交通等部门开展电力负荷、中暑、路面高温等影响预报,为应对高温提供准确的气象信息,降低高温灾害风险。

四是加强科普宣传教育,提升公众应对气候变化意识。全方位加强科普宣传,引导民众节约资源和降耗减碳,合理限制交通工具和建筑物等人工热量排放,倡导低碳出行、绿色生活,推进低碳城市建设,缓解热岛效应。

4.5 生态园林城区建设缓释热岛效应评估

生态园林城市(区)是一种以人为本、以自然环境为依托、以资源流动为命脉的经济高效、生态良性循环、社会和谐的人类居住形式。由于蓝绿色景观在缓解城市热岛效应方面发挥着重要作用,强化生态园林、绿化工程改善城市微气候的作用,构建气候友好型城市生态系统,可以发挥城市生态冷源功能,使得大气、水系环境良好,并具有良好的气流循环,城市热岛效应较低。加强城市生态空间规划在调节气候方面的生态功能,因地制宜,建设节约型、气候友好型城市园林绿地生态系统,并根据城市生态环境条件及气候变化趋势选择适宜的林草地物种。特别是在生态冷源高需求地区,构建丰富多样的绿地、水体等低温景观并优化配置模式,以改善人居热环境,发挥绿地水体降温增湿效应,是帮助高密度人居城市应对当今剧烈气候变化的有效措施。

4.5.1 奉贤生态园林城区建设缓释热岛绩效评价

奉贤区隶属上海市,位于上海南部,北枕黄浦江,南靠杭州湾,东临洋山港,陆域面积 733 km^2,是一个风光秀丽的海滨城市。2017 年 2 月,奉贤举行生态文明建设暨创建国家生态园林城区誓师大会,自此吹响争创“国家生态园林城区”(简称“创园”)的号角,助力上海迈向“卓越城市”。住房城乡建设部《国家园林城市系列标准》(建城〔2016〕235 号)明确了生态园林城市的定量标准,城市热岛效应强度作为生态环境类指标之一,需小于或等于 2.5 ℃。为此,编制《奉贤区热岛效应强度监测及典型区域生态监测效益评估》实施方案(图 4.37),利用气象卫星遥感数据和地面观测资料,对 2016—2020 年即“创园”前后奉贤区城市生态建设的热环境缓释绩效进行监测评价。

4.5.1.1 “创园”前后植被生态变化

利用气象卫星遥感数据,结合地面观测对奉贤区植被生态状况进行反演。结果表明:2020 年奉贤区降雨充沛、光热条件好,气象条件总体有利于林灌草等植被和农田作物生长,全区植被生态质量指数达 71.7,其中植被净初级生产力和植被覆盖度分别为 19.0 tDM·$(hm^2 \cdot a)^{-1}$ 和 43.9%(图 4.38)。3 个植被指标参量较全市平均水平分别偏高 3.9%、0.7% 和 10.8%,均位居全市第 4。2016—2020 年,奉贤全区平均植被覆盖度呈逐年提升趋势,2020 年较 2016 年增加 8.0 个百分点,地表生态空间扩容变绿显著。与此同时,植被净初级生产力平均增加 0.27 tDM·$(hm^2 \cdot a)^{-1}$,综合植被生态质量持续向好。2020 年,奉贤区植被生态质量指数较 2016 年提高 5%,创 5 a 来新高,同时也创下 2006—2020 年新高(图 4.39)。

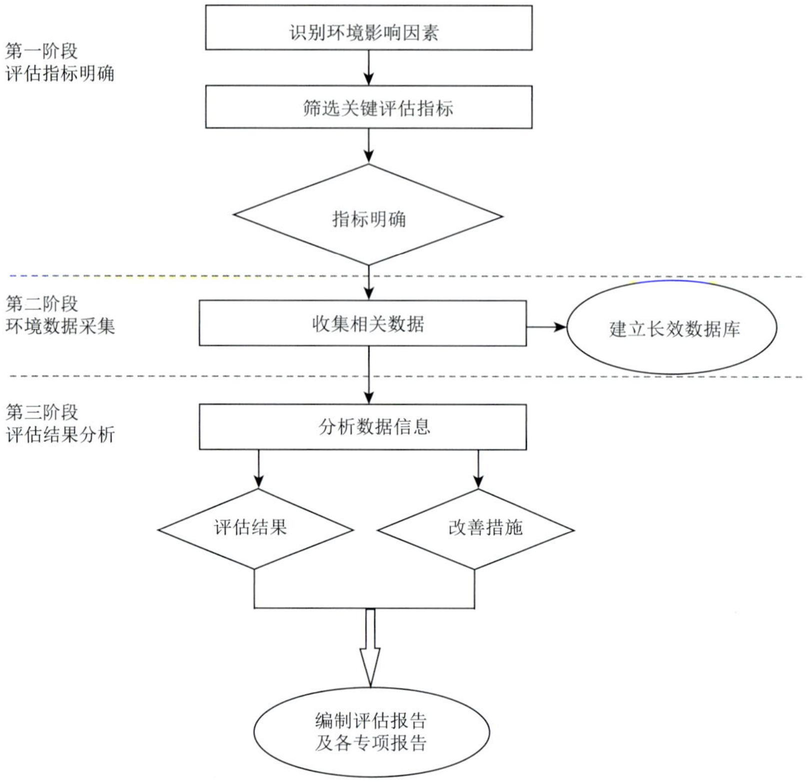

图 4.37　奉贤城区生态建设热环境气象效益评估流程

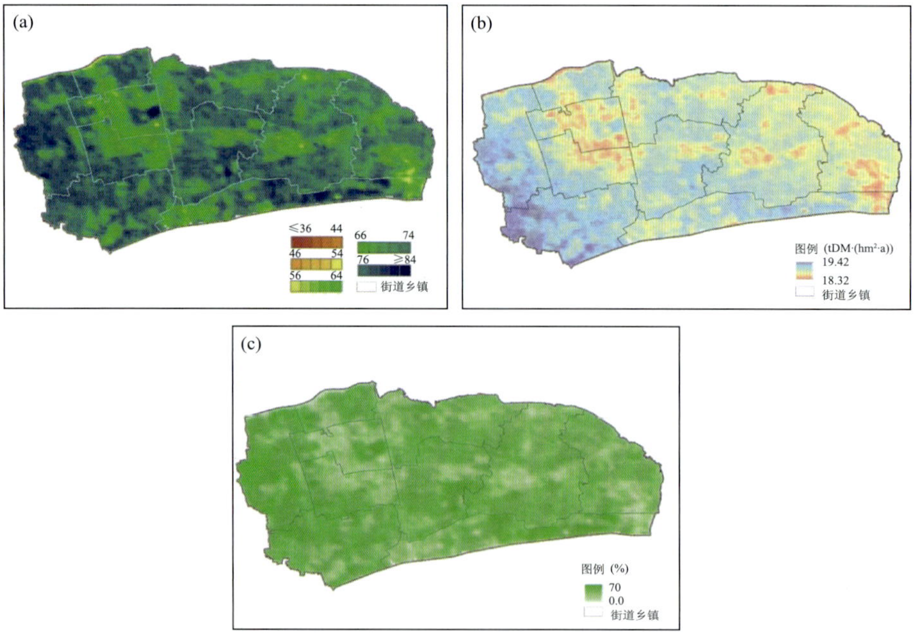

图 4.38　2020 年奉贤区植被生态质量指数(a)、净初级生产力(b)与覆盖度(c)

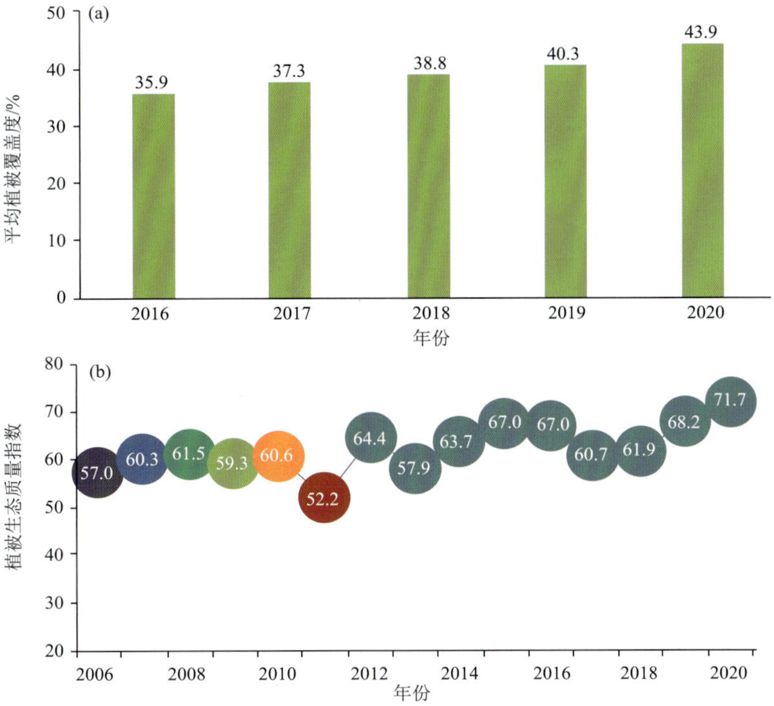

图 4.39　2016—2020 年奉贤全区平均植被覆盖度(a)与 2006—2020 年植被生态质量指数变化(b)

从时序和空间上进行现状(2020 年)植被生态指标与典型年份(2006 年、2016 年)的变化对比，结果表明：2020 年，全区植被生态质量较多年平均处于正常偏好等级的面积比例达 99.7%，其中处于很好等级的面积占比高达 91.1%，优于全市 81.0%的整体水平(图 4.40)。具体地，2006—2020 年，奉贤新城中央绿地、海湾国家森林公园、青村镇申隆生态园、柘林镇南部上海化学工业区周边沿海湿地防护林、庄行镇西北部庄行郊野公园建设区和中部花米庄行景区、金汇镇申亚生态林、奉城镇塘外段生态公益林等片区植被覆盖度提升超 30%，奉贤区中西部大面积“增绿”。由于 2006—2020 年奉贤全区年平均气温和降水量分别呈增加趋势，良好的水热条件有利于植被生产潜力增加，而同期奉贤重点实施了植树造林、退耕还林还草等生态

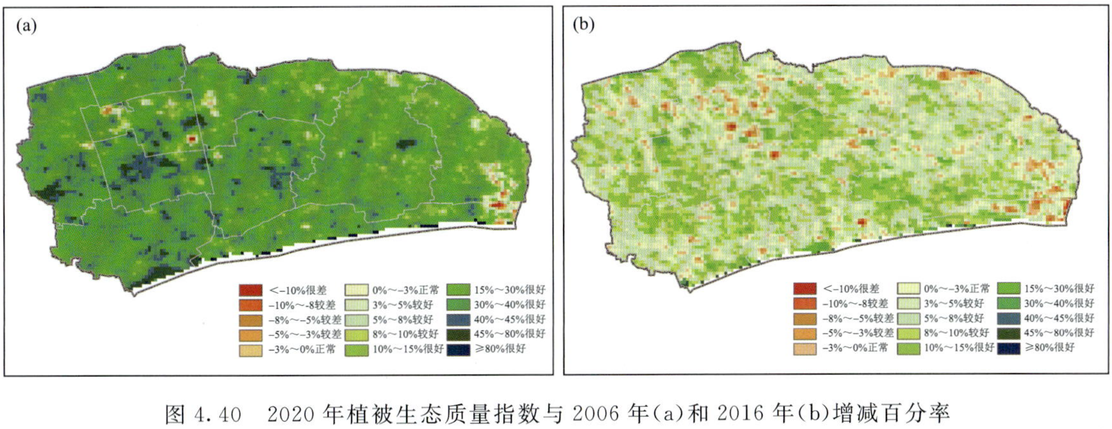

图 4.40　2020 年植被生态质量指数与 2006 年(a)和 2016 年(b)增减百分率

建设工程和农业高产、种植结构优化等措施，充分利用了有利的气候资源，加快了植被恢复进程。因此，全区绿化面积增量和生态环境质量显著提升，2006—2020 年全区有 97.8%的区域植被生态质量指数呈提高趋势，中西部大部地区平均每年增加 0.25%～1.5%。进一步地，空间上比对显示，与 2006—2020 年整体呈现的中西部大面积"增绿"不同，2016 年后创建国家生态园林城区以来，奉贤植被覆盖度提升的区域主要位于北部黄浦滨江区、南部沿海区和中东部区域，展现出绿化造林覆盖和植被生态质量改善开始向全局均衡优化的发展态势。

综合植被覆盖和生产力变化趋势率获得的植被生态改善指数，对 2016—2020 年全区植被生态改善情况分析可见(图 4.41)：奉贤区南北边界沿线植被生态改善明显，凸显出奉贤以黄浦江和杭州湾为水脉骨架，进行黄浦江生态廊道、沿海生态廊道市区级生态工程的建设效益；区内部则以多层次的、园—廊相结合的新增林绿地植被改善块区呈现，并逐渐形成纵向的庄柘生态廊道、金青生态廊道，完善了区级结构性生态网络，夯实城市生态基底。

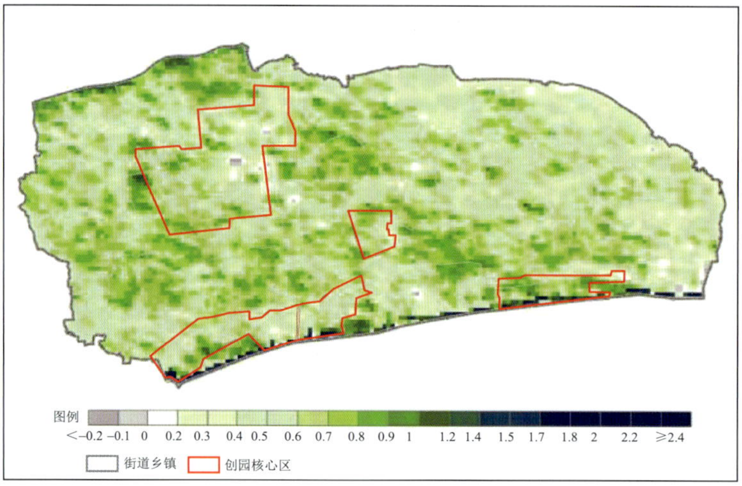

图 4.41　2016—2020 年奉贤区植被生态改善指数

平均统计显示，2016—2020 年，西渡街道、海湾镇、南桥镇的植被生态改善指数名列全区前 3，创园核心区(红线内)的植被生态改善水平比外围非核心区域高 12.8%。而奉贤全区植被生态改善指数在全市的排名也由 2006—2020 年的第 14 位跃升为 2016—2020 年的第 4 位，均充分证明奉贤创建国家园林城区的扎实力度与成效。但由于产业基地、大居社区以及水生态复合园区的创建，用地性质由农绿地向建筑用地、水体等转变，使得四团和海湾东部的海港开发区、临港奉贤分区，奉城的浦南机电园，金汇、南桥的大型居住社区，奉贤新城的经济开发区、"上海之鱼"等地植被覆盖度自 2006 年以来有 3%～10%的降低，植被生态质量明显下降的区域主要呈小团状，位于四团东南部、上海之鱼和奉贤经济开发区局部。2016 年之后，植被覆盖度和生态质量略降低的区域则继续呈小团状散布，略拓展于城镇开发边界内的新市镇和产业园区。

4.5.1.2　"创园"前后热岛效应变化

为对城区生态建设效益有效评估，结合植被生态改善对气象环境的影响，从人居热环境降温方面提出分析夏季热岛效应强度的变化，并利用气象监测系统的监测结论对热岛效应强度变化趋势进行验证。

由于热岛效应形成的主要影响因素包括城市硬化下垫面的增加、自然植被的减少、人为热源排放以及区域气候变化的影响等，奉贤 21 世纪前 15 a 的城镇化建设促进了城区热岛的发育蔓延，其中虽然人为活动、气候等因素无法避免，但城市生态修复在城市开发过程中可更好地引导、保护自然植被，增加渗透性下垫面，一定程度上可缓解城市热岛效应。因此，为评价奉贤城市生态建设的环境绩效，利用气象卫星地表温度季节序列来分析奉贤区夏季热岛强度的变化。监测可见，2016 年以后奉贤区的热岛强度和面积分布有较大缩减（图 4.42），全区平均热岛强度由 2016 年的 1.8 ℃降至 2020 年的 0.7 ℃，下降幅度达 1.1 ℃，包括新建的大型湖泊水体“上海之鱼”以及奉贤中央林地等区域附近降温显著。

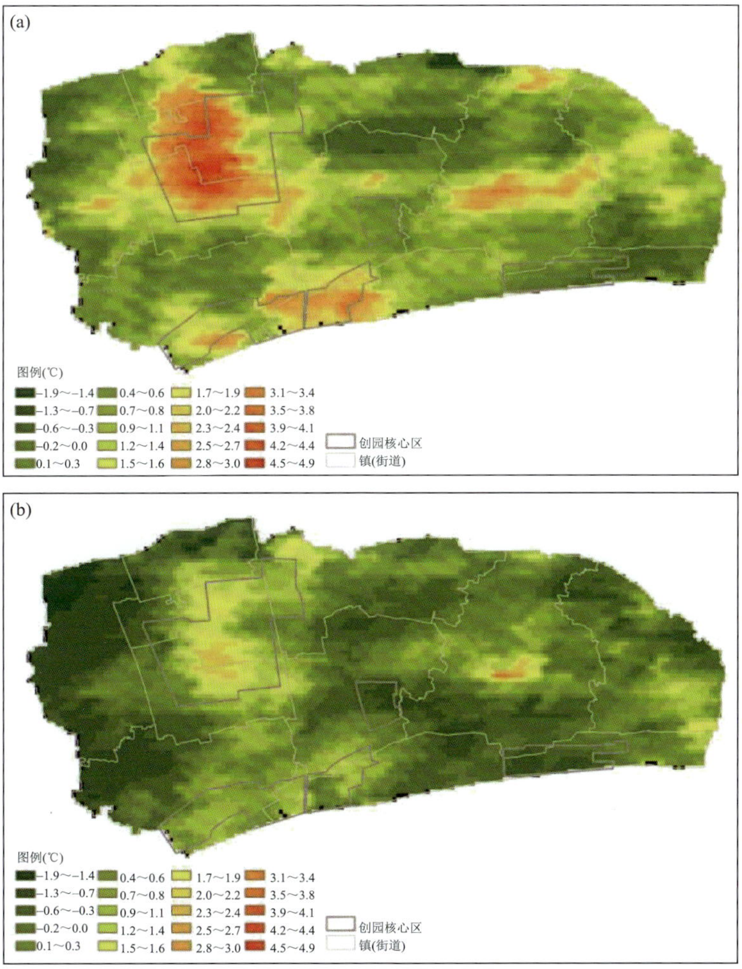

图 4.42　2016 年(a)和 2020 年(b)奉贤区夏季热岛强度空间分布

结合热岛强度和等级划分统计面积，并计算考虑等级权重的热岛比例指数，以比较生态建设前后的热岛效应变化。结果发现（表 4.6），夏季高温时节，奉贤区空间面上主要体现为弱热岛和无热岛，没有强热岛现象发生，较强热岛所占比例很小。从 2016—2020 年的变化来看，较强热岛面积由 30.6 km^2 降低为 0.2 km^2，弱热岛的面积由 250.5 km^2 缩减至 97.0 km^2，由热岛转为非热岛的区域面积显著增加，全区热岛比例指数由 0.27 降为 0.09。

表 4.6　2016 年和 2020 年奉贤全区热岛分级面积统计

热岛等级	一级	二级	三级	四级	五级	六级	七级	热岛比例指数
热岛类型	强热岛	较强热岛	弱热岛	无热岛	弱冷岛	较强冷岛	强冷岛	—
热岛强度/℃	≥5	3～5	1～3	−1～1	−1～3	−3～5	<−5	—
2016 年面积/km²	0	30.6	250.5	469.8	2.0	0	0	0.27
占比/%	0	4.1	33.3	62.4	0.3	0	0	
2020 年面积/km²	0	0.2	97.0	613.9	41.7	0.0	0.0	0.09
占比/%	0	0	12.9	81.5	5.5	0	0	

对应地，根据卫星影像进行土地利用/土地覆盖类型分类，同时反演植被绿量来划分、提取不同等级生态冷源(图 4.43)，进而测算全区的生态冷源面积比(表 4.7)，以分析降温的驱动机制。结果显示，2016—2020 年，奉贤生态冷源总面积由 68.3 km^2 增加至 250.6 km^2，2020 年生态冷源面积占比接近全区面积 1/3。较强冷源、一般冷源和弱冷源的总面积较建设前均有提高，且分布均匀，具有明显降温效应的强冷源面积则有所缩减。水体以及林地、农田和城市绿地里的高绿量林地灌木等是生态园林城区新鲜冷空气的产生区和汇集区，具有降温增湿的微气候调节作用。奉贤大面积植树造林、新建绿地、绿道和立体绿化，有效增加了生态冷源，对气象环境产生正效益。全区范围内作为强冷源的水体面积虽有所缩减，但奉贤城区附近新建的“上海之鱼”作为生态地标也已发挥出强降温效应。

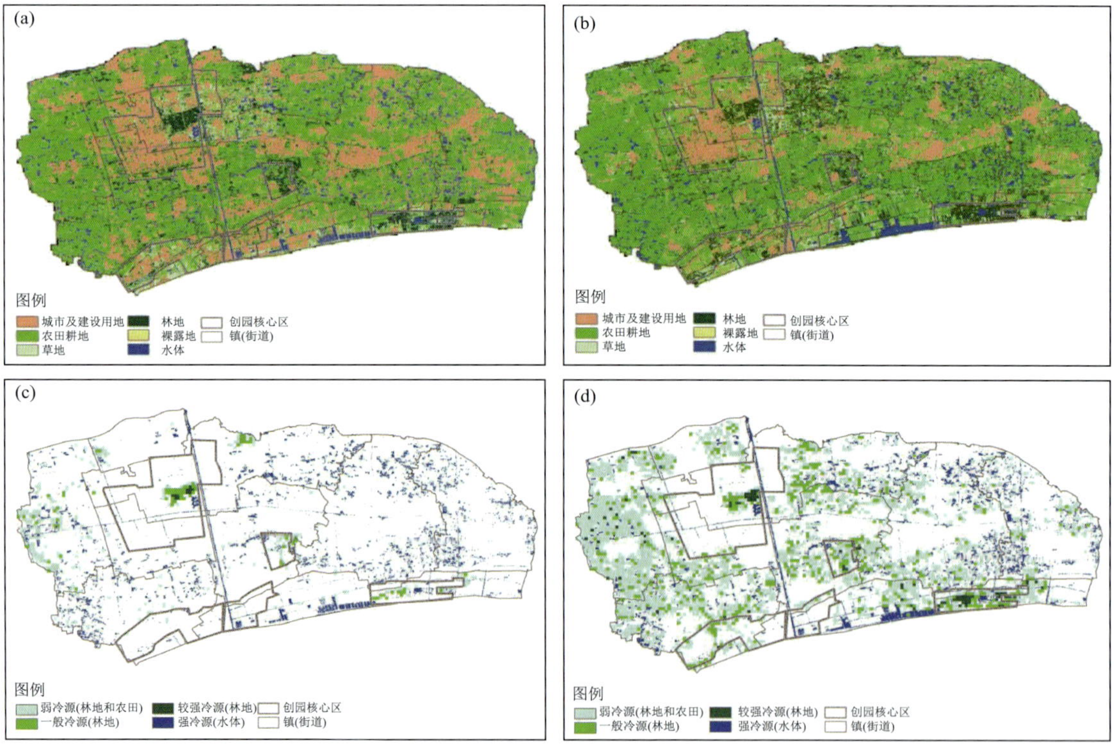

图 4.43　2016(a)和 2020 年(b)土地利用/土地覆盖类型及 2016 年(c)和 2020 年(d)生态冷源空间分布

表 4.7　2016 年和 2020 年奉贤全区生态冷源分级面积统计

冷源类型	一级	二级	三级	四级
土地利用类型	水体	林地	林地	农田或林地
绿量/m^2	—	≥14000	12000～14000	农田≥12000 或林地在 11000～12000
含义	强冷源	较强冷源	一般冷源	弱冷源
2016 年面积/km^2	40.5	0.8	6.4	20.6
占比/%	5.4	0.1	0.8	2.7
2020 年面积/km^2	26.6	6.7	44.5	172.8
占比/%	3.5	0.9	5.9	22.8

各镇(街道)等不同空间单元的热岛比例指数年际变化同样反映了生态建设绩效(图 4.44),以及热岛发育和强弱程度的空间差异。尽管热岛强度降低,但由于热岛区域不宜过于集中和连片,创园核心区特别是奉浦街道和南桥的热岛呈大面积连片,四团镇和海湾镇的临港奉贤片区热岛有往西蔓延的趋势,在未来的生态保护和城市更新规划中需要予以考虑。

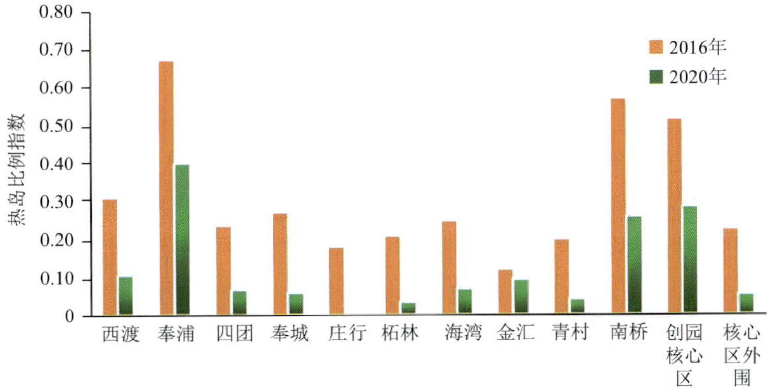

图 4.44　2016 年和 2020 年奉贤各镇(街道)热岛比例指数

4.5.1.3　关注与建议

奉贤区牢固树立“绿水青山就是金山银山”的理念,以习近平生态文明思想引领美丽宜居奉贤建设,近 15 a 来实现城乡绿林面积的大幅度拓展,植被生态空间显著扩容变绿,特别是 2017 年创建国家生态园林城区以来,植被生态质量呈时序稳步、空间均衡提升的态势。增量提质的植被生态协同新建的湖泊水体等水生态工程能为地表带来较为稳定的生态冷源,对人居环境清洁空气产生和热效应缓解效益明显,奉贤生态园林城区创建已取得扎实成效。具体表现在以下几个方面。

①2020 年植被生态质量指数达 71.7,创该区 2006 年以来最高纪录,在全市位居第 4。其中奉贤新城中央林地、东南滨海的海湾森林公园片区、青村镇申隆生态园和庄行镇中部的植被生态质量较优。

②绿化面积大幅度增加,生态环境明显改善。奉贤黄浦江、杭州湾沿海及庄行—柘林、金汇—青村等地形成生态廊道,组成区级结构性生态网络,全区植被生态改善程度居全市第 4

位，创园区域的植被生态改善水平比外围区域高12.8%。

③受生态环境改善影响，全区夏季热岛比例指数由0.27降为0.09，奉贤新城中央林地、"上海之鱼"等"水、绿"工程发挥出强冷源效应。但奉浦、南桥、奉城等地热岛仍呈连片，奉贤境内的临港自贸区核心区热岛有往西蔓延的趋势。

因此，该区在进一步深化国家生态园林城区创建的过程中，需要继续关注以下两方面。

①气象灾害事件对植被生态系统保护和修复的不利影响。极端天气气候事件、重大气象灾害仍然是影响奉贤区生态建设和保护成效的主要因素，2011年冬春的干旱少雨及2013年、2017年的高温热浪等灾害事件造成奉贤区植被生态质量波动。未来在坚持绿色发展理念，加强生态治理力度的同时，需加强气象条件对植被质量和生态服务功能影响的监测预报，坚持种养并重，以降低气象生态损害，切实发挥绿色效益。

②规划引领，优化蓝绿基础设施的空间布局与均衡配置。南桥等地热岛连片、奉贤东南部自贸区核心区热岛向西延伸等现象，提示在城乡大力植绿的同时，需推进大型居住社区和产业园区结构性绿地、开展林荫道和河流建设养护，构筑城市内部通风廊道、绿色连廊等城区生态屏障和生态网络空间，以限制区域性集镇、社区热环境恶化，打破热岛区域过于集中和连片，打造一流生态宜居环境。

4.5.2 上海郊环内公园绿地降温效应量化

截至2020年，上海市已建成并记录在册的城市公园406座，全市森林覆盖率达18.49%，建成区绿化覆盖率达到40%，湿地保有量为46.46万hm^2，人均公园绿地面积8.5 m^2。根据《上海市"十四五"期间公园城市建设实施方案》，"十四五"期间，上海要建设东西南北中布局均衡、大中小级配合理、特色鲜明的城乡公园体系，年增城乡公园120座以上，到2025年公园总数达到1000座以上。如何规划和建设满足居民需求的城市公园已成为亟待解决的现实问题，尤其是针对上海这座人口超千万的超大城市，多维度认识解析城市公园绿地的降温功能效应及其影响因子，可以为城市规划者结合实际进行公园绿地优化设计与规划管理，最大限度地发挥城市绿化缓解城市热岛的作用，从而实现更高效、更全面、更公平的降温功能。

4.5.2.1 公园绿地特征提取

以上海郊环快速路以内涵盖中心城区、近郊区和部分新城区这一特定区域为研究区，开展公园绿地蓝绿空间的降温效应量测与评价。选出郊环内90个面积、周长、植被覆盖度、水体面积不同的公园绿地实例参与研究分析，面积从0.42～186.97 hm^2不等，平均面积为15.16 hm^2，其分布和统计信息如图4.45和表4.8所示。

按照主要功能和服务类型，城市公园大致上可以分为综合公园、生态公园、社区公园、口袋公园和主题公园。其中，综合公园功能较为全面、配备设施齐全，通常是为城市居民开展各种娱乐活动的规模较大的绿地；社区公园是为了满足社区范围内居民就近开展日常活动需求和社区文化活动的绿地；口袋公园是指依城市道路、商业街区或居住区建设，具有景观赏识、游憩健身、文化展示等功能的小型开放绿地；主题公园是指具备特定内容、形式和主题，有一定游憩设施的绿地，例如，动植物园、游乐园和遗址公园等；生态公园通常是指拥有一定规模、风景优美的自然景观，能够为居民提供游玩或科学、文化、教育活动的绿地，例如，森林公园、湿地公园和郊野公园等。本研究将所选的90个公园按类型进一步分为综合公园、生态公园、社区公园、口袋公园和主题公园5类。

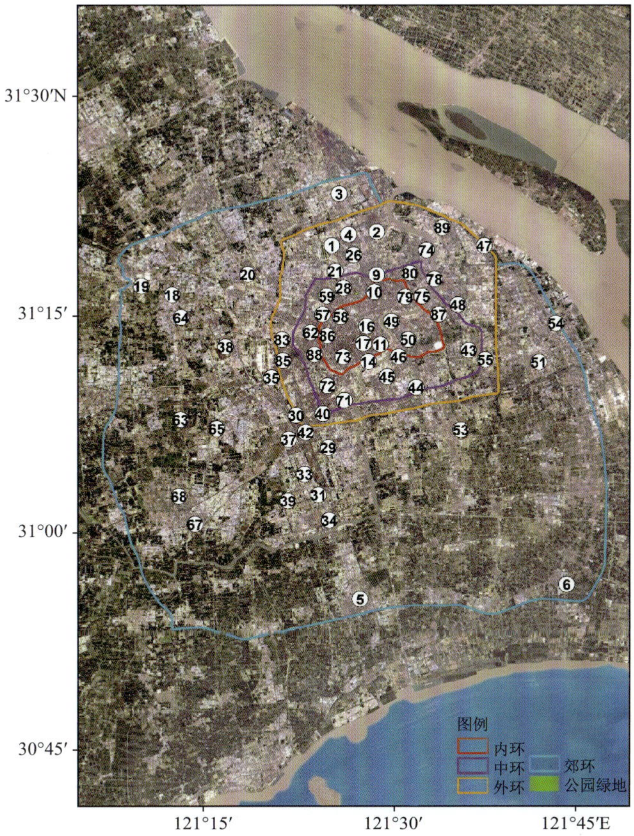

图 4.45　上海公园绿地降温效应研究区位置(数字 1～90 指的是选定的 90 个公园绿地)

表 4.8　公园特征参数统计结果

参数		面积/hm²	周长/m	周长面积比	绿地 NDVI	蓝绿空间占比/%	LST/℃
平均值		15.16	1503.31	196.77	0.65	84.6	40.86
最大值	数值	186.98	6331.41	621.4	0.76	100	45.99
	公园名称	共青国家森林公园	共青国家森林公园	华山儿童乐园	上海动物园	永和公园	霍山公园
最小值	数值	0.42	258.16	33.9	0.39	44.8	38.49
	公园名称	华山儿童乐园	华山儿童乐园	共青国家森林公园	豫园	武宁公园	共青国家森林公园

4.5.2.2　公园绿地降温效应的综合评价

在上海郊环以内城市地表温度的空间分布中(图 4.46),地表温度空间格局与景观格局呈一致性,表现为以建筑和不透水面为主的灰色景观区域为高温区,而以植被和水体为主的绿色、蓝色景观区域的地表温度则明显低于灰色景观区域。90 个公园所在位置的地表温度均较低,与公园周边区域的地表温度相比,公园内部的地表温度更低,均属于“冷点”区;同时,公园周边一定范围内的地表温度也相对较低,并随着离公园边界距离的增加,地表温度逐渐升高,这表明城市公园不仅可以降低公园内部的地表温度,还能对公园周边一定区域内的地表温度产生影响，这种现象被称为城市公园的降温效应。

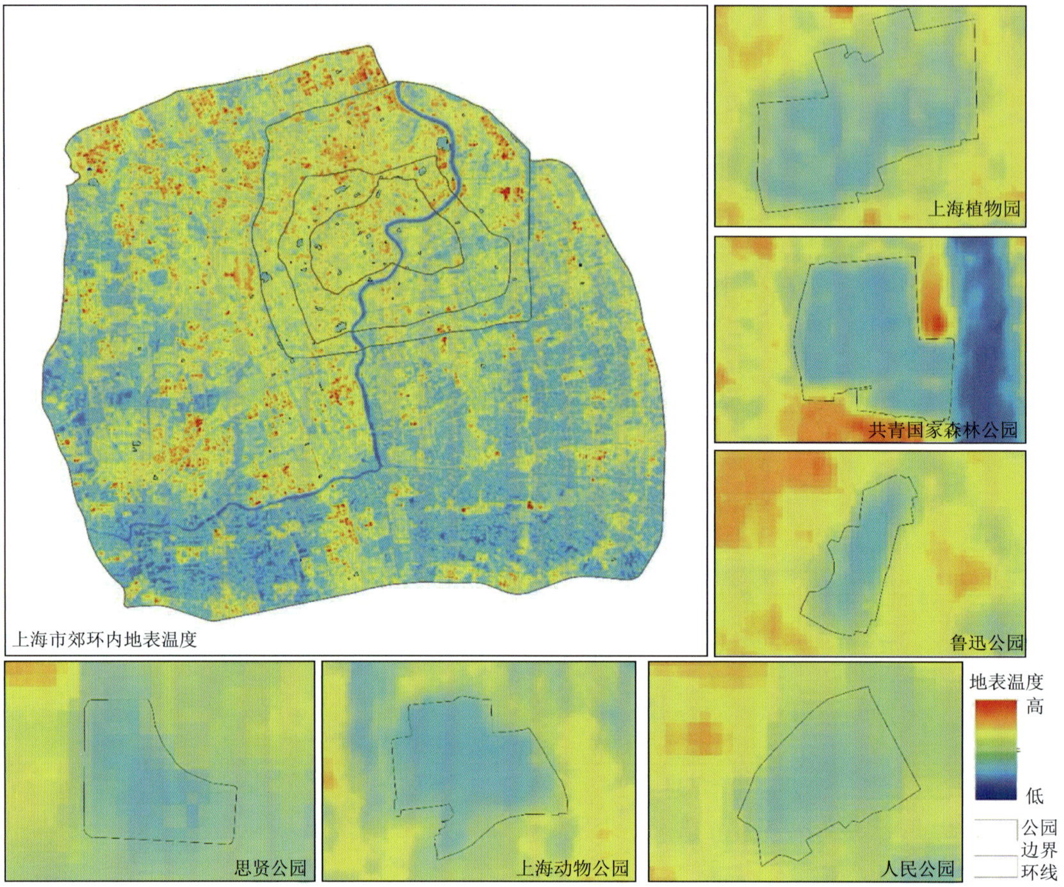

图 4.46　上海城市公园绿地降温效应示意图

为了进一步探究公园绿地对城市热环境的降温效应，本研究使用降温强度(MCI)、降温距离(L_{max})、降温面积(MCA)、降温效率(MCE)和累积降温服务(ACS)、累积降温效率(ACE)、累积降温梯度(ACG)对上海郊环内 90 个城市公园绿地的降温效应进行定量分析。表 4.9 显示了 90 个城市公园绿地降温效应的统计分布。结果发现，90 个城市公园绿地均具有显著的降温效应，所有公园降温强度、降温距离、降温面积、降温效率和累积降温服务、累积降温效率、累积降温梯度的平均值分别为 2.30 ℃、187.67 m、43.53 hm^2、5.98 和 165.94、0.38、0.84。其中，从最大降温能力方面，降温强度最大的公园是杨浦区的共青国家森林公园，达到了 4.91 ℃，降温强度最小的公园是闵行区的平阳双拥公园，仅为 0.50 ℃，两者差值达到 4.41 ℃；降温距离数值范围分布在 30～540 m，降温距离最大的公园为长宁区的上海动物园，降温距离最小的公园为闵行区的梅陇国防教育主题公园和闵行公园；降温面积居于 2.87～334.35 hm^2，其中降温面积最大的也是上海动物园，降温面积最小的公园是虹口区的霍山公园。在降温效率方面，降温效率的最大值为 27.54，为普陀区的宜川公园，最小值仅为 0.61，为闵行区的闵行公园，两者相差近 45 倍。从累积视角看，累积降温服务分布于 10.04～730.36，最大的为黄浦区的南园滨江绿地(南园公园)，最小的为闵行区的梅陇国防教育主题公园；累积降温效率的最大值为

0.68，为黄浦区的丽园公园，最小为 0.20，为浦东新区的周浦公园；累积降温梯度最大的同样为黄浦区的南园滨江绿地（南园公园），为 1.74，最小的为闵行区的颛桥公园（颛桥法治主题公园），为 0.19。

表 4.9　上海市郊环内 90 个城市公园绿地降温效应量化结果统计分布

区域	指标	降温强度(MCI)/℃	降温距离(L_{max})/m	降温面积(MCA)/hm^2	降温效率(MCE)	累积降温服务(ACS)	累积降温效率(ACE)	累积降温梯度(ACG)
内环	平均	2.19	172.50	33.41	6.78	154.09	0.41	0.86
	最大	3.54	480.00	120.71	26.33	419.47	0.67	1.63
	最小	0.64	60.00	2.87	1.19	20.29	0.22	0.34
	标准偏差	0.84	94.81	29.14	6.64	99.98	0.11	0.31
内中环间	平均	2.39	205.00	52.35	6.86	204.35	0.40	0.94
	最大	3.71	420.00	223.21	27.54	730.36	0.56	1.74
	最小	0.78	60.00	6.14	0.83	33.63	0.26	0.28
	标准偏差	0.79	101.98	51.49	6.79	152.02	0.07	0.34
中外环间	平均	2.39	211.67	56.07	6.70	178.95	0.36	0.81
	最大	4.91	540.00	334.45	18.18	448.93	0.56	1.69
	最小	0.50	90.00	7.49	0.62	17.92	0.22	0.20
	标准偏差	1.10	118.10	73.73	5.57	120.34	0.10	0.35
外郊环间	平均	2.23	168.21	35.15	4.19	133.13	0.36	0.77
	最大	3.77	360.00	105.41	12.81	268.95	0.50	1.47
	最小	0.67	30.00	2.99	0.61	10.04	0.20	0.19
	标准偏差	0.78	80.71	22.97	3.38	78.30	0.09	0.30
外环以内	平均	2.33	196.45	47.32	6.79	180.76	0.39	0.88
	最大	4.91	540.00	334.45	27.54	730.36	0.67	1.74
	最小	0.50	60.00	2.87	0.62	17.92	0.22	0.20
	标准偏差	0.91	106.09	54.53	6.41	129.70	0.09	0.34
全域	平均	2.30	187.67	43.53	5.98	165.94	0.38	0.84
	最大	4.91	540.00	334.45	27.54	730.36	0.67	1.74
	最小	0.50	30.00	2.87	0.61	10.04	0.20	0.19
	标准偏差	0.87	99.76	47.37	5.77	118.25	0.09	0.33

为了分析城市公园降温效应的分布规律，本研究将 90 个城市公园绿地降温效应的量化结果分为 6 个等级区间，分别计算每个等级区间中公园绿地的数量占比。结果如图 4.47 所示，图 4.47a～d 分别代表着 90 个公园绿地降温强度、降温距离、降温面积和降温效率的分布情况。可以发现，城市公园绿地的降温效应具有明显的空间异质性。

如图 4.47a 所示，在 90 个城市公园中，降温强度分布在 2～3 ℃的公园数量最多，占比达到了 44.44%；分布在 1～2 ℃、3～4 ℃、0～1 ℃和 4～5 ℃的公园数量依次减少，占比分别为 26.67%、18.89%、8.89%和 1.11%，而降温强度高于 5 ℃的公园数量为 0。

如图 4.47b 所示，降温距离在 100～200 m 的公园数量最多，占比达到 43.33%，其次为

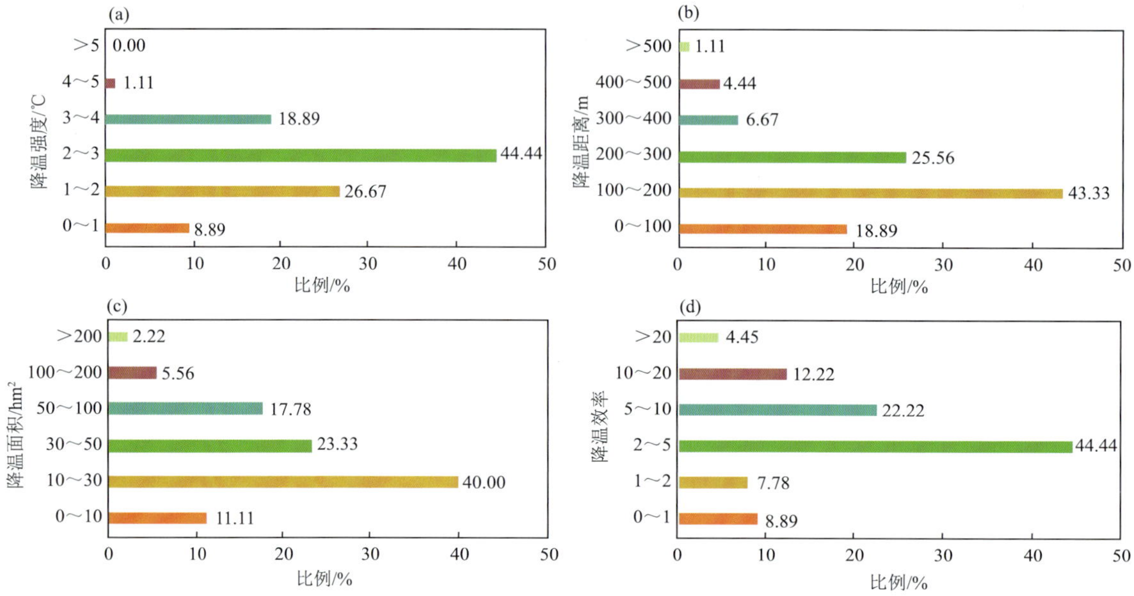

图 4.47　上海城市公园绿地降温效应等级分布情况

200～300 m 和 0～100 m，分别占比 25.56%和 18.89%，降温距离大于 300 m 的公园数量总占比小于 15%，且随着距离的增加而减少，分别为 300～400 m，占 6.67%，400～500 m，占 4.44%，大于 500 m，仅占 1.11%。

如图 4.47c 所示，降温面积分布在 10～30 hm^2 的公园数量最多，占比达到 40.00%；分布在 30～50 hm^2 和 50～100 hm^2 的公园数量占比分别为 23.33%和 17.78%；降温面积低于 10 hm^2 公园数量较少，占比为 11.11%，降温面积高于 100 hm^2 的仅为 7.78%，其中大于 200 hm^2 的仅占 2.22%。

如图 4.47d 所示，降温效率分布在 2～5 的公园数量最多，占比达到了 44.44%，其次为降温效率在 5～10、10～20、0～1 和 1～2 的公园，占比分别为 22.22%、12.22%、8.89%和 7.78%，降温效率大于 20 的公园数量最少，占比为 4.45%。

总的来说，上海市郊环内大多数城市公园的降温强度和降温面积高于 1 ℃、100 m 和 10 hm^2，降温效率分布在 2～5。此外，分布在不同等级区间内公园的数量差异明显，尤其是对于降温强度和降温面积来说，这也表明了上海市不同公园绿地的降温效应之间具有显著的差异。

为研究城乡梯度下公园绿地降温效应的空间分异特征，比较了公园降温效应在内环、中环、外环、郊环之间的差异。从空间分布来看(图 4.48)，降温距离与降温效率的空间分布特征相似，降温距离较远的城市公园绿地降温效率一般也较高，降温强度与累积降温梯度的空间分布特征相似，降温强度较高的城市公园绿地累积降温梯度一般也较高。由于每个环带中公园的数量和面积不同，进一步从整体上统计分析。结果显示，从外环以内和外郊环之间的差别来看，外环以内的公园绿地的降温能力与效率均好于郊区的公园绿地，说明在高密度城区，城市公园绿地具有更为高效的降温效果，也就是说，位于社会经济发达地区的公园绿地可以提供更高的降温强度、降温服务和降温效率，降温效果随社会经济发展水平升高而升高，因而表现出城乡梯度差异。

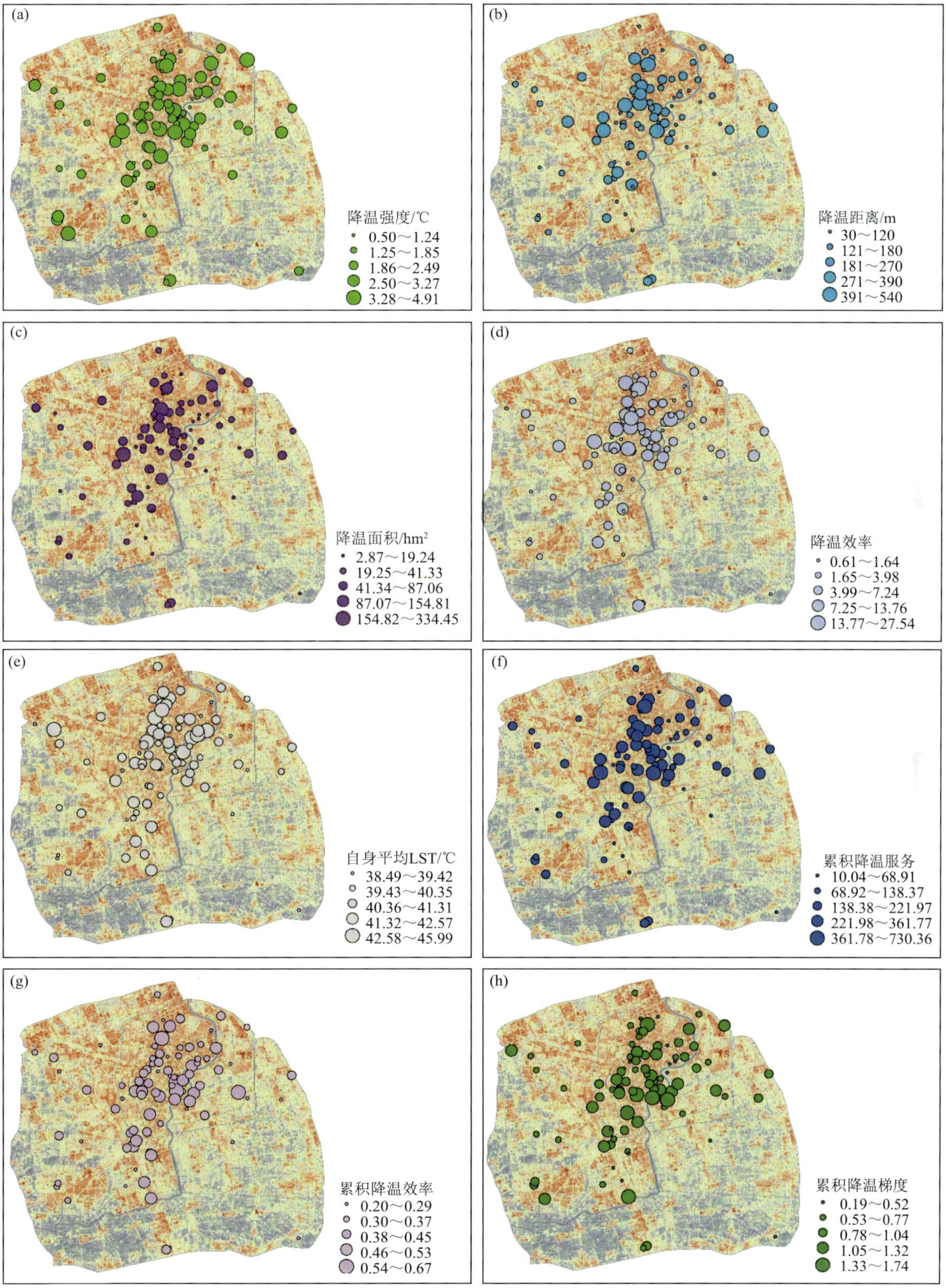

图 4.48　上海城市公园绿地降温效应空间分布情况

4.5.2.3 公园绿地降温效应的影响因素

选取了公园绿地的景观指标及其环境指标。景观指标包括公园绿地自身的总面积、周长、周长面积比、形状指数、绿地面积、水体面积、水体占比、归一化差值植被指数。环境指标是公园绿地的降温效应覆盖范围内的景观指标，包括降温覆盖范围内的归一化差值植被指数、覆盖范围内的蓝绿空间总面积及占比、建筑面积占比、建筑平均高度等。将上述选取的 13 个公园景观指标及环境指标分为 5 组，分别探讨规模、形状复杂度、景观组成、环境组成等类别要素对蓝绿空间降温效应的影响。

(1)公园绿地规模对其降温效应的影响

公园绿地面积、周长与降温效应指标的相关性分析结果显示(部分结果见图 4.49)：面积、周长与降温强度、降温面积、累积降温服务、累积降温梯度呈显著正相关关系，与公园自身温度、降温效率和累积降温效率呈显著负相关关系。上述结果表明，随着公园绿地规模的增加，公园绿地的降温幅度、降温范围和降温服务呈现增加趋势，而蓝绿空间自身温度、降温效率不断下降。此外，公园绿地同时具备高降温效率与高降温能力存在矛盾性。因此，对于土地资源稀缺的高密度中心城区，需权衡蓝绿空间建设规模、降温能力和降温效率之间的关系，要根据降温需求，合理确定规模，以提高土地利用率，实现低成本投入和较高的热环境舒适度回报。

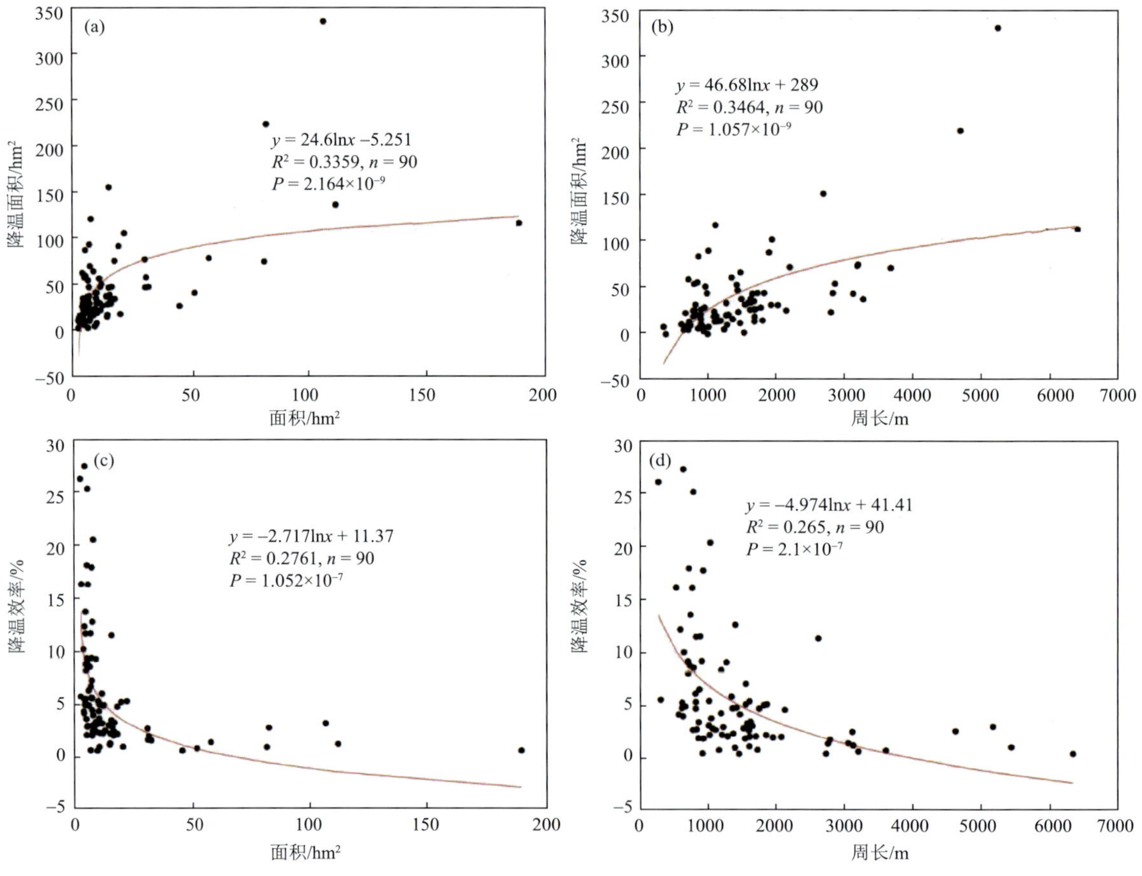

图 4.49 规模要素与公园绿地降温效应指标的关系

(2)公园绿地形态对其降温效应的影响

公园绿地的周长面积比和形状指数与降温效应指标的相关性结果表明(部分结果见图 4.50):周长面积比与降温强度、降温面积、累积降温服务、累积降温梯度呈显著负相关关系,与公园自身温度、降温效率和累积降温效率呈显著正相关关系,也就是周长面积比越小,公园绿地的形态越规则,其降温幅度和降温服务就越大,公园绿地的内部温度和降温效率越低。而公园绿地的形状指数仅与降温强度、累积降温服务、累积降温梯度具有显著正相关关系,形状指数越大,公园绿地的边界复杂程度越高,其产生的降温服务也越高。因此,在蓝绿空间规划时,应充分评估所在地区的降温幅度和范围的需要,通过冷岛的供需匹配,合理确定公园绿地的形状复杂度。

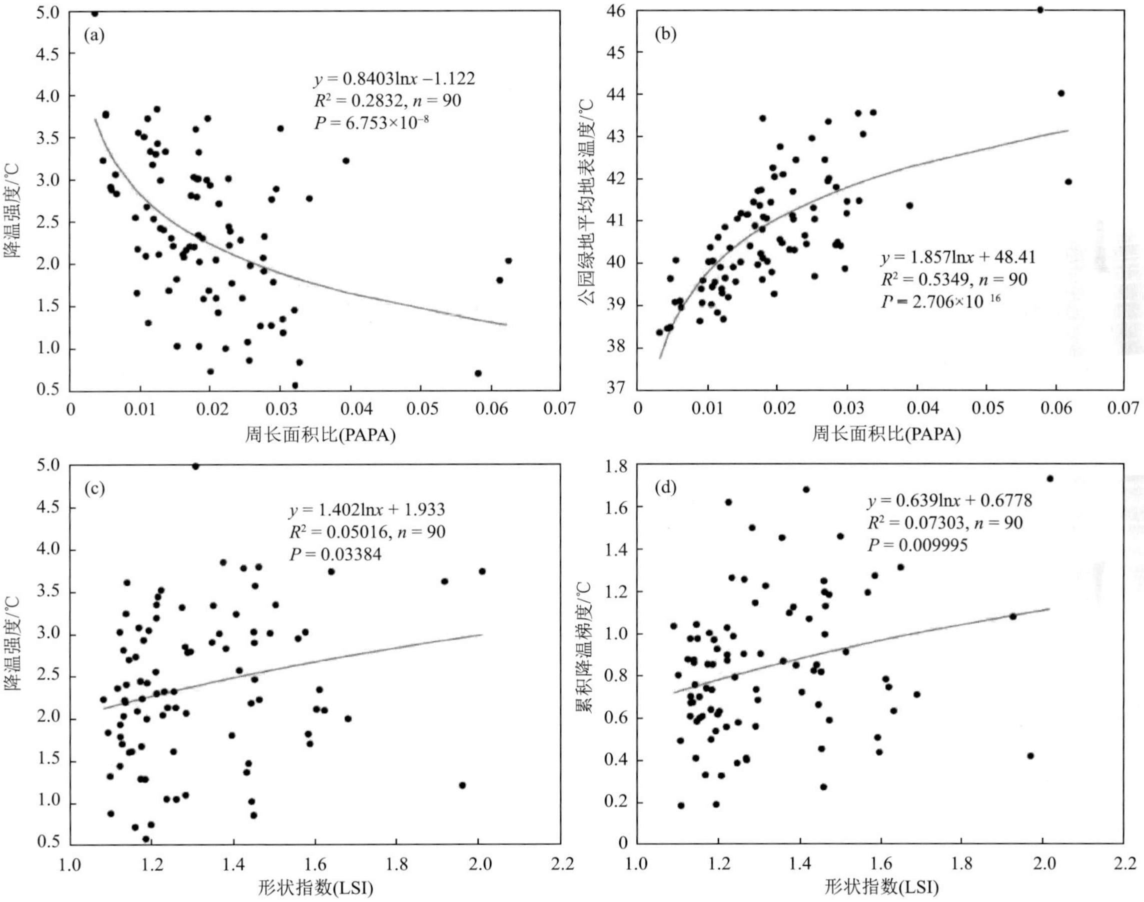

图 4.50　形态特征与公园绿地降温效应指标的关系

(3)公园绿地的景观组成对其冷岛效应的影响

公园绿色空间面积与降温强度、降温距离、降温面积、累积降温服务、累积降温梯度呈显著正相关关系,与公园自身温度、降温效率和累积降温效率呈显著负相关关系。公园绿地总平均 NDVI 与降温效应指标同样显示出类似的关系(表 4.10),说明绿量的增加会使公园绿地的降温强度、降温范围和降温服务有所提升,但降温效率有所下降。

在公园绿地内蓝色空间即水体面积和占比方面,与降温强度、累积降温梯度呈显著正相关关系,与公园自身温度、降温效率呈显著负相关关系。将水体占比小于 5% 和不小于 5% 的公园绿地分别进行蓝绿空间面积和降温强度的关系拟合，结果显示水体占比不低于5%的公园绿地（表示有一定面积水体）比小于5%的公园绿地（表示水体面积微小，可忽略不计）能以更小的总面积获得更高的降温幅度，说明相同规模下的蓝绿混合空间比单一绿色空间具有更好的降温效果。

（4）公园绿地降温范围内的环境组成对其降温效应的影响

公园绿地降温范围内的蓝绿空间面积与降温强度、降温距离、降温面积、累积降温服务、累积降温梯度、公园自身温度呈显著相关关系，蓝绿空间面积占比与自身温度、降温效率呈显著负相关关系（表4.10），表明随着降温范围内蓝绿空间的增加，公园绿地的降温幅度、范围、服务、辐射距离呈显著增加趋势，蓝绿空间内部平均地表温度、降温效率有所降低，但幅度并不明显。而降温范围内蓝绿空间占比的增加也对降低蓝绿空间内部温度、提升蓝绿空间的降温能力具有一定的作用。综上，在公园绿地辐射范围内增加蓝绿空间面积和占比，可能会使蓝绿空间之间产生冷岛效应的协同，有助于增强公园绿地的降温能力和降低公园绿地本身的地表温度。因此，对于某些高降温需求的地区，在大型蓝绿空间（如综合性公园）降温覆盖范围内搭配一定面积和比例的小型蓝绿空间（如小型社区绿地、附属绿地等），通过其降温协同作用可以共同产生较为舒适的微气候。

降温范围内建筑用地占比与公园自身温度呈显著正相关，原因可能是建筑作为不透水下垫面，比热容低、吸热快，同时夏天能源使用量大，使建筑及其周边温度较高，与蓝绿空间产生较大的温差，进而促进了二者之间的能量交换，使得公园绿地本身温度升高，有可能降低公园的冷岛效应；其与降温效率呈正相关关系，说明在高密度建成区的公园绿地会提高降温效率。此外，降温范围内的建筑平均高度与相关指标的相关密切程度不强。

表4.10　公园绿地降温效应与景观特征的相关性

降温效应指标	自身总平均LST	降温强度	降温距离	降温面积	降温效率	累积降温服务	累积降温效率	累积降温梯度
公园绿地绿色空间面积	−0.453***	0.516***	0.214*	0.627***	−0.283**	0.287**	−0.256*	0.257*
公园绿地蓝色空间面积	−0.492***	0.435***	0.082	0.407***	−0.310**	0.195	−0.169	0.288**
公园绿地蓝色空间占比	−0.488***	0.336**	0.082	0.164	−0.239*	0.148	−0.158	0.248*
公园绿地总平均NDVI	−0.401***	0.356***	0.208*	0.197	0.0127	0.232*	−0.068	0.292**
降温范围蓝绿空间面积	−0.482***	0.428***	0.629***	0.869***	−0.002	0.627***	−0.186	0.269*
降温范围蓝绿空间占比	−0.494***	0.099	−0.070	0.095	0.239*	0.031	0.0718	0.171
降温范围建筑占比	0.457***	−0.033	0.086	−0.067	0.297**	0.048	0.1063	−0.018
降温范围建筑平均高度	0.054	0.071	0.191	0.043	0.205	0.198	0.099	0.122
降温范围NDVI	−0.382***	−0.0662	−0.091	−0.029	−0.176	−0.144	0.047	−0.004

注："*"表示在0.05级别（双尾）相关性显著；"**"表示在0.01级别（双尾）相关性显著；"***"表示在0.001级别（双尾）相关性显著。

4.5.2.4 基于降温效应的公园绿地规划设计启示

作为城市应对气候变化中一类典型的基于自然的解决方案，公园绿地已成为城市环境、社会和经济可持续发展所需的多尺度生态框架(苏王新 等，2021)。基于降温范围、强度、效率等公园绿地空间降温效应度量指标，识别景观组分和空间配置等不同调控要素的关键阈值，能够直接服务于面向区域热环境适应和极端热缓解的绿地空间优化与规划设计，可结合我国控制性详细规划及相关指标控制与引导(如绿地率、地块面积、建筑密度、建筑高度)，提升其降温效果。关键阈值识别方法和结果依赖于调控要素与降温表征指标间的非线性特征，需要关注是否存在能够有效实现高温缓解的底线阈值、最优阈值或饱和阈值(董建权 等，2024)。对于土地资源缺乏的高密度中心城区，需权衡蓝绿空间建设规模、降温能力和降温效率之间的关系，在降温阈值范围内确定景观元素的面积、周长规模特征与形状复杂度，绿地元素宜选择较优森林结构、较高降温效率的植物群落组合，水体元素宜增加水文连通性，优化周边植物景观配置，增强公园内外、蓝绿协同的降温效应，同时控制地块土地利用模式、优化建筑高度、密度，来缓解城市热岛。公园绿地降温效应的形成不仅依赖于植被、水体的降温过程和背景环境，还可能受极端天气气候事件的共同作用。随着区域极端热事件强度与持续时间的显著增强，蓝绿空间降温效果也取决于其对极端高温环境的响应，这种影响机制仍有待进一步明晰。总之，统筹考虑效益目标与极端天气气候事件应对，基于街区热环境特征，确定场地降温阈值，配合高效降温的公园绿地布局结构，优化城市建设控制性指标，最终通过蓝绿斑块的合理分布，构建水平与垂直传输之间的流通渠道，以减轻城市热岛的不利影响，增强城市气候韧性。

4.6 基于遥感和社会生态指标的人居热环境健康诊断

城市热环境的健康效应也是学者们关注的重点领域。气候变暖和城市热岛叠加导致的温度升高对城市居民健康危害极大，直接或间接增加了中暑、热射病、心血管、精神状态等多种疾病的发病和死亡，严重危及人类健康。目前不断有研究表明，在高温期间城市居民发病率和死亡率显著增加，城市居民受到更为严重和持续的热胁迫，这与城市热岛效应的存在，尤其与其在高温期间大幅度提升夜间气温密不可分(Coseo et al.，2014)。最新的《全球疾病、伤害和风险因素负担研究》(GBD 2019 Risk Factors Collaborators，2020)显示，2019 年不适宜气温在全球导致约 196 万人超额死亡，其中热相关的死亡为 31 万人，高温成为全球排名第 2 的环境类危险因素(Zhao et al.，2021；陆开来 等，2022)。然而不同经济发展水平的地区之间可能存在热健康风险差异：经济发达地区风险主要源于城市热岛效应导致的高温胁迫危险性增加，以及高人口密度导致的高温暴露度较高；经济欠发达地区风险主要表现为医疗资源不足，人均可支配收入、防灾认知水平和防灾预警机制等高温脆弱性较高。因此，人居热环境健康的诊断或评价除基础的热场状况外，还需融合社会经济、人口等指标，从而发现热环境对居民健康的危害程度和影响空间面积，精准识别高风险区与针对性信息，在时空尺度上绘制生态风险地图，从而为健康和宜居城市的建设与管理提供科学参考，促进人类居住区更安全、更健康、更舒适、更公平、更持久，也更具效率。

4.6.1 人居热环境健康评估体系构建

城市人居热环境是自然环境与人类社会经济活动过程相互交织并与各种地域结合而成的

地域综合体。城市人居热环境（图 4.51）在地域层次上可划分为近接居住热环境（微观城市人居热环境）、社区热环境（中观城市人居热环境）和城市热环境（宏观城市人居热环境）。

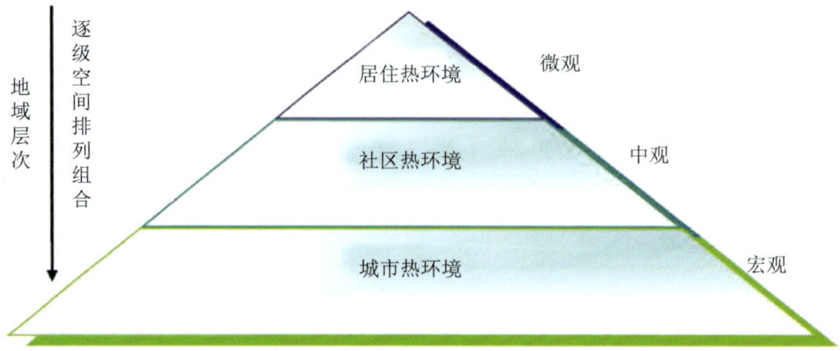

图 4.51　城市人居热环境地域层次划分

由于城市独特的下垫面：a. 不同于未开发状态（例如，森林、植被、土壤）的人工构筑的下垫面（例如，密集和高低错落的房屋建筑以及与之交错分布的道路网、广场等）；b. 高密度聚居的人口；c. 高强度的经济、生产活动；d. 城市上空较多的积云和含有较多污染粉尘、悬浮物的大气层，这些因素影响着城市人居热环境的时空分布和变化趋势。城市人居热环境健康评价指标体系则是描述和评价人居热环境优劣的可量度参数的集合。在城市尺度上，选择对热环境形成和相关关系（包括与下垫面关系、社会经济关系）以及热环境灾害密切相关的主要评价因子，将其分为城市热场、城市生态、城市生活、城市气候、城市管理 5 个系统层，进一步分为 17 个子系统层，共计 33 个指标。

（1）城市热场

用于描述城市热环境分布状况和特征的因子。主要包括温度分布、热场强度、热场强度指数、热力景观等级斑块、热力重心等。

（2）城市生态

用于描述城市地面介质分布状况和特征的因子。城市下垫面的不合理布局被认为是热岛效应产生的主要因素。该类指标主要包括土地利用/土地覆盖分类、建筑用地指数、地表硬化度指数、植被覆盖度、绿地分布、归一化水体指数、水域分布等。

（3）城市生活

人为活动的过度密集被认为是热岛效应产生的另一主要因素，城市生活类指标用于描述城市工商业及交通热源、人口、电力、加油站等涉及城市运行分布状况和特征的因子，包括工业用地热源、商业热源、加油站密度、交通路网、交通枢纽、机场、内河港区、人口密度、用电负荷等。

（4）城市气候

用于描述包括风、压、温、湿、降水等天气气候背景的气象因子。它们是通过地面自动气象站网采集到的实时离散观测数据。

（5）城市管理

用于描述城市医疗、卫生、救援等涉及城市管理方面的分布状况和特征因子。

随着遥感、GIS 等空间信息技术的发展，融合多源遥感数据和统计数据是当前热环境健康诊断与风险评估的趋势。在上述评估指标体系中，各因子均是空间可量度的遥感—生态—社会指标参数。其中，城市热场、城市生态因子可运用遥感数据反演或计算获得。遥感反演的地表温度数据能用于衡量高温对人体健康的胁迫程度。中国自主研发的第二代极轨气象卫星系列风云三号(FY-3)上的光学载荷中分辨率光谱成像仪(MERSI)加强了对地物的精细观测能力，将 250 m 分辨率通道从 MODIS 的 2 个增加到 5 个，可为城市土地利用/土地覆盖变化、热环境灾害等生态效应监测及机理研究提供高时空分辨率影像。因此，采用 FY-3/MERSI 热红外数据，可获得较为精细的 250 m 热场强度与格局的反演信息。城市土地利用/土地覆盖、绿地分布等生态因子同样采用 FY-3/MERSI 数据进行提取。城市天气气候因子是将地面观测的不规则气象要素离散点用样条函数空间内插，形成光滑的格点曲面。城市生活数据源来自政府部门的统计资料、城市规划建设资料以及网络资源的统计调查，通过 GIS 技术进行专题图制作以及矢栅转换制备。城市管理数据源同样来自政府部门、城市规划部门以及网络资源调查，并通过 GIS 技术进行专题图制作及相关处理。

4.6.2 人居热环境健康诊断评估方法

4.6.2.1 评价指标标准化处理

由于评价指标体系中各项指标的量纲具有较大区别，对于城市人居热环境空间分析指标需进行无量纲化的标准化处理，才能确保热环境分析评估的客观化。目前对评价指标进行无量纲化处理主要有两种方法，一种是对每项评价指标以理想值或参照值进行相对化处理，得出指标相对值，这种方法能够较准确地量化各项指标值之间的差异，但是标准化后结果不利于直观反映各项指标的意义；另一种是给出不同评价标准的区间范围，然后根据各项指标的实际值，选用标准区间范围内的平均值，这种方法标准化后能直观反映评价指标的意义，但是由于选用标准区间范围的平均值，对于数值比较接近的指标就难以准确量化。为综合上述两种方法的优点，本研究提出下述指标标准化处理方法：即确定不同级别评价标准的数值，通过线性函数进行最佳拟合，得到各项指标值的标准化函数(表 4.11)。利用这些标准化函数即可对人居热环境评价指标的原始数据进行标准化，当原始数据值不在标准化函数所限制的区间范围时，指标标准化值取其最大值(100 分)或最小值(0 分)。

4.6.2.2 评价指标权重设立和可信度分析

(1)评价指标权重确立方法

对于城市热环境评价指标体系，较常见的是借鉴景观生态学的观点和方法来进行研究，而城市热环境是城市空间环境在热力场中的综合表现，是由气象意义上的热场分布以及与其密切相关的因子共同组成。因此，为了更客观、更科学地分析评价城市热环境灾害的成因、机理以及与其他敏感因子的关系，研究参考了国家气象标准以及生态环境等相关指标标准，采用客观分析以及专家打分形式的 Delphi 法进行了气象意义上的城市热环境评价指标体系权重分配。

为了客观分配评价指标权重，对于参与打分的专家，主要选取具有专业知识和丰富经验的气象专业和遥感专业的专家，并采取首轮为遥感专业的专家，次轮为气象专业的专家对评价指标权重进行打分。根据专家的赋权方案，采用统计分析方法得到指标体系最终的指标权值。

(2)评价指标权重可信度分析

对于指标权重分值的合理性评判，主要采用再测法对分值信度进行检验和分析。即将遥感专家对每类因子的打分分值作为一组，气象专家对每类因子的打分分值作为另一组，统计计

表 4.11　人居热环境健康评价指标标准化处理函数

系统层	子系统层	指标层	单位	指标分级标准					标准化函数
				20	40	60	80	90	
城市热场	热场分布	地表温度分布(X_1)	K	312	306	298	290	285	$Y_1=-1.926X_1+627\ (265\leqslant X_1\leqslant 320)$
		热场强度(X_2)	K	8.5	7	4.6	2.1	0.6	$Y_2=-0.394X_2^2-5.273X_2+93.43\ (-12\leqslant X_2\leqslant 10)$
		热场强度指数(X_3)	%	89.4	77.5	63.2	44.7	31.6	$Y_3=100(1-X_3^2)\ (0\leqslant X_3\leqslant 1)$
	热场景观	热力景观等级斑块(X_4)	—	8	6	4	2	1	$Y_4=-10X_4+100\ (1\leqslant X_4\leqslant 10)$
		热力重心(X_5)	—	1		0			$Y_5=20(X_5=1);Y_5=60(X_5=0)$
城市生态	土地利用/覆盖	土地利用/土地覆盖分类(X_6)	—	3	2 或 7	6	4&5	1	$Y_6=90(X_6=1);Y_6=80(X_6=4\&5);Y_6=60(X_6=6);Y_6=40(X_6=2\&7);Y_6=20(X_6=3)$
	水环境	水域面积(X_7)	—					1	$Y_7=90(X_7=1);Y_7=50(X_7=0)$
		归一化水体指数(X_8)	%	20	40	60	89	90	$Y_8=X_8(0\leqslant X_8\leqslant 100)$
	植被环境	绿地分布(X_9)	—			0		1	$Y_9=60(X_9=0);Y_9=90(X_9=1)$
		植被覆盖度(X_{10})	%	17	34	51	69	77	$Y_{10}=1.15X_{10}+1.02\ (0\leqslant X_{10}\leqslant 100)$
	建筑环境	建筑用地指数(X_{11})	%	80	60	40	20	10	$Y_{11}=100-X_{11}(0\leqslant X_{11}\leqslant 86.07)$
		地表硬化率(X_{12})	%	80	60	40	20	10	$Y_{12}=100-X_{12}(0\leqslant X_{12}\leqslant 100)$
城市生活	热污染	工业用地热源(X_{13})	—	3	2 或 1	0			$Y_{13}=40(X_{13}=1\&2);Y_{13}=20(X_{13}=3);Y_{13}=60(X_{13}=0)$
		商圈(X_{14})	—		1	0			$Y_{14}=40(X_{14}=1);Y_{14}=60(X_{14}=0)$
		世博园区(X_{15})	—	1		0			$Y_{15}=20(X_{15}=1);Y_{15}=60(X_{15}=0)$
		商业密度(X_{16})	家·km^{-2}	9.486	5.229	2.686	0.743	0.179	$Y_{16}=-8.04X_{16}+89.63(X_{16}\geqslant 0)$
		加油站密度(X_{17})	家·km^{-2}	1.713	0.699	0.128	0.044	0.007	$Y_{17}=-40.63X_{17}+82.54(X_{17}\geqslant 0)$
	交通	交通路网(X_{18})	—	7	1	0			$Y_{18}=40(X_{18}=1);Y_{18}=60(X_{18}=0)$
		交通枢纽(X_{19})	—	0	1	0			$Y_{19}=40(X_{19}=1);Y_{19}=60(X_{19}=0)$
		机场(X_{20})	—	1		0			$Y_{20}=20(X_{20}=1);Y_{20}=60(X_{20}=0)$
		内河港区(X_{21})	—		1	0			$Y_{21}=40(X_{21}=1);Y_{21}=60(X_{21}=0)$
	人口	人口密度(X_{22})	人·km^{-2}	52829	26668	9329	2808	1510	$Y_{22}=-15.11\ln(X_{22})+191.1(111\leqslant X_{22}\leqslant 106592)$
	能源	用电负荷(X_{23})	万 kW		163.3		91.17		$Y_{23}=11.04X_{23}-843.3(X_{23}\geqslant 76.38)$
城市气候	风	风向(X_{24})	°		180°～270°	90°～180°	0°～90°	270°～360°	
		风速(X_{25})	m·s^{-1}	1.5	3.3	5.4	7.9	9.6	$Y_{25}=9.061X_{25}+6.005(0\leqslant X_{25}\leqslant 10.7)$
	压	气玉(X_{26})	hPa	982	988	994	998	1000	$Y_{26}=2.602X_{26}-2528(972\leqslant X_{26}\leqslant 1015)$
	温	气温(X_{27})	℃	35(0)	29(4)	27(8)	23(13)	20(16)	$Y_{27}=-0.023X_{27}^2+0.264X_{27}^2+5.074X_{27}+16.71(-5\leqslant X_{27}\leqslant 41)$
	湿	相对湿度(X_{28})	%	90(5)	85(10)	75(25)	65(35)	60(45)	$Y_{28}=-0.037X_{28}^2+3.622X_{28}+1.721(0\leqslant X_{28}\leqslant 100)$
		降水量(X_{29})	mm			0	0.1	0.5	$Y_{29}=60(X_{29}=0);Y_{29}=-41.19X_{29}+75.20X_{29}+65.39(0<X_{29}<1);Y_{29}=100(X_{29}\geqslant 1)$
城市管理	公共卫星	医疗机构通达性(X_{30})	家·km^{-2}	0.005	0.018	0.309	1.122	1.581	$Y_{30}=43.65X_{30}+30.63(X_{30}\geqslant 0)$
		药店数量(X_{31})	家·km^{-2}	0.027	0.55	3.224	6.34	8.3	$Y_{31}=8.510X_{31}+27.35(X_{31}\geqslant 0)$
	防灾减灾	消防设施便利性(X_{32})	家·km^{-2}	0.028	0.107	0.374	0.563		$Y_{32}=125.8X_{32}+12.39(X_{32}\geqslant 0)$
	公众参与	公众热环境保护指数(X_{33})	%	20	40	60	80	90	$Y_{33}=X_{33}(0\leqslant X_{33}\leqslant 100)$

算两组分值的相关系数，此系数又称为稳定系数。其相关系数越高，则信度越高，否则信度越低。统计结果表明，两者的相关系数达到 0.94，说明以上权重分值相关程度高，即可信度高。对不同时期的两组专家的打分均值进行相对误差分析，两者的平均相对误差为 12.5%，进而表明两组专家的分值是比较接近的。

4.6.2.3 人居热环境适宜性评价

在客观计算、设立人居热环境定量指标以及专家权重赋值基础上(表 4.12)，建立综合分析模型对人居热环境进行评估。即将人居热环境各系统层所属的单项指标通过层层加权叠加后得出评价指数，包括热环境舒适度、热灾害危机度，以及人居热环境适宜指数。计算公式为：

$$\mathrm{HTSI} = \sum_{i=1}^{n} W_i I_i \tag{4.4}$$

式中，HTSI 为评价指数，W_i 为第 i 个指标的权值，I_i 为该级指标指数，n 为指标的项数。同时，将计算出的评价指数划分为 5 个等级。设定评价指数的临界分值 40 作为预警值，表示必须引起政府或相关管理部门的特别重视。

表 4.12　人居热环境评价指标专家权重赋值

系统层	子系统层	指标层	人居热环境适宜等级权重	热环境舒适度权重	热灾害危机度权重
城市热场	热场分布	地表温度分布	0.09	—	0.10
		热场强度	0.06	—	0.05
		热场强度指数	0.03	—	0.03
	热场景观	热力景观等级斑块	0.05	—	0.03
		热力重心	0.07	—	0.06
城市生态	土地利用/土地覆盖	土地利用/土地覆盖分类	0.05	0.13	0.02
	水环境	水域面积	0.02	0.04	—
		归一化水体指数	0.03	0.09	—
	植被环境	绿地分布	0.02	0.08	—
		植被覆盖度	0.06	0.20	—
	建筑环境	建筑用地指数	0.03	—	0.02
		地表硬化率	0.04	—	0.05
城市生活	热污染	工业用地热源	0.05	—	0.12
		商业热源(商圈、世博园区、商业密度)	0.03	—	0.07
		加油站密度	0.01	—	0.04
	交通	交通路网	0.01	—	0.05
		交通枢纽	0.01	—	0.06
		机场	0.02	—	0.06
		内河港区	0.01	—	0.03
	人口	人口密度	0.04	—	0.08
	能源	用电负荷	0.02	0.07	0.05

续表

系统层	子系统层	指标层	人居热环境适宜等级权重	热环境舒适度权重	热灾害危机度权重
城市气候	风	风向	0.02	0.02	0.02
		风速	0.03	0.03	0.01
	压	气压	0.01	0.01	0.01
	温	气温	0.04	0.04	0.02
	湿	相对湿度	0.03	0.03	0.02
		降水	0.02	0.02	0.02
城市管理	公共卫生	医疗机构通达性	0.03	0.08	—
		药店数量	0.02	0.05	—
	防灾减灾	消防设施便利性	0.03	0.06	—
	公众参与	公众热环境保护指数	0.02	0.05	—

4.6.3 人居热环境健康诊断结果

联合遥感和 GIS 对上海城市人居热环境健康评价结果显示(图 4.52),整个上海的人居热环境适宜度在基本适宜之上,其中崇明和南部郊区人居热环境为高度适宜,中心城区、闵行、浦东北部为一般适宜,北部的宝山和嘉定两区则有大片区域仅为基本适宜。单纯地从热灾害危机度来看,受城市下垫面热特性差异及正负效应人为活动综合影响,中心城区、郊区新市镇及大型传统工业园区的热灾害危机度高,显示出减缓城市热压的任务艰巨。这些区域的主要特征为:a. 以老旧建筑区为主,绿化少,不透水面积大,长期处于较强以上热岛区域,如石库门住宅旧区;b. 不透水面积大、建材用地密集及耗能排热工业密集区域,如宝钢、虹桥机场;c. 新建大型密集居民区,密度大、绿化较少区域;d. 郊区新市镇等;需采取加强绿化、改善通风以及增建人居生活设施等缓解或降低城市热胁迫。近远郊城镇建成区外围热环境健康处于警戒状态,尤其是闵行区北部、宝山南部,需要保持警惕,防止其进一步连片发展成热灾区。

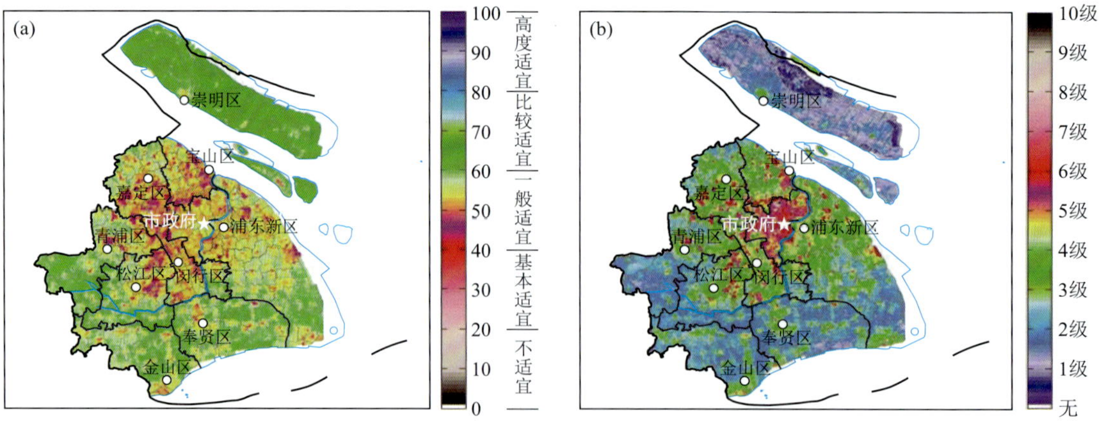

图 4.52 上海城市人居热环境健康评估结果

(a. 人居热环境适宜度评分,b. 人居热灾害危机度归一化分级)

参考人居环境定义，重点突出以空气温度和下垫面温度为核心的热力影响，针对城市人居热环境，围绕城市热场、土地利用、生活环境、天气气候、管理等方面较全面地建立了空间量化指标，构建了基于遥感和 GIS 的城市人居热环境健康综合评估模型，形成了相应的技术路线和方法体系，通过设立、计算人居热环境定量分析指标以及建模进行多因子综合分析，得到较客观、可靠、精细的人居热环境评价指数和级别分布，较系统地展示了上海城市热环境舒适度、热灾害危机度和人居热环境适宜性分布状况，实现了城市人居热环境监测评估的客观化。监测评估表明，受城市下垫面热特性差异及正负效应人为活动综合影响，中心城区、郊区新市镇及大型传统工业园区的热灾害危机度高。城市人居热环境健康诊断是探讨预防和减轻热胁迫影响及危害等城市优化策略的前提。融合多源遥感数据、人口和社会经济统计数据，获得精细化城市人居热环境健康状态特征，可以为极端高温事件及热环境灾害的落区预测提供一定的依据，但整个评估体系、等级划分及预警指标还需进一步研究完善。

4.7 本章小结

本章介绍了长三角典型城市与城市群热环境监测评估研发技术与业务服务方面的成果，从城市(群)热岛监测评估、生态冷源识别评价、公园绿地降温效应量化、城市热环境健康风险综合诊断 4 个角度较为全面地概括了城市热环境监测评估方法，并将这 4 类评估具体地应用于上海超大城市、长三角生态绿色一体化发展示范区、长三角城市群的热环境演变特征评价，针对生态园林城区建设减缓热岛作为基于自然的解决方案，对包括区域级的城市生态建设热环境绩效和地块级的公园绿地降温功能与效率进行量化评估，最后从遥感—生态—社会多源融合与综合评价的角度，建立人居热环境健康诊断方法体系，实现热舒适与热灾害危机度的精细空间化与识别，从而为生态环境规划治理和健康宜居城市建设提供科学参考。

①上海具有城市化发展的相对完整阶段，是研究城市化进程中人居热环境长时间演变趋势的“理想自然实验室”。随着由城市扩展向城市更新转型，2013 年后，上海中心城区的热岛缓解明显。遥感地表热岛呈现出明显的季节与昼夜差异特征，且城市热岛与高温热浪具有协同放大效应，中心城区与西北部比其余郊区具有更高的极端最高气温、更频繁的高温过程、更多的高温日数以及更长的高温持续时间。整个城市生态强冷源、较强冷源、一般冷源和弱冷源占全市的面积分别为 4.56%、5.97%、0.72%和 42.39%，外环内高密度城区对生态冷源高需求空间分布于中心城区中北部，中需求空间分布于中心城区北部和西部。

②示范区热环境经历了快速的面域扩展和建成区局域增强的过程，与土地利用空间格局有着明显关联。2000—2020 年，有 44.6%区域的土地覆盖类型发生变化，其中耕地转为建设用地占 19.6%，为变化第一大类型。因此，高温区明显增加，特别是高密度建成区以及工业开发区。2020 年示范区有 5 个和 7 个街道乡镇空间单元的热岛发育程度为严重和较严重级别，合计占整个示范区和协调区共 35 个街道乡镇单元的 34.3%。

③长三角城市群热岛在环太湖以东沿沪宁合杭甬发展带以及向西南延伸的沪杭金发展带呈“Z”形分布，中部、南部热岛强，北部热岛弱，杭州湾附近为强高温中心，近些年城市群热岛向北部扩张趋于明显，有“Z”形演化为十字构型的趋势。2022 年夏季长江流域极端高温事件造成长三角城市群热岛效应明显增强，该年夏季长三角城市群热岛面积有 7.64 万 km^2，占整个区域面积的 32.3%，为近 20 a 最大。其中，较强和强热岛的面积总和为 3.86 万 km^2，较

2021 年增加 0.61 万 km^2。省会级城市中，上海、杭州、合肥和南京的强热岛面积分别为 2093.60 km^2、1502.82 km^2、1052.40^2 km 和 866.36 km^2，占各城市面积的 27.0%、8.0%、8.0%和 11.4%，合肥和南京强热岛面积为近 20 a 最大，警示在城市规划和建设要充分考虑气候变暖背景下极端高温事件增多的不利影响。

④上海市奉贤区作为创建国家生态园林城区的典型案例，对奉贤创园以来(2016—2020 年)区域尺度的城市生态建设热环境缓释绩效进行了评价，结果表明：创建国家生态园林城区以来，绿化面积大幅度增加，全区植被生态改善指数居上海市第 4 位。受生态环境改善影响，全区夏季热岛比例指数由 0.27 降为 0.09，奉贤新城中央林地、“上海之鱼”等“水、绿”工程发挥出强冷源效应。但奉浦、南桥、奉城等地热岛仍呈连片，奉贤境内的临港自贸区核心区热岛有往西蔓延的趋势。建议地方规划与管控措施中加强工业园区热岛连片区的蓝绿基础设施建设，以打破热岛集中和连片的现状，进一步提升奉贤生态环境质量。

⑤针对上海“千园之城”“公园城市”建设规划，以城乡梯度和地块级尺度探索郊环内高密度城区公园绿地的降温效应及其影响因子，探讨各类蓝绿空间在缓解高密度城区热岛中的作用和优势。通过 7 个降温效应量化指标和 13 个公园景观指标及环境指标的定量关系解析，发现位于外环内的公园绿地比郊环内的公园绿地可以提供更高的降温强度、降温服务和降温效率，降温效应表现出城乡梯度差异。同时指出，对于土地资源缺乏的高密度中心城区，需统筹考虑效益目标与极端天气气候事件应对，权衡蓝绿空间建设规模、降温能力和降温效率之间的关系，在降温阈值范围内确定景观元素的面积、周长和形状复杂度。绿地元素宜选择较优森林结构、较高降温效率的植物群落组合，水体元素宜增加水文连通性、优化周边植物景观配置，同时应增强公园内外、蓝绿协同的降温效应，控制地块土地利用模式、优化建筑高度、密度来缓解城市热岛。绿地和水体降温效果对极端高温的非线性响应机制仍有待进一步明晰。

⑥城市人居热环境健康诊断是探讨预防和减轻热胁迫影响及危害等城市优化策略的前提，需要融合多源遥感数据、人口和社会经济统计数据，获得精细化的城市人居热环境健康状态特征，发现热环境对居民健康的危害程度和影响空间面积，精准识别高风险区。面向上海建立城市人居热环境健康诊断评估指标体系，包括城市热场、城市生态、城市生活、城市气候、城市管理 5 个系统层 17 个子系统层，共计 33 个时空可量度遥感—生态—社会指标参数，构建人居热环境健康评价模型，综合运用遥感和 GIS 技术，定量评价了上海地区的热环境舒适度、热灾害危机度，以及人居热环境适宜指数，发现中心城区、郊区新市镇及大型传统工业园区的热灾害危机度高，需采取绿化、通风以及改善人居生活设施等缓解或降低城市热胁迫。

第 5 章 长三角大气环境

长三角是中国率先跻身于世界级城市群的地区，同时也是中国开放程度最高、创新能力最强的区域之一，在国家现代化建设大局和全方位开放格局中具有举足轻重的战略地位。长三角是我国经济、社会快速发展的显示性和标志性地区，也是我国人口密度高、能源消耗大、污染排放强、区域性复合型大气污染较为突出的地区之一。局地和区域大气污染会给环境和生态造成不易恢复的破坏(刘璇 等，2015)，因而在长三角区域开展大气污染监测和研究具有重要意义。

5.1 长三角地区气溶胶光学厚度

气溶胶是指悬浮在大气中的固体、液体微小颗粒与气体载体所组成的多相体系。按照来源，气溶胶可分为自然气溶胶与人为气溶胶。自然来源主要包括土壤、岩石风化和火山喷发的尘埃、海沫破裂干涸成核、微生物、孢子、花粉等。人为来源主要有烟尘、工业粉尘、气-粒转化等。不同种类的气溶胶具有不同的光学特性和辐射特征。气溶胶可以影响辐射平衡、云的形成过程、气候变化以及人体健康(段婧 等，2008；Yu et al.，2009；Deng et al.，2012；Zhao et al.，2013；Kang et al.，2016；Liu et al.，2016；陈洪滨 等，2018；Che et al.，2018；Zhao et al.，2018；Gui et al.，2019；Liu et al.，2019；Yao et al.，2020；Gui et al.，2022；王维佳 等，2022)。随着中国经济的发展，人为排放气溶胶日益增加，对环境和气候产生重要影响，越来越引起人们重视。气溶胶光学辐射特性是目前科学研究的热点，同时也是气候变化研究的难点问题，由于气溶胶的重要性，许多专家和学者在此领域开展了相关工作。段婧等(2007)利用2000—2005 年 MODIS 数据分析了长三角气溶胶光学厚度的分布与季节变化特征，结果表明在此期间长三角气溶胶光学厚度高值区域在逐年增加，山区城市群气溶胶年峰值出现于春季，而平原城市群气溶胶年峰值出现于夏季。施成艳等(2010)基于 MODIS 数据，反演了上海区域的气溶胶光学厚度，指出上海地区 2008 年气溶胶光学厚度 6 月最大，12 月最小，气溶胶光学厚度呈现早晚高、中午略低的变化特征。郑有飞等(2011)基于气溶胶自动监测网(AERONET)站点地基遥感资料校验了长三角区域 MODIS 气溶胶光学厚度的精度，表明气溶胶光学厚度在长三角具有较大的地域差异。陈烨鑫等(2014)基于 MODIS 气溶胶产品、地面气象资料、火点监测资料和 HYSPLIT 后向轨迹模式，研究了 2012 年 6 月 8—11 日江苏安徽两省的一次持续性空气污染过程，分析了气溶胶光学厚度、细粒子比例、空气污染指数的特征，结果表明此次污染过程中江苏安徽两省 8 个代表城市的能见度大部分时间低于 10 km，气溶胶光学厚度明显增长，污染物主要是以细粒子为主。周奕珂等(2016)研究了 2013 年和 2014 年长三角地区冬季的大气能见度特征，以及空气污染物和气象条件对能见度的影响。结果发现 $PM_{2.5}$ 质量浓度、地表 10 m 风速、500～850 hPa 水平风垂直切变、相对湿度、925～1000 hPa 垂直温差、850～925 hPa 假相当位温差这 6 个因子能够解释能见度变化的 81.6%，气象条件对能见度的作用与污染物浓度相当，热力因子的贡献大约是动力因子的两倍。何镓祺等(2016)研究了南京冬季气溶胶散射系数与吸收系数的变化特征，得出了散射系数与吸收系数对大气消光的贡献，以及能见度与 $PM_{2.5}$ 质量浓度和相对湿度的关系，结果发现大气消光主要来自气溶胶的散射，霾天气下消光系数和 $PM_{2.5}$ 质量浓度大幅度超过非霾天气，霾天气下能见度的降低来自颗粒物与相对湿度的共同影响。赵楠等(2019)利用 AURA/OMI 的 2008—2017 年气溶胶数据，分析了长三角吸收性气溶胶的时空分布特征，结果发现长三角气溶胶光学厚度和吸收性气溶胶光学厚度的年际变化趋势一致，均为先上升后下降，2011 年达到最高值；长三角区域气溶胶光学厚度和吸收性气溶胶光学厚度空间分布相似，均呈现北高南低的特征；气溶胶光学厚度和吸收性气溶胶光学厚度的季节空间分布均为春季、冬季高，秋季低，不同之处是气溶胶光学厚度夏季高，而吸收性气溶胶光学厚度夏季低。沈利娟等(2019)研究了 2017 年 5 月 3—8 日一次沙尘远距离输送过程中长三角区域的气溶胶粒径分布和其化学组成的污染特征，结果发现在此次沙尘伴随天气系统由北向南的传输过程中，颗粒物的浓度逐渐降低，而高浓度颗粒物持续时间持续增加，沙尘在南京的影响时间超过 60 h。为进一步深入研究气溶胶变化规律，应对气溶胶所引起的环境和气候的变化相关问题，有必要在长三角地区开展气溶胶监测研究。

地基观测是开展大气研究的重要和有效手段，它具有便捷，精确度高的优点，但是费用较大，同时存在观测站点密集度不够等问题，无法满足区域观测的需求。卫星遥感和再分析资料可以充分发挥区域监测的优势，弥补地基观测覆盖率低的不足。第 2 版现代研究与应用再分析(MERRA-2)是由美国国家航空航天局全球模式和同化办公室提供的现代卫星时代(1980 年以后)，包括基本气象要素和气溶胶等在内的一套大气实时再分析资料。在迈向综合地球系统分析的重要一步中，MERRA-2 首次提供了通过辐射耦合到大气中的气溶胶分析场。MERRA-2 是在将气象场和气溶胶的观测同时同化到全球同化系统中的第一批多年代的再分析资料。MERRA-2 同化了搭载在 Terra 和 Aqua 上的 MODIS、高分辨率辐射计(AVHRR)、多角度成像光谱辐射仪(MISR)和地基 AERONET 的观测资料。继最初 MERRA 再分析资料的成功之后，MERRA-2 系统结合了 MERRA 缺乏的观测资料，减少了与气象观测系统变化相关的虚假趋势和跳跃。MERRA-2 的所有数据均在同一水平网格上。该网格经向有 576 个点，纬向有 361 个点，分辨率为 0.625 °×0.5 °。MERRA-2 数据可通过戈达德地球科学数据和信息服务中心在线获得，其提供的分析气溶胶场具有广泛的应用(张芝娟 等，2019)。

5.1.1 长三角地区气溶胶光学厚度分布特征

气溶胶光学厚度是描述气溶胶基本光学特征的基本参数之一，不仅可以计算气溶胶的含量，还可以确定气溶胶的尺度，在一定程度上反映了区域大气的污染程度和污染类型(张芝娟 等，2019)。

图 5.1 为长三角 1980—2023 年 MERRA-2 气溶胶光学厚度平均值分布特征。长三角 1980—2023 年气溶胶光学厚度平均值为 0.47，北部高、南部低，从北到南逐渐降低。气溶胶光学厚度最高值位于长三角西北部，高于 0.53，最低值位于长三角南部，约为 0.34。安徽气溶胶

光学厚度整体上高于江苏、上海、浙江。安徽大部分区域气溶胶光学厚度高于 0.50，安徽气溶胶光学厚度最低值位于安徽南部，约为 0.41。江苏大部分区域气溶胶光学厚度高于 0.47，江苏西部区域气溶胶光学厚度高于东部区域，江苏东部区域气溶胶光学厚度最低值低于 0.45。上海气溶胶光学厚度西部高于东部，西部最高值高于 0.46，东部最低值低于 0.42。浙江气溶胶光学厚度整体上低于安徽、上海、江苏。浙江气溶胶光学厚度从北到南逐渐降低，最高值位于浙江北部，超过 0.46，最低值位于浙江南部，约为 0.34，浙江中部主要在 0.40～0.45。

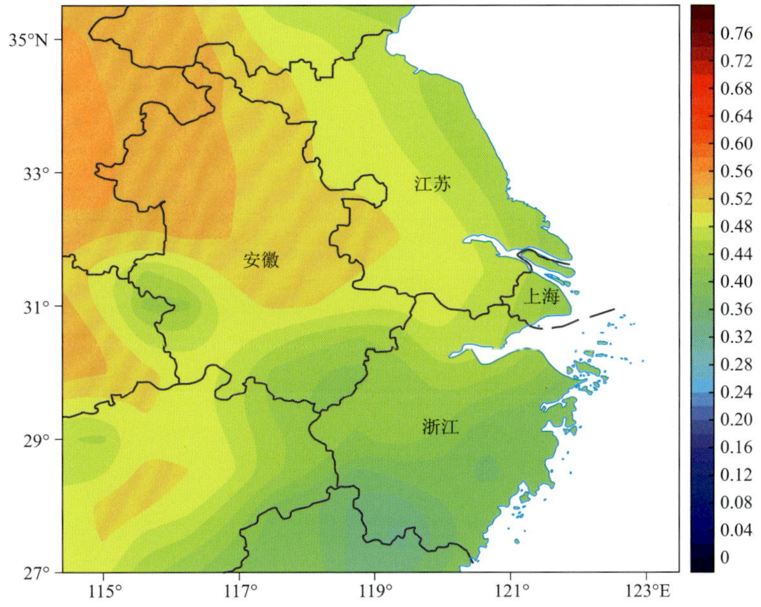

图 5.1　1980—2023 年长三角 MERRA-2 气溶胶光学厚度平均值分布

5.1.2　长三角地区气溶胶光学厚度变化特征

如图 5.2 所示为 2003—2023 年长三角地区 MODIS 气溶胶光学厚度年变化，呈现先上升后下降的变化特征，最高值出现在 2011 年，长三角气溶胶光学厚度在 2003—2011 年总体呈上升趋势，增长率为 0.0141 a^{-1}，在 2012—2023 年呈明显的下降趋势，下降率为－0.0237 a^{-1}，2023 年长三角气溶胶光学厚度与 2022 年差异较小，近几年长三角气溶胶光学厚度相对较低。

如图 5.3 所示，基于 1980—2023 年 MERRA-2 气溶胶光学厚度再分析数据研究了长三角地区气溶胶光学厚度月平均特征。长三角地区不同月份之间气溶胶光学厚度存在一定差异，长三角地区气溶胶光学厚度 1—12 月分别为 0.46，0.52，0.58，0.54，0.49，0.49，0.43，0.46，0.42，0.41，0.40，0.39。3 月气溶胶光学厚度最高，达到 0.58，12 月气溶胶光学厚度最低，约为 0.39。3 月气溶胶光学厚度最高主要是由于在此期间西北地区大量沙尘气溶胶传输至长三角地区，长三角气溶胶浓度升高，从而气溶胶光学厚度变大。2 月和 4 月气溶胶光学厚度同样较高，超过 0.50，分别达到 0.52 和 0.54。6 月气溶胶光学厚度同样较高，约为 0.49，主要是由于长三角地区该月气温较高，相对湿度较大，有利于气溶胶粒子吸湿增长和二次气溶胶的生成。

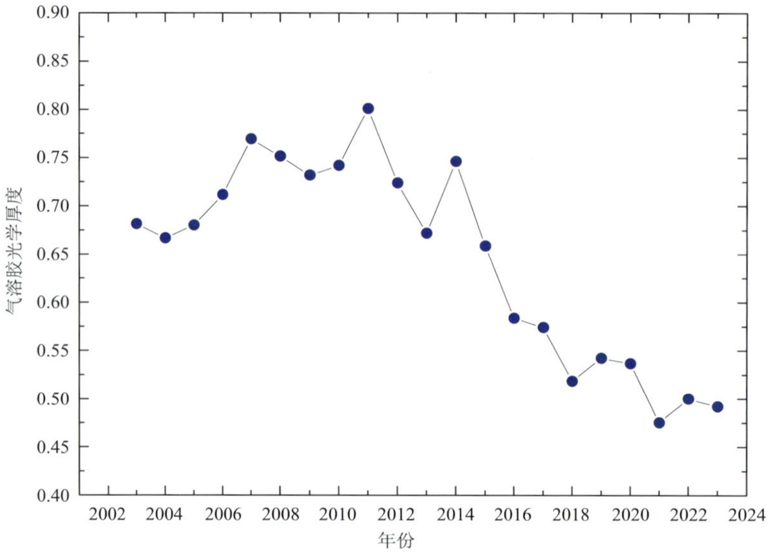

图 5.2　2003—2023 年长三角 MODIS 气溶胶光学厚度变化特征

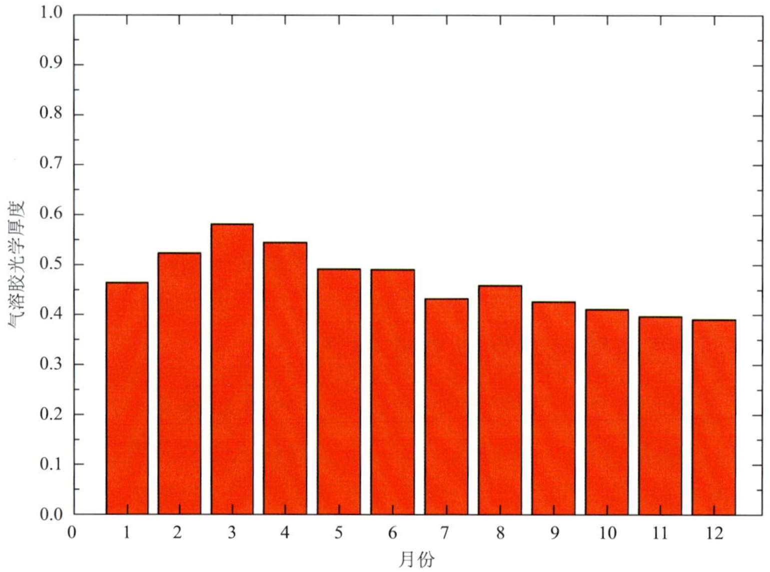

图 5.3　1980—2023 年长三角气溶胶光学厚度月平均

如图 5.4 所示，基于 1980—2023 年 MERRA-2 气溶胶光学厚度再分析数据研究了上海气溶胶光学厚度月平均特征。上海不同月份之间气溶胶光学厚度存在一定差异，上海气溶胶光学厚度 1—12 月分别为 0.43，0.48，0.54，0.52，0.47，0.47，0.42，0.41，0.36，0.33，0.35，0.36。3 月气溶胶光学厚度最高，达到 0.54，10 月气溶胶光学厚度最低，约为 0.33。3 月气溶胶光学厚度最高主要是由于在此期间西北地区大量沙尘气溶胶传输至上海，上海气溶胶浓度升高，从而气溶胶光学厚度变大。2 月和 4 月气溶胶光学厚度同样较高，分别达到 0.48 和 0.52。6 月气溶胶光学厚度同样较高，约为 0.47，主要是由于上海该月气温较高，相对湿度较大，有利于气溶胶粒子吸湿增长和二次气溶胶的生成。

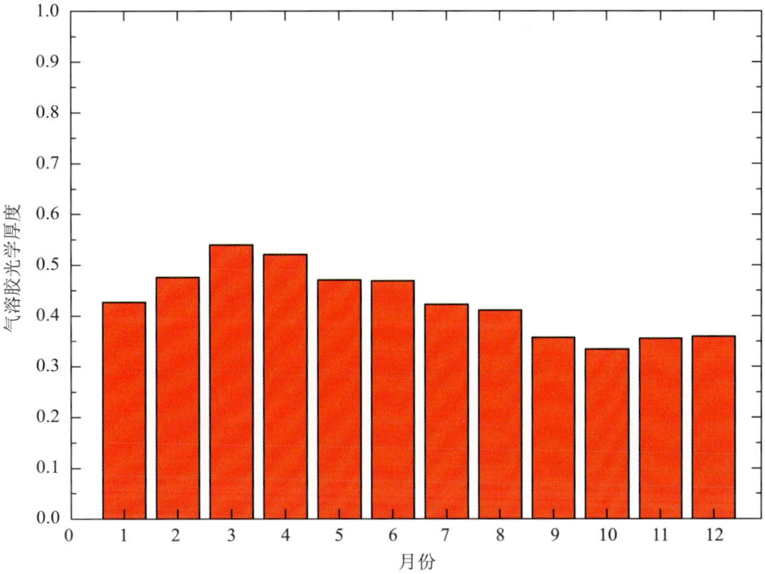

图 5.4　1980—2023 年上海气溶胶光学厚度月平均

如图 5.5 所示，基于 1980—2023 年 MERRA-2 气溶胶光学厚度再分析数据研究了江苏气溶胶光学厚度月平均特征。江苏不同月份之间气溶胶光学厚度存在一定差异，江苏气溶胶光学厚度 1—12 月分别为 0.45，0.51，0.56，0.54，0.51，0.56，0.51，0.49，0.43，0.42，0.42，0.40。3 月和 6 月气溶胶光学厚度最高，均达到 0.56，12 月气溶胶光学厚度最低，约为 0.40。3 月气溶胶光学厚度最高主要是由于在此期间西北地区大量沙尘气溶胶传输至江苏，江苏气溶胶浓度升高，从而气溶胶光学厚度变大。6 月气溶胶光学厚度高主要是由于江苏该月气温较高，相对湿度较大，有利于气溶胶粒子吸湿增长和二次气溶胶的生成。2 月、4 月、5 月、7 月，

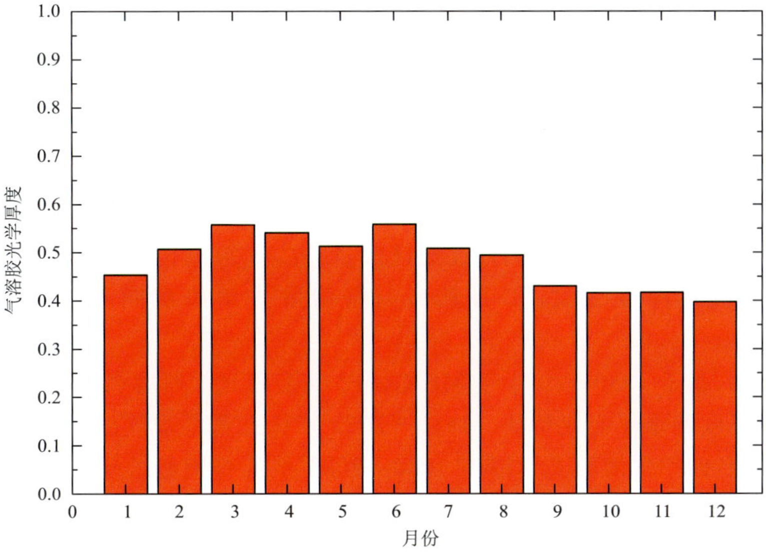

图 5.5　1980—2023 年江苏气溶胶光学厚度月平均

气溶胶光学厚度同样较高，超过 0.50。

如图 5.6 所示，基于 1980—2023 年 MERRA-2 气溶胶光学厚度再分析数据研究了安徽气溶胶光学厚度月平均特征。安徽不同月份之间气溶胶光学厚度存在一定差异，安徽气溶胶光学厚度 1—12 月分别为 0.50，0.55，0.60，0.56，0.52，0.52，0.45，0.49，0.47，0.45，0.43，0.42。3 月气溶胶光学厚度最高，达到 0.60，12 月气溶胶光学厚度最低，约为 0.42。3 月气溶胶光学厚度最高主要是由于在此期间西北地区大量沙尘气溶胶传输至安徽，安徽气溶胶浓度升高，从而气溶胶光学厚度变大。2 月、4 月和 5 月气溶胶光学厚度同样较高，超过 0.50，分别达到 0.55，0.56，0.52。6 月气溶胶光学厚度同样较高，约为 0.52，主要是由于安徽该月气温较高，相对湿度较大，有利于气溶胶粒子吸湿增长和二次气溶胶的生成。

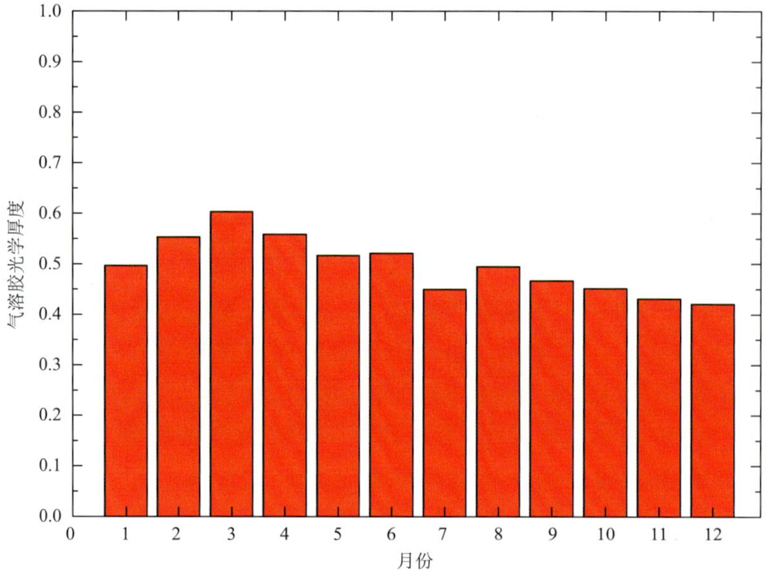

图 5.6 1980—2023 年安徽气溶胶光学厚度月平均

如图 5.7 所示，基于 1980—2023 年 MERRA-2 气溶胶光学厚度再分析数据研究了浙江气溶胶光学厚度月平均特征。浙江不同月份之间气溶胶光学厚度存在一定差异，浙江气溶胶光学厚度 1—12 月分别为 0.43，0.50，0.57，0.53，0.43，0.38，0.33，0.37，0.36，0.35，0.33，0.34。3 月气溶胶光学厚度最高，达到 0.57，11 月气溶胶光学厚度最低，约为 0.33。3 月气溶胶光学厚度最高主要是由于在此期间西北地区大量沙尘气溶胶传输至浙江，浙江气溶胶浓度升高，从而气溶胶光学厚度变大。2 月和 4 月气溶胶光学厚度同样较高，分别达到 0.50 和 0.53。

如图 5.8 所示，基于 1980—2023 年 MERRA-2 气溶胶光学厚度再分析数据研究了长三角地区气溶胶光学厚度四季年变化特征。1980—2023 年长三角春季气溶胶光学厚度最高，秋季最低。春、夏、秋、冬四季气溶胶光学厚度 1980—2023 年具有相似的年变化，均呈现先上升后下降的变化特征。1980—2007 年春、夏、秋、冬长三角气溶胶光学厚度均呈现上升趋势，增长率分别为 0.0108 a^{-1}、0.0099 a^{-1}、0.0099 a^{-1}、0.0087 a^{-1}。2008—2023 年春、夏、秋、冬气溶胶光学厚度均出现下降趋势，分别为−0.0130 a^{-1}、−0.0193 a^{-1}、−0.0153 a^{-1}、−0.0136 a^{-1}。

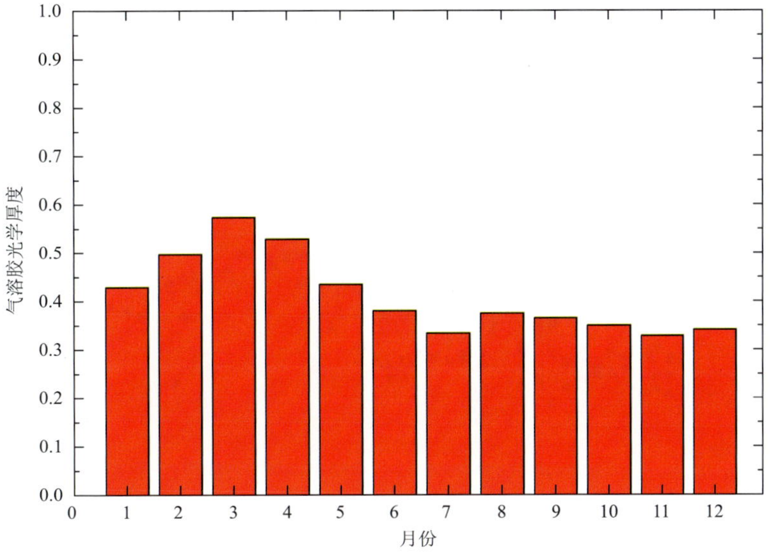

图 5.7　1980—2023 年浙江气溶胶光学厚度月平均

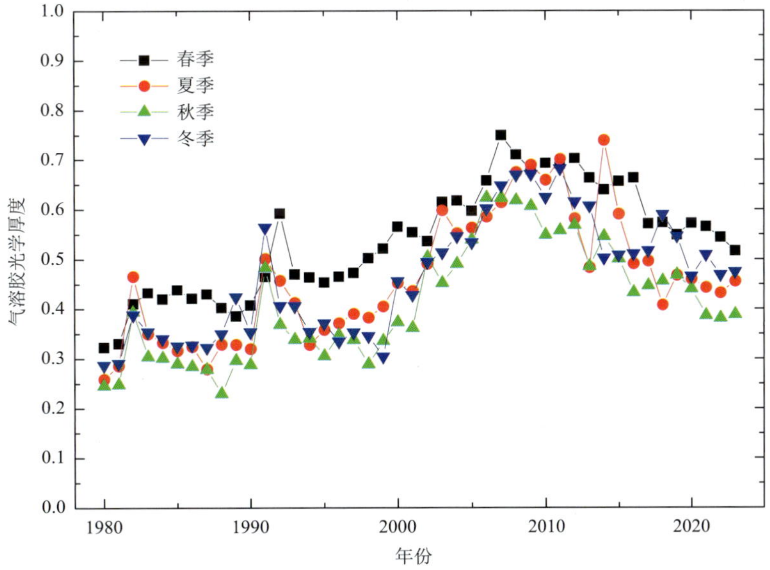

图 5.8　1980—2023 年长三角气溶胶光学厚度四季变化

如图 5.9 所示，基于 1980—2023 年 MERRA-2 气溶胶光学厚度再分析数据研究了上海气溶胶光学厚度四季年变化特征。1980—2023 年上海春季气溶胶光学厚度最高，秋季最低。春、夏、秋、冬四季气溶胶光学厚度在 1980—2023 年具有相似的年变化，均呈现先上升后下降的变化特征。1980—2007 年春、夏、秋、冬上海气溶胶光学厚度均呈现上升趋势，增长率分别为 0.0108 a^{-1}、0.0085 a^{-1}、0.0071 a^{-1}、0.0094 a^{-1}。2008—2023 年春、夏、秋、冬气溶胶光学厚度均出现下降趋势，下降率分别为−0.0119 a^{-1}、−0.0138 a^{-1}、−0.0113 a^{-1}、−0.0141 a^{-1}。

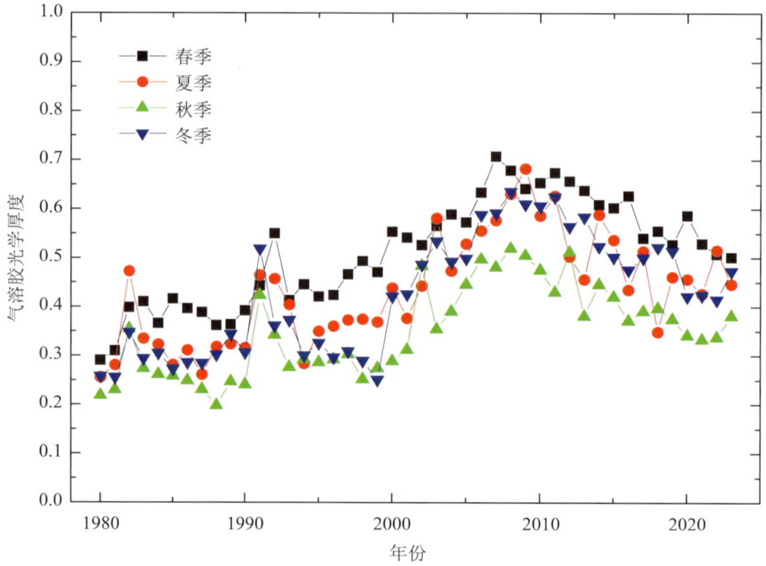

图 5.9　1980—2023 年上海气溶胶光学厚度四季变化

如图 5.10 所示，基于 1980—2023 年 MERRA-2 气溶胶光学厚度再分析数据研究了江苏气溶胶光学厚度四季年变化特征。1980—2023 年江苏春季气溶胶光学厚度最高，秋季最低。春、夏、秋、冬四季气溶胶光学厚度在 1980—2023 年具有相似的年变化，均呈现先上升后下降的变化特征。1980—2007 年春、夏、秋、冬江苏气溶胶光学厚度均呈现上升趋势，增长率分别为 0.0111 a^{-1}、0.0121 a^{-1}、0.0095 a^{-1}、0.0092 a^{-1}。2008—2023 年春、夏、秋、冬气溶胶光学厚度均出现下降趋势，下降率分别为 −0.0131 a^{-1}、−0.0222 a^{-1}、−0.0159 a^{-1}、−0.0140 a^{-1}。

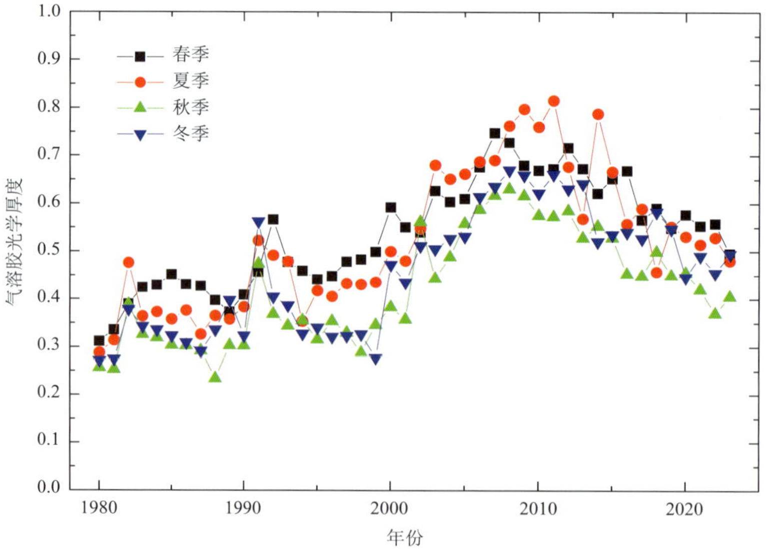

图 5.10　1980—2023 年江苏气溶胶光学厚度四季变化

如图 5.11 所示，基于 1980—2023 年 MERRA-2 气溶胶光学厚度再分析数据研究了安徽气溶胶光学厚度四季年变化特征。1980—2023 年安徽春季气溶胶光学厚度最高，秋季最低。春、夏、秋、冬四季气溶胶光学厚度在 1980—2023 年具有相似的年变化，均呈现先上升后下降的变化特征。1980—2007 年春、夏、秋、冬安徽气溶胶光学厚度均呈现上升趋势，增长率分别为 0.0114 a^{-1}、0.0113 a^{-1}、0.0116 a^{-1}、0.0089 a^{-1}。2008—2023 年春、夏、秋、冬气溶胶光学厚度均出现下降趋势，下降率分别为 −0.0145 a^{-1}、−0.0230 a^{-1}、−0.0176 a^{-1}、−0.0140 a^{-1}。

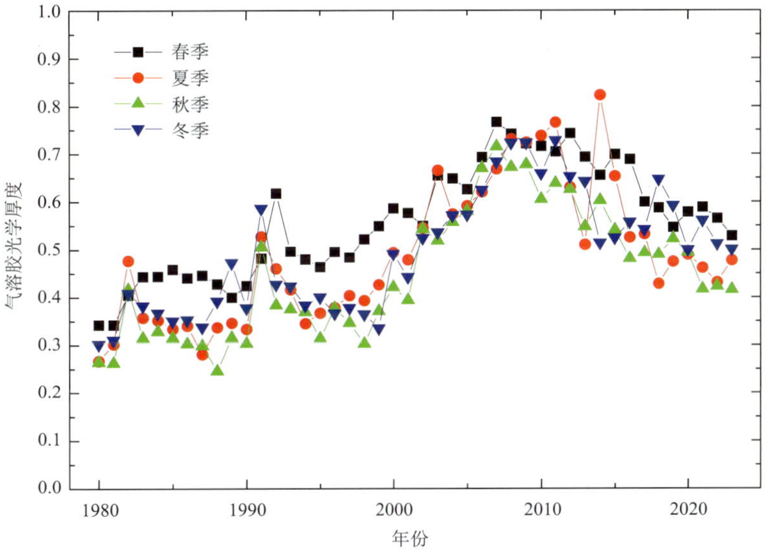

图 5.11　1980—2023 年安徽气溶胶光学厚度四季变化

如图 5.12 所示，基于 1980—2023 年 MERRA-2 气溶胶光学厚度再分析数据研究了浙江气溶胶光学厚度四季年变化特征。1980—2023 年浙江春季气溶胶光学厚度最高，秋季最低。春、夏、秋、冬四季气溶胶光学厚度在 1980—2023 年具有相似的年变化，均呈现先上升后下降的变化特征。1980—2007 年春、夏、秋、冬浙江气溶胶光学厚度均呈现上升趋势，增长率分别为 0.0097 a^{-1}、0.0060 a^{-1}、0.0081 a^{-1}、0.0078 a^{-1}。2008—2023 年春、夏、秋、冬气溶胶光学厚度均出现下降趋势，下降率分别为 −0.0109 a^{-1}、−0.0117 a^{-1}、−0.0118 a^{-1}、−0.0128 a^{-1}。

基于 MERRA-2 资料分析了长三角 1980—2023 年总气溶胶光学厚度（TotalAOD）及五种气溶胶光学厚度的变化特征，五种气溶胶光学厚度包括黑碳气溶胶光学厚度（BCAOD）、有机碳气溶胶光学厚度（OCAOD）、沙尘气溶胶光学厚度（DUAOD）、硫酸盐气溶胶光学厚度（SO4AOD）及海盐气溶胶光学厚度（SSAOD）。1980—2023 年黑碳气溶胶光学厚度、有机碳气溶胶光学厚度、沙尘气溶胶光学厚度、硫酸盐气溶胶光学厚度、海盐气溶胶光学厚度分别占总气溶胶光学厚度的 7.21%、12.80%、10.36%、67.13%、2.50%。硫酸盐气溶胶光学厚度占总气溶胶光学厚度比例最高，达到 67.13%。硫酸盐气溶胶光学厚度与总气溶胶光学厚度变化趋势相似，相关系数达到 0.98，表明长三角气溶胶变化主要是受硫酸盐气溶胶影响（图 5.13）。

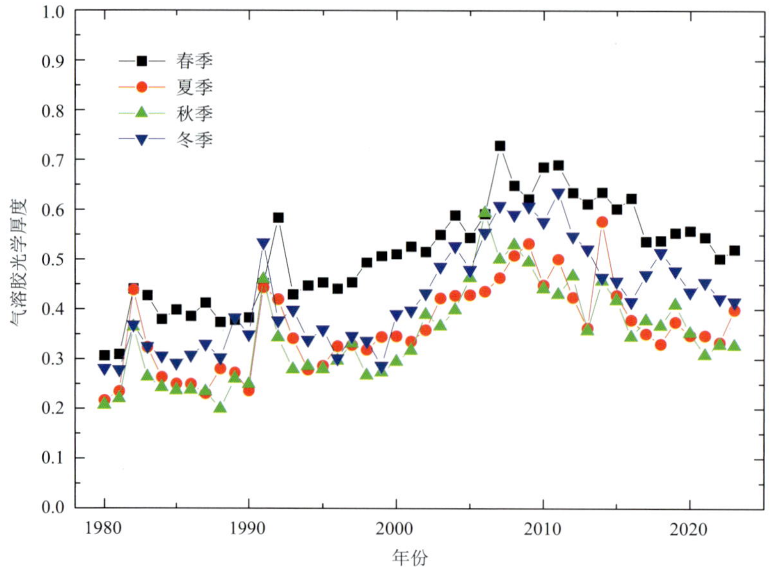

图 5.12　1980—2023 年浙江气溶胶光学厚度四季变化

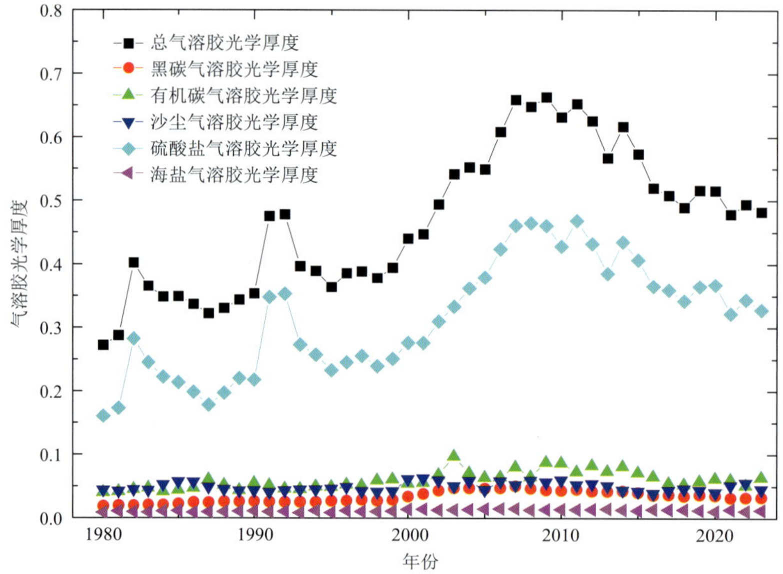

图 5.13　1980—2023 年长三角总气溶胶光学厚度及各种气溶胶光学厚度变化特征

通过 MERRA-2 资料研究了 1980—2023 年上海地区 TotalAOD 及五种气溶胶光学厚度的变化特征(图 5.14)。1980—2023 年黑碳气溶胶光学厚度、有机碳气溶胶光学厚度、沙尘气溶胶光学厚度、硫酸盐气溶胶光学厚度、海盐气溶胶光学厚度分别占总气溶胶光学厚度的 6.58%、11.63%、10.56%、65.60%、5.63%。硫酸盐气溶胶光学厚度占总气溶胶光学厚度的比例最高，达到 65.60%，硫酸盐气溶胶光学厚度与总气溶胶光学厚度变化趋势相似，相关系数达到 0.97，表明上海总气溶胶光学厚度的变化主要与硫酸盐气溶胶变化相关。

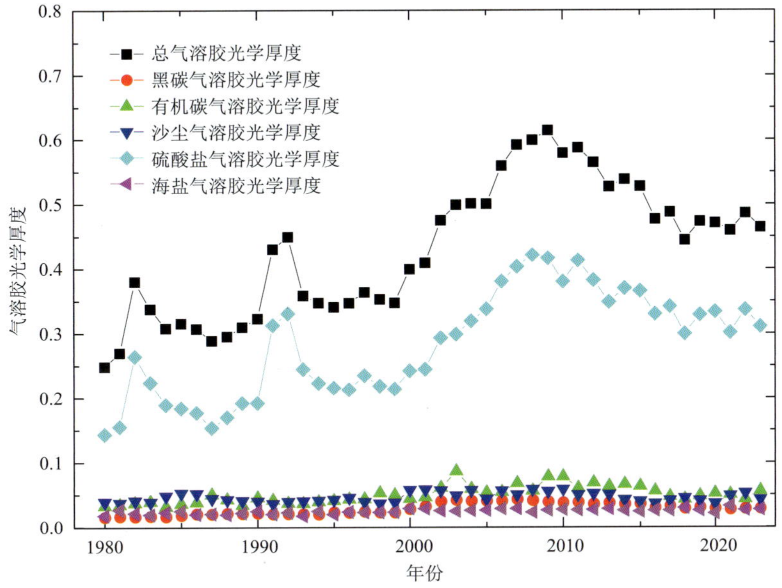

图 5.14　1980—2023 年上海总气溶胶光学厚度及各种气溶胶光学厚度变化特征

5.2　长三角地区气象因子对气溶胶光学厚度长期变化贡献率

基于 1980—2023 年 MERRA-2 气溶胶光学厚度和气象因子(包括边界层高度、空气湿度、风速、降水量、空气温度、云量)月平均值,在长三角区域定量估算了气象因子对气溶胶光学厚度长期变化的总贡献率,并定量评估了各种气象因子的相对贡献率。将气溶胶光学厚度作为因变量和气象因子(包括边界层高度、空气湿度、风速、降水量、空气温度、云量)作为自变量,构建多元线性回归模型,利用多元线性回归模型的决定系数(R^2)可以得到气象因子对气溶胶变化的总贡献率,同时基于多元线性回归方程的回归系数和各个气象因子的标准差,得出各种气象因子对气溶胶光学厚度变化的相对贡献率。如表 5.1 所示,R^2 为 0.1033,表示气象因子在长三角对气溶胶光学厚度变化总贡献率为 10.33%。气象因子中的边界层高度、空气湿度、风速、降水量、空气温度、云量对气溶胶光学厚度变化的相对贡献率分别为 4.70%、41.35%、4.09%、14.92%、27.45%、7.49%。其中,空气湿度相对贡献率最大,达到 41.09%,空气温度相对贡献率也较大,达到 27.45%。空气温度和空气湿度与气溶胶的吸湿增长有关,气溶胶吸湿增长会引起气溶胶光学厚度变化。

表 5.1　长三角气象因子对气溶胶光学厚度变化贡献率

气象因子	贡献率/%
边界层高度	4.70
空气湿度	41.35
风速	4.09
降水量	14.92
空气温度	27.45
云量	7.49
决定系数(R^2)	10.33

基于1980—2023年MERRA-2气溶胶光学厚度和气象因子(包括边界层高度、空气湿度、风速、降水量、空气温度、云量)月平均值,在上海区域定量估算了气象因子对气溶胶光学厚度长期变化的总贡献率,并定量评估了各种气象因子的相对贡献率。研究方法同上述长三角地区一致,将气溶胶光学厚度作为因变量,气象因子作为自变量,构建多元线性回归模型,利用R^2得到气象因子对气溶胶变化的总贡献率,同时基于多元线性回归方程的回归系数和各个气象因子的标准差,得出各种气象因子对气溶胶光学厚度变化的相对贡献率。如表5.2所示,R^2为0.2226,表示气象因子在上海对气溶胶光学厚度变化总的贡献率为22.26%。气象因子中的边界层高度、空气湿度、风速、降水量、空气温度、云量对气溶胶光学厚度变化的相对贡献率分别为26.72%、38.40%、4.77%、5.26%、23.41%、1.43%。其中边界层高度和空气温度对上海气溶胶光学厚度变化的相对贡献率较大。气溶胶光学厚度是气溶胶的消光系数在垂直方向上的积分,是描述整层大气气溶胶对光的削减作用的,因而边界层高度对气溶胶光学厚度变化有一定影响。空气湿度和空气温度会影响气溶胶的吸湿增长和二次气溶胶的形成,从而引发气溶胶光学厚度的变化。

表5.2 上海气象因子对气溶胶光学厚度变化贡献率

气象因子	贡献率/%
边界层高度	26.72
空气湿度	38.40
风速	4.77
降水量	5.26
空气温度	23.41
云量	1.43
决定系数(R^2)	22.26

5.3 长三角地区臭氧总量

臭氧是一种十分重要的大气痕量气体(谢静晗 等,2022),具有很高的活性,性质不稳定,大气中90%的臭氧在平流层,臭氧能够吸收对生物有害的太阳紫外辐射(张秀年 等,2004;韦惠红 等,2006;陈雪萍 等,2019),保护地球生物圈的进化和发展。整层大气柱中臭氧含量的总量被称为臭氧总量,臭氧总量一般以多布森单位(Dobson Unit)度量,简称Du。臭氧具有活跃的化学反应特性和较强的辐射特性,可以直接影响气候变化和人类的生活环境,臭氧已经成为继颗粒物污染之后影响城市空气质量的一种重要的二次污染物(刘旻霞 等,2021),因此,开展臭氧总量监测和研究具有重要意义。近年来,随着中国经济的高速发展和人为因素的影响,臭氧浓度持续上升,臭氧污染开始成为我国一种普遍而又难处理的大气污染类型。目前,在中国经济高速发展的时期,针对臭氧污染的分析研究显得极为重要,广大大气科学领域科研人员对此高度关注(于瑞新,2021)。易睿等(2015)研究了长三角城市臭氧污染特征和其影响因素,对长三角25个城市的2013年国家环境监测点位和国家气象台数据进行统计分析,发现有24个城市存在臭氧日超标现象,超标率在1.6%~15.1%,长三角臭氧污染呈现明显的连片分布特征,高温、长时间日照容易出现臭氧浓度高值。刘芷君等(2016)基于长三角地区16个城市环境监测站点 2013 年 6 月—2014 年 5 月的臭氧小时浓度数据，研究了该区域的臭氧污染时空分布特征，得出长三角区域四季臭氧日变化皆为典型的单峰型，夏季日最小值出现在 06 时，其他季节推迟约 1 h，日最大值均出现在 15 时前后。单源源等(2016)为研究长三角典型城市臭氧及其前体物的时空分布特征，基于 Aura/OMI 分析了 2005—2014 年长三角地区及其典型城市对流层臭氧、二氧化氮柱浓度和 HCHO 大气总柱浓度的时空分布特征，得出 2005—2014 年长三角地区对流层臭氧柱浓度和 HCHO 大气总柱浓度呈现增长趋势，对流层二氧化氮柱浓度呈现降低趋势，臭氧与二氧化氮和 HCHO 在时间和空间上具有一定的相关性。邵平等(2017)基于 2013 年 5 月 15 日—8 月 31 日南京江北工业区同步的观测资料研究了近地层臭氧和 $PM_{2.5}$、气溶胶光学厚度的变化特征及相互间的关系，同时结合光化学箱模式分析了气溶胶光学厚度对近地层臭氧生成的影响，得出结论：长三角工业区夏季大气污染呈明显的复合型污染特征，工业区 $PM_{2.5}$ 与臭氧污染存在显著的正相关，高温低湿条件有利于臭氧和二次颗粒物的快速生成，从而导致大气中高浓度臭氧和细颗粒物污染复合叠加。谢放尖等(2021)利用南京市空气质量数据和 NCEP 全球再分析资料，结合后向轨迹模式计算了 2017 年春夏到达南京城区逐时的 24 h 近地面气团后向轨迹，并将后向轨迹数据与臭氧质量浓度数据结合，进行轨迹聚类与潜在源区分析，得出臭氧污染潜在源区主要分布在常州、无锡、苏州与湖州等城市，同时泰州、马鞍山、芜湖、滁州、南通与连云港等是次要的潜在源区，臭氧污染区域输送贡献明显，需要强化长三角区域联防联控。于瑞新等(2021)研究了 2005—2019 年长三角地区臭氧柱浓度的时空分布特征和影响因素，并利用后向轨迹模型进行对流层臭氧来源解析，结果发现臭氧柱浓度在 2010 年达到最大值，在 2016 年达到最小值；季节方面，春季最大，冬季最低；空间分布方面，臭氧柱浓度高值区位于长三角中部以及以北地区，从北到南逐渐降低；来自华北、黄海地区与西南方向及东海上空的气流汇聚是引起长三角春季臭氧柱浓度升高的主要原因，冬季长三角臭氧柱浓度低主要是由于来自华北地区的高压气流对臭氧的扩散作用。程育恺等(2023)基于莫兰指数和冷热点空间统计方法研究了 2017—2020 年长三角 210 个监测站点臭氧浓度时空特征，同时利用健康风险和环境价值评价法评估了长三角地区人群臭氧暴露水平变化的健康收益，结果发现：暖季和冷季臭氧浓度平均值均为北高南低的空间分布态势，三省一市人口加权年平均臭氧暴露浓度总体呈现下降趋势，但长三角皖西、苏北、苏中部分城市呈现波动上升。

5.3.1 长三角地区臭氧总量分布特征

世界气象组织在 20 世纪 70 年代启动了“全球臭氧观测系统”，并从 1989 年开始组建全球大气监测网，建立了包括温室气体、臭氧等的资料中心。这些地基观测数据有力地促进了人们对臭氧的研究和认识，为臭氧的模型反演提供了重要的地面验证资料，但由于是局限于单点观测，无法获得臭氧的空间分布。随着卫星遥感技术的发展，卫星遥感为获取全球或区域尺度的臭氧监测数据提供了支撑。Aura 卫星于 2004 年 7 月 15 日在美国发射，是一颗近极地、太阳同步科学探测卫星，轨道高度 705 km，过境时间大约是当地时间 13 时 45 分。搭载在 Aura 卫星上的臭氧监测仪(OMI)是继全球臭氧监测仪(GOME)和扫描成像大气吸收光谱仪(SCIAMACHY)之后的新一代大气成分探测传感器，波长范围是 270～500 nm，平均波谱分辨率为 0.5 nm，星下点空间分辨率为 13 km×2 km，扫描幅宽 2600 km，1 d 可覆盖全球(杜君平，2014)。本研究使用 Aura/OMI 开展长三角区域臭氧总量研究，空间分辨率为 0.25°×0.25°。

图 5.15 为 AURA/OMI 卫星遥感监测长三角 2005—2023 年臭氧总量平均值分布特征。长三角区域臭氧总量呈现北部高、南部低的特征，从北到南逐渐降低，最高值位于江苏、安徽最北部，超过 300 DU，最低值位于浙江最南部，约为 270 DU。安徽和江苏中部在 288～295 DU，安徽南部在 278～283 DU，江苏南部在 283～288 DU，上海在 283～285 DU，浙江北部在 279～284 DU，浙江中部在 274～279 DU。安徽不同区域臭氧总量差异最大，最高值与最低值相差超过 20 DU，上海不同区域间差异最小。

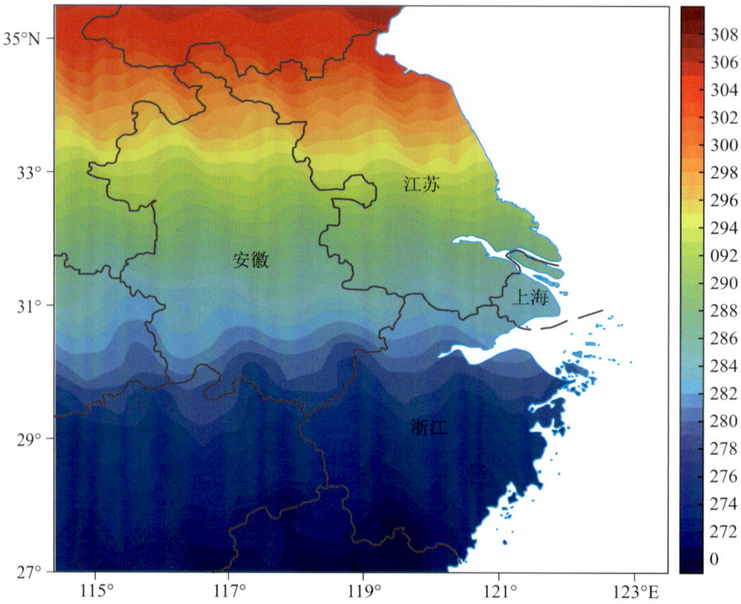

图 5.15　2005—2023 年长三角 AURA/OMI 臭氧总量平均值分布(单位:DU)

通过卫星遥感监测研究了 2022 年与 2023 年上海臭氧总量分布(图 5.16)。2023 年上海臭氧总量整体上低于 2022 年。2023 年上海臭氧总量分布特征与 2022 年相似，呈现东南部低、西北部高的特征，从东南部到西北部臭氧总量逐渐升高。2022 年上海臭氧总量在 294～

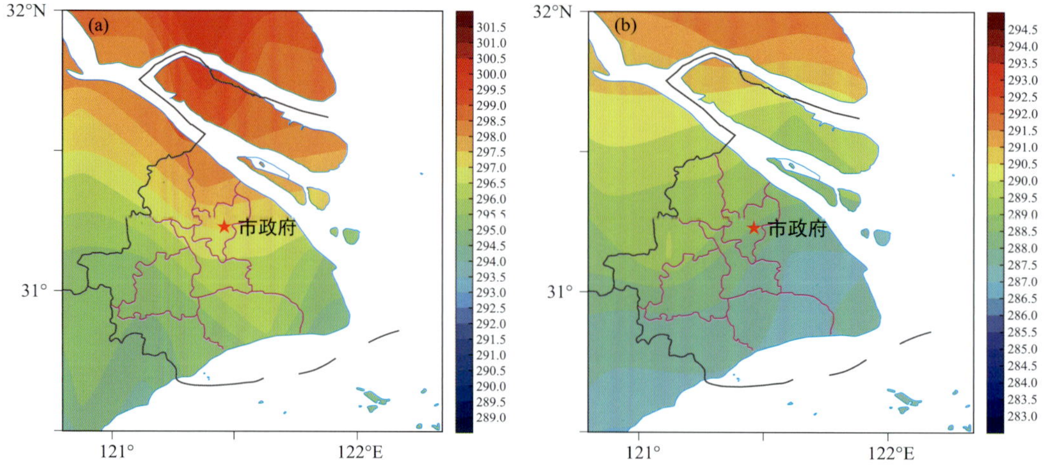

图 5.16　2022 年(a)与 2023 年(b)上海 AURA/OMI 臭氧总量分布(单位:DU)

300 DU，不同区域臭氧总量值相差 6 DU 以内，平均值为 297.8 DU，最高值位于崇明岛西北部，约为 300 DU。2023 年上海臭氧总量在 287～291.5 DU，不同区域臭氧总量值相差在 5 DU 以内，平均值为 288.4 DU，最高值同样位于崇明岛西北部，超过 291 DU。

5.3.2 长三角地区臭氧总量变化特征

通过卫星遥感监测研究了 2005—2023 年长三角和上海臭氧总量变化特征（图 5.17），长三角臭氧总量略高于上海。2005—2023 年长三角和上海臭氧总量平均值分别为 286.6 DU 和 284.6 DU，两者相差 2.0 DU。2005—2023 年长三角臭氧总量呈现振荡上升趋势，增长率为 0.44 DU・a^{-1}。2005—2023 年上海臭氧总量同样呈现振荡上升趋势，增长率为 0.52 DU・a^{-1}。2005—2023 年长三角臭氧总量与上海臭氧总量变化趋势基本一致，相关系数达到 0.99。

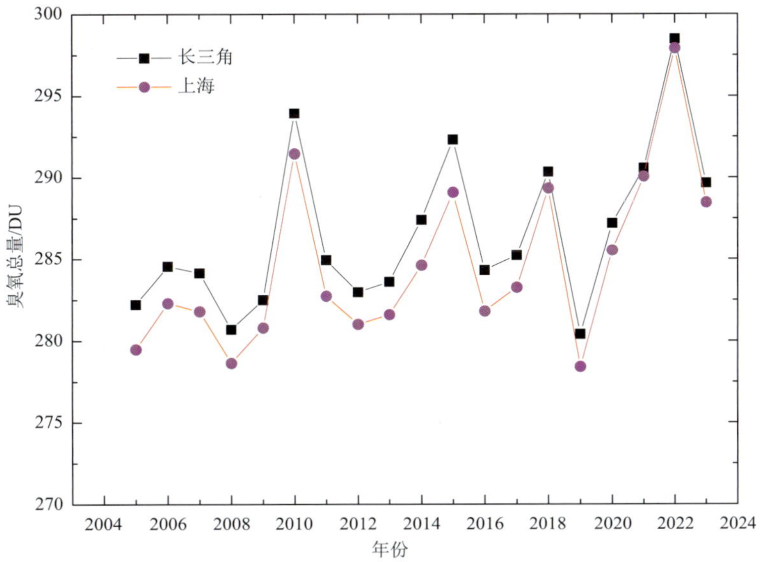

图 5.17　2005—2023 年长三角和上海 AURA/OMI 臭氧总量变化特征

如图 5.18 所示，基于 2005—2023 年 AURA/OMI 臭氧总量数据研究了长三角地区臭氧总量月平均特征，1—4 月臭氧总量呈现明显的上升趋势，在 4 月达到最大值，约为 308 DU，5 月长三角臭氧总量约为 302 DU，6 月约为 297 DU，5 月、6 月长三角臭氧总量低于 4 月，但仍然相对于其他月份较高，5 月开始长三角臭氧总量呈现明显的下降趋势，10 月达到最小值，约为 266 DU，月最大值与月最小值之间相差约 42 DU，长三角臭氧总量不同月份之间存在明显的差异，春季（3 月、4 月、5 月）和夏季（6 月、7 月、8 月）臭氧总量明显高于秋季（9 月、10 月、11 月）和冬季（12 月、1 月、2 月）臭氧总量。11 月、12 月及次年的 1 月是长三角地区一年中臭氧总量较低的月份，从 2 月开始，气温逐渐升高，臭氧前体物生成臭氧的光化学反应速率加快，使得长三角臭氧总量上升。

如图 5.19 所示，基于 2005—2023 年 AURA/OMI 臭氧总量数据研究了上海臭氧总量月平均特征，1—4 月臭氧总量呈现明显的上升趋势，在 4 月达到最大值，约为 307 DU，5 月上海臭氧总量约为 302 DU，6 月约为 297 DU，5 月、6 月上海臭氧总量低于 4 月，但仍然相对于其他月份较高，5 月开始上海臭氧总量呈现明显的下降趋势，11 月达到最小值，约为 263 DU，月

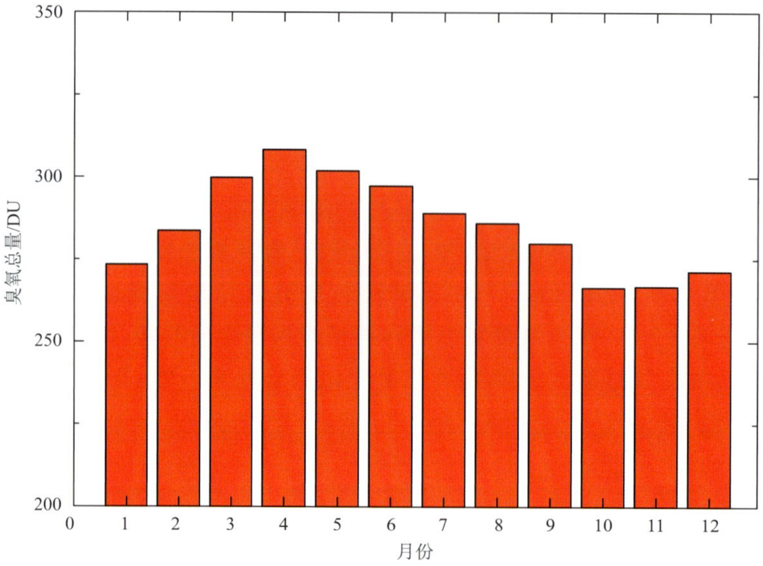

图 5.18　2005—2023 年长三角 AURA/OMI 臭氧总量月平均

最大值与月最小值之间相差约 44 DU，上海臭氧总量不同月份之间存在明显的差异，春季和夏季臭氧总量明显高于秋季和冬季臭氧总量。11 月、12 月及次年的 1 月是上海一年中臭氧总量较低的月份，从 2 月开始，气温逐渐升高，臭氧前体物生成臭氧的光化学反应速率加快，使得上海臭氧总量上升。

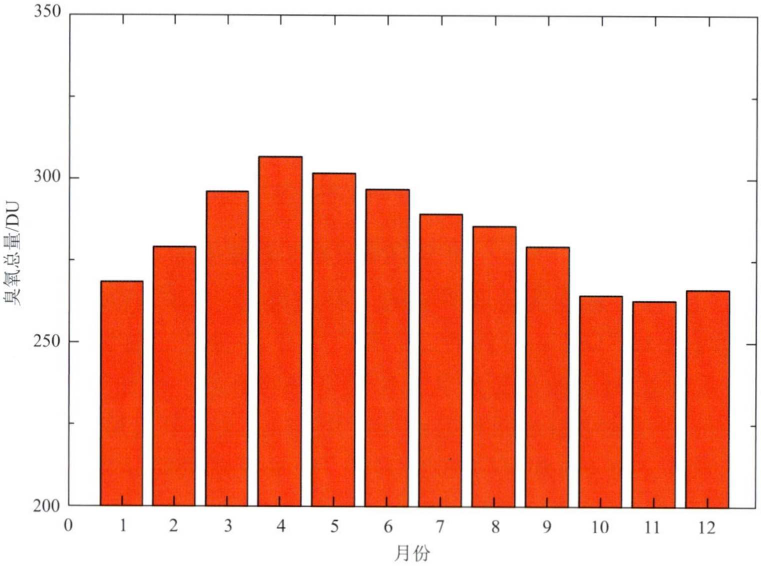

图 5.19　2005—2023 年上海 AURA/OMI 臭氧总量月平均

如图 5.20 所示，基于 2005—2023 年 AURA/OMI 臭氧总量数据研究了江苏臭氧总量月平均特征，1—4 月臭氧总量呈现明显的上升趋势，在 4 月达到最大值，约为 318 DU，5 月江苏臭氧总量约为 309 DU，6 月约为 304 DU，5 月、6 月江苏臭氧总量低于 4 月，但仍然相对于其他月份较高，5月开始江苏臭氧总量呈现明显的下降趋势，10月达到最小值，约为269 DU，月最大值与月最小值之间相差约49 DU，江苏臭氧总量不同月份之间存在明显的差异，春季和夏季臭氧总量明显高于秋季和冬季臭氧总量。11月、12月及次年的1月是江苏一年中臭氧总量较低的月份，从2月开始，气温逐渐升高，臭氧前体物生成臭氧的光化学反应速率加快，使得江苏臭氧总量上升。

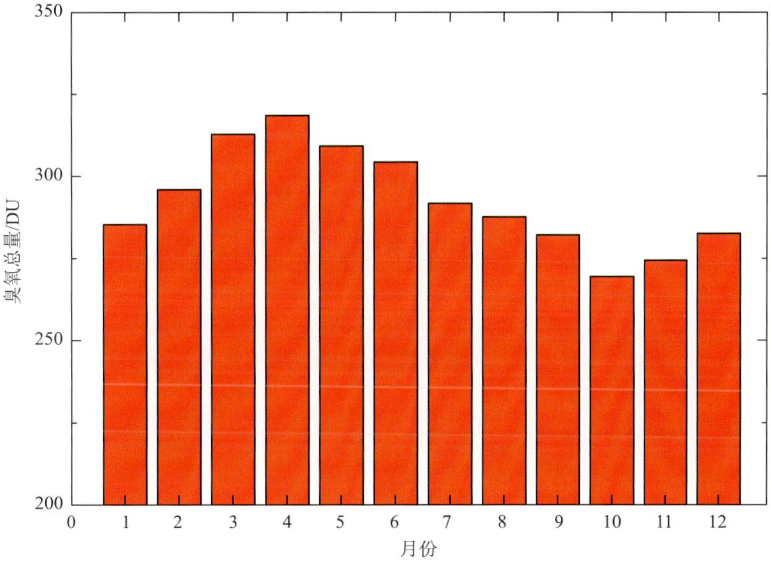

图5.20 2005—2023年江苏AURA/OMI臭氧总量月平均

如图5.21所示，基于2005—2023年AURA/OMI臭氧总量数据研究了安徽臭氧总量月平均特征，1—4月臭氧总量呈现明显的上升趋势，在4月达到最大值，约为310 DU，5月安徽臭氧总量约为303 DU，6月约为298 DU，5月、6月安徽臭氧总量低于4月，但仍然相对于其他月份较高，5月开始安徽臭氧总量呈现明显的下降趋势，10月达到最小值，约为267 DU，月最大值与月最小值之间相差约43 DU，安徽臭氧总量不同月份之间存在明显的差异，春季和夏季臭氧总量明显高于秋季和冬季臭氧总量。11月、12月及次年的1月是安徽一年中臭氧总量较低的月份，从2月开始，气温逐渐升高，臭氧前体物生成臭氧的光化学反应速率加快，使得安徽臭氧总量上升。

如图5.22所示，基于2005—2023年AURA/OMI臭氧总量数据研究了浙江臭氧总量月平均特征，1—4月臭氧总量呈现明显的上升趋势，在4月达到最大值，约为296 DU，5月浙江臭氧总量约为294 DU，6月约为290 DU，5月、6月浙江臭氧总量低于4月，但仍然相对于其他月份较高，5月开始浙江臭氧总量呈现明显的下降趋势，12月达到最小值，约为256 DU，月最大值与月最小值之间相差约40 DU，浙江臭氧总量不同月份之间存在明显的差异，春季和夏季臭氧总量明显高于秋季和冬季臭氧总量。11月、12月及次年的1月是浙江一年中臭氧总量较低的月份，从2月开始，气温逐渐升高，臭氧前体物生成臭氧的光化学反应速率加快，使得浙江臭氧总量上升。

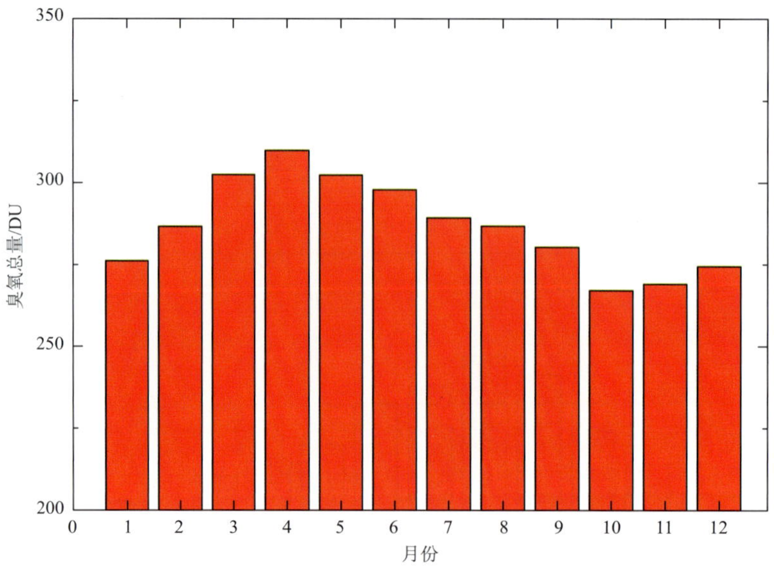

图 5.21　2005—2023 年安徽 AURA/OMI 臭氧总量月平均

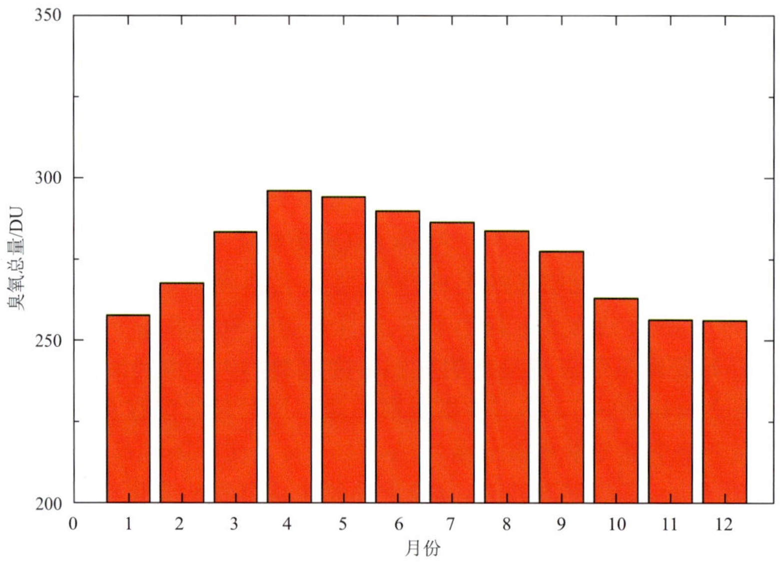

图 5.22　2005—2023 年浙江 AURA/OMI 臭氧总量月平均

5.4　本章小结

本章分析了长三角地区气溶胶光学厚度的空间分布特征和时间变化特征，定量评估了长三角地区气象因子对气溶胶光学厚度长期变化贡献率，同时研究了长三角地区臭氧总量的空间分布特征和时间变化特征，可为长三角地区大气环境评价、大气污染防治政策的制定提供重要参考依据。主要结论如下。

①长三角1980—2023年气溶胶光学厚度平均值为0.47，北部高、南部低，从北到南逐渐降低。气溶胶光学厚度最高值位于长三角西北部，最低值位于长三角南部。安徽气溶胶光学厚度整体上高于江苏、上海、浙江。江苏西部区域气溶胶光学厚度高于东部区域，上海气溶胶光学厚度西部高于东部，浙江气溶胶光学厚度整体上低于安徽、上海、江苏。浙江气溶胶光学厚度从北到南逐渐降低，最高值位于浙江北部，最低值位于浙江南部。2003—2023年长三角地区MODIS气溶胶光学厚度年变化呈现先上升后下降的变化特征，最高值出现在2011年，长三角气溶胶光学厚度在2003—2011年总体呈上升趋势，增长率为0.0141 a^{-1}，在2012—2023年呈明显的下降趋势，下降率为−0.0237 a^{-1}。长三角地区不同月份之间气溶胶光学厚度存在一定差异。3月气溶胶光学厚度最高，达到0.58，12月气溶胶光学厚度最低，约为0.39。3月气溶胶光学厚度最高主要是由于在此期间西北地区大量沙尘气溶胶传输至长三角地区，长三角气溶胶浓度升高，从而气溶胶光学厚度变大。2月和4月气溶胶光学厚度同样较高，超过0.50，分别达到0.52和0.54。6月气溶胶光学厚度同样较高，约为0.49，主要是由于长三角地区该月气温较高，相对湿度较大，有利于气溶胶粒子吸湿增长和二次气溶胶的生成。上海、江苏、安徽、浙江气溶胶光学厚度在3月同样达到最高值。1980—2023年长三角春季气溶胶光学厚度最高，秋季最低。春、夏、秋、冬四季气溶胶光学厚度在1980—2023年具有相似的年变化，均呈现先上升后下降的变化特征。1980—2007年春、夏、秋、冬长三角气溶胶光学厚度均呈现上升趋势，增长率分别为0.0108 a^{-1}、0.0099 a^{-1}、0.0099 a^{-1}、0.0087 a^{-1}。2008—2023年春、夏、秋、冬气溶胶光学厚度均出现下降趋势，下降率分别为−0.0130 a^{-1}、−0.0193 a^{-1}、−0.0153 a^{-1}、−0.0136 a^{-1}。上海、江苏、安徽、浙江气溶胶光学厚度同样是春季最高、秋季最低。上海和整个长三角地区气溶胶变化主要是受硫酸盐气溶胶影响。

②基于1980—2023年MERRA-2气溶胶光学厚度，气象因子（包括边界层高度、空气湿度、风速、降水量、空气温度、云量）月平均值，在上海和整个长三角区域定量估算了气象因子对气溶胶光学厚度长期变化的总贡献率，并定量评估了各种气象因子的相对贡献率。长三角地区空气湿度和空气温度对气溶胶光学厚度长期变化的相对贡献率较大，上海地区空气湿度、边界层高度和空气温度对气溶胶光学厚度长期变化的相对贡献率较大。

③长三角2005—2023年臭氧总量呈现北部高、南部低的特征，从北到南逐渐降低，最高值位于江苏、安徽最北部，最低值位于浙江最南部。安徽不同区域臭氧总量差异最大，上海不同区域间差异最小。2005—2023年长三角臭氧总量略高于上海，2005—2023年长三角和上海臭氧总量平均值分别为286.6 DU和284.6 DU，两者相差2.0 DU。2005—2023年长三角地区和上海地区臭氧总量均呈现振荡上升趋势，且变化趋势基本一致。2005—2023年AURA/OMI长三角地区臭氧总量月平均特征显示，1—4月臭氧总量呈现明显的上升趋势，在4月达到最大值，约为308 DU，5月长三角臭氧总量约为302 DU，6月约为297 DU，5月、6月长三角臭氧总量低于4月，但仍然相对于其他月份较高，5月开始长三角臭氧总量呈现明显的下降趋势，10月达到最小值，约为266 DU，月最大值与月最小值之间相差约42 DU，长三角臭氧总量不同月份之间存在明显的差异，春季（3月、4月、5月）和夏季（6月、7月、8月）臭氧总量明显高于秋季（9月、10月、11月）和冬季（12月、1月、2月）臭氧总量。11月、12月及次年的1月是长三角地区一年中臭氧总量较低的月份，从2月开始，气温逐渐升高，臭氧前体物生成臭氧的光化学反应速率加快，使得长三角臭氧总量上升。上海、江苏、安徽、浙江臭氧总量春季和夏季明显高于秋季和冬季。

第6章 重点湖泊水环境

6.1 湖泊生态气象监测评估方法

6.1.1 湖泊生态气象监测指标体系

随着人口增长和经济发展，资源紧缺与环境污染问题日益凸显，对地球生态环境信息的了解变得至关重要。传统的环境监测手段存在局限，而生态气象环境监测则能更全面地评估人类活动对生态的影响。因此，建立生态环境监测体系成为必然趋势，其中湖泊生态气象监测尤为重要。湖泊生态气象监测涵盖气候、大气化学、水土界面等多个方面，旨在研究能量流转和物质循环过程，并提供长期定位观测资料。这些监测数据对于研究气候变化和人类活动对湖泊生态系统的影响不可或缺，有助于揭示生态问题的变化规律及发展趋势，为预测和影响评价奠定基础。生态监测指标体系的选择至关重要，它应能敏感反映生态系统的基本特征和变化趋势，确保生态监测能准确揭示生态环境质量的现状、变化和趋势。通过完善湖泊生态气象环境监测指标体系，能更好地保护生态环境，实现可持续发展。

湖泊生态气象监测指标体系的设计应遵循几个核心原则（杨文刚 等，2006）。首先，要能准确反映生态系统的关键特征，并揭示主要的生态环境问题；其次，应因地制宜，便于操作，并与生态环境考核指标相衔接；最后，指标选择应优先考虑易监测、针对性强且能说明问题的因子，力求以最低成本获取必要的生态环境信息。在实际操作中，可根据现有能力和条件，优先考虑部分监测指标，待条件成熟后再逐步补充完善。湖泊生态气象系统指标体系主要包括气象、水文、水质、底质、浮游植物、浮游动物、游泳动物、底栖生物和微生物九个核心要素。除此之外，指标体系还应综合考虑人为指标、一般监测指标和应急监测指标，确保全面反映湖泊生态系统的各个方面。在监测手段上，除了定点的微观生态监测，还应结合宏观生态监测，充分利用卫星遥感技术，对生态环境进行综合监测。鉴于湖泊生态气象监测指标的复杂性，应分步实施，优先实施可行性强的监测指标，并在后续工作中适时补充完善。

综合考虑上述因素，将湖泊生态气象系统监测指标体系细分为气象要素、大气环境要素、水环境要素、水文要素、浮游植物要素、自然物候要素、人为要素、生态环境综合状态八个部分（表 6.1）。在实际应用中，可根据具体情况对指标进行适当调整，以确保监测工作的有效性和准确性。

表 6.1　湖泊气象生态监测指标体系

类别	监测项目
气象要素	常规气象要素监测：温、压、湿、风向、风速、深层地温、地面温度、蒸发量、日照时数、降水量、降水量时间及强度、冻土、总辐射、直接辐射、散射辐射、反射辐射、净辐射、冻土、云、能见度、天气现象等项目； 大气近界层观测：对水体下垫面 16 m 高度内的温度、湿度、风等气象要素进行梯度观测
大气环境要素	近地层大气化学要素观测：大气降尘量、大气降水、大气甲烷、二氧化碳、大气氮氧化物、大气二氧化硫和大气臭氧等； 通量观测：水体下垫面条件下水汽、二氧化碳浓度、热通量和动量观测
水环境要素	水体物理性质监测：水体透明度、水体下垫面辐射、水体中温度和辐射梯度观测； 水体化学性质监测：水温、浊度、pH、溶解氧、电导率、透明度、总磷、总氮、水中总有机碳、水中硫酸盐、化学需氧量、水质凯氏氮等观测
水文要素	湖泊水位水深、水体蒸发、地表径流、湖泊周边土壤地下水位观测
浮游植物要素	浮游植物的现存量、初级生产量观测
自然物候要素	自然物候观测
人为要素	湖泊渔业情况调查、湖泊周边排放情况调查
生态环境综合状态	卫星遥感监测

在选择湖泊生态气象监测点时，需要对台站的选址、监测点、监测方法及设备、监测频率以及数据的整理等进行全方面考虑。为保证资料的代表性，需采用“一站多点”的定点监测和调查点监测相结合的监测方式。

湖泊生态气象监测方法遵循两大原则。首先，通用性原则强调监测方法和标准应与国内外相关学科保持一致，采用公认的国家标准方法和国际通用方法，以实现资料共享。其次，先进性原则主张监测方法应自动化，以仪器自动测定为主，减少手工操作，并选用先进、通用的仪器，确保资料准确可比。在具体操作上，对于气象、大气污染、水文、水质和浮游植物等要素的监测，可以借鉴国内已有的通用标准。例如，气象要素监测遵循气象观测规范，水文要素采用水文和水环境监测的统一标准，大气污染执行国家环保部门的方法与标准，水质要素则遵循地表水环境质量监测技术规范等的通用标准。

6.1.2　基于卫星遥感的湖泊生态环境综合状况监测指标与方法

6.1.2.1　蓝藻水华

蓝藻暴发所引起的水华现象是水体富营养化最直接的外在表现。人们的日常生产生活中向水体中排放了大量的氮、磷污染物质，导致了水中营养物质不断增多，使得蓝藻暴发性生长，大量消耗了水体中的溶解氧，鱼虾类水生物因缺少氧气不断出现死亡，其残体的腐烂过程，不但污染水质，同时又释放新的氮、磷污染物质供养新的藻类。这种不断的恶性循环致使蓝藻暴发而引发水华现象。

卫星遥感作为一种先进的技术手段，具有客观独立、公开透明、及时有效、连续观测等特性。风云三号卫星是我国为了满足天气预报、气候预测和环境监测等方面的迫切需求而建设的第二代极轨气象卫星。作为媲美国际最先进的宽幅成像遥感仪器，风云三号卫星的中分辨率光谱仪可以每日无缝隙获取全球 250 m 分辨率真彩色图像，实现多领域高精度定量反演，为我国生态治理与恢复、环境监测与保护提供科学支撑。风云三号搭载的中分辨率成像光谱仪(MERSI)适合水体生态环境的水色卫星遥感监测。湖泊蓝藻水华卫星遥感监测常以植被指数为主，常用的有 NDVI、增强型植被指数(EVI)、比值植被指数(RVI)等。以基于 NDVI 的风云三号卫星湖泊蓝藻水华遥感监测为例，通过卫星遥感影像反演 NDVI 作为数据基础，利用可有效反映湖泊水体蓝藻水华的特征指标作为客观依据，技术流程(图 6.1)包括数据准备、数据预处理、蓝藻水华监测、蓝藻水华评估和评估报告。

①单像元蓝藻水华覆盖度

$$f_{ci} = \frac{\mathrm{NDVI} - \mathrm{NDVI_w}}{\mathrm{NDVI_c} - \mathrm{NDVI_w}} \times 100\% \tag{6.1}$$

式中，f_{ci}为第 i 个像元蓝藻水华覆盖度，f_{ci}的最小值为 0，最大值为 100%，$\mathrm{NDVI_w}$为无蓝藻水华、相对清洁水体的 NDVI 值，采用-0.20 作为参考值，$\mathrm{NDVI_c}$为蓝藻水华 NDVI 经验值，采用 0.81 作为参考值。

评估时可依据表 6.2 对单像元蓝藻水华覆盖度分级。

表 6.2　单像元蓝藻水华覆盖度分级

单像元蓝藻水华覆盖度分级	单像元蓝藻水华覆盖度(f_{ci})
无蓝藻水华	$f_{ci}=0$
轻度	$0<f_{ci}\leqslant 30\%$
中度	$30\%<f_{ci}\leqslant 60\%$
重度	$60\%<f_{ci}\leqslant 100\%$

②蓝藻水华影响总面积

$$S = \sum_{i=1}^{n} \Delta S_i \tag{6.2}$$

式中，S 为蓝藻水华影响总面积，单位为 $\mathrm{km^2}$，n 为被蓝藻水华影响的像元总数，i 为被蓝藻水华影响的像元序号，ΔS_i 为第 i 个蓝藻水华像元面积，单位为 $\mathrm{km^2}$。

③蓝藻水华实际总面积

$$S_r = \sum_{i=1}^{n} \Delta S_i f_{ci} \tag{6.3}$$

式中，S_r 为蓝藻水华实际总覆盖面积，单位为 $\mathrm{km^2}$，n 为被蓝藻水华影响的像元总数，i 为被蓝藻水华影响的像元序号，ΔS_i 为第 i 个蓝藻水华像元面积，单位为 $\mathrm{km^2}$，f_{ci}为第 i 个像元蓝藻水华覆盖度，f_{ci}的最小值为 0，最大值为 100%。

④蓝藻水华覆盖程度

$$F = \frac{S_r}{S} \times 100\% \tag{6.4}$$

式中，F 为蓝藻水华总覆盖度，S_r 为蓝藻水华实际总覆盖面积，单位为 $\mathrm{km^2}$，S 为蓝藻水华影响总面积，单位为 $\mathrm{km^2}$。

⑤湖泊蓝藻水华影响程度指数

湖泊蓝藻水华影响程度指数综合考虑了蓝藻水华的面积和次数，可客观反映蓝藻水华的影响程度，具体方法如下：

$$I_c = w_A \times NA_{total} + w_F \times NF_{total} \tag{6.5}$$

式中，I_c 即为蓝藻水华影响程度指数，NA_{total} 和 NF_{total} 分别为各年蓝藻水华累计面积和累计次数经归一化处理后的数值，w_A 和 w_F 为权重系数，权重系数采用客观的信息量权数法确定，针对太湖 w_A 参考值为 0.65，w_F 参考值为 0.35。I_c 值越大，蓝藻水华发生程度越重。

评估时可依据表 6.3 对湖泊蓝藻水华影响程度进行等级划分。

表 6.3　湖泊蓝藻水华评估等级划分标准

等级	蓝藻综合指数(I_c)	等级含义
1	$I_c \leqslant 0.175$	轻
2	$0.175 < I_c \leqslant 0.324$	中
3	$I_c > 0.324$	重

⑥湖泊蓝藻水华气象适宜度指数

气温、风、光照、降水等气象因子都会对太湖蓝藻的生长和水华的形成产生重要的影响，不同的气象因子及其在蓝藻生长和水华形成的不同阶段所起的作用也明显不同。根据分析并参考相关文献，选取年平均气温、1—3 月平均气温、年降水量、6—7 月降水量和年高温日数 5 个气象因子构建湖泊蓝藻水华气象适宜度指数 I_{mcb}：

$$I_{mcb} = C_1 \frac{x_1 - \min_{x_1}}{\max_{x_1} - \min_{x_1}} + C_2 \frac{x_2 - \min_{x_2}}{\max_{x_2} - \min_{x_2}} + \cdots + C_n \frac{x_n - \min_{x_n}}{\max_{x_n} - \min_{x_n}} \tag{6.6}$$

式中，$x_1, x_2, \cdots, x_n$ 分别代表气象因子，$C_1, C_2, \cdots, C_i$ 为各气象因子对湖泊蓝藻水华发生程度的影响权重，采用通径分析方法确定 I_{mcb}。

评估时可依据表 6.4 对湖泊蓝藻水华气象影响进行等级划分。

表 6.4　湖泊蓝藻水华气象适宜度指数等级划分标准

等级	综合气象指数(I_{mcb})	等级含义
1	$I_{mcb} \leqslant 0.110$	基本适宜
2	$0.110 < I_{mcb} \leqslant 0.465$	比较适宜
3	$I_{mcb} > 0.465$	非常适宜

6.1.2.2　水体叶绿素 a 浓度

近年来，内陆水体的富营养化已经成为全球最严重的环境问题之一。水体富营养化导致水体中的藻类物质大量繁殖，叶绿素 a 是藻类中叶绿素的主要成分，即水体营养状态的主要表征参数之一（陶然 等，2018）。利用遥感方法反演叶绿素 a 浓度是通过研究水体反射光谱特征以及水体指标浓度，选择最佳光谱波段和波段组合与指标浓度进行最大程度的拟合。利用遥感监测叶绿素 a 浓度相比较传统的人工监测更加具有动态性、周期性和实时性等特点，非常适合光学特性复杂的内陆水体。遥感监测水体叶绿素 a 的原理是不同浓度的叶绿素 a 导致水体对太阳辐射的吸收与散射具有不同的光谱特性，叶绿素 a 为活性物质，水体中的藻类物质由于叶绿素的存在会在蓝光波段和红光波段出现明显的吸收谷，在红外波段则有明显的反射峰，水体中不同浓度的叶绿素 a 所呈现的水体反射率不同，基于这一显著特征可以利用遥感方法反演叶绿素 a 浓度。内陆水体的叶绿素 a 浓度遥感反演方法有统计方法、半统计方法、物理模型等。

①统计方法是将实测的水体水质数据以及同步获取的水体遥感反射率数据进行统计分

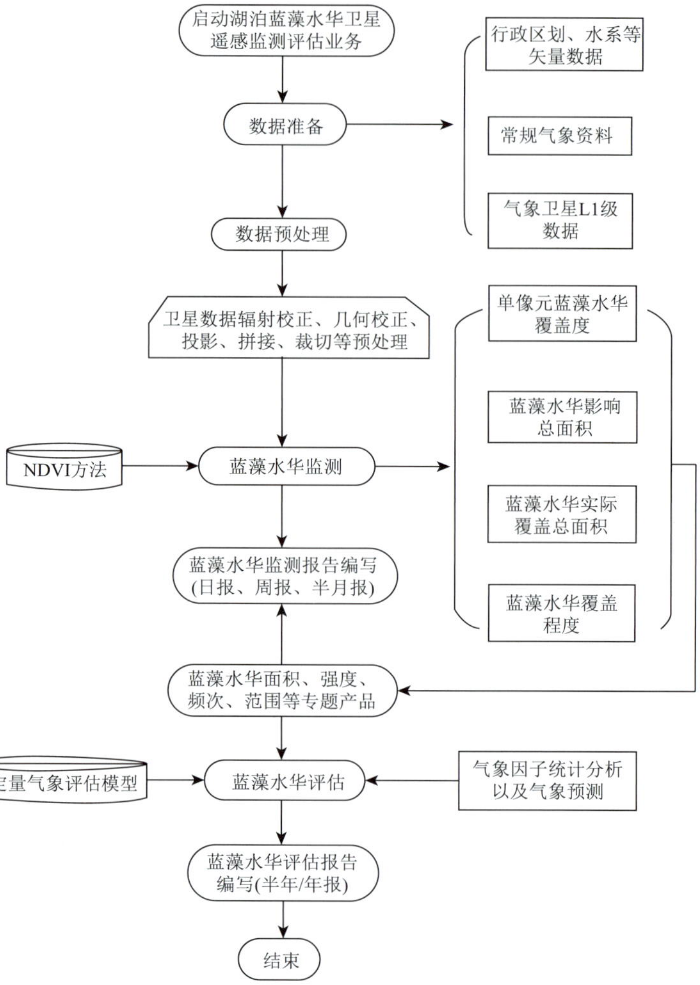

图 6.1　湖泊蓝藻水华卫星遥感监测评估技术流程

析，选择出与实测数据相关性最高的波段或波段组合所进行的水体叶绿素 a 浓度拟合估算，最常用的算法有单波段模型、波段比值模型、机器学习模型等。

单波段模型是常见的一种基于统计分析的遥感反演方法，基于原理在所有波长中找出一个与叶绿素 a 浓度相关性最高的波段，建立反演模型的一般形式为：

$$C_{\text{chl-a}} = A + B \times R_x \tag{6.7}$$

式中，$C_{\text{chl-a}}$ 为叶绿素 a 浓度，A、B 为该模型的相关系数，R_x 为选中的最佳波段 x 处的遥感水体反射率，通常存在于反射峰或吸收谷。

波段比值模型是在所有可能的波段模型中选取与实测数据相关性最大的组合并与之计算的比值进行反演建模，与单波段模型的原理相似。但是相比较单波段模型，波段比值模型可以降低水体中其他噪音的影响，以此提高反演精度，在实际应用中具备优势。波段比值的一般算法形式为：

$$C_{\text{chl-a}} = A + B \times \frac{R_x}{R_y} \tag{6.8}$$

式中，C_{chl-a} 为叶绿素a浓度，A、B 为该模型的相关系数，R_x、R_y 分别为选中的最佳波段组合 x、y 处的遥感水体反射率。

机器学习模型相较于传统的统计方法，在波段信息丢失和非线性关系两方面有明显优势，尤其以人工神经网络(ANN)为代表的机器学习方法以其强大的自适应性、自组织性和容错性，可以模拟极其复杂的关系，成为一种非常有效的水质遥感反演策略(张玉超 等，2009)。ANN受传统统计学理论的影响，其遵循的是样本数趋于无限大时的渐近理论。其中，具有非线性连续转移函数的多层前馈网络的误差反向传播是运用最广泛的算法之一。它通过对训练样本的反复学习，不断地调整各层间连接权值和阈值，并采用最快下降法，使得权值沿着误差函数负梯度方向变化，收敛于最小点，在叶绿素a浓度的卫星反演中得到了多次应用。

②半统计方法是将统计分析模型和实测水质参数光谱特征结合起来，选出最佳波段或波段组合进行反演建模，具有一定的物理意义，常见模型有APPEL半经验模型法、三波段法、反射峰位置法等。

APPEL半经验模型法是El-Alem提出的一种半经验模型，由于水体在近红外波段具有强吸收性，而叶绿素a的光谱特性恰好与之相反。与传统的经验方法不同，APPEL半统计模型具有较强的适应性，并且可以去除大量其他参数的影响。

三波段法是利用三个波段进行组合并与实测数据进行建模分析，具有物理意义。并且可以最大限度地去除悬浮物、黄色物质的影响。三波段法的公式如下：

$$C_{\mathrm{chl-a}} = (R_x^{-1} - R_y^{-1}) \times R_z \tag{6.9}$$

式中，R_x^{-1} 为所选波段 x 反射率的倒数，R_y^{-1} 为所选波段 y 反射率的倒数，R_z 为所选波段 z 的反射率。

反射峰位置法的原理是由于在705 nm附近叶绿素a存在明显的反射峰，与叶绿素a的浓度具有较高的相关性，可以利用这一特点对叶绿素a浓度进行反演。反射峰位置法的公式为：

$$\lg C_{\mathrm{chl-a}} = A + B \times R \tag{6.10}$$

式中，R 为叶绿素a反射峰的位置。

③物理模型的物理依据较强，需要了解水质参数中的悬浮物、黄色物质、纯水等光谱特性，建立起来比较复杂，但是相比较统计、半统计方法有较高的普适性。其中代表的为生物光学方法，在反演过程中需要拟合出辐照度比与固有光学量以及辐照度比与遥感反射率的关系。

叶绿素a的遥感反演算法种类繁多，各有优势与劣势。统计方法过程简单，但是缺乏物理依据，普适性较差，半统计方法具有一定的物理依据，通过分析水体固有光学量进行建模，同样存在普适性低的问题，但是两种方法在固定区域的反演精度都表现不错。物理模型方法有较强的物理依据，但是需要测定的参数太多，耗时较长，虽然普适性高，但是实现起来较困难。

6.1.2.3 水体透明度

水体透明度是描述水体光学性质的基本参数之一，也是水质调查中的一种直观的指标参数，反映了水体的透光能力，可以评估水体的富营养化程度，其变化会严重影响沉水植被的生长以及依靠可见光捕食的鱼类和水鸟等水生动物的生存。因此，水体透明度的研究对水环境变化、水体光学参数、水生生态系统等方面的深入研究具有重要意义。遥感技术具有快速、大面积、动态覆盖等优势，能弥补传统测法耗时长、费用高的问题，尤其是能监测到人难以到达的区域，逐渐成为监测水体透明度的重要且有效的手段之一(禹定峰 等，2015)。国内外开展的内陆水体及近岸水体透明度遥感方面的研究，大多采用实测的高光谱数据或卫星影像信息与实测透明度做相关性的分析来构建遥感估算模型，其中用到的卫星数据主要有水色卫星遥感传感器海岸带扫描仪(CZCS)、宽视场海洋观测传感器(SeaWiFS)、MODIS、MERSI以及陆地卫星传感器多光谱扫描仪(MSS)、专题成像仪(TM)、增强专题成像仪(ETM+)、中巴地球资源卫星(CBERS)、快鸟卫星(Quickbird)等，主流的遥感估算方法有经验方法、半分析方法和分析方法。

经验方法是通过建立遥感数据和实际观测数据之间的统计回归模型来实现透明度估算。该类方法的优点是简单易用，对一类水体的估算精度较高。但由于二类水体受浑浊等因素的影响，使得其光学特性复杂多变，因而具有很强的区域性和季节性，易受区域和时间的限制，普适性较低。常用的经验算法有单波段算法、波段比值算法、多波段算法和光谱微分算法等。半分析方法是以光在水下的辐射传输理论为基础，通过观察光学反射率在不同水体透明度下水体组分的吸收系数和散射系数差异，构建遥感反射率和实测透明度数据的相关性关系来估算水体透明度，具有明确的物理意义和较好的适用性。但是这种方法对数据和观测仪器的要求较高，方法中很多参数用现在的卫星遥感数据无法获取，地面观测设备又无法实现大面积覆盖，这也是该类算法难以保持精度和广泛应用的主要原因之一。分析方法是通过辐射传输模型来描述水体中的光谱反射率和水体组分含量之间的关系的一种估算方式。该方法具有明确的物理意义，不受时间和区域的限制，在一类水体中具有较高的实用性。但由于该类算法通常抗外源干扰的能力较差，对大气辐射传输剔除大气和光照影响的要求较高，同时还受内陆水体中水质污染、悬浮泥沙等因素的影响，在实际应用中仍存在许多困难。

(1)基于叶绿素 a 浓度的透明度估算方法

大量研究发现，水体中的叶绿素 a 浓度和透明度具有较高的相关性，叶绿素 a 这种生物的光学特性会直接影响光在水下的传播，从而影响水体的透明程度。水体中的叶绿素 a 浓度和透明度呈明显的负指数关系，关系式为：

$$\mathrm{SDD} = a \times \rho_{\mathrm{Chl-a}}^{b} \tag{6.11}$$

式中，SDD 表示透明度，a、b 为经验系数，$\rho_{\mathrm{Chl-a}}$表示叶绿素 a 浓度。大量成果表明，在研究湖泊水体的富营养状态时，水体的叶绿素 a 浓度和透明度呈高度相关关系，最高可达 0.93。但是以叶绿素 a 浓度估算透明度只适用于没有或者很少悬浮泥沙的水体。

(2)利用固有光学参数估算透明度

随着对水色遥感的深入研究，基于生物光学特性和水下辐射传输理论的透明度估算半分析模型被提出，这种方法同样具有较好的物理意义和高适应性。根据水下辐射传输和对比度传输理论，建立基于 490 nm 波段吸收系数和后向散射系数的水体透明度半分析模型。该方法对一类水体具有较高的反演效果，但对二类水体反演效果不理想。此外，有基于 490 nm 或 709 nm 波段的漫衰减系数和光束衰减系数的透明度半分析估算方法，还有基于准分析算法(QAA)计算水体固有光学量的透明度估算方法。

综合来说，尽管国内外在内陆水体透明度遥感方面做了大量研究并且取得了非常多的进展，但仍存在一些问题。首先，内陆水体的光学性质相比较一类水体要复杂很多，不同区域不同时间的光学特性差异很大，构建适应性较强的内陆水体透明度经验模型较困难。其次，需要加强对新型传感器特别是高光谱传感器在水体透明度方面的研究，综合应用多种遥感数据以提高透明度估算的精度。还需加强针对二类水体大气校正算法的研究，它是利用机载或者卫星传感器估算水体透明度的核心难点，准确与否直接决定了透明度遥感估算模型的精度。最后，需要深入研究透明度的影响因素以及表现的水体光学性质，结合辐射传输理论完善透明度估算模型的物理意义。

6.1.2.4 水体面积与暴雨洪涝

基于 Sentinel-1A/SAR 数据进行洪涝淹没范围监测，主要是利用不同地物在微波后向散射的不同强度。合成孔径雷达（SAR）影像的后向散射强度大小明显会受到地物表面粗糙度的影响，水体因为其表面光滑，大多产生镜面散射，弱化了雷达信号的后向散射能力，在影像上表现为不同地物间的灰度值变化，因此基于阈值分割的 SAR 图像水体信息提取方法简单高效，具体处理步骤如下。

卫星资料处理。通过数据质量选取 Sentinel-1A 数据均为 IW 模式的 L1 级别地距影像。数据预处理由欧洲航天局官方提供的哨兵卫星软件应用平台（SNAP）软件完成，具体的流程包括斑点滤波、辐射定标、地理编码、数据输出等（图 6.2）。Sentinel-1A 的原始数据中存在大量的由于雷达信号相互干扰叠加所造成的无关噪声，需要对原始数据进行平滑滤波处理，以此来尽可能消除影像的乘性噪声，增强影像中不同地物的后向散射信息。乘性噪声表现为 SAR 影像上的大量颗粒状的斑点，图像中地物的后向散射信息相互叠加，造成了这些相干斑点噪声，在识别水体之前需要对这些噪声进行滤波处理，去除乘性噪声影响，才能获取高精度的监测结果。经过 SNAP 软件处理后的 Sentinel-1A 数据的颗粒状噪音会有明显改善，异常值被滤波处理后图像更加平滑且合理（图 6.3）。

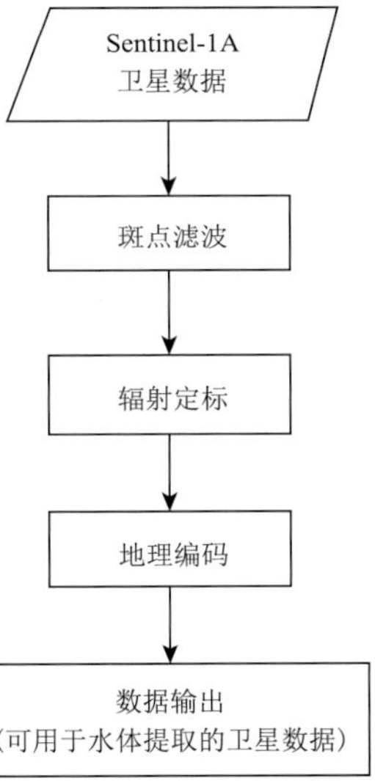

图 6.2 基于 SNAP 的 Sentinel-1 预处理流程

水体识别阈值提取。实现雷达影像的水体提取可以通过以下几种方法：目视解译分类、纹理特征分析、监督分类模型、动态轮廓分类模型、图像阈值分割算法等。纹理特征分析方法的原理是通过灰度共生矩阵来区分不同地物的纹理特征，以此来提取特定的地物目标，这种方法精度高，但所需要的计算量非常大。此外，该方法的实际效果对纹理窗口的尺寸容量有较大的依赖。监督分类模型是通过标注样本训练分类器来提取目标地物，其算法稳定，但需要人工标

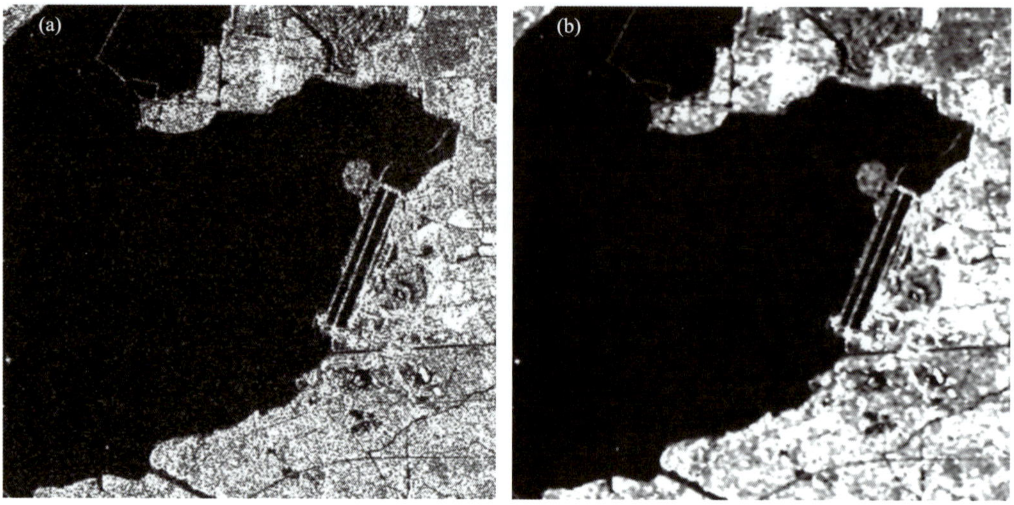

图 6.3　滤波前(a)和滤波后(b)卫星影像对比

注样本,且对样本库的精度要求较高。动态轮廓分类模型具有较高的鲁棒性,因此对噪声有很强的辨识能力,但是这种算法对参数设置非常敏感,使得其真实的应用效率相对较低。图像阈值分割分类算法是遥感领域应用广泛且实用的水体提取方法,其原理是通过寻找不同地物的后向散射系数阈值来分割雷达影像,水体的后向散射能力较差,因此图像中小于水体极限阈值的区域为水体,大于阈值的区域为非水体,最终获得水体/非水体二值图。该方法的优势在于非常易于实现,计算量相对较小,阈值的准确性极大影响了最终结果的准确性。相对稳妥的方法是通过人机交互目视解译分类的方式来调整和选取阈值,不适合处理大批量的数据且效率低下,并且阈值的主观性强。但是,在针对范围相对较小的固定监测目标时,它阈值准确性较高的优势就得到了很好的表现。

由于 Sentinel-1A 卫星的回访周期较长,不需要高频次的自动化监测,且水体识别需要一定的人工目视解译判识辅助,主要采用人机交互的方式选取阈值进行水体判识。根据人工目视解译结果得到水体后向散射系数的直方图分布,如图 6.4 所示后向散射系数分布呈现很好的单峰分布,其值域范围在 0.0016～0.008,选取该值域作为水体判识的依据。最终将此阈值应用在不同时次的 Sentinel-1A 卫星影像上,得到淀山湖附近水域的水体分布(图 6.5)。

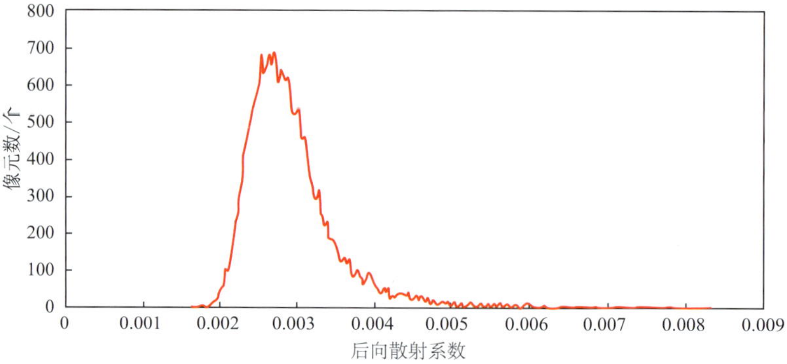

图 6.4　水体后向散射系数统计结果

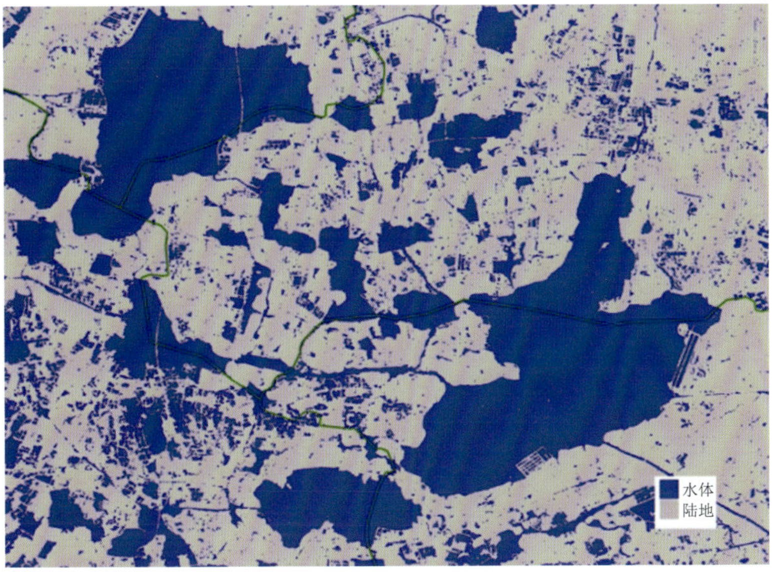

图 6.5　淀山湖地区水体监测结果示例

6.2　太湖蓝藻水华暴发事件遥感监测

6.2.1　太湖概况

太湖面积为 2427.8 km^2，水域面积为 2338.1 km^2，湖岸线全长 393.2 km。太湖是中国五大淡水湖之一，位居第 3，范围在 30°55′40″—31°32′58″N 和 119°52′32″—120°36′10″E，位于江苏省南部，北临江苏无锡，南濒浙江湖州，西依江苏常州、宜兴，东近江苏苏州。太湖地处亚热带，气候温和湿润，属季风气候，河港纵横，河口众多，有主要进出河流 50 余条。它的水域辽阔，湖泊面积广大，为周边城市提供了丰富的水资源。太湖不仅滋养了江南的沃土，还为周边地区的农业、渔业和旅游业提供了得天独厚的条件。随着城市化的发展，太湖流域的水质日益恶化，流域整体水质呈明显富营养化特征，蓝藻水华暴发频繁，区域水资源呈长期水质型缺水状态。另外，太湖流域的水域相互交错，流域跨界污染现象严重，区域环境冲突不断，水环境总体上呈“一荣俱荣、一损俱损”的局面，跨省联防联控联治机制迫在眉睫。遥感技术通过研究水体光谱特征反演水污染物和水资源情况，具有高效率、大范围、低成本和周期性等优点，可以有效地监测大范围水质生态环境，有利于发现常规方法难以揭示的水体污染源和污染物迁移特征，具有不可替代的优越性。

6.2.2　基于极轨卫星蓝藻水华日监测

太湖全湖的平均氮磷含量长期一直居高不下，蓝藻水华发生已经成为常态，其污染问题难以在短期内得到根本解决。即使在外源输入减少后，在相当长一段时间内，长期积累在湖泊底泥中的内源营养盐仍然足以支撑水华蓝藻的生长，很难杜绝蓝藻水华的发生，对长三角区域的生态环境、社会经济发展会造成严重影响。采用卫星遥感技术监测蓝藻水华可以有效揭示蓝藻水华形成的基本规律，帮助发展针对敏感湖区（尤其是水源地和重点景观湖区）蓝藻水华发生的预测预警技术。

每年4—10月是太湖应急防控的关键时期，利用FY-3/MERSI、FY-3/VIRR、EOS/MODIS等极轨卫星传感器，以2019年为例，监测分析4—10月共计214 d的太湖蓝藻水华事件发生情况。监测期内，太湖上空天空状况分别为晴空36 d，少量云60 d，部分云62 d，完全云56 d，有效监测天数为158 d，其中卫星遥感共监测到太湖蓝藻水华（太湖任一区域出现蓝藻即计1次）131次，有效监测天数内水华事件发生率约为82.9%，累计蓝藻聚集面积约为16888.3 km^2。

监测期内，发生特大型水华覆盖（面积大于500 km^2）事件4次，大型水华覆盖（面积100～500 km^2）事件59次，中型水华覆盖（面积50～100 km^2）事件17次，小型水华覆盖（面积10～50 km^2）事件38次，轻型水华覆盖（面积小于或等于10 km^2）13次，无蓝藻水华覆盖（面积等于0）27次。从发生规模及频次上看，大型以上（包括大型和特大型）蓝藻水华覆盖占比高达48.1%，表明2019年4—10月大型以上太湖蓝藻水华爆发事件较多。其间遥感监测的太湖蓝藻水华最大面积为921 km^2，出现于5月27日（图6.6），主要分布在竺山湖、梅梁湖东部、贡湖、西北部宜兴沿岸、西南部沿岸及湖心靠西区，次大面积为714 km^2，出现于7月14日。

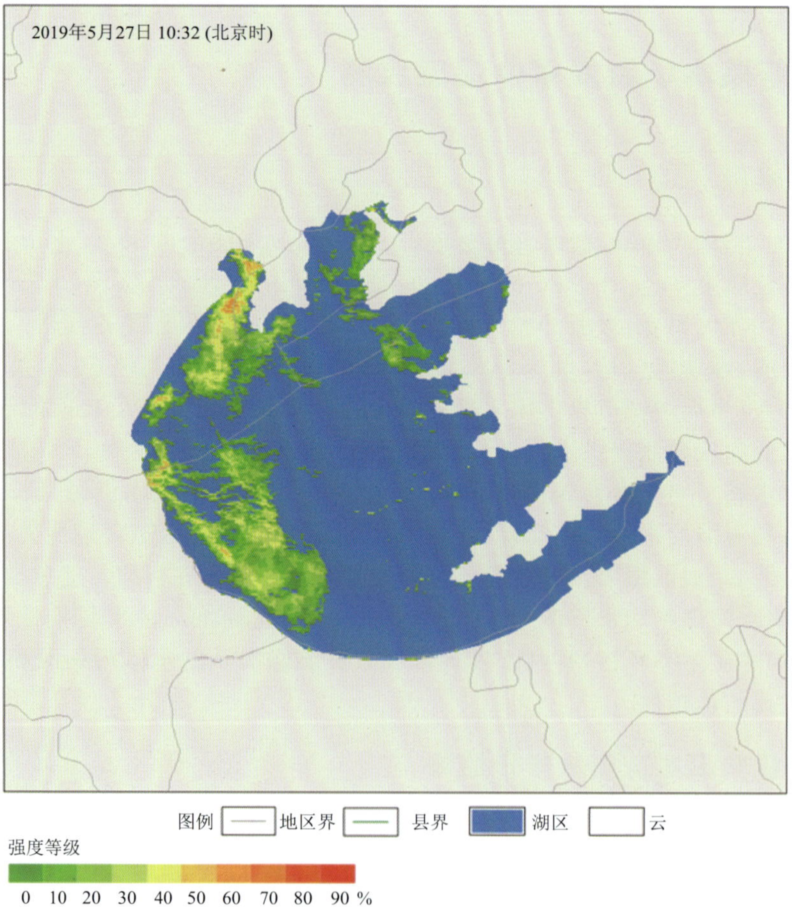

图6.6 2019年5月27日太湖蓝藻水华强度气象卫星监测

以分月统计来看，4—10 月，太湖蓝藻藻情波动，时空变化剧烈(图 6.7)。4 月蓝藻水华较少，月平均覆盖度为 14.25 km²；进入 5 月后，随着温度上升、光照增加，蓝藻大量生长并上浮集聚，蓝藻覆盖度明显增加，月平均覆盖度达 229.36 km²，不同程度水华覆盖面积比例变化也显示大型以上水华覆盖呈显著增加，表明 5 月出现了集中暴发态势，且呈现大面积暴发特点，进入了蓝藻水华高发期。此后 6 月有所降低，7—9 月蓝藻水华的频次、规模、范围均为较高水平，8 月和 10 月又有所降低。由此可见，5 月为太湖蓝藻水华平均覆盖度、累积覆盖面积发生的峰值，8 月为太湖蓝藻水华发生频次的峰值，表明上述时段需注意加强开展蓝藻围挡和打捞处置作业。

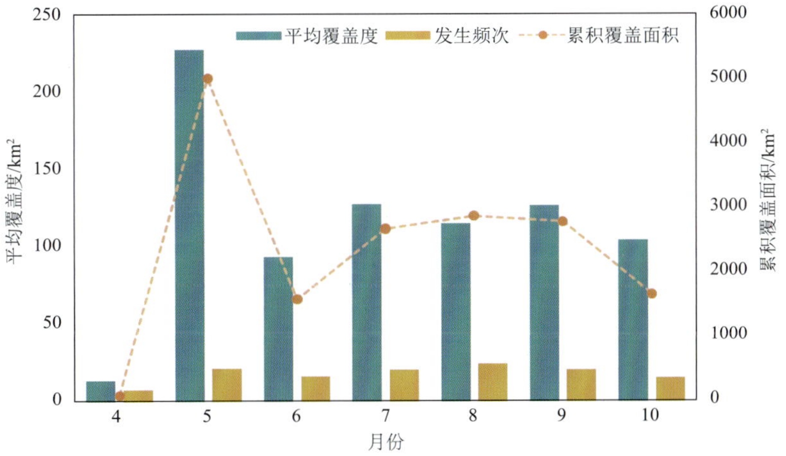

图 6.7　2019 年 4—10 月太湖蓝藻水华发生的平均覆盖度、频次和累计覆盖面积

空间分布上，2019 年 4—10 月太湖区域气象条件较适宜蓝藻水华形成，导致蓝藻水华影响到太湖绝大部分湖区，除东太湖外，其余各湖区均出现过多次蓝藻水华。从蓝藻水华聚集的分区累计频次上看(图 6.8)，西北部沿岸区、竺山湖、梅梁湖、湖心北区北部和贡湖水域为蓝藻水华出现的高频次区域，说明上述区域为蓝藻水华暴发敏感区，水质富营养化仍保持在较高水平，并对太湖三大饮用水源地中的无锡梅梁湖水源地、贡湖水源地造成安全威胁，急需加强水生态环境与污染源治理管控。东太湖蓝藻水华发生频次为 0，水域相对较为洁净，对苏州东太湖水源地暂无影响。

6.2.3　基于静止卫星的太湖蓝藻水华高频次动态监测

基于植被指数的极轨卫星太湖蓝藻水华监测作为目前相对成熟的业务化监测方法之一，已积累了长时间的应用经验，受到广泛认可。然而由于极轨卫星受限于回访周期的限制，容易受到云覆盖的影响。随着静止卫星的空间分辨率逐步提升，尤其是国产 FY-4B 静止卫星的成功发射，基于静止卫星的蓝藻水华监测成为可能。静止卫星相较于极轨卫星在时间分辨率、数据连续性和稳定性以及空间分布监测方面具有优势。首先，静止卫星具有更高的时间分辨率。由于静止卫星位于地球同步轨道上，能够持续对特定区域进行观测，因此可以提供更为频繁的监测数据。相比之下，极轨卫星虽然覆盖范围广，但其轨道特性决定了它们无法像静止卫星那样对特定区域进行持续、高频次的观测。这使得静止卫星在实时监测和应对突发事件方面更具优势。其次，静止卫星能够提供更为稳定和连续的观测数据。由于其位置固定，静止卫星不

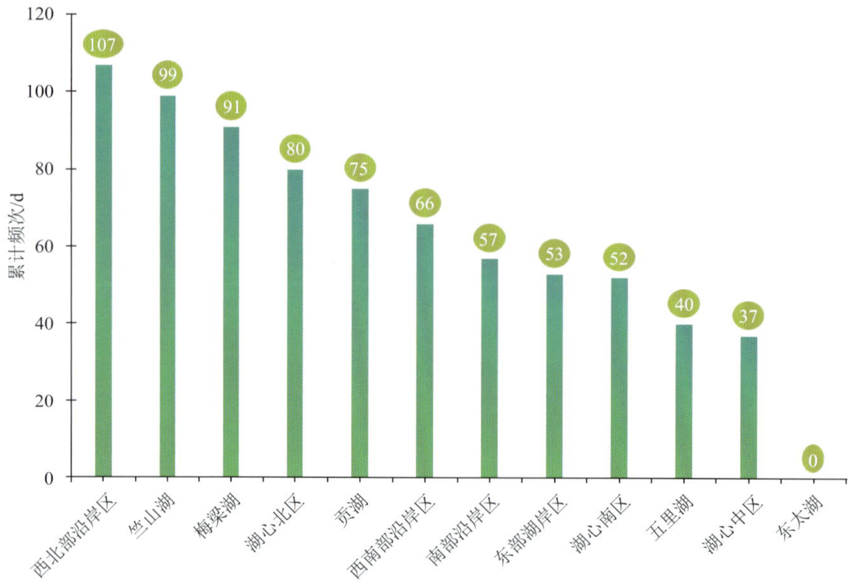

图 6.8 2019 年 4—10 月太湖各湖区蓝藻水华累计发生频次

受地球自转的影响，可以持续对太湖进行观测，确保数据的连续性和稳定性。而极轨卫星需要绕地球运行，其观测数据可能会受到轨道变化、天气条件等多种因素的影响，导致数据的不连续或缺失。此外，静止卫星在监测蓝藻水华的空间分布和动态变化方面也具有优势。通过高分辨率的遥感数据，静止卫星可以精确地捕捉到蓝藻水华的分布范围、密度和变化趋势，为科学研究和决策提供有力支持。

由于风云四号 B 星快速成像仪(FY-4B GHI)传感器无近红外波段，无法计算蓝藻水华提取常用的 NDVI，需要构建适用于 FY-4B GHI 的藻华指数(ABI)，由光谱曲线对比可知，藻华像元在绿色波段有明显的高反射率，ABI 计算公式如下：

$$\mathrm{ABI}=\frac{G-B}{B} \tag{6.12}$$

式中，G 代表绿色波段，B 代表蓝色波段。

以 2023 年 8 月 11 日(图 6.9)和 9 月 17 日(图 6.10)为例，基于 FY-4B GHI 卫星影像 08—16 时逐小时蓝藻水华监测结果显示如下。

监测结果显示：2023 年 8 月 11 日，从 11 时开始，监测到太湖有蓝藻水华发生，蓝藻水华影响面积逐渐增大，至 13 时蓝藻水华覆盖范围达到峰值。14 时太湖蓝藻水华发展开始逐渐减弱，至 15 时影响面积明显减少，15 时未发现明显蓝藻水华现象。2023 年 9 月 17 日，从 09 时开始监测到太湖有蓝藻水华发生，蓝藻水华影响面积逐渐增大，至 13 时蓝藻水华覆盖范围达到峰值。14 时太湖蓝藻水华发展开始逐渐减弱，至 15 时影响面积明显减少，15 时未发现明显蓝藻水华现象。比较 8 月 11 日和 9 月 17 日两起案例，可以发现，太湖蓝藻水华的发展过程高度相似。两日蓝藻水华暴发的峰值均出现在 13 时左右，说明蓝藻在水温较高、光照充足时快速增殖、活动旺盛，上浮至水面形成水华，之后开始逐渐减弱，15—16 时彻底下沉消失于水面。

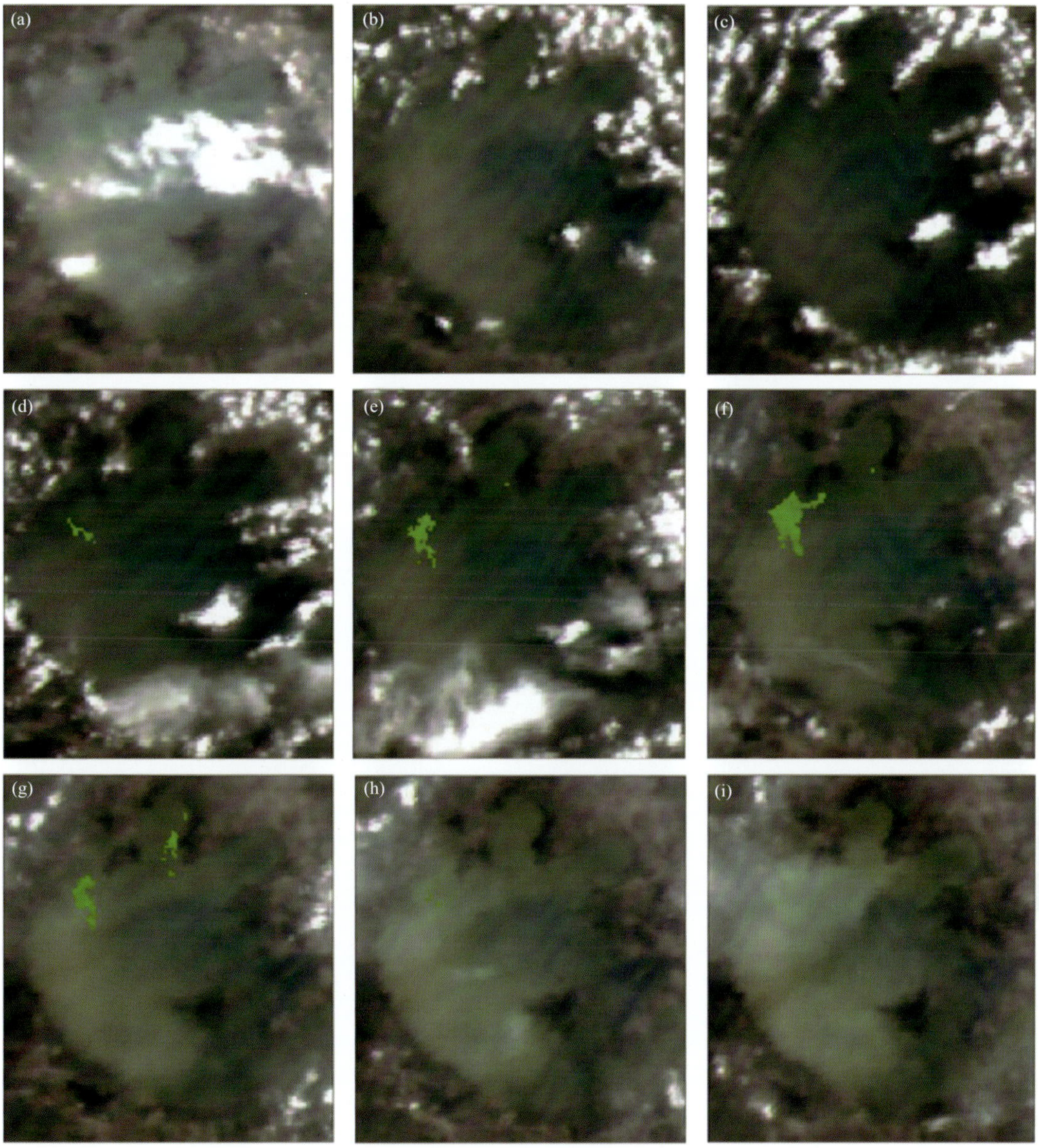

图 6.9 2023 年 8 月 11 日 08—16 时逐小时蓝藻水华监测结果
(a. 08 时,b. 09 时,c. 10 时,d. 11 时,e. 12 时,f. 13 时,g. 14 时,h. 15 时,i. 16 时)

6.3 淀山湖水生态气象综合监测评价

6.3.1 淀山湖概况

示范区以水为脉、因水而兴,2413 km^2 范围内含水域面积约 350 km^2,水面率高近 15%,而有"东方日内瓦"之称的淀山湖(31°04′—31°12′N,120°53′—121°01′E)位于其核心地带,是提供水生态服务功能的重要区域,也是长三角最具水乡特色的区域之一,未来将打造为世界级生

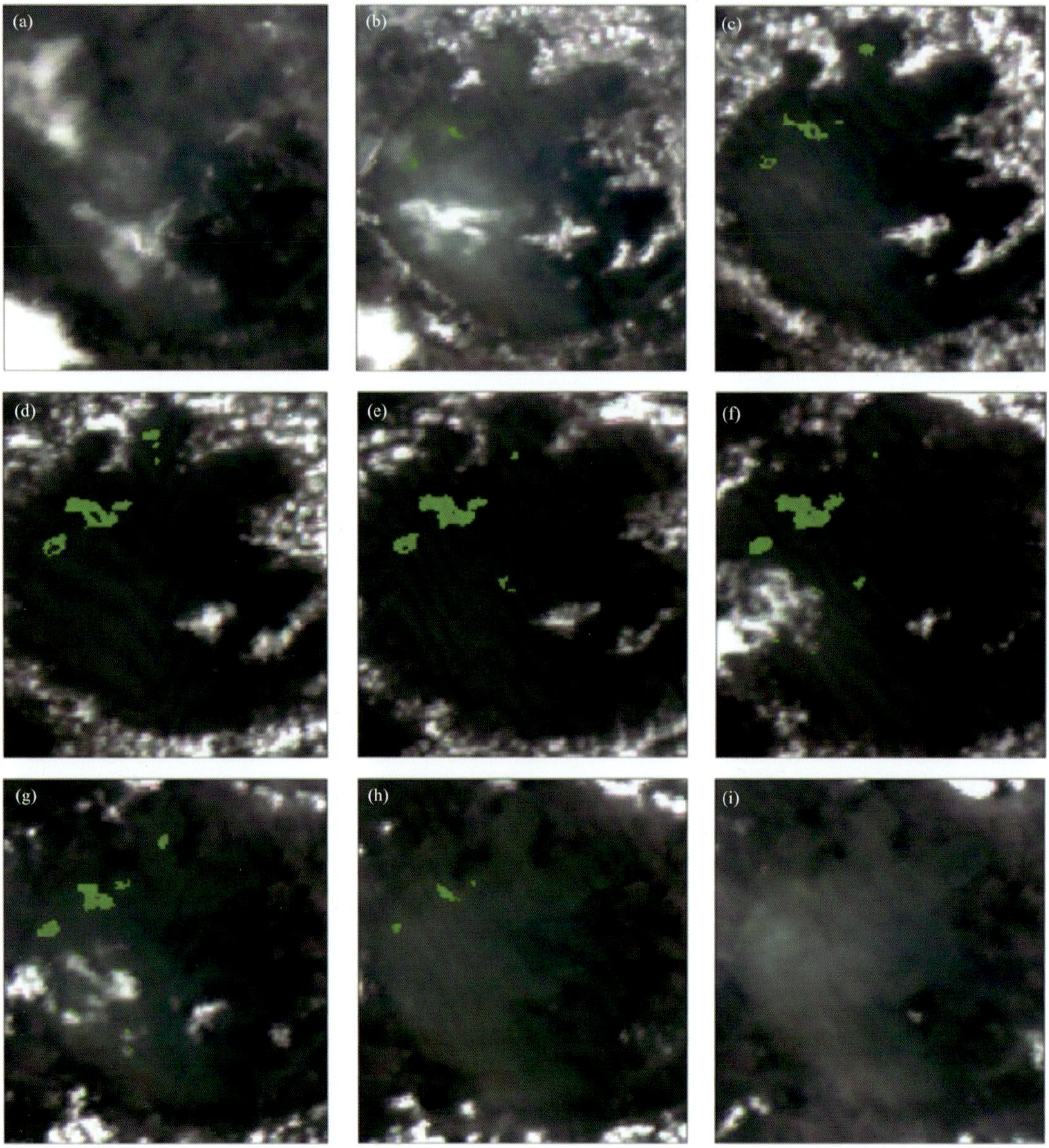

图 6.10　2023 年 9 月 17 日 08—16 时逐小时蓝藻水华监测结果
(a. 08 时,b. 09 时,c. 10 时,d. 11 时,e. 12 时,f. 13 时,g. 14 时,h. 15 时,i. 16 时)

态湖区。

淀山湖处于太湖流域下游,由江水冲击和古潟湖淤积而成。湖体最大长度 14.5 km,最大宽度 8.1 km,平均宽度 4.3 km,岸线长 62.3 km,呈"葫芦"形,北部有 14.5 km^2 位于江苏省昆山市境内,其余部分在上海市青浦区境内,总面积达 62.7 km^2。淀山湖湖体平均水深 2.1 m,最大水深 3.6 m,沿湖进出河流总计 59 条,换水周期约 29 d。作为吞吐性浅水湖泊和潮汐感应湖泊,淀山湖水位和水量除受上游来水影响外,也与黄浦江潮位的变化有关。水流流速方面则由近岸向湖心渐减,一般情况下流速为 0.1～0.2 $m \cdot s^{-1}$,洪水期流速为 0.3～0.5 $m \cdot s^{-1}$,流速较小,流态复杂,水动力不足。

淀山湖流域属典型的亚热带季风气候，气候温暖湿润、四季分明、雨热同期，所在区域地势平坦、河网纵横、湖荡相连，流域物种资源丰富，是上海重要的生物多样性区域和生态敏感区。淀山湖周边区域建有上海市金泽水源地和浙江省嘉善、平湖取水口，现状供水人口超过 800 万人，远期供水人口超过 1100 万人。作为上海市最大的淡水湖泊、长三角第二大跨省域湖泊以及黄浦江上游的天然水库和区域重要的水资源蓄积涵养地，淀山湖水环境间歇性恶化，水质安全备受关注。自 1985 年 9 月首次暴发蓝藻水华，历经 30 余年，富营养化仍然是淀山湖所面临的重大生态问题。因此，国家发展改革委在《长江三角洲城市群发展规划》中特别指出跨界水体联保行动的重要性，并将淀山湖放在名录首位。

淀山湖共布设 13 个水质监测断面（点）（图 6.11），其中千墩港东口、赵田湖中心、大朱厍港口、急水港桥和白石矶港口代表淀山湖入湖岸带/主要进水口，游泳场、网箱渔场、西闸和淀峰靠近淀山湖出湖岸带且后两者为淀山湖主要出水口，湖心北区、湖心东区、四号航标、湖心南区则为中心湖体监测点位。监测项目包括 pH、叶绿素 a 浓度（Chl. a）、高锰酸盐指数（COD_{Mn}）、化学需氧量、生化需氧量（BOD_5）、氨氮（NH_3-N）、总磷（TP）、总氮（TN）、透明度（SD）、铜、锌、氟化物、硒、砷、汞、镉、铬（六价）、铅、氰化物、挥发酚、石油类、阴离子表面活性剂（LAS）和硫化物 23 项。考虑反映水生态健康的水质参数应能全面且能代表性描述水体物理性质、化学性质和生物特性及其组成状况，故选取物理指标——SD、化学指标——TP、TN、COD_{Mn}、生物指标——Chl. a 5 个水质变量参与水环境质量与水生态健康的时空分异及成因分析。

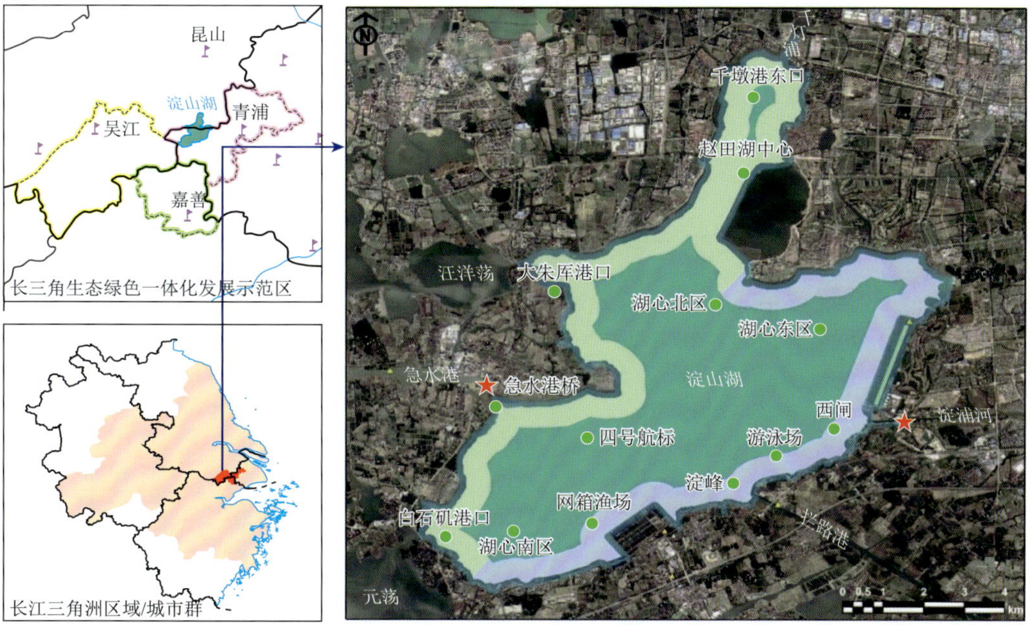

图 6.11　淀山湖区位示意图

基于 Landsat8 ETM+/OLI 影像生成的 30 m 土地覆被类型遥感分类数据，分析淀山湖 500 m 沿岸带土地利用类型（图 6.12），发现湖岸带内城市及建设用地面积占比最大，为 27.7%，林地所占面积比为 26.3%，仅次于城市及建设用地，两者为主导生态系统结构类型。

草地园地和耕地的占比为21.7%，水体湿地、裸露地、灌木林的占比都较小，分布较为分散，分布格局复杂。建设用地等土地利用类型破坏了原有自然景观的空间分布特征，斑块向零散不规则多边形方向发展，自然景观优势度降低。不同水质观测点的湖岸带影响区生态结构比例分析显示，西北岸区千墩港、赵田湖、急水港桥的城市建设用地占比较高，东部岸带的林地占比较高（图6.13）。

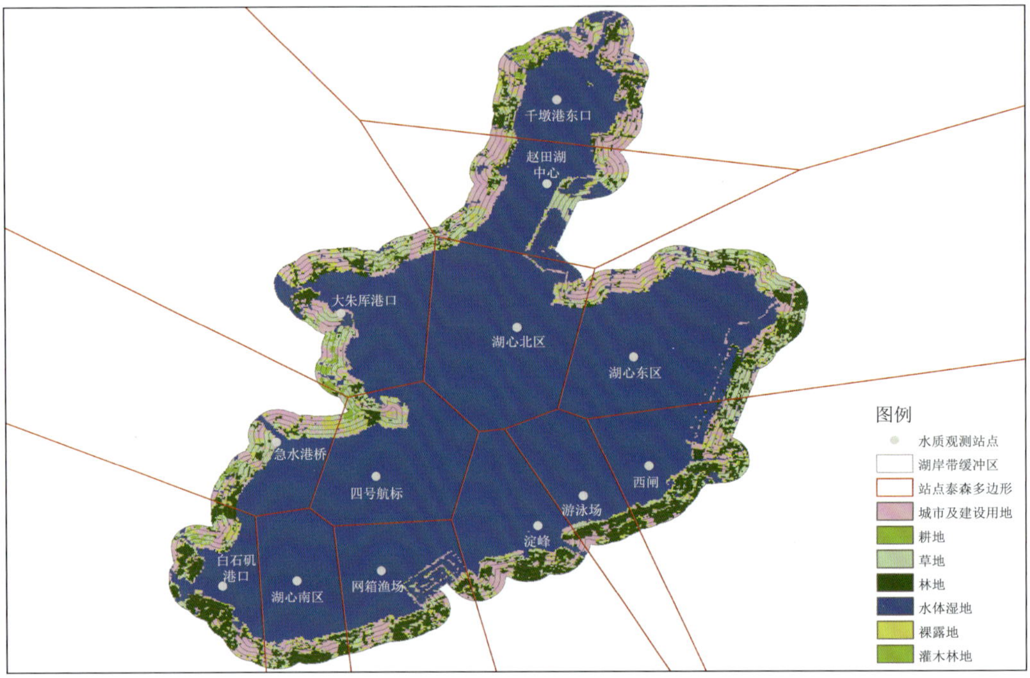

图6.12 淀山湖岸缓冲带500 m土地利用类型

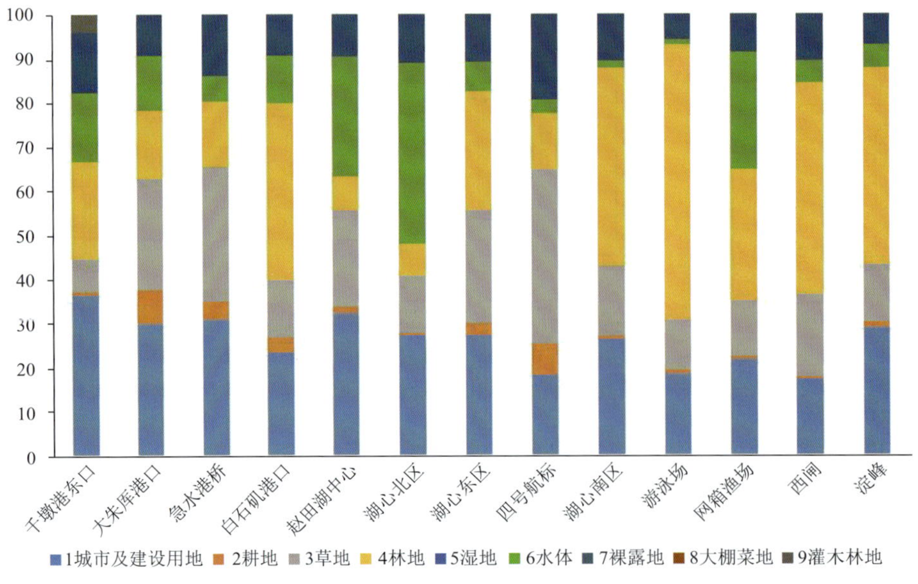

图6.13 淀山湖岸缓冲带影响区生态结构对比

6.3.2 淀山湖气象水文因子变化

气象水文因子主要包括水温、水位、气温、气压、相对湿度、降水、蒸发、风向风速、日照、水汽压、云量等要素。鉴于上游地区的气温、降水量、日照时数等气象条件也会影响淀山湖上游来水的水质，选取淀山湖周边接壤包括上下游的区县级行政区划青浦、吴江、嘉善、昆山、东山、闵行、嘉定、松江、金山9个气象基准台站平均代表淀山湖区气象因子变化。水位监测数据分别为位于入湖口的商榻和位于出湖口的淀浦河西闸(闸外)的逐月水位观测。

监测可见(图6.14)，2011—2020年淀山湖水温和气温变化趋势相似，呈增加的趋势。水温随气温升高而升高，两者关系密切，且由于水体的热容性，年最低水温的增长趋势明显。1—8月水温逐渐升高，9—12月水温逐渐降低。多数藻类生长的最适温度范围为25～35 ℃，较高的水温有利于蓝藻成为优势种，从而引起水华暴发，环境条件适宜藻类生长。

逐月水位变化表明，监测期间最低水位出现在2010年，最高水位出现在2020年，10 a水位年平均值分别为2.63 m、2.75 m、2.68 m、2.74 m、2.82 m、2.91 m、2.76 m、2.76 m、2.79 m、2.83 m，水位呈波动上升趋势。年内的水位差在一定程度可以反映年内湖体的换水情况，10 a的年内水位差值分别为0.60 m、0.48 m、0.51 m、0.63 m、0.66 m、0.55 m、0.45 m、0.42 m、0.46 m和0.74 m。

此外，2011—2020年，风速呈显著下降趋势，日照时数波动明显，有降低趋势，降水量高低波动较大，呈增加趋势。

6.3.3 淀山湖主要水质指标的时空变化特征

6.3.3.1 湖泊水质整体平均及趋势

从全湖水平上看，2020年，淀山湖综合水质类别为Ⅴ类(总氮为定类指标)，其中总磷浓度为0.13 mg·L^{-1}(Ⅴ类)，总氮浓度为1.83 mg·m^{-3}(Ⅴ类)，高锰酸盐指数浓度为4.1 mg·L^{-1}(Ⅲ类)，叶绿素a浓度为22.94 mg·m^{-3}，透明度为35 cm。

从2011年1月—2020年12月总计120个月的连续监测情况看，淀山湖总磷、总氮、高锰酸盐指数、叶绿素a浓度和透明度存在显著的年际变化(图6.15)。

2011—2020年，TP浓度变化幅度在0.028～0.564 mg·L^{-1}，为Ⅲ类～劣Ⅴ类水标准；逐年平均值在0.115～0.208 mg·L^{-1}，10 a平均值为0.158 mg·L^{-1}，为Ⅴ类水标准；TP浓度存在季节变化，高峰值出现在7月、8月；低谷值出现在10月至次年5月，多数年份低谷值出现在4月、5月。

TN浓度变化幅度0.33～9.38 mg·L^{-1}，为Ⅱ类～劣Ⅴ类水标准；逐年平均值1.828～3.812 mg·L^{-1}，10 a平均值为2.676 mg·L^{-1}，为劣Ⅴ类水标准；TN浓度的季节变化也比较明显，10 a中高峰值出现在2—4月，而低谷值出现在7—10月。

COD_{Mn}浓度变化幅度2.5～13 mg·L^{-1}，为Ⅱ类～Ⅳ类水标准；逐年平均值在3.85～5.06 mg·L^{-1}，10 a平均值为4.01 mg·L^{-1}，为Ⅲ类水标准；COD_{Mn}浓度的变化趋势与TP较为相似，存在季节变化，4—9月浓度较高，而10月至次年3月浓度较低。

Chl. a浓度变化幅度0.043～167 mg·m^{-3}，逐年平均值4.07～22.94 mg·m^{-3}，10 a平均值为12.54 mg·m^{-3}；Chl. a浓度波动较大，与TN和TP不同的是，在年内变化幅度上，近

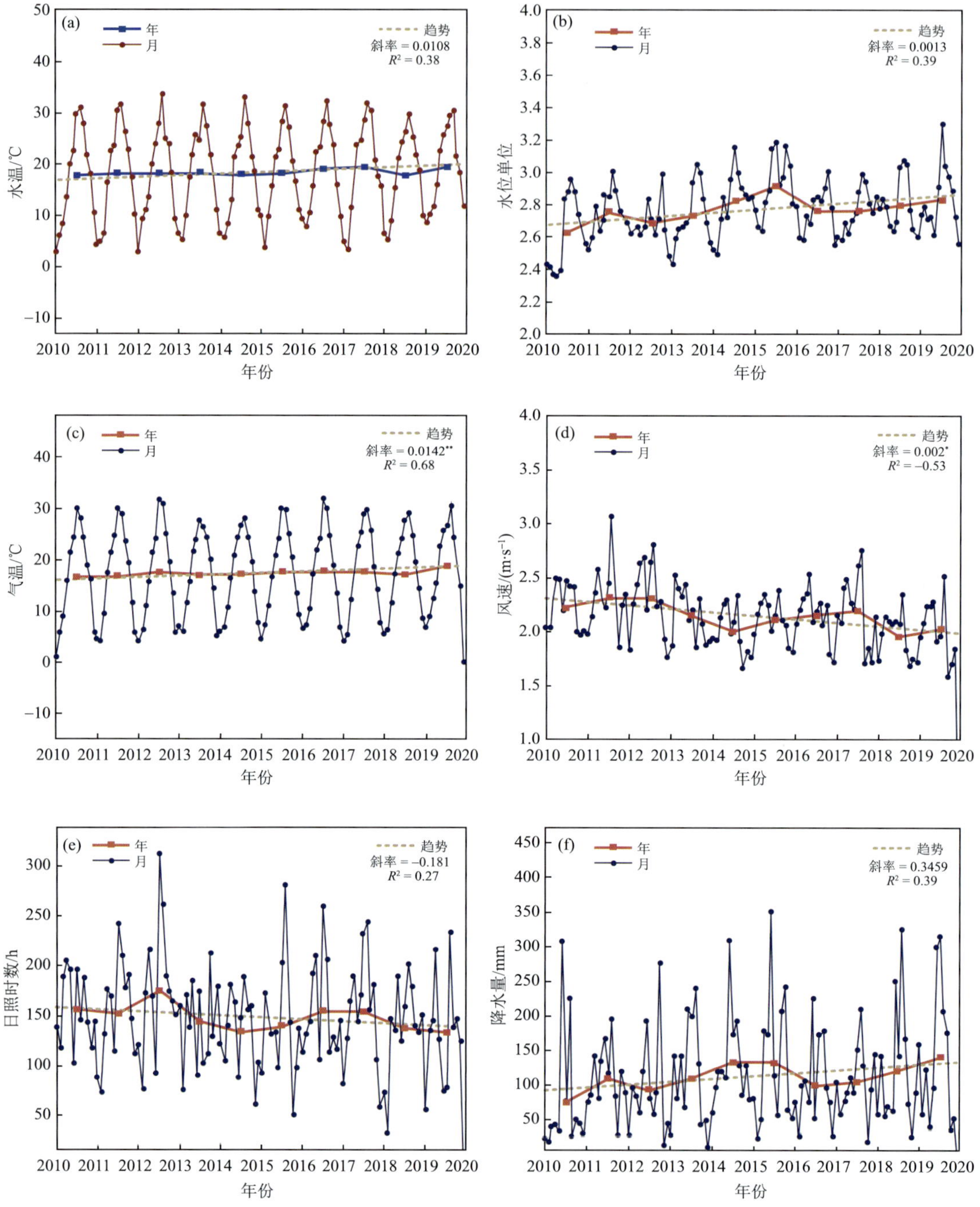

图 6.14　2011—2020 年淀山湖区水文气象因子变化趋势

（R^2 代表决定系数，* 代表显著性水平为显著，** 代表显著性水平为极显著，*** 代表显著性水平为极其显著）

年年内变幅呈大幅度变化状态，极端性加强，在年内季节变化方面，11 月至次年 4 月浓度显著低于 5—10 月，特别是 5—7 月的蓝藻水华灾害关键期，水体叶绿素 a 浓度增幅更加明显。

SD 变化幅度 10～200 cm，逐年平均值 35.3～58.9 cm，10 a 平均值为 48.1 cm。浅水湖泊的水体 SD 主要受两种因素影响：无机悬浮颗粒物及有机质或者藻类生物量。从多年平均值看，SD 冬季、春季总体偏高，5 月、8—9 月是 SD 最低的月份，主要原因是藻类生物量的影响。2017—2018 年 SD 显著改善，达高峰。

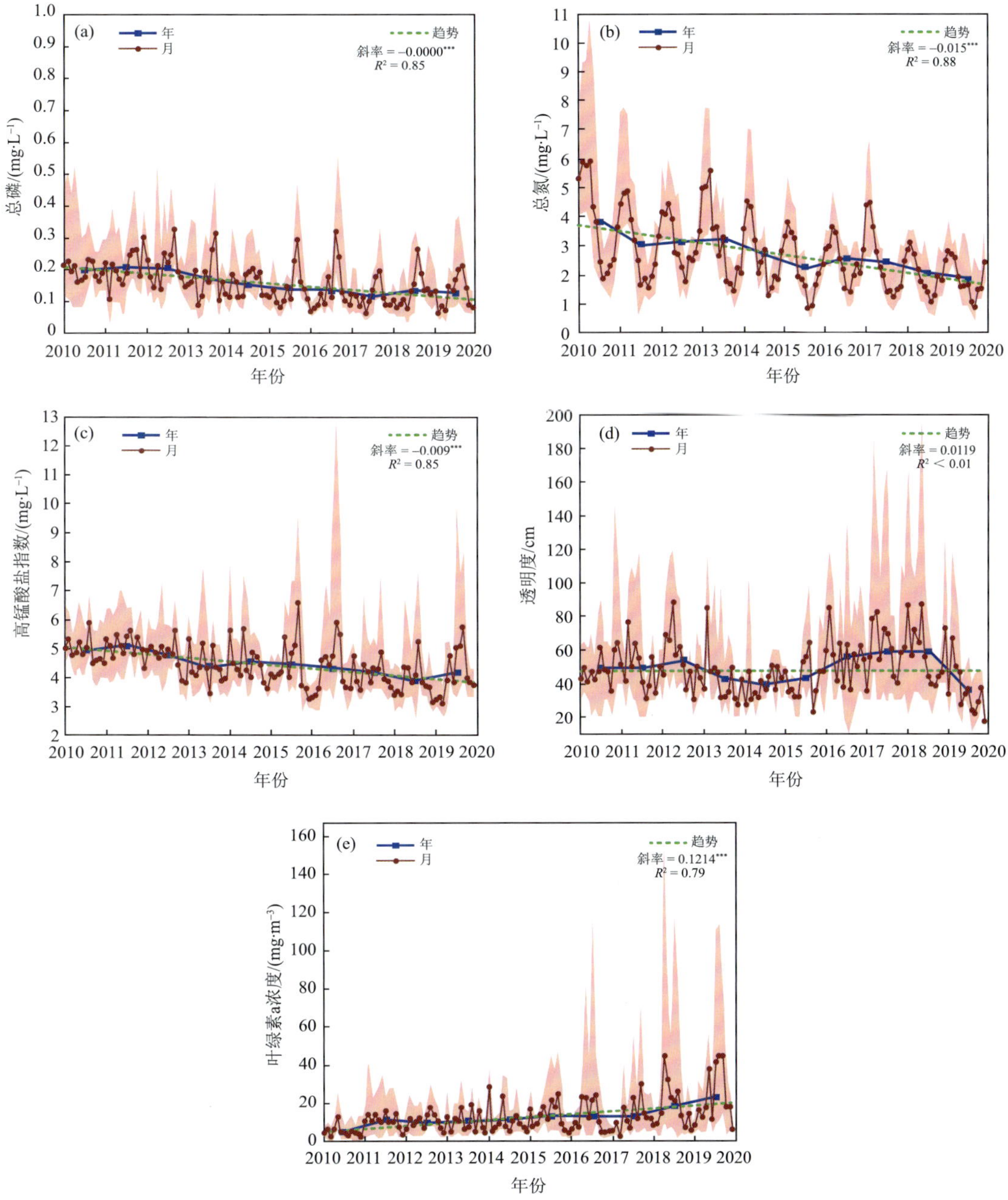

图 6.15　2011—2020 年主要水质参数逐月变化

（图中粉红色阴影是所有观测站点的观测最大值与最小值组成的阴影）

总体上，2011—2020 年，淀山湖污染物浓度指标在不同程度上都呈现下降趋势，TN 浓度变化最为明显，年平均值较 2011 年下降幅度达 52.0%，TP、COD_{Mn} 年平均值则分别下降 35.9%、16.5%。TN、TP 浓度均由劣Ⅴ类好转为Ⅴ类；COD_{Mn} 虽然一直处于Ⅲ类，但从数据看，有显著的下降趋势。这表明淀山湖流域的水污染治理取得了巨大的成效，对氮磷等营养盐污染起到了明显的削减作用。然而，叶绿素 a 浓度上升趋势显著，年平均浓度增幅达 2.87 倍，同时可见总磷和高锰酸盐指数二者呈现出的上下波动起伏与叶绿素 a 浓度在变化规律上呈现同步性。此外，SD 呈现出较大的波动性，水体透明度的感官指标没有显著改善。

6.3.3.2 湖区水质空间差异

湖泊生态系统的时空分异性是普遍存在的，从空间看，淀山湖湖区水质空间差异大（图 6.16）。TP、TN、COD_{Mn}、叶绿素 a 浓度空间上分布特征均是入湖岸带高于中心湖区和出湖岸带，透明度则是出湖岸带明显比湖心过渡区和入湖口高，说明淀山湖营养盐输入对这些点位影响较大，外源输入供给特征明显，反映出淀山湖最大的问题仍然是流域问题。同时，也说明淀山湖具有较强的生态自然净化能力，对高浑浊来水的氮和磷物质具有一定净化作用，从而降低富营养化风险。但是，也需看到，近年来入湖岸带、中心湖区、出湖岸带之间的差异在缩小，反映出对环境治理的均衡性和整体性响应。在满足营养盐限制的条件下，湖区差异的缩小可能预示着将呈现更明显的水文气象变化的外源影响。

从具体点位来看（图 6.17），东部出水口 TN、TP 比西部进水口处低 15%左右，湖区北部水质劣于南部，且受水体水动力差异影响，不同湖区浮游植物对水体富营养化的响应差异较大，叶绿素 a 浓度历年最高的区域为西北部的千墩港东口，说明跨界污染输入明显。网箱渔场湖区水体透明度得到较大改善，这可能是因为该区已开展的退渔还湖工程和生态修复工程清除了湖底表层大量的浮泥，有效地减少了底泥再悬浮产生的悬浮物，从而改善了水体透明度。从统计学角度来看，淀山湖各点位各项指标的离散程度较大，受极端值的影响也较大，说明各湖区富营养化程度的空间分异性在加大，藻华潜在风险增加。

6.3.3.3 湖泊水质时间差异

从时间变化来看，分为丰水期（6—9 月）、平水期（3—5 月和 10—11 月）和枯水期（12 月至次年 2 月），统计分析发现淀山湖水质，也呈现时间分异特征（图 6.18）。

与平水期、枯水期相比，丰水期 TP、COD_{Mn}、Chl. a 恶化显著。由于大多数水体均以自然降水为主要水源补给，丰水期大量降水带来的地表径流补给和域外行洪客水等因素可能会增大断面水质的冲击负荷，上述 3 个参数的变化指示与水文期降水呈一定的关联性。丰水期降水量大，径流汇流速度快，对土壤的冲刷侵蚀作用也强，污染源产生的 TP 等浓度信息能够快速体现到湖泊中；枯水期径流较弱，TP 随径流在较长时间的运移过程中被土壤吸附，浓度信息不断衰减，而且丰水期降水带入的营养盐对浮游植物的生长起到促进作用，使 Chl. a 浓度上升。

但是，TN、SD 则呈现相反的特征，枯水期浓度明显高于丰水期浓度，说明淀山湖水体氮污染主要受到流域城镇生活污水排放和春耕施肥及土地扰动的综合影响。丰水期水体氮素的快速下降，既与水体藻类的快速吸收利用有关，也与夏季水华期湖体反硝化脱氮能力大幅度提升，以及整个流域浅水湖泊和湿地生态系统中反硝化脱氮速率随温度升高而提高有关。透明度则是上述要素的综合反映。

水质参数的这种时间差异反映出淀山湖水体中不同污染物的来源、输入方式和生态过程的差异，它们是外源污染输入、内源污染释放以及水体生态过程综合作用的结果。

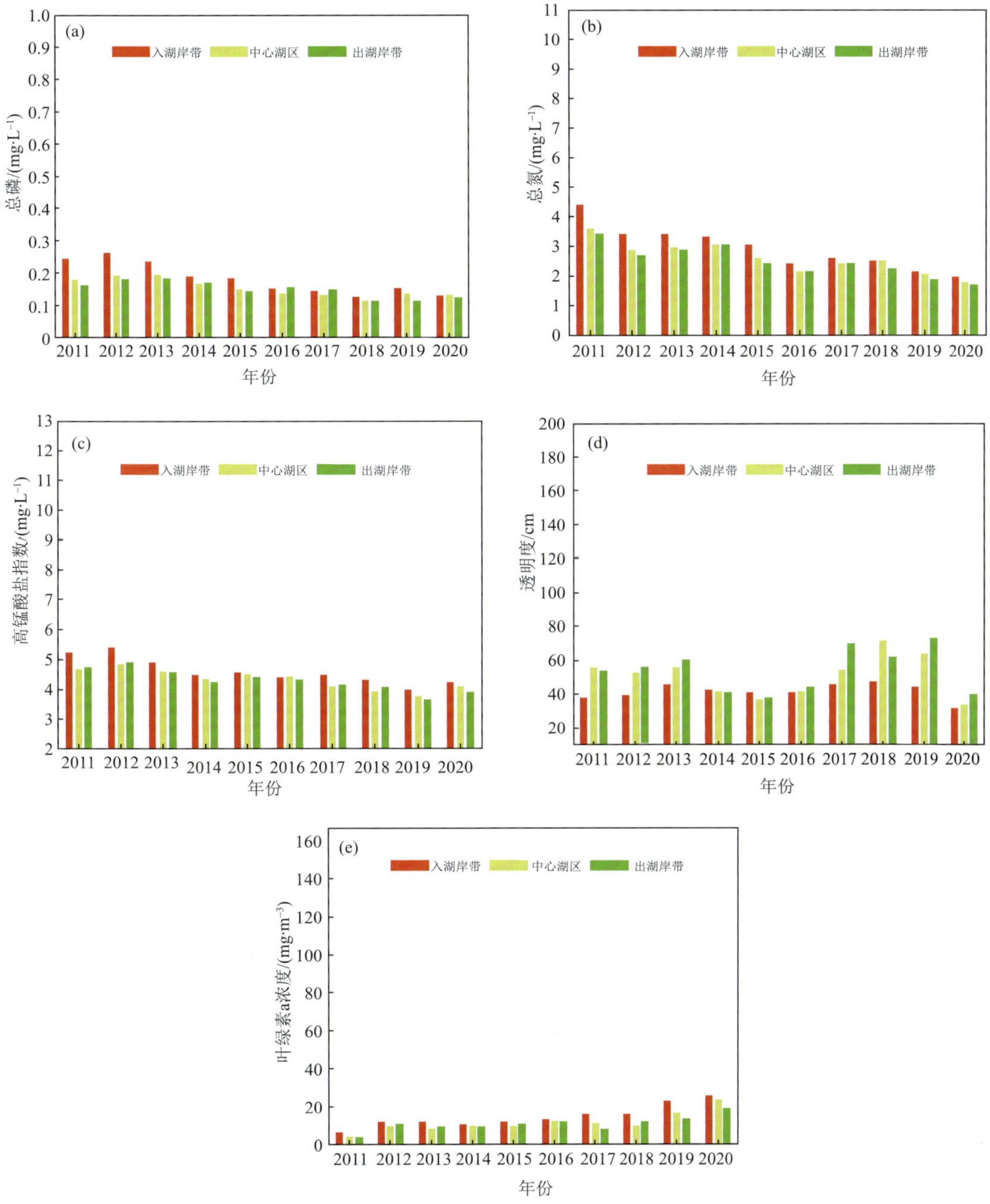

图 6.16　2011—2020 年淀山湖水质指标的空间变化

6.3.4　淀山湖水质与蓝藻水华遥感监测反演

6.3.4.1　淀山湖水质卫星遥感监测

卫星遥感可以低成本、快速、大范围监测地表水体水质，便于发现污染物的时空分布特征和迁移规律，是地表水体水质监测的重要补充。由于淀山湖总面积仅 62 km^2 左右，中分辨率

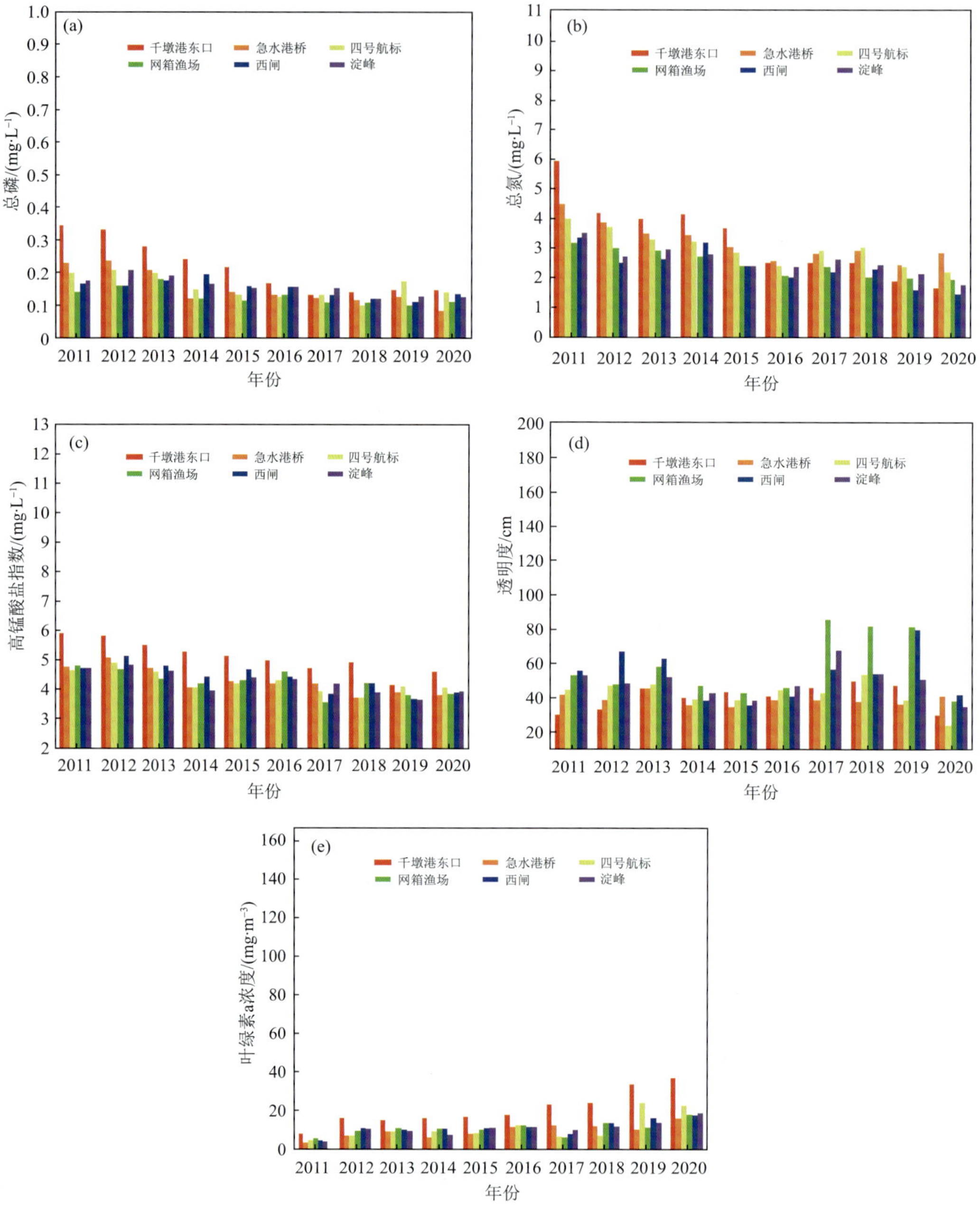

图 6.17　2011—2020 年淀山湖代表性站点水质指标变化

多光谱卫星的空间分辨率较低，不足以实现对淀山湖的有效监测，而高分辨率卫星虽然空间分辨率足够，但是观测频次少，导致实用性不足以满足业务需求。为了同时满足空间分辨率和时间分辨率的需求，国产高分系列、欧洲哨兵系列和美国 Landsat 系列等高分辨率多光谱卫星影像数据成为监测中小型湖泊的主要手段之一。通过选取合适的水体生物光学模型反演算法完成淀山湖叶绿素 a、悬浮物浓度、浊度等水质参数反演（图 6.19）。

从 2019 年 11 月 5 日个例反演结果可见，湖体的水质分布不均匀，总体上西北部湖区、西

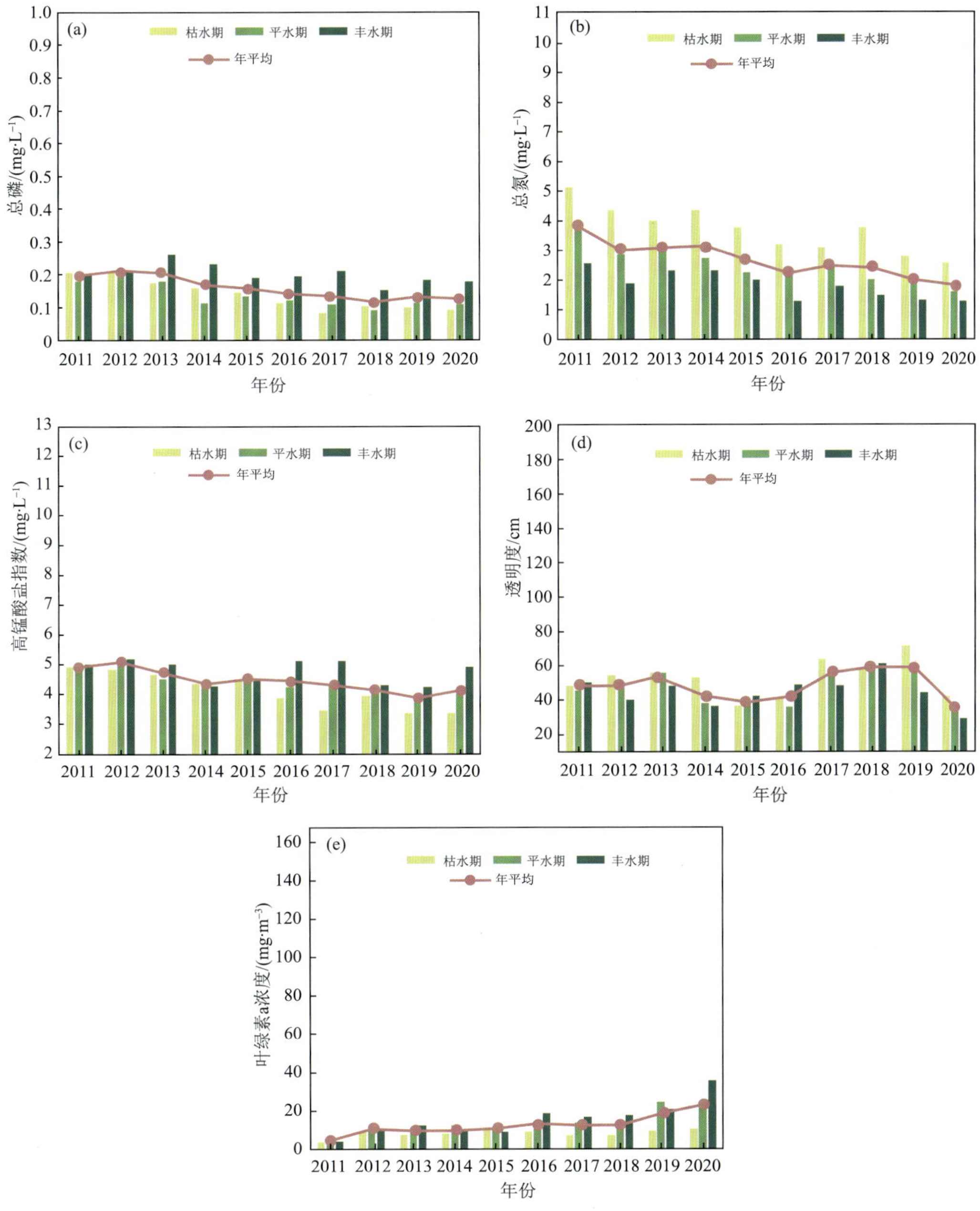

图 6.18　2011—2020 年淀山湖不同水文期水质差异

南部湖区较东部湖区的叶绿素 a 浓度偏高、悬浮物浓度和浊度偏大，表现了 Chl. a、悬浮物浓度与浊度的变化协同性。悬浮物浓度、浊度变化的纹理方向呈现着与西岸相垂直的走向，尤其是在急水港入湖口极为明显，船舶货轮的通航会造成航线上透明度紊乱，随着汇入河流携带的大量泥沙会造成湖水透明度的下降，这也与内湖航线引起的湖水中悬浮泥沙含量变化相吻合，尤其是在水深较浅的浅水湖泊。Chl. a 在湖体分布浓度高低相间，反映出淀山湖不同区域的富营养化程度不均一。

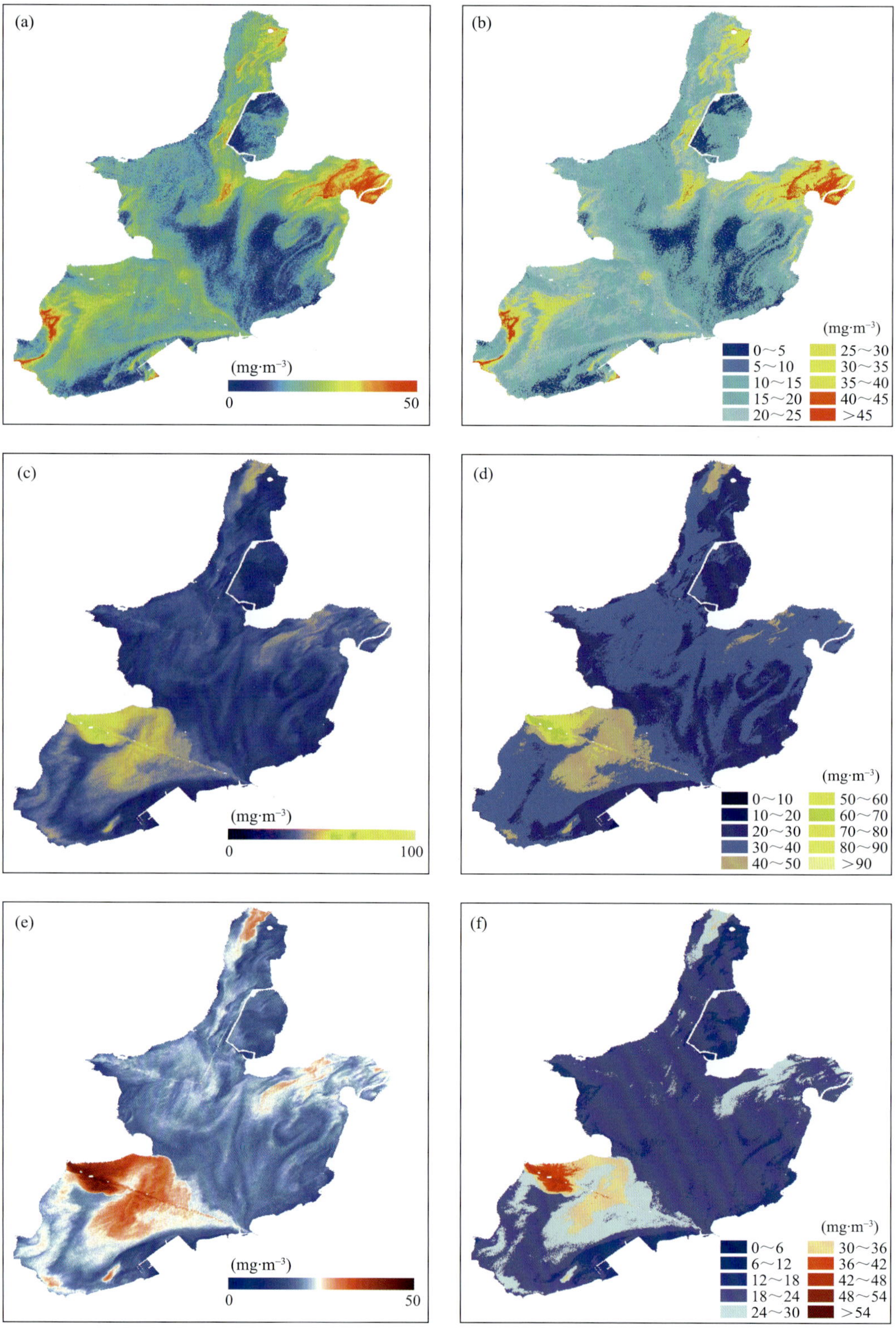

图 6.19 2019 年 11 月淀山湖 Sentinel-2 卫星水质反演结果

（a. 叶绿素 a 浓度，b. 叶绿素 a 浓度分级，c. 悬浮物浓度，d. 悬浮物浓度分级，e. 浊度，f. 浊度分级）

针对淀山湖叶绿素 a 浓度的年内变化，以 2022 年为例(图 6.20)，淀山湖在 3 月和 5—8 月都出现过叶绿素 a 浓度高于 200 mg·L^{-1}的富营养化污染严重的情况，高值区主要集中在西南水域和东部水域，元荡北侧水域的叶绿素 a 浓度呈北高南低趋势。2 月、4 月和 9 月淀山湖的叶绿素 a 浓度较以上月份偏低，最大值在 100 mg·L^{-1}左右，但空间分布高度吻合。1 月淀山湖整体水域的叶绿素 a 浓度在 10 mg·L^{-1}以内，富营养化现象不明显。以高值区样点为例(图 6.21)，2022 年的叶绿素 a 浓度变化趋势显示(图 6.22)，淀山湖夏季的叶绿素 a 浓度高于春季，冬季叶绿素 a 浓度最低。可以看到，从 3 月气温回暖开始，藻类生长速率提高，尤其是 7 月、8 月光照充分，导致生物量积累加快，淀山湖的富营养化污染严重，且高污染区域主要集中在西南和东部沿岸附近水域。

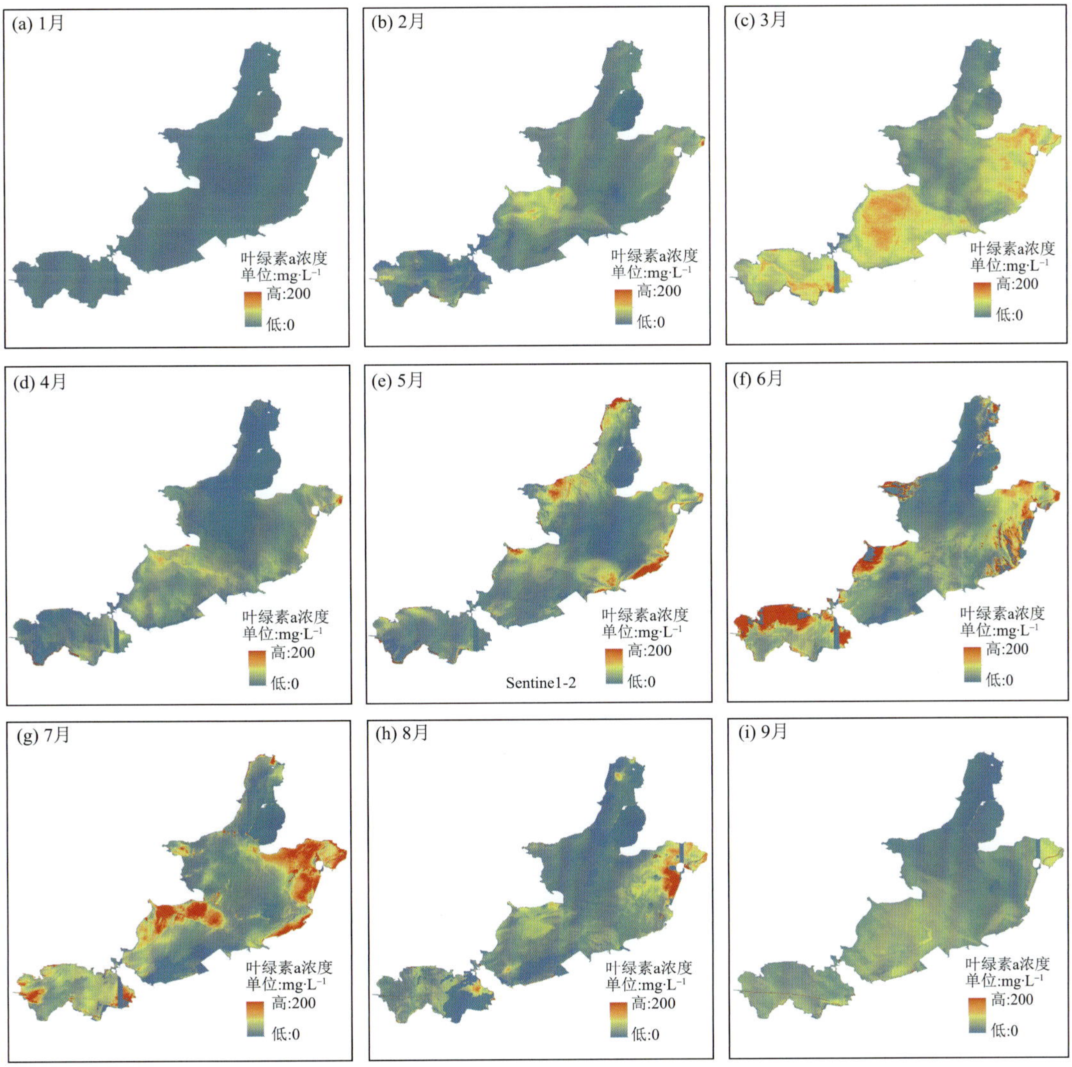

图 6.20　2022 年 1—9 月淀山湖 Sentinel-2 叶绿素 a 浓度监测

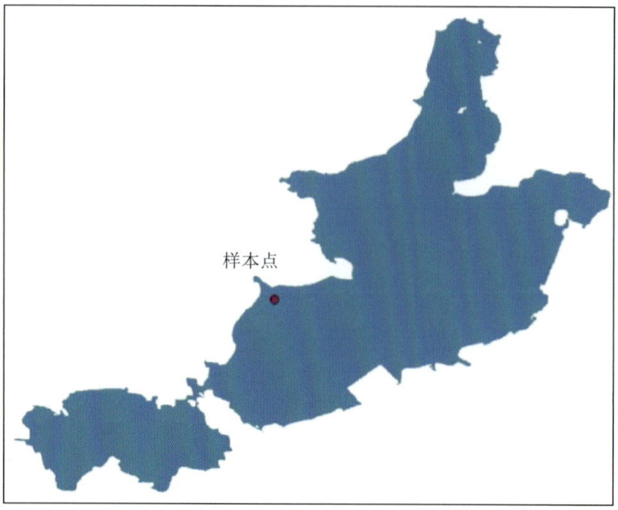

图 6.21　叶绿素 a 浓度样本点

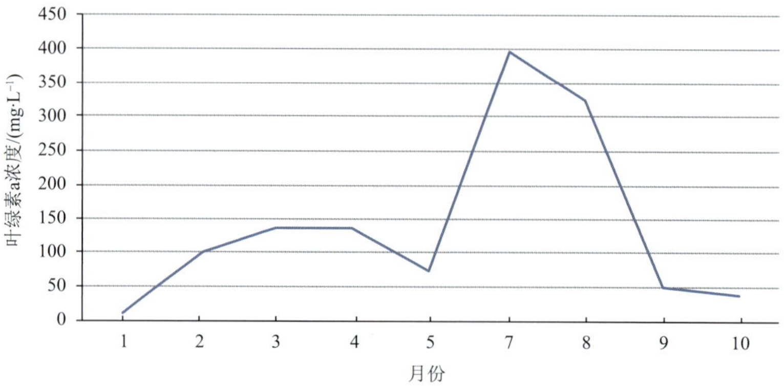

图 6.22　2022 年淀山湖（样本点）叶绿素 a 浓度变化趋势

6.3.4.2　淀山湖卫星遥感蓝藻水华监测

卫星遥感能清晰监测到蓝藻暴发的现象。以 2020 年 9 月 5 日淀山湖蓝藻暴发为例（图 6.23），高分 1 号宽视场传感器（WFV）卫星影像在 10 时 35 分的淀山湖蓝藻水华监测结果和 Sentinel-2B 卫星影像在 10 时 40 分的监测结果，不管是从空间分布还是蓝藻暴发强度上比较，均保持高度一致性，蓝藻聚集面积统计结果约 29 km^2。同一天 FY-3D/MERSI 卫星影像在 13 时 15 分的蓝藻水华监测结果显示，仅在淀山湖的中心湖区有比较明显的蓝藻水华分布，蓝藻聚集面积统计结果仅 8.5 km^2，说明湖域蓝藻水平、垂直分布变化巨大，短期蓝藻的漂移、上浮、消退可能主要受气象条件的影响。

6.3.5　淀山湖区暴雨洪涝监测

太湖流域的河湖水系由于地势低平、河网密集，在暴雨季节易发生洪涝灾害。受全球气候变化的影响，同时受到高度城市化发展引起的城市热岛效应影响，滨水城市遭受暴雨洪涝灾害的风险与日俱增。其中，淀山湖区域为示范区的中心区域，对于长三角示范区和上海的洪涝监

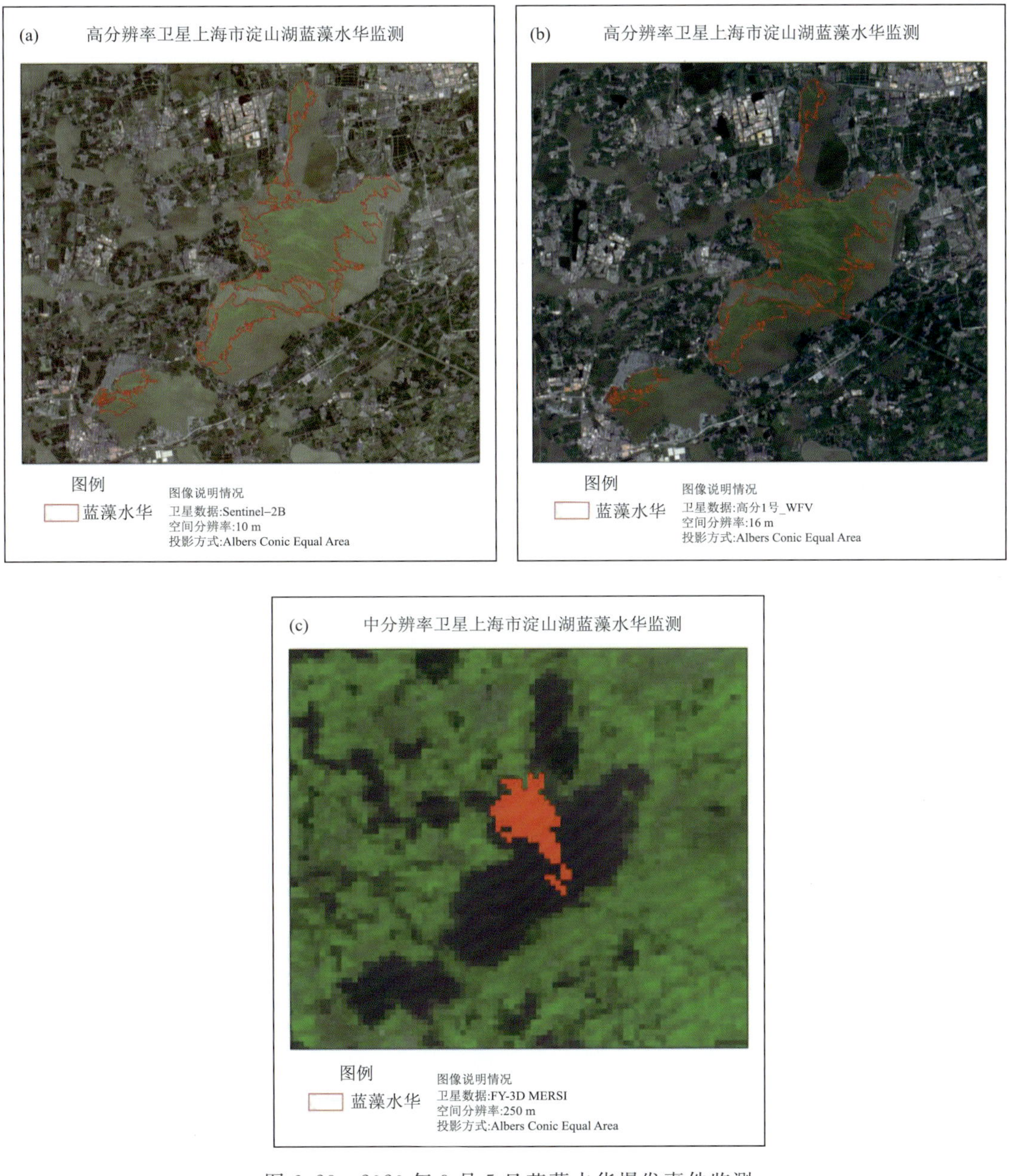

图 6.23　2020 年 9 月 5 日蓝藻水华爆发事件监测

测有着极为重要的作用。卫星遥感技术因其宏观、动态的特点，成为洪涝灾害监测的重要手段之一。SAR 影像对云雨雾的敏感性不高，因此以镜面散射为主的水体能够呈现出与其他地物类型后向散射能力截然不同的特征，该优势有效地弥补了传统光学影像的局限性。国产高分三号和哨兵一号等 SAR 卫星可实现大范围、短周期的对地监测，可对淀山湖附近水域水体进行有效的监测和识别，为长三角区域一体化发展和防灾减灾提供科学支撑。

以 2020 年典型暴雨事件为例，上海于 6 月 9 日正式入梅，较常年偏早 8 d，7 月 21 日正式出梅，较常年偏晚 11 d；梅雨期长达 42 d，较常年偏多 19 d。受连续暴雨、天文大潮以及上游来水影响，7月7日苏州河上游出现最高水位，超出2019年台风“利奇马”期间的原历史最高纪录。青浦区金泽站的最高水位达到3.99 m，超出警戒0.44 m，仅低于历史记录0.10 m。为了对整个洪涝灾害期间的洪涝淹没区进行识别和提取，选取受灾前后淀山湖及周边区域的卫星影像进行水体识别和监测分析（图6.24），对比水体面积变化。

图6.24　2020年受灾区域监测范围

基于Sentinel-1A/SAR数据进行洪涝淹没范围监测，主要是利用不同地物在微波后向散射的不同强度，SAR影像的后向散射强度大小会明显受到地物表面粗糙度的影响，水体因为其表面光滑大多产生镜面散射，弱化了雷达信号的后向散射能力，反映在影像上表现为不同地物间的灰度值变化，基于阈值分割方法提取SAR图像的水体信息。

通过Sentinel-1A雷达卫星的暴雨洪涝反演结果显示，入梅前太湖流域淀山湖、澄湖附近水体面积约为276.52 km^2（图6.25）。入梅后受连续暴雨影响，监测区域的水体面积出现明显增加。图6.26记录了4个监测时次淀山湖附近水域与入梅前比较所增加的水体面积大小。6月21日、22日连续2 d，区域大部分地区受大雨影响，23日淀山湖、澄湖附近水体面积监测结果增加了49.06 km^2。7月开始直到7月20日，除1日、10日外，区域大部分时间受雷阵雨或中到大雨影响，7月5日和7月17日的淀山湖和澄湖附近水体面积监测结果分别比入梅前增加了45.94 km^2和40.59 km^2。7月20日之后，区域天气开始转好，以阴天为主，7月23日的水体面积与入梅前相比增加了37.99 km^2，与前几次监测结果相比，增加的面积有一定程度的减少。

为了进一步分析降水对于不同下垫面的积水影响程度，采用清华大学30 m分辨率的FROM-GLC全球下垫面产品，分析梅雨过程中不同下垫面的积水情况，研究区内的下垫面覆盖类型如图6.27所示。

利用区域的FROM-GLC下垫面产品，统计不同时次新增水体所属下垫面类型的面积。由于水体的范围本身具有季节和年季变化，因此存在新增水体区域属于水体的下垫面类型。统计分析结果显示，水体面积最早增长在耕地，其次是林地，随后二者的新增水体面积逐渐减小。另一方面，水体的下垫面类型中的水体监测面积逐渐增大。可以理解为降水首先导致了

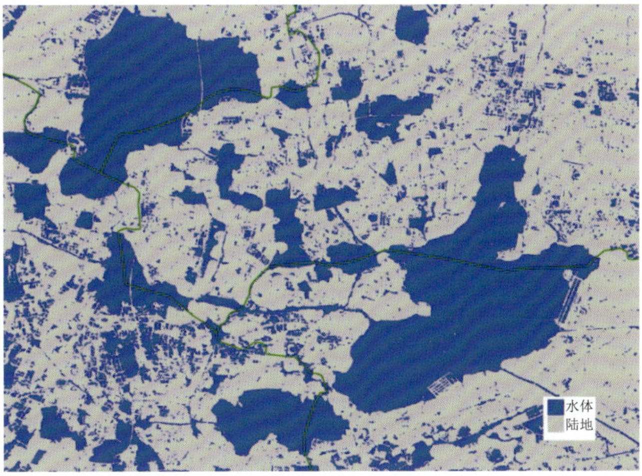

图 6.25　2020 年 4 月 12 日(入梅前)淀山湖地区水体监测结果

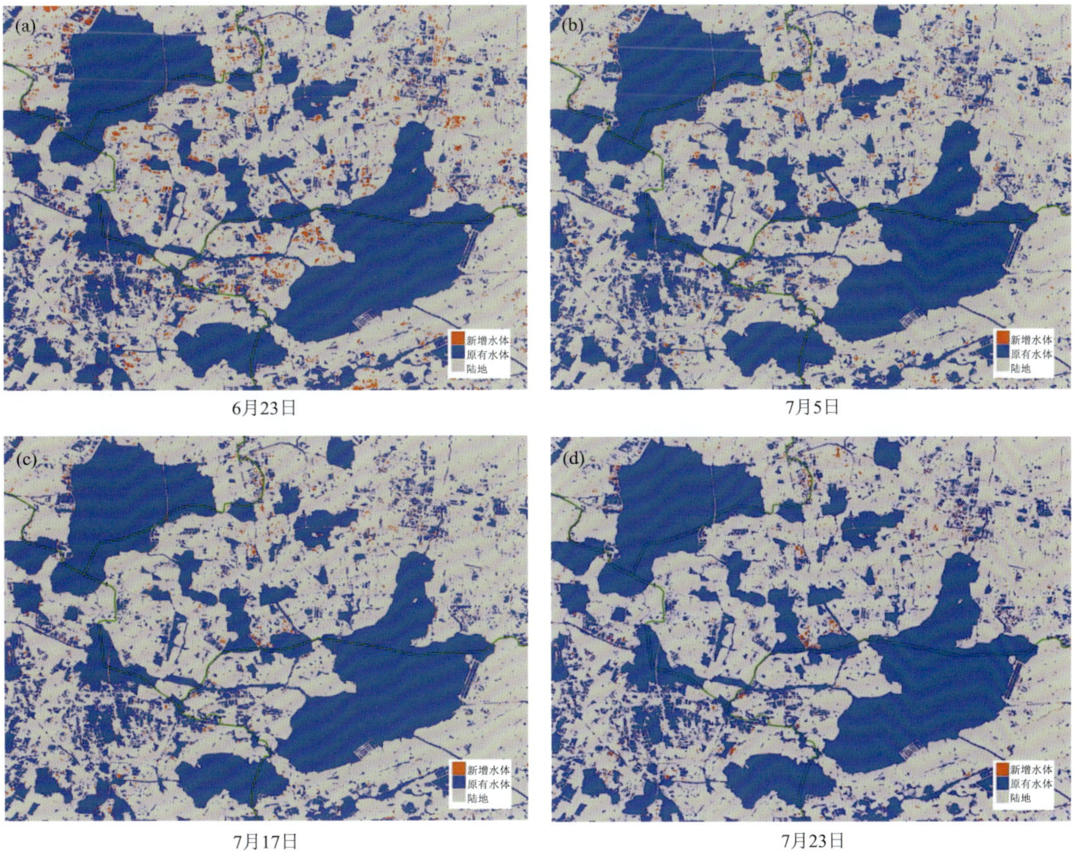

图 6.26　2020 年梅雨期间淀山湖地区水体监测结果

耕地和林地的水体淹没区增长，随着耕地和林地的排水措施实施，这两类地物的积水逐渐排至湖泊和河流中，从而导致水体类型中的新增水体面积增加(图 6.28)。

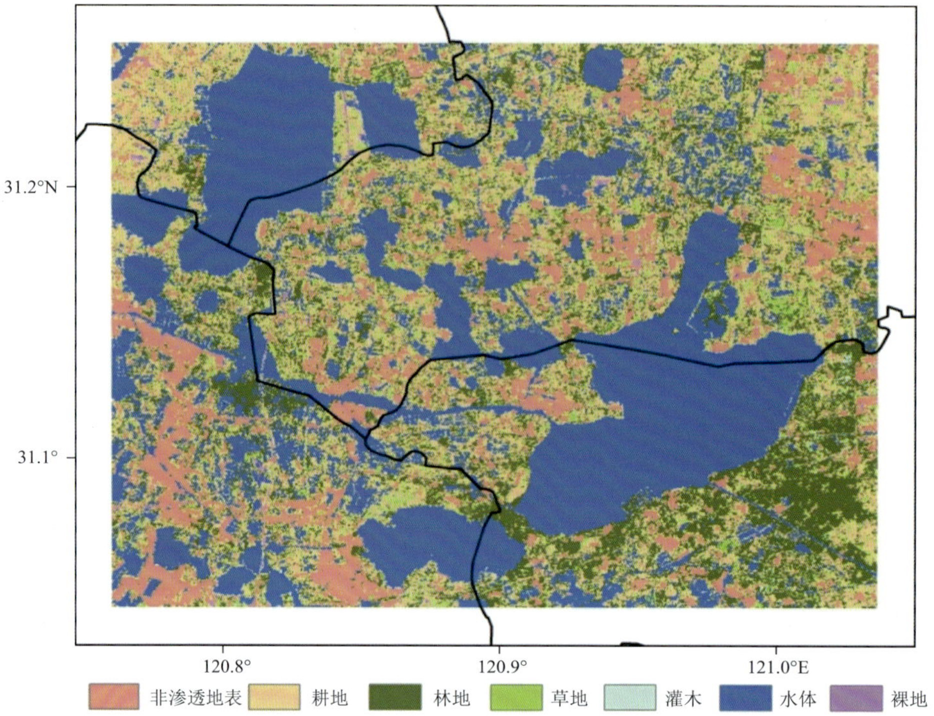

图 6.27　淀山湖地区的下垫面类型

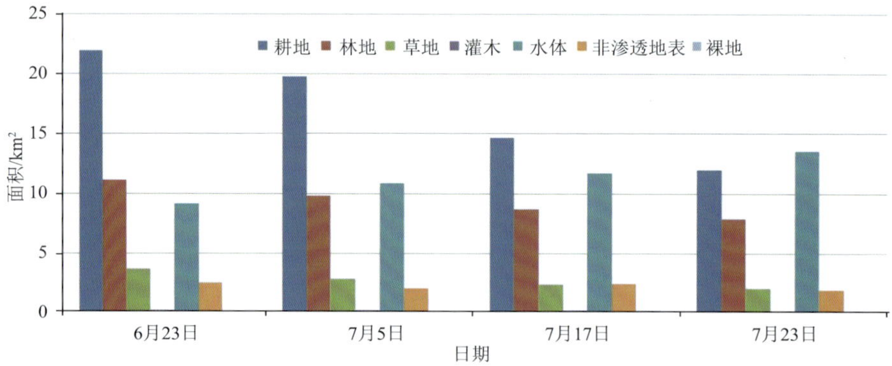

图 6.28　2020 年梅雨期间淀山湖地区不同下垫面新增水体监测结果

6.3.6　淀山湖水生态健康综合评估

6.3.6.1　水生态健康评估指标模型

水生态健康定义为一个水生态系统能维持其组织结构、功能活力和抗压能力，具有良好的生境条件和水生生物状态，系统组分间保持动态平衡、增长活力大，能不断为今世后代提供优质的生态系统服务的状态和潜力，体现出诊断、预测和预防特征。健康的水生态系统应该具有适宜的清洁度、较强的水体自净能力、较丰富的生物多样性，能够发挥应有的拦截污染物、提供生物栖息地、稳固湖岸以及增加景观美学潜力。确定水生态健康的内涵为，在人类的开发利用和保护协调下，在水体自身对干扰的长期效应和恢复力的共同作用下，其能保持自然形态稳定、水体质量优良、生态系统平衡的自然结构状态，具备健全的服务功能，满足人类社会的可持续发展需求，最终形成人类对水体的开发和保护维持良性循环的一种平衡状态。随着认识的深入，水生态健康已作为区域环境管理与可持续发展的新目标，对其诊断评估是水生态修复策略制定的前置条件，也是考量水生态修复成效的必需手段，相关研究成为国内外生态环境领域新近关注的热点和趋势。

当前的水生态健康评价，多以水质或某一类生物指标（比如浮游藻类、鱼类等物种指标）开展。这一类评价实质上属于水质评价或者水生生物评价，评价结果往往偏向某一个方面，脱离了水生态系统综合性的本质。随着人类活动干扰的强度增大和来源多元化，仅从水生生物、水质方面开展水生态系统健康评价已无法满足要求，考虑多维因素、整合多种尺度，会是未来水生态健康研究的发展趋势。构建一种基于物理、化学和生物的生态完整性和服务价值理论的评价方法，可以作为水生态系统健康评价的优先方法，可为探讨水生态系统健康水平及受损水体的水生态修复潜力，确定生态可修复性目标提供理论指导。因此，本研究从水生态系统健康评价综合性、全面性和易量化出发，基于胁迫—响应关系的理论框架，从胁迫因素识别、生态系统响应分析选取湖泊生态系统健康定量表征的多层次、多指标体系，构建熵权模型计算生态健康综合指数，对系统的生态健康状态进行定量、分级评价与比较。

采用综合健康指数法构建水生态健康评价体系的重要环节是指标体系的设定、指标的选择，而这些都是基于对水生态系统健康的正确理解基础上。借鉴其他类似生态系统健康的评价方法，将淀山湖水生态健康评价指标体系设计成递阶层次结构，即由目标层、类别层、要素层和因子层构成。由此，从富营养状况、水资源条件、湖岸带生境、水生生物、服务功能五个方面确定了淀山湖水生态健康诊断评估指标体系，涉及12个指标，体现出生态完整性，具体含义、特性如表6.5所示。其中，透明度、总磷、总氮、高锰酸盐指数、叶绿素a、底泥污染状况、水体自净能力等营养盐和水环境因子体现水质健康状况；水位、面积体现水体的水文特征、水资源量和水动力条件；水生生物种群数量体现生态胁迫对河流水生态系统造成的生物效应；岸带林草覆盖率、口门通畅率体现水域的生境特征，是维护城市湖泊健康生态系统的重要屏障；水体所提供的调节气候、净化水质等多种生态服务和社会服务功能，体现出水体为人类社会提供合理服务的价值。

上述指标数据来自遥感反演、点位监测计算和文献中获得的区域调查数据。由于各指标的量级有很大的差别，不能直接进行计算，通常采取无量纲化处理，以便对各样本指标进行综合分析并使结果具有可比性。同时，指标权重的确定尤为重要，主要考虑差异性和重要性，采用专家打分法确定类别层权重。

表 6.5 水生态健康诊断评估指标体系

目标层	类别层/准则层	要素层	权重	因子层	含义	特性
水生态健康	水质富营养状况	物理指标	0.4	透明度	水体的光学透射传输能力，直观反映水体清澈与混浊程度，其降低不但影响感官性状，还会影响水生生物的生活	光敏参数
		化学指标		总磷	元素磷、磷酸盐等形式的总称。磷是藻类生长需要的一种关键元素，通过磷来组成DNA、RNA和传输能量，同时磷易在底部形成沉积，受搅动释放，过量磷会造成水体污秽异臭，是反映水体富营养化的主要指标	非光敏参数，营养盐
				总氮	水中各种形态无机和有机氮的总量。氮是植物体内维生素、氨基酸和能量系统的组成部分，能促进叶绿素的合成，增强光合作用，氮超标时，会发生富营养化，故被用来表示水体受营养物质污染的程度	非光敏参数，营养盐
				高锰酸盐指数	反映水体受有机和无机可氧化物质污染程度	非光敏参数，营养盐
		生物指标		叶绿素 a	浮游植物生物体的重要组成成分，其浓度及其时空变化反映了水体中浮游植物的丰度、生物量以及该水域初级生产力和水环境质量的变化规律，具有水体富营养化水平和水华消长情况的表征能力	光敏参数
		水质生态综合指标		综合营养状态指数/TLI(∑)	用透明度、高锰酸盐指数、叶绿素 a、总氮、总磷五个指标，以叶绿素 a 作为基准系数，应用归一化相关权重关系计算，将单变量的简单与多变量综合判断的准确性结合所形成的指数，按阈值进一步分为贫营养、中营养、轻度富营养、中度富营养、重度富营养等状态	综合指数
		底泥污染状况		底泥污染指数	水土界面物质交替带，即水体底部沉积的固体物质的污染程度，底泥在外界因素的影响下能够向上覆水体释放营养成分，影响湖体水质。底泥污染指数考虑底泥中每一项污染物浓度占对应标准值的百分比来进行评价	综合指数
		水体自净能力		溶解氧含量	空气中的分子态氧溶解在水中称为溶解氧，反映了水体的新陈代谢脉动，与水生生物生存呼吸和水体自净作用息息相关，是水体理化性质和生物学过程综合反映依据的一项关键指标	点位监测

续表

目标层	类别层/准则层	要素层	权重	因子层	含义	特性
水生态健康	水资源条件	水位	0.15	水位	表征生态流量/水位满足程度、湖水交换能力	点位监测
		水域面积		自由水面率	自由流动的水面占湖区总面积的比例，以及历史参照下湖泊水面面积的萎缩比例，体现水量安全	遥感反演
	湖岸带生境	护岸生态性	0.2	自然岸带林草覆盖率	岸带自然状况，滨岸自然植被覆盖度影响冲刷、侵蚀、水土流失，是面源污染拦截效率的综合指示	遥感反演
		湖泊连通性		口门通畅率	入湖河流和出湖河流与湖泊之间、口门与周围水体的水流畅通程度，使水体保持流动状态，同时表征河湖水系形态连通性	区域调查
	水生生物	生物多样性	0.15	浮游植物生物完整性指数	用于度量区域生物集群维持物种组成、多样性、结构和功能稳态能力的量化指标	点位调查
				浮游动物生物量		点位调查
				大型底栖动物生物量		点位调查
	服务功能	生态服务	0.1	调节气候、水源涵养、调蓄补枯	湖泊水体在降温增湿与调节气候、污染净化与水源涵养、防洪调蓄等方面的生态服务功能	区域调查
		社会服务		水文化、景观、供给服务	湖泊所提供的水景观、水产品等服务供给水平	区域调查

各指标的无量纲化值和指标熵权确定后，加权即可求得某湖区的水生态熵权综合健康指数，计算公式如下：

$$\mathrm{WHI}=\sum_{i=1}^{n}x_i w_i \tag{6.13}$$

式中，WHI 表示水生态健康综合指数，x_i指评价要素分值，w_i指评价要素权重。

湖泊整体则采用湖区水面面积为权重，按照如下公式进行湖泊整体健康赋分计算：

$$\mathrm{LHI}=\frac{\sum_{i=1}^{n}(\mathrm{WHI}_i S_i)}{\sum_{i=1}^{n}S_i} \tag{6.14}$$

式中，LHI 为湖泊健康综合赋分，WHI_i为第 i 个评价湖泊区位水生态健康得分，S_i为第 i 个评价湖区的水面面积(km^2),n 为评价湖泊分区的个数。

水生态健康分类则根据评估指标综合赋分确定,采用百分制,共分为理想状况、健康、亚健康、不健康、病态为 5 级,具体的健康分类、状态、赋分范围、颜色说明见表 6.6。

表 6.6 湖泊健康评估分级表

分类	状态	赋分范围	颜色
一类	理想状况	90～100	蓝
二类	健康	75～90	绿
三类	亚健康	60～75	黄
四类	不健康	40～60	橙
五类	病态	0～40	红

6.3.6.2 水生态健康评估结果

根据提出的水生态健康评估模型及评估指标体系,对 2011—2020 年淀山湖整体水健康状况进行试评估,综合得分为 61.48 分,依照分级标准为亚健康状态(图 6.29)。其中水质富营养状况准则层评估得 52.07 分;水资源条件准则层为 87.85 分,湖岸带生境准则层为 69.01 分,水生生物准则层为 49.19 分,服务功能得分 68.00 分。

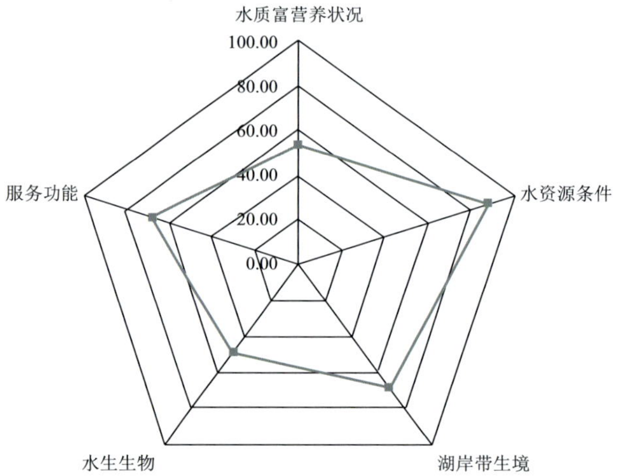

图 6.29 2011—2020 年淀山湖水生态健康分层评估得分(单位:分)

水质富营养状况准则层和水生生物准则层得分低,表明淀山湖水质和水体富营养化问题依然突出,水华现象时有发生,难以承载丰富的生物类群,湖泊的水质和生物多样性方面存在一些问题。水资源条件准则层得分较高,淀山湖在储水量和湖泊水面面积上较为稳定,水循环总量平衡,可确保下游黄浦江总水量安全。服务功能和湖岸带生境准则层得分中等,说明淀山湖可以给人们提供较为适宜的水生态环境,并且维持和保护湖岸带的生物多样性,防止土壤侵蚀,保持土壤肥力,促进生态系统的良性循环。

从空间分布上(图 6.30、表 6.7),淀山湖水生态系统健康状况评价结果以亚健康和不健康为主,分别占总采样点的 61.54%和 38.46%。淀山湖西北湖区包括千墩港、赵田湖、大朱厍等站点健康状况较差,为不健康水平,西南角的白石矶港口也为不健康水平,说明外源输入的影响较大,急水港桥虽同为入湖站点,但水生态健康状况相对稍好,为亚健康水平;出湖岸带的水生态健康水平均为亚健康；中心湖区除湖心北区为不健康外，其余为亚健康。总体上，淀山湖水生态呈现“北差南亚”的健康水平分布。从季节得分上看，夏季的评分普遍最低，秋季有一定程度的提升，冬季则出现明显上升且达到最高值，春季又有所下降。这种变化趋势可能与季节性气候变化、污染物排放和扩散条件等因素有关。

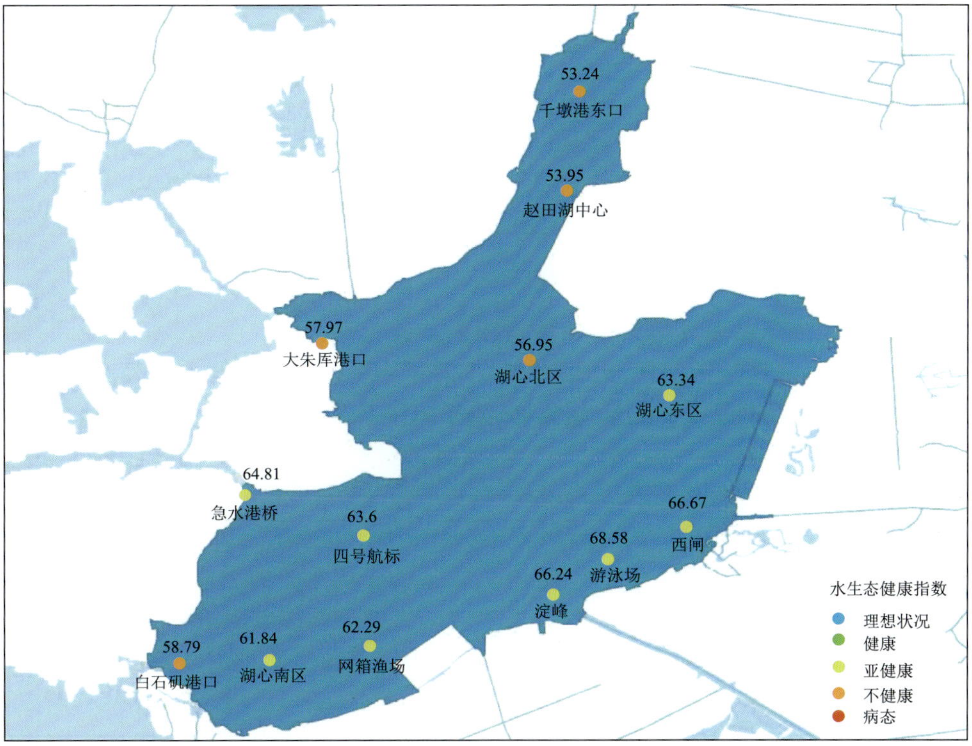

图 6.30 2011—2020 年淀山湖水生态健康综合评估空间分布
（图中数据为得分，单位：分）

表 6.7 2011—2020 年淀山湖站点水生态健康得分季节分异对比 单位：分

分区	监测垂线（断面）	水质垂线观测代码	春	夏	秋	冬	全年
入湖岸带	千墩港东口	1	53.02	52.15	54.55	56.19	53.24
	大朱厍港口	2	58.36	56.42	59.14	60.90	57.97
	急水港桥	3	65.86	63.13	65.44	67.00	64.81
	白石矶港口	4	60.60	58.53	60.25	62.77	59.79
	赵田湖中心	31	53.00	54.52	54.33	55.97	53.95
中心湖区	湖心北区	32	57.06	56.72	57.08	58.11	56.95
	湖心东区	33	64.86	62.26	62.90	63.45	63.34
	四号航标	34	64.73	61.57	64.51	65.62	63.60
	湖心南区	35	62.72	60.63	62.16	64.06	61.84
出湖岸带	游泳场	61	70.49	67.84	67.42	69.56	68.58
	网箱渔场	62	63.14	60.97	62.76	64.37	62.29
	西闸	81	68.69	66.07	65.26	67.35	66.67
	淀峰	82	67.77	65.45	65.49	67.42	66.24
全湖	—	—	62.33	60.48	61.64	63.29	61.48

6.3.7 气候变化和土地利用对淀山湖水生态环境的影响探析

6.3.7.1 气象水文条件对水质变化的影响

研究发现，水质变化特别是藻类生长受多种因素的综合影响，包括生化指标（pH、营养盐、浮游动物等）、水文气象条件（温度、透明度、风速、水位、流速、降雨量、径流量、热分层等）和地质地形等，而相关性分析常常是用来判别此类因果关系的前提，一湖一策强调的就是应结合相关知识并因地制宜地查证影响藻类生长、水质变化的主要因素。图 6.31 的相关系数是建立在月尺度监测数据上的气象水文与水质水生态同步参数间的相关关系，包括了各指标之间的同步季节变化信息，结果显示，在淀山湖，气温、水温、风速和水位等水文气象因子以及 TP、氮磷比、NH_3-N 和 COD_{Mn} 等水质指标与 Chl. a 或湖泊营养化状态有不同的相关性。

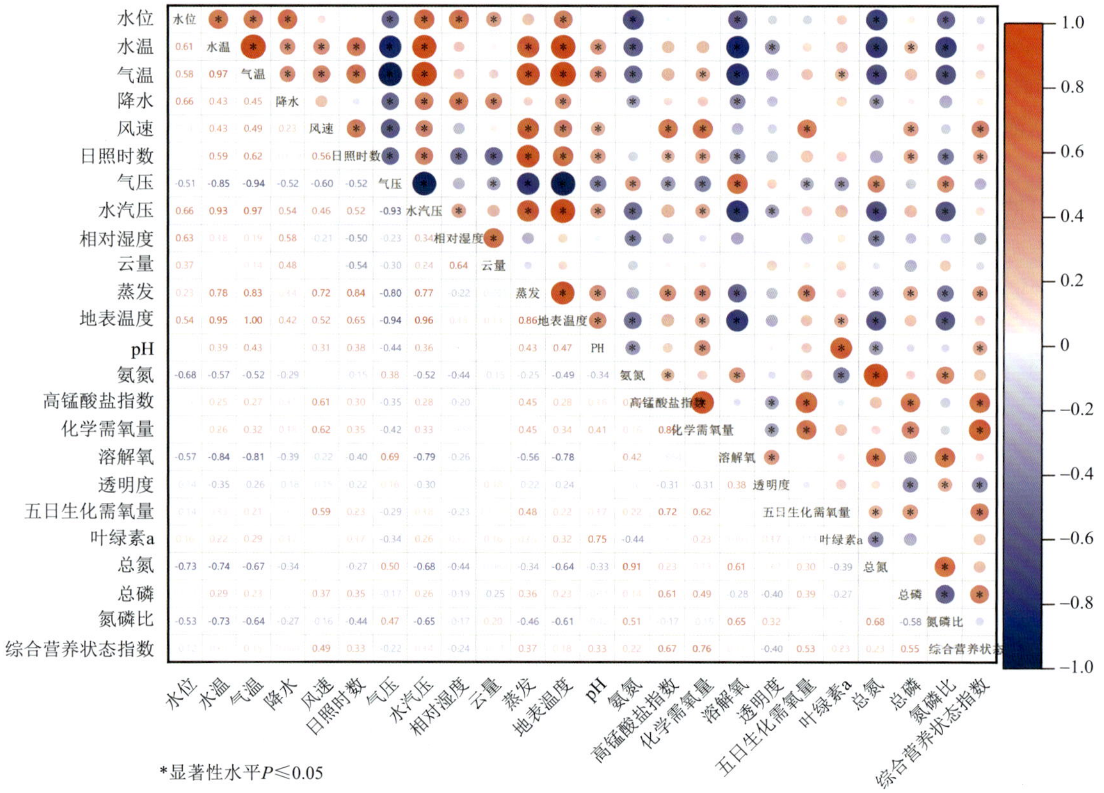

图 6.31 2011—2020 年淀山湖月度水文、气象和水质等参数的皮尔逊（Pearson）相关性

(1)气象水文条件对 TN、TP 的影响

气温通过大气与水接触面的热量交换、辐射等方式传递热量，从而影响水温；水温与气温同步变化，气温升高，水温也升高，反之则水温降低，因此水温基本会与附近气温相一致。温度对水质影响表现在，水温升高将提高水体中污染物离子活跃程度，加快水体中化学反应速率，水温升高也会增强微生物的活性，从而促进底泥中内源性氮和磷的释放，增加 COD_{Mn}、TP 等浓度。温度和光照还会影响水生植物光合作用和生长，而水生植物能吸收水体中的氮、磷，随着温度上升，日照时数延长、光照增强，水生植物生长旺盛，吸收、降解水体中的氮就多，使得水

体中氮浓度下降；水生植物光合作用能产生氧气，增加水体中的溶解氧，从而改善水质。同时研究表明，从水生植物对氮、磷降解贡献率的比较来看，氮的降解贡献率要明显高于磷，因为水中磷的去除除了植物吸收外，主要依靠底质和根系吸附去除，而氮的去除还有氨的挥发、硝化和反硝化等途径，水生植物能输送氧气到根区，为微生物的硝化和反硝化提供适宜条件，从而提高水体中氮的去除效率，因此水生植物对氮的吸收、降解要高于对磷的吸收、降解。

降水对水质的影响表现在，降水量是驱动面源污染物入湖的最重要因素之一，雨水所形成的径流经过地面，尤其是农田、工业用地附近，地面积聚的污染物被冲刷进入河流或湖泊，造成水体污染；而水体中的磷主要来自土壤颗粒，通过降水、排水产生的径流流入河流或湖泊，使水体中有机物、无机还原性磷等浓度增加；降水形成的大气湿沉降也会使大气中污染物随降水落入河流或湖泊，增加污染负荷。另一方面，降水量流入河流或湖泊，可以稀释水体中污染物浓度，尤其是连续性大的降水量，能降低水体中有机物、无机还原性物质、NH_3-N 和 TN 等浓度。

水位是与降雨量密切相关的因素，因此，水位首先反映出降雨的影响。水位上升期是流域营养盐汇集到湖泊内的过程。首先，春季淀山湖周边县市农业生产活动频繁，如灌溉施肥；其次，随着水位上升，洪水脉冲对周边土壤的冲刷，土壤及沉积物中营养盐的释放。这些因素可使高水位期湖泊营养盐浓度升高，但高水位阶段水位对氮营养盐的稀释作用大大抵消了水位上升期所带来的氮营养盐增加的效应，使得淀山湖高水位期氮营养盐浓度反而降低．与氮营养盐相比，磷营养盐受水位波动的影响较小，水位增加磷营养盐浓度有所提高。此外，水位高，平均水深大，底层水体缺氧的概率大，磷的内源释放强度偏大，有利于蓝藻生长中的营养盐补给。

(2)气象水文条件对 Chl. a 浓度的影响

淀山湖浮游植物 Chl. a 浓度受温度、磷营养盐等多种环境因素的协同影响。在相关和显著性方面，Chl. a 浓度与气温、地表温度和 pH 呈显著正相关，与气压呈显著负相关，与水位、水温、降水等呈正相关，说明气温、降雨、光照、水动力条件、换水过程等水文气象条件对藻类的异常增殖、蓝藻水华过程起着至关重要的作用。

首先，淀山湖水位波动与水温变化具有一致性，高水位对应高水温，反之，低水位对应低水温，高水温湖泊环境促进了浮游植物的生长繁殖，温度升高和 pH 偏碱性，易形成有利于藻类生长的水文气象条件。Chl. a 浓度与 pH 呈显著正相关，研究表明在浮游植物大量繁殖的水体中，光合作用较强，消耗水体中大量 CO_2，因此蓝藻水华发生伴随 CO_2 浓度降低和 pH 的上升。藻类生长，特别是蓝藻水华，能够通过改变水体 pH 的“泵吸作用”，以及水华堆积之后的耗氧效应，大大加快底泥磷的释放，既能快速缓解水体藻类生长的磷需求，还能通过生物富集，反而使得夏季水体 TP 浓度增高。其次，淀山湖水位波动加强了高水温促进浮游植物生长的这种效应。主要原因是，高水位期，淀山湖水流流速变缓，且水体 SD 提高，平静的水环境加之充足的水下光照均有利于浮游植物，特别是蓝藻的繁殖聚集。另外，淀山湖 Chl. a 浓度与水位、水温、降水等的正相关性不显著，更说明了淀山湖这种夏季高藻、水动力扰乱强烈、外源补给量大的浅水湖泊对水体藻类叶绿素 a 浓度有着十分复杂的影响机制。淀山湖 Chl. a 浓度与氮营养盐指标呈显著负相关，与磷营养盐指标呈负相关，并不是说明水体氮磷浓度的降低与藻类生长相关，这里的负相关，主要是因为二者年度峰值的季节错位造成的，同时也说明淀山湖水位波动和高水位的稀释作用会掩盖营养盐浓度对浮游植物生长的影响。有学者研究太湖藻类生长受限的水体磷浓度，提出水体 TP 浓度应低于 $0.05\ mg \cdot L^{-1}$，才对藻类生物量高低起到明显影响。目前淀山湖水体 TP、TN 浓度都明显高于限制值，不构成藻类生长的限制性因素。回归分析显示，随着淀山湖 Chl. a 浓度增加，NH_3-N 和 TN 浓度降低，且 TN/TP 质量比减少，根据以往研究，氮营养盐浓度的下降，可能会引起蓝藻，特别是固氮类蓝藻在淀山湖的大量生长。而 Chl. a 浓度与湖泊综合营养状态指数具有正相关性，反映 Chl. a 浓度升高可显著提高淀山湖水体富营养化状态。这些说明了在营养盐不受限条件下，水文气象条件可能是 Chl. a 浓度显著上升和蓝藻水华暴发更重要的影响因子，特别是温度在调节淀山湖 Chl. a 浓度年际变化过程中发挥着主导作用，降雨影响湖库水位和入湖物质负荷，大量的外源污染物随着降雨进入湖泊水体，对 Chl. a 浓度具有明显影响，淀山湖水位波动和高水位效应也可促进浮游植物群落结构的改变。

风速改变湖库垂向扰动速度和物质通量，进而影响湖库的生物化学过程。前人研究认为，在大多数情况下，突然出现的"水华"只不过是已存在、分散在水体中的藻类群体在适宜条件下的上浮、聚集、迁移至水面并为人们肉眼所见的过程，而非藻类在短时间内连续地快速生长所致；准确地说，"暴发"仅仅描述了短时间内大量水华蓝藻群体的空间位置的改变，主要是从水体中上浮到水体表层或者由于风的作用，在湖岸的局部地区大量聚集。Cao 等(2006)研究指出水华的形成不是生物量的突然增加，而是其生物量在风浪的作用下垂直迁移的结果，当风速$<3\ m \cdot s^{-1}$时，蓝藻的水华就会出现；营养盐对于水华的形成没有明显的作用，只是具有保持生物量的间接作用。朱永春等(1997)研究指出不同风场对于藻类在湖泊中的水平及垂直分布影响很大，并且存在着一个"临界风速"，其范围在 $2\sim3\ m \cdot s^{-1}$，当风速<临界风速时，水面可以近似看作水动力光滑，没有波浪产生，在水表面藻类顺着风向迅速向迎风岸边漂移，大量堆积；但当风速超过临界风速时，将产生波浪作用，波浪、风扰动及平均环流的共同作用使得藻类在水体中上下混合，分布比较均匀，不再出现藻类聚积现象，从而抑制了水华的形成。这也是用卫星遥感观测到的一天短期内蓝藻水华变化剧烈的原因。从长期来看 2011—2020 年淀山湖逐月风速平均值均$<3\ m \cdot s^{-1}$，研究表明风速$<3\ m \cdot s^{-1}$有利于蓝藻的集聚，从而使水华在湖面至0.3 m深的湖水中形成，引起 Chl. a 浓度升高，因此表现为淀山湖水体富营养状态与风速呈显著正相关关系。

6.3.7.2 生态结构对水生态健康的影响

由生态结构指标与氮、磷浓度及水生态健康的相关分析发现，城市建设用地是影响湖泊营养盐和水生生物、湖泊生态健康的主要因素，与 TN、TP、CODMn、Chl. a 浓度在 500 m 缓冲区内呈正相关，与水生态健康综合指数 WHI 呈显著负相关(图 6.32)。建设用地包括了城乡居住用地、工矿企业等，是人类利用强度最高的土地利用方式。居民区、道路以及建设用地等不透水面的增加导致下渗减少，污染物直接进入河流；居民的生产生活活动产生大量的污水未经处理通过排水沟渠排入水体；此外，居民区产生的各类垃圾得不到妥善处理，通过地表径流冲刷进入河流，对水体造成污染，导致湖泊氮磷含量升高，引起水生态健康的恶化。

耕地则可能因其大面积过量使用农药、化肥、杀虫剂等，造成未被利用物质残留于土壤，并通过地表和地下径流、渗漏、淋溶、硝化等作用及沉积吸收、再析出等途径进入水体，导致水质净化功能被破坏。

林地和草地被认为是具有污染物截留功能的"汇"景观，能够减少面源污染对水质的负面影响。由于林地冠层下土壤层具有涵养水源、保持水土、滞留部分水体污染物的作用，对地表径流具有良好的净化效果，因此，流域内大面积分布、聚集且连接良好的林业用地对进入水体的污染物具有更强的遏制作用，以及在临水岸带中分布的林业用地是维持湖泊水质良好的重要因素。绿地、草地等绿化用地是城市地表径流的缓冲区和自然过滤器，通过植物吸收、土壤滞留、微生物降解等综合作用，减少了地表污水注入河流的水量，截留了部分污染物，因此水体的污染指标与绿化用地表现出一定负相关。因此，绿化用地作为污染缓冲区和过滤器在城市土地开发和建设中也应予以高度重视。

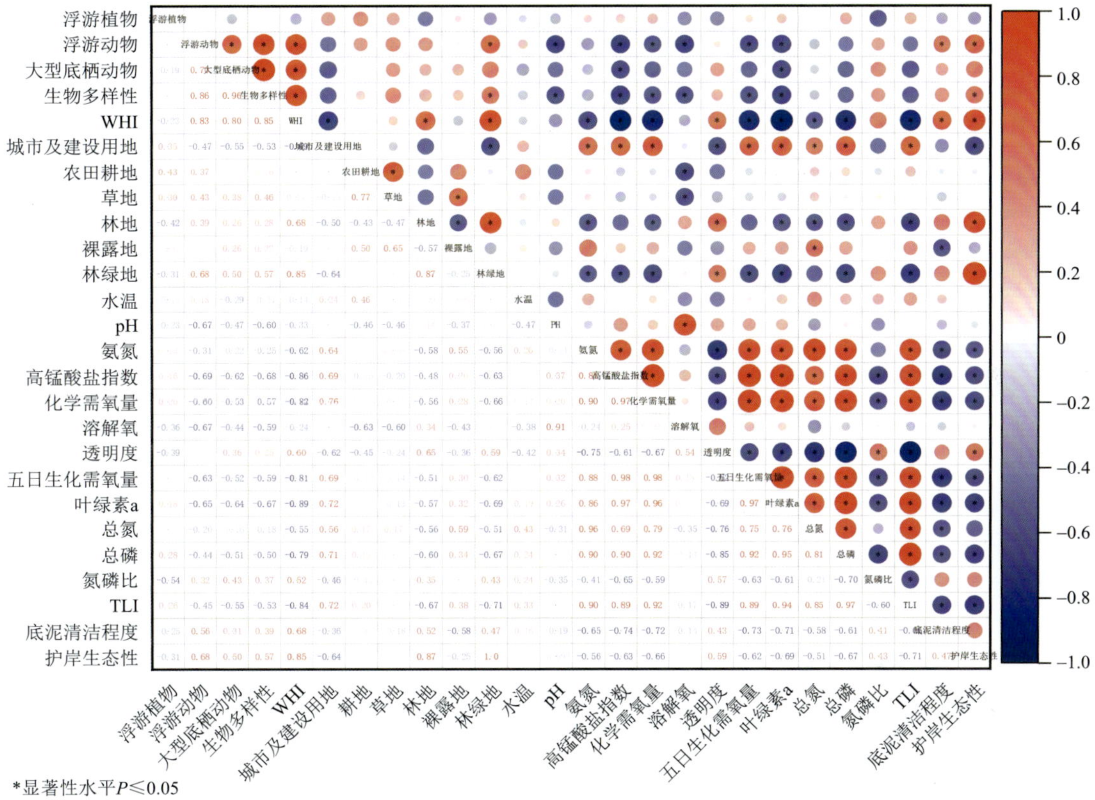

图 6.32　2011—2020 年淀山湖岸带 500 m 生态结构和水生态健康的皮尔逊(Pearson)相关性

6.3.8　气候变化下淀山湖蓝藻水华防控对策

上述监测分析发现，淀山湖指示蓝藻水华生物量的 Chl. a 浓度近 10 a 呈现极显著增加的特征，特别是 5—9 月蓝藻水华灾害关键期增幅更加明显，极端峰值在 2015 年以来明显增高，蓝藻水华极端事件频率有所增加，高峰值出现的年份时空异质性大。分析表明，淀山湖 Chl. a 浓度受温度、磷营养盐等多种环境因素的协同影响。在相关和显著性方面，Chl. a 浓度与气温、地表温度和 pH 呈显著正相关，与气压呈显著负相关，与水位、水温、降水等呈正相关，其年际波动很大程度上受水文气象因子影响，说明气温、降雨、光照、水动力条件、换水过程等水文气象条件对藻类的异常增殖、蓝藻水华过程起着重要作用。自 2008 年起，起淀山湖流域水生态修复治理工程虽然明显降低了入湖氮磷浓度，但水体营养盐水平仍未降到能显著抑制蓝藻生长的水平，目前淀山湖水体 TP、TN 浓度都明显高于限制值，不构成藻类生长的限制性因素，说明在营养盐不受限条件下，水文气象条件可能是 Chl. a 浓度显著上升和蓝藻水华暴发更重要的影响因子，特别是温度在调节淀山湖 Chl. a 浓度年际变化过程中发挥着主导作用。因此，淀山湖藻类水华处于水文气象条件主控的阶段，气候变化会削弱甚至抵消蓝藻水华防控效果，需关注气候变化对蓝藻水华治理的挑战与应对。

随着近年来水文气象条件变化、极端气象事件频发，蓝藻水华状况有恶化趋势，仍将可能大面积暴发，尽管这并不能说明水质污染加重，但必定关联水生态健康失衡，且这种效应未来随着气候变化加剧会进一步增强（张运林 等，2022；王锦旗 等，2022），这给淀山湖的蓝藻水华治理提出了更大的挑战。因此，在气候变化新形势下，淀山湖蓝藻水华防控对策如下。

①适度严格营养盐控制标准。虽然气候变化是当前湖库蓝藻水华依然严峻的幕后推手，但氮磷管控仍然是重要抓手，它们是湖库发生蓝藻水华的关键物质基础。气候变化的促进作用降低了湖库蓝藻水华发生的氮磷阈值，严格氮磷控制基准成为新形势下蓝藻水华防控的策略之一（施文卿 等，2023）。精准解析未来不同气候情景下多重气象因子决定的氮磷基准，为淀山湖水体氮磷水平管控提供更为科学的依据。同时，因流域是湖泊营养盐的主要来源，在流域尺度上应采用制定更为严格的污染排放标准、提高农业用水效率、控制农药化肥施用量和加强生态流域建设等措施，继续削减流域营养盐输入来源。

②强化湖泊的多元系统性修复治理。在降低湖泊的营养盐控制标准、控源截污的基础上，迫切需要从加强淀山湖底泥疏浚、水动力重构和增进湖泊生态修复等途径来深化湖泊综合治理，形成多元的富营养化防控体系。底泥营养盐释放是制约浅水湖泊蓝藻水华治理成效的关键，对污染底泥继续生态清淤，改善生境条件，改善水动力场，通过加速水体流速和缩短水动力周期改善湖泊水质，可降低蓝藻水华发生的程度。提高淀山湖自然生态岸线率，培育沉水植物等大型水生植物，进行水生植物恢复和草型湖泊生态系统重构，强化湖泊生态修复，提升湖泊生态系统的自净能力，也是进行蓝藻水华治理的重要措施。此外，面对突发的蓝藻水华，应提高应急处置能力，做好蓝藻水华原位沉降去除、化学法杀藻等规模化、高效率和低成本的应急处置技术储备，避免或缓解蓝藻聚集带来生态环境危害。

③统筹流域“山水林田湖草城”一体化管控。随着水环境治理措施的大力实施，点源污染得以有效控制，而气候变化下极端降雨加剧的面源输入逐渐成为湖库富营养化和蓝藻水华的重要驱动因素，林地面积占比的增加则可在一定程度上缓解降水对氮磷负荷的影响。因此，应加强山水林田湖草城综合治理、系统治理、源头治理，将湖体、滨岸带、入湖河流、湖泊岸线、缓冲区和整个流域作为不可分割的有机整体，进行系统保护修复与治理，对环淀山湖区域特别是淀山湖北部岸带实施退耕还林、还草等生态改善工程，调整农业生产结构和产业布局，以构建水生态安全格局及应对气候变化。

④提升蓝藻水华预测预警能力。气候变化下，极端天气事件频发导致湖库蓝藻水华发生的概率与不确定性加大。一方面，通过耦合气候—湖泊模型，量化气候变化对蓝藻水华规模、频率和持续时间的影响及贡献率，预测未来气候变化情景下湖泊蓝藻水华发生的风险及强度（朱广伟 等，2020），做好气候变化适应与应对措施。另一方面，重点突破传统基于氮磷等水质因子的预测预警，建立气象因子主导的蓝藻水华实时预测预警系统，精准预测预警水华发生地点、范围和强度，以便提前采取行之有效的应急措施。

6.4 本章小结

本章介绍了湖泊生态气象监测评估方法、太湖蓝藻水华暴发事件遥感监测、淀山湖水生态气象综合监测评价等内容。具体地，针对长三角地区两个重要湖泊——太湖和淀山湖，利用极轨卫星和静止卫星从提高空间分辨率和时间分辨率方面实现对湖泊水质参数和蓝藻水华暴发事件的监测，以及水体面积和暴雨洪涝监测；结合气象、水文、水质的站点观测，重点评价示范区生态核心——淀山湖的水生态环境状况及发展趋势，探析气候变化和土地利用对淀山湖水生态健康的影响，提出气候变化下淀山湖蓝藻水华防控对策。

①基于极轨和静止卫星对太湖蓝藻水华暴发事件监测发现：年内太湖蓝藻藻情波动，时空变化剧烈。5 月为太湖蓝藻水华平均覆盖度、累积覆盖面积发生的峰值，8 月为蓝藻水华发生频次的峰值。西北部沿岸区、竺山湖、梅梁湖、湖心北区北部和贡湖水域为太湖蓝藻水华高频次暴发敏感区域；日内蓝藻活动分布范围同样变化剧烈，白天随着温度上升，光照增强，蓝藻于 09 时左右开始上浮至水体表层，形成明显的绿色水华，至 13 时左右分布范围达到峰值。随后受温度和光照下降影响，蓝藻下沉，于 16 时左右水华现象减弱或消失。同样，利用哨兵、高分、风云等多源卫星对淀山湖水质与蓝藻水华的监测以及雷达卫星对淀山湖区暴雨洪涝的监测，不仅从时空上精细揭示了湖泊水生态、水环境的格局与态势，也显示出卫星监测在大范围覆盖、高时空分辨率、多光谱能力、实时性、成本效益等方面的显著优势。

②基于淀山湖水质站点观测分析发现，近 10 a 示范区采取的一系列水污染治理工程的效果非常显著。2011—2020 年淀山湖营养盐浓度大幅度下降，TN 浓度表现出明显的逐年下降趋势，降幅明显，TP 也呈现下降趋势，COD_{Mn} 的变化趋势与 TP 较为相似，而 SD 呈现先升高再降低、再升高、降低的波动性，且后半段波动更为显著，反映出控源截污及生态修复明显的水环境效果。从氮、磷的变化曲线看，氮的治理效果明显好于磷，这与浅水湖泊巨大的内源磷缓冲能力有关，然而目前的营养盐浓度并未降低到足以显著影响水体藻类生物量的水平。

③2011—2020 年期间淀山湖 Chl. a 浓度呈现极显著增加的特征，特别是 5—9 月蓝藻水华灾害关键期，水体叶绿素 a 浓度增幅更加明显，极端峰值在 2015 年以来明显增高，极端状况事件在增加，高峰值出现的年份时空异质性大。结合气象水文背景分析，上述情况说明淀山湖在具备充足营养盐水平的情况下，Chl. a 表征的湖体藻类状况、蓝藻水华状态处于水文气象条件主控的阶段。随着近年来水文气象条件变化、极端气象事件频发，蓝藻水华状况仍将可能大面积暴发，尽管这并不能说明水质污染加重，但必定关联水生态健康恶化，这给淀山湖的蓝藻水华治理提出了更大的挑战。

④从时空差异来看，淀山湖 TP、TN、COD_{Mn}、Chl. a 浓度空间分布特征均是入湖岸带高于中心湖区和出湖岸带，水生态健康也是西北湖区处于不健康状态，其余湖区多为亚健康，这说明淀山湖外源输入供给特征明显，反映出淀山湖最大的问题仍然是跨界流域问题，而岸带生态结构对湖泊不同区域水环境污染与水生态健康有显著影响。淀山湖也具有较强的生态自然净化能力，对高浑浊来水的氮和磷物质具有一定净化作用，沿水体流向逐渐降低，但是需看到，近年来入湖岸带、中心湖区、出湖岸带的差异在缩小，凸显出对环境治理的均衡整体响应，时间上受到气象、水文等季节变化，丰水期发生空间非均匀的、不确定性较大的水环境水生态事件程度增加，预示在全球变暖背景下，将受到更明显的水文气象变化的外源压迫影响。

⑤湖库水环境治理对策方面，在气候变化新形势下，需适度严格营养盐控制标准，继续将入湖氮、磷负荷削减作为最重要的治理手段，进一步加强湖滨带和流域生态结构优化和修复，加强面源污染的拦截能力，强化湖泊的多元系统性修复治理、统筹流域“山水林田湖草城”一体化管控，加强以气象因子为主导的蓝藻水华实时预警与气候变化预测，提升蓝藻水华预测预警能力，做好应急适应措施应对。

第 7 章
海岛与海岸带生态气象

7.1 崇明海岛气候生态承载力评估

崇明岛作为我国最大的河口冲击岛，也是我国第三大岛，位于长江流域和东部沿海地区的交汇口，是上海最具潜在战略意义的发展空间之一。然而随着崇明岛社会经济的发展，岛内生态环境受到不同程度影响，变得脆弱和敏感，崇明岛生态环境潜在问题成为阻碍其可持续发展的主要障碍。随着近年来对生态环境保护及修复的逐渐重视，我国把生态文明建设提到了前所未有的高度。2013 年 9 月，习近平总书记在哈萨克斯坦纳扎尔巴耶夫大学发表演讲时就提出了“绿水青山就是金山银山的”理念，表达了党和政府大力推进生态文明建设的鲜明态度和坚定决心。生态承载力作为一个目标客观表现生态系统所能承载的能力范围极限的指标，在人类实现可持续发展过程中维持生态恢复和社会发展的平衡有着不可替代的作用。因此，研究崇明岛生态承载力及其动态演变规律，对崇明岛的生态、经济、社会良性发展具有重要的理论意义和实用价值。

7.1.1 生态承载力方法

生态承载力的概念虽然在不同时期不同领域没有形成一个公认的标准概念，但是随着该概念的研究和不断演化，它应当包含的几个重要因素已经被多数专家学者认同：a. 有一定的时空尺度限制；b. 以社会—经济—自然复合生态系统作为研究对象；c. 从生态系统自我调节能力与生态系统服务能力角度描述。基于以上三点要素，大致可以把生态承载力评价方法分类为以下几类。

①NPP 是指绿色植物单位时间与面积上，经光合作用所积累的有机物量，反映生态系统所拥有的总能量，它客观决定了生态系统的调节与恢复能力，反映了自然体系的调节能力。目前，NPP 的主要测算模型大多基于降水量和温度的净初级生产力模型，包括目前广泛认可的周广胜等(1995)建立的水热平衡关系自然植被 NPP 计算模型。

$$\mathrm{NPP}=\mathrm{RDI}^2\frac{r(1+\mathrm{RDI}+\mathrm{RDI}^2)}{(1+\mathrm{RDI})(1+\mathrm{RDI}^2)}\mathrm{EXP}(-\sqrt{9.87+6.25\mathrm{RDI}})$$

$$\mathrm{RDI}=(0.629+0.237\mathrm{PER}-0.00313\mathrm{PER}^2)^2$$

$$\mathrm{BT}=\frac{\sum t}{365}=\frac{\sum T}{12}$$

$$\mathrm{PER}=\frac{\mathrm{PET}}{r}=\frac{58.93\mathrm{BT}}{r}$$

$$NPP = RDI^2 \frac{r(1 + RDI + RDI^2)}{(1 + RDI)(1 + RDI^2)} EXP(-\sqrt{9.87 + 6.25RDI})$$

$$RDI = (0.629 + 0.237PER - 0.00313PER^2)^2$$

$$BT = \frac{\sum t}{365} = \frac{\sum T}{12}$$

$$PER = \frac{PET}{r} = \frac{58.93BT}{r} \tag{7.1}$$

式中，RDI 为辐射干燥度，r 为年降水量，NPP 为自然植被的净第一性生产力，PER 为可能蒸散率，PET 为可能蒸散量，BT 为年平均生物温度，t 为气温小于 30 ℃且大于 0 ℃的日平均值，T 为气温小于 30 ℃且大于 0 ℃的月平均值。

通过卫星遥感影像得到的 NPP 监测手段有 MODIS 的总初级生产力(GPP)产品。通过该产品的公式原理基础文档介绍，NPP 产品旨在提供准确、定量的陆地植被生长活动客观监测依据。基于 Monteith 提出的植物实际吸收的光合有效辐射(APAR)和 NPP 之间的保守比值，即为一年中生物的 NPP 值与它们的 APAR 呈线性关系。APAR 的计算依赖于日照长度和潜在入射辐射的地理和季节变化以及叶面积指数。并且，Asrar 等(1984)、Goward 等(2002)等研究已经明确指出，APAR 的时间积分与观测的 NPP 有很好的相关性。相较于通过降水量和温度模型得到的 NPP 结果，卫星遥感监测结果在空间分辨率上有比较明显的优势，但是由于 MODIS 的 AQUA/TERRA 卫星扫描同一地点 2 次 · d^{-1}，时间分辨率上相较于地面观测结果稍差一些。

综上发现，NPP 监测方法主要反映的是生态系统状态，在生态承载力的评估方面未考虑到人类活动、社会经济等因素造成的影响，因此不适合在城市化发展比较成熟的地区进行评估，而且如何设定阈值来评估生态系统可持续性方面研究也有所不足。

②生态足迹法：指满足一定人口需求的，具有生物生产力的土地面积。通过某区域的生态足迹与实际具备的生态承载力对比，可以判断生态系统处于盈余或赤字状态，从而制定管理策略。

生态足迹计算公式：

$$EF = N \times ef = N \times \sum(aa_i) = N \times \sum r_k A_i = N \times \sum(c_i/p_i) \tag{7.2}$$

式中，EF 为总的生态足迹，N 为人口数，ef 为人均生态足迹，c_i 为第 i 类商品的人均消费量，p_i 为第 i 类消费商品的平均生产能力，aa_i 为人均第 i 种交易商品折算的生物生产面积，i 为所有消费商品和投入的类型，A_i 为第 i 类消费项目折算的人均占有生物生产面积，r_k 为均衡因子。

生态承载力计算公式：

$$EC = N \times ec = a_j \times r_j \times y_j \tag{7.3}$$

式中，EC 为总的生态承载力，N 为人口数，ec 为人均生态承载力，a_j 为人均生物生产面积，r_j 为均衡因子，y_i 为产量因子，j 为土地利用类型，$j=1,2,3,\cdots$，即将现有的耕地、牧地、林地、建筑用地、水体等物理空间的面积乘相应的均衡因子和当地的产量因子，就可以得到指标生态生产空间面积的生态承载力。

生态足迹方法在中国有大量的研究实例，它对反映人类和生态系统的占用情况及其平衡状态有非常好的警示作用。但是，其计算精度受可获得数据分辨率的影响且忽略了土地本身的多功能性和动态变化，只适合大尺度区域评估。大量研究将其用于某一区域评估，且在相关的计算因子没有进行本地化验证调试的情况下，其结果的科学性可能大幅度降低。

③其他生态承载力方法：基于生态系统服务方法指人类可以从生态系统获取惠益的总和；碳氧平衡法通过碳排放和氧消耗与人类活动的相互关系表示区域生态系统所承受的压力；状态空间法由各要素状态向量在空间内组成的三维坐标轴定义为资源轴、环境轴和人类活动轴，利用它们构成的矢量来表示区域承载力大小。这些模型都有一些互通的问题，比如不适应中小尺度区域生态系统，容易受主观因素影响，对生态系统复杂性的考虑不足等。

④综合评价法通过考虑生态承载力受到的资源环境以及社会经济等多种因素影响构建指标体系，赋予各因子不同的权重并求和。该种评价方法考虑的因子较为全面，且一定程度上考虑到了区域化的特性，但是数据收集方面较为繁琐，指标权重的界定方面还需要进一步研究。闫胜军等(2016)从气候天然容量、城市气候压力和城市协调发展能力 3 方面选取 24 个指标构建了较为完整的城市气候承载力评价指标体系，并通过采用内梅罗指数法和熵权综合评价法计算各个指标的权重，最终得到量化的评价结果。该方法把气候生态承载力整个生态系统理解成一个闭合回路，社会经济发展造成下垫面变化，产生能源消耗，导致气候变化，又因为气候变化影响了下垫面和能源的消耗，阻碍了社会经济的发展。其指标体系由一系列既相互联系又相互独立的因素组成，具有层次性结构性，同时还遵循区域性、科学性和全面性。研究以上海 2004—2013 年的数据为基础，计算了气候生态承载力的变化趋势，为气候预警响应和区域气候安全管理提供技术参考。

相关综述文章显示，近几年国内外生态学方面以生态承载力为主题的文章中，综合评价法应用最为广泛，占比 54%，其次是生态足迹法，占比 36%，状态空间法与包括净初级生产力法在内的其他评价方法一共只占比 10%。可以发现，人类活动影响对生态承载力研究的重要性，以及生态承载力在不同区域特征背景下的差异是非常明显的。相比较而言，综合评价方法和生态足迹法因为其考虑的因素全面复杂，且包含人类活动的影响，在生态承载力的研究方面应用较多，但是数据收集繁琐，而且在本地化应用时需要进行参数/因子的调试，在实际操作上有一定的难度。而 NPP 法由于不考虑人类活动的影响，不适合城市区域的生态承载力研究。

7.1.2 基于 NPP 法的崇明岛生态承载力监测

基于 MODIS 卫星遥感数据实现崇明岛植被净第一性生产力定量监测，利用辐射利用效率的概念反映陆地植被生长情况。MODIS 的 MOD17 二级产品 NPP 值，单位是 $kgC \cdot m^{-2}$，空间分辨率为 500 m，时间分辨率为 $1\ a \cdot 次^{-1}$(图 7.1)。它是将 MOD15 产品的每日 FPAR 数据和 DAO 的每日 PAR 数据相乘得到每日 APAR 数据，并结合 max、日最低气温(TMIN)、饱和水汽压差(VPD)得到植被初级生产力(GPP)，通过 Biome-BGC 模型得到逐日 NPP 和年 NPP 结果。GPP 的概念是总初级生产力，反映的是单位时间内生物通过光合作用途径所固定的光合产物量或有机碳总量。在崇明岛这种城市化发展相对缓慢的区域，NPP 的变化趋势可以在一定程度上反映生态承载力的变化趋势。利用 GIS 软件在完成一系列 MOD17A2H 数据的预处理工作后(Projection→Extract by target area→Raster calculator and obtain real NPP value→Eliminate invalid value)，通过 GIS 空间分析功能对崇明岛的 NPP 数据集进行 Mosaic 处理，将 NPP 数据进行融合，得到年平均结果(图 7.1)。最后，通过 Zonal statistic 统计功能计算得到崇明岛近几年的 NPP 年平均值(图 7.2)。

监测结果显示(图 7.1)，2014—2019 年崇明岛的植被初级生产力呈先下降再上升的趋势。

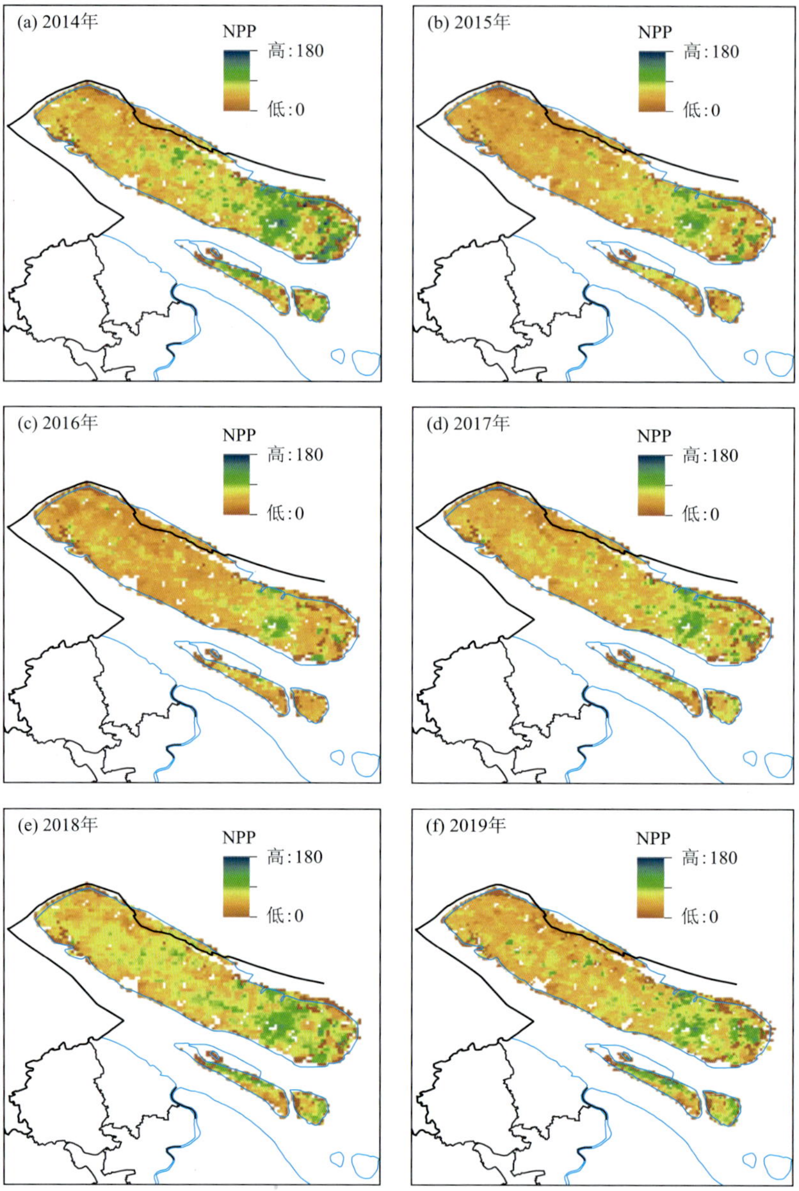

图 7.1　2014—2019 年崇明岛 MODIS 卫星遥感监测植被净初级生产力(NPP)空间分布

相比较来说,2014 年崇明岛年平均 NPP 值 56.96×10^{-4} kgC·m^{-2},是近几年来的峰值,2015 年和 2016 年的年平均 NPP 值相对偏低,最低值达到了 41.92×10^{-4} kgC·m^{-2},2017 年开始回升,直到 2019 年的 56.15×10^{-4} kgC·m^{-2},接近基准年峰值。从空间分布特征上分析,崇明岛东南半岛的 NPP 值普遍高于西北半岛。可以比较明显地发现,作为城市化发展相对迅速的崇明岛政治经济中心,城桥镇附近区域的 NPP 值要略低于其他地区。而北岸沿海地区的 NPP 值也相对偏低,结合航拍影像可以发现,该地区内有不锈钢厂、钢铁厂在内的多家工业企业驻扎,推测可能存在一定的影响。由于崇明岛东南半岛以发展绿色生态旅游业和农业为主,同时东滩还有大片湿地公园和绿色生态园林,工业和城市化发展相对比较缓慢,NPP 相对偏高。

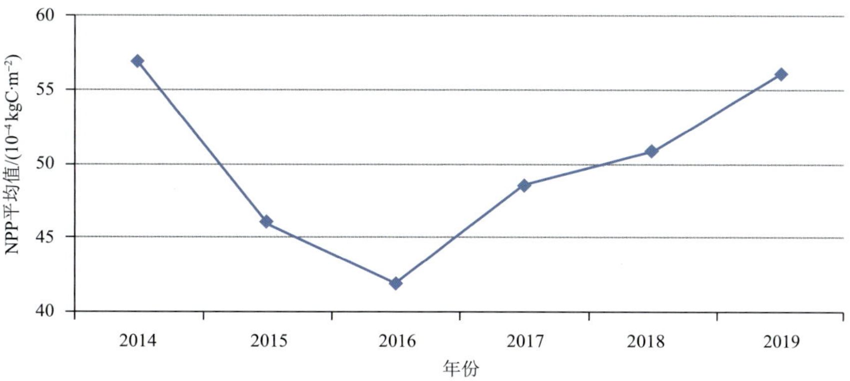

图 7.2 2014—2019 年崇明岛植被净初级生产力 NPP 年平均值趋势

7.1.3 基于综合评价法的崇明岛气候生态承载力评估

分析比较不同生态承载力方法可以发现，综合评价法的优势在于：a. 模型的指标构建体系比较完整，适合研究社会—经济—自然复合生态系统；b. 指标参数的区域特征性明确，相较于均衡因子在中小型尺度的参考价值更高。首先，崇明岛生态特征明显，生态环境保持相对稳定的情况下，城市化发展必然相较于周边城市较缓慢；其次，崇明岛气候特征明显，作为处于长江口的典型海岛型地区，温度、风速、季节性变化都与内陆城市有明显不同。因此，崇明岛综合评价法将从气候因素出发，通过气候因素对人类生存环境的影响，研究崇明气候生态承载力的变化规律。气候是人类生存的重要条件之一，它对人类的影响是方方面面的，小到衣食住行大到自然灾害，特别是上海作为典型河口城市，生态环境比较脆弱对气候变化更加敏感，气候问题已经日益严峻，该现象同样也适用于崇明岛。深入研究崇明岛气候生态承载力，可以定量分析评估崇明岛的气候生态特征变化，为生态岛的可持续平衡发展和生态资源的适应性利用提供技术意见。

气候生态承载力指标体系搭建主要考虑三方面因素：a."气候天然容量"表示气候的变化程度，气候承载力会受到气候因素的制约，从而降低对社会发展的支撑能力，依据崇明岛的气候特征和对人类社会的影响程度，选取的气候因素包括了温度、降水量、风速、日照；b."城市气候压力"主要指的是人类活动和社会经济发展过程中给气候和生态系统带来的压力，考虑的因素有人口压力、交通建设、经济增长、工业生产以及其带来的污染等；c."城市协调发展能力"指城市复合系统在维持可持续发展过程中社会经济的积极带动作用。指标的选择在保证构建体系完整的前提下还考虑了数据的获取难度和崇明岛城市发展特征两点因素，目前一共收集了 2014—2019 年的指标数据(表 7.1)，数据大多来自崇明区统计年鉴，保证了数据的准确性和可靠性，具体数据如下。

评价主要采用构建函数的方法，基于熵权综合评判法客观地评估气候生态承载力情况。根据熵的特性，通过计算熵值来判断某个指标的离散程度，指标的离散程度越大，该指标对综合评价的影响越大，则其权重越大。熵权法首先需要对数据进行标准化处理，得到指标的归一化值，可以采用目标值比值法进行数据标准化，用现状值与上海近几年来 NPP 值最高年指标值(2014 年)的比值进行评价，从而能够清晰地看出承受的气候压力相对于基准年水平的优劣状态。函数计算过程如下。

表 7.1 崇明岛气候生态承载力指标体系

	指标	2014 年	2015 年	2016 年	2017 年	2018 年	2019 年
气候资源条件(逆向指标)	平均温度/℃	15.7	15.8	16.5	16.5	16.5	16.2
	极端最高温度/℃	35.8	37.7	38.6	39.9	36.8	36.8
	极端最低温度/℃	−6.7	−6.9	−8.5	−5.9	−8.5	−4.0
	降雨量/mm	1253	1753.1	1656	1066.2	1367	1274.4
	极大风速/(0.1 $m \cdot s^{-1}$)	16.1	38	18.5	21.3	23.9	20.9
	日照百分率/%	38	37	38	41	41	37
气候压力状况(逆向指标)	人口密度/(人·km^{-2})	480	478	476	477	480	480
	民用汽车量/万辆	255.19	282.32	322.94	361.02	393.42	441.55
	人均国内生产总值(GDP)/万元	9.73	10.31	11.36	12.46	13.5	15.73
	工业总产值/亿元	352.9	371.8	377.5	394.7	401.6	434.8
	工业废气排放量/亿 m^3	97	99	87	87	80	90.23
	废水排放量/万 t	2120	2150	2303	2279	2200	1352.9
	工业废物产生量/(万 $t \cdot a^{-1}$)	20	18	18	18	17	23.87
气候可持续发展能力(正向指标)	GDP 增长率/%	7	6.9	6.8	6.9	6.6	6
	环保投资/亿元	18.56	20.08	22	23	25	32.2
	人均绿地面积/($m^2 \cdot$人$^{-1}$)	13	13	14	14	11	12
	第三产业所占比例/%	44.2	47.2	49	51.8	53.9	67.7

(1)数据标准化处理

$$X'_{ij} = \frac{x_{ij}}{x_{ij}(2014)} \tag{7.4}$$

(2)计算第 i 年第 j 项指标的比例

$$Y_{ij} = X'_{ij} \Big/ \sum_{i=1}^{m} X'_{ij} \tag{7.5}$$

(3)计算指标信息熵

$$e_j = -k \sum_{i=1}^{m} (Y_{ij} \times \ln Y_{ij}) \qquad k = 1/\ln m \tag{7.6}$$

(4)计算信息熵冗余度

$$d_j = 1 - e_j \tag{7.7}$$

(5)计算指标权重

$$w_i = d_j \Big/ \sum_{j=1}^{n} d_j \tag{7.8}$$

(6)计算综合评判指数

$$S_{ij} = w_i \times X'_{ij} \tag{7.9}$$

式中,X_{ij} 表示第 i 年份第 j 项评价指标的数值,m 为评价年份,n 为指标数。根据以上方法进行指标数据的标准化处理,确定指标权重,最后按照各指标的权重,计算得出气候资源指数、气候压力指数和气候可持续发展能力指数。气候资源指数、气候压力指数和气候可持续发展指数的函数关系如下：

$$CC = \frac{CD}{CR \times CS} \tag{7.10}$$

式中，CC 指的是气候承载力指数，CR 指的是气候资源指数，CS 指的是气候压力指数，CD 指的是气候可持续发展能力指数。CR 和 CS 都是逆向指标，CD 为正向指标。CC 其数值越大，代表该年城市的气候承载力越好，若 CC>1，则表示当地气候承载力比较好，若 CC<1，则表示气候承载力没有达到目标值，即当地的气候承载力已经超过了能够承受的阈值，数值越小表示当地气候生态承载状况越差。

崇明岛自 2014—2019 年的气候生态承载力指标计算结果显示(图 7.3)：气候资源指数，2015 年气候资源条件各项指标偏离最大，降水量和风速较其他年份有明显差异，2016—2019 年，崇明岛的气候资源条件的偏离程度差异不大，总体呈减弱趋势。气候压力状况，崇明岛的气候压力一直处于明显增强的趋势，其中，人均 GDP、民用汽车、工业总产值都是一个持续增长的态势，表明了崇明岛的城市化发展趋势虽然相较于上海市中心缓慢，但是仍处于持续增长阶段，尤其是 2018—2019 年，崇明岛的民用汽车总量、工业总产值和工业排放都有一个明显的上升。气候可持续发展能力，崇明岛对于生态的维护支出从 2014 年到 2018 年增长不大，2019 年有一个明显的增长，特别是环保资源的投资有大幅度增加。

总体来说，崇明岛气候生态承载力以 2014 年为基准年，从 2015—2019 年，气候资源和气候压力两个逆向指标一个在减弱一个在增强，气候可持续发展能力作为正向指标一直处于增长趋势。崇明岛的气候生态承载力指数从 2015 年开始总体呈增长趋势，虽然 2018 年的指数有短时间的下滑，但是 2019 年指数反弹，并自 2014 年以来首次超过基准年的气候生态承载力指数。

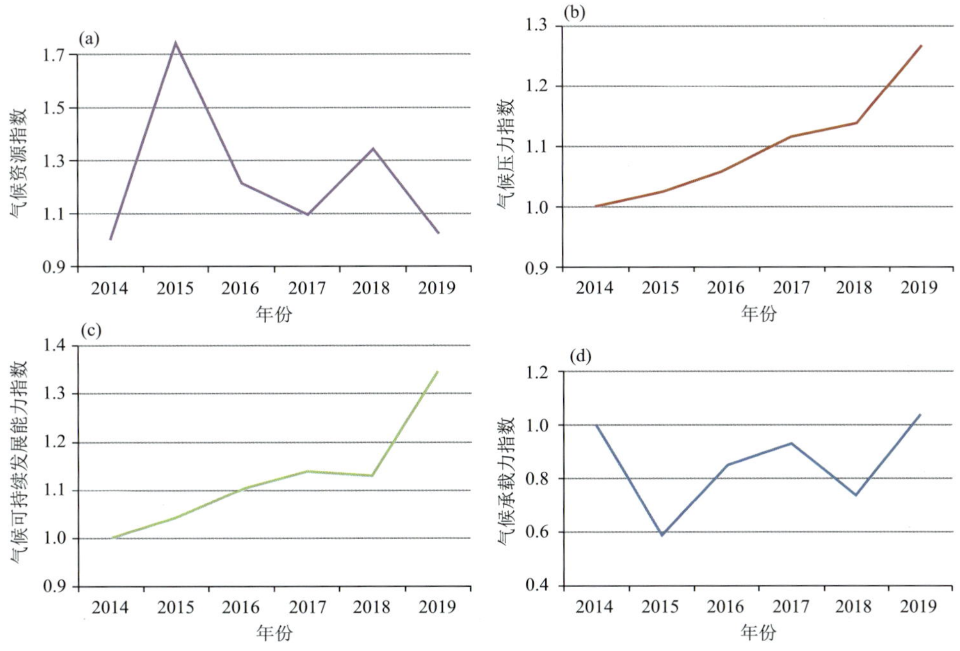

图 7.3　2014—2019 年崇明岛气候资源指数(a)、气候压力指数(b)、气候可持续发展能力指数(c)和气候承载力指数(d)变化趋势

7.2 东滩滨海湿地岸带环境场遥感分析

海岸带是海陆作用明显的交互地带，其具有丰富的自然资源和生产力，是生态系统中重要的组成部分，许多物种的繁衍和生长也都依赖于海岸带生态系统（崔子奥 等，2024；程飞飞 等，2024）。同时，海岸带因其特殊的地理位置，又是高生态敏感区、高生态脆弱区和高生态风险区（许凤娇 等，2018）。在全球气候变化的背景下，海平面上升、围填海、海岸侵蚀、陆源污染等问题使得海岸带生态系统遭到破坏，易发生赤潮、绿潮等生态环境灾害（刘一鸣 等，2022；刘青 等，2022；马程伟 等，2024）。因此，了解并保护海岸带，对维持海洋生态系统的平衡和稳定具有极其重要的作用。

崇明东滩湿地作为中国最大河流长江入海口滨海岸带的组成部分，是长江口规模最大、发育最完善的河口型滩涂潮汐湿地，也是我国淤积最快、成陆时间最晚的潮滩湿地之一。其面积约占上海滩涂总量的三分之一，范围主要是八滧港以东至北八滧港区域，外观基本向海出现舌头形态，并且其仍在继续淤涨（每年以 100 余米的速度向东海推进）。为在其境内建立能代表东海海洋特征的气候系统关键观测区——国家大气本底站，需考察其环境场状况，旨在评估该区域生态环境变化对该站大气本底观测的影响，评价是否满足建站需求。

7.2.1 东滩湿地基本概况

东滩湿地地处世界最大的河口冲积岛——崇明岛最东端（图 7.4），属海陆交汇的生态过渡带，同时崇明东滩也是亚太地区水鸟迁徙的重要通道，划定设立为上海崇明东滩鸟类国家级自然保护区，并列入国际重要湿地名录，具有丰富的自然资源和重要生态系统服务价值。

图 7.4　崇明东滩湿地区位

东滩保护区总面积 241.55 km^2，核心区面积 183.76 km^2，堤外滩涂面积为 326 km^2，标高为 4.2 m。受河流泥沙输入以及水动力环境影响，泥沙不断在河口区域沉积，为潮滩发育提供了充裕的物质基础，使东滩面积不断增加，呈现向海推进的状态，逐渐形成广阔的潮滩和水下三角洲，并且分带发育特征明显。自陆向海东滩呈现高、中、低 3 层次特征，依次可划分为高、中、低潮滩。内侧高潮滩含泥量较大，中层潮滩由黏土质粉砂淤积物构成，低潮滩主要为光滩。高滩地被芦苇、藨草和海三棱藨草覆盖，中低潮滩大部分为裸露滩地，拥有丰富的底栖动物和植被资源，是候鸟迁徙途中的集散地，也是水禽的越冬地。周围潮汐属非正规浅海半日潮型，流向基本为往复流，平均潮差为 2.40～3.20 m，最大潮差为 4.62 m。由于地貌冲淤过程复杂，不同等深线变动频繁，岸滩面积变化并不稳定。

区域土壤类型主要有水稻土、潮土和盐土 3 种，土质较松软，土壤耕作层厚度适合水稻、油菜等作物的生长。其中水稻土多分布于陈家镇和东平镇周边，潮土多分布于围垦大堤周围，盐土主要分布于沿海滩涂之中，为滨海盐碱型砂壤土，以河口沉积物为母质，土壤盐度（实用盐度标准）为 0.1～5.0，pH 为 8.2～9.2。

东滩拥有独特的盐沼湿地植被，优势物种主要有芦苇、海三棱藨草和互花米草等。植被带外侧的潮间带泥滩主要生长着硅藻。滩面沉积物中的有机质和初级生产者为底栖动物提供了食物基础，并因此吸引了众多鸻鹬类前来觅食。丰富的有机质含量和广阔的面积也使泥滩成为全球重要的碳库。

7.2.2 大气本底站的选址要求

大气本底站监测要求在“清洁”的大气环境中进行，在全球及区域范围内测定大气成分的本底浓度变化、积累及传输等，进而研究人类和自然活动对气候的影响。按代表性要求、监测范围和项目的不同，世界气象组织将本底站分为两类。对这两类站址环境的具体要求是：

①区域本底站要求在其监测千米范围内免受城市的影响，较大的污染源距测站 40 km 以上，且污染源不得在站址的主导上风方；站址应避免建在山谷地区，站址的高度不得高于海拔 1000 m。

②基准本底站要求未来 50 a 内，测站周围各方向距测站 30～50 km 土地利用形式没有显著变化；主要居住区、工业区和主要公路、机场应远离测站。避免某些自然现象，如火山喷发、林火、尘暴等的影响；测站周围空气应完全不受局地污染源的影响，每年至少 60%的时间基本不受区域污染源的影响，距测站 50 km 以外污染源排放的化学成分经远距离传输到测站时其浓度应极低。

7.2.3 近 10 a 环境场遥感分析

挑选处理近 10 a 云量覆盖度低于 10%的过境东滩的遥感影像来进行解译分类，分别是 2013 年 5 月 25 日、2015 年 3 月 12 日、2018 年 5 月 23 日、2020 年 5 月 12 日、2022 年 5 月 18 日 Landsat8 卫星经过大气订正反演的地表反射率和温度影像，通过对照地物在不同波段的组合显示差异、纹理特征及其与周围地物的时空相对位置属性关系进行目视解译，结合定量的土地覆盖监督分类方法与植被参数反演提取方法，分析东滩站周围区域土地利用/土地覆盖(LU/LC)的变化现状和趋势。

7.2.3.1 年际变化目视解译分析

总的来看，崇明东滩及周边 100 km 区域包含湿地斑块和多种农林利用类型，局域分布人造建筑地表，年际时序影像则呈现出滩涂湿地持续淤涨扩张的显著特征，决定了岛屿形态轮廓与面积大小，一定程度上也反映该地区对湿地资源的保护成效(图 7.5)。而东滩站近 10 a 下垫面稳定的滨海湿地类型表明其是典型的湿地生态系统观测站点。东滩周边的农用旱地面积变化较稳定，林地和建设用地的面积呈逐年增加态势。而且土地利用斑块形状渐趋复杂、斑块的分散程度略有加剧，不同景观类型相互交错。

除海域外，东滩及周边的主要土地利用类型为滩涂湿地和农用地。滩涂湿地主要分布在东部沿海地区，滩涂植被主要为芦苇、海三棱藨草及引进后的互花米草等，包括地下水位较高、以芦苇为优势种群的草本沼泽湿地，地下水位较低、以白茅为优势种的草本沼泽湿地等，生物量分布表现为高潮区＞低潮区＞中潮区。农用地主要分布在中部地区以及西部居民点周围，主要用地类型为耕地和养殖坑塘，多呈条带状且周边布设规整的沟渠。建设用地中多为农村居民点，主要沿道路呈线状零散分布，集中地区主要为乡镇集市所在地。东滩地区的林地资源多为生态林、防风林、经济林等人工林。林地主要为位于西部陈家镇、中兴镇的道路两旁及部分耕地之间的经济林、生态林和海岸边的防风林，结合调查资料具体包括：树木栽种时间小于 5 a 的幼龄人工林，其乔木层为无患子、朴树林下种植花菜；树木栽种时间为 15 a 的中龄人工林，其乔木层为杉木、朴树，下层灌木为夹竹桃和伞房决明，以及轮作玉米—花菜的农田。水库、坑塘、河流沟渠多为人工挖掘，几何特征明显，边界清晰，分布较为密集。在交通基础设施上，上海长江大桥把崇明东滩与上海市区连接在一起。区内有北沿公路、陈海公路和北陈公路三条主要道路，其余多为乡间道路。

从变化来看，崇明东滩滩涂植被面积和分布范围变化较大，主要在于东滩快速围垦及岸堤向海推进，引起东滩滩涂面积扩大。崇明东滩高滩部分多有芦苇，中滩部分少有海三棱藨草，低滩则为光滩，芦苇滩地面积变化为先下降后上升，草滩地为先下降后上升再下降，二者在空间变化上呈现向东部进行过渡演变，有利于利用滨海湿地进行固碳增汇，随崇明东滩盐沼植被的陆向演替和逐渐成熟，固碳能力可进一步提高。同时，植物具有缓流消能作用，有利于泥沙淤积。随涨潮流带来的泥沙，多在中高滩淤积，使滩面淤高，并不断向海发展。尽管局部区域呈现冲刷状态，且近几年滩涂淤涨速率有所下降，但东滩高潮滩面积维持增长扩张状态，低潮滩面积呈现波动增长态势，因此东滩湿地总体处于淤涨增加，受侵蚀不明显，基本保持了自然的演变规律。

区域内其他各段滩涂冲淤过程复杂多变，冲淤交替频繁，演变趋势总体呈现高滩淤积，中滩、低滩冲刷的特征。崇明岛北支河道淤浅，尤其是沿岛岸滩基本上呈现淤积状态，总体上处于向外淤进趋势。崇明岛南侧岸滩高滩、中滩及低滩面积此消彼长，总体呈现略有淤积增长的特征，且局部有蚀退风险。横沙岛尾东端的横沙东滩开展了大型促淤圈围工程，导致潮滩剧烈变化，沿深水航道方向发育，沙尾下延，已有效成陆。九段沙是一个四周为河槽和串沟所隔离的大型江心洲，自然演变下加之南导堤的建设，总体表现为沙尾淤涨下延，沙体增大，滩面增高，潮沟发育，前期为光滩扩张，随后为本地自然湿地植被的扩张与演替，以及外来物种互花米草的入侵。隔水位于大陆主体浦东新区东侧的南汇东滩，总体向东北方向推移，浦东机场附近陆地增加和变化较为显著，这与浦东机场外侧滩涂促淤圈围工程、南汇东滩促淤圈围工程相关。上述洲滩均不同程度存在中低滩、低滩向高滩转换，进而中低滩、低滩面积减小的现象，表

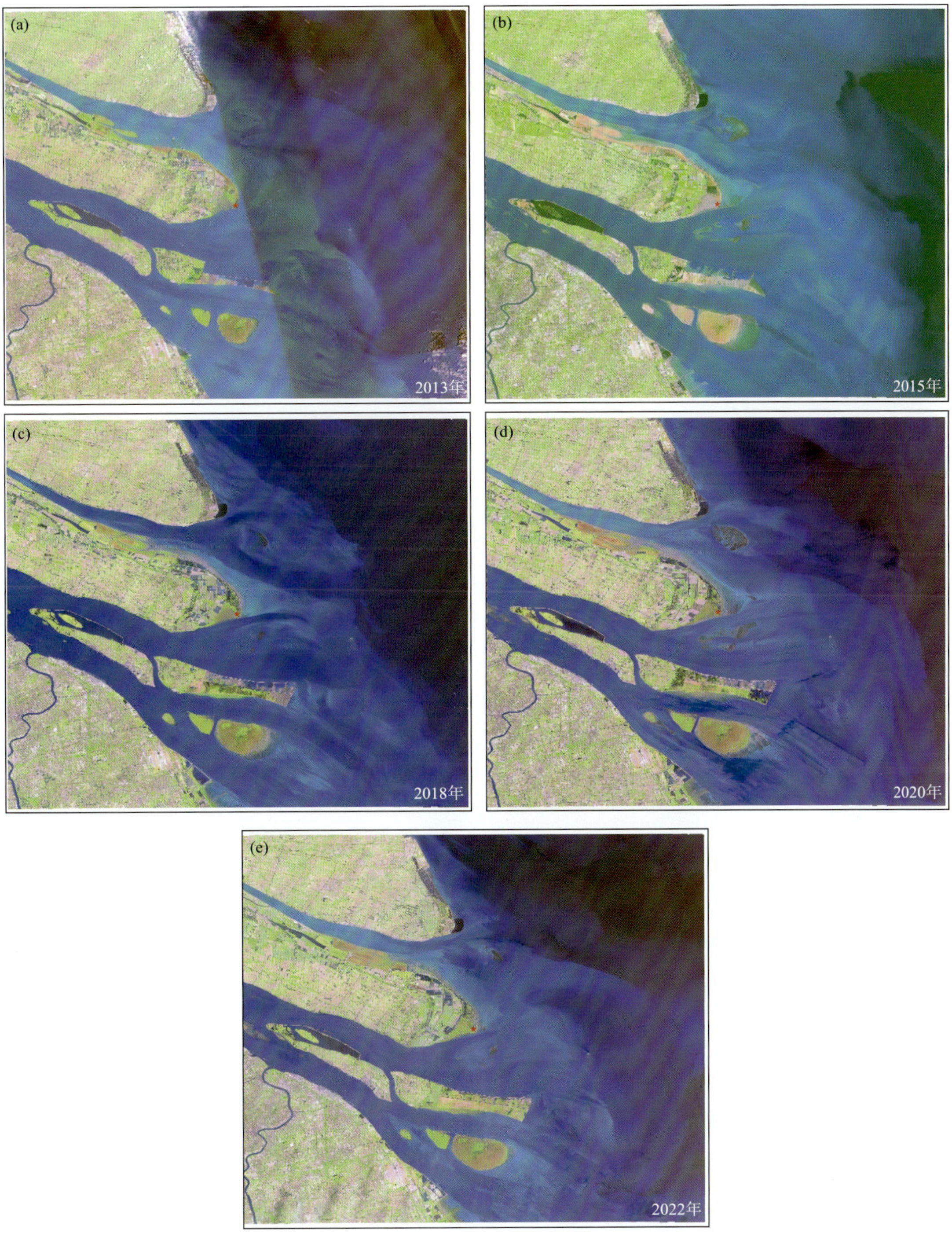

图 7.5　东滩湿地及周边 100 km 区域不同年份 Landsat8 影像

明受航道治理和促淤圈围工程的人类活动影响较为显著。

7.2.3.2　季相变化特征

崇明东滩及周围地域环境场表现出显著的时空差异，时间差异除年际差异外，也体现季节差异(图 7.6)。季相变化主要受植被的物候期主导。

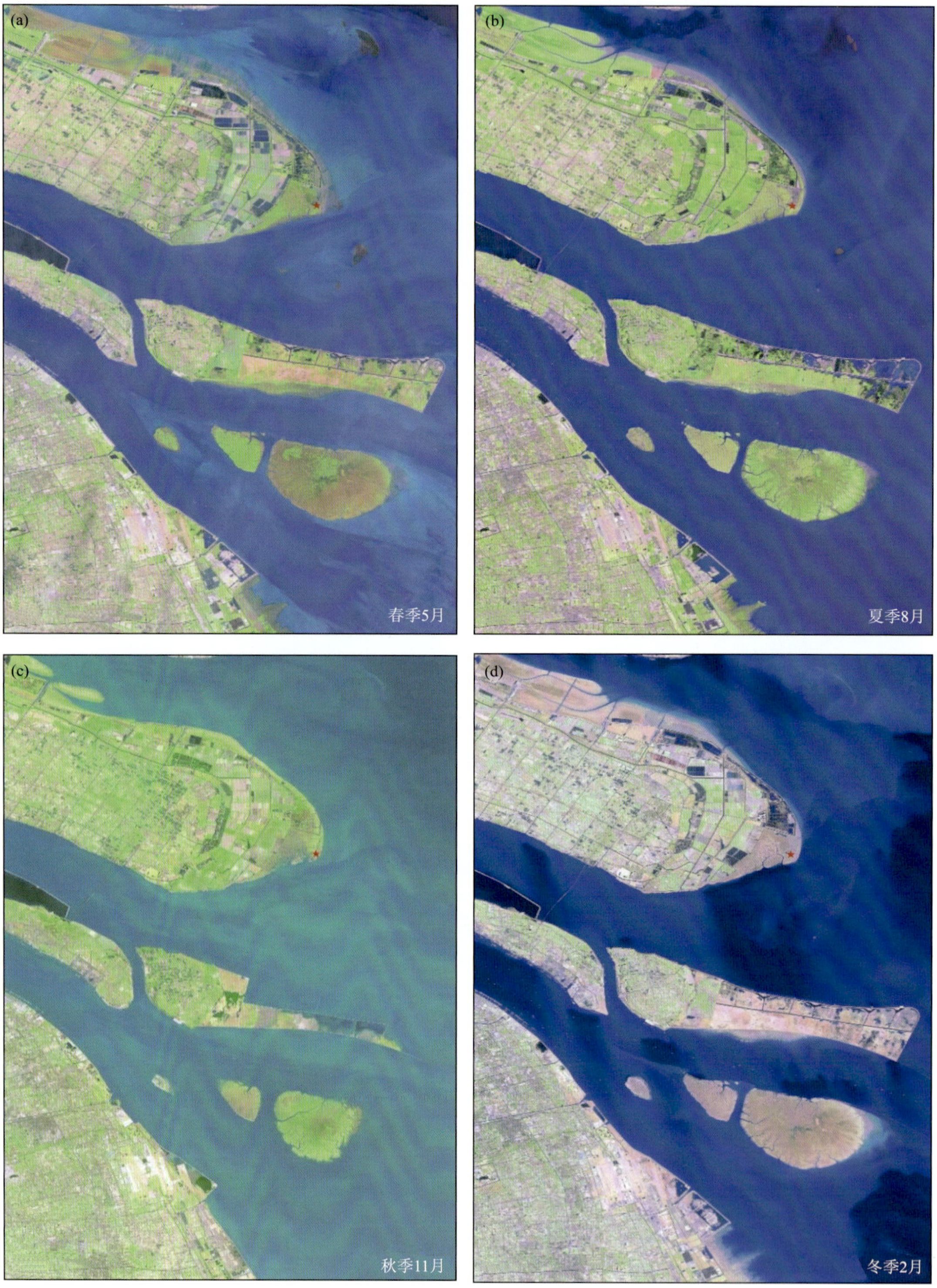

图 7.6 东滩湿地及附近 Landsat8 季相影像

对于滩涂湿地的优势植被物种来说，2 月、3 月芦苇与互花米草都处于枯萎状，反射光谱曲线形状相似。直到 4 月初，温度条件适合盐生植物生长，有零星的海三棱藨草开始萌发，芦苇与互花米草均在 4 月的返青期出现新旧植株交杂，枯萎的互花米草底部也有少量新生的低矮互花米草，植被生产力逐渐升高。

到了 5 月，芦苇和互花米草的光谱反射率出现了极为明显的区别，芦苇的光谱出现了典型植被的特征，具有在近红外区域的高反射率，互花米草的光谱特征与 4 月相似。

7 月、8 月两种植物都处于迅速生长的状态，在颜色上都为健康的绿色，芦苇种群生物量等各项生物指标达到峰值。9 月植被生产力开始下降，海三棱藨草明显枯萎，互花米草有抽穗现象，而芦苇依然处于营养生长期，芦苇在该区域内的反射率高于互花米草。

10 月中旬芦苇抽穗开花，海三棱藨草完全枯萎，互花米草抽穗末期植株偏黄。12 月至次年 2 月，因水热条件限制停止生长，三种植物都枯萎，各项生物指标在冬季均降至最低，但互花米草在冬季冠层仍呈现黄绿色。

周边地域的耕地也随耕种期变化呈现植被多寡的变迁，平均值与总量均表现出明显的季节差异。因气温高、太阳辐射强，夏季植物净初级生产力远高于其他季节。

7.2.3.3 植被变化

植被指数是反映绿色植被相对丰度和活性的辐射量化值，常被用于表征研究区域的植被生理状况、绿色生物量及植被生产力等。选取 NDVI，基于谷歌地球引擎（Google Earth Engine）实现研究区 30 m Landsat NDVI 年最大值合成（图 7.7），并进行分级统计。

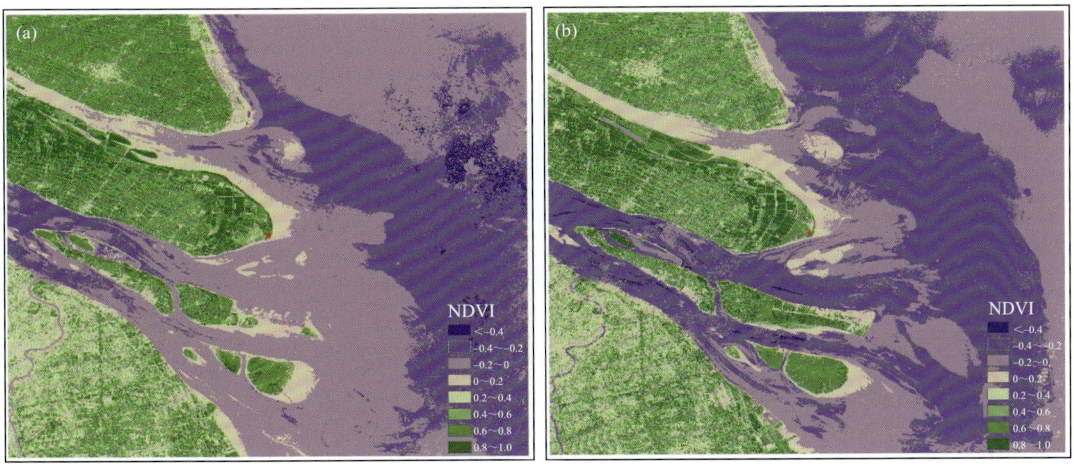

图 7.7　2013 年(a)和 2021 年(b)东滩湿地及周边 100 km 区域年最大，归一化差值植被指数(NDVI)合成

对比 2013 年和 2021 年（图 7.8），NDVI 值大于 0 的地域中，2013 年 NDVI 处于[0，0.2)、[0.2，0.4)、[0.4，0.6)、[0.6，0.8)、[0.8，1.0)等级的面积分别为 723.6 km^2、654.4 km^2、959.1 km^2、1539.9 km^2、479.0 km^2，区域面积占比分别为 6.34%、5.73%、8.40%、13.49%、4.20%。2021 年对应等级的面积分别为 765.5 km^2、647.0 km^2、1103.0 km^2、1473.8 km^2、540.1 km^2，占比分别为 6.71%、5.67%、9.66%、12.91%、4.73%。[0，0.2)、[0.4，0.6)和[0.8，1.0)等级的面积均有不同程度增加，[0.2，0.4)和[0.6，0.8)等级的面积略有减少，整体上 NDVI>0 的地域增加了 173.3 km^2。特别是 NDVI 中高等级增加比例较大，表明了植被生

态空间整体的恢复与改善。

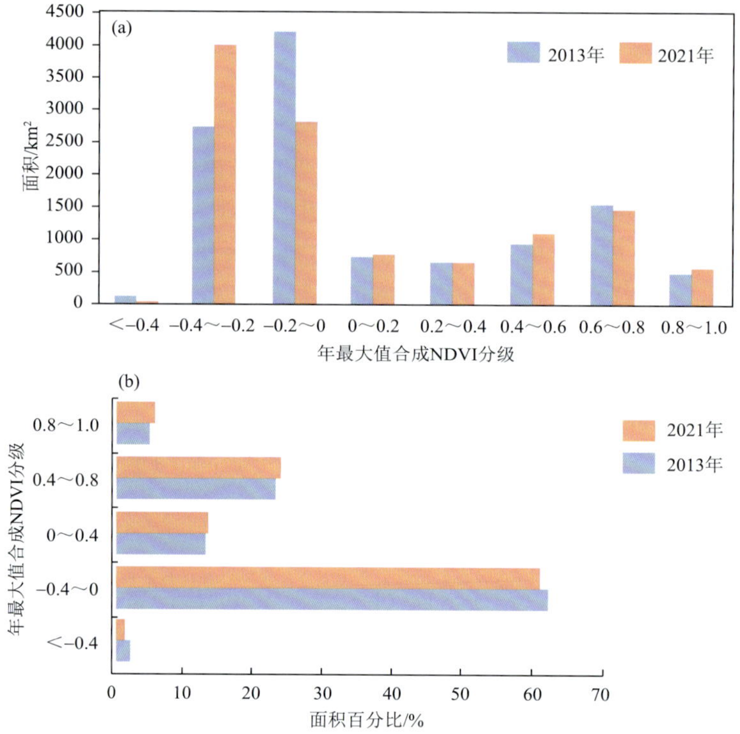

图 7.8　东滩湿地及周边 100 km 区域不同等级归一化差值植被指数(NDVI)面积变化

空间上，崇明岛及其南部的长兴岛、横沙岛、九段沙、江亚南沙以及隔江相望的上海市浦东新区（黄浦江以东）植被指数提高，绿色空间扩张，表现为湿地的增多与变绿、林绿地的增多，而崇明岛以北的江苏省南通市绿色程度有所降低，表现为耕地破碎化明显，城镇用地增加，呈团块状向外围扩张。

受水动力条件间接影响，以崇明东滩为代表的长江口滨海湿地植物分布呈明显条带状或弧形分布格局。图 7.7 可见东滩拟选站址的 NDVI 等级已由 2013 年的[0.2,0.4]转化为 2021 年的[0.6,0.8]等级为主。潮滩植被影响潮滩的演变，植被能够缓流消能，减缓涨落潮流流速，促进潮流泥沙沉积，并且也有良好的捕沙功能。同时植被的固土护岸功能可减少边滩的冲刷。植被的茎叶对悬浮泥沙也有明显的黏附作用，使悬浮泥沙落地淤积。此外，植被根系的发育造成土壤体积膨胀，引起潮滩变高，促进潮滩系统的演化。崇明东滩潮间带湿地曾经受到互花米草入侵的严重影响，导致潮间带滩涂不适于水鸟停歇与觅食，最终导致滩涂生态价值的损失。施行互花米草生态控制与鸟类栖息地优化的生态修复工程后，湿地植被得到有效保护，而质量良好、密度较高的植被的存在能够有效促进植被分布区的淤高及其前沿光滩的淤涨，进而为植被自身的演替扩散提供新的空间，由水面、芦苇带和盐沼植被带组成的滩涂湿地也为候鸟保护对象营建了不同类型的栖息地。

7.2.3.4　LU/LC 遥感分类及变化统计

由于不同地物颜色形状不一，使得其光谱特征不同，导致其反映在遥感影像上颜色、纹理、形状也各不相同。因此，需要根据不同地物的光谱特征确定地物的类型。依据 LU/LC 类型在遥感影像上反映的不同特征，建立LU/LC解译标志。结合崇明东滩的实际情况，通过建立好的分类标准，依据图像解译标志，选择特征参数，在判别函数建立的基础上基于监督分类和目视修正相结合的方法，将研究区地表覆被分为耕地、林地、草地、水体、裸露地、建设用地、湿地7个大类和水田、旱地、有林地、疏林地、其他林地、高覆盖度草地、自然水体、水库坑塘、城镇用地、农村居民点、工业用地、滩涂、滩地、沼泽地14个二级类。将遥感影像分类后的结果与天地图高分影像进行对比验证，分类结果具有可靠性，据此统计分析LU/LC数量变化情况(表7.2)。

表7.2　2013年和2022年崇明东滩100 km范围LU/LC类型面积变化

年份	耕地	林地	草地	水体	裸露地	建设用地	湿地
2013	2207.78	159.16	10.05	7544.39	2.59	1112.48	378.27
2022	2005.93	238.13	20.82	7389.45	3.80	1263.31	493.28

通过LU/LC类型面积变化反映土地利用变化幅度(图7.9和图7.10)，可见，湿地、建设用地、林地、耕地变化显著；土地利用转化过程中，主要是耕地向建筑用地、人造林地的人工景观转换，湿地多为新增长；土地利用变化速率中，综合动态度逐渐较低，尽管土地利用程度仍呈持续上升的趋势，但土地利用变化相对较缓，说明土地利用演变情况逐渐放缓并趋于稳定。

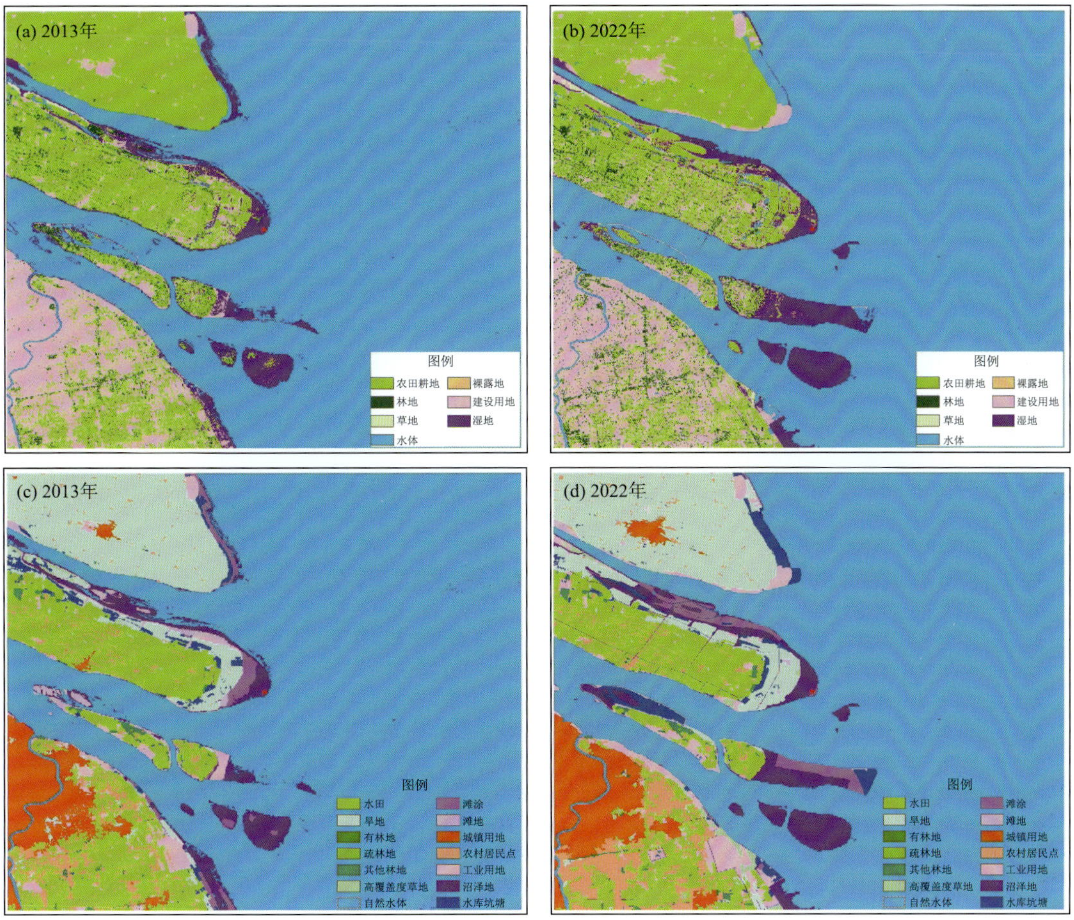

图7.9　2013年和2022年崇明东滩100 km范围LU/LC变化

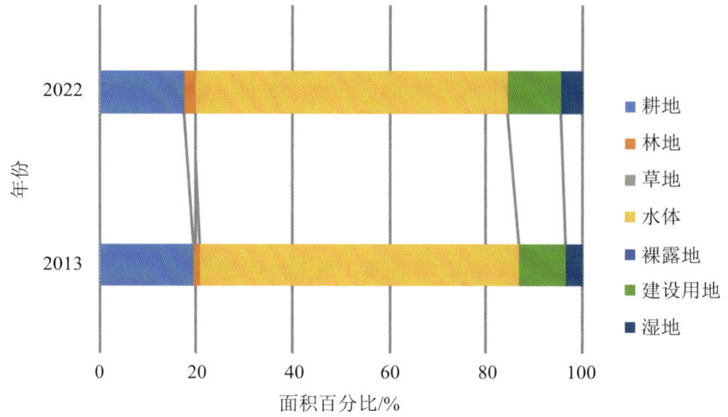

图 7.10 2013 年和 2022 年崇明东滩 100 km 范围 LU/LC 面积百分比变化

7.2.4 环境变化未来趋势预测

崇明东滩湿地及周边区域景观格局变化特征是自然因素和人为因素相结合所导致的。其中地理环境是塑造环境景观格局特征的基础因素，湿地植被资源具有直接影响，生态保护修复工程以政策规划为导向作用，城市经济结构和农业发展有一定驱动作用，气候条件波动影响土地利用时空动态。

对于崇明东滩来说，高滩植被成片式的生长演替对减弱水流动力、截留泥沙的作用较为明显，加快了高滩的淤涨速率，且在有一定的泥沙供给条件下，植被群落演替与高滩淤涨扩大会形成相互促进的良性循环。不同的本地植物群落伴随着三角洲地貌的演变，进而实现湿地先锋群落的陆向演替。据学者研究模拟，以长江年平均流量、年输沙量、−2 m 与 −5 m 距堤位置作为输入因子，当年 0 m 岸线距堤位置为输出因子，预测崇明东滩区域南部与北部会呈现略微向岛缩退，而其东部变化最为突出，2016—2030 年、2050 年及 2100 年内不断向外淤进，最远分别达到约 2500 m、2800 m 与 3300 m。2030 年、2050 年与 2100 年崇明东滩高滩仍保持淤涨扩大趋势，但面积增长速率有所下降。

对整个区域来说，自然环境改善和提升人类福祉的需求促进生态可持续，随着崇明海上森林花岛、互花米入侵及鸟类保护、促淤圈围等生态工程效益的发挥，可以预见，崇明东滩周边地区的生态环境将持续向好的方向发展，生态系统功能得以提升。崇明东滩作为陆地系统和水系统相互作用形成的自然综合体，将发挥调节气候、蓄洪防旱、控制土壤侵蚀、促淤造陆、降解环境污染和保护生物多样性等服务功能，并且有利于维持东滩大气观测环境的稳定性。

7.2.5 污染源分析

崇明东滩周边 10 km 范围内基本无人为污染和直接排放活动。东滩因地理位置处于长江口以及东海区域部分，扩散条件较佳。浦东国际机场距其直线距离 40 km 以外，长江隧桥开通对东滩湿地大气环境影响较小。50 km 范围内的仅零星分布小型水泥厂和小型垃圾焚烧厂，属于小微型污染源。上述污染源区对于东滩站的具体影响还有待于进一步评估。

7.3 长江口撞船事件遥感跟踪监测服务

2020 年 8 月 20 日 03 时 39 分在长江口灯船东南约 1.5 海里(1 海里=1.852 km)处，一艘载运约 3000 t 汽油的油船与一艘砂石料船发生碰撞，事故造成油船甲板起火，砂石料船沉没，共 17 人遇险。事故发生后，市海上搜救中心调派海事、救助、海警、渔政等部门船艇、直升机、固定翼飞机赴现场组织救援。上海市气象局第一时间开展了事故跟踪监测与海上搜救应急气象服务，定时向市海上搜救中心发布事发海域专项天气预报，持续开展事发海域洋流运动、海浪波高数值预报，并结合卫星遥感实时监测结果助力海上搜救应急处置。

海上搜救工作期间，联动国家卫星气象中心和航天八院提供精准卫星遥感服务，综合应用静止卫星(FY-4A、Himawari-8 等)、极轨卫星(FY-3 等)和高分卫星(GF-1 等)精密监测撞船船只及其周围海面的动态情况，并利用海洋、洋流预测结果以及高分卫星资料为事故救援工作提供技术支撑。通过高分光学卫星监测(图 7.11)，2020 年 8 月 20 日 10 时 50 分高分 1 号宽视场成像仪(WFV)拍摄到，距离海面爆炸点的东面约 8.5 km^2 处有较为清晰的黑色浓烟和疑似撞船残骸，且在爆炸点海面附近发现总长度约 6.5 km 的白色物体，疑似爆炸后油膜泄漏。结合洋流流向(图 7.12)和流速(约 0.98 $km \cdot h^{-1}$)情况，基本可以判定黑烟发生地点为撞船残骸所在处。2020 年 8 月 31 日，上海市气象局收到来自上海市海上搜救中心的一封感谢信，他们对气象部门及时准确的服务表示感谢。

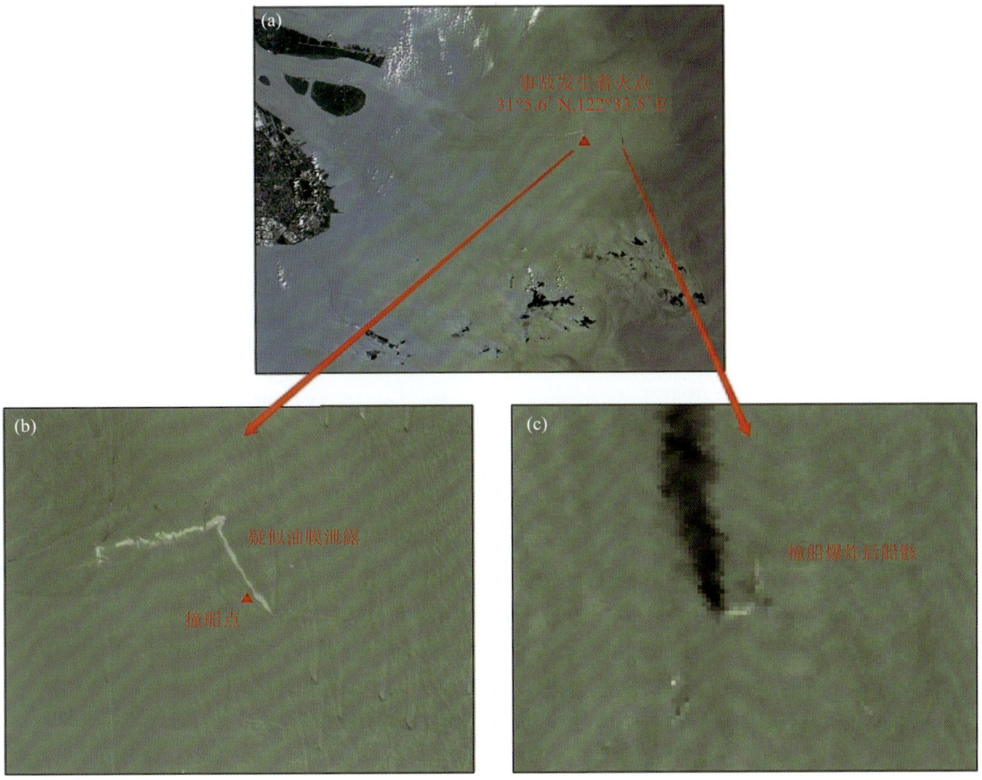

图 7.11　2020 年 8 月 20 日高分 1 号长江口撞船事件监测

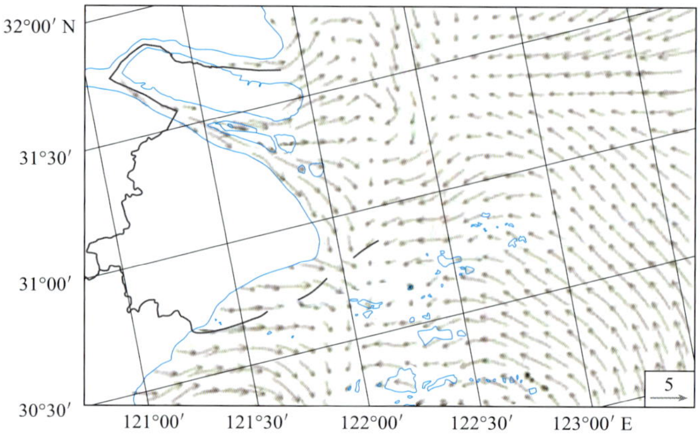

图 7.12　2020 年 8 月 20 日海浪模式长江口洋流预报

在此次重大突发事件处置行动中，国产气象卫星风云四号 A 星、高分系列卫星等多源遥感资料发挥重要作用。上海市生态气象和卫星遥感中心针对事故进行了全流程监测和综合研判，利用高时空分辨率的风云四号 A 星监测到船只碰撞时引发的大气环境突变，对准确提取着火点位置、起火时间等提供了重要决策参考；同时，基于分辨率为 8 m 的高分系列卫星遥感影像，对海上油污和燃烧烟雾分布信息开展了监测，为快速科学施救、成功扑灭火情、后续应急处置等抢险救援工作提供了保障。

7.4　本章小结

海岛与海岸带生态气象是一个复杂而重要的研究领域，它涉及海岛和海岸带地区的气候特征、生态环境以及它们之间的相互作用。本章具体介绍了崇明海岛气候生态承载力评估、东滩滨海湿地岸带环境场遥感分析、长江口撞船事件遥感跟踪监测服务 3 方面实践内容。

①海岛作为人类开发海洋的远涉基地和前进支点，在国土划界和国防安全上有着特殊重要的地位。同时，保护海岛生态环境对于维护生态平衡和生物多样性具有重要意义。通过建立一个综合考量生态环境与气候因素相互作用的评价指标体系，评价崇明海岛气候生态承载力，结果表明：2015—2019 年崇明岛气候资源条件和气候压力状况两个逆向指标一个在减弱一个在增强，气候可持续发展能力作为正向指标一直处于增长趋势，气候生态承载力指数从 2015 年开始总体呈增长趋势。持续夯实生态建设、推广清洁能源、加强环境监测以及适应气候变化等措施，崇明海岛将能够进一步提升其气候生态承载力，为可持续发展奠定坚实基础。

②海岸带是海陆的交接带和过渡带，其生态系统具有复合性、边缘性和活跃性的特征。拟建立的长江口国家大气本底站位于东滩滨海湿地岸带附近，这使得它能够直接监测到湿地生态系统对大气环境的影响，同时湿地生态系统的变化也可能对大气环境产生反馈作用，为此进行东滩滨海湿地岸带环境场遥感分析。通过近 10 a 遥感影像监测反演东滩站周围区域植被生态环境与土地覆盖利用的变化现状和趋势，结果表明：东滩湿地总体处于淤涨增加，受侵蚀不明显，基本保持了自然的演变规律；东滩 100 km 范围内植被指数中高等级增加比例较大，湿地、建设用地、林地、耕地变化显著，主要是耕地向建筑用地、林地转换，湿地多为新增长，植

被生态空间恢复改善，人为土地利用演变动态放缓并趋于稳定，有利于维持东滩大气观测环境的稳定性。

③近海船舶碰撞等突发事件的时有发生对水上交通安全和海洋生态环境构成严重威胁。针对2020年长江口突发的撞船事件，利用高时间分辨率的风云四号A星监测船只碰撞时引发的大气环境突变，对准确提取着火点位置、起火时间等提供了重要决策参考，利用高空间分辨率的高分卫星对海上油污和燃烧烟雾分布信息开展精细监测，为快速科学施救、成功扑灭火情、后续应急处置等抢险救援工作提供了保障，助力应急处置行动。

第8章 郊野公园生态服务功能评估

郊野公园是在适当管理下，人们易于到达的乡村游憩场所，是在城市化地区为城市居民就近创造的一种具有乡村原始风貌的开放活动空间(殷玮，2013)。生活在高度人工环境下的城市居民可以在郊野公园领略乡村自然景观、呼吸新鲜空气、开展户外运动、放松身心、享受环境，同时郊野公园具有自然保护、环境教育、社区交流的功能(庄伟 等，2019)。

为破解传统城市在人口、土地、产业、生态四者之间的失衡困局，2013 年 12 月 25 日召开的上海郊野公园建设理论研讨会明确提出(王震国，2014)，在控制人口总量、守住土地红线、优化产业结构的同时，上海通过建设郊野公园、调整郊区单元规划，实现城市空间布局的适应性优化和城市生态的可持续修复。

郊野公园建设是落实生态文明建设的国家战略、全面提升城镇化质量以及《长三角生态绿色一体化发展示范区国土空间总体规划(2019—2035 年)》的关键举措。然而，这些生态建设的效果如何？投资效益如何？对当地生态环境有什么影响？目前国内外对郊野公园的研究主要集中在空间规划、景观设计、运行管理机制等方面(马唯为，2018；Chan et al.，2018)，而对郊野公园建设过程中生态环境的动态监测与评估研究较少(陈奇媛，2020；潘兰平 等，2018)。陈奇媛(2020)基于卫星影像资料，利用遥感图像处理平台(ENVI)软件对上海市三座具有代表性的郊野公园规划区 2013—2018 年的土地利用变化开展详细的分类对比，并将研究数据导入生态系统服务功能分析软件 InVEST——生态系统服务和交易的综合评估模型(朱丽亚 等，2022)，对其生态系统服务功能进行多尺度研究。因此，本章选取上海市典型湿地郊野公园——青西郊野公园，开展公园建成前后在土地利用/土地覆盖、植被生态质量方面的差异，并进行郊野公园生态效益评估，从而为地方政府生态文明建设、长三角生态绿色一体化发展提供科学依据，也为下一步郊野公园规划建设提供参考借鉴。

8.1 上海郊野公园建设的背景

8.1.1 建设目的

建设郊野公园，是上海贯彻落实中共中央关于推进生态文明建设、实现城乡统筹发展要求的重要载体和具体体现，也是促进城郊农村地区改善生态环境、增加市民游憩空间、促进农业生产、增加农民收益、优化城市布局的现实需要。郊野公园的建设将切实推进城乡发展的战略转变，聚焦都市游憩需求，优化锚固城市总体空间结构，加快实现城乡土地使用方式转变。

8.1.2 总体规划

2012 年 5 月，上海市人民政府批复《上海市基本生态网络规划》，明确统筹农、林、绿、湿等生态要素，统一规划思路，按照“多层次、成网络、功能复合”的目标要求，形成“两环、九廊、十区”的总体生态格局，规划生态用地面积 3500 km^2。基本生态网络规划为郊野公园建设明确了目标、框架和要求。根据《上海市基本生态网络规划》，按照上海市规划和国土资源管理局批复的《上海市郊野公园布局选址和试点基地概念规划》，在毗邻新城和大型居住社区且交通条件较好的郊区初步选址 21 个郊野公园，总用地面积约 400 km^2（图 8.1）。截至 2020 年，结合自然资源禀赋、生态功能影响、公共交通条件、服务腹地人口等因素，上海已建成 7 个郊野公园，分别是：以远郊湿地型为特色的青浦区青西郊野公园（22.35 km^2）、以近郊休闲型为特色的嘉定区嘉北郊野公园（14.0 km^2）、以近郊都市森林型为特色的闵行区浦江郊野公园（15.3 km^2）、以远郊生态涵养型为特色的崇明区长兴郊野公园（29.8 km^2）、以滨江生态森林型为特色的松江区松南郊野公园（24.6 km^2）、以郊野文化遗址为特色的广富林郊野公园（4.25 km^2）和以“农”为特色的金山区廊下郊野公园（21.4 km^2）（陈奇媛，2020）。

图 8.1 上海市郊野公园选址规划示意图

8.2 城市郊野公园的功能分析

城市郊野公园除具有与城市公园绿地类似的功能，即可以调节气温，降低风速，减少蒸发，改善城市小气候，维持自然生态过程，包括水、气、养分循环和动植物生存，吸收 CO、SO_2 等有毒气体、制氧、除尘杀菌等作用外，还具有其他的功能和价值。

8.2.1 资源和生态保护功能

郊野公园处于城市郊区，根据生态学边缘效应原理，具有保护生物多样性和乡土物种的功能，可以使自然生态系统中的动植物资源得到保护和适当的利用，以作为人类土地及资源利用的基础。同时为城市提供生态防护，改善城市大气环境与水环境，保护地表与地下水资源，调节小气候，防风固沙，减少城市周围地区地面裸露，并为多物种的迁徙提供生态走廊，为城市的过度扩张提供自然屏障。

8.2.2 景观美化和游憩功能

郊野公园的自然景观是城市景观的有机组成部分，郊野公园的建设旨在保护郊野和乡村特色以丰富城市景观，同时注重地方特色，尤其注重乡土动植物种和特有的自然景观、地形地貌的有效利用，把城市和郊区统一协调在绿色空间之中，塑造优美的城乡景观形象，提高城市景观质量。

郊野公园突出野趣的特色，为不同偏好的游客考虑，如游览道路的长短、形式和难易，野餐点、休憩点等服务设施和安全设施的设置等，都最大限度地满足游客享受野趣的要求。

8.2.3 教育和科学研究功能

郊野公园为城市居民提供良好的户外课堂，其中的花草树木、水体、土壤等可以生动演示自然的奥秘和规律，激发人们热爱自然、致力于环保的自觉行动，于无形中开展有形的生态教育。园内小径设有动植物名牌，提供各种树木、鸟类等自然生物的简介资料。公园入口处常设的游客中心以各种形式展示郊野公园的历史渊源、所在地的乡村习俗、公园附近生态及地理特征、公园内的趣味动植物和特色动植物，用来提高市民对郊野的认识，加深了解郊区自然护理的重要性。

郊野公园可以提供生态环境研究场所，提供生态演替及其他生物的长期研究机会，提供基准值，作为检验因人类活动所引起自然生态系统变化程度的依据。此外，还可长期保存复杂的基因库，且有助于保留区内基础科学研究。

8.2.4 防灾减灾和规划功能

园林植物含有的大量水分，有难燃和阻燃效果，公园内的绿地和广场、道路、河湖等开阔地则有阻止火灾蔓延的作用。地震发生时，园林树木一般不会倒伏，可以随机搭建帐篷作避难场所。作为城市绿地系统规划的重要组成部分，在城市规划中则应充分考虑园林绿地的性质、规模、服务半径、植物配置以及周围环境等因素，统一规划，合理布局，做到大、中、小型园林兼备，形成城市公园—社区公园—郊野公园绿色空间体系。

8.3 青西郊野公园概况

8.3.1 地理位置

上海市青浦区青西郊野公园是上海市首批试点建设的郊野公园之一，郊野单元规划将其定位为“远郊湿地郊野特色”。青西郊野公园是 2012 年 5 月上海市政府批复的 21 个郊野公园之一，公园位于青浦区西南部，淀山湖南侧，东至山泾港、西至练西公路、南至南横港、北至淀山湖，总面积约 22.35 km^2，主要涉及金泽和朱家角两个行政辖区（殷玮，2013）。公园总设计平面如图 8.2 所示。

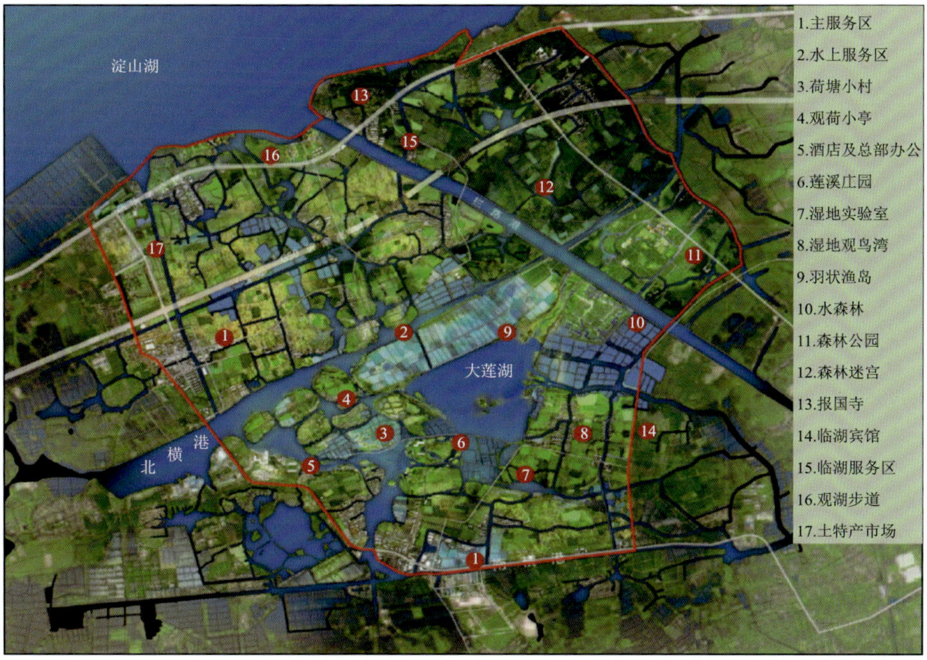

图 8.2　青西郊野公园总设计平面（郊野公园规划项目组，2013）

8.3.2 规划功能

作为黄浦江的上游地区，青西地区不仅有充沛的水资源，还以“湖、滩、荡、堤、圩、岛”等特色水域景观吸引了大批野生鸟类栖息，保留了完整的乡土植物群落（管金瑾 等，2014）。青西郊野公园是上海唯一以湿地为特色的郊野公园，近三分之一的面积被水面覆盖，公园以大莲湖为核心串起周边湿地、湖泊、树林、鱼塘、农田、河道、民居，湖滩荡岛纵横交错，自然生态环境非常优越。青西郊野公园有明确的功能分区，以保持现有河湖水系、农田林网、自然村落等肌理为特色（胡红梅，2019），突出水、林、田为主的保护修复，结合地区空间人文特色塑造，打造以生态保育、湿地科普、农业生产、体验休闲为主要功能的远郊湿地型郊野公园。

8.4 青西郊野公园土地利用变化分析

青西郊野公园位于青浦区西南部，东接拦路港、南起大莲湖、北至淀山湖，总规划面积22.35 km^2，是上海市唯一以湿地为特色的郊野公园。卫星遥感影像如图 8.3 所示。

图 8.3 青西郊野公园规划区遥感影像

（a. 2015 年，b. 2020 年）

8.4.1 数据来源

多时期土地利用/覆盖遥感监测数据集主要基于美国卫星 Landsat TM/ETM+和 Landsat 8 卫星遥感数据，采用人机交互式目视判读的方式构建，其中 2013 年遥感解译土地利用/覆盖数据主要使用了 Landsat-TM/ETM+遥感影像，而 2020 年土地利用/覆盖数据更新主要使用 Landsat 8 遥感影像。该数据基于人机交互式目视判读的方式构建，采用三级分类系统，其中一级主要根据土地资源及其利用属性分为 6 类：耕地、林地、草地、水域、建设用地和未利用土地；二级主要根据土地资源的自然属性，分为 25 个类型(Liu et al.，2014)。

8.4.2 结果分析

图 8.4 是上海市青西郊野公园 2013 年和 2020 年 Landsat TM/ETM+卫星遥感反演的土地利用类型变化。在过去 10 a，青西郊野公园土地利用类型都是以耕地面积最多，其次是水体(包括河渠、湖泊、水库坑塘等)，林地面积最少。在 2020 年，公园内耕地、水体、建设用地和林地的面积分别为 10.09 km^2、5.71 km^2、3.26 km^2 和 0.70 km^2，分别占区域总面积的 51.06%、28.90%、16.50%和 3.54%(表 8.1)。与 2013 年相比，青西郊野公园在 2020 年土地利用发生了较大变化，其中湖泊面积增加了 15.44%，耕地和林地面积分别减少 12.11%和 26.32%。

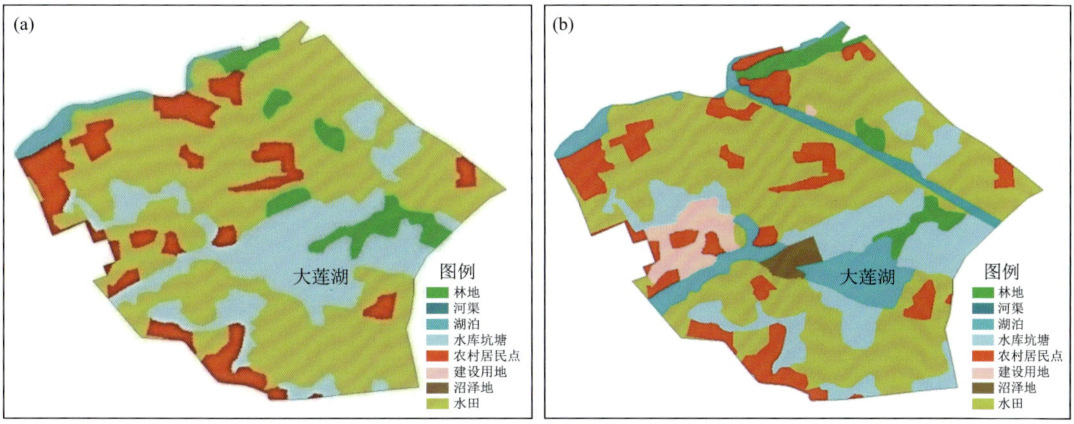

图 8.4 青西郊野公园土地利用类型变化
（a. 2013 年，b. 2020 年）

表 8.1 青西郊野公园土地利用类型变化统计

地类	面积/km^2		变化/%
	2013 年	2020 年	
林地	0.95	0.70	−26.32
河渠		0.46	
湖泊	1.36	1.57	15.44
水库坑塘	3.51	3.41	−2.85
农村居民点	2.46	2.53	2.85
城镇建设用地		0.73	
沼泽地		0.27	
耕地	11.48	10.09	−12.11
总计	19.76	19.76	

进一步结合空间分辨率为 2 m 和 0.5 m 的高分遥感数据，以人工目视解译为主，辅以计算机软件解译，获得 2016 年青西郊野公园精细化的土地利用类型分布（图 8.5）。从表 8.2 可

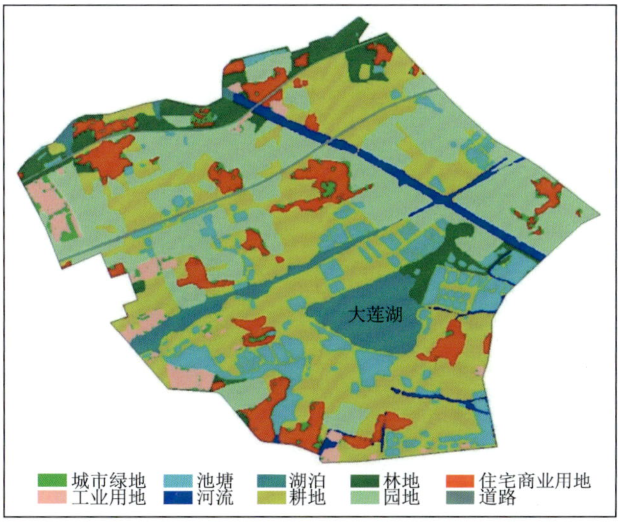

图 8.5 2016 年青西郊野公园精细化土地利用类型

以看出，2016 年，青西郊野公园耕地所占面积最大(33.55%)，其次是园地(果园)(24.85%)，池塘和湖泊所占面积分别为 10.88%和 6.28%，住宅商业用地(居民地和商业区)占 9.31%，林地(含耕地间行道树、防护林、灌丛等植被)占 6.12%，道路面积最少，仅为 1.27%。

表 8.2 2016 年青西郊野公园土地利用类型统计

地类	面积/km^2	比例/%
城市绿地	0.32	1.62
池塘	2.15	10.88
道路	0.25	1.27
耕地	6.63	33.55
工业用地	0.63	3.19
河流	0.58	2.93
湖泊	1.24	6.28
林地	1.21	6.12
园地	4.91	24.85
住宅商业用地	1.84	9.31
总计	19.76	

8.5 青西郊野公园植被生态质量评价

青西郊野公园主要有湿地生态系统、田园生态系统和人工林生态系统三种类型。湿地生态系统由天然湖泊和池沼、河流岸滩组成，包括开阔性湿地、苇滩、浅滩、沼泽、灌丛等植物群落类型；田园生态系统主要由基本农田系统构成；人工林生态系统大多由退耕造林形成，主要以杉树为主。

8.5.1 植被覆盖度(FVC)

植被覆盖度是指植被地上部分(包括叶、茎、枝)在地面的垂直投影面积占统计区总面积的百分比，它反映了植物进行光合作用面积的大小以及植被生长的茂盛程度，能够在一定程度上代表植被的生长状态和生长趋势。

$$FVC = (NDVI - NDVI_{min})/(NDVI_{max} - NDVI_{min}) \quad (8.1)$$

基于中国智慧农业气象业务系统(CAgMSS)输出的 1 km 空间分辨率的逐月陆地植被 FVC 数据，分析了青西郊野公园植被 FVC 年际变化动态，结果表明(图 8.6)，青西郊野公园植被 FVC 以 8.42%·$(10\ a)^{-1}$的线性趋势显著增加。植被 FVC 在 2005 年最低(39.5%)，而在 2015 年最高(56.5%)。2013—2020 年，青西郊野公园植被 FVC 以 2.34%·$(10\ a)^{-1}$的线性趋势增加。

8.5.2 植被净初级生产力(NPP)

植被净初级生产力是绿色植物在单位面积、单位时间内所积累的有机物数量，表现为光合作用固定的有机碳中扣除植物本身呼吸消耗的部分。NPP 不仅表征陆地生态系统的质量状况，而且是判定生态系统碳源/汇和调节生态过程的主要因子，在全球变化及碳平衡中扮演着重要的作用。

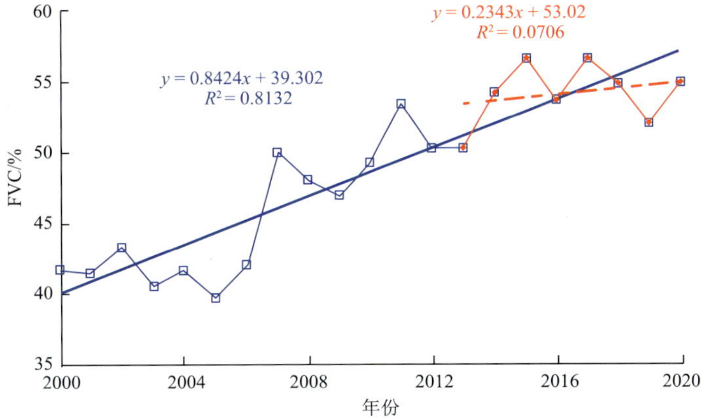

图 8.6　2000—2020 年青西郊野公园植被覆盖度(FVC)年际变化趋势

基于 CAgMSS 输出的 1 km 空间分辨率的逐月陆地植被 NPP 数据,分析了青西郊野公园植被 NPP 年际变化动态,结果表明(图 8.7),青西郊野公园植被 NPP 以 112.44 $gC \cdot m^{-2} \cdot (10\ a)^{-1}$的线性趋势显著增加。植被 NPP 在 2003 年最低(584.89 $gC \cdot m^{-2}$),而在 2015 年最高(899.43 $gC \cdot m^{-2}$)。2013—2020 年,青西郊野公园植被 NPP 以 60.45 $gC \cdot m^{-2} \cdot (10\ a)^{-1}$的线性趋势增加。

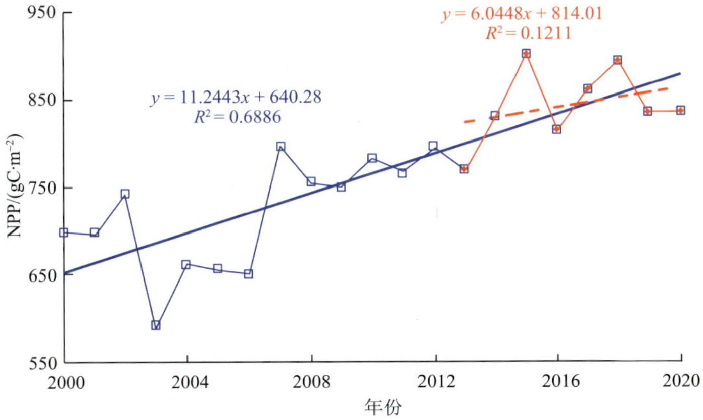

图 8.7　2000—2020 年青西郊野公园植被净初级生产力(NPP)年际变化趋势

8.6　青西郊野公园气候环境变化

8.6.1　气温

图 8.8 为 2016 年和 2020 年青西郊野公园及周边的气温空间分布。总体而言,朱家角镇西北部气温相对偏高,金泽镇西部和练塘镇西南部气温相对偏低。从青西郊野公园建成前后的对比来看,公园建成前(2016 年),气温的空间分布差异较为显著,最高值出现在朱家角北部,为 18.5 ℃;最低值出现在练塘镇西部,为 17.3 ℃(图 8.8a)。公园建成以后(2020 年),最

高值仍位于朱家角北部，为 18.0 ℃，但气温整体的空间分布差异明显缩小，为 17.6～18.0 ℃（图 8.8b）。这可能是青西郊野公园建成以后，随着水域面积和植被覆盖度的增加，公园对温度的调节能力也逐渐增强，进一步导致研究区域内气温的空间差异减小。

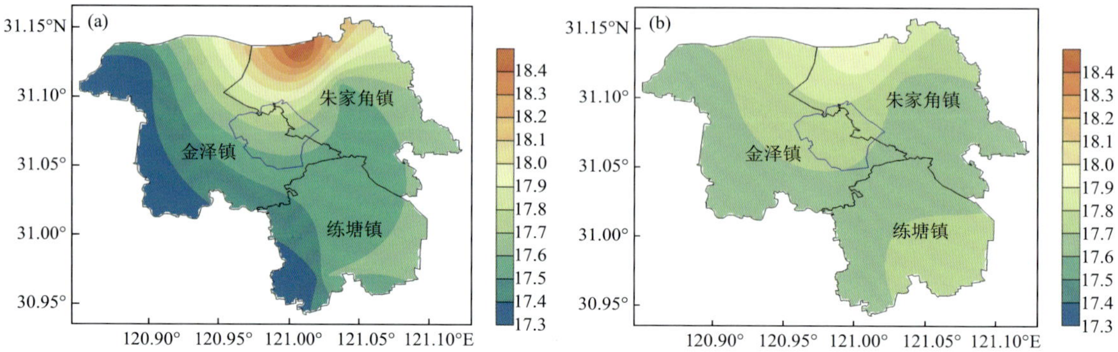

图 8.8　青西郊野公园及周边气温的空间分布（单位：℃）

（a. 2016 年，b. 2020 年）

8.6.2　相对湿度

图 8.9 为 2016 年和 2020 年青西郊野公园及周边相对湿度的空间分布，总体呈现出西干东湿的分布形态，低值区位于金泽镇，高值区主要位于朱家角镇。从青西郊野公园建成前后的对比来看，公园建成前（2016 年），研究区域内相对湿度整体偏低，最低值位于金泽镇中部，为 78.6%；最高值出现在朱家角镇中北部，为 80.2%（图 8.9a）。公园建成后（2020 年），研究区域内相对湿度整体有所提升，朱家角镇中东部、练塘镇东南部部分地区相对湿度较高，最低值仍出现在金泽镇中部，为 78.9%（图 8.9b）。

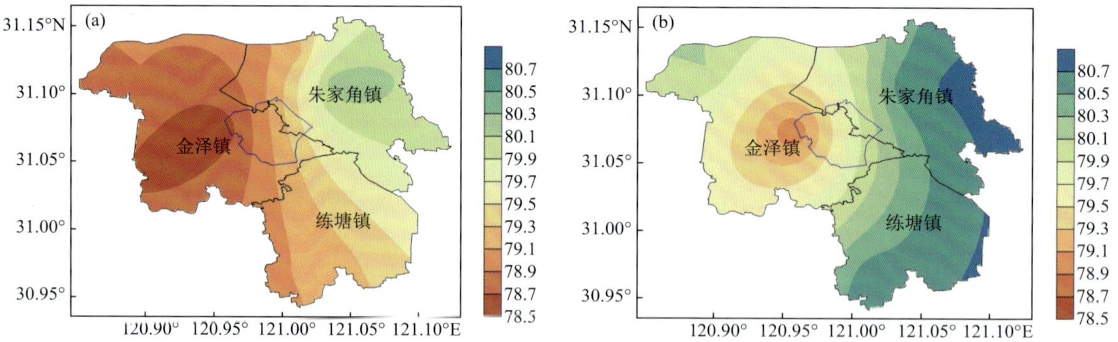

图 8.9　青西郊野公园及周边相对湿度的空间分布（%）

（a. 2016 年，b. 2020 年）

8.6.3　高温日数

图 8.10 为 2016 年和 2020 年青西郊野公园及周边高温日数的空间分布。总体而言，研究区域内高温日数基本沿西北—东南向逐渐递增的分布特征，西北部的高温日数相对偏少，而中

东部相对偏多。从青西郊野公园建成前后的对比来看，公园建成前(2016 年)，高温日数在 18～36 d，最大值出现在朱家角中部，最小值出现在金泽镇西北部(图 8.10a)。公园建成后(2020 年)，区域内高温日数为 10～31 d，高、低值的落区和 2016 年保持一致，但减少了 5～8 d(图 8.10b)。

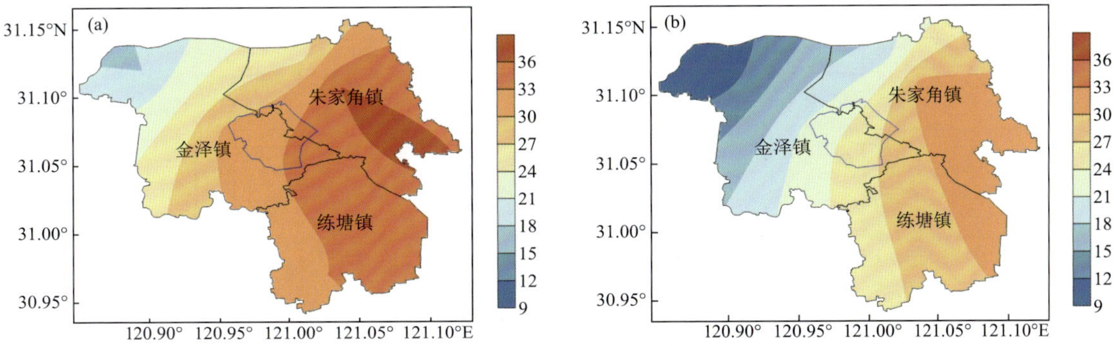

图 8.10 青西郊野公园及周边的高温日数(单位：d)
(a. 2016 年，b. 2020 年)

8.7 青西郊野公园的生态功能评估

8.7.1 降温增湿效应

基于 2020 年青西郊野公园内外的 2 个自动气象观测站气温和相对湿度的逐时资料，分析了公园的降温增湿效应。其中金泽莲湖气象观测站位于青浦区金泽镇青西郊野公园内 P2 停车场北侧，而金泽国家气象观测站位于金泽镇练西公路 4806 号，两个站点距离约为 5 km。

8.7.1.1 降温效应

图 8.11 为莲湖站和金泽站的平均气温、最高气温和最低气温的平均值的逐时演变。可以看到，公园内各时刻的气温均低于(或等于)公园外，且两个气象站点观测得到的三种气温类型的变化趋势完全一致。05 时或 06 时为气温的最低点，随后快速上升，至 14 时或 15 时达到最高，而后逐渐下降。以平均气温的日变化为例，公园内和公园外气温的最大值出现在 15 时，分别为 20.63 ℃和 21.65 ℃；最低值出现在 06 时，分别为 15.06 ℃和 15.10 ℃。

从公园内外两个站点的平均气温和最高、最低气温差异来看，公园全天候均存在降温效应，且降温值随逐时的演变趋势一致，呈单峰结构(图 8.12)。07—08 时降温作用最弱，几乎为 0。随后逐渐增强，至 14 时达到峰值，之后又开始逐渐衰退。平均气温、最高气温和最低气温的最大降温幅度分别为 0.52 ℃、0.43 ℃和 0.55 ℃。与气温的逐时演变趋势对比，可以看出，气温越高，降温效果越明显，14—15 时青西郊野公园对气温表现出较强的调节能力，降温效果最明显。这可能是因为这一时段气温最高，蒸腾作用最强，吸收了周围环境大量热量，从而使得气温降低。

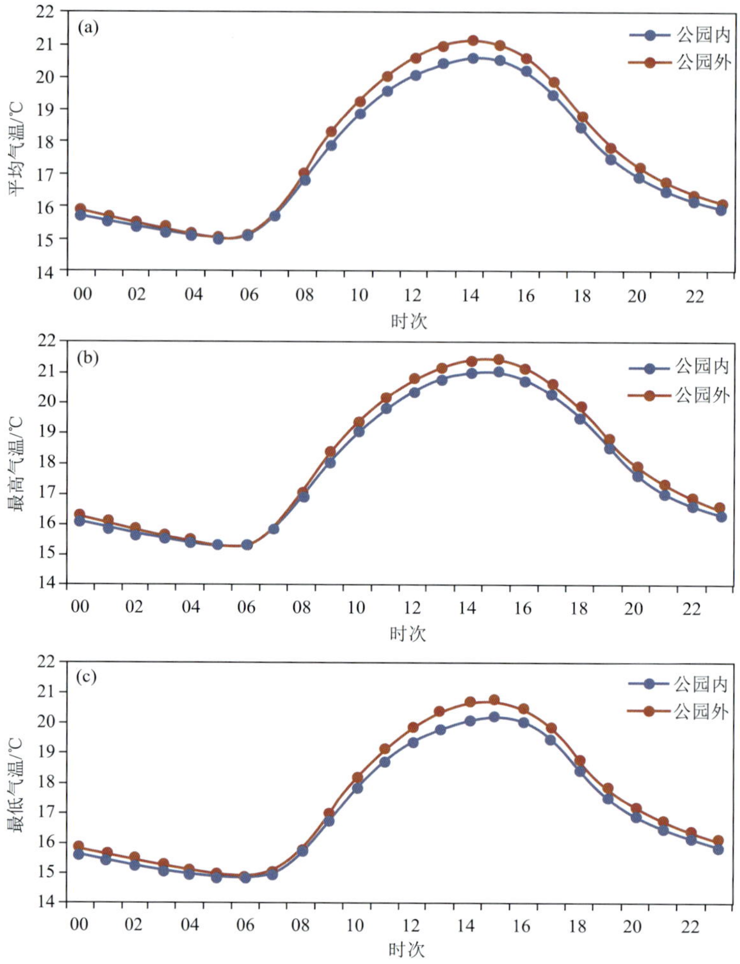

图 8.11 莲湖站和金泽站平均气温(a)、最高气温(b)和最低气温(c)的逐时演变

8.7.1.2 增湿效应

图 8.13 为莲湖站和金泽站相对湿度的逐时演变情况。可以看到,两个观测站点相对湿度的逐时变化趋势完全一致。峰值出现在 07 时,随后开始快速下降,至 14 时开始逐渐上升。从两个站点的相对湿度差异来看,公园全天候均存在增湿效应,其中 07—12 时公园的增湿作用较弱,20 时至次日 03 时增湿效应最显著。这可能和夜间植被的呼吸作用较强有关。

8.7.2 生态服务功能

固碳释氧功能是森林生态系统服务功能的重要指标。森林的植被层和土壤层是很重要的碳库,随着林木的生长会变得更加重要。森林涵养水源功能主要是指森林对降水的截留、吸收和贮存,将地表水转为地表径流或地下水的作用。森林是拦截降水的"天然水库",具有强大的蓄水作用,其复杂的立体结构不但对降水进行再分配,还可以减弱降水对土壤的侵蚀,并且随森林类型和降水量的变化,树冠拦截的降水量也不同。空气负离子被誉为"空气维生素与生长素",具有杀菌、降尘、清洁空气等作用,越来越受到人们的关注和重视。

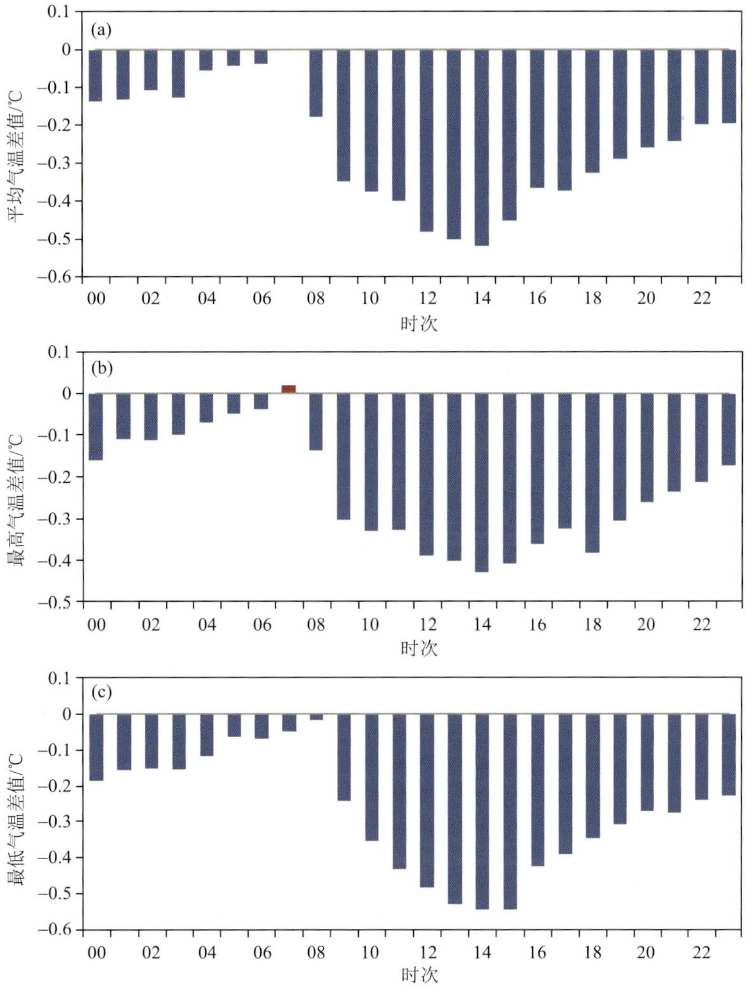

图 8.12　2020 年大莲湖站和金泽站平均气温(a)、最高气温(b)和最低气温(c)的差值随时间变化

根据《森林生态系统服务功能评估规范》(GB/T 38582—2020)的评价方法,对青西郊野公园森林生态系统的调节服务功能进行评估,包括涵养水源、固碳释氧和净化大气环境 3 项,结果见表 8.3。青西郊野公园森林生态系统涵养水源量为 72.34×10^4 m^3,相当于全市水资源总量的 0.12‰。固碳量为 2858.49 t,释氧量为 6776.37 t。在净化大气环境方面,公园每年提供负氧离子 33.09×10^{20} 个,吸收气体污染物 0.64 t,滞尘 43.62 t。

表 8.3　2020 年青西郊野公园森林生态系统调节服务功能评估结果

调节服务	涵养水源	调节水量/(10^4 $m^3\cdot a^{-1}$)	72.34
	固碳释氧	固碳/($t\cdot a^{-1}$)	2858.49
		释氧/($t\cdot a^{-1}$)	6776.37
	净化大气环境	提供负离子/(10^{20}个$\cdot a^{-1}$)	33.09
		吸收气体污染物/($kg\cdot a^{-1}$)	6405.99
		滞尘/($t\cdot a^{-1}$)	43.62

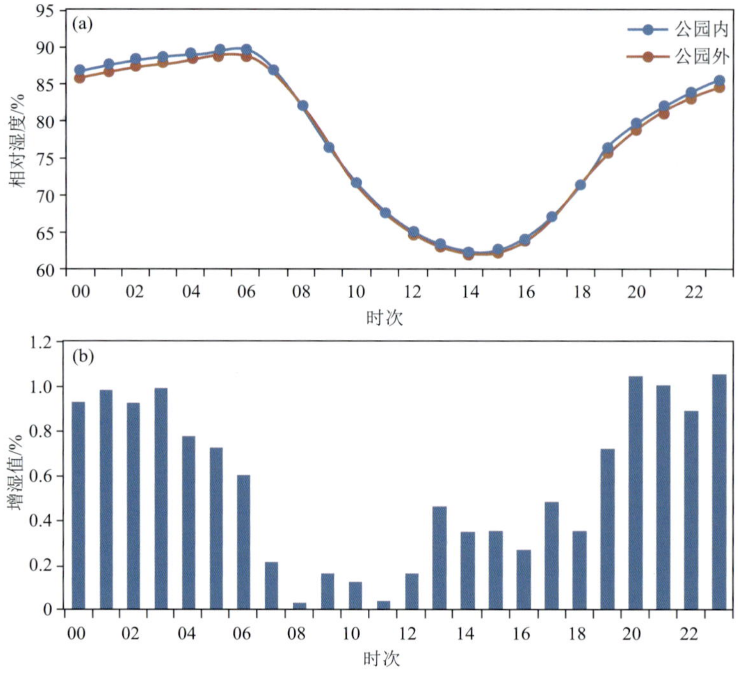

图 8.13 2020 年大莲湖站和金泽站相对湿度及其差异逐时变化
(a. 相对湿度,b. 增湿值)

根据上述规范指标体系及其计算方法,计算得到 2020 年青西郊野公园森林生态系统调节服务功能总价值为 3393.73 万元(表 8.4)。在 3 项森林生态系统调节服务功能价值的贡献中,从大到小的顺序为净化大气环境、固碳释氧、涵养水源。青西郊野公园 3 项森林生态功能的价值量及占比分别为:净化大气环境:1417.83 万元,41.78%;固碳释氧:1206.05 万元,35.54%;涵养水源:769.85 万元,22.68%。青西郊野公园各项森林生态系统调节服务功能价值量及所占总价值量的比例,能够充分体现青西郊野公园森林生态系统服务功能及其森林资源结构的特点。

表 8.4 2020 年青西郊野公园森林生态系统调节服务功能价值量评估结果

功能项	涵养水源	固碳释氧	净化大气环境	合计
价值量/(万元·a^{-1})	769.85	1206.05	1417.83	3393.73
占比/%	22.68	35.54	41.78	100

8.8 青西郊野公园 CO_2 浓度模拟

使用计算流体动力学(CFD)方法模拟了不同背景风速影响下的青西郊野公园 2021 年夏季大气风速与 CO_2 浓度高时空分辨率三维场,并利用青浦气象观测场风速数据对 CFD 数值模拟结果的精度进行检验(图 8.14)。在此基础上定量分析了青西郊野公园内的植被、水体对近地面大气风速、风向、大气 CO_2 浓度日变化的影响机制。

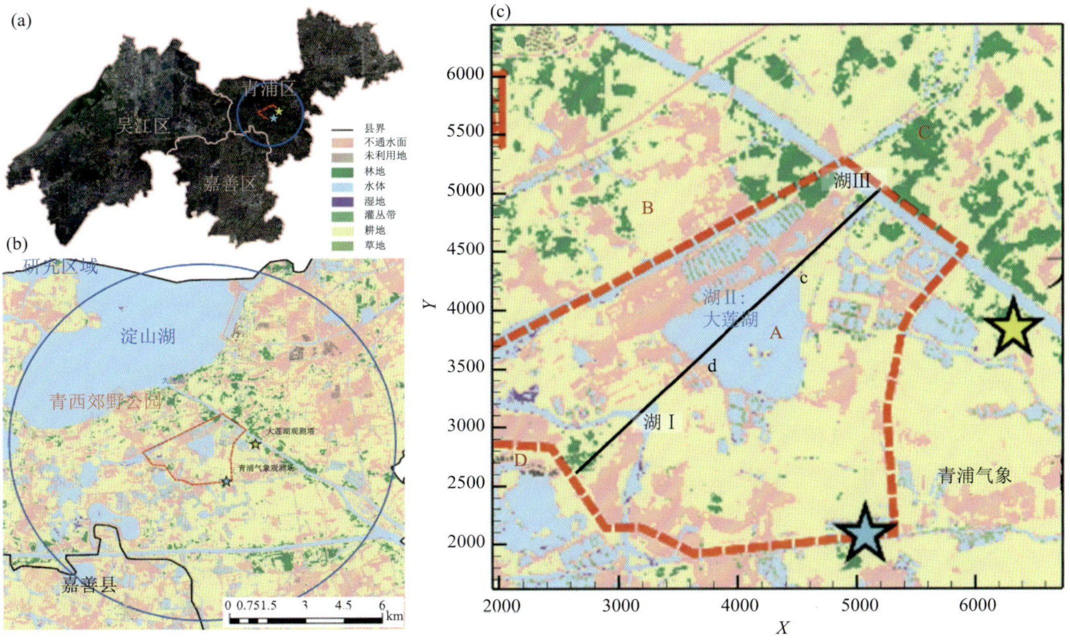

图 8.14　项目研究区域

（a. 长三角生态绿色一体化发展示范区，b. 本实验的研究区域，c. 青西郊野公园）

8.8.1　研究方法

本研究使用基于雷诺平均方法的纳维—斯托克斯模型对公园内的小时平均风速场与大气 CO_2 浓度场进行求解，该模型被证实适用于米尺度上的空气数值模拟。基于该方法的 RNG k-epsilon 湍流双方程模型已被嵌入商业 CFD 软件 Fluent 2020R1 中，主要由基于湍流黏度（k）、湍流耗散率（ε）的两个湍流方程与质量、动量方程构成。

本书采用改进的 CFD 模型

（1）质量与动量方程

$$\frac{\partial \overline{u}_i}{\partial \overline{x}_i}=0$$

$$\frac{\partial \overline{u}_i}{\partial t}+\overline{u}_j\frac{\partial \overline{u}_i}{\partial t}=-\frac{1}{\rho}\frac{\partial \overline{p}}{x_i}+(\mu+\mu_t)\frac{\partial^2 \overline{u}_i}{\partial {x_j}^2}+S_u \tag{8.2}$$

式中，$x_i(i=1,2,3)$ 表示 x,y,z 三个方向的平均分量，$x_j(j=1,2,3)$ 表示 x,y,z 三个方向的脉动分量，u_i（$i=1,2,3$）表示三个方向上的风速分量，t 为时间，ρ 为空气密度，μ 为摩尔黏性系数，μ_t 为湍流黏性系数，S_u 为植被冠层源项。

（2）CO_2 垂直扩散方程

大气 CO_2 垂直扩散方程如下：

$$\frac{\partial C}{\partial x_j}=\frac{\partial}{\partial x_j}\left[\left(D_{eff}+\frac{\mu_t}{S_{ct}}\right)\frac{\partial C}{\partial x_j}\right]+S_d \tag{8.2}$$

式中，C 为大气 CO_2 浓度（$kg\cdot m^{-3}\cdot s^{-1}$），$D_{eff}$ 为有效扩散率，取值为 $1.62\times10^{-5}\,m^2\cdot s^{-1}$，$S_{ct}$ 为湍流施密特数，S_d 为植被冠层源项。

(3)湍流方程

湍流模型中的湍流方程如下：

$$
\begin{aligned}
&\frac{\partial k}{\partial t}+\overline{u}_j\frac{\partial k}{\partial x_j}=\frac{\partial}{\partial x_j}\left[\left(\mu+\frac{\mu_t}{\sigma_k}\right)\frac{\partial k}{\partial x_j}\right]+G_k-\varepsilon+S_k \#\\
&\frac{\partial \varepsilon}{\partial t}+\overline{u}_j\frac{\partial \varepsilon}{\partial x_j}=\frac{\partial}{\partial x_j}\left[\left(\mu+\frac{\mu_t}{\sigma_\varepsilon}\right)\frac{\partial \varepsilon}{\partial x_j}\right]+C_{\varepsilon 1}G_k\frac{\varepsilon}{k}-C_{\varepsilon 2}\frac{\varepsilon^2}{k}+S_\varepsilon \#\\
&G_k=\mu_t\left(\frac{\partial \overline{u}_i}{\partial x_j}+\frac{\partial \overline{u}_j}{\partial x_i}\right)\frac{\partial \overline{u}_j}{\partial x_i}
\end{aligned}
\tag{8.3}
$$

式中，G_k 是由平均速度梯度产生的湍流动能，σ_k 与 σ_ε 分别是 k 与 ε 的湍流普朗特数。

8.8.2 研究结果

(1)CFD 模拟风速精度检验

本研究采用青浦区气象观测场近地面 10 m 高度上的风速观测值来验证青西郊野公园风速模拟结果的精度。该气象观测场所在区域的下垫面类型为草地，且周边的下垫面类型以不透水面与湖泊为主，因此在近地面 10 m 高度处风速的日变化较稳定，适宜反映整个公园模拟结果的精度。比较 2021 年 6 月 21 日、6 月 23 日和 8 月 2 日的均方根误差(RMSE)，可知气象观测场附近的风速模拟结果较好(图 8.15)。以 6 月 21 日为例，风速的范围在 0～2.25 m·s^{-1}，当日的 RMSE 为 0.38 m·s^{-1}。将白天(07—18 时)与夜间的模拟点分别标记为红色与蓝色，可以看出，白天的模拟精度要大于夜间，且风速较大的典型天模拟精度更好，风速较小天因夜间大气不稳定导致精度略差。

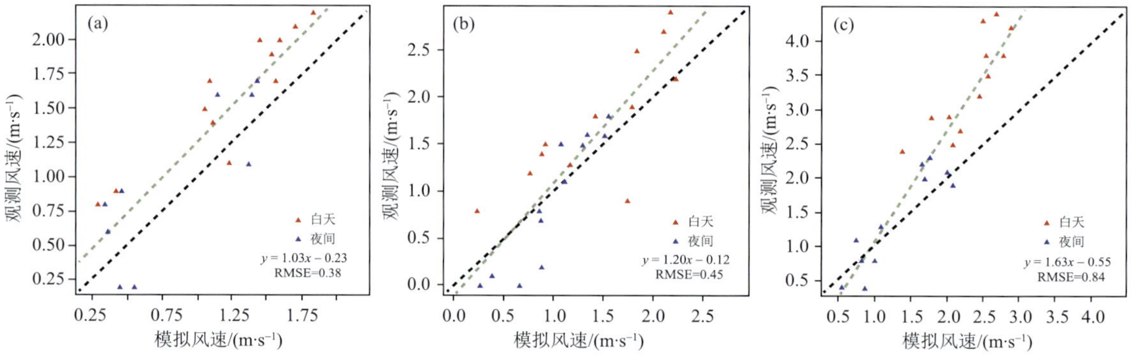

图 8.15　2021 年气象观测场近地面 10 m 处风速模拟精度检验

(a～c 分别为 6 月 21 日、6 月 23 日和 8 月 2 日 3 d 白天(07—18 时)与夜间(其他时刻)的模拟值与观测值，绿色虚线为这些模拟点一元线性拟合的回归线，黑色虚线为 1∶1 直线)

(2)青西郊野公园风场分布

背景风速较大时，不同的下垫面类型对风速的影响较为显著。为了研究青西郊野公园所在区域的下垫面类型对水平方向上风速与风向的影响，本研究选用 2021 年 8 月 2 日 00 时、06 时、12 时和 18 时近地面 1.5 m 的风速与风向。近地面 1.5 m 穿过了所有植被下垫面，而较大的背景风速能够更清晰地反映各类下垫面对风速与风向的影响。风速大小使用云图的连续色带表示，风向使用黑色箭头的方向表示。综合图 8.16 来看，连片的湖泊上空风速较大，面积最大且连片的淀山湖上空的风速最大，其次为大莲湖西南侧的连片湖泊，再次为面积较大且独立的大莲湖，大莲湖周边小片且破碎的湖泊与河流上空风速较周围耕地略大，但是不明显；林地内部的风速受孔隙影响明显较小；林地内部与建筑周围的风向受这两种下垫面的阻挡而发生了明显的偏转。公园内上空风速受公园内下垫面的影响显著。面积较大的大莲湖的空气粗糙度较小，因此近地面 1.5 m 处的风速较大；大莲湖西南侧、西侧的小片林地、大莲湖东北侧的大片林地内部的孔隙较多，风速较小且风向偏转较大；大片耕地内的叶面积体密度(LAD，单位体积内的叶片面积)较大且较均匀，使耕地内的风速介于水体与林地之间，风向的偏转不明显。

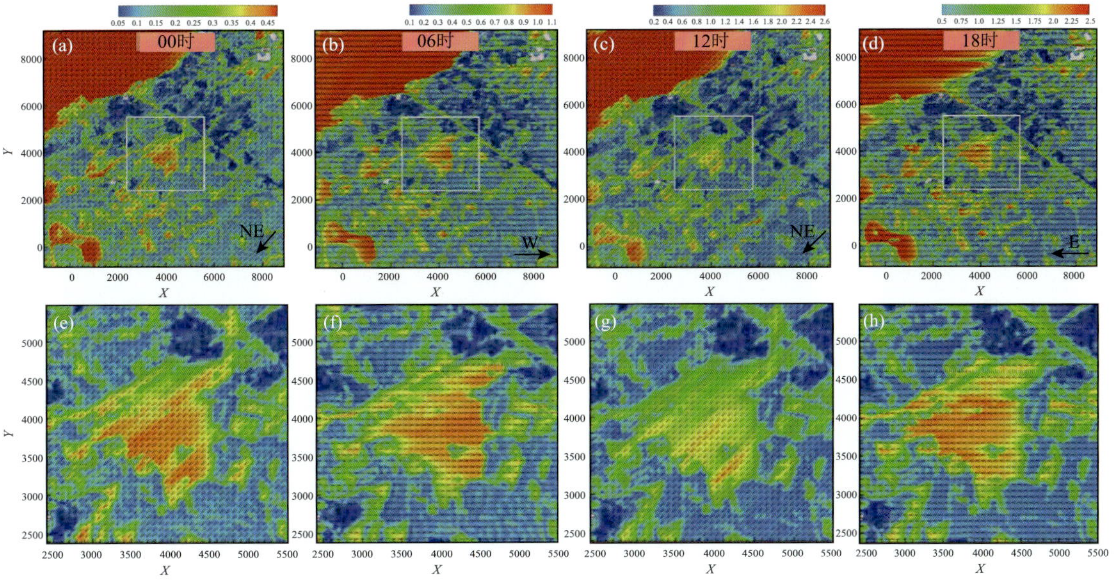

图 8.16　2021 年 8 月 2 日近地面 1.5 m 水平风速(单位：m/s)与风向
(a～d 分别为 00 时、06 时、12 时和 18 时研究区域的风速与风向场，e～h 分别为 00 时、06 时、12 时和 18 时青西郊野公园内的风速与风向场)

(3)青西郊野公园 CO_2 浓度场水平分布

比较图 8.17 中 a～d 与 e～h 可知，大莲湖、淀山湖上的风速较大且稳定，且 CO_2 浓度稳定。可见大面积的湖泊上风速较大，使 CO_2 浓度分布较均匀，因此湖面上的 CO_2 浓度分布受沿岸植被下垫面影响较小。比较不同植被下垫面上风速与 CO_2 浓度的关系，可知面积较大的耕地风速小于河流与湖泊，因此白天与夜间对 CO_2 的吸收与排放没有显著影响到周围其他下垫面；小面积的林地风速更小，且风向有明显偏转，因此林地在白天与夜间吸收与排放的 CO_2 在冠层内部显著聚集。

8.9　青西郊野公园碳存储效益模拟

陆地生态系统碳在全球碳循环、大气 CO_2 浓度以及全球气候变化中发挥着重要作用，被认为是陆地生态系统和气候变化之间的相互关系而导致的生态系统变化的一个指标。陆地生态系统固碳作用能够影响区域气候的变化，被认为是缓解温室效应对全球气候影响的最经济可行且与生态环境友好的重要途径之一。土地利用类型的变化通常伴随着大量的碳交换，由土地利用变化导致的碳排放在全球范围内有很大比例。因此，依据区域土地利用类型定量评估

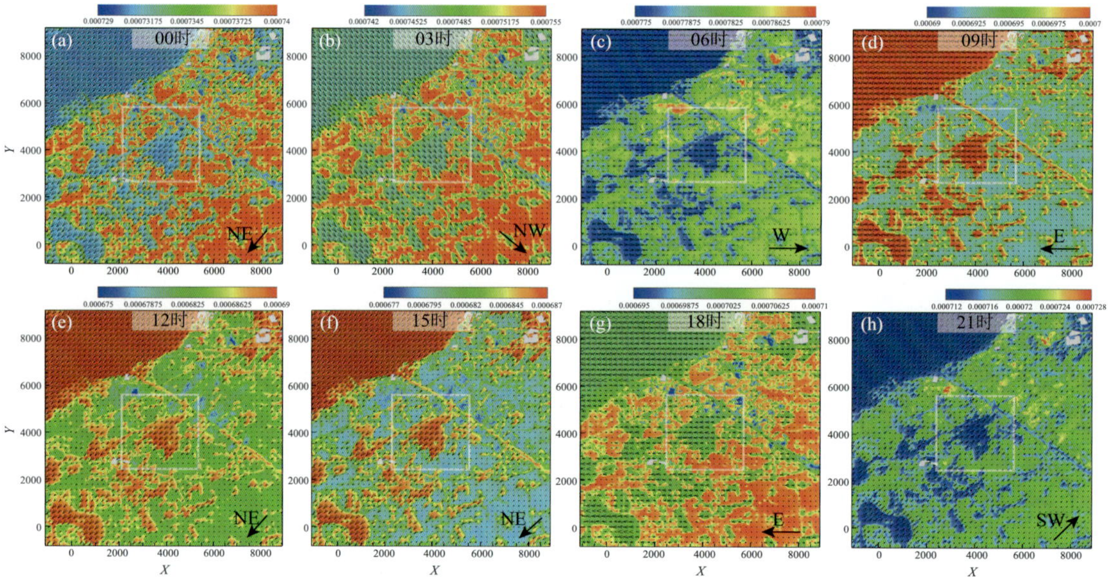

图 8.17 2021 年 8 月 2 日近地面 1.5 m 水平剖面上风速与 CO_2 浓度的相互作用
（a～h 分别为 00—23 时每间隔 3 h 的风速、风向、CO_2 浓度场，风速、风向分别使用图中黑色矢量箭头的大小与方向表示，CO_2 浓度使用图中的连续色带表示，白色框线内为青西郊野公园）

区域生态系统碳储量，从而探寻土地利用结构优化途径以提高区域生态系统碳储量，对于改善区域生态系统服务功能及减缓气候变化具有重要意义。上海青西郊野公园的建设改变原有的土地利用格局，土地利用变化进一步影响陆地生态系统结构、功能，改变陆地生态系统固碳能力，是陆地生态系统碳储量变化的主导因素，碳存储能力是衡量陆地生态系统服务功能的重要指标，可反映陆地生态系统生产力水平和气候调节能力。深入分析生态系统碳储量在郊野公园建设过程中的变化特征，以如何最大化发挥国家公园区域的生态价值为首要目标，为郊野公园生态系统管理及减排增汇政策制定等提供科学依据。

8.9.1 计算方法

传统的碳储量估算方法如蓄积量法、生物量法、箱式法等对碳储量估算清晰明确，操作简便，应用比较广泛，但并不能准确反映长时间序列与大尺度的碳储量变化对自然和人类活动的响应关系。随着信息技术的发展，以模型模拟为主的碳储量估算方法应运而生。InVEST 模型——生态系统服务和权衡的综合评估模型是美国斯坦福大学、大自然保护协会（TNC）与世界自然基金会（WWF）联合开发的，旨在通过模拟不同土地覆被情景下生态服务系统物质量和价值量的变化，为决策者权衡人类活动的效益和影响提供科学依据。相比其他研究方法，InVEST 模型具有需求数据少、运行速度快的特点，可实现碳储量空间分布与动态变化空间制图，反映土地利用变化与碳储量之间关系，实现动态量化生态服务功能价值，不同于以往服务价值评估的单一化、静态化，被广泛运用于不同国家与地区。

根据前期调研及数据搜集，将上海市青西郊野公园的土地利用类型划分为耕地、林地、草地、水域、建设用地及未利用土地六大类。采用 InVEST 模型估算公园建成前及建成后不同用地类型的碳储存量，以比较公园建设的碳储存效益。

InVEST 模型碳储存模块将生态系统的碳储量划分为 4 个基本碳库：地上生物碳（土壤以上所有存活的植物材料中的碳）、地下生物碳（存在于植物活根系统中的碳）、土壤碳（分布在有机土壤和矿质土壤中的有机碳）、死亡有机碳（凋落物、倒立或站立的已死亡树木中的碳）。土地利用/覆被的分类情况，分别对不同类地上生物碳库、地下生物碳库、土壤碳库和死亡有机碳库的平均碳密度进行计算统计，然后用各类的面积乘以其碳密度并求和，得出研究区的总碳储量，其公式计算如下：

$$C_{tot} = C_{above} + C_{below} + C_{soil} + C_{dead} \tag{8.5}$$

式中，C_{tot}为区域总碳储量，C_{above}为地上碳储量，C_{below}为地下根系碳储量，C_{soil}为土壤碳储量，C_{dead}为死亡有机碳储量。

通过查阅文献资料，选取与上海市青西郊野公园地理位置、自然条件相似的同类文献，整理出公园不同类的地上生物碳、地下生物碳、土壤碳和死亡有机碳 4 部分碳存储密度，如表 8.5 所示。

表 8.5　青西郊野公园不同土地利用类型碳存储密度　　单位：$t \cdot hm^{-2}$

土地利用类型	地上生物碳	地下生物碳	土壤碳	死亡有机碳
耕地	3.64	0	33.46	13
林地	20.79	7.16	118.2	3.42
草地	2.205	5.365	27.41	3.035
水域	0	0	0	0
建设用地	0	0	0	0
未利用地	0	0	0	0

8.9.2　结果分析

将公园建成前后不同土地利用类型的栅格数据集，每种土地利用类型储存在地上、地下根系、土壤和死亡有机物 4 个部分的碳密度数据输入至 InVEST 碳储量估算模型中，得出公园建成前后不同土地覆盖下的碳储量。

8.9.2.1　青西郊野公园建成前后碳储量总量变化

利用 InVEST 模型中 Carbon 模块分别计算了上海青西郊野公园建成前后的碳储量。从数量来看（表 8.6），公园建成前的总碳储量为 33356.33 t，建成后的总碳储量为 48918.38 t，总体增加了 15562.05 t；其中建成前地上碳储量为 3517.52 t，建成后为 5666.46 t，增加了 2148.94 t；地下根系碳储量建成前为 793.00 t，建成后增加至 1623.99 t，增加了 830.99 t；土壤碳储存建成前为 24297.84 t，建成后为 36620.73 t，增加了 12322.89 t；建成前死亡有机物碳储存为 4747.97 t，建成后为 5007.20 t，增加了 259.23 t。从整体数值来看，因为植被土壤中的碳含量约是地上生物的 3 倍，约是大气中碳含量的 2 倍，所以公园建成后的总碳储量的增加主要来源于土壤碳储量的增加。

表 8.6　青西郊野公园建成前后碳储量变化　　单位：t

类型	建成前	建成后	差值
地上生物碳储量	3517.52	5666.46	2148.94
地下生物碳储量	793.00	1623.99	830.99
土壤碳储量	24297.84	36620.73	12322.89
死亡有机碳储量	4747.97	5007.20	259.23
总碳储量	33356.33	48918.38	15562.05

从土地利用类型来看，公园建成前（表 8.7）和建成后（表 8.8）不同土地利用类型的碳储存略有变化，主要表现为耕地的碳储量减少，主要是地上碳储量和死亡有机物碳储量的减少，土壤碳储量尽管有所增加，但是其增加幅度远小于地上碳储量和死亡有机物碳储量减少的程度；林地、草地的碳储量增加且增加较为明显。建成前公园范围内不同土地利用类型碳储量对公园总碳储量的贡献值由大到小依次为：耕地、林地、草地，建成后公园范围内不同土地利用类型碳储量对公园总碳储量的贡献值由大到小为：林地、耕地、草地。所以公园的建设在变更土地利用类型的同时，也使得碳储量大幅度增加。

表 8.7　青西郊野公园建成前各土地利用类型碳储量

土地利用类型	面积/hm^2	地上生物碳储量/t	地下生物碳储量/t	土壤碳储量/t	死亡有机碳/t	总碳储量/t
耕地	336.06	1223.25	0.00	4368.74	11244.47	16836.46
林地	110.29	2292.97	789.69	377.20	13036.52	16496.38
草地	0.63	1.38	3.36	1.90	17.14	23.78
水域	479.58	0.00	0.00	0.00	0.00	0.00
建设用地	159.33	0.00	0.00	0.00	0.00	0.00
未利用地	52.54	0.00	0.00	0.00	0.00	0.00

表 8.8　青西郊野公园建成后各土地利用类型碳储量

土地利用类型	面积/hm^2	地上生物碳储量/t	地下生物碳储量/t	土壤碳储量/t	死亡有机碳/t	总碳储量/t
耕地	324.88	1182.56	0.00	10870.48	4223.44	16276.47
林地	213.83	4445.52	1531.02	25274.65	731.30	31982.48
草地	17.31	38.18	92.89	474.58	52.55	658.20
水域	429.04	0.00	0.00	0.00	0.00	0.00
建设用地	131.14	0.00	0.00	0.00	0.00	0.00
未利用地	22.20	0.00	0.00	0.00	0.00	0.00

8.9.2.2　青西郊野公园建成前后碳储量空间分布变化

从空间来看，青西郊野公园建成前地上生物碳储量主要呈块状分布，集中分布在研究区域的东北部和南部（图 8.18a），建成后地上生物碳储量分布整体呈现“四周块状—中部条状”分布且整体空间变化不大的特征（图 8.18b）；“四周块状”是指青西郊野公园大莲湖周围区域地上生物碳储量较高且集中分布；“中部条状”是指中部大莲湖附近地上生物碳储量较高且呈条状分布。首先，公园大部分区域的地上生物碳储量在公园建成前后并无变化，原因在于该区域前后多为水域、建设用地和未利用地，其地上生物碳储量较小，可忽略不计（图 8.18c）。其次，地上生物碳储量增加部分主要分布在公园东北部，其建成前主要用地类型为耕地，经过公园的建设，用地类型转变为林地，植被的增加致使地上生物碳存储能力增强，碳储量增加。再次，公园规划建设过程中在大莲湖北部和东部水域周边种植树木和草本植物，部分区域土地利用类型由原来的未利用地演变为林地和草地，植物的增加使得地上生物碳存储量增大，且碳储量空间分布极具规律性，多分布于水域周边。特别地，大莲湖东部部分区域种植了一定数量的草本植物，土地利用类型由原本的水域转化为草地，草本植物产生的碳储量低于林木产生的碳储量，因此大莲湖北部和东部少量区域的碳储量增加幅度小于周围区域。最后，大莲湖以南区域是地上生物碳储量主要分布的区域，其中大部分区域在公园建成前后碳储量变化较小，仅区域东南角、大莲湖西南部及西部的碳储量变化较大。出于公园建设的需要，东南角和西部原有的水域转变为耕地，致使植物量有所增加，碳储量有所增大；大莲湖西南部建设有上海青浦红柚园，出于红柚产业的发展，部分区域由原有的林地转变为建设用地，同时有部分区域转变为耕地，植被减少一定程度降低了地上生物碳储量。

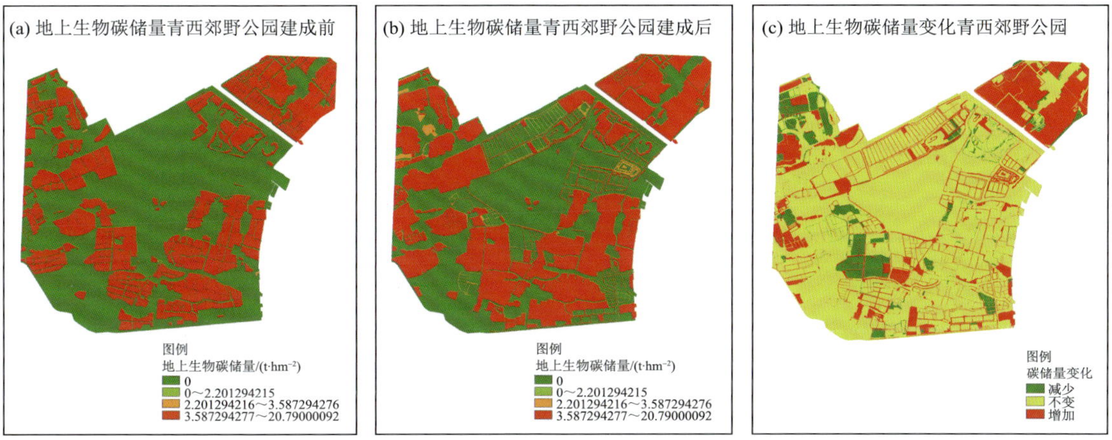

图 8.18　青西郊野公园建成前后地上生物碳储量及变化空间分布
（a. 建成前（2015 年），b. 建成后（2021 年），c. 建成前后变化（2021 年与 2015 年的差值））

青西郊野公园建成前地下生物碳储量主要集中分布于西南部、西北部和大莲湖东北部，总体呈块状分布（图 8.19a 和图 8.19b）。公园大部分区域地下生物碳储量在公园建成前后并无变化，原因与地上生物碳储量相同（图 8.19c）。青西郊野公园建成后，碳储量较高的地区主要集中于青西郊野公园的东北角，此区域土地利用类型由耕地变为林地，植被面积增多，因而植物根系丰富，碳存储能力增强，呈片状分布；公园西南部、西北部和大莲湖东北部分布相对分散，呈块状分布，其中大莲湖西南部和公园西北部部分区域，土地利用类型由林地变为耕地，导致植物根系减少，碳储量有所减少；大莲湖西北部、东部和公园南部地区碳储量有所增加，呈条状分布且分布较为广泛，主要由于公园规划在道路两旁、大莲湖岸边等空地种植行道树等，使部分未利用地向草地、林地转变，植物根系旺盛而固碳能力增强，地下碳储量增加。

青西郊野公园死亡有机碳储量的空间分布情况与地上生物碳储量的分布相似，呈现“四周块状—中部条状”分布且整体空间变化不大的特征。其中，公园大部分区域死亡有机碳储量并无变化，原因与地上生物碳储量相同（图 8.20a 和图 8.20b）。其次，死亡有机碳储量减少部分主要分布在公园东北部，原因在于公园东北部建成后，由耕地转变为林地，植被密度增加而凋零植被的减少致使死亡有机碳储量减少，公园西北部和中南部区域死亡有机碳储量减少也多是类似原因（图 8.20c）。其次，死亡有机碳储量增加部分主要分布在公园西北部和大莲湖南部，原因在于存在耕地转变为林地、水域转变为耕地、建设用地转变为林地等土地利用类型变化情况，导致植被凋零物或死亡树木增多，从而导致死亡有机碳储量增加。最后，公园大部分道路或田埂在规划建设中增种树木和草本植物，或由裸地自然演变为草地，树木和草本植物的增加使得死亡有机碳存储量增大。

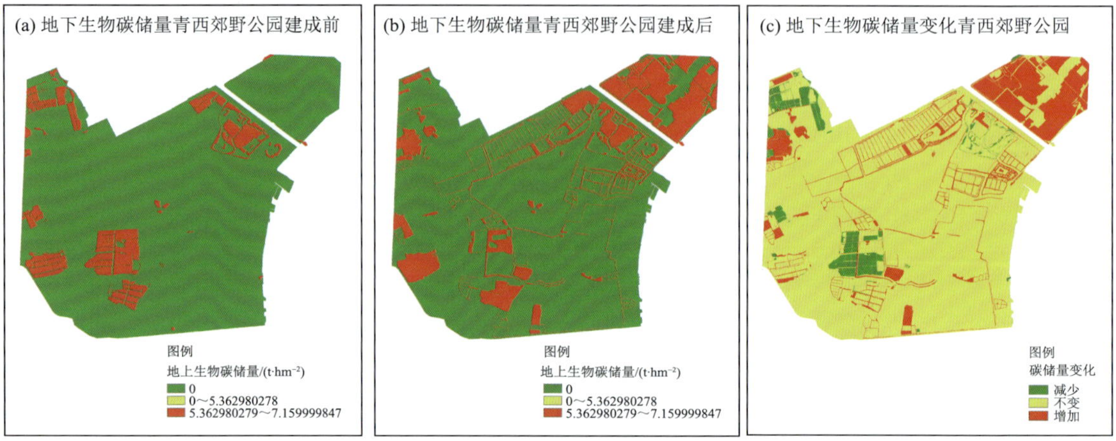

图 8.19　青西郊野公园建成前后地下生物碳储量及变化空间分布

（a. 建成前（2015 年），b. 建成后（2021 年），c. 建成前后变化（2021 年与 2015 年的差值））

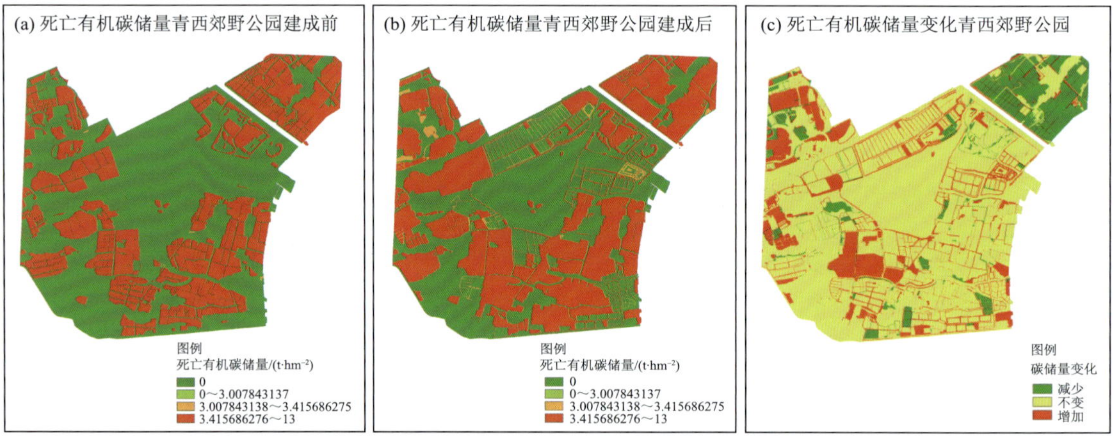

图 8.20　青西郊野公园建成前后死亡有机碳储量及变化空间分布

（a. 建成前（2015 年），b. 建成后（2021 年），c. 建成前后变化（2021 年与 2015 年的差值））

青西郊野公园建成前后土壤有机碳储量的空间分布情况与地上生物碳储量的分布相似，其中建成前土壤碳储量主要呈块状分布，集中分布在研究区域的东北部和南部（图 8.21a）；建成后土壤碳储量分布整体呈现“四周块状—中部条状”特征（图 8.21b）；公园建成前后土壤有机碳空间分布变化不大（图 8.21c）。公园建成后其东北部土地利用类型由耕地转变为林地，不同植被类型中植物根系分布、凋落物分解、人工扰动方式不同，导致土壤容重不同，土壤有机碳含量不同，所以土壤有机碳密度也不同，耕地土壤有机碳密度要低于林地，因此公园东北部碳储量增加；公园在规划建设的过程中将大莲湖北部和东部水域周边种植草本植物，部分区域土地利用类型由原有的未利用地演变为林地和草地，植物的增加使得土壤碳存储量增大。

特别地，大莲湖东部部分区域土地利用类型由水域转化为草地，草本植物产生的土壤碳储量低于林木产生的土壤碳储量，因此大莲湖北部和东部少量区域的土壤碳储量增加幅度小于周围区域。大莲湖以南区域是土壤碳储量主要分布的区域，其中大部分区域在公园建成前后土壤碳储量变化较小，仅区域东南角、大莲湖西南部及西部的土壤碳储量变化较大。出于公园建设的需要，东南角原有的水域转变为耕地，致使植物量有所增加，土壤碳储量有所增大；大莲湖西南部建设有上海青浦红柚园，出于红柚产业的发展，部分区域由原有的林地转变为建设用地，同时有部分区域转变为耕地，植被减少一定程度降低了土壤碳储量。

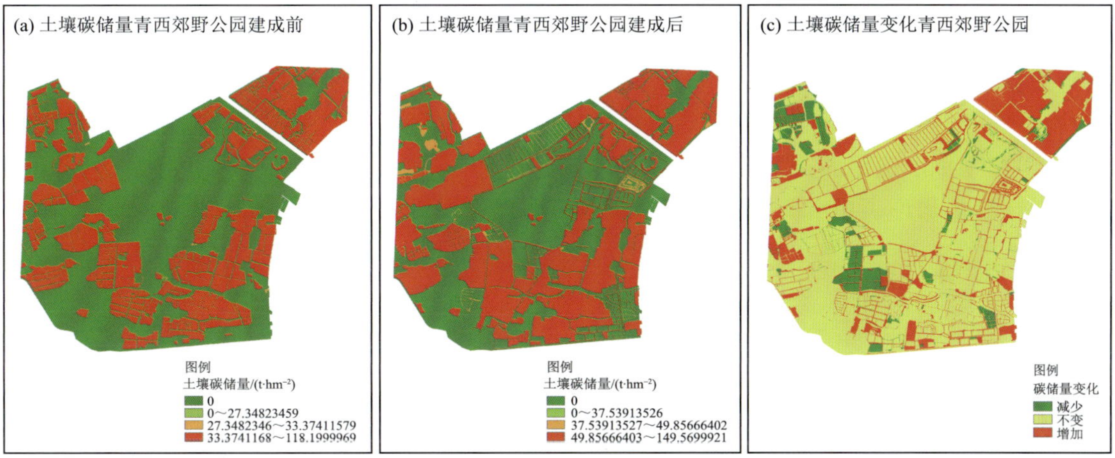

图 8.21　青西郊野公园建成前后土壤碳储量及变化空间分布
(a. 建成前(2015 年)，b. 建成后(2021 年)，c. 建成前后变化(2021 年与 2015 年的差值))

总的来说，受到地上生物量和土壤有机碳分布的主要影响，青西郊野公园建成前后总碳储量的空间分布情况与地上生物碳储量、土壤有机碳储量的分布相似，建成前总碳储量主要呈块状分布，集中分布在研究区域的东北部和南部(图 8.22a)；建成后总碳储量分布整体呈现“四周块状—中部条状”特征(图 8.22b)；公园建成前后总碳储量空间分布变化不大，其中东北部分是碳储量增加的主要区域，而受到公园规划的影响，公园西北部和大莲湖南部土地利用类型存在林地转变为耕地、耕地转变为未利用地、耕地变成草地的情况，整体植被减少，因此碳储存能力减弱，碳储量减少(图 8.22c)。

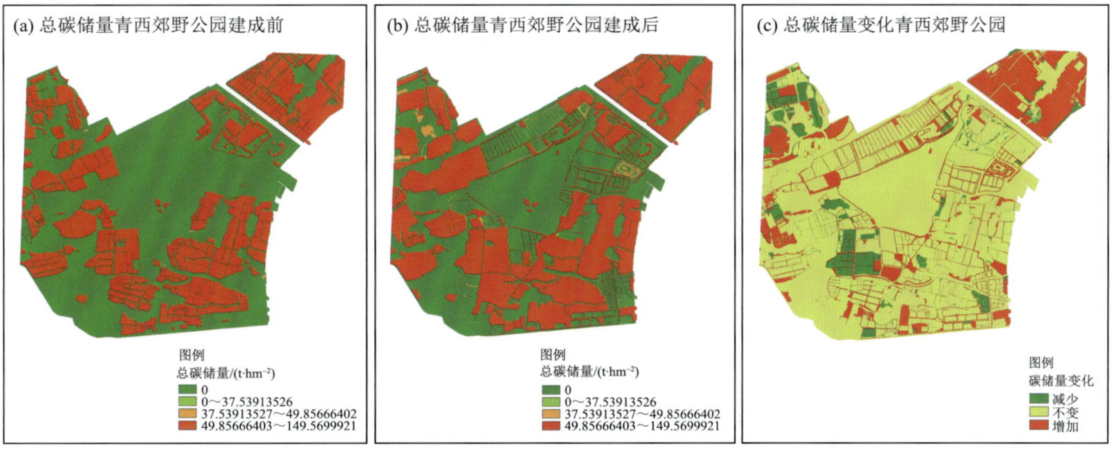

图 8.22　青西郊野公园建成前后总碳储量及变化空间分布
(a. 建成前(2015 年)，b. 建成后(2021 年)，c. 建成前后变化(2021 年与 2015 年的差值))

8.10 青西郊野公园涵养水源效益模拟

全球气候变暖、城市化发展与人口增长引发水资源需求与日俱增、水环境急剧恶化，水资源短缺已成为全球共同关注的问题。水源涵养作为生态系统水文服务功能的关键，国土空间规划中资源环境承载力评价的重要一环，科学评价其变化发展情况，对流域水资源安全与管理、生态系统服务权衡与优化及生态补偿制度构建等具有重要意义，对维持人类社会可持续发展和生态安全至关重要。水源涵养是植物通过地上部分、枯落物和土壤产生对降水的截流、持存和蓄积作用。水源涵养是植被、土壤和水相互作用生成的综合功能展现，具有调节径流、减少土壤侵蚀、优化可利用水资源和改善水质等方面的作用。

8.10.1 计算方法

采用 InVEST 模型的产水量模块，基于水量平衡原理估算产水量，即水源供给量。在此基础上考虑地形、土壤层厚度和渗透性等因素的影响，计算水源涵养量。运用水量平衡法结合气候、地形和森林景观类型，计算得出流域每个栅格的水源供给量。水源供给量为区域上每个栅格单元的降雨量减去实际蒸发量。降雨量与蒸发量两者间的平衡关系受气象要素、土壤特征和地表覆盖等的影响。水源涵养量是在水源供给量的基础上，研究土壤厚度、渗透性以及地形等因素的作用，计算得到。

具体计算方法如下：

$$\text{Retention} = \min\left(1, \frac{249}{\text{Velocity}}\right) \times \min\left(1, \frac{0.9 \times \text{TI}}{3}\right) \times \min\left(1, \frac{\text{Ksat}}{300}\right) \times \text{Yield} \tag{8.6}$$

式中，Retention 为水源涵养量(mm)，Ksat 为土壤饱和导水率($\text{cm} \cdot \text{d}^{-1}$)，参照巩飞等(2020)、石宝山(2021)的研究数据，Velocity 为流速系数，参照何永健等(2010)、郭松(2017)的研究数据，TI 为地形指数，无量纲，根据式(8.6)计算；Yield 为产水量，通过式(8.7)计算。

$$\text{TI} = \lg\left(\frac{\text{Drainage\_Area}}{\text{Soil\_Depth} \times \text{Percent\_Slope}}\right) \tag{8.7}$$

式中，Drainage_Area 为集水区栅格数量，无量纲，Soil_Depth 为土壤深度(mm)，Percent_Slope 为百分比坡度。

$$Y_{jx} = \left(1 - \frac{\text{AET}_{xj}}{P_x}\right) \times P_x \tag{8.8}$$

式中，Y_{jx} 为年产水量，P_x 为栅格单元 x 的年平均降雨量，AET_{xj} 为土地利用类型 j 上栅格单元 x 的年平均蒸散发量，通过式(8.8)计算。

$$\frac{\text{AET}_{xj}}{P_x} = \frac{1 + w_x R_{xj}}{1 + w_x R_{xj} + 1/R_{xj}} \tag{8.9}$$

式中，R_{xj} 为土地利用类型 j 上栅格单元 x 的干燥指数，无量纲，表示潜在蒸发量与降雨量的比值，由式(8.9)计算；ω_x 为修正植被年可利用水量与降水量的比值，无量纲，通过式(8.9)计算。

$$R_{xj} = \frac{K_c \times \text{ET}_0}{P_x}, K_c = \min\left(1, \frac{\text{LAI}}{3}\right) \tag{8.10}$$

式中，K_c 为植被系数，ET_0 为潜在蒸散发量，单位为 $\text{mm} \cdot \text{d}^{-1}$，是指假设平坦地面被特定矮秆绿色植物全部遮蔽，同时土壤保持充分湿润情况下的蒸散量，通过式(8.10)计算。

$$ET_0 = 0.0013 \times 0.408 \times RA \times (T_{avg} + 17) \times (TD - 0.0123P)^{0.76} \quad (8.11)$$

式中，RA 太阳大气顶层辐射($MJ \cdot m^{-2} \cdot d^{-1}$)，$T_{avg}$是日最高气温平均值和日最低气温平均值的平均值(℃)，TD 是日最高气温平均值和日最低气温平均值的差值(℃)，P 是月平均降雨量(mm)。

$$w_x = Z\frac{AWC_x}{P_x} \quad (8.12)$$

式中，Z 为 zhang 系数，是表征降水季节性特征的一个常数，其值在 1～30，参考黄乾(2020)的研究，Z 系数可以通过公式 $Z=0.2\times I$ 计算，I 为年降雨发生次数，降雨次数定义为前后两次降水间隔 6 h 以上的次数。AWC_x为植被有效可利用水，通过式(8.12)计算。

$$AWC_x = \min(\max \text{ Soil Depth}_x,\ \text{Root Depth}_x) \times PWAC_x \quad (8.13)$$

式中，max Soil $Depth_x$为最大土壤深度，Root $Depth_x$为根系深度，参照黄乾的研究数据，$PAWC_x$为植被可利用水，利用土壤质地的计算公式如下：

$$PAWC_x = 54.509 - 0.132sand - 0.003sand^2 - 0.055silt - 0.006(silt)^2 - 0.738clay + 0.007clay^2 - 2.688OM + 0.501OM^2 \quad (8.14)$$

式中，sand 为土壤砂粒含量(%)，silt 为土壤粉粒含量(%)，clay 为土壤黏粒含量(%)，OM 为土壤有机质含量(%)。

8.10.2 数据来源

本研究中所需要的基础数据包括气象、土壤、数字高程模型(DEM)数据等，其中气象数据来自上海市青浦区 21 个自动气象站多年来数据记录，土壤数据来自 1∶100 万中国土壤数据库，DEM 数据来自地理空间数据云 ASTER GDEM 30 m 分辨率数字高程数据集。通过对上述基础数据的计算与处理，得到 InVEST 模型输入所需各种数据(表 8.9)。InVEST 模型的产水量模块除了上述数据之外，还需要 Root_Depth 以及年平均作物蒸散相关系数(K_c)组成生物物理系数表(表 8.10)。

表 8.9 InVEST 模型所需数据说明

数据类型	所需数据	来源
气象数据	平均降雨量	上海市青浦区 21 个自动气象站多年平均降水量克里金法插值得到
	气温	上海市青浦区 21 个自动气象站多年气温数据
	太阳大气顶层辐射	根据上海市青浦区日照时数换算得到
	潜在蒸散量	基于公式，根据降雨量、大气顶层辐射量、日最高气温平均值和日最低气温平均值等数据求得
土地利用/覆被相关参数	土壤深度、土壤质地数据	1∶100 万中国土壤数据库
	土地利用/覆被类型	前期调研和数据整理后在 ArcGIS10.2 中处理得到
	植被系数	参考相关研究，得到不同土地利用类型的植被蒸散系数，见表 10.2
	流速系数	参照相关文献，取 0.89
	植被可利用含水量	根据土壤数据库数据由公式计算得出
	土层深度	根据土壤数据库数据得出

续表

数据类型	所需数据	来源
固定参数	地形指数	由地理空间数据云 ASTER GDEM 30 m 分辨率数字高程数据，根据公式基于 ArcGIS10.2 软件综合处理得到
	土壤饱和导水率	根据参考文献得到不同土地利用类型的对应数据，见表 10.2
	根系深度	参考相关文献得到不同土地利用类型的根系深度，见表 10.2
	Z 系数	根据相关文献研究，结合上海市青浦区降水次数统计计算得出，公园建成前 Z 系数为 26.6，建成后 Z 系数为 23.4

表 8.10　InVEST 所需输入参数

土地利用类型	植被系数	根系深度/mm	土壤饱和导水率/($cm \cdot d^{-1}$)
耕地	0.53	600	43.2
林地	0.376	3000	90.72
草地	0.566	550	86.4
水域	0	1	19.17
建设用地	0.2	1	0
未利用地	0	1	34.992

8.10.3　结果分析

8.10.3.1　青西郊野公园建成前后产水量及水源涵养总量变化

从青西郊野公园建成前后产水量来看(表 8.11)，建成后产水量相较于建成前有所减少，减少 0.92%。从各土地利用类型的产水量来看，建成前，各地类产水量大小顺序为水域>耕地>建设用地>林地>未利用地>草地，建成后产水量大小变为水域>耕地>林地>建设用地>未利用地>草地。在产水量变化方面，林地、草地产水量变化幅度较大，分别增加 113.82 万 m^3、17.27 万 m^3，增长率分别达到 92.29%、2656.92%；而耕地、水域、建设用地、未利用地的产水量均减少，分别减少 6.35 万 m^3、65.16 万 m^3、33.14 万 m^3、38.92 万 m^3，减少率分别达到 1.81%、10.59%、17.38%、57.75%，主要原因为青西郊野公园建设过程中通过植被修复，使得林地、草地面积增加，而耕地、水域、建设用地、未利用地面积减少。土地利用类型的变化导致水流流速、地形和土壤等因素受到影响，进而导致产水量发生一系列变化。

表 8.11　青西郊野公园各地类产水量统计

土地利用类型	建成前/万 m^3	建成后/万 m^3	产水量变化/万 m^3	建成前后变化率/%
耕地	350.91	344.56	−6.35	−1.81
林地	123.33	237.15	113.82	92.29
草地	0.65	17.92	17.27	2656.92
水域	615.52	550.36	−65.16	−10.59
建设用地	190.73	157.59	−33.14	−17.38
未利用地	67.39	28.47	−38.92	−57.75
总计	1348.53	1336.05	−12.48	−0.93

从青西郊野公园建成前后水源涵养总量来看(表8.12),建成前的水源涵养总量为73.85万m^3,建成后的水源涵养总量为84.82万m^3,增加10.97万m^3,增长率达14.85%。从各土地利用类型的水源涵养量来看,建成前各地类水源涵养量大小顺序为耕地>水域>林地>未利用地>草地>建设用地,建成后各地类水源涵养量大小变为林地>耕地>水域>草地>未利用地>建设用地。在水源涵养量变化方面,林地、草地水源涵养量分别增加13.87万m^3、2.79万m^3,增长率分别达到66.84%、2790.00%;而耕地、水域、建设用地、未利用地的水源涵养量均减少,分别减少0.3万m^3、2.37万m^3、0.006万m^3、3.01万m^3,减少率分别达到1.20%、10.17%、60.00%、65.43%。除受土地利用变化影响外,水源涵养量变化还受坡度、土壤等因素影响。

表8.12　青西郊野公园各地类水源涵养总量统计

土地利用类型	建成前/万m^3	建成后/万m^3	水源涵养量变化/万m^3	建成前后变化率/%
耕地	25.09	24.79	−0.3	−1.20
林地	20.75	34.62	13.87	66.84
草地	0.1	2.89	2.79	2790.00
水域	23.3	20.93	−2.37	−10.17
建设用地	0.01	0.004	−0.006	−60.00
未利用地	4.6	1.59	−3.01	−65.43
总计	73.85	84.82	10.97	14.85

8.10.3.2　青西郊野公园建成前后水源涵养空间分布变化及重要性分级

(1)水源涵养的空间分布及变化

从水源涵养的空间分布格局来看(图8.23),青西郊野公园建成前(图8.23a),水源涵养服务功能高值区主要分布于公园西南部及大莲湖南部,呈块状分布;水源涵养服务功能中值区主要分布于公园东南部、大莲湖及其西北部,呈片状分布;水源涵养服务功能低值区主要分布于公园东北部、南部和西北部,以及大莲湖东部。青西郊野公园建成后(图8.23b),水源涵养服务功能高值区主要位于公园西南部和东北部,呈块状分布且分布较为零散,水源涵养能力在120~346 mm,这些地区多为林地,植被茂盛,能够借助其发达的根系充分吸收水分,减少土壤中水分的蒸发,对水源的涵养能力强;水源涵养服务功能中值区主要分布于公园西北部、大莲湖的西北、西南和东南部,分布区域更为广泛,整体呈片状分布,水源涵养能力在0~120 mm,土地利用类型多为耕地、草地和水域,植被覆盖度相对较小,耕地一年中相当长的时间内地表处于裸露状态,农作物和草地根系吸收水分的能力有限,导致水源涵养服务功能较弱;水源涵养服务功能低值区主要分布于公园东北部和南部,以及大莲湖东部,水源涵养能力均小于0,这些区域大多为建设用地,地面基本为不透水面,流速系数大,水源涵养能力差,容易形成地表径流,因此水源涵养能力低。

对比郊野公园建成前后水源涵养空间分布,得到公园建成前后水源涵养变化空间分布情况(图8.23c)。首先,公园东北部、东南部和西部地区等大部分区域的水源涵养量均有增加,这是由于该区域土地利用类型由耕地转为林地,未利用地转为林地、耕地和草地等,植被结构得到优化,植被覆盖度提高,植物茂盛的根系能够吸收更多水分,从而使得水源涵养能力增强,水源涵养量增高。其次，大莲湖及其西北部和东北部等区域土地利用类型变动不大，因此水源涵养量没有明显变化。最后，公园西北角和大莲湖南部部分区域水源涵养量有所减少，土地利用类型主要由林地转变为耕地，植被覆盖度减小，农作物相比林木根系吸水能力降低，导致水源涵养服务功能减弱，水源涵养能力降低。

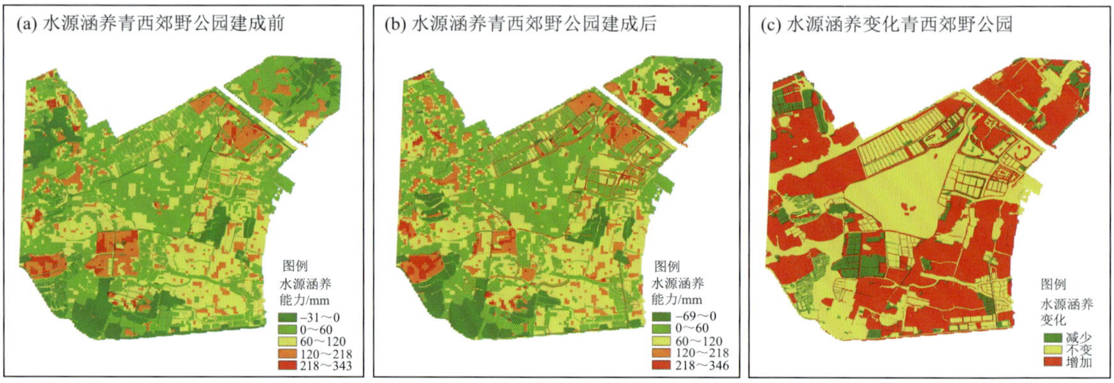

图 8.23　青西郊野公园建成前后水源涵养及变化空间分布

（a. 建成前（2015 年），b. 建成后（2021 年），c. 建成前后变化（2021 年与 2015 年的差值））

（2）水源涵养重要性分级空间分布

对研究区水源涵养服务功能进行重要性分级和空间分区。本书水源涵养服务功能重要性分级根据《国家生态保护红线—生态功能红线划定技术指南（试行）》的分级分类方法，在 ArcGIS 软件中采用分位数分类方法进行 5 级分类。按水源涵养服务功能相对值由低到高依次分为 5 个重要性等级，即一般重要、较重要、中等重要、高度重要、极重要（表 8.13）。

表 8.13　2021 年青西郊野公园水源涵养服务功能分级标准

重要性分级	一般重要	较重要	中等重要	高度重要	极重要
水源涵养量/（mm·m^{-2}）	−101	32～45	45～76	76～118	118～346

由表 8.14 和图 8.24 可以看出，青西郊野公园水源涵养服务功能极重要区域所占面积为 207.28 hm^2，占比 18.32%；主要分布在公园东北部、西部以及大莲湖的东北部、西南部，这些区域土地利用类型主要以林地为主，水源涵养量在 118～346 mm。高度重要区域所占面积为 223.78 hm^2，占比 19.78%；这些区域零星分布于极重要区域周边，主要以水域为主，水源涵养量在 76～118 mm。水源涵养中等重要区域所占面积为 240.65 hm^2，占比 21.27%；主要分布在大莲湖西北部山浔村附近、上海青浦红柚园周边、莲湖村和东谢庄村东部以及公园的东南部区域，土地利用类型主要以耕地为主，水源涵养量在 45～76 mm。一般重要区域所占面积 224.95 hm^2，占比 19.89%，主要分布在公园的东北部和西南部，这些区域主要是建设用地，水源涵养量在 −69～32 mm。总体而言，公园内极重要区和高度重要区作为林地、水域广泛分布

表 8.14　2021 年青西郊野公园水源涵养服务功能分级面积及占比

重要性分级	一般重要	较重要	中等重要	高度重要	极重要
面积/hm^2	224.95	234.55	240.65	223.78	207.28
所占比例/%	19.89	20.73	21.27	19.78	18.32

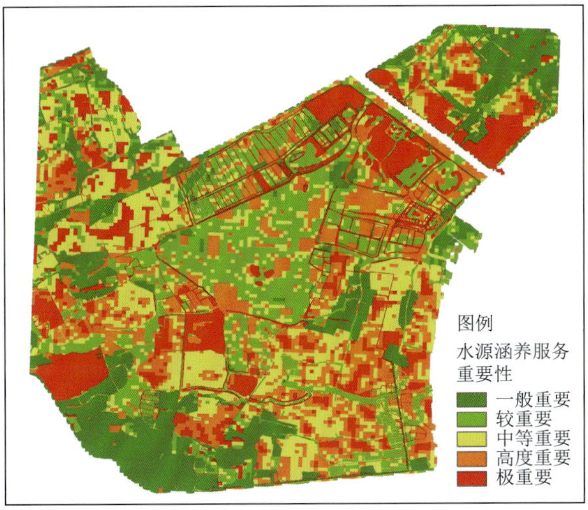

图 8.24　2021 年青西郊野公园水源涵养重要性分级空间分布

的区域，是公园涵养水源的重要生态区，地表水丰富、植被覆盖率高，具有良好的导水性能和调蓄降水的能力，区域涵养水分能力较强，是需要重点优先保护的区域。

8.11　本章小结

以上海市青浦区青西郊野公园为例，评估了郊野公园在土地利用/土地覆盖、植被生态质量、气候生态环境和生态经济效益等方面的特征，对比分析了郊野公园建成前后植被生态质量和对周边生态气候环境的影响差异，并对郊野公园的降温增湿效应、固碳释氧、涵养水源、净化大气等生态服务功能进行了评估。主要结论如下。

①基于美国 Landsat 卫星遥感数据和国产 0.5～2 m 高分遥感数据，采用人机交互目视判读的方式获得青西郊野公园土地利用类型，表明公园以耕地面积最多，其次是水域(包括河渠、湖泊、水库坑塘等)。与 2013 年相比，青西郊野公园在 2020 年土地利用类型发生了较大变化，湖泊面积增加，而耕地(水田)和林地面积减少。

②利用美国 MODIS 卫星 NDVI 资料和 CAgMSS 模拟结果，对青西郊野公园植被动态监测表明，2013—2020 年，植被覆盖度和植被净初级生产力分别以每十年 2.34%和 60.45 gC/m^{2}的趋势增加，公园植被生长状态和生态系统质量状况呈明显向好趋势。

③基于公园内外气象站点的观测资料，对公园的降温增湿效应进行了初步的分析。结果表明，公园在夏季的降温作用具有一定的日变化，整体呈“W”形波动，在 07—08 时和 15—16 时这两个时段，降温不明显，而在 10—13 时这一时段降温效果最为显著，最高可达 1.2 ℃。增湿效应在 19 时至次日 03 时较为显著。

④基于《森林生态系统服务功能评估规范》对青西郊野公园森林生态系统服务功能评估表明，森林涵养水源量 72.34 万 m^3，相当于全市水资源总量的 0.12‰；森林每年固碳量 0.2858 万 t，相当于吸收了青浦区规模工业碳排放量的 0.5%，释氧量 0.6776 万 t；森林每年提供负离子 33.09×10^{20}个，吸收气体污染物 6.4 t，滞尘 43.6 t。公园森林每年涵养水源、固碳释氧和净化大气环境生态功能的价值量分别为 769.85 元、1206.05 元和 1417.83 万元，具有显著的

生态效益和经济效益。

⑤利用 CFD 模拟了青西郊野公园风速、CO_2浓度并对 CFD 模拟精度检验，表明风速白天的模拟精度要大于夜间，且风速较大的典型天模拟精度更好。公园内风速和 CO_2浓度受下垫面影响显著，淀山湖、大莲湖上风速较大且稳定，CO_2浓度分布较均匀，受沿岸植被影响较小。大莲湖西南侧、西侧的小片林地、东北侧的大片林地风速较小且风向偏转较大，冠层内部白天吸收 CO_2和夜间排放 CO_2都显著聚集。面积较大的耕地风速介于水体与林地之间，风向偏转不明显，白天和夜间对 CO_2的吸收和排放没有显著影响到周围其他下垫面。

⑥利用 InVEST 模型中 Carbon 模块估算了青西郊野公园建成前后的碳储量变化，表明公园建成后，总碳储量增加了 1.56 万 t，且主要来源于土壤碳储量的增加，林地、草地的碳储量增加较为明显。公园建成前后总碳储量空间分布变化不大，其中东北部是碳储量增加的主要区域，公园西北部和大莲湖南部存在林地转变为耕地、耕地转变为未利用地、耕地变成草地的土地利用类型变化，整体植被减少，碳储量减少。

⑦采用 InVEST 模型的产水量模块，估算水源供给量，并在此基础上考虑地形、土壤层厚度和渗透性等因素，计算水源涵养量，结果表明公园建成后的水源涵养总量较建成前增加 10.97 万 m^3，增长率达 14.88%，林地、草地水源涵养量增加，而其他地类水源涵养量减少。在公园东北部、东南部和西部水源涵养量多为增加，而在公园西北角和大莲湖南部部分区域水源涵养量有所减少。林地、水域广泛分布的区域是公园涵养水源的重要生态区，也是需要重点优先保护的区域。

第 9 章 长三角城市群生态气候环境综合评估

9.1 研究进展

城市化是当今世界人口聚集发展的主流，也是全球人文环境格局形成与环境变化的重要驱动力。近年来，随着城市化进程的不断加快，城市面临着诸多问题，如人口膨胀、资源短缺、环境污染等(陈春根 等，2008；史军 等，2016；Wu et al.，2021；Ho et al.，2023)，导致城市生态系统运行失调，影响城市居民的生活质量，并制约社会经济的发展。城市生态福祉和人居环境健康已成为生态学、环境学和社会科学的研究热点(吉莉 等，2014；Lennon et al.，2017；史有瑜 等，2019；方林 等，2022)。城市生态气候环境评估是针对城市这一复合生态系统的社会生活、经济生产和自然环境等方面的运行状态进行综合评估，它不仅是保护城市生态气候环境、实现城市可持续发展的必要前提，也是政府部门开展城市区域规划、生态环境管理的依据，具有重要的现实意义。

近年来，许多学者就城市生态环境评估问题进行了全方位、多角度、定量化的深入研究，建立了相关的指标体系和分析模型。如王平等(2006)建立了自然环境、社会经济环境 2 个系统层以及自然环境状况、生态环境状况、城市基础建设及社会经济状况 4 个要素层指标的评价体系，对南京市生态环境质量进行系统评价。李静等(2009)围绕生态环境压力、生态环境水平、生态环境建设 3 个层次，选取了人均工业废气排放量、人均可利用水资源拥有量、工业废水排放达标率等量化指标，构建了大连市生态环境评价指标体系。李慧等(2017)将人口指数、舒适指数、便捷指数和景观指数与已有的绿化指数、建造指数和邻域指数等相结合，构建了城市结构单元人居生态环境评价指标体系以及基于理想值差距的综合评价模型。然而，这些研究多是从生态学、经济学、社会学、环境科学、管理学等角度进行城市生态环境的综合评估，很少从天气、气候学角度建立生态气候环境评估指标体系并给出定量化的评估结论。

遥感技术以其快速、实时及可实现大范围监测等优势被广泛地应用于生态环境领域，成为评价区域生态环境的有效手段(Lu et al.，2021；徐路扬 等，2023)。一些学者也提出了完全基于遥感信息的遥感生态指数(RSEI)，集成反映生态环境最为直观的多重指标(徐涵秋，2013；罗春 等，2014)。如徐涵秋(2013)通过耦合植被指数、湿度分量、地表温度和建筑指数/土壤指数评价指标，分别代表绿度、湿度、热度和干度生态要素，提出一个完全基于遥感信息、以自然因子为主的 RSEI 来对区域生态状况进行快速监测与评价。宋慧敏等(2016)基于 Landsat 系列遥感影像，采用 RSEI 评价模型，对渭南市生态环境质量进行监测与分析，其中，绿度、湿度、热度和干度分别用植被指数、湿度指数、地表温度和建筑-裸土指数代表。张浩等(2017)利用 Landsat 遥感影像提取湿度、绿度、干度、热度 4 个评价指标，进行南京市生态环境变化定量分析评价。缪鑫辉等(2021)选取 2000 年、2009 年、2017 年 Landsat 遥感影像，提取湿度、绿度、干度、热度 4 个评价指标，对甬江流域生态环境变化进行定量分析和动态监测评价。胡克宏等(2021)基于多时相 Landsat 5 和 Landsat 8 影像，构建 RSEI，综合分析了秦岭南麓腹地留坝县 1990—2020 年生态环境质量时空特征。何天星等(2023)利用谷歌地球引擎(GEE)平台和 RSEI，综合考虑湿度、绿度、干度和热度等指标，对长三角一体化示范区 2000—2020 年生态环境质量变化进行评估。林妍敏等(2022)采用 FVC 和 RSEI，分析 2017 年贺兰山生态保卫战实施后该区域植被状况和生态恢复效果。

人是城市的主体，人与周边环境的相互作用关系最为直接，并对城市生态环境变化起主导作用(Li et al.，2021；沙清泉 等，2022；张渝晨 等，2023)。因此，城市生态环境除与城市天气、气候条件密切相关外，也受人类活动(如大气污染)的影响和制约。然而，RSEI 存在对城市天气、气候环境及人类活动、大气污染等反映不足，也存在无法直接体现城市的主体即人体感受和城市宜居性等问题。马鹏飞等(2023)在 RSEI 的绿度、湿度、干度和热度指标的基础上加入 $PM_{2.5}$ 浓度，构建新型遥感生态指数，对 2001—2020 年矿区生态环境进行监测及驱动因素分析。王美雅等(2021)有针对性地选取空气质量指数、路网密度、生态连接度、热度、绿度、干度和湿度 7 个超大城市生态重要影响因子，建立了城市生态评价遥感指数，对比快速城市化背景下中国超大城市(北京、上海和广州)与进入城市化后期的发达国家超大城市(伦敦、纽约和东京)的城市生态状况差异。史有瑜等(2019)从空气质量、生态环境、人居环境气候舒适度、灾害性天气 4 个方面对河北省 11 个地市的生态气候宜居性进行评估，表明建立的评估体系具有较好的适用性，可以发现各城市在建设发展中的薄弱环节和关注重点。

评估城市生态环境，合理的指标体系和模型是前提和基础。一般采用层次分析法(AHP)(杨琳晗 等，2018)结合专家咨询法——德尔菲法(Delphi 法)，通过构建评估指标体系、对各指标赋予权重以及最后建立综合评估模型来实现(孙东琪 等，2012；郭欢 等，2022)。AHP 是 Saaty 于 20 世纪 70 年代提出的一种决策方法，它是将半定性、半定量问题转化为定量问题的有效途径(Saaty，1990)。它通过将各种因素层次化，并逐层比较多种关联因素，确定综合评价的权重系数。Delphi 法是一种综合多名专家经验与主观判断，对研究的问题进行判断、预测的方法，它自 20 世纪 60 年代由美国兰德公司提出以来，被广泛地应用到各个领域的综合评价实践中。Delphi 法有专家匿名表示意见、多次反馈和统计汇总等特点。使用 Delphi 法第一应明确咨询主题，使熟悉该专题的专家能清晰地理解问题的性质、内容和范围。第二是要找到一批经验丰富而又熟悉该专题的专家，特别是这些专家中具有代表性的人物。如孙东琪等(2012)在搜集整理 1990 年、1995 年、2000 年、2005 年、2010 年 5 个时间点的多种相关数据的基础上，利用 AHP 对中国及其 31 个省(区、市)、三大经济带的生态环境质量进行综合评价，分析了生态环境的变化态势和生态环境质量重心的变化轨迹。万本太等(2009)根据专家经验赋权重方法，建立了城市生态环境质量评价指标，进行了青岛、上海、长春等 7 个城市生态环境质量评价。但 AHP 在实践中存在标度繁琐、判断矩阵难以达到一致性等不足；Delphi 法由于不同专家的直观评价意见和协调情况不可能完全一样，因此最后结果具有一定的不稳定性。

与AHP和Delphi法相比，主成分分析方法（PCA）和RSEI的结合降低了实际应用中的主观性和指标提取的难度，可以实现区域生态环境状况的快速监测和定量评价。PCA是一种在数据分析和机器学习中常用的降维方法，它的核心思想是通过正交变换将可能存在相关性的原始变量转换为一组线性不相关的变量，这些新的变量被称为主成分，这些主成分能够反映原始变量的绝大部分信息，它们通常表示为原始变量的某种线性组合。PCA的权重确定方法为多指标评价体系的权重赋值提供了一种有效的解决方案。在实际应用中，可以通过对协方差矩阵进行特征分解，计算各主成分对原始数据的贡献率，将其作为对应指标的权重，从而得出数据的主成分（即特征向量）与它们的权值（即特征值）。PCA的最大优点就是各指标的权重不是人为确定，而是用主成分变换来集成各个指标，根据各个指标对主成分的贡献度来确定权重。因此，各个指标对RSEI的影响是根据其数据本身的性质来决定，从而结果更为客观合理（徐涵秋，2013）。如张浩等（2017）通过PCA计算RSEI，进行南京市生态环境变化定量分析评价。张立伟等（2018）以Landsat TM/OLI影像为主要数据源，分别提取绿度、湿度、干度、热度4个生态因子，结合PCA生成RSEI，对皖江城市带1995—2015年生态环境变化进行分析。郭贝贝等（2022）分析绿度、湿度、热度和干度指标，使用PCA计算RSEI，分析引江济淮工程沿线生态环境质量时空分异。

长三角城市群地处我国东部季风气候区，气候的年代际变化显著（丁一汇 等，2008）。伴随全球大气环流形势在20世纪70年代末的跃变（郭其蕴 等，2003），1959—2010年，长三角城市群大风、低温和降雪日数减少而高温日数增加（史军 等，2015b），这对长三角生态系统演变动态也产生重要的影响。另一方面，长三角城市群是我国东部人口和城市最密集、经济集聚度最高的地区，人类活动对生态系统结构和功能、生态环境质量的影响剧烈。1980—2008年，长三角耕地净减少1.04万km^2，占长三角耕地总面积的10.6%，同期建设用地增加了3倍多（史军 等，2015b）。长三角人工、半人工生态系统所占比例大，自然生态系统受人类活动的影响剧烈，对天气、气候变化和海平面上升等呈现出较高的敏感性和脆弱性。对长三角城市群生态气候环境，相关研究目前还很少，如吴丹娃等（2023）利用陆面数据同化系统（CLDAS）数据，分析2002—2021年7月、8月长江三角洲地区温湿指数的旬、月、年际变化和空间分布特征，并对长江三角洲地区避暑气候适宜区进行评估。张春阳等（2022）基于1981—2020年欧洲中期天气预报中心第五代大气再分析数据集（ERA5）逐小时再分析资料，采用通用热气候指数（UTCI）计算方法，分析了气候变化背景下长江三角洲地区人体舒适度时空变化特征。胡艳等（2021）基于1961—2017年长江三角洲地区112个气象站点逐日气温数据和1981—2015年各气象站点周边10 km范围内建设用地面积变化资料，分析了长江三角洲四季开始日期、四季长度变化特征及其受城市化的影响。

鉴于此，基于长三角城市群历史气候数据和MODIS卫星遥感生态环境监测数据，利用PCA方法结合改进的RSEI，建立长三角城市群生态气候评估指标体系和评估模型，并分析2001年以来区域生态气候环境的时空演变特征。这既是生态文明建设和城市群宜居环境评估迫切要求，也对区域可持续发展战略、气候变化风险适应具有十分重要的现实意义。

9.2 生态气候环境评估指标及算法

选取与城市人居环境密切相关的生态气候指标，包括标准化降水蒸散指数（SPEI）、人体舒适度日数(HCD)、FVC、LST 和混合层高度(MLH),从区域干湿度、舒适度、绿度、热度、空气洁净度等方面,开展长三角城市群生态气候环境时空格局及动态变化。

9.2.1 SPEI

SPEI 综合考虑了降水、温度变化和地表潜在蒸散的影响,目前已广泛应用于干旱评估、水资源管理等领域(杨英杰 等,2024)。采用 Vicente-Serrano 等(2010)提出的 SPEI,通过标准化潜在蒸散与降水的差值来表征区域干湿状况偏离常年的程度。基于站点逐日气候数据统计月降水量与月潜在蒸发量,并采取多个步骤计算(庄少伟 等,2013;赵惠珍 等,2023),获得逐年 SPEI。具体计算步骤如下:

步骤 1:计算潜在蒸散(PET)。采用 Thornthwaite 方法,该方法的优点是考虑了温度变化,能较客观地得出地表潜在蒸散。

步骤 2:计算逐月降水与蒸散的差值:$D_i = \text{Pre}_i - \text{PEI}_i$ (9.1)

式中,Pre_i 为第 i 月降水量,PEI_i 为第 i 月蒸散值。

步骤 3:对 D_i 数据序列进行正态化,计算每个数值对应的 SPEI。由于原始数据序列 D_i 中可能存在负值,所以采用 3 个参数的 log-logistic 概率分布,log-logistic 概率分布的累积函数($F(x)$)为:

$$F(x) = \left[1 + \left(\frac{\alpha}{x - y}\right)^{\beta}\right]^{-1} \tag{9.2}$$

式中,参数 α、β、γ 分别采用线性矩的方法拟合而得。

$$\alpha = \frac{(w_0 - 2w_1)\beta}{\Gamma(1 + 1/\beta)\Gamma(1 - 1/\beta)} \tag{9.3}$$

$$\beta = \frac{2w_1 - w_0}{6w_1 - w_0 - 6w_2} \tag{9.4}$$

$$\gamma = w_0 - \alpha\Gamma(1 + 1/\beta)\Gamma(1 - 1/\beta) \tag{9.5}$$

式中,Γ 为阶乘函数,w_0、w_1、w_2 为原始数据序列 D_i 的概率加权矩。计算方法如下:

$$w_s = \frac{1}{N}\sum_{i=1}^{N}(1 - F_i)^s D_i \tag{9.6}$$

$$F_i = \frac{i - 0.35}{N} \tag{9.7}$$

式中,N 为参与计算的月份数,s 为 0,1,2。

步骤 4:对累积概率密度进行标准化:

$$P = 1 - F(x) \tag{9.8}$$

当 $P<0.5$ 时,

$$w = \sqrt{-2\ln P} \tag{9.9}$$

$$\text{SPEI} = w - \frac{c_0 + c_1 + c_2 w^2}{1 + d_1 w + d_2 w^2 + d_3 w^3} \tag{9.10}$$

式中,$c_0 = 2.515517$,$c_1 = 0.802853$,$c_2 = 0.010\ 328$,$d_1 = 1.432788$,$d_2 = 0.189269$,$d_3 = 0.001308$。

当 $P>0.5$ 时,

$$P = 1 - P \tag{9.11}$$

$$\mathrm{SPEI} = -\left(w - \frac{c_0 + c_1 + c_2 w^2}{1 + d_1 w + d_2 w^2 + d_3 w^3}\right) \tag{9.12}$$

SPEI 干旱等级划分见表 9.1。

表 9.1 SPEI 干旱等级划分(赵惠珍 等,2003)

等级	类型	SPEI 值
1	干旱	>−0.5
2	轻旱	(−1.0,−0.5]
3	中旱	(−1.5,−1.0]
4	重旱	(−2.0,−1.5]
5	特旱	≤−2.0

9.2.2 HCD

人体舒适度指数(CIHB)是描述气温、湿度和风速对人体综合影响的指标(宋旭萍 等,2023),它表征人体无须借助防寒手段、避暑装备和设施保证日常行为正常进行的相应空气环境,该环境下的气温、湿度及风速即为体感舒适的适宜气候条件。

具体计算公式如下(吉莉 等,2014):

$$\mathrm{CIHB} = (1.8T + 32) - 0.55\left(1 - \frac{\mathrm{Rh}}{100}\right) \times (1.8T - 26) - 3.2\sqrt{V} \tag{9.13}$$

式中,CIHB 为逐日人体舒适度指数,T 为日平均气温(℃),Rh 为日平均相对湿度(%),V 为日平均风速($\mathrm{m \cdot s^{-1}}$)。当 50<CIHB<76,记为一个人体舒适度日。基于逐日人体舒适度的判定结果,累加获得各站逐年 HCD,单位为 d。

9.2.3 FVC

FVC 是指植被地上部分(包括叶、茎、枝)在地面的垂直投影面积占统计区总面积的百分比,它是衡量地表植被状况和评价区域植被覆盖程度的一个重要指标。利用研究区逐月 NDVI 来计算逐月 FVC。

$$\mathrm{FVC} = (\mathrm{NDVI} - \mathrm{NDVI_{min}})/(\mathrm{NDVI_{max}} - \mathrm{NDVI_{min}}) \tag{9.14}$$

式中,NDVI 为归一化差值植被指数,$\mathrm{NDVI_{min}}$ 和 $\mathrm{NDVI_{max}}$ 分别是代表研究区域的最差植被覆盖和最好植被覆盖的植被指数,即裸地和茂盛植被覆盖区的 NDVI 值。取 $\mathrm{NDVI_{max}}=0.90$ 和 $\mathrm{NDVI_{min}}=0.15$,当某个像元的 NDVI 大于 0.90 时,FVC 取值为 1;当 NDVI 小于 0.15 时,FVC 取值为 0。对当年 12 个月 FVC 值取平均值获得年 FVC 值。

9.2.4 LST

太阳的热能被辐射到达地面后,一部分被反射,一部分被地面吸收,使地面增热,对地面的温度进行测量后得到的温度就是 LST,它是地面的温度表征,由所处地点环境不同而有所不同。

LST 的获取主要是依赖于遥感反演的方法,LST 数据来自 MODIS 产品(MOD11A2),采用分裂窗算法,通过对多种大气温度湿度廓线、地表比辐射率、地表温度、观测角度进行大气辐射模拟,建立查找表,根据该表计算 LST(Wan, 2019)。对当年 12 个月 LST 值取平均值获得年 LST 值。

具体而言，根据星上亮温的线形组合，考虑大气透过率和地表比辐射率两因素模型来反演 LST。计算公式为：

$$LST = A_0 + A_1 T_{31} - A_2 T_{32} \tag{9.15}$$

式中，LST 是地表温度(K)，A_0、A_1、A_2分别定义如下：

$$A_0 = -64.60363E_1 + 68.72575E_2$$
$$A_1 = 1 + A + 0.440817E_1$$
$$A_2 = A + 0.473453E_2$$
$$A = D_{31}/(D_{32}C_{31} - D_{31}C_{32})$$
$$E_1 = D_{32}(1 - C_{31} - D_{31})/(D_{32}C_{31} - D_{31}C_{32})$$
$$E_2 = D_{31}(1 - C_{32} - D_{32})/(D_{32}C_{31} - D_{31}C_{32})$$
$$D_{31} = (1 - \tau_{31})[1 + (1 - \varepsilon_{31})\tau_{31}]$$
$$D_{32} = (1 - \tau_{32})[1 + (1 - \varepsilon_{32})\tau_{32}]$$
$$C_{31} = \varepsilon_{31}\tau_{31}$$
$$C_{32} = \varepsilon_{32}\tau_{32}$$

上述计算过程中，最终输入参数包括：τ_{31}、τ_{32}为大气透过率；ε_{31}、ε_{32}为地表比辐射率；T_{31}、T_{32}分别为 MODIS 第 31 和 32 波段的亮度温度。对大气透过率(τ)和地表比辐射率(ε)的估算精确度将直接影响最终的 LST 反演精度。

9.2.5 MLH

MLH 是反映大气污染物在垂直方向被热力和湍流稀释而扩散的重要参数，与大气稳定度和风速有着密切的关系，其中风和湍流是影响大气扩散能力的主要动力因子，而大气稳定度则是主要热力因子(陈建文 等，2014)。混合层高度越大，就越有利于污染物的扩散和稀释。

首先基于站点逐日 4 个时次地面常规气象观测资料，根据总云量/低云量和太阳高度角确定太阳辐射等级，然后再根据太阳辐射等级和地面 10 m 高度平均风速按照帕斯奎尔-特纳(Pasquill-Turner)大气稳定度分类方法进行大气稳定度分级，最后利用大气边界层(或混合层)高度参数化计算方程，即国标法(国家技术监督局 等，1991)，综合考虑热力和动力因子，计算各类稳定度下的 MLH。基于逐日 MLH，采用平均值的方法计算，得到逐年 MLH。具体计算步骤如下：

步骤 1：首先计算观测时刻的太阳高度角，见公式(9.16)。

$$h_0 = \arcsin[\sin\phi\sin\delta + \cos\phi\cos\delta\cos(15t + \lambda - 300)] \tag{9.16}$$

式中，θ_0 为太阳高度角，ϕ 为观测点的纬度，t 为观测进行时的北京时间，λ 为观测点的经度，δ 为太阳赤纬，由公式(9.17)计算：

$$\delta = [0.006918 - 0.39912\cos\theta_0 + 0.70257\sin\theta_0 - 0.006758\cos\theta_0 + 0.000907\sin(2\theta_0) - 0.002697\cos(3\theta_0) + 0.001480\sin(3\theta_0)] \times 180/\pi \tag{9.17}$$

式中，$\theta_0 = 360\ d_0/365$，d_0 为一年中日期序数，依次为 0，1，2，…，364。

步骤 2：根据总云量/低云量计算出的h_0，查阅国标法中附录 B 和附录 E，确定太阳辐射等级，再由地面风速值及太阳辐射等级，查表确定大气稳定度等级。

步骤 3：计算混合层高度。查表确定观测点序号，再查表得出 a_0、b_0 值，根据公式计算 MLH。

在不稳定和中性气象条件下，即大气稳定度为 A、B、C 和 D 时，$\mathrm{MLH} = a_0 u_{10}/f$；

在稳定大气层结条件下，即大气稳定度为 E 和 F 时，$\mathrm{MLH} = b_0 \sqrt{u_{10}/f}$。

式中，MLH 为混合层厚度，u_{10} 为 10 m 高度上平均风速，大于 6 m·s^{-1}时取为 6 m·s^{-1}，a_0、b_0 为混合层系数，a_0 取值和稳定度对应分别为 A：0.073，B：0.048，C：0.031，D：0.022，b_0 取值和稳定度对应分别为 E：1.66，F：0.70，f 为地转参数，$f = 2\Omega sin\varphi$，Ω 为地转角速度，取为 $7.29\times10^{-5}\mathrm{s}^{-1}$，$\phi$ 为观测点地理纬度。

9.3 生态气候环境评估数据及方法

9.3.1 数据资料

所用的数据主要有：长三角城市群 111 个站点逐日和日内 4 个时次（02 时、08 时、14 时和 20 时）气温、降水量、相对湿度、风速、总云量/低云量观测数据，该数据来自国家气象科学数据中心（http://data.cma.cn），数据都经过了初步的质量控制。

美国航空航天局（NASA）MODIS 卫星提取的 NDVI 数据（http://reverb.echo.nasa.gov）和 LST 数据（https://ladsweb.nascom.nasa.gov/search/），分别来自 MOD13Q1 和 MOD11A2 产品。NDVI 数据是由经过大气校正且已经屏蔽了水、云、重度气溶胶和云影影响的双向表面反射率计算出来的，数据的空间分辨率为 250 m，时间分辨率为 16 d，被广泛应用于植被覆盖变化研究（陈燕丽 等，2022）。LST 数据的空间分辨率为 1 km，时间分辨率为 8 d。

下载的 LST 和 NDVI 产品均采用 MODIS 数据处理工具（MRT）进行软件投影和格式转换，借助 ArcGIS10.2 软件裁剪出研究区域，并利用最大值合成（MVC）法生成逐月 NDVI 和 LST 数据。

9.3.2 分析方法

基于长三角城市群站点/格点生态气候单项指标和综合指数的逐年数据，利用多年平均的方法在站点/格点尺度统计指标或指数的多年平均值，并利用普通最小二乘（OLS）回归法（Cui et al.，2023）生成站点/格点尺度变化趋势值。

设有一样本量为 n 的气候变量 x_i，t_i 为对应的时间点，建立 x_i 和 t_i 的一元回归方程：

$$x_i = a + bt_i \quad i = 1,\cdots,n \tag{9.18}$$

即用一条合理的直线表明气候变量 x 与时刻 t 之间的关系。

式中，a 为回归常数，b 为回归系数，a 和 b 的值可以用最小二乘法进行估计。

$$b = \frac{\sum_{i=1}^{n} x_i t_i - \frac{1}{n}\left(\sum_{i=1}^{n} x_i\right)\left(\sum_{i=1}^{n} t_i\right)}{\sum_{i=1}^{n} t_i^2 - \frac{1}{n}\left(\sum_{i=1}^{n} t_i\right)} \tag{9.19}$$

$$a = \overline{x} - b\overline{t}$$

式中，$\overline{x}=\frac{1}{n}\sum_{i=1}^{n}x_i,\overline{t}=\frac{1}{n}\sum_{i=1}^{n}x_i$。

回归系数 b 的正负表示气候变量 x 的趋势倾向。$b>0$ 说明 x 随时间的增加呈上升趋势，$b<0$ 则说明 x 随时间的增加呈下降趋势，且 b 的数值大小反映气候变量 x 上升或下降的速率，因此，b 通常被称为倾向值或趋势值。

t_i 与 x_i 之间的相关系数为：$r=\sqrt{\dfrac{\sum_{i=1}^{n}t_i^2-\frac{1}{n}\left(\sum_{i=1}^{n}t_i\right)^2}{\sum_{i=1}^{n}x_i^2-\frac{1}{n}\left(\sum_{i=1}^{n}x_i\right)^2}}\times b$ (9.20)

r 表示气候变量 x 与时间 t 之间的线性相关的密切程度，r 的正负与 b 相同，因此 r 也可以用来说明变量 x 的上升或下降趋势，但 r 最主要的是用来判断变化是否显著，即进行显著性检验。

对于站点数据，在 Surfer 中利用克里格空间插值的方法生成空间分布格局图；对于格点数据，直接在 ArcGIS 中显示并生成空间格局图，用于分析生态气候指标或指数的总体空间格局。同时，利用研究区逐年所有站点/格点平均的方法生成生态气候指标或指数年值序列，在 Excel 中绘制指标或指数的年际变化曲线图，并给出变化趋势值和决定系数值，用于研究生态气候指标或指数在整个研究区的年际波动和时间变化趋势。

9.4 生态气候环境空间分布及变化特征

9.4.1 SPEI 和 HCD 的空间分布格局及变化

2001—2017 年，长三角城市群 SPEI 呈现出东南部高、西北部低的空间分布(图 9.1a)。在东南部地区的浙江、上海和江苏南部少部分地区，多年平均 SPEI 多在 0.1 以上，而在西北部的江苏中部和安徽东南部地区，多年平均 SPEI 多在−0.5～0.3。过去 17 a，SPEI 的变化在长三角城市群多数地区介于−0.10～0.05 a^{-1}，且 SPEI 减少的空间范围大于 SPEI 增加的范围，即长三角城市群呈干化趋势(图 9.1b)。在长三角城市群北部和中部地区，SPEI 减少的区域多于增加的区域，而在南部地区，SPEI 减少的区域与增加的区域基本相当。

HCD 在 2001—2015 年呈现出明显的沿海—内陆空间分布差异(图 9.1c)。在沿海地区，多年平均 HCD 多在 140 d 以上，但海洋的影响距离一般都不超过 100 km，在其他地区，多年平均 HCD 多在 110～140 d。2001—2015 年，HCD 的变化没有明显的空间规律性，在多数地区，HCD 变化介于−0.1～0.4 $d \cdot a^{-1}$(图 9.1d)。在北部、中部和西部大部分地区，HCD 变化在−0.5～0.4 $d \cdot a^{-1}$，在浙江东部沿海一些地区，HCD 变化在 0.4～1.3 $d \cdot a^{-1}$，而在浙江东部内陆地区，HCD 呈明显减少趋势，减少速率在 0.5～1.7 $d \cdot a^{-1}$。

9.4.2 FVC 和 LST 的空间分布格局及变化

2001—2017 年，长三角城市群 FVC 呈现出南部高—北部低的空间分布(图 9.2a)。在南部地区的浙江大部和安徽东南部，多年平均 FVC 多在 51%～80%，而在北部的江苏南部、上海、浙江东北部和安徽东部部分地区，多年平均 FVC 多在 31%～70%。2001—2017 年，FVC

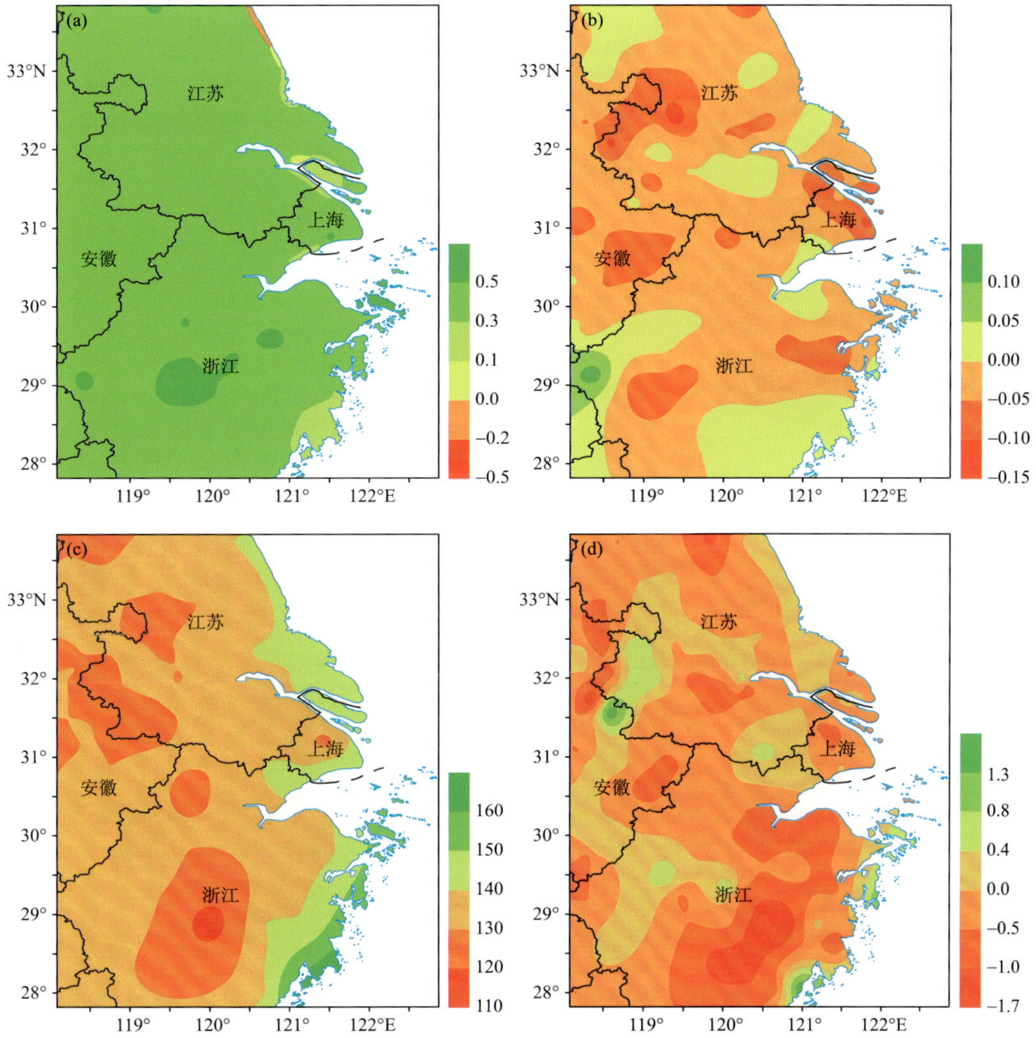

图 9.1　2001—2017 年长三角城市群 SPEI 的空间分布(a)、变化(b，单位：a^{-1})及 HCD 的空间分布(c，单位：$d \cdot a^{-1}$)、变化(d，单位：$d \cdot a^{-1}$)

在多数地区都呈现出增加趋势，但增加幅度较小，多介于 0.1%～1.0%·a^{-1}(图 9.2b)。在一些城市及周边，FVC 多以不超过 1.0%·a^{-1} 的速率降低，降低区域主要集中于江苏南部、上海、浙江北部及沿海地区。在长三角城市群最北面，即江苏中部一些地区，FVC 呈现出较为明显的增加。

LST 呈现出东南部高而北部低的空间分布(图 9.2c)。在东南部地区的浙江、上海和江苏最南部，多年平均 LST 多在 15 ℃以上，而在北部地区的江苏中部和安徽东部部分地区，多年平均 LST 多在 15 ℃以下。2001—2017 年，LST 在北部和中东部多数地区，包括江苏南部大部分地区、上海和浙江东北部，都呈现出增加趋势，增加幅度多在 0～1.2 ℃·$(10\ a)^{-1}$，但在南部和西部一些地区，LST 多以 0～0.9 ℃·$(10\ a)^{-1}$ 的速率降低，降低区域主要集中于安徽东部、浙江西部和南部(图 9.2d)。

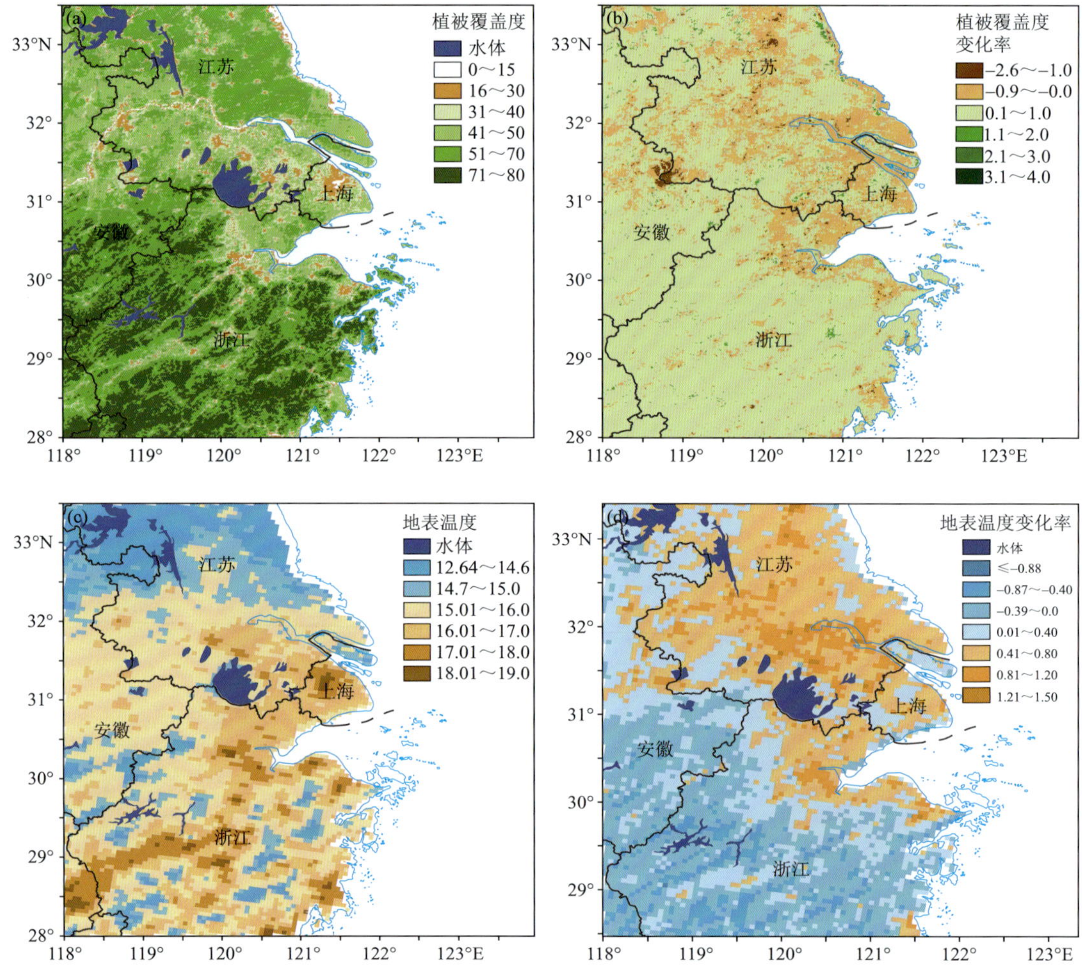

图 9.2　2001—2017 年长三角城市群 FVC 的空间分布(a，单位：%)、变化(b，单位：%·a^{-1})及 LST 的空间分布(a，单位：℃)、变化(b，单位：℃·$(10\ a)^{-1}$)

9.4.3　MLH 的空间分布格局及变化

2001—2015 年，长三角城市群 MLH 呈现出明显的沿海—内陆空间分布差异(图 9.3a)。在沿海地区，多年平均 MLH 多在 900 m 以上，但向内陆延伸的距离一般都不超过 100 km；在其他地区，多年平均 MLH 多在 450～900 m。2001—2015 年，MLH 总体上空间变化规律不明显，相对而言，在北部多数地区都呈现出增加趋势，但增加幅度多在 0～30 m·a^{-1}(图 9.3b)。在长三角城市群南部，主要是浙江和安徽东南部，MLH 多以 0～20 m·a^{-1} 的速率降低。

9.5　生态气候环境年际分布及变化特征

2001—2017 年，长三角城市群区域平均 SPEI 以 0.24 $(10\ a)^{-1}$ 的线性趋势减少，但减少趋势在统计上不显著($P>0.05$)(图 9.4a)。区域平均 SPEI 在 2001 年最高(0.67)，而在 2010

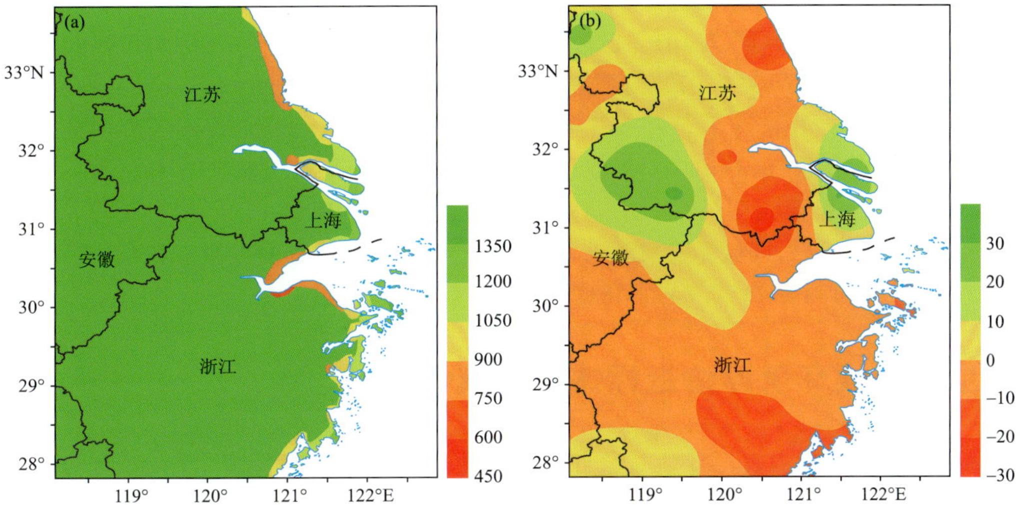

图 9.3　2001—2015 年长三角城市群 MLH 的空间分布(a，单位：m)及变化(b，单位：m・a^{-1})

年最低(—0.43)。城市群区域平均 HCD 在 2001—2015 年以 5.38 d・(10 a)$^{-1}$的线性趋势增加，但增加趋势在统计上不显著(图 9.4b)。过去 17 a,区域平均 HCD 在 2014 年最高(216 d),而在 2010 年最低(173 d)。2001—2017 年,城市群区域平均 FVC 呈现出显著的增加趋势($P<0.001$),以 2.85%・(10 a)$^{-1}$ 的线性趋势增加(图 9.4c)。区域平均 FVC 在 2015 年最高(55.93%),而在 2001 年最低(50.86%)。区域平均 LST 在 2001—2017 年以 0.14 ℃・(10 a)$^{-1}$

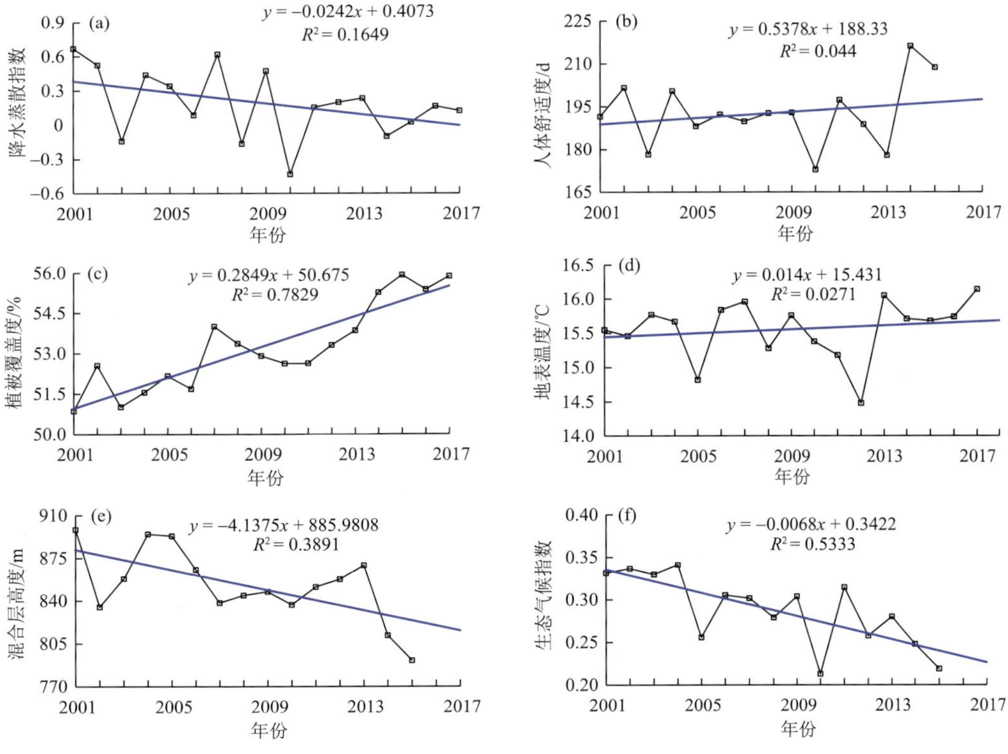

图 9.4　2001—2017 年长三角城市群单项和综合生态气候指标的年际变化

的线性趋势增加，但增加趋势在统计上不显著。区域平均 LST 在 2017 年最高(16.1 ℃)，而在 2012 年最低(14.5 ℃)(图 9.4d)。区域平均 MLH 以 41.38 m·$(10\ a)^{-1}$的线性趋势降低，降低趋势在统计上显著($P<0.01$)。区域平均 MLH 在 2001 年最高(898.4 m)，而在 2015 年最低(791.2 m)(图 9.4e)。

基于长三角城市群 2001—2015 年逐年 SPEI、HCD、FVC、LST 和 MLH，估算区域综合生态气候指数(IECI)，结果表明(图 9.4f)，过去 15 a，区域平均 IECI 以 0.07 $(10\ a)^{-1}$的线性趋势显著降低($P<0.001$)，区域生态气候环境整体上朝着变差的方向发展。IECI 在 2010 年最低(0.21)，而在 2004 年最高(0.34)。IECT 具体估算方法见式(9.6)。

9.6 生态气候环境评估指标体系及模型

评估指标体系是指由表征评估对象各方面特性及其相互联系的多个指标，所构成的具有内在结构的有机整体。采用 IECI 来反映区域生态气候环境的整体状态，该指数由与人居环境密切相关的 SPEI、HCD、FVC、LST 和 MLH 组成，从区域干湿度、舒适度、绿度、热度、空气洁净度等方面，揭示长三角城市群生态气候环境特征及对全球气候变化和区域人类活动的响应。

由于 5 个生态气候指标的量纲不同，为了减少不同指标数值大小对评估结果的影响，首先采用下式进行标准化。

$$\mathrm{NI} = (I - I_{\min})/(I_{\max} - I_{\min}) \tag{9.21}$$

式中，NI 为标准化后的指标值，I 为该指标的数值大小，$I_{\max}$和 $I_{\min}$分别为该指标的最大值和最小值。

多指标间出现的相关和重叠会影响评价的准确性，而 PCA 法可以分析各指标间的关系，排除众多的相关重复，而且可从中选出少数具代表性的指标，并不失原来的全面性。

由表 9.2 可以看出，5 个指标间相关系数不高。对 2001—2015 年降水蒸散指数(SPEI)、人体舒适度指数(HCDI)、植被覆盖指数(FVCI)、地表温度指数(LSTI)和混合层高度指数(MLHI)进行主成分分析，结果见表 9.3。

表 9.2 评估指标间的相关系数

相关系数	LSTI	FVCI	SPEI	HCDI	MLHI
LSTI	1				
FVCI	0.13	1			
SPEI	0.08	−0.30	1		
HCDI	0.08	0.18	−0.13	1	
MLHI	−0.20	−0.55	0.40	0.14	1

表 9.3 主成分分析的特征值与方差贡献率

主成分	特征值	方差贡献率/%	累积方差贡献率/%
F_1	1.85	37.1	37.1
F_2	1.10	21.9	59.0
F_3	1.09	21.8	80.8
F_4	0.64	12.8	93.6
F_5	0.32	6.4	100

由表 9.3 可知，前 3 个主成分的累积方差贡献率达 80%，且前 3 个主成分特征值大于 1，可以认为前 3 个主成分代表了长三角城市群生态气候环境状况。

公因子与原变量指标之间的相关程度由因子载荷值来表征，因子载荷值越高，表明该因子包含的信息量越多。表 9.4 反映了原始变量与前 3 个主成分的相关系数，第一主成分(F_1)主要与绿度、干湿度和空气洁净度相关；第二主成分(F_2)主要与人体舒适度相关；第三主成分(F_3)主要与热度相关。由于 LST 在长三角地区为逆指标，即地表温度越高，越对生态环境愈不利，因此在计算主成分时，对 LST 的系数做相反数处理。

表 9.4　主成分分析的因子载荷矩阵和成分得分系数矩阵

指标	因子载荷矩阵			成分得分系数矩阵		
	F_1	F_2	F_3	F_1	F_2	F_3
LSTI	−0.10	0.06	0.93	0.01	0.04	0.86
FVCI	0.78	−0.18	−0.18	0.41	−0.13	−0.11
SPEI	0.72	−0.17	0.38	0.41	−0.14	0.40
HCDI	−0.04	0.98	0.05	0.01	0.89	0.03
MLHI	0.85	0.28	−0.20	0.46	0.29	−0.13

由成分得分系数矩阵得出 3 个主成分分别表示为：

$$F_1 = -0.013LSTI + 0.41FVCI + 0.41SPEI + 0.01HCDI + 0.46MLHI$$

$$F_2 = -0.04LSTI - 0.13FVCI - 0.14SPEI + 0.89HCDI + 0.29MLHI$$

$$F_3 = -0.86LSTI - 0.11FVCI + 0.40SPEI + 0.03HCDI - 0.13MLHI$$

由图 9.5 可以看出，2001—2015 年，长三角城市群 F_1 呈微弱增加趋势(不显著)，F_1 的主导因子为 FVCI、SPEI 和 MLHI，由前面分析可知，FVCI 增加，而 SPEI、MLHI 都在减少，说明 FVCI 的增加基本能平衡 SPEI、MLHI 的减少，即目前植被覆盖的增加能够平衡因干度增

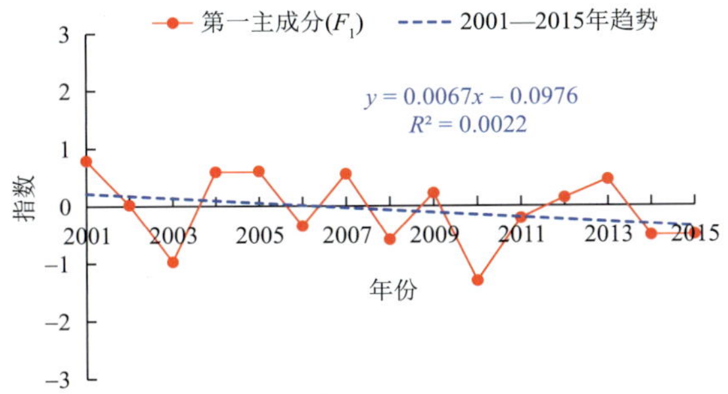

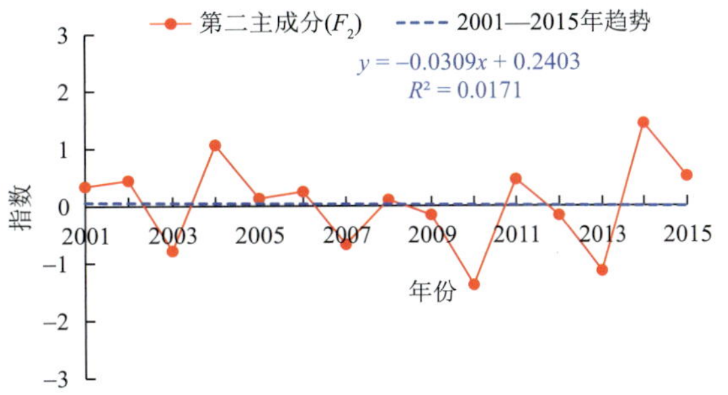

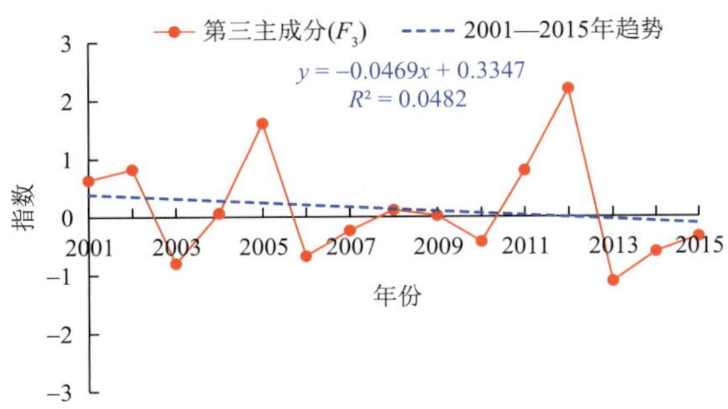

图 9.5　2001—2015 年长三角城市群生态气候指数的前 3 个主成分变化

加、污染增加而造成的生态气候环境的损害；F_2 呈弱下降趋势，表明该地区以人体舒适度为主的生态气候环境指标在下降；F_3 呈明显下降趋势，表明该地区地表温度上升较大，对生态气候环境状况产生较大不利影响。

基于长三角城市群 2001 年以来 SPEI、HCD、FVC、LST 和 MLH 逐年时间序列的标准化值，采用 PCA 法，由前 3 个主成分的方差贡献率构建出区域 IECI 估算模型，可以表示为：

$$IECI = -0.20LSTI + 0.10FVCI + 0.21SPEI + 0.21HCDI + 0.21MLHI \quad (9.22)$$

式中，IECI 为综合生态气候指数，LSTI、FVCI、SPEI、HCDI 和 MLHI 分别为 LST、FVC、SPEI、HCD 和 MLH 的标准化值。除 FVCI 外，各指标权重基本相当。IECI 值越大，表明生态气候状况越好。

9.7 综合生态气候环境时空分布及变化特征

对 2001—2015 年逐年的 SPEI、HCD、FVC、LST 和 MLH，首先进行标准化处理(式(9.21))，然后根据区域 IECI 估算模型(式(9.22))，计算出 2001—2015 年逐年的 IECI 空间数据序列。可以看出，过去 15 a，区域生态气候环境总体上在江苏西南部、上海、浙江东北部和安徽东部较差，而在江苏中部和东南部、浙江东部、浙江西部和安徽南部较好(图 9.6a)。生态气候环境状况与当地城市化发展水平具有一定的联系，但不是完全对应的。

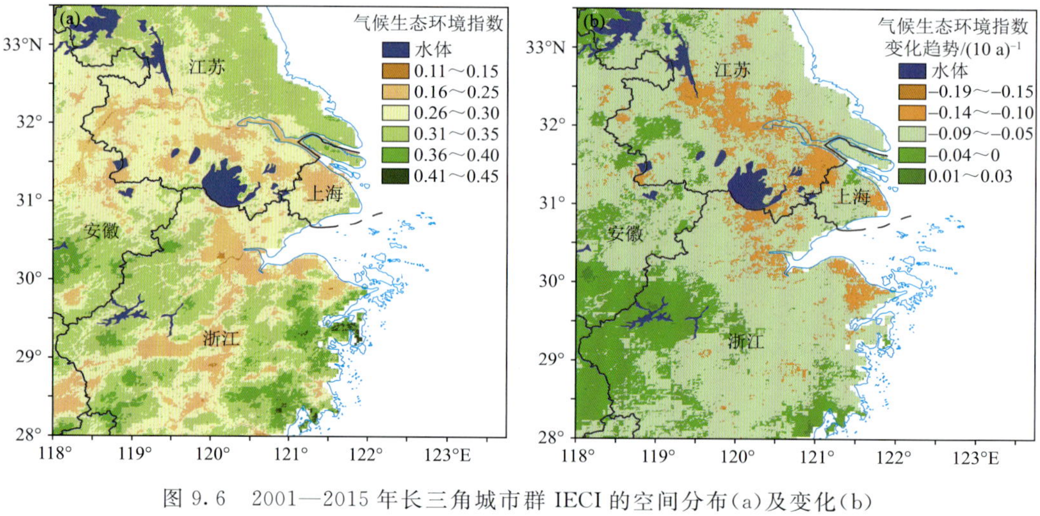

图 9.6 2001—2015 年长三角城市群 IECI 的空间分布(a)及变化(b)

空间上，IECI 在整个长三角城市群基本上都呈现出降低趋势，降低趋势多介于 0～0.14 $(10\ a)^{-1}$，并且在长三角中部地区由南京—苏州—上海—杭州—宁波构建的“Z”形区域内降低趋势最为明显，表明 21 世纪以来长三角地区大规模城市化和工业发展对当地生态气候环境已造成显著的影响(图 9.6b)。许正森等(2021)基于夜间灯光遥感数据对长三角城市格局演化研究表明，城市群呈西北—东南向分布，与这里 IECI 明显降低的分布格局一致。近年来，长三角以全国 2.14%的陆地面积，承载了 11.7%的人口，产出 21.7%的 GDP，是我国经济贡献强度最高的地区之一，生态环境则长期处于严重超载状态。森林、耕地、湿地等生态空间对改善长三角生态环境质量有着重要影响，但长期以来存在城镇空间挤占农业与农村空间，而耕地

“占补平衡”政策蚕食侵占生态空间，重要生态服务功能受损。因此，长三角城市群生态气候环境呈现出区域性整体降低趋势。

9.8 生态气候环境风险适应对策及措施

生态气候环境风险是未来可能发生的生态气候环境问题及其影响后果。21世纪以来，长三角城市群生态气候环境发生了显著变化。开展长三角城市群生态气候环境演变的风险适应，是区域生态安全和气候安全的需要，也是经济社会持续健康发展的重要保障。为此，建议从以下几个方面加强生态气候环境风险适应。

①城镇发展规划要充分考虑生态气候环境的制约性，科学参考区域气候容量阈值和生态环境承载力，大力建设生态绿色通风廊道。

长三角城市群城镇规划要首先对区域气候容量及其阈值、生态环境承载力，开展科学合理的评估，并与气候变化风险评估相结合，测算出不同气候变化情景下的最优人口容量和社会经济发展规模，从而为社会经济发展战略和适应规划提供决策支持。生态环境承载力就是确定生态系统对人类活动的最大承受能力，所谓对人类活动的最大承受能力是指在不破坏生态系统服务功能的前提下，生态系统所能承受的人类活动的强度。在长三角城市群新的城镇规划中，要留出生态绿色通风廊道，而且应在风道上广泛布绿，实现其吸收CO_2的同时减少空气中的尘埃，通过更新空气来缓解城市热岛效应，并拦截和减少雨水径流，从而补充地下水和降低排水管网压力，充分发挥其生态系统服务功能(Jansson，2013)。要求通风廊道必须够长够宽，同时要控制主要风道两侧建筑物的密度和高度。城市建筑布局要适应城市的冬季和夏季盛行风向和海陆风环流特点，建筑高度从内陆向沿江、沿海逐渐减低。

②充分利用园林绿化改善城市微气候的作用，构建生态气候环境友好型城市生态系统，发挥城市生态绿化功能。

增强城市绿地、森林、湖泊、湿地等自然系统在涵养水源、调节气温、保持水土以及促进物种多样性等各个方面的生态功能，因地制宜，根据城市生态环境条件及气候变化趋势选择适宜的林草地物种，建设节约型城市园林绿地，如郊野公园等。建设园林绿化信息系统网络平台，提高对极端天气气候事件、林地火险、病虫害发生和物种入侵等各类灾害的监测预警能力。依托城市的地理、气候、生态和历史人文等特征，充分挖掘传统城市建设、园林设计的经验智慧，通过绿楔、绿道、绿廊等形式加强城市绿地、河湖水系、山体丘陵、农田林网等各自然生态要素的衔接连通，构成“绿色斑块—绿色廊道—生态基质”的系统格局，充分发挥自然生态空间改善城市微气候的功能。

③基于多种方法工具，深入分析城镇化对局地气候、生态环境的影响，开展城镇规划气候可行性论证工作。

基于模式、GIS等方法和工具，开发用户友好的城市设计平台(Wong et al.，2011)，从城市规划布局、城市人居环境、能源利用和居民保健等角度开展长三角城市群城镇化对局地气候、生态环境的影响以及未来气候变化背景下气象灾害对规划的影响和破坏，并对大范围的气候变化和气候调节进行研究，包括城镇排涝防汛、采暖、通风和空调设计、污染气象条件分析、生物多样性和生态系统服务功能等，开展城镇功能布局对生态环境影响定量评估、未来气象灾害风险评估等，并选取不同领域的专家进行多方面的、深入的论证。另一方面，近年来长三角城市群一些城市快速建设了一些高长、密集的城市建筑(群)和大型文娱活动场所,这些重大项目对当地气候(如狭管风效应)、生态环境(城市热岛、混浊岛等)的影响及其对气候变化背景下气象灾害的敏感性也需要从工程的安全性设计、投资成本和生态效益方面开展深入论证。

④加强科学研究,提高对未来气候要素及高影响天气变化的预估准确率,建设韧性生态之城,更新城市生态基础设施的标准及规划。

城市生态基础设施对于保障城市生态安全、提高城市生态品质和推进城市生态文明具有不可忽视的重要作用。在全球气候变化背景下,近 30 a 长三角城市群一些极端天气气候事件发生概率增大,如暴雨洪涝、高温热浪等。长三角濒江临海的地形极易遭受台风、暴雨洪涝、大风、雷击、浓雾、高温等各种气象灾害的侵袭,需要加强未来气候变化背景下城市气象灾害频数和强度预估,绘制灾害风险地图,更新老旧的、不合适的城市生态基础设施规划设计参数和标准规范。城市规划应该更加关注人和城市、人和人、人和自然生态的关系,强调可持续发展、生态保护理念。在规划设计和建设方面要充分考虑到生态气候环境变化带来的影响,运用多样的技术手段,将维护生态系统服务、维护完整的生态网络、恢复自然过程与功能同城市的应急及疏散规划结合成为一个整体。

⑤建立健全疾病监测网络和预警体系,提高脆弱人群和外来常住人口对生态气候环境变化的适应能力。

生态气候环境变化对人体健康产生的影响会受到很多条件的影响,如发展水平、贫困和受教育程度、公共卫生基础设施、土地利用等。城镇化规划需要建立健全疾病监测网络和预警体系,关注重点职业人群、卫生基础设施薄弱地区、脆弱人群(65 岁以上老人及 14 岁以下儿童)和外来常住人口,以提高应对生态气候环境变化带来的各种突发事件的能力,特别要注重城市化带来的热岛效应、雨岛效应、混浊岛效应对生命安全和人体健康的影响,通过合理城镇规划和布局以减缓城市气候效应,改善居住环境,减少生态气候环境变化对健康的负面影响。同时,开发生态气候环境变化与人体健康早期预警系统和编制应急预案,发挥保险业在应对生态气候环境变化与人体健康中的作用,加强公众自我保护意识的宣传与健康教育活动,使公众充分认识到生态气候环境变化对人体健康的可能影响,切实提高公众对生态气候环境变化的适应能力。

⑥优化产业布局,完善生态气候环境保护联动和协调机制,大力推进长三角生态气候环境治理与风险防范一体化。

在长三角城市群,按照区域自然环境特征及各城市的经济社会功能,优化、调整国土利用格局,强化省际统筹、区内外与城市间联动,留足一体化的生态空间,并划定一体化的生态红线,严守生态保护红线,确保生态保护红线面积不减少、性质不改变、生态功能不降低。同时,以环太湖区域生态修复和长江口水生态修复为核心,实施跨行政区域的重大生态修复工程,特别是河流、湖泊和滩涂湿地生态系统的水生态、水环境和水管理,加强交界区域森林、湿地生态系统保护,以解决长三角城市群有共性的损害群众健康的生态气候环境问题,如自来水质量、大气污染、高温热浪及其复合生态环境问题等。进一步完善长三角城市群生态气候环境保护联动和协调机制,建立区域高水平的生态气候环境监测网络,联手严防突发生态与环境重大事件,合力打造生态绿色一体化发展示范区,实现在长三角地区产业升级的同时保持区域内生态环境和谐。

9.9 主要结论与讨论

9.9.1 主要结论

基于长三角城市群气象站点历史气候数据和 MODIS NDVI 数据与 LST 数据，从区域干湿度、舒适度、绿度、热度、空气洁净度等方面，构建了区域 IECI，分析了区域生态气候的时空格局和动态变化特征，主要结论如下。

①21 世纪以来，长三角城市群 SPEI 呈现出东南部高、西北部低的空间分布，HCD 和 MLH 呈现出明显的沿海—内陆空间分布差异，LST 呈现出东南部高、北部低的空间分布，FVC 呈现出南部高—北部低的空间分布。

②长三角城市群区域平均 SPEI 以 0.24 $(10\ a)^{-1}$ 的线性趋势减少，但减少趋势在统计上均不显著。区域平均 MLH 以 41.38 m·$(10\ a)^{-1}$ 的线性趋势显著降低。区域平均 FVC 以 2.85%·$(10\ a)^{-1}$ 的趋势显著增加，且 FVC 在多数地区都呈增加趋势。区域平均 LST 和 HCD 分别以 0.23 ℃·$(10\ a)^{-1}$ 和 5.38 d·$(10\ a)^{-1}$ 的线性趋势增加，但增加趋势在统计上均不显著。LST 增加的区域主要是在城市群北部和中东部地区。

③空间上，SPEI 在长三角城市群多数地区都呈现出降低趋势。HCD 的变化没有呈现出明显的空间规律性，总体上在南部地区，HCD 减少的区域略多于北部地区。FVC 在多数地区都呈现出增加趋势，但在一些城市及周边多呈降低趋势。LST 在北部和中东部多数地区都呈增加趋势，但在南部和西部一些地区降低。MLH 总体上空间变化规律不明显，相对而言，在北部多数地区 MLH 都增加。

④选取 SPEI、HCD、FVC、LST 和 MLH 5 个指标，采用主成分分析法，建立区域综合 IECI 模型，结果表明，IECI 在江苏西南部、上海、浙江东北部和安徽东部较差，而在江苏中部和东南部、浙江东部、浙江西部和安徽南部较好。过去 15 a，区域平均 IECI 以 0.068 $(10\ a)^{-1}$ 的线性趋势显著降低，空间上，IECI 在整个长三角城市群基本上都降低，并且在由南京—苏州—上海—杭州—宁波构成的“Z”形区域内降低趋势最为明显。

⑤21 世纪以来，长三角城市群生态气候环境发生了显著的变化。长三角城市群城镇发展规划要充分考虑生态气候环境的制约性，构建生态气候环境友好型城市生态系统，优化产业布局，深入分析城市化对局地气候、生态环境的影响，建设韧性生态之城，及时更新城市生态基础设施的标准及规划，建立健全疾病监测网络和预警体系，完善生态气候环境保护联动和协调机制，大推进区域生态气候环境治理与风险防范一体化。

9.9.2 讨论

2001—2015 年，长三角城市群区域平均 IECI 以 0.068 $(10\ a)^{-1}$ 的线性趋势显著降低(图 9.4f)，空间上，整个长三角城市群基本上都呈现出降低趋势，并在长三角中部地区由南京—苏州—上海—杭州—宁波构建的“Z”形区域内降低趋势最为明显(图 9.6b)。许友芹等(2023)采用耦合协调度模型探究长三角城市群城市化与生态环境耦合协调度的时空变化特征，结果表明，2001—2018 年，长三角城市群城市化水平不断提高，城市化指数由 2001 年的 0.112 提高至 2018 年的 0.288，而城市群生态环境质量不断下降，生态等级为优的区域不断收缩，其中上海市与南京市最明显。杨宜男等(2022)研究表明,2000—2018年,长三角地区城市化综合水平上涨133.33%,各典型生态系统服务供需比均为正且均呈下降趋势,平均下降幅度为22.39%;城市化对生态系统服务供需比具有显著的负向影响,2000—2018年影响强度平均上升82.34%。马晓武等(2022)研究表明,2000—2018年,长三角陆地生态系统完整性指标体系(TEII)均值整体呈下降趋势,其中19%的面积显著降低,15%的面积显著增加,耕地转建设用地、草地转建设用地、林地转耕地和林地转建设用地为TEII下降的主要驱动力之一,区域经济发展和人口增长对完整性也形成了日趋严重的胁迫。方林等(2022)研究表明,1990—2018年,长三角生态系统服务价值和各生态系统服务功能价值均呈下降趋势,2010年之后下降趋势放缓。

在长三角城市群,SPEI、HCD和MLH对IECI的贡献较大,且都为正向贡献;LST对IECI的贡献也较大,但为负向贡献;FVC对IECI的贡献较小,为正向贡献(式(9.22))。张浩等(2017)对南京市生态环境变化定量分析评价表明,在湿度、绿度、干度和热度4个分指标中,代表干度的建筑—裸土指数(NDBSI)对RSEI的贡献度最大,即生态环境质量的下降与不透水面(ISA)的大幅增加密切相关。张立伟等(2018)对皖江城市带近20 a生态环境变化分析表明,城市生态质量与NDVI和NDBSI关系最为密切。在甬江流域,湿度、绿度、干度和热度4个评价指标中,绿度指标的影响力较大,受建筑因素作用的热度指标影响力最具潜力,即生态环境质量下降与ISA的增加以及绿地景观的消减有关(缪鑫辉 等,2021)。汪孝贤等(2023)利用交互式探测分析对祁连山国家级自然保护区RSEI的绿度、湿度、热度、干度、土地利用类型、DEM和人口密度7个影响因子进行成因分析也表明,绿度和干度是研究区生态环境质量的关键驱动因素。在长三角一体化示范区,绿度是对生态环境质量贡献率最大的指标,且具有正面效应,而热度指标是引起生态环境质量退化的主要因素(何天星 等,2023)。由于这里选取与以往研究不同的生态气候指标来构建IECI模型,因此,最后得出的单项指标对IECI的贡献程度与以往研究也有所不同,而且研究区范围、数据覆盖时间段以及具体分析处理方法都会造成研究结果的差异。

此外,近年来一些研究也开展了长三角城市群与生态气候环境相关联的其他衡量指标的研究,如张向武等(2022)在系统了解长江三角洲地区资源储备、生态环境和社会发展状况的前提下,分别从社会经济、生态环境和水土资源3个层面选择17个评价指标,完成资源环境承载力评价指标体系的构建,并基于GIS技术,采用AHP和专家打分法得到各个指标的权重,通过线性加权求和法确立空间尺度的承载力评价模型,对长江三角洲地区资源环境承载力进行估算、等级划分及空间特征分析。李春莹等(2024)借助InVEST模型对长江三角洲城市群2000—2020年生境质量、碳储存、产水服务3种生态系统服务的时空格局及演变特征进行刻画,并采用差异比较法进一步探究生态系统服务之间的权衡与协同关系,最后利用地理加权二元逻辑回归分析自然因素和社会因素对生态系统服务间权衡协同关系的空间异质性。嵇娟等(2024)综合运用基于麻雀算法的投影寻踪模型、InVEST模型和耦合协调度模型,在分析2000—2020年长三角城市群的城市洪涝韧性与水源涵养、水质净化、土壤保持和气候调节4种生态系统服务时空格局基础上,尝试探索两者耦合协调关系及其时空演变特征。李湘儿等(2024)以长三角生态绿色一体化发展示范区为研究区,基于卡内基-艾姆斯-斯坦福方法模型(CASA模型)评估固碳服务的供给能力,基于人口密度法识别固碳服务的需求动态,进而基于供需比指数识别示范区固碳服务的供需变化。朱一姝等(2024)以长三角城市群碳排放量为研究对象，以县域为研究尺度，应用莫兰指数、冷热点分析等空间分析方法，挖掘该区域碳排放的空间分布规律，并基于多尺度地理加权回归模型（MGWR）模型分析该区域碳排放及其影响因素的多尺度空间关系等。

9.10 本章小结

基于长三角城市群气象站点历史气候数据和 MODIS NDVI 数据与 LST 数据，采用遥感、地理信息系统、气候统计和 PCA 方法，选取与城市人居环境密切相关的生态气候指标，包括 SPEI、HCD、FVC、LST 和 MLH，从区域干湿度、舒适度、绿度、热度、空气洁净度等方面，构建了区域 IECI 模型，分析其时空格局和动态变化特征。结果表明，长三角城市群区域平均 FVC 以 2.85% · $(10\ a)^{-1}$ 的趋势显著增加，MLH 以 41.38 m · $(10\ a)^{-1}$ 的趋势显著降低。空间上，SPEI 在长三角城市群多数地区都呈降低趋势，而 FVC 在多数地区都呈增加趋势。过去 15 a，区域平均 IECI 以 0.068 $(10\ a)^{-1}$ 的趋势显著降低。IECI 在整个长三角城市群基本上都降低，并且在由南京—苏州—上海—杭州—宁波构成的“Z”形区域内降低趋势最为明显。

鉴于 21 世纪以来长三角城市群生态气候环境发生显著变化这一事实，长三角城市群城镇发展规划要充分考虑生态气候环境的制约性，科学参考区域气候容量阈值和生态环境承载力；充分利用园林绿化改善城市微气候的作用，大力建设生态绿色通风廊道，构建生态气候环境友好型城市生态系统；深入分析城镇化对局地气候、生态环境的影响，开展城镇规划气候可行性论证工作；提高对未来气候要素及高影响天气变化的预估准确率，建设韧性生态之城，更新城市生态基础设施的标准及规划；建立健全疾病监测网络和预警体系，提高脆弱人群和外来常住人口对生态气候环境变化的适应能力；优化产业布局，完善生态气候环境保护联动和协调机制，大力推进长三角生态气候环境治理与风险防范一体化。

第10章 长三角城市生态气候效应

10.1 长江三角洲地区四季变化特征及城市化影响

城市化和气候变化是21世纪两个重要的全球性环境问题(Grimm et al.,2008)。近百年来,全球气候呈现出以变暖为主要特征的显著变化(IPCC,2013)。我国气候在近60 a也呈现出显著增暖趋势(《第三次气候变化国家评估报告》编委会,2015),并影响到季节开始日期和长度的变化。季节变化与气象灾害、作物熟制、人体健康、生态环境等有密切的关系(王雷 等,2014;Yan et al.,2016;环海军 等,2017)。尤其在农业经济方面,四季变化会影响到作物种植结构调整、特定品种的选取、收获产量变化、农业灾害损失等(张谋草 等,2018;耿一风 等,2018)。开展区域四季变化特征研究,有助于更好地认识全球气候变暖背景下我国气候变化的区域差异,也可以为国家因地制宜地进行生态环境建设、农业结构调整和促进社会经济可持续发展等提供重要的科学依据。

20世纪50年代以来,世界上大部分国家四季起止时间和长度都发生了显著变化,如Allen等(2016)使用美国60个地面气象观测站温度数据和高层环流模式,分析了1948—2012年美国四季变化特征,表明自1948年以来,秋季、冬季推迟,而春季、夏季提早,且在沿海地区和大城市地区变化更为突出。在我国,大部分地区自20世纪80年代以来,春季、秋季和冬季变短而夏季变长,春季、夏季提早而秋季、冬季推迟,四季开始日期的变化和温度变化较一致,但也存在空间分布差异(Dong et al.,2010;郁珍艳 等,2010,2011;任妍 等,2017)。四季变化的主要驱动因素是全球和区域变暖。在区域尺度,城市化进程及土地利用变化对气候的影响已成为当今全球变化研究中最受关注和亟待解决的问题之一。城市化发展对局地气候变化影响的最主要体现的是地表气温(Hafner,1999;Zhou et al.,2010),如1961—2013年,我国气候变暖达1.44 ℃,其中城市化带来的增暖约占1/3(0.49 ℃)(Sun et al.,2016)。因此,研究区域城市化、土地利用变化导致的地表气温升高以及对四季开始日期和长度变化的影响,对区域气候变化风险适应和现代城镇规划布局具有显著的实践意义。

长江三角洲地区(以下简称长三角)是我国人口最为密集、区域经济发展水平最高的地区,也是我国最大的城市群。20世纪80年代以来,伴随着大规模的城市化、工业化和人口、经济的快速集聚,大量耕地转变为建设用地,长三角气候也发生显著变化,如史军等(2008)分析表明,1959—2005年长三角气温显著升高,而相对湿度、风速和日照时数都显著减少,也有研究开展了长三角人类活动对地表气温升高的归因分析,如Feng等(2012)表明城市下垫面和人为热排放两者共同作用导致长三角地表气温上升达2.0 ℃;Wu等(2013)也指出城市化进程对长三角区域增暖的贡献达到 36%～68%。对于长三角季节变化，也有一些相关分析，如姜燕敏等(2012)、吴昊旻等(2012)等利用长三角地区 30 个站点对 1961—2010 年四季变化特征进行了分析，表明气温对夏季延长的影响最显著，长三角春季和夏季提早、秋季和冬季延后，四季长度和起始时间存在地区差异。

然而，已有研究多是基于国家基本、基准气象站数据，站点个数有限，对开展较小区域范围(如长三角)的四季变化特征和空间分布具有局限性，而且已有研究分析时间段较早，缺乏对近 10 a 来长三角四季变化特征的追踪，也较少开展四季变化的成因分析，尤其是从站点尺度上分析城市化、下垫面改变对四季影响的研究很少。城市下垫面的改变导致城市整体气候的变化已经受到全世界的重视(Yao et al.，2015)。在长三角地区，气象站点覆盖率高，站点数据质量好，并且有 1980 年以来连续多期卫星遥感反演的土地利用类型数据，这为开展区域高时空分辨率的四季变化以及站点周边环境变化对四季变化的影响提供了可靠的数据保障。鉴于此，本书开展 1961—2017 年长三角四季变化特征分析，并试图利用气温和城市建设用地面积与四季变化的关系来探讨四季变化的成因，这对决策部门针对该地区的城市发展规划、人类宜居生活评价以及长三角一体化生态环境保护等方面的政策制定具有重要的参考意义。

10.1.1 数据及方法

10.1.1.1 数据资料

在综合考虑站点时间序列长度及数据缺测率的基础上，本书选取长三角共 112 个气象站点(包括基准气象站、基本气象站和一般气象站)1961—2017 年逐日气温数据开展四季开始日期和长度变化特征分析。该数据来自国家气象信息中心，数据均通过质量控制。

此外，利用上述 112 个气象站点周边 10 km 范围内的建设用地面积数据来分析四季变化受城市化的影响。建设用地面积数据来自中国科学院资源环境科学数据中心，包括 1980 年和 2015 年两期 Landsat MSS/TM/ETM+卫星遥感反演的空间分辨率为 30 m 土地利用类型数据(刘纪远 等，2018)。首先分别统计了 112 个气象站点周边 10 km 范围内 1980 年和 2015 年建设用地面积比例，然后利用 2015 年建设用地所占比例减去 1980 年建设用地比例，获得各站点 10 km 范围内建设用地的增长率。

10.1.1.2 四季划分标准

采用气温值为标准来划分四季。按照《气候季节划分》(QX/T 152—2012)，四季划分标准如下。

(a)入春：立春(2 月 4 日左右)以后，出现连续 5 d 滑动平均气温≥10 ℃，则为入春，其首日为春季首日；(b)入夏：立夏(5 月 5 日左右)以后，出现连续 5 d 滑动平均气温≥22 ℃，则为入夏，其首日为夏季首日；(c)入秋：立秋(8 月 7 日左右)以后，出现连续 5 d 滑动平均气温<22 ℃，则为入秋，其首日为秋季首日；(d)入冬：立冬(11 月 7 日左右)以后，出现连续 5 d 滑动平均气温<10 ℃，则为入冬，其首日为冬季首日。四季长度定义为相邻两个季节之间的时间段。由于冬季长度为年末至次年年初，因此，得到的冬季长度时间序列为 1961—2016 年。

10.1.1.3 分析方法

本研究首先基于长三角区域内各站点 1961—2017 年逐日平均气温数据，根据四季划分标准，确定各站逐年四季开始日期以及四季长度，利用气候统计技术，包括线性趋势、显著性检验等，分析了长三角四季开始日期、四季长度的年际变化、年代际变化和空间变化趋势，并利用Surfer软件进行空间显示。其次，利用Mann-Kendall突变检验并取0.05显著性水平，开展四季开始日期、四季长度突变检验，给出相应的突变时间点。然后，充分考虑20世纪90年代以来长三角地区快速城市化、土地利用变化及增暖的特征，选择1990年为分界点，将整个研究时期再划分为两个时间段：1961—1990年和1991—2017年，分析了区域年平均气温在1990年前后两个时间段的变化趋势差异和各站点建筑用地百分比变化率。最后，采用散点图分析1981—2015年站点周边建设用地增长率与四季开始日期、四季长度的关系，由此来讨论城市化对长三角四季气候变化的影响。

10.1.2 结果与分析

10.1.2.1 四季开始日期的变化

1961—2017年，长三角地区入春日期以2.1 d·$(10\ a)^{-1}$的线性趋势极显著提早，入夏日期以1.7 d·$(10\ a)^{-1}$的线性趋势显著提早，入秋日期以2.0 d·$(10\ a)^{-1}$的线性趋势极显著推迟，入冬日期以1.3 d·$(10\ a)^{-1}$的线性趋势显著推迟（图10.1）。就整个长三角区域平均而言，入春日期在21世纪最初10 a（2001—2010年）最早（平均3月16日），而在20世纪60年代最晚（平均3月27日）；入夏日期在21世纪2001—2010年和2011—2017年最早（5月16日），而在20世纪70年代最晚（5月26日）；入秋日期在20世纪70年代最早（9月20日），而在21世纪2001—2010年最晚（10月1日）；入冬日期在20世纪70年代和80年代最早（11月20日），而在21世纪2011—2017年最晚（11月26日）（表10.1）。

1961—2017年，长三角地区入春和入夏日期在几乎所有地区都呈现出提早趋势，且入春日期的提早在长三角除浙江中南部个别站外的其他地区都在统计上显著（图10.2a），入夏日期的提早仅在江苏东南部、上海中北部和浙江中北部及沿海地区在统计上显著（图10.2b）。入

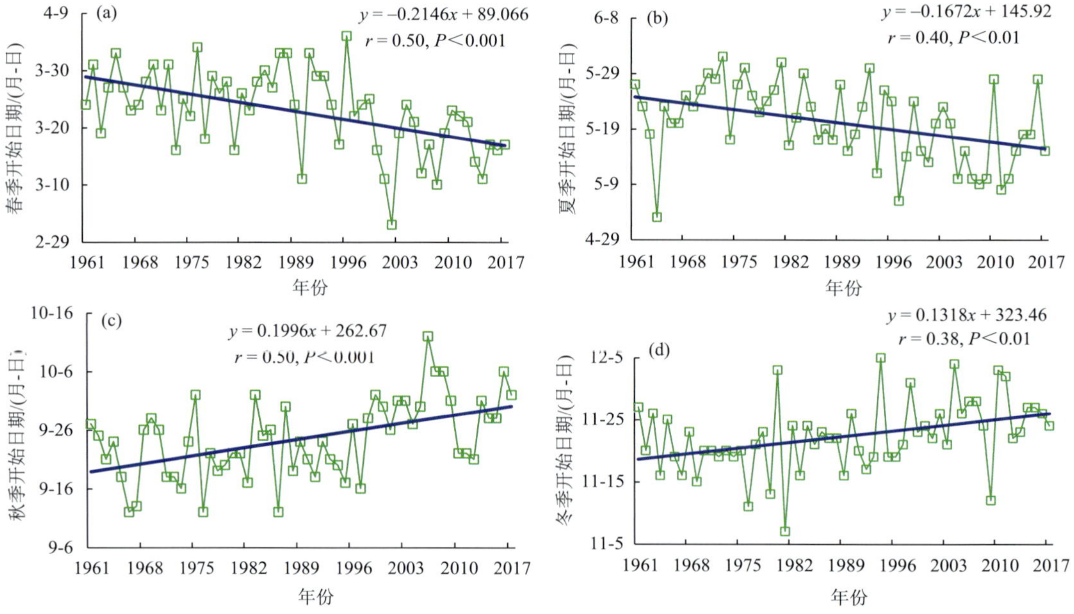

图10.1 1961—2017年长三角地区四季开始日期年际变化

表 10.1　1961—2017 年长三角地区四季开始日期及长度的年代际特征

年份	四季开始日期(月/日)				四季长度/d			
	春季	夏季	秋季	冬季	春季	夏季	秋季	冬季
1961—1970	3/27	5/21	9/22	11/21	57.0	122.3	59.8	125.9
1971—1980	3/25	5/26	9/20	11/20	64.1	115.2	60.4	125.1
1981—1990	3/25	5/22	9/23	11/20	57.3	123.7	58.5	126.8
1991—2000	3/26	5/19	9/23	11/23	58.6	125.9	60.3	120.9
2001—2010	3/16	5/16	10/1	11/25	61.6	136.9	55.1	111.9
2011—2017	3/17	5/16	9/28	11/26	63.0	132.9	58.1	110.5

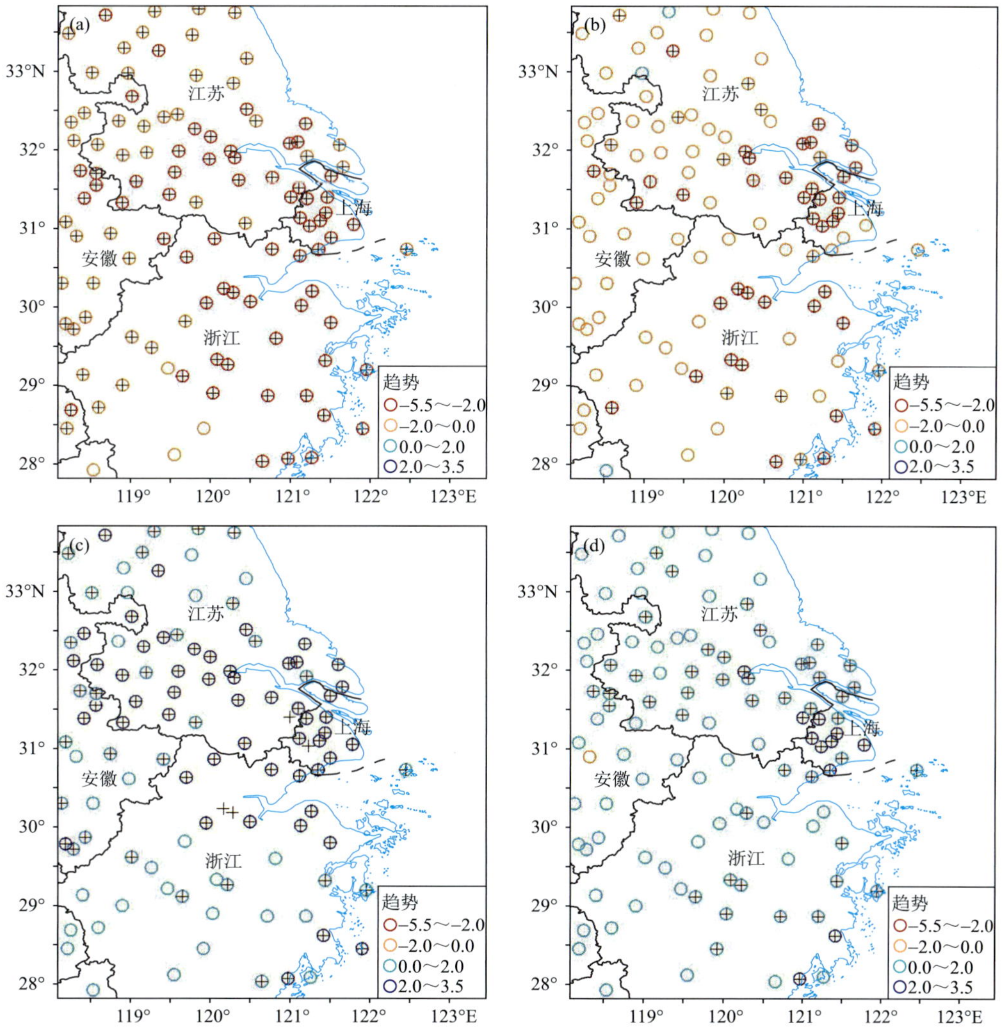

图 10.2　1961—2017 年长三角地区四季开始日期的变化趋势(单位:d·(10 a)$^{-1}$)
(a. 春季,b. 夏季,c. 秋季,d. 冬季，+:通过 0.05 显著性水平检验)

春日期显著提早区域的变化趋势多为 1.2～3.0 d·(10 a)$^{-1}$，入夏日期显著提早区域的变化趋势多为 1.0～3.0 d·(10 a)$^{-1}$。长三角地区入秋和入冬日期在几乎所有地区都呈现出推迟趋势，入秋日期的推迟在江苏中南部、上海市和浙江北部与沿海地区在统计上显著，推迟线性趋势率多为 1.0～3.0 d·(10 a)$^{-1}$(图 10.2c)，而入冬日期的推迟在江苏中南部、上海市和浙江中东部在统计上显著，推迟线性趋势率多为 1.0～2.0 d·(10 a)$^{-1}$(图 10.2d)。

10.1.2.2　四季持续长度的变化

1961—2017 年，长三角地区夏季以 3.6 d·(10 a)$^{-1}$的线性趋势极显著延长，冬季以 3.5 d·(10 a)$^{-1}$的线性趋势极显著缩短，春季和秋季分别以 0.6 d·(10 a)$^{-1}$和 0.7d·(10 a)$^{-1}$的线性趋势延长和缩短，但二者变化趋势在统计上均不显著(图 10.3)。就整个长三角区域平均而言，春季长度在 20 世纪 70 年代最长(64.1 d·a^{-1})，而在 20 世纪 60 年代最短(57.0 d·a^{-1})；夏季长度在 21 世纪最初 10 a 最长(136.9 d·a^{-1})，而在 20 世纪 70 年代最短(115.2 d·a^{-1})；秋季长度在 20 世纪 70 年代最长(60.4 d·a^{-1})，而在 21 世纪最初 10 a 最短(55.1 d·a^{-1})；冬季长度在 20 世纪 80 年代最长(126.8 d·a^{-1})，而在 21 世纪 2011—2017 年最短(110.5 d·a^{-1})(表 10.1)。

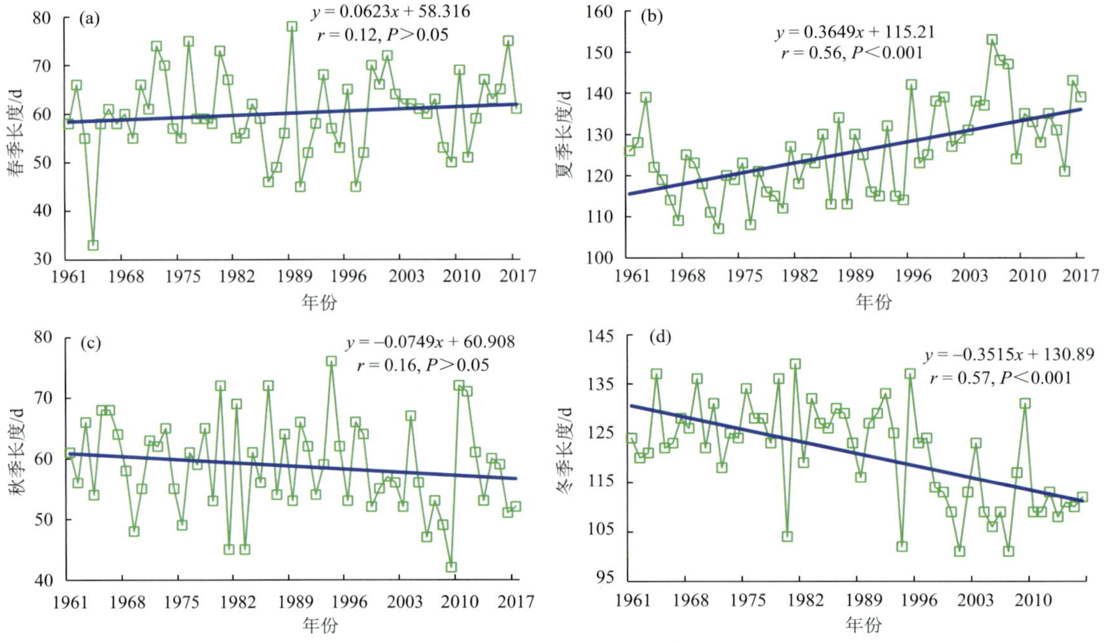

图 10.3　1961—2017 年长三角地区四季长度年际变化

1961—2017 年，春季长度在长三角大部分地区都延长(除上海北部、江苏南通地区及浙江中部个别区域)，夏季长度在长三角所有地区都延长，但春季长度的延长在长三角地区统计上都不显著(图 10.4a)。夏季长度除在浙江中南部、安徽西部和江苏北部地区不显著延长外，在其余大部分地区都显著延长，线性趋势率多为 2.0～4.8 d·(10 a)$^{-1}$(图 10.4b)。秋季长度除了在浙江东南部延长外，在长三角其他地区都缩短，但其长度的变化在统计上几乎都不显著(图 10.4c)。冬季长度在整个长三角地区都显著缩短，且在江苏南部、上海、浙江北部和东北部地区，冬季长度多以 2.1～5.3 d·(10 a)$^{-1}$的线性趋势大幅度缩短(图 10.4d)。

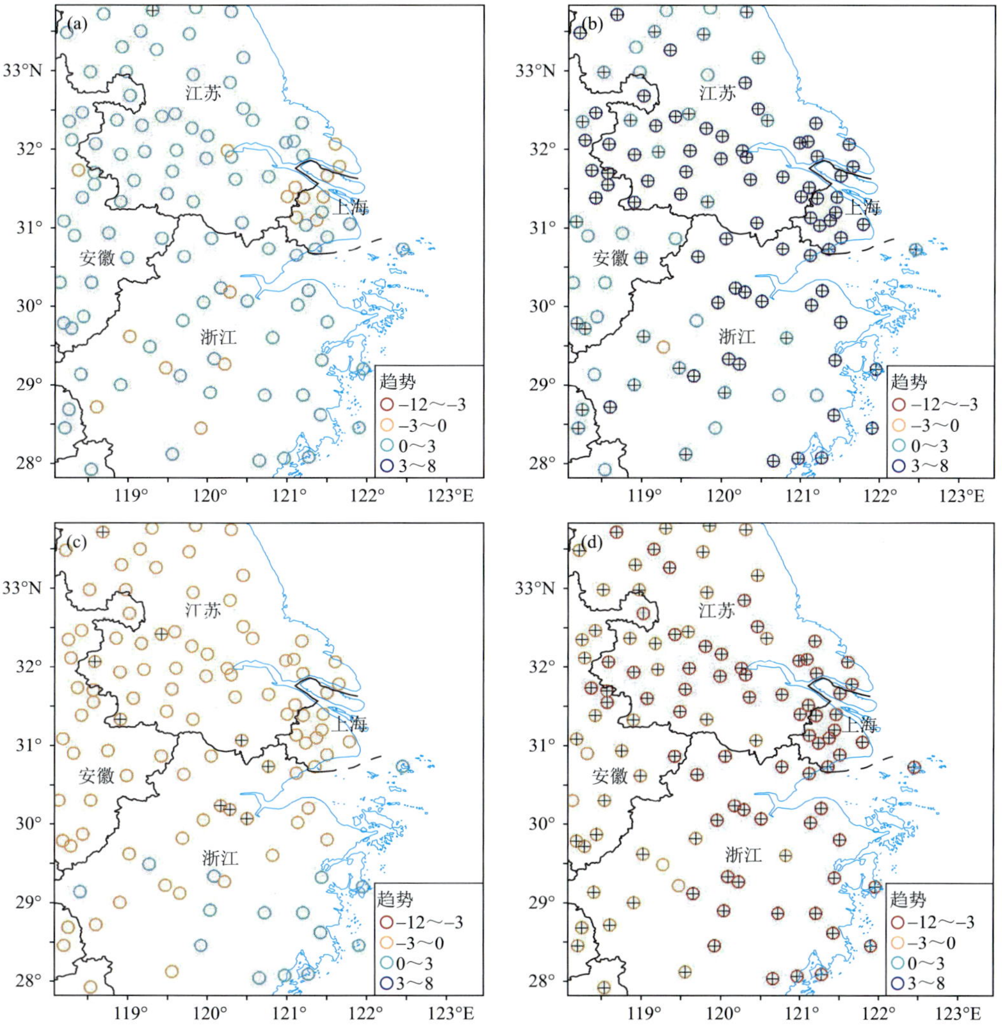

图 10.4　1961—2017 年长三角地区四季长度的变化趋势(单位:d・(10 a)$^{-1}$)
(a. 春季,b. 夏季,c. 秋季,d. 冬季,＋:通过 0.05 显著性水平检验)

10.1.2.3　四季变化的突变分析

为了分析长三角地区四季变化的突变特征,分别对四季开始时间和长度进行 Mann-Kendall 突变检验。结果表明,1961—2017 年,长三角地区春季开始时间在 2000 年之前大多为推迟,但不显著;2000 年之后,春季开始时间逐渐提早,在 2008 年之后显著提早,并在 2013 年开始呈极显著提早趋势(图 10.5a)。春季开始时间在 2004 年发生了突变,由不显著推迟变化转为单一明显的提早趋势。夏季开始时间在 20 世纪 60 年代呈提早趋势,但在 20 世纪 60 年代末到 80 年代初呈显著推迟趋势,20 世纪 90 年代以后转为一致的提早趋势且逐渐显著(图 10.5b)。夏季开始时间的一致提早年份(1994 年)比春季(2001 年)早 7 a,显著提早趋势比春季略早,即在 2006 年开始提早趋势显著,并在 2008 年呈极显著提早趋势,突变时间(1999 年)也比春季偏早。秋季开始时间在 1961—1983 年呈提早趋势,其中 1965—1967 年出现了显著提早,1983 年以后秋季开始时间出现推迟趋势,1997 年(突变时间)后为一致推迟期,其中

2003 年开始显著推迟，2005 年开始呈极显著推迟趋势（图 10.5c）。冬季开始时间在 1961—1985 年为不显著提早期，1985 年以后为一致推迟期，其中 1996 年为突变时间，2004 年开始逐渐呈显著推迟趋势，2006 年开始呈极显著推迟趋势（图 10.5d）。从秋季和冬季开始时间的对比分析来看，变化趋势相似，但一致推迟时间秋季比冬季偏晚 13 a。总体而言，秋季和冬季的突变转变比春季和夏季早，且春季在 20 世纪 70 年代处于波动调整期，夏季和秋季从 20 世纪 80 年代至 90 年代中期处于波动调整期，而冬季开始时间呈现出从提早到推迟的明显线性趋势。

从四季长度突变检验结果来看（图 10.5e 和图 10.5f），从 1989 年夏季长度开始由缩短转为延长，且从 2002 年开始显著延长，2004 年开始极显著延长。冬季长度从 1999 年开始转为缩短，且从 2005 年开始显著缩短，2007 年开始极显著缩短。冬季长度突变时间点比夏季偏晚。春季和秋季长度突变变化不显著（图略）。从 1961—2017 年长三角地区四季突变时间点统计（表 10.2）可见，季节变化气候特征的突变与我国长三角地区 20 世纪 90 年代开展的大规模城市化、工业化有一定的联系，将在下一节进行讨论。

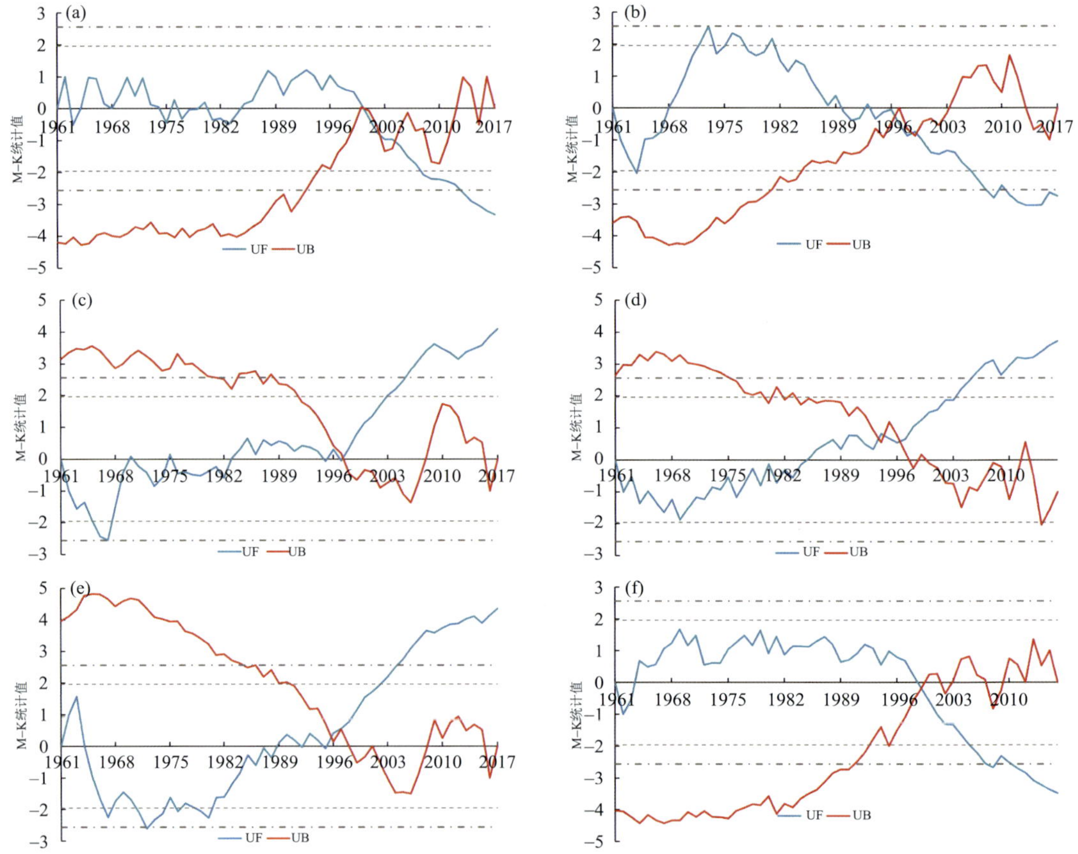

图 10.5　1961—2017 年长三角地区四季变化特征

（a. 春季开始日期，b. 夏季开始日期，c. 秋季开始日期，d. 冬季开始日期，e. 夏季长度，f. 冬季长度时间序列 Mann-Kendall 统计值曲线；虚线为 0.05 显著性水平，点画线为 0.01 显著性水平；UF：正序统计量，UB：逆序统计量）

表 10.2 1961—2017 年长三角地区四季突变时间点统计

四季开始日期				四季长度			
春季	夏季	秋季	冬季	春季	夏季	秋季	冬季
2004 年	1999 年	1997 年	1996 年	/	1997 年	/	1999 年

10.1.3 四季气候变化的成因分析

10.1.3.1 气温对四季变化的影响

由 10.2.3 节四季突变分析可以得出，四季开始日期的提早或推迟、长度的缩短或延长的转变时期大都集中在 20 世纪 90 年代中后期，而 20 世纪 90 年代初是长三角地区工业、经济、社会发生巨大变革的时期，城市化进程加速，人类活动对气候产生了较大影响，所以选取 1990 年作为气候转折点来分析年平均气温对四季气候变化的影响。

从长三角区域近 57 a 平均气温来看(图 10.6)，年平均气温呈极显著上升趋势，倾向率为 0.28 ℃·$(10\ a)^{-1}$，其中 1961—1990 年，年平均气温呈略下降趋势，但趋势不显著；1991—2017 年平均气温呈极显著的上升趋势，倾向率为 0.4 ℃·$(10\ a)^{-1}$。从长三角区域 1981—2015 年增温趋势空间分布可见(图 10.7a)，长三角所有地区增温趋势都显著，尤其是在江苏南部、上海市、浙江东北部等地，达到 0.5～0.8 ℃·$(10\ a)^{-1}$。可见，在全球变暖的气候背景下，区域年平均气温显著上升，四季开始日期和长度随之发生了明显的变化，表现为入春、入夏提早，入秋、入冬推迟；春季和夏季延长，秋季和冬季缩短。因此平均气温的升高对四季变化有较大的影响。

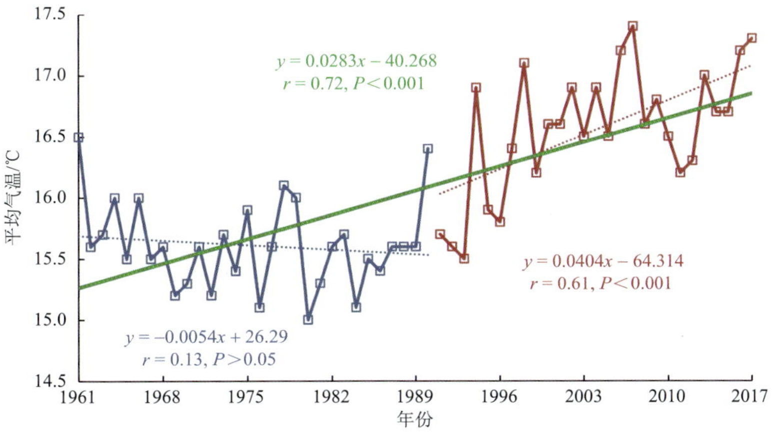

图 10.6 1961—2017 年长三角地区平均气温年际变化

10.1.3.2 城市化对四季变化的影响

王原等(2016)研究表明，上海城市化发展可以划分为 1960—1978 年城市化停滞时期、1978—1990 年过渡时期和 1990—2006 年快速城市化时期三个阶段。1981—2015 年，长三角地区经历了改革开放初期到社会经济高速发展时期，各大中小城市加快建设，工业发展伴随着建设用地普遍较快增长(图 10.7)。从 1981—2015 年站点周边建设用地增长率的空间分布可见(图 10.7b)，江苏中北部、安徽和浙江西部地区的建设用地变化较小(＜20％)，与当地城市化进程较慢一致；而长江沿岸、浙江中北部及沿海地区和上海市等长三角核心区域近年来城镇

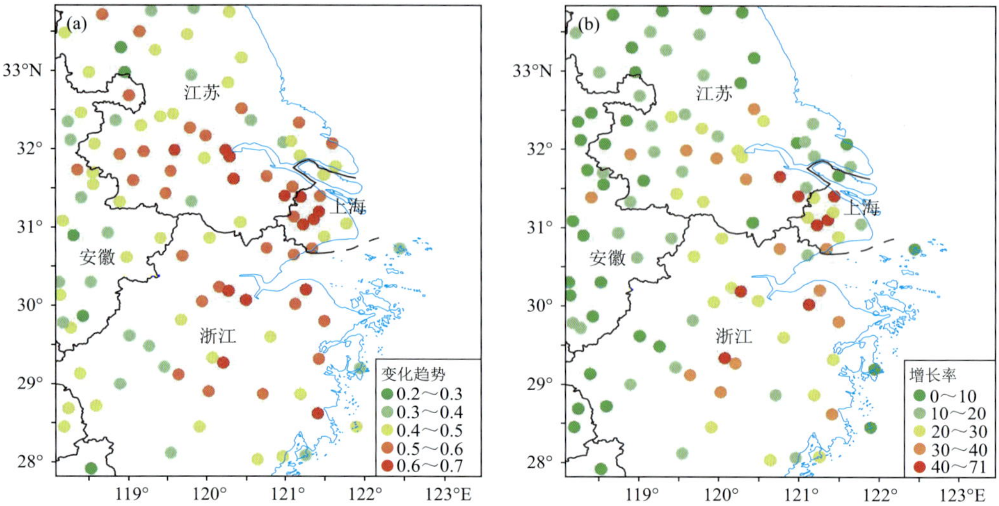

图 10.7　(a)1981—2015 年长三角地区平均气温变化趋势(单位：d·$(10\ a)^{-1}$)与(b)站点周边建设用地增长率(单位：%)的空间分布

化、工业化发展较快，其建设用地增长率普遍达 30%以上，与气温增温幅度较大区域有较好的对应关系(图 10.7a)。其中，建设用地增长率在 40%以上的地区中，有一半达到了 0.6～0.8 ℃·$(10\ a)^{-1}$的显著增温趋势。1981—2015 年的增温率与建设用地增长率呈极显著的正相关，其线性相关系数(r)为 0.64(图 10.8)。

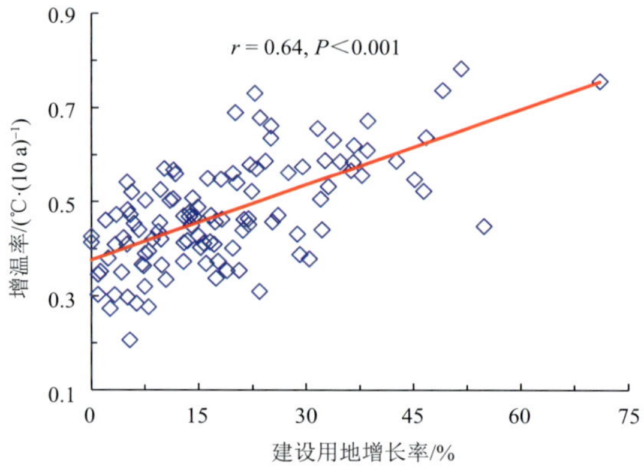

图 10.8　1981—2015 年长三角地区气象站点增温率与站点周边建设用地增长率的关系

在 1981—2015 年建设用地快速增长期间，长三角四季也发生了显著的变化。长三角春季和夏季开始时间变化率与建设用地增长率呈极显著负相关，r 分别为 0.51 和 0.54；秋季和冬季开始时间变化率与建设用地增长率呈极显著正相关，r 分别为 0.46 和 0.42(图 10.9)。入夏时间的提早与建设用地增长率关系最显著。在四季长度方面，春季长度变化率与建设用地增长率呈显著负相关(r=0.27)，夏季长度变化率与建设用地增长率呈极显著正相关(r=0.56)，秋季长度变化与建设用地增长率相关不显著，冬季长度变化率与建设用地增长率呈极显著负相关(r=0.53)。与入夏时间显著提早相对应，夏季长度的延长与建设用地增长率关系最显著(图 10.10)。

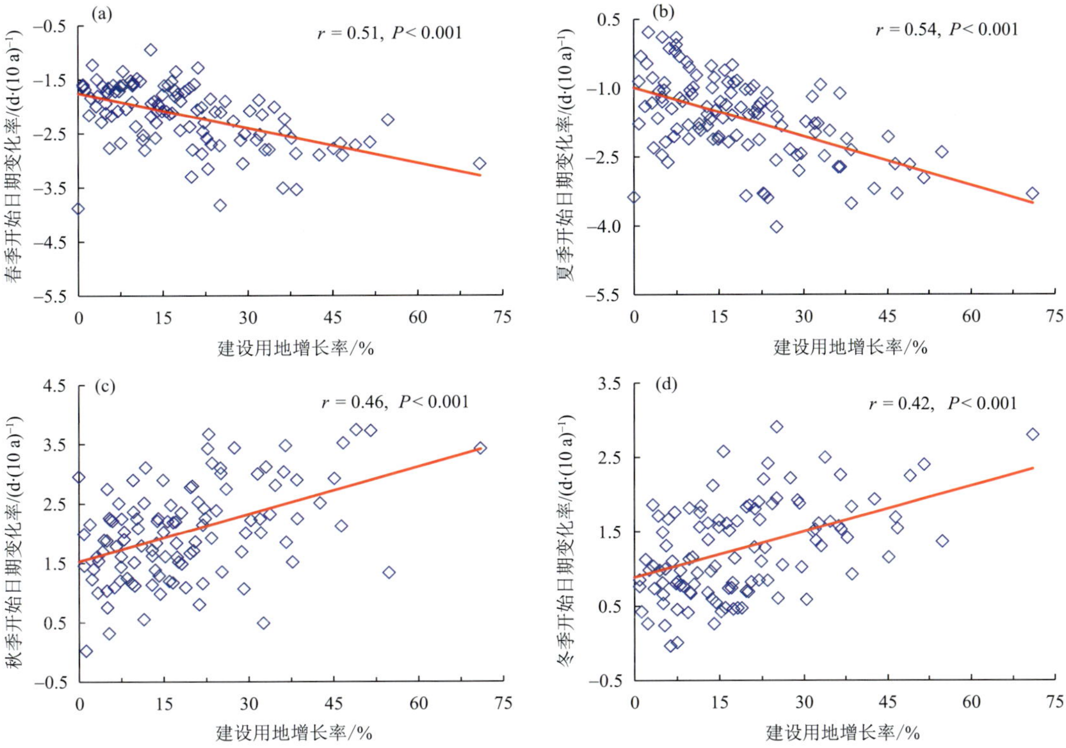

图 10.9　1981—2015 年站点周边建设用地增长率与四季开始日期的关系

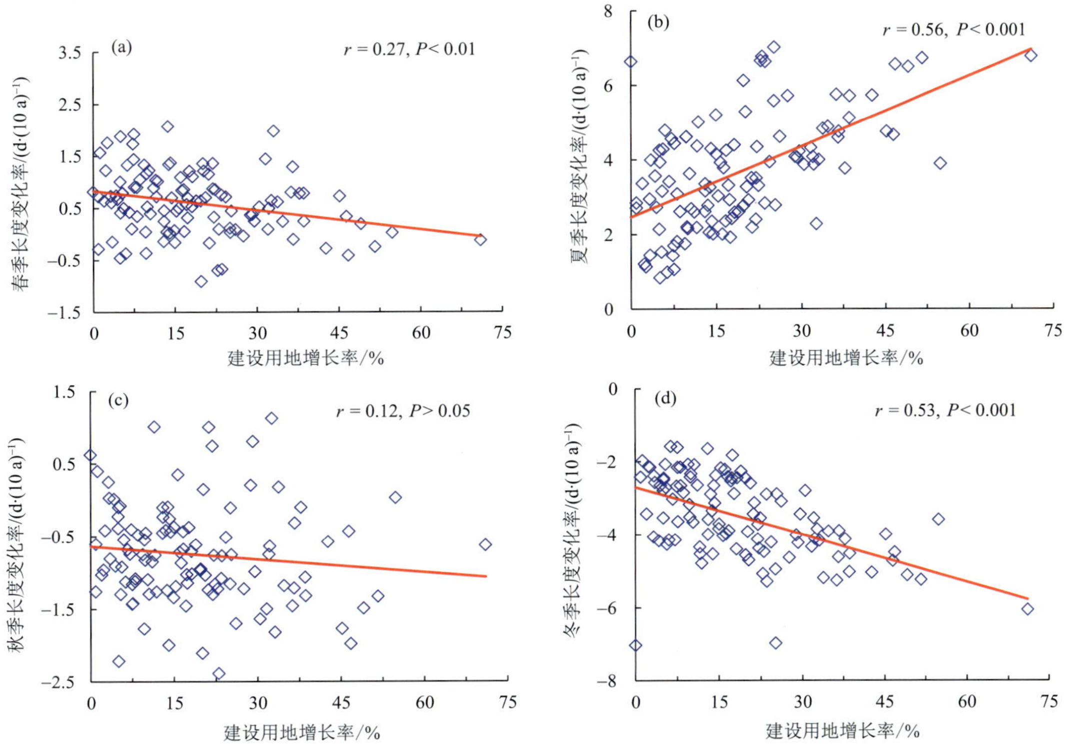

图 10.10　1981—2015 年站点周边建设用地增长率与四季长度的关系

10.1.4 讨论

10.1.4.1 长三角四季开始日期及长度变化

全球气候变暖和快速而大范围的城市化已经造成了许多气候和环境问题。长三角城市群是世界六大城市群之一，其城镇最为密集、城市化水平最高，加速发展的工业和频繁的人类活动导致该区域形成了独特的城市气候特征。1961—2017 年，长三角地区的入春和入夏日期分别以 2.1 $d\cdot(10\ a)^{-1}$ 和 1.7 $d\cdot(10\ a)^{-1}$ 的线性趋势显著提早，入秋和入冬日期分别以 2.0 $d\cdot(10\ a)^{-1}$ 和 1.3 $d\cdot(10\ a)^{-1}$ 的线性趋势显著推迟；夏季以 3.6 $d\cdot(10\ a)^{-1}$ 的线性趋势极显著延长，冬季以 3.5 $d\cdot(10\ a)^{-1}$ 的线性趋势极显著缩短（图 10.1 和图 10.3）。这与全国四季变化趋势和现有的研究结果基本一致。如郁珍艳等（2010，2011）对 1961—2007 年我国四季长度的变化研究表明，四季长度在全国范围内主要表现为春季变短（$-0.8\ d\cdot(10\ a)^{-1}$）、夏季变长（$3.2\ d\cdot(10\ a)^{-1}$）、秋季变短（$-0.5\ d\cdot(10\ a)^{-1}$）和冬季变短（$-1.6\ d\cdot(10\ a)^{-1}$）的趋势；全国大范围地区夏季变长且变化最为明显，秋季和冬季变短；华东地区春季略有变长，而其他地区春季变短。任妍等（2017）利用经验模态分解自适应趋势统计方法对 1971—2013 年我国四季开始日期分析表明，全国大部分地区春季、夏季起始日提早，春季比夏季提早趋势更明显，秋季、冬季起始日推迟，秋季比冬季推迟的范围更大。对于长三角地区四季变化研究也获得一致的结果，如吴昊旻等（2012）对 1961—2010 年长三角地区季节变化分析指出，夏季长度有极显著的延长趋势，春季、夏季的起始日期有显著的提早趋势；空间分布上，春季、秋季长度由内陆向沿海增加，夏季长度由北向南递增，冬季长度由北向南递减。

10.1.4.2 城市化对长三角四季特征变化的影响

城市化对自然环境的影响是多方面的，其中城市对下垫面类型的改变是其造成的最直接的影响之一。城市土地利用方式的改变是城市化影响局地天气气候的最直接途径（汪笑眉，2016）。城市建设用地的增加引起城市不透水表面积的增加和下垫面形态的复杂化，这些都会改变城市地表物理属性（反照率、热容量、导热率等），显著改变城市地表能量收支平衡（感热增大，潜热减小），并引起城市近地面气温，湿度、湍流等边界层结构的变化以及局地、区域大气环流的改变，进而成为直接影响城市气候的重要因素（Chan，2012；Wang et al.，2015）。

城市化进程及土地利用变化对城市的增温作用已成为当今区域气候变暖研究中最受关注的问题之一。长三角城市群拥有我国最高的城市密度，其城市覆盖面积从 20 世纪 80 年代的 $2.29\times10^3\ km^2$ 迅速发展至 2005 年的 $4.19\times10^3\ km^2$ 和 2016 年的 $6.11\times10^3\ km^2$（许礼华，2019）。崔林丽等（2009）分析了长江三角洲大城市、中等城市和小城镇的气温变化特征，结果表明城市化对中等城市和大城市有明显的增温作用，长三角城市化效应的增温率和贡献率与其他地区比较一致。江俊杰等（2012）分析了城市化及土地利用变化对长三角地区气温变化的影响，表明自 20 世纪 90 年代末开始，城市化及土地利用类型的改变使长三角地区气温显著上升，年平均气温、年平均最高和最低气温的增温速率分别为 $0.197\ ℃\cdot(10\ a)^{-1}$、$0.045\ ℃\cdot(10\ a)^{-1}$ 和 $0.308\ ℃\cdot(10\ a)^{-1}$。史兰红（2014）也指出，长三角地区的城市城镇建成区面积扩张在一定程度上影响了城市的地面气温变化，1992—2007 年和 2000—2007 年城镇建成区面积对年、季平均气温的影响具有较好的一致性。Li 等（2018）对京津冀、长三角和成渝三个城市群在 2000—2015 年来由耕地转化为城乡建设用地的温度影响进行对比研究，表明城乡建设用地的扩张使温度上升明显，地表温度的增温幅度大于近地面气温的增温幅度，这种现象在夏季更为明显。

在全球变暖的背景下，城市化带来的土地利用变化、人为热排放都会影响城市的气温变化。气温的升高，必然对以平均气温来衡量的四季变化产生影响，并导致局地气候要素的重新分布，尤其是长三角中东部和沿海地区，四季开始日期和长度随区域内平均气温的升高发生了明显的变化（图 10.2 和图 10.4）。郁珍艳等（2010，2011）指出气温变化导致四季开始日期和长度变化，即 1961—2007 年我国年平均气温上升明显，年平均气温的突变时间超前于四季长度的变化时间，年平均气温对四季长度的变化有较大的影响。姜燕敏等（2012）通过对长三角地区四季长度变化原因分析也指出，气温与夏季长度呈明显正相关，且气温对夏季长度变化的影响最显著。长三角区域内建设用地的高增长区域与高增温区域有较好的空间对应关系，且增温率与建设用地增长率呈极显著的正相关（$r=0.64$）（图 10.7 和图 10.8）。1981—2015 年建设用地的快速增长使四季气候特征发生了明显的变化，其中入夏时间的提早和夏季时间的延长与建设用地增长率关系最显著（r 分别为 0.54 和 0.56）。已有研究也表明，在 1989—2007 年，长三角地区城镇建成区扩展主要影响春季平均气温升高和夏季地表增温明显，导致夏季开始时间显著提早和夏季长度显著延长。本节利用建设用地的变化来分析四季变化的成因具有一定的参考价值。

10.2 长三角地区人体舒适度气候变化特征

人体舒适度是描述气温、湿度和风速对人体综合影响的指标，它表征人体无须借助防寒手段、避暑装备和设施保证日常行为正常进行的相应空气环境，该环境下的气温、湿度及风速即为体感舒适的适宜气候条件。IPCC 第四次气候变化评价报告指出，近 100 a（1906—2005 年）全球地表温度上升 0.74 ℃。随着全球气候变暖，气候因子的变化必然导致人体舒适度的变化。人体舒适度指数是从气象角度评价不同气候条件下人的舒适感，根据人类机体与大气环境的热交换制定的生物气象指标（郑敬刚 等，2005）。

人类热舒适的评估自 20 世纪以来一直在发展，当时基于两个简单气象变量的相互作用开发了第一个简化模型。20 世纪 30 年代，热力学原理首次应用于人体与其热环境之间的能量交换。在 20 世纪 80 年代，热交换物理知识的发展和个人计算机的使用使得对人体热环境的研究和基于身体热交换的指数的制定得到了改进（刘梅 等，2002）。长三角地区部分核心城市生态宜居与宜业建设矛盾十分突出。在城市群构建生态宜居宜业的城市体系，需要厘清城市群生态宜居的气候背景条件等现状及其水平的时空差异与分布特征，并据此有针对性和差异性地推进城市群生态宜居宜业建设（张欢 等，2018）。

10.2.1 数据及方法

在综合考虑站点时间序列长度及数据缺测率的基础上，本书选取长三角共 112 个气象站点 1961—2019 年逐日气温、相对湿度和风速数据开展人体舒适度气候变化特征分析。该数据来自国家气象信息中心，数据均通过质量控制。

人体舒适度指数（CIHB）是一项综合感觉指数，包括较多气象要素，很难在一个公式中把各个要素对指数的贡献直接表达出来，所以到目前为止，针对不同地区不同气候特征，国内外至少有二十多种 CIHB 的计算方法，常用的有炎热指数经验公式(炎热指数 K)，该公式同时考虑了温度、湿度及风速对人体舒适度的影响，相较于其他公式更实用且适合研究区东南部沿海湿度较大，西北部内陆气温较高的气候特点(于庚康 等,2011)。

$$K = 1.8T - 0.55(1.8T - 26)(1 - 0.01RH) - 3.2v^{0.5} + 32 \tag{10.1}$$

式中，T 为日平均气温(℃)，v 为日平均风速($m \cdot s^{-1}$)，RH 为日平均相对湿度(%)。

10.2.2 结果与分析

10.2.2.1 年际变化

1961—2019 年，长三角地区人体舒适度日数以 2.5 $d \cdot (10\ a)^{-1}$ 的线性趋势显著增多(图 10.11)。

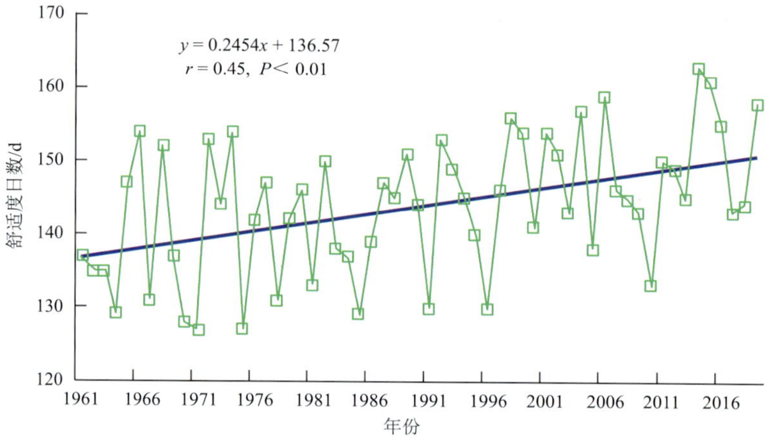

图 10.11 1961—2019 年长三角地区四季人体舒适度日数年际变化

10.2.2.2 季节变化

1961—2019 年，长三角地区春季人体舒适度日数以 2.8 $d \cdot (10\ a)^{-1}$ 的线性趋势极显著增多，夏季人体舒适度日数以 1.4 $d \cdot (10\ a)^{-1}$ 的线性趋势显著减少，秋季人体舒适度日数变化不显著，冬季人体舒适度日数以 0.5 $d \cdot (10\ a)^{-1}$ 的线性趋势显著增多，其中春季人体舒适度日数增加幅度最大(图 10.12)。

10.2.2.3 人体舒适日数及其变化的空间分布特征

1961—2019 年，长三角地区年平均人体舒适度日数呈现南多北少的空间分布形态，即浙江省东南沿海地区的人体舒适度日数可达 150 d 以上。上海市、浙江省北部和江苏省南部地区的年平均人体舒适度日数在 142～148 d。江苏省北部及安徽省大部分地区的年平均人体舒适度日数在 136～142 d(图 10.13a)。

从长三角地区人体舒适度空间分布的年际变化及其显著性检验来看，1961—2019 年平均舒适度日数在长三角大部分地区都呈增加趋势，多为 2.5～3 $d \cdot (10\ a)^{-1}$ 的增加速度且在统计上都显著，上海地区、浙江北部、江苏中南部区域的人体舒适度日数的增加趋势较明显，为 3～3.5 $d \cdot (10\ a)^{-1}$，最多可达 3.5 $d \cdot (10\ a)^{-1}$ 以上(图 10.13b)。

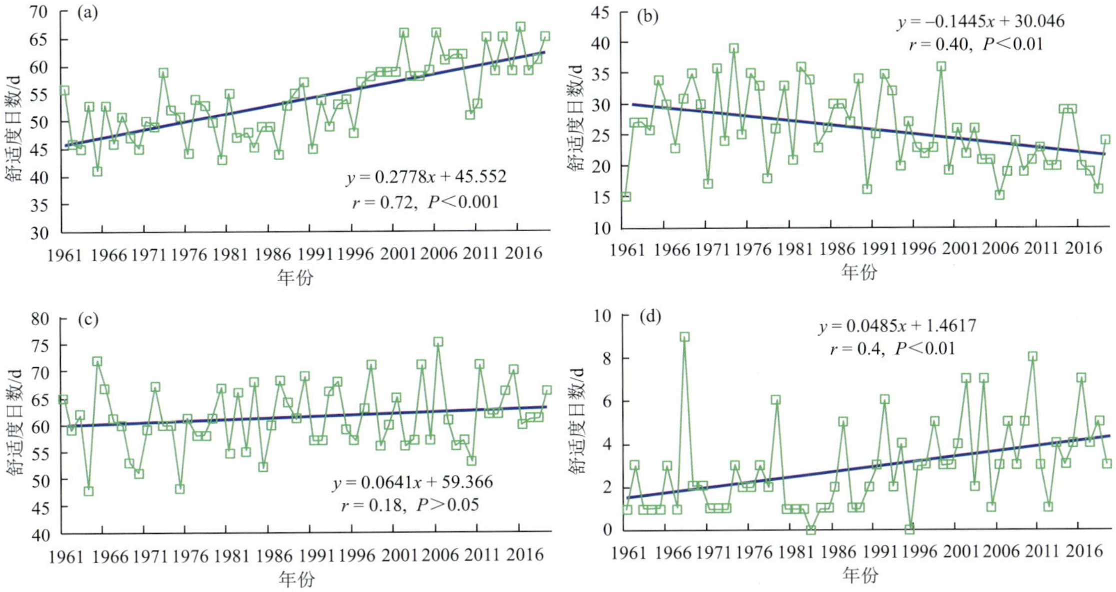

图 10.12 1961—2019 年长三角地区四季人体舒适度日数年际变化

（a. 春季，b. 夏季，c. 秋季，d. 冬季）

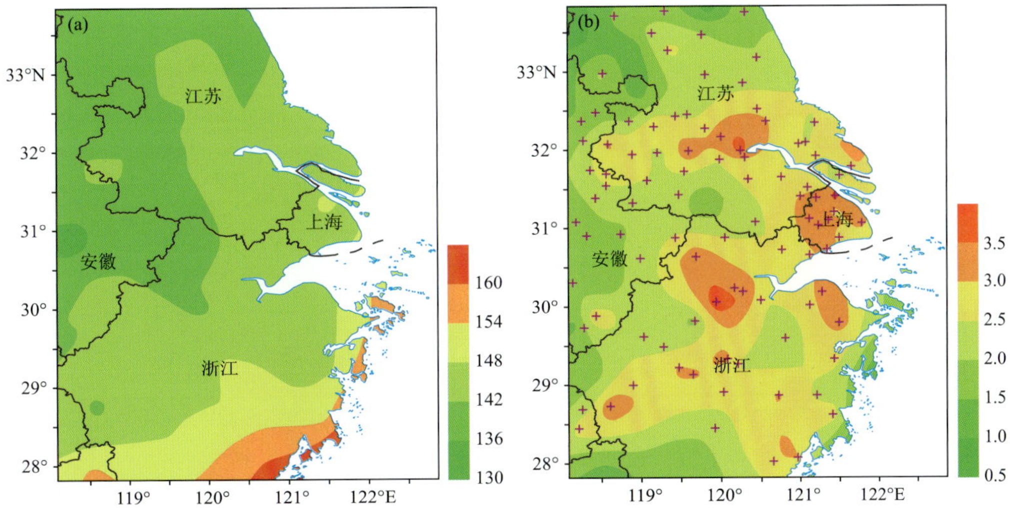

图 10.13 1961—2019 年长江三角洲人体舒适度日数多年平均值（a，单位：d）及变化趋势（b，单位：d·(10 a)$^{-1}$）的空间格局

分季节来看，春季的人体舒适度日数空间分布形态呈西北—东南向递增带状分布，浙江东南沿海地区最多为 65 d 以上，而江苏沿海地区最少为 40 d 以下，可能与该地区春季大风和低温有关（图 10.14a）。夏季的人体舒适度日数空间分布形态与春季正好相反，北多南少。夏季受高温影响，浙江南部的舒适度日数仅为 8～15 d，江苏沿海地区为 36 d 以上（图 10.14b）。秋季的人体舒适度日数空间分布与其他季节各不相同，呈东西向带状分布，从沿海到内陆递减，空间形态与海陆分布有关，沿海地区最多为 60 d 以上，安徽大部和江苏北部最少为 57 d 左右

(图 10.14c)。冬季的人体舒适度日数占全年总日数最少,空间分布基本与春季形态一致,最多为浙江南部,为 18 d 以上,浙江北部、安徽、上海和江苏地区仅为 0.5～4 d,不舒适日空间范围较大(图 10.14d)。

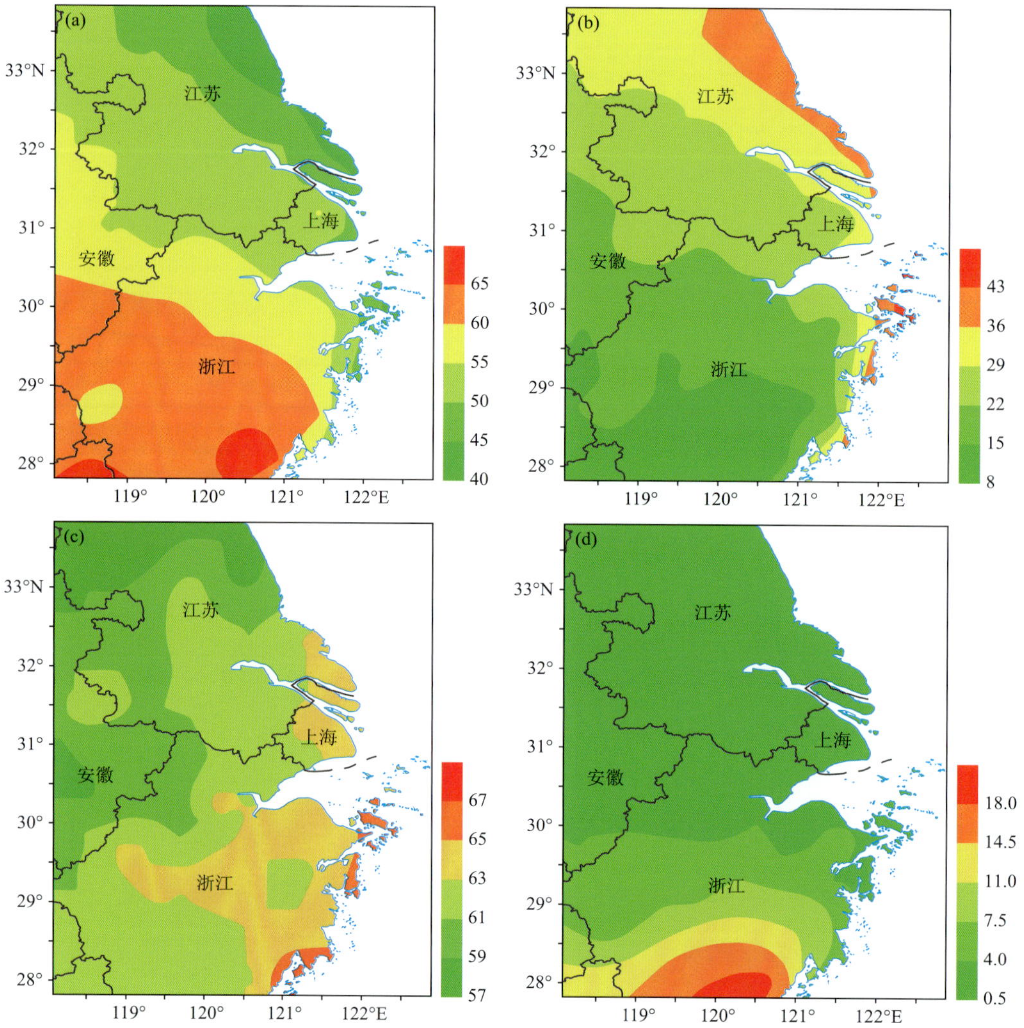

图 10.14 1961—2019 年长江三角洲四季人体舒适度日数多年平均值的空间格局(单位: d)
(a. 春季,b. 夏季,c. 秋季,d. 冬季)

从季节来看,春季舒适度日数的空间变化趋势在长三角大部分地区都显著增加,增加最明显的是以速率为 4.5 d·$(10\ a)^{-1}$ 的上海和江苏东南部地区,增加最少的是浙江中南部地区,速率为1 d·$(10\ a)^{-1}$(图 10.15a)。夏季舒适度日数绝大部分地区都减少,减少幅度最大的位于上海市区,为 3.9 d·$(10\ a)^{-1}$ 以上且趋势显著,而浙江西部和安徽南部略有增加但趋势不显著(图 10.15b)。秋季舒适度日数空间变化趋势大致为以苏浙边界为交界的南部减少、北部增加的趋势,但整体空间上变化不显著,其中减少最多的为浙江东南地区,但在统计意义上不显著,而江苏中南部地区以 1.5 d·$(10\ a)^{-1}$ 的趋势显著增加(图 10.15c)。冬季舒适度日数在大部分长三角区域都显著增加,增加速率最大的为浙江东南部,达 3.5 d·$(10\ a)^{-1}$(图 10.15d)。

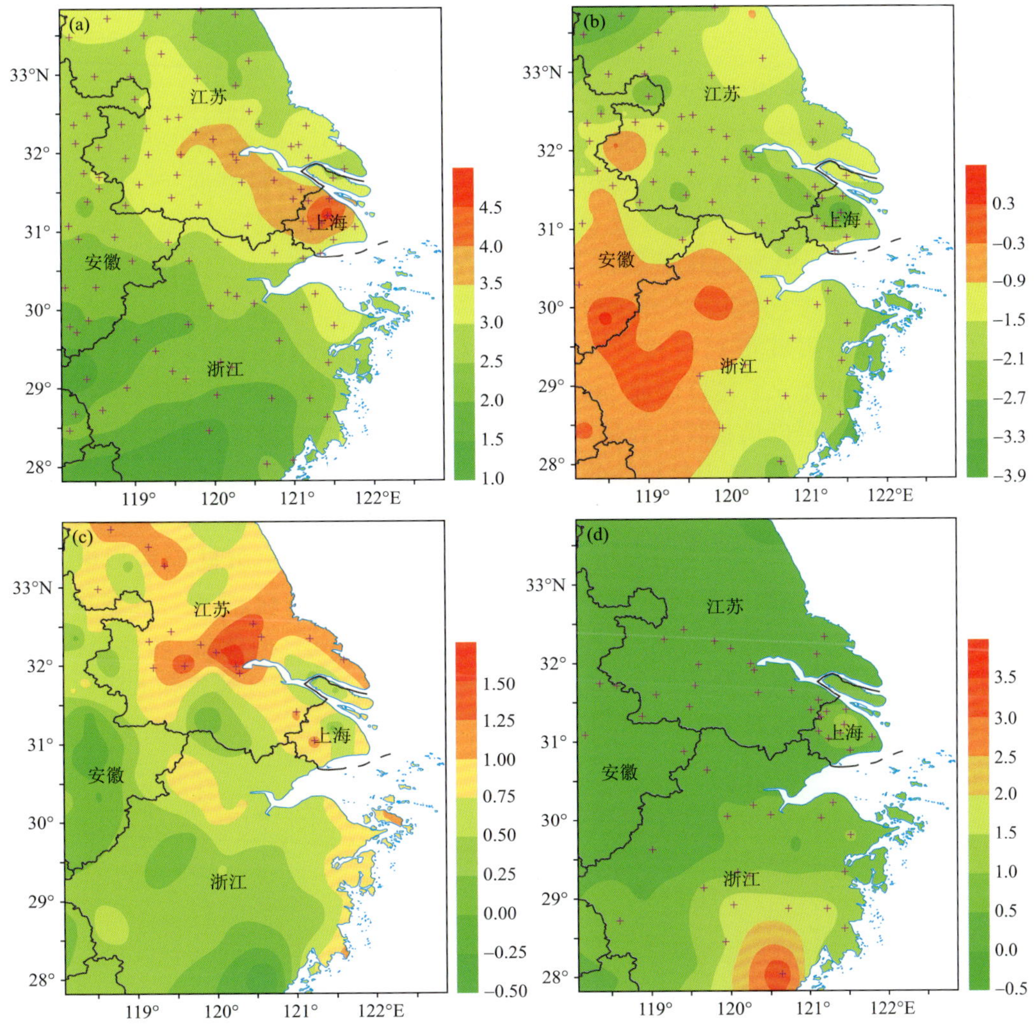

图 10.15　1961—2019 年长江三角洲四季人体舒适度日数变化趋势的空间格局(单位：d·$(10\ a)^{-1}$)
(a. 春季，b. 夏季，c. 秋季，d. 冬季)

10.3　长三角土地利用变化对生态气象环境的影响

随着全球城市化进程的加快，城市地区土地利用和土地覆盖的巨大变化，改变了原有地表与大气之间的能量、物质交换过程，形成了独特的城市边界层气候特征，如城市热岛、城市干岛、浑浊岛等(Tan et al.，2010；Li et al.，2013；Wu，2013；Zhang et al.，2014)。近年来，城市化发展对大气边界层结构、区域气候环境及极端城市灾害性天气的影响越来越引起人们的关注(Jones，1990；孙继松 等，2007；蒋维楣 等，2007)。由于城市下垫面的非均一性和复杂多样性，城市下垫面与近地层大气间的相互作用每个城市均有其独特性。长三角地区作为中国较大的城市群，摩天大楼聚集，其城市化速率高于中国平均水平，人口极为密集，其城市下垫面相较于大多数欧美城市表现得更加复杂。

10.3.1 资料和方法

10.3.1.1 单层城市冠层模式(SLUCM)简介

城市地表能量平衡模式从形态学角度来说，主要包括三类(王咏薇 等，2008；Oke，1987)：第一类为平板模式，即通过外场观测试验获取(如地表反照率、动力粗糙度、下垫面覆盖比率、建筑物高度等)城市地表特征参数，并建立地表能量通量各项与短波辐射通量的经验关系来估算地表通量。第二类为 SLUCM(Kusaka et al.，2001)，SLUCM 区分了墙面、屋顶、地面的不同影响，城市街谷为二维，但辐射处理过程为三维，考虑了不同街谷走向和太阳方位角日变化的影响。第三类为多层城市冠层模式(MLUCM)(Grimmond et al.，2010；Chen et al.，2011)，多层模式不仅区分了建筑墙面、屋顶、路面的不同影响，而且城市冠层中划分了多层，考虑各层间相互作用，可以模拟发生在城市街谷内部以及城市粗糙副层以下的湍流传输过程。其中单层城市冠层模式实现更为简单高效，易于与中尺度天气预报模式耦合，在过去十几年间发展迅速，运用更为广泛。

SLUCM 是一种简化城市几何形态的单层模型，被耦合在了 Noah 陆面模型中。耦合的主要目的是改进更低边界层的状态描述，使城市区域的模拟更加精确，能更好地展现城市环境中的热、能量和水汽交换的物理过程。它包含了城市表面与大气之间能量、动量交换，是一个简化了的几何模型，但是对辐射的处理仍然是三维的，因此包含了街区峡谷和太阳方位角的昼夜变化，模型估计了城市屋顶、墙表面和陆面的直接能量平衡(Chen，2004)(图 10.16)。

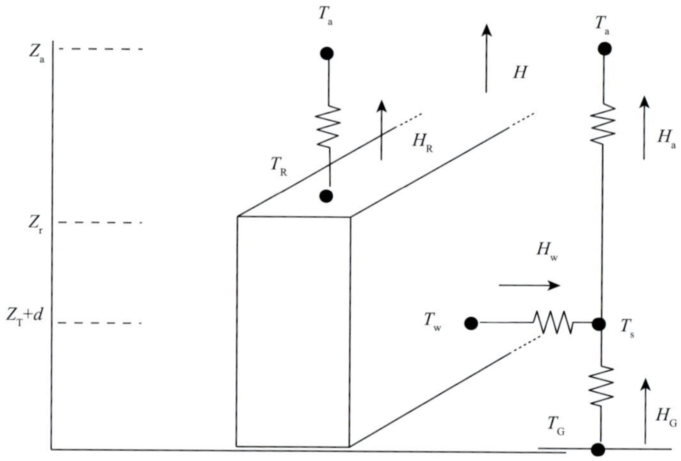

图 10.16 单层城市冠层模式框架图

(T_a为大气底层(高度 z_a)气温，T_R为屋顶温度，T_W为墙面温度，T_G为路面温度，T_S为 Z_T+d 高度上的温度，Z_T为热力粗糙度，d 为零平面位移，H 为大气感热通量，H_a为街谷到大气的感热通量，H_W为墙面到街谷的感热通量，H_G为路面到街谷的感热通量，H_R为屋顶到大气的感热通量)

10.3.1.2 土地利用类型的优化

2013 年和 2020 年两期 Landsat MSS/TM/ETM＋卫星遥感反演的空间分辨率为 30 m 土地利用类型数据来替换中尺度数值模式中默认的 MODIS-21class-30s 的长三角地区土地利

用类型。利用 ArcGIS 软件,将城市分为三类:低密度居住区、高密度居住区和商业用地(对应分类为 31,32,33,图 10.17)。

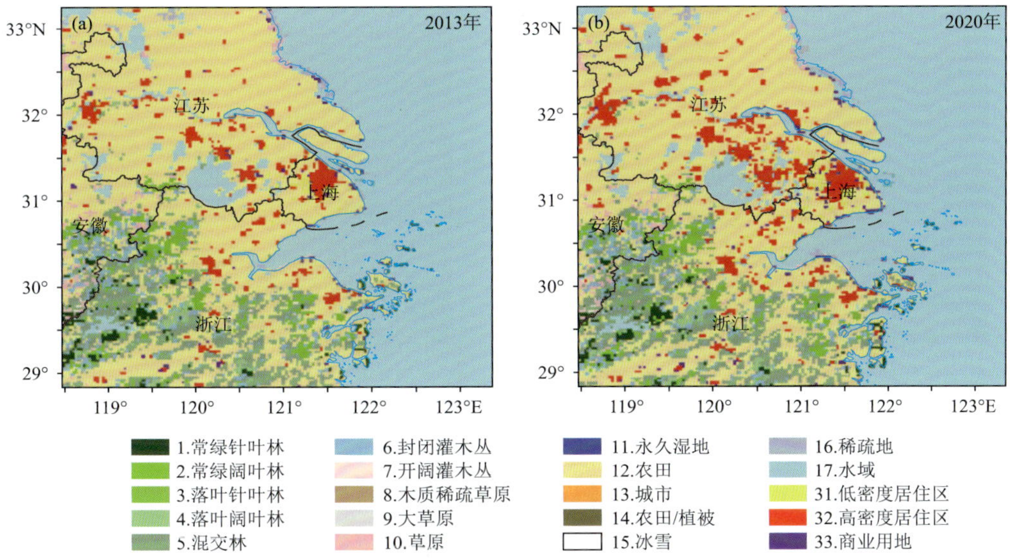

图 10.17　长三角土地利用分类

10.3.1.3　模拟方案设计

WRF 模式为 NCEP 和 NCAR 等多个研究机构联合研制的新一代中尺度数值天气预报模式 (Skamarock et al.,2005),本书采用的版本为 WRFV3.6。由于 WRF 模式技术先进、使用方便高效,且重点考虑 1～10 km 尺度范围的数值模拟,因此被广泛运用于诸如城市等复杂下垫面的研究。模拟试验选用 Lambert 投影,模式的模拟区域中心点设在(31.3°N,121.5°E),采用了四重嵌套,水平分辨率分别为 9 km、3 km、1 km、0.3 km,并耦合了 UCM。模拟试验所用的物理过程参数化方案为:WSM6 云微物理过程方案、MYJ 边界层方案、NOAH 陆面模式(Noah LSM)、莫宁近地层方案(Monin-Obukhov) (Janjic) 近地层方案、Dudhia 短波辐射参数化方案,以及快速辐射传输模式(RRTM)长波辐射参数化方案。由于本书模拟水平分辨率小于 10 km,故未使用积云参数化方案。模式积分时段为 2020 年 8 月 14 日 20 时(北京时,下同)至 8 月 16 日 20 时结束,每 1 h 输出一次模拟结果。

10.3.2　模拟结果分析

(1)近地面气温

使用相同的气象背景初始场而不同年代的下垫面土地类型对 2020 年 8 月 14—16 日平均气温进行模拟,可以得出长三角地区下垫面土地利用类型的改变对气象环境的影响。从近地面(2 m)气温来看,长三角地区气温的空间分布大致相似,东部沿海地区气温较低,上海等大城市群热岛效应明显(图 10.18)。

从 2013 年和 2020 年气温差值的空间分布来看,7 a 长三角大部分地区气温有 0.5 ℃左右的升温;升温较大的区域为上海市区周边近郊(闵行、松江、宝山)等城市副中心,说明城市逐渐向外扩张带来的升温效应,升温幅度为 1.5 ℃左右。另外,江苏省的苏州、无锡、南京等城市的城市化进程也比较快速，局地升温可达 2.0 ℃(图 10.19)。

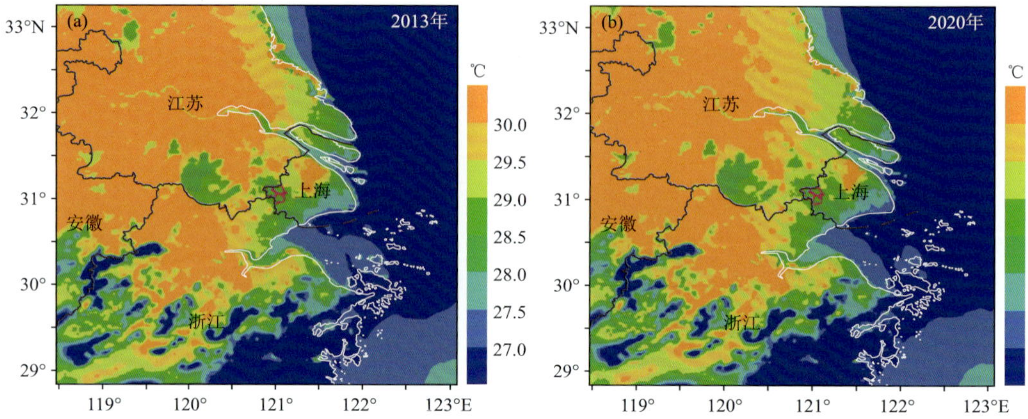

图 10.18 2013 年(a)与 2020 年(b)的 8 月 14—16 日平均气温

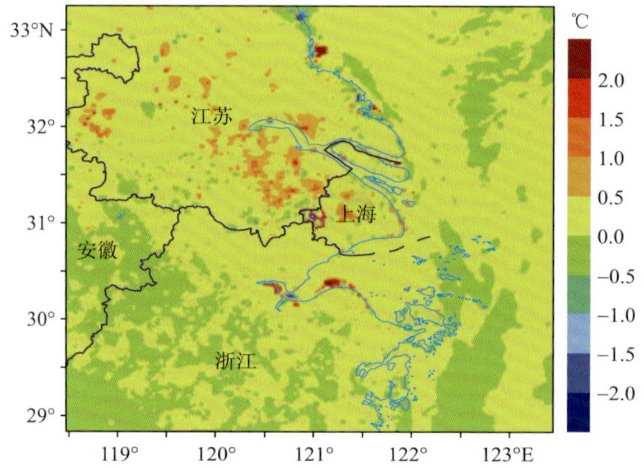

图 10.19 2020 年与 2013 年的 8 月 14—16 日平均气温差值

(2)近地面相对湿度

从近地面相对湿度可见，长三角地区东部沿海地区的相对湿度较大，为 80%以上，大部分地区为 60%左右(图 10.20)。从 2020 年和 2013 年的差值来看，长三角大部分地区相对湿度都减小，幅度为 4%左右，浙江山区等地略有增加(2%左右)，减少最多的区域与气温增加的区域基本一致，为上海城市近郊，苏州、无锡、南京等城市一线的城市群，最大可减少 8%左右(图 10.21)。

(3)长三角一体化示范区(郊野公园)的降温增湿生态效应

长三角一体化示范区为上海、江苏、浙江三省市交界地区，水体众多，生态环境良好，其中青西郊野公园的建成对改善当地气象生态环境有较大作用。从 2020 年与 2013 年的 8 月 14—16 日长三角一体化地区的降温增湿空间分布来看，示范区内的降温主要分布在南部和郊野公园的南部，降温幅度为 0～1 ℃，增湿作用相比较较弱，空间分布较少，但还是集中在与降温分布相对应的区域，郊野公园南部增湿幅度为 8%以内(图 10.22)。

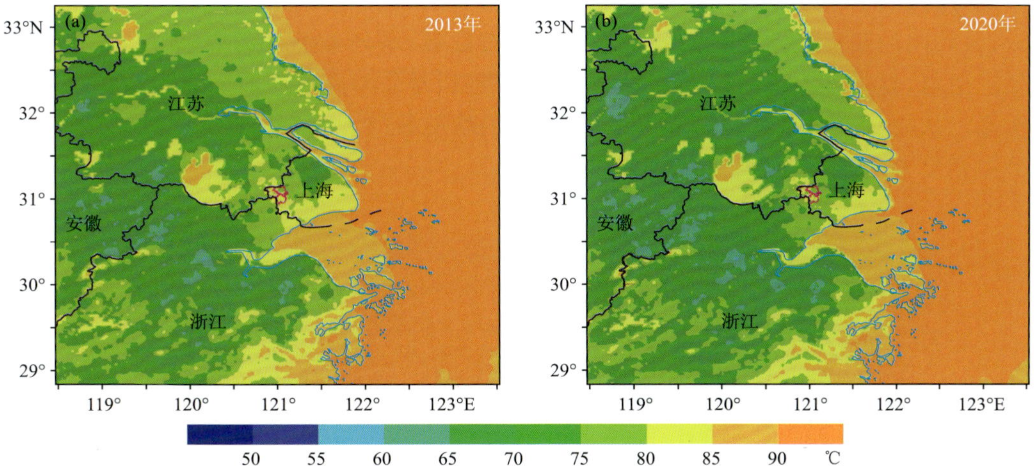

图 10.20　2013 年(a)与 2020 年(b)的 8 月 14—16 日平均相对湿度

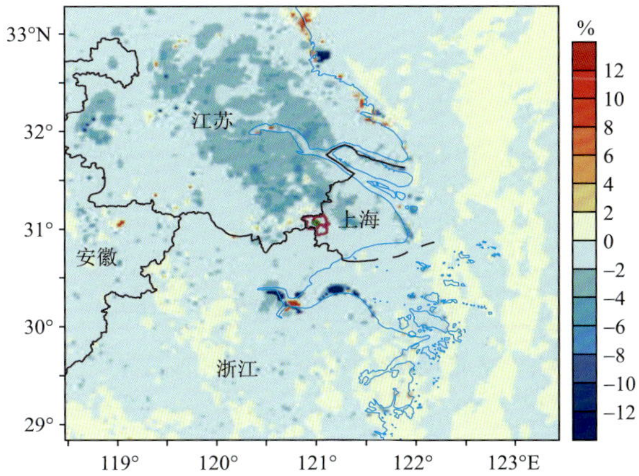

图 10.21　2020 年与 2013 年的 8 月 14—16 日平均相对湿度差值

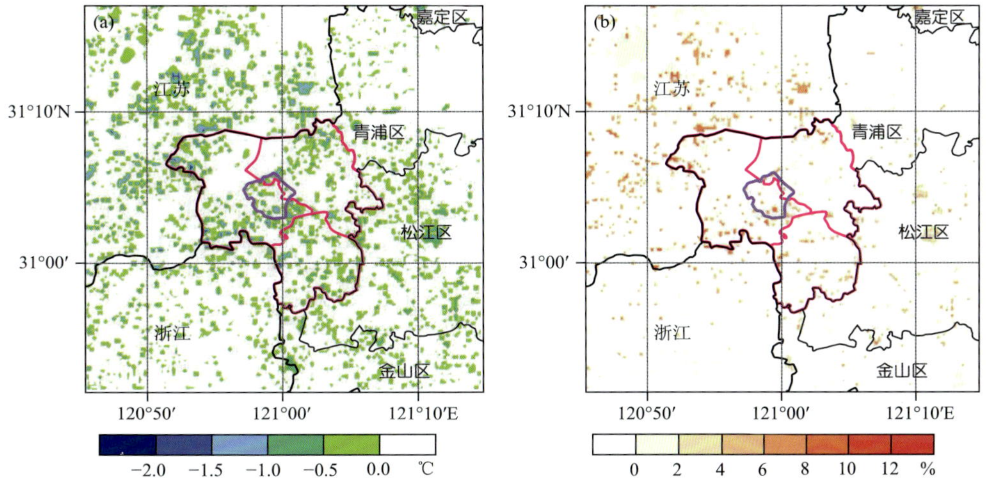

图 10.22　2020 年与 2013 年的 8 月 14—16 日长三角一体化地区的降温(a)与增湿(b)空间分布

从郊野公园内(大莲湖站)与郊野公园外(金泽站)站点降温效应的时间演变来看(图10.23),公园内的站点气温明显比公园外的站点气温低,平均偏低1 ℃左右,尤其是在白天的降温效应明显,夏季最大可为公园带来1.5 ℃的降温,对公园周边局地夏季热环境的改善作用较为明显。从相对湿度差值时间变化来看,公园的增湿效应有明显的日变化,增湿效应主要出现在下午到上半夜,平均增大2%~3%,最大为5%。

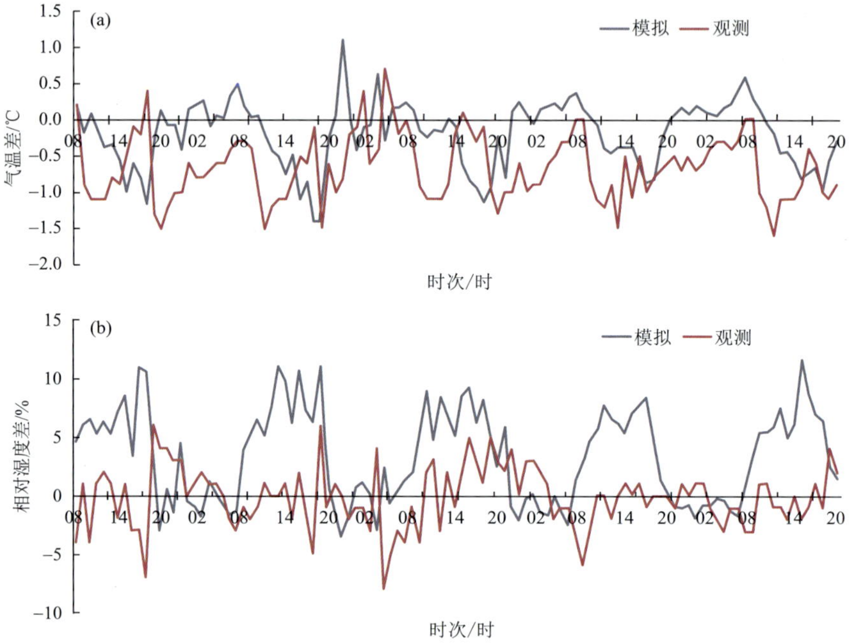

图10.23 2020年8月12—16日郊野公园内(a)与郊野公园外(b)站点的降温增湿效应

10.4 城市化效应对上海城市热岛和海陆风的影响

在全球范围内,许多人生活在主要的沿海城市,城市热岛(UHI)和海陆风环流(SBC)系统会对气候产生重要影响。在城市地区,建筑物和道路具有很高的热容量(Ek et al.,2003),而植被较少的地区往往土壤水分减少,潜热通量降低。城市形式增强阴影,增加表面粗糙度,和改变城市冠层的辐射交换和吸收。城市也有额外的碳排放人为热。这些辐射热城市地区的动态特性改变了地表能平衡和城市内外边界层结构(Oke et al.,2017)。

上海是世界上最大、人口最稠密的城市之一。鉴于其在中国东部沿海的位置,海陆风环流对该地区具有重要影响。城市面积大,城市热岛效应显著。

10.4.1 资料和方法

采用的WRF模式为NCEP和NCAR等多个研究机构联合研制的新一代中尺度数值天气预报模式(Skamarock et al.,2005)的最新版本V3.8(2016年4月8日),并耦合了UCM。模拟试验选用Lambert投影,模式的模拟区域中心点设在(31.1 °N,121.37 °E),采用了三重嵌套,水平分辨率分别为9 km、3 km、1 km,相应格点数分别为181×181、220×220、220×

220。最外层模拟区域基本覆盖了华东地区区域，最里层模拟区域包含了整个上海区域。模式垂直分层为 49 层，顶层气压为 50 hPa，积分时间步长为 12 s。模拟试验所用的物理过程参数化方案为：WSM 6 云微物理过程方案、MYJ 边界层方案、Noah LSM、Monin-Obukhov (Janjic) 近地层方案、Dudhia 短波辐射参数化方案，以及 RRTM 长波辐射参数化方案。每 1 h 输出一次模拟结果，其中积分前 24 h 作为 spin-up 时间。

根据 2010 年 MOD12Q1 三级数据土地覆盖类型产品采用 IGBP 土地覆盖分类方案获得下垫面分类信息（分辨率为 0.005°，范围为 118.97°—123.015 °E，28.85°—33.095 °N）来替换 MODIS-21class-30s 的上海地区土地利用类型（图 10.24）。

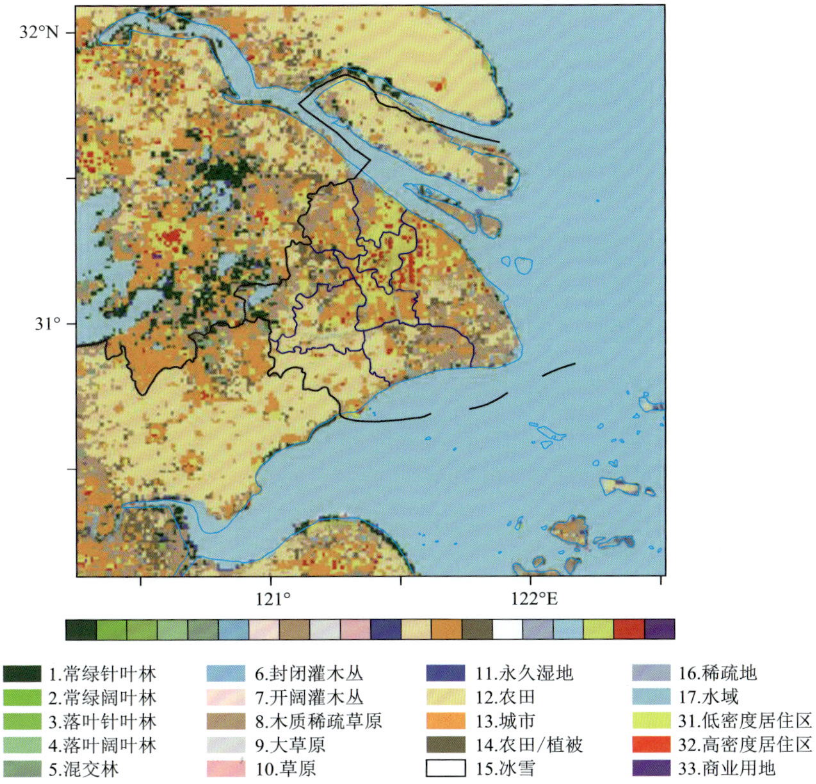

图 10.24　上海城市土地利用分类

选取的个例为 2016 年 8 月 12—14 日连续高温天气过程，期间上海位于副热带高压南部的东南气流中，地面高压后部，天气形势稳定，有利于边界层内城市热岛和海陆风的形成。城市在东南风控制下，最高气温在 35～36 ℃，能量和动力条件都较差，不利于午后局地对流的产生。

模式初始场资料和侧边界条件均来自 NCEP/FNL 0.25 °×0.25 °的再分析资料，实时海温资料来自美国国家环境预报中心实时全球海表温度（NCEP RTG_SST）。来自上海地区二百多个区域自动气象站（AWS）的 2 m 气温、10 m 水平风场（风向和风速）将用作于与模拟结果的对比。

10.4.2　模拟结果分析

（1）城市热岛日变化及空间分布

2016 年 8 月 12—13 日，城市冠层热岛在阴天（8 月 12 日）的强度较弱。在晴朗的 8 月 13

日，观测到的最高强度出现在下午早些时候(13 时，热岛强度为 3.5 ℃)，日出后不久热岛效应消失(07 时，热岛强度为 −1.0 ℃，图 10.25)。然而，模拟的同一天热岛强度中值在 −0.7 ℃ (05 时)～2.7 ℃(15 时)变化，冷岛持续到 09 时。

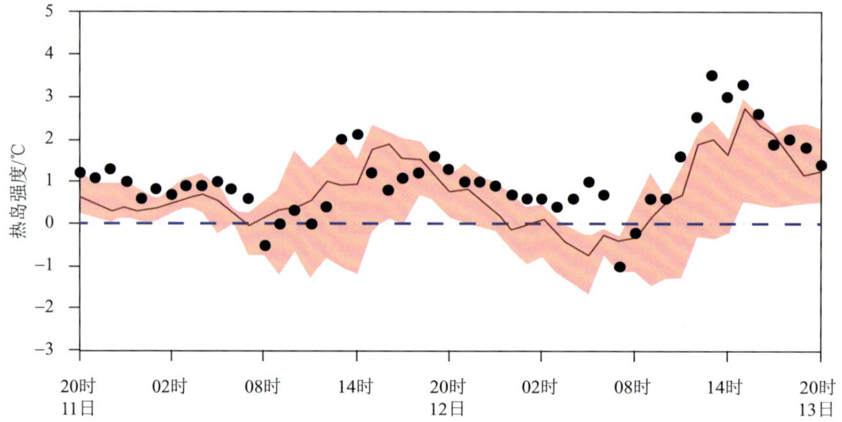

图 10.25　2016 年 8 月 11—13 日上海城市热岛强度日变化

上海夏季城市热岛强度在白天最大，主要受海风影响。来自海洋的东南海风冷却了奉贤等远郊，扩大了城市中心和东南郊之间的温差。模式较好地模拟了城市热岛的空间格局(图 10.26)，在 08 时海洋和陆地开始加热，热岛较弱。14 时，由于盛行东南风和海风，上海城市热岛在中北部最强，使得热岛强度中心平流至上海西北部。在晚上(20 时)，热岛减弱，但通过大量的储热释放来维持，减缓了城市的辐射冷却。

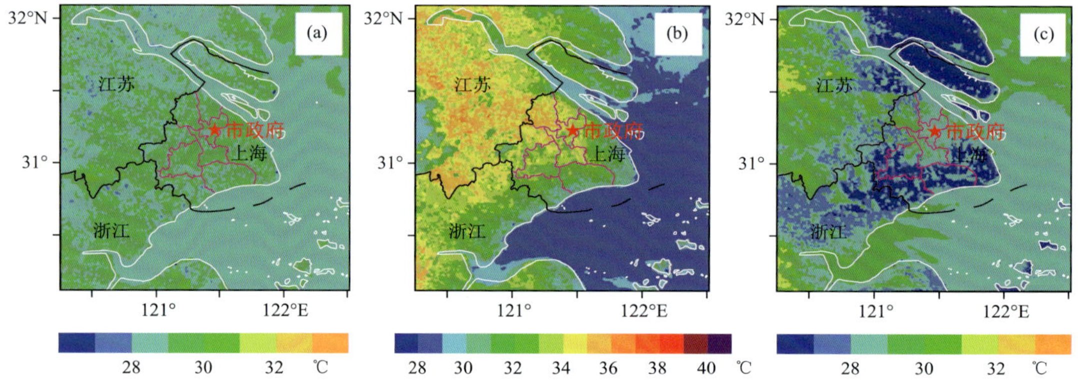

图 10.26　2016 年 8 月 13 日上海城市热岛空间分布形态

(a. 08 时，b. 14 时，c. 20 时)

(2)海陆风特征和演变

在偏南风背景场条件下，海风锋在上海北部长江口靠近宝山站点的陆地上出现。模拟的 10 m 风场和辐散场显示了 12—15 时上海沿海东南和东北方向海风的演变。从风场来看，在盛行的东南背景风下，在 12 时(8 月 13 日)左右，东北风开始向岸上吹来，预示着海风的开始。海风和背景风的相互作用产生切变，切变向内陆发展，到达上海东北郊区(距海岸约 5 km)。同时，杭州湾东南海风与背景风合并，加强了东南风向内陆渗透。随着陆地表面变暖，长江口和杭州湾的海风增强。海风锋向内陆（市中心）移动近 20 km，但由于模式的城市表面粗糙度太小，模拟的 SBF 穿透可达大约 40 km（图 10.17）。到 15 时，海风锋穿过徐家汇站，这是最密集的城市区，粗糙度最大。当它以不同的速度向内陆移动时，会变得扭曲。在下午，城市热岛和海风锋的相互作用导致城市上空和下风方向出现了低层辐合（图 10.27）（Hu et al.，2022）。

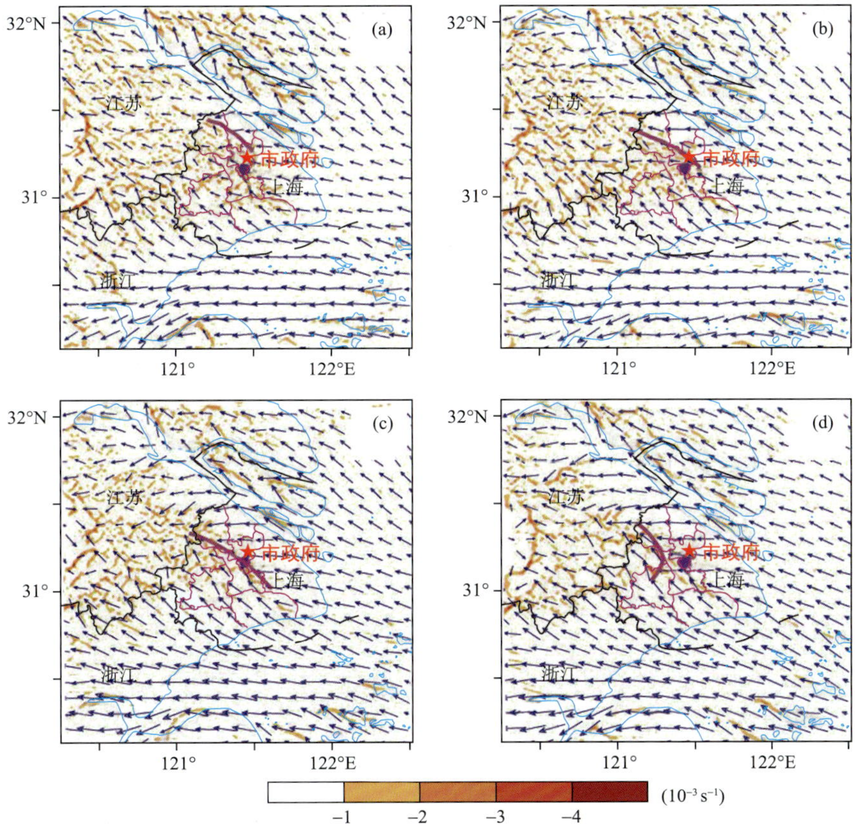

图 10.27　2016 年 8 月 13 日城市中心（紫点）和海风锋（紫色线）位置的 10 m 高度风（矢量）和散度（阴影）（a. 12 时，b. 13 时，c. 14 时，d. 15 时）

10.5　本章小结

本章基于长三角地区 112 个气象站点 1961—2017 年逐日气温数据和卫星遥感反演的站点周边 10 km 范围内 1981 年和 2015 年建设用地面积，利用线性倾向估计、显著性检验和 Mann-Kendall 突变检验等气候统计方法，开展了区域人体舒适度，四季开始日期、长度变化特征分析及利用高分辨率中尺度数值模式耦合单层城市冠层模型（WRF V3.8/SLUCM），以及 2013 年和 2020 年两期 Landsat MSS/TM/ETM＋卫星遥感反演的空间分辨率为 30 m 土地利用类型数据，分析了不同年代下垫面改变对长三角地区气象环境的影响以及上海城市热岛和海陆风特征的模拟。得出如下主要结论：

①1961—2017 年，长三角地区入春和入夏日期分别以 2.1 d·$(10\ a)^{-1}$ 和 1.7 d·$(10\ a)^{-1}$ 的线性趋势显著提早，入秋和入冬日期分别以 2.0 d·$(10\ a)^{-1}$ 和 1.3 d·$(10\ a)^{-1}$ 的线性趋势显

著推迟。空间分布上，入春和入夏日期在几乎所有地区都呈提早趋势，入秋和入冬日期在几乎所有地区都呈推迟趋势；入春、入秋变化趋势在长三角大部分地区都显著，而入夏、入冬显著变化主要集中在长三角中东部地区。

②长三角地区夏季以 3.6 d·$(10\ a)^{-1}$的线性趋势极显著延长，冬季以 3.5 d·$(10\ a)^{-1}$的线性趋势极显著缩短，春季和秋季长度变化趋势在统计上都不显著。空间上，春季长度在长三角大部分地区都延长，但在统计上都不显著；夏季长度在几乎所有地区多以 2.4～4.8 d·$(10\ a)^{-1}$的趋势显著延长；秋季长度变化不显著，冬季长度在整个长三角地区多以 2.1～5.3 d·$(10\ a)^{-1}$的趋势显著缩短。

③1961—2017 年，长三角地区四季开始日期均发生突变，且突变发生的时间基本上在 20 世纪 90 年代中后期，入春提早突变时间最晚(2004 年)，入冬推迟突变时间最早(1996 年)。夏季长度延长和冬季长度缩短分别在 1997 年和 1999 年发生突变，春季、秋季长度突变不显著。

④1981—2015 年，长三角区域快速城市化进程引起城市建设用地增加，建设用地增长率与区域内增温幅度具有较好的空间对应关系，加之全球气候变暖的影响，区域年平均气温显著上升，并导致四季开始日期和长度随之发生了显著的变化。

⑤1961—2019 年，长三角地区人体舒适度日数以 2.5 d·$(10\ a)^{-1}$的线性趋势显著增多。长三角地区春季人体舒适度日数以 2.8 d·$(10\ a)^{-1}$的线性趋势极显著增多，夏季人体舒适度日数以 1.4 d·$(10\ a)^{-1}$的线性趋势显著减少，秋季人体舒适度日数变化不显著，冬季人体舒适度日数以 0.5 d·$(10\ a)^{-1}$的线性趋势显著增多，其中春季人体舒适度日数增加幅度最大。

⑥1961—2019 年，长三角地区年平均人体舒适度日数呈现南多北少的空间分布形态，平均舒适度日数在长三角大部分地区都呈增加趋势，多为 2.5～3 d·$(10\ a)^{-1}$的增加速率且在统计上都显著。分季节来看，四季的人体舒适度日数及其变化趋势空间分布形态为春、夏、冬季形态相似，秋季有明显差异。

⑦长三角地区城市化进程对近地面气温升温明显，最高可达 2 ℃左右，主要分布在上海城市副中心及江苏主要城市带。长三角地区城市化进程对近地面相对湿度有减少效应，空间分布与升温分布一致，降湿幅度最大可达 8%。长三角一体化示范区内的降温主要分布在南部和郊野公园的南部，降温幅度为 0～1 ℃，增湿作用相比较较弱，空间分布更零散。郊野公园的建成对当地夏季热环境的改善作用较为明显。

⑧夏季上海城市热岛有较明显的日变化，午后最强，日出前较弱甚至消失。由于盛行东南风和海风，上海城市热岛在中北部最强，使得热岛强度中心平流至上海西北部。海风和背景风的相互作用产生切变，切变向内陆发展近 20 km，城市热岛和海风锋的相互作用导致城市上空和下风方向出现了低层辐合。

参考文献

蔡琨,秦春燕,李继影,等,2016.基于浮游植物生物完整性指数的湖泊生态系统评价——以2012年冬季太湖为例[J].生态学报,36(5):1431-1441.

陈春根,史军,2008.长江三角洲地区人类活动与气候环境变化[J].干旱气象,26(1):28-34.

陈洪滨,范学花,夏祥鳌,2018.大气气溶胶的卫星遥感及其在气候和环境研究中的应用[J].大气科学,42(3):621-633.

陈建文,胡琳,王娟敏,等,2014.陕西省混合层高度变化规律研究[J].水土保持研究,21(5):322-326.

陈琳,刘伟,2023.协同治理视角下的跨区域生态环境治理机制研究:以长三角生态绿色一体化发展示范区实践为例[J].空间与社会评论(2):47-67.

陈奇媛,2020.上海市郊野公园多尺度生态系统服务研究[D].上海:上海师范大学.

陈雪萍,咸龙,巨天珍,等,2019.基于OMI的宁夏臭氧时空分布特征及影响因素研究[J].生态与农村环境学报,35(2):167-173.

陈燕丽,唐梅蓉,张会,等,2022.广西喀斯特地区植被覆盖度和净初级生产力对SPEI干旱指数的响应差异[J].干旱气象,40(6):1042-1050.

陈烨鑫,朱彬,尹聪,等,2014.基于卫星遥感和地面观测资料分析苏皖两省一次空气污染过程[J].中国环境科学,34(4):827-836.

陈云浩,史培军,李晓兵,2002.基于遥感和GIS的上海城市空间热环境研究[J].测绘学报,2:139-144.

程飞飞,李洪庆,宋红艳,等,2024.沿海城市陆海生态环境质量综合评价与耦合协调度[J].生态学报,44(9):3855-3867.

程育恺,戴海夏,张蕴晖,等,2023.长三角地区2017—2020年臭氧浓度时空分布与人群健康效益评估[J].环境科学,44(2):719-729.

崔林丽,史军,周伟东,2009.上海极端气温变化特征及其对城市化的响应[J].地理科学,29(1):93-97.

崔子奥,高郭平,陈洁,2024.上海海岸带演变及生态系统服务价值变化[J].上海海洋大学学报,33(2):409-423.

单源源,李莉,刘琼,等,2016.长三角地区典型城市臭氧及其前体物时空分布特征[J].沙漠与绿洲气象,10(5):72-78.

《第三次气候变化国家评估报告》编委会,2015.第三次气候变化国家评估报告[M].北京:科学出版社.

丁一汇,任国玉,2008.中国气候变化科学概论[M].北京:气象出版社.

董贵华,王业耀,于洋,等,2023."十三五"以来我国生态质量状况时空变化分析[J].中国环境监测,39(1):1-9.

董建权,彭建,2024.绿地空间降温效应综述:景观调控视角[J].生态学报,44(4):1336-1346.

杜君平,朱玉霞,刘锐,等,2014.基于OMI数据的中国臭氧总量时空分布特征[J].中国环境监测,30(2):191-196.

段婧,毛节泰,2007.长江三角洲大气气溶胶光学厚度分布和变化趋势研究[J].环境科学学报,27(4):537-543.

段婧,毛节泰,2008.气溶胶与云相互作用的研究进展[J].地球科学进展,23(3):252-261.

方林，蔡俊，刘艳晓，等，2022. 长三角地区生态系统服务价值动态演化及驱动力分析[J]. 生态与农村环境学报，38(5)：556-565.

冯继广，王景升，姚帅臣，等，2017. 基于因子分析的森林资源质量综合评价[J]. 中南林业科技大学学报，37(1)：27-32.

耿一风，黄永平，2018. 近60年荆州四季趋变特征及给作物生长影响的对策[J]. 气象科技进展，8(5)：81-84.

巩飞，罗勇，田犀，等，2020. 张家口坝上地区水源涵养功能的重要性评估[J]. 草业科学，37(7)：1337-1344.

管金瑾，严国泰，2014. 论大城市郊野公园的生态功效——以上海青西郊野公园为例[R]. 沈阳：中国风景园林学会.

郭贝贝，崔莹雪，方叶林，等，2022. 引江济淮工程沿线生态环境质量时空分异研究——以庐江段为例[J]. 长江流域资源与环境，31(9)：2000-2010.

郭欢，王伟玺，李晓明，等，2022. 兼顾共性基础与个性特色的智慧园区评价方法[J]. 地球信息科学学报，24(6)：1061-1072.

郭其蕴，蔡静宁，邵雪梅，等，2003. 东亚夏季风的年代际变率对中国气候的影响[J]. 地理学报，58(4)：569-576.

郭松，2017. 基于辽中站相对水深0.2流速系数探析[J]. 水科学与工程技术，6：68-70.

国家技术监督局，国家环境保护局，1991. GB/T 3840—1991 制定地方大气污染物排放标准的技术方法[S]. 北京：中国标准出版社.

国家统计局，2023. 中国统计年鉴2023[M]. 北京：中国统计出版社.

何镓祺，于兴娜，朱彬，等，2016. 南京冬季气溶胶消光特性及霾天气低能见度特征[J]. 中国环境科学，36(6)：1645-1653.

何念鹏，徐丽，何洪林，2020. 生态系统质量评估方法——理想参照系和关键指标[J]. 生态学报，6(2)：19-23.

何天星，田宁，周锐，等，2023. 基于GEE和RSEI的长三角一体化示范区生态环境质量动态评估[J]. 生态学杂志，42(2)：436-444.

何永健，张斌，2010. 永庆水文站0.2相对水深流速系数分析[J]. 山西水利科技，3：18-19.

胡红梅，2019. 基于Fragstats的郊野公园景观格局分析——以上海市青西郊野公园为例[J]. 绿色科技(7)：143-148.

胡华浪，陈云浩，宫阿都，2005. 城市热岛的遥感研究进展[J]. 国土资源遥感(3)：5-9，13.

胡克宏，张震，2021. 陕西秦岭山区留坝县生态质量时空特征及影响因素分析[J]. 生态与农村环境学报，37(6)：751-760.

胡艳，史军，张敏，2021. 长江三角洲地区四季变化特征及城市化影响研究[J]. 长江流域资源与环境，30(6)：1343-1355.

环海军，刘岩，姚丹丹，等，2017. 近50年山东中部地区四季开始日期及长度变化特征[J]. 沙漠与绿洲气象，11(3)：79-85.

黄乾，2020. 基于InVEST模型的黄土高寒区小流域生态系统服务功能评价[D]. 北京：北京林业大学.

嵇娟，陈军飞，丁童慧，等，2024. 长三角城市群城市洪涝韧性与生态系统服务耦合协调研究[J]. 生态学报，44(7)：2772-2785.

吉莉，李家启，荀思，等，2014. 重庆地区人体舒适度日数时空变化特征[J]. 气象与环境学报，30(1)：88-94.

江俊杰，孙卫国，裴兴云，2012. 近51年长江三角洲地区气候变化及可能原因[J]. 气象与减灾研究，35(4)：17-25.

姜燕敏，梁艳，沙欣欣，2012. 气候变暖对长三角地区四季长度的影响[J]. 干旱气象，30(4)：570-574.

蒋德健，杨倩，阮艳婷，等，2023. 应用植被生态指标对安徽省生态系统质量动态遥感评估[J]. 东北林业大学学报，51(3)：90-96.

蒋维楣，陈燕，2007. 人为热对城市边界层结构影响研究[J]. 大气科学，31(1)：37-47.

孔红梅，赵景柱，姬兰柱，等，2002. 生态系统健康评价方法初探[J]. 应用生态学报，13(4)：486-490.

李超，李雪梅，2021. 2000—2018年中国植被生态质量时空变化特征[J]. 长江流域资源与环境，30(9)：2154-2165.

李春莹，李桂娥，李杰，等，2024. 长江三角洲城市群生态系统服务协同权衡的时空异质性[J]. 中国环境科学，44(2)：992-1006.
李慧，颜梅春，王元超，等，2017. 城市结构单元人居生态环境评价指标体系研究[J]. 地理空间信息，15(3)：26-30.
李静，李雪铭，刘自强，2009. 基于城市化发展体系的城市生态环境评价与分析[J]. 中国人口·资源与环境，19(1)：156-160.
李湘儿，胡熠娜，2024. 基于固碳服务供需视角的区域碳平衡研究——以长三角生态绿色一体化发展示范区为例[J]. 长江流域资源与环境，33(1)：55-65.
林妍敏，南雄雄，胡志瑞，等，2022. 西北典型生态脆弱区植被覆盖度时空变化及其生态安全评价：以宁夏贺兰山为例[J]. 生态与农村环境学报，38(5)：599-608.
刘纪远，邵全琴，樊江文，2009. 三江源区草地生态系统综合评估指标体系[J]. 地理研究，28(2)：273-283.
刘纪远，宁佳，匡文慧，等，2018. 2010—2015 年中国土地利用变化的时空格局与新特征[J]. 地理学报，73(5)：789-802.
刘梅，于波，2002. 人体舒适度研究现状及其开发应用前景[J]. 气象科技，30(1)：11-18.
刘旻霞，孙瑞弟，宋佳颖，等，2021. 基于 OMI 数据的新疆地区臭氧柱浓度研究[J]. 中国环境科学，41(4)，1498-1510.
刘青，张卫国，LAM N SN，等，2022. 海岸侵蚀作用下海岸带地区极端风暴洪水风险评估——以上海石化为例[J]. 海洋通报，41(2)：200-207.
刘璇，朱彬，侯雪伟，等，2015. 基于卫星遥感和地面观测资料的霾过程分析——以长江三角洲地区一次严重霾污染过程为例[J]. 中国环境科学，35(3)：641-651.
刘一鸣，徐煖银，曾辉，2022. 中国东海海岸带地区生态系统健康评估及其尺度依赖性[J]. 生态学报，42(24)：9913-9926.
刘勇洪，徐永明，马京津，等，2014. 北京城市热岛的定量监测及规划模拟研究[J]. 生态环境学报，23(7)：1156-1163.
刘勇洪，张硕，程鹏飞，等，2017. 面向城市规划的热环境与风环境评估研究与应用——以济南中心城为例[J]. 生态环境学报，26(11)：1892-1903.
刘芷君，谢小训，谢旻，等，2016. 长江三角洲地区臭氧污染时空分布特征[J]. 生态与农村环境学报，32(3)：445-450.
柳孝图，陈恩水，余德敏，等，1997. 城市热环境及其微热环境的改善[J]. 环境科学(1)：55-59，96.
卢慧婷，黄琼中，朱捷缘，等，2018. 拉萨河流域生态系统类型和质量变化及其对生态系统服务的影响[J]. 生态学报，38(24)：8911-8918.
陆开来，班婕，王情，等，2022. 不同气候变化情景下未来中国热相关死亡风险的预估[J]. 气象学报，80(3)：349-357.
陆庆轩，何兴元，魏玉良，等，2006. 生物指示物法评价沈阳城市森林生态系统健康的研究[J]. 中国森林病虫，25(1)：13-15.
陆元昌，2017. 以多功能经营技术支撑森林质量精准提升工程[J]. 国土绿化(4)：22-25.
罗春，刘辉，戚陆越，2014. 基于遥感指数的生态变化评估——以常宁市为例[J]. 国土资源遥感，26(4)：145-150.
罗海江，方修琦，白海玲，等，2008. 基于 VEGETATION 数据的区域生态系统质量评价之一——指标体系选择[J]. 中国环境监测，24(2)：45-49.
罗跃初，周忠轩，孙轶，等，2003. 流域生态系统健康评价方法[J]. 生态学报，23(8)：1606-1614.
马程伟，文超祥，2024. 适应气候变化的海岸带韧性研究综述——基于文献计量分析[J]. 生态学报，44(5)：2173-2186.
马鹏飞，张安兵，王贺封，等，2023. 基于改进遥感生态指数的矿区生态环境监测及驱动因素分析[J]. 生态与农村环境学报，39(12)：1580-1590.
马唯为，2018. 新型城镇化下郊野公园农田林网景观设计方法研究[J]. 中国城市林业，16(3)：15-19.

马晓武,徐昔保,李景宜,2022.长三角2000—2018年陆地生态系统完整性动态变化与驱动因素[J].生态学报,42(9):3738-3748.
马云安,2009.绿色的跨越——上海风景园林60年[J].中国园林,25(10):26-29.
孟丹,王明玉,李小娟,等,2013.京沪穗三地近十年夜间热力景观格局演变对比研究[J].生态学报,33(5):1545-1558.
孟凡超,黄鹤,郭军,等,2020.天津城市热岛强度的精细化时空分布特征研究[J].生态环境学报,29(9):1822-1829.
缪鑫辉,梁勤欧,2021.基于遥感生态指数的甬江流域生态环境变化分析[J].长江流域资源与环境,30(2):427-438.
欧阳志云,王桥,郑华,等,2014.全国生态环境十年变化(2000—2010年)遥感调查评估[J].中国科学院院刊,29(4):462-466.
潘兰平,刘利锋,2018.大数据支持下的上海郊野公园建设成效动态监测与评估[J].城乡规划,32(5):47-56.
钱拴,延昊,吴门新,等,2020.植被综合生态质量时空变化动态监测评价模型[J].生态学报,40(18):6573-6583.
覃阳平,王蒙,李华,等,2019.我国森林质量评价研究综述[J].林业建设(5):51-56.
全国气候与气候变化标准化技术委员会,2018.气候可行性论证规范 城市通风廊道:QX/T 437—2018[S].北京:气象出版社.
全国农业气象标准化技术委员会,2019.陆地植被气象与生态质量检测评价等级:QX/T 494—2019[S].北京:气象出版社.
全国农业气象标准化技术委员会,2023.植被生态质量的气候变化影响评价方法:GB/T 42961—2023[S].北京:中国标准出版社.
任妍,赵巧华,2017.1971—2013年我国四季开始日期及生长期长度的变化特征分析[J].气候与环境研究,22(2):203-211.
沙清泉,贡色,苏熠,等.2022.2000—2015年长三角地区植被NPP时空变化特征及其驱动因素[J].地理科学研究,11(3):320-335.
《上海园林志》编纂委员会,2000.上海园林志[M].上海:上海社会科学院出版社.
邵平,辛金元,安俊琳,等,2017.长三角工业区夏季近地层臭氧和颗粒物污染相互关系研究[J].大气科学,41(3):618-628.
沈利娟,施双双,郭振东,等,2019.长三角沙尘中气溶胶粒径分布及化学组分特征[J].中国环境科学,39(6):2241-2248.
施成艳,江洪,江子山,等,2010.上海地区大气气溶胶光学厚度的遥感监测[J].环境科学研究,23(6):680-684.
施文卿,秦伯强,2023.气候变化下湖库蓝藻水华发展趋势及防控对策[J].水利学报,54(8):987-996.
石宝山,2021.二维水动力及污染物输移过程耦合高分辨率数值模型研究[D].西安:西安理工大学.
史军,崔林丽,周伟东,2008.1959—2005年长江三角洲气候要素变化趋势分析[J].资源科学,30(12):1803-1810.
史军,崔林丽,杨涵洧,等,2015a.上海气候空间格局和时间变化研究[J].地球信息科学学报,17(11):1348-1354.
史军,陈伯民,穆海振,等,2015b.长江三角洲高影响天气演变特征及成因分析[J].高原气象,34(1):173-182.
史军,穆海振,2016.大城市应对气候变化的可持续发展研究——以上海为例[J].长江流域资源与环境,25(1):1-8.
史兰红,2014.长江三角洲城市化进程中温度和建成区面积变化分析[D].上海:东华大学.
史有瑜,曹晓霞,王秀玲,等,2019.河北省城市生态气候宜居性评估[J].气象与环境科学,42(3):102-109.
寿亦萱,张大林,2012.城市热岛效应的研究进展与展望[J].气象学报,70(3):338-353.
宋慧敏,薛亮,2016.基于遥感生态指数模型的渭南市生态环境质量动态监测与分析[J].应用生态学报,27(12):3913-3919.

宋旭萍,罗棋尹,韩云则,等,2023.气候康养旅游指数和人体舒适度研究进展[J].干旱气象,41(6):961-971.

苏王新,常青,刘筱,等,2021.城市蓝绿基础设施降温效应研究综述[J].生态学报,41(7):2902-2917.

孙东琪,张京祥,朱传耿,等,2012.中国生态环境质量变化态势及其空间分异分析[J].地理学报,67(12):1599-1610.

孙继松,舒文军,2007.北京城市热岛效应对冬夏季降水的影响研究[J].大气科学,31(2):311-320.

陶然,彭金婵,张豪,等,2018.内陆水体叶绿素a浓度遥感反演模型综述[J].民营科技(12):97-98.

万本太,王文杰,崔书红,等,2009.城市生态环境质量评价方法[J].生态学报,29(3):1068-1073.

汪孝贤,张秀霞,李旺平,等,2023.基于遥感生态指数(RSEI)改进模型的祁连山国家级自然保护区生态环境质量评价[J].生态与农村环境学报,39(7):853-863.

汪笑眉,2016.城市化对长三角城市群边界层结构的影响及其气候效应[D].南京:南京大学.

王锦旗,宋玉芝,薛艳,2022.气候变化诱导水体富营养化研究进展[J].水资源保护,38(4):145-155.

王军邦,陈惺,欧阳熙煌,等,2023.2000—2018年中国陆地生态系统生态质量指数[J].中国科学数据(中英文网络版)(3):1-9.

王雷,吴正方,杜海波,等,2014.1961—2010年东北地区四季开始日及长短变化特征分析[J].气象科学,34(5):499-507.

王美雅,徐涵秋,2021.中外超大城市生态质量遥感评价[J].生态与农村环境学报,37(9):1158-1167.

王平,马立平,李开,等,2006.南京市城市生态环境质量评价体系[J].生态学杂志,25(1):60-63.

王瑞静,赵敏,高峻,2011.城市森林主要植被类型碳储量研究——以崇明岛为例[J].地理科学,31(4):490-494.

王维佳,李宏宇,2022.基于飞机观测的四川盆地9月气溶胶粒子谱分析[J].成都信息工程大学学报,37(3):333-343.

王咏薇,蒋维楣,刘红年,2008.大气数值模式中城市效应参数化方案研究进展[J].地球科学进展,23(4):371379.

王原,赫强,何成,等,2016.国际大都市城市化发展对局地气候变化影响的对比研究——以上海、旧金山为例[J].中国科技论文在线.

王震国,2014.基于郊野公园的城市生态修复:上海郊野公园建设理论研讨会综述[J].上海城市管理,23(1):84-85.

韦惠红,郑有飞,2006.我国臭氧总量的时空分布特征[J].南京气象学院学报,29(3):390-395.

温宥越,孙强,燕玉超,等,2020.粤港澳大湾区陆地生态系统演变对固碳释氧服务的影响[J].生态学报,40(23):8482-8493.

吴丹娃,吴林林,姚镇海,等,2023.2002—2021年长江三角洲地区避暑气象条件时空分布特征[J].气象与环境科学,46(4):59-67.

吴昊旻,黄安宁,黄旋旋,2012.近50年长三角地区季节的气候变化特征[J].中国农业气象,33(3):317-324.

肖洋,欧阳志云,王莉雁,等,2016.内蒙古生态系统质量空间特征及其驱动力[J].生态学报,36(19):6019-6030.

谢放尖,陆晓波,杨峰,等,2021.2017年春夏期间南京地区臭氧污染输送影响及潜在源区[J].环境科学,42(1):88-96.

谢静晗,李飒,肖钟湧,2022.50年来中国臭氧总量时空变化特征[J].中国环境科学,42(7):2977-2987.

徐涵秋,2013.区域生态环境变化的遥感评价指数[J].中国环境科学,33(5):889-897.

徐洁,谢高地,肖玉,等,2019.国家重点生态功能区生态环境质量变化动态分析[J].生态学报,39(9):3039-3050.

徐路扬,翟亮,王媛媛,等,2023.多源遥感数据在北京春季沙尘天气监测中的应用评估[J].干旱气象,41(2):318-327.

许凤娇,吕晓,2018.基于土地利用变化的江苏沿海地区生态风险格局[J].生态学报,38(20):7312-7325.

许积层,穆晓东,马字伟,等,2024.气候变化和人类活动对生态质量影响的定量解析研究:以海南岛为例[J].环境工程,42(2):199-210.

许礼华，2019. 基于 NPP-VIIRS 数据长三角城市群城市扩张时空演变研究[D]. 上海：上海师范大学.
许友芹，朱广祥，李小鹏，等，2023. 2001—2018 年长三角城市群城市化与生态环境耦合协调度变化监测[J]. 测绘通报(2)：21-27.
许正森，徐永明，2021. 整合 DMSP/OLS 和 NPP/VIIRS 夜间灯光遥感数据的长江三角洲城市格局时空演化研究[J]. 地球信息科学学报，23(5)：837-849.
闫胜军，何霄嘉，王烜，等，2016. 城市气候承载力定量化评价方法初探[J]. 气候变化研究进展，12(6)：476-483.
杨琳晗，赵增保，张彦恒，等，2018. 基于层次法的冀北地区输电线雷击风险区划[J]. 干旱气象，36(3)：516-521.
杨文刚，黎明锋，2006. 湖泊生态气象监测指标体系、监测方法初探[C]//全国青年气象科技工作者学术研讨会论文集. 长沙：中国气象学会.
杨宜男，李敬，王立，等，2022. 长三角地区城市化对典型生态系统服务供需的影响[J]. 自然资源学报，37(6)：1555-1571.
杨英杰，曹倩，税玥，2024. 中亚复合高温干旱事件识别与特征分析[J]. 干旱气象，42(1)：19-26.
姚远，陈曦，钱静，2018. 城市地表热环境研究进展[J]. 生态学报，38(3)：1134-1147.
叶彩华，刘勇洪，刘伟东，等，2011. 城市地表热环境遥感监测指标研究及应用[J]. 气象科技，39(1)：95-101.
易睿，王亚林，张殷俊，等，2015. 长江三角洲地区城市臭氧污染特征与影响因素分析[J]. 环境科学学报，35(8)：2370-2377.
殷玮，2013. 上海郊野公园单元规划编制方法初探[J]. 上海市城市规划(5)：29-33.
于庚康，徐敏，于堃，等，2011. 近 30 年江苏人体舒适度指数变化特征分析[J]. 气象，37(9)：1145-1150.
于贵瑞，王永生，杨萌，2022. 生态系统质量及其状态演变的生态学理论和评估方法之探索[J]. 应用生态学报，33(4)：865-877.
于瑞新，刘旻霞，李亮，等，2021. 长三角地区近 15 年大气臭氧柱浓度时空变化及影响因素[J]. 环境科学学报，41(3)：770-784.
禹定峰，邢前国，施平，2015. 内陆及近岸二类水体透明度的遥感研究进展[J]. 海洋科学，39(7)：136-144.
郁珍艳，范广洲，华维，等，2010. 气温突变对我国四季开始日期的影响[J]. 气象，36(11)：32-37.
郁珍艳，范广洲，华维，等，2011. 近 47 年我国四季长度的变化研究[J]. 高原气象，30(1)：182-190.
岳文泽，徐建华，徐丽华，2006. 基于遥感影像的城市土地利用生态环境效应研究——以城市热环境和植被指数为例[J]. 生态学报，26(5)：1450-1460.
臧亭，李晓策，张浪，2021. 从城市绿地系统到城市生态系统的生态文明思想进化历程——以上海为例[J]. 园林，38(2)：25-30.
张春阳，李正泉，肖晶晶，等，2022. 长江三角洲地区人体舒适度时空变化特征[J]. 气候与环境研究，27(5)：669-678.
张浩，杜培军，罗洁琼，等，2017. 基于遥感生态指数的南京市生态变化分析[J]. 地理空间信息，15(2)：58-62.
张欢，江芬，王永卿，等，2018. 长三角城市群生态宜居宜业水平的时空差异与分布特征[J]. 中国人口·资源与环境，28(11)：73－82.
张浪，2014. 上海市基本生态网络规划编制背景的研究[J]. 上海建设科技(1)：59-62.
张立伟，张运，黄晨，2018. 皖江城市带近 20a 生态环境变化遥感指数分析[J]. 长江流域资源与环境，27(5)：1061-1070.
张琳，宋创业，袁伟影，等，2023. 基于地面调查的植被生态质量综合评估指标体系构建[J]. 生态学报，43(1)：128-139.
张龙，严靖，毛佳园，等，2017. 长三角地区不同纬度带城市森林群落结构[J]. 生态学杂志，36(9)：2394-2402.
张谋草，王琴，张峰，等，2018. 庆阳市气候四季变化分析及对作物种植的影响[J]. 中国农学通报，34(17)：110-114.
张淑怡，尤怡靖，朱泓恺，等，2023. 长三角地区植被覆盖演变城乡差异及其原因[J]. 生态学报，43(14)：5980-5993.

张向武，赵晓丽，易玲，等，2022. 长江三角洲地区资源环境承载力评价与分析[J]. 湖北农业科学，61(3)：47-52.

张秀年，常有礼，陈辉，等，2004. 中国低纬度地区大气臭氧总量的变化特征[J]. 热带气象学报，20(3)321-327.

张渝晨，田宏伟，2023. 近 17 a 郑州城市热岛时空演变及驱动机制分析[J]. 干旱气象，41(3)：403-412.

张玉超，钱新，钱瑜，等，2009. 基于机器学习方法的太湖叶绿素 a 定量遥感研究[J]. 环境科学，30(5)：8.

张运林，秦伯强，朱广伟，等，2022. 论湖泊重要性及我国湖泊面临的主要生态环境问题[J]. 科学通报，67(30)：3503-3519.

张芝娟，陈斌，贾瑞，等，2019. 全球不同类型气溶胶光学厚度的时空分布特征[J]. 高原气象，38(3)：660-672.

赵铖钰，张淑怡，朱泓恺，等，2023. 上海地表热环境演变趋势城乡分异及其对城市更新的响应[J]. 应用生态学报，34(7)：1923-1931.

赵惠珍，何涛，郭瑞霞，等，2023. 基于 SPEI 的甘南高原气象干旱变化特征[J]. 干旱气象，41(5)：688-696.

赵楠，曹梵诗，田晴，等，2019. 长三角地区吸收性气溶胶时空分布特征[J]. 环境科学，40(9)：3898-3907.

郑敬刚，张景光，李有，2005. 郑州市热岛效应研究与人体舒适度评价[J]. 应用生态学报，16(10)：1838-1842.

郑有飞，董自鹏，吴荣军，等，2011. MODIS 气溶胶光学厚度在长江三角洲地区适用性分析[J]. 地球科学进展，26(2)：224-234.

周广胜，张新时，1995. 自然植被净第一性生产力模型初探[J]. 植物生态学报，19(3)：193-200.

周宏轩，陶贵鑫，炎欣烨，等，2020. 绿量的城市热环境效应研究现状与展望[J]. 应用生态学报，31(8)：2804-2816.

周奕珂，朱彬，韩志伟，等，2016. 长江三角洲地区冬季能见度特征及影响因子分析[J]. 中国环境科学，36(3)：660-669.

朱广伟，施坤，李未，等，2020. 太湖蓝藻水华的年度情势预测方法探讨[J]. 湖泊科学，32(5)：1421-1431.

朱丽亚，胡克，孙爽，等，2022. 基于 InVEST 模型的辽宁省海岸带碳储量时空变化研究[J]. 现代地质，36(1)：96-104.

朱一姝，吴涵宇，马明，等，2024. 长江三角洲城市群碳排放及其影响因素的多尺度空间关系研究[J]. 地质通报，43(7)：1233-1242.

朱永春，蔡启铭，1997. 风场对藻类在太湖中迁移影响的动力学研究[J]. 湖泊科学，9(2)：152-158.

庄少伟，左洪超，任鹏程，等，2013. 标准化降水蒸发指数在中国区域的应用[J]. 气候与环境研究，18(5)：617-625.

庄伟，段玉侠，2019. 郊野公园植物多样性的生态恢复与重建：以上海滨江森林公园为例[J]. 风景园林，26(1)：42-46.

ALLEN M J, SHERIDAN S C, 2016. Evaluating changes in season length, onset, and end dates across the United States (1948—2012)[J]. International Journal of Climatology, 36(3): 1268-1277.

ASRAR G, FUCHS M, KANEMASU E, et al, 1984. Estimating absorbed photosynthetic radiation and leaf area index from spectral reflectance in wheat[J]. Agronomy Journal, 76(2):300-300.

CAO H S, KONG F X, LUO L C, et al, 2006. Effects of wind-induced waves on vertical photoplankton distribution and surface blooms of Microcystis aeruginosain Lake Taihu[J]. Journal of Freshwater Ecology, 21(2):231-238.

CHAN C S, YUEN S K, DUAN X, et al, 2018. An analysis of push-pull motivations of visitors to Country Parks in Hong Kong[J]. World Leisure Journal, 60(3): 191-208.

CHAN J C, 2012. Impacts of land use changes and synoptic forcing on the seasonal climate over the Pearl River Delta of China [J]. Atmospheric Environment, 25-36.

CHE H Z, QI B, ZHAO H J, et al, 2018. Aerosol optical properties and direct radiative forcing based on measurements from the China Aerosol Remote Sensing Network (CARSNET) in eastern China[J]. Atmospheric Chemistry and Physics, 18:405-425.

CHEN C, PARK T, WANG X H, et al, 2019. China and India lead in greening of the world through land-use management[J]. Nature Sustainability, 2(2): 122-129.

CHEN F, 2004. Utilizing the coupled WRF/ LSM/ Urban modeling system with detailed urban classi-fication to simulate the urban heat island phenomena over the Greater Houston Area[R]. Vancouver: 5th conference on urban environment.

CHEN F, KUSAKA H, BORNSTEIN R, et al, 2011. The integrated WRF/urban modeling system: Development, evaluation, and applications to urban environmental problems [J]. Int J Climatol, 31, 273-288.

COSEO P, LARSEN L, 2014. How factors of land use/land cover, building configuration, and adjacent heat sources and sinks explain Urban Heat Islands in Chicago[J]. Landscape and Urban Planning, 125: 117-129.

CUI L L, SHI J, XIAO F J, 2023. Change and relationship between growing season metrics and net primary productivity in forestland and grassland in China[J]. Carbon Balance and Management, 18: 26.

DENG X L, SHI C N, WU B W, et al, 2012. Analysis of aerosol characteristics and their relationships with meteorological parameters over Anhui province in China[J]. Atmospheric Research, 109-110: 52-63.

DONG W, JIANG Y, YANG S, et al, 2010. Response of the starting dates and the lengths of seasons in Mainland China to global warming [J]. Climatic Change, 99(1): 81-91.

EK M B, MITCHELL K E , LIN Y, et al, 2003. Implementation of Noah land surface model advances in the National Centers for Environmental Prediction operational mesoscale Eta model [J]. J Geophys Res, 108: 8851.

FENG J, WANG Y, MA Z, et al, 2012. Simulating the regional impacts of urbanization and anthropogenic heat release on climate across China[J]. Journal of Climate, 25(20): 7187-7203.

FIELD C B, BARROS V R, 2014. Climate change 2014-impacts, adaptation and vulnerability: regional aspects [M]. Cambridge: Cambridge University Press.

GBD 2019 RISK FACTORS COLLABORATORS, 2020. Global burden of 87 risk factors in 204 countries and territories, 1990—2019: A systematic analysis for the Global Burden of Disease Study 2019[J]. Lancet, 396 (10258): 1223-1249.

GOWARD S W, PVINCE S D, TUCKER C J, et al, 2002. Global remote sensing of vegetation trends for land cover change analysis[J]. LSA Preprint, 12: 1-18.

GRIMM N B, FAETH S H, GOLUBIEWSKI N E, et al, 2008. Global change and the ecology of cities [J]. Science, 319(5864): 756-760.

GRIMMOND C S B, BLACKETT M, BEST M J, et al, 2010 . The international urban energy balance models comparison project: first results from phase 1 [J]. Journal of Applied Meteorology and Climatology, 49: 1268-1292.

GUI K, CHE H Z, WANG Y Q, et al, 2019. Satellite-derived $PM_{2.5}$ concentration trends over Eastern China from 1998 to 2016: Relationships to emissions and meteorological parameters[J]. Environmental Pollution, 247: 1125-1133.

GUI K, CHE H Z, TIAN L, et al, 2022. Columnar optical, microphysical and radiative properties of the 2022 Hunga Tonga volcanic ash plumes[J]. Science Bulletin, 67: 2013-2021.

HAFNER J, KIDDER S Q, 1999. Urban heat island modeling in conjunction with satellite-derived surface/ soil parameters [J]. Journal of Applied Meteorology, 38(4): 448-465.

HO J Y, SHI Y, LAU K K L, et al, 2023. Urban heat island effect-related mortality under extreme heat and non-extreme heat scenarios: A 2010—2019 case study in Hong Kong[J]. Science of the Total Environment, 858: 159791.

HU K J, YANG X C, ZHONG J M, et al, 2017. Spatially explicit mapping of heat health risk utilizing environmental and socioeconomic data[J]. Environmental Science & Technology, 51(3): 1498-1507.

HU Y, TAN J G, GRIMMOND S, et al, 2022. Observed and modeled urban heat island and sea-breeze circulation interactions: A Shanghai case study [J]. Journal of Applied Meteorology and Climatology, 61 (3): 239-259.

IPCC, 2013. Climate Change, 2013. The Physical Science Basis [M]. Cambridge and New York: Cambridge

University Press.
JANSSON A, 2013. Reaching for a sustainable, resilient urban future using the lens of ecosystem services[J]. Ecological Economics, 86: 285-291.
JONES P D,1990. Assessment of urbanization effects in time series of surface air temperatures over land [J]. Nature, 347 (4):169172.
KANG N, KUMAR K R, YU X N,et al, 2016. Column-integrated aerosol optical properties and direct radiative forcing over the urban-industrial megacity Nanjing in the Yangtze River Delta, China[J]. Environmental Science and Pollution Research, 23:17532-17552.
KUSAKA H, KONDO H, KIKEGAWA Y, et al,2001. A simple singlelayer urban canopy model for atmospheric models: comparison with multi-layer and slab models [J]. Boundary-Layer Meteorology, 101: 329-358.
LENNON M, DOUGLAS O, SCOTT M, 2017. Urban green space for health and well-being: developing an 'affordances' framework for planning and design[J]. Journal of Urban Design, 22(6): 778-795.
LI D, BOU-ZEID E, BARLAGE M, et al,2013. Development and evaluation of a mosaic approach in the WRF-Noah framework[J]. J Geophys Res Atmos, 118, 11918-11935.
LI G M, HE B B, LI L, et al, 2021. Ecological functions and human activity interference evaluation in ecological protection redline for urban environment[J]. Photogrammetric Engineering and Remote Sensing, 87(6): 413-420.
LI J, ZHENG X, ZHANG C, et al, 2018. Impact of land-use and land-cover change on meteorology in the Beijing-Tianjin-Hebei region from 1990 to 2010[J]. Sustainability, 10(1):176.
LIU D, ZHAO T L, BOIYO R,et al, 2019. Vertical Structures of Dust Aerosols over East Asia Based on CALIPSO Retrievals[J]. Remote Sensing, 11:701.
LIU J, KUANG W, ZHANG Z, et al, 2014. Spatiaotemporal characteristics, patterns and causes of land-use changes in China since the late 1980s[J]. Journal of Geographical Sciences,24(2): 195-210.
LIU X Y, CHEN Q L, CHE H Z,et al, 2016. Spatial distribution and temporal variation of aerosol optical depth in the Sichuan basin, China, the recent ten years[J]. Atmospheric Environment, 147: 434-445.
LU J Q, GUAN H L, YANG Z Q, et al, 2021. Dynamic monitoring of spatial-temporal changes in eco-environment quality in Beijing based on remote sensing ecological index with Google Earth Engine[J]. Sensors and materials, 33(12): 4595-4606.
MYNENI R, KEELING C , TUCKER C, et al,1997. Increased plant growth in the northern high latitudes from 1981 to 1991[J]. Nature,386(6626):698-702.
OKE T R, 1982. The energetic basis of the urban heat island[J]. Quarterly Journal of the Royal Meteorological Society, 108(455): 1-24.
OKE T R,1987. Boundary layer climate[M]. London: Methuen.
OKE T R, MILLS G, CHRISTEN A,et al, 2017. Urban climates[M]. Cambridge: Cambridge University Press.
SAATY T L, 1990. How to make a decision: The analytic hierarchy process[J]. European Journal Operational Research, 48: 9-26.
SKAMAROCK W C, KLEMP J B, DUDHIA J, et al, 2005. A description of the Advanced Research WRF Version 2[R]. NCAR technical note, NCAR/TN－468＋STR.
SUN L Q, CHEN J, LI Q L, et al, 2020. Dramatic uneven urbanization of large cities throughout the world in recent decades[J]. Nature Communications, 11: 5366.
SUN Y, ZHANG X, REN G, et al , 2016. Contribution of urbanization to warming in China[J]. Nature Climate Change, 6: 706-709.
TAN J G, ZHENG Y F, TANG X, et al,2010. The Urban heat island and its impact on heat waves and human health in Shanghai[J]. Int J Biometeorol,54:75-84.

VICENTE-SERRANO S M, BEGUERÍA S, LÓPEZ-MORENO J I, 2010. A multiscalar drought index sensitive to global warming: the standardized precipitation evapotranspiration index[J]. Journal of Climate, 23(7): 1696-1718.

WAN Z M, 2019. Collection-6 MODIS land surface temperature products users' guide[R]. ERI, University of California, Santa Barbara.

WANG X, SUN X, TANG J, et al, 2015. Urbanization-induced regional warming in Yangtze River Delta: potential role of anthropogenic heat release [J]. International Journal of Climatology, 35(15): 4417-4430.

WONG N H, JUSUF S K, TAN C L, 2011. Integrated urban microclimate assessment method as a sustainable urban development and urban design tool[J]. Landscape and Urban Planning, 100(4):386-389.

WU K, YANG X, 2013. Urbanization and heterogeneous surface warming in eastern China[J]. Science Bulletin, 58(12): 1363-1373.

WU S, CHAN T O, ZHANG W, et al, 2021. Increasing compound heat and precipitation extremes elevated by urbanization in South China[J]. Frontiers in Earth Science, 9(475): 636777.

YAN H, WANG S Q, BILLESBACH D, et al, 2015. Improved global simulations of gross primary product based on a new definition of water stress factor and a separate treatment of C3 and C4 plants[J]. Ecological Modelling, 297:42-59.

YAN Z, WANG J, XIA J, et al, 2016. Review of recent studies of the climatic effects of urbanization in China [J]. Advances in Climate Change Research, 7(3): 154-168.

YAO W R, CHE H Z, GUI K, et al, 2020. Can MERRA-2 Reanalysis Data Reproduce the Three-Dimensional Evolution Characteristics of a Typical Dust Process in East Asia? A Case Study of the Dust Event in May 2017[J]. Remote Sensing, 12: 902.

YAO X, WANG Z, WANG H, et al, 2015. Impact of urbanization and land-use change on surface climate in middle and lower reaches of the Yangtze River, 1988—2008[J]. Advances in Meteorology:1-10.

YU X N, ZHU B, ZHANG M, et al, 2009. Seasonal variability of aerosol optical properties over Beijing[J]. Atmospheric Environment, 43:4095-4101.

YUAN M X, WANG L C, LIN A W, et al, 2020. Vegetation green up under the influence of daily minimum temperature and urbanization in the Yellow River Basin, China[J]. Ecological Indicators, 108:105760.

ZHANG N, CHEN Y, 2014. A case study of the upwind urbanization influence on the Urban Heat Island effects along the Suzhou-Wuxi corridor[J]. J Appl Meteor Climatol, 53: 333-345.

ZHAO B, JIANG J H, DINER D J, et al, 2018. Intra-annual variations of regional aerosol optical depth, vertical distribution, and particle types from multiple satellite and ground-based observational datasets[J]. Atmospheric Chemistry and Physics, 18:11247-11260.

ZHAO H J, CHE H Z, ZHANG X Y, et al, 2013. Aerosol optical properties over urban and industrial region of Northeast China by using ground-based sun-photometer measurement[J]. Atmospheric Environment, 75: 270-278.

ZHAO Q, GUO Y M, YE T T, et al, 2021. Global, regional, and national burden of mortality associated with non-optimal ambient temperatures from 2000 to 2019: A three-stage modelling study[J]. The Lancet Planetary Health, 5(7): 415-425.

ZHOU Y, SHEPHERD J M, 2010. Atlanta's urban heat island under extreme heat conditions and potential mitigation strategies [J]. Natural Hazards, 52(3): 639-668.